数学建模算法与应用

（第2版）

司守奎　孙兆亮　主编

孙玺菁　周　刚　仲维杰　康淑瑰　编著

国防工業出版社

·北京·

内容简介

作者根据多年数学建模竞赛辅导工作的经验编写本书，涵盖了很多同类型书籍较少涉及的新算法和热点技术，主要内容包括时间序列、支持向量机、偏最小二乘回归分析、现代优化算法、数字图像处理、综合评价与决策方法、预测方法以及数学建模经典算法等内容。全书系统全面，各章节相对独立。

本书所选案例具有代表性，注重从不同侧面反映数学思想在实际问题中的灵活应用，既注重算法原理的通俗性，也注重算法应用的实现性，克服了很多读者看懂算法却解决不了实际问题的困难。

本书所有例题均配有 Matlab 或 Lingo 源程序，程序设计简单精炼，思路清晰，注释详尽，灵活应用 Matlab 工具箱，有利于没有编程基础的读者快速入门。同时很多程序隐含了作者多年的编程经验和技巧，为有一定编程基础的读者深入学习 Matlab、Lingo 等编程软件提供了便捷之路。

本书既可以作为数学建模课程教材和辅导书，也可以作为相关科技工作者的参考用书。

本书课件可到国防工业出版社网站“资源下载”栏目下载。

图书在版编目（CIP）数据

数学建模算法与应用/司守奎，孙兆亮主编.—2 版.
—北京：国防工业出版社，2021.3 重印
ISBN 978-7-118-10037-2

Ⅰ.①数… Ⅱ.①司…②孙… Ⅲ.①数学模型 Ⅳ.
① 0141.4

中国版本图书馆 CIP 数据核字（2015）第 073993 号

※

国防工业出版社出版发行
（北京市海淀区紫竹院南路 23 号 邮政编码 100048）
三河市天利华印刷装订有限公司印刷
新华书店经售

*

开本 787×1092 1/16 **印张** 30¼ **字数** 687 千字
2021 年 3 月第 2 版第 12 次印刷 **印数** 119001—129000 册 **定价** 55.00 元

（本书如有印装错误，我社负责调换）

国防书店：（010）88540777 书店传真：（010）88540776
发行业务：（010）88540717 发行传真：（010）88540762

前 言

如今,人类社会正经历由工业化社会向信息化社会过渡的变革。以数字化为特征的信息社会有两个显著特点:计算机技术迅速发展与广泛应用;数学的应用向一切领域渗透。随着计算机技术的飞速发展,科学计算的作用越来越引起人们的广泛重视,已经与科学理论和科学实验并列成为人们探索和研究自然界、人类社会的三大基本方法。为了适应这种社会的变革,培养和造就出一批又一批适应高度信息化社会具有创新能力的高素质的工程技术和管理人才,在各高校开设"数学建模"课程,培养学生的科学计算能力和创新能力,就成为这种新形势下的历史必然。

数学建模是为了特定的目的,根据特有的内在规律,对现实世界的特定对象进行必要的抽象、归纳、假设和简化,运用适当的数学工具建立一个数学结构。数学建模就是运用数学的思想方法、数学的语言去近似地刻画一个实际研究对象,构建一座沟通现实世界与数学世界的桥梁,并以计算机为工具,应用现代计算技术,达到解决各种实际问题的目的。建立一个数学模型的全过程称为数学建模。因此,"数学建模"(或数学实验)课程教学对于开发学生的创新意识,提升人的数学素养,培养学生创造性地应用数学工具解决实际问题的能力,有着独特的功能。

数学建模过程就是一个创造性的工作过程。人的创新能力首先是创造性思维和具备创新的思想方法。数学本身是一门理性思维科学,数学教学正是通过各个教学环节对学生进行严格的科学思维方法的训练,从而引发人的灵感思维,达到培养学生的创造性思维的能力。同时,数学又是一门实用科学,它能直接用于生产和实践,解决工程实际中提出的问题,推动生产力的发展和科学技术的进步。学生参加数学建模活动,首先就要了解问题的实际背景,深入到具体学科领域的前沿,这就需要学生具有能迅速查阅大量科学资料,准确获得自己所需信息的能力;同时,不但要求学生必须了解现代数学各门学科知识和各种数学方法,把所掌握的数学工具创造性地应用于具体的实际问题,构建其数学结构,还要求学生熟悉各种数学软件,熟练地把现代计算机技术应用于解决当前实际问题,最后还要具有把自己的实践过程和结果叙述成文字的写作能力。通过数学建模全过程的各个环节,学生可以进行创造性的思维活动,模拟现代科学研究过程。通过“数学建模”课程的教学和数学建模活动,极大地开发了学生的创造性思维的能力,培养学生在面对错综复杂的实际问题时,具有敏锐的观察力和洞察力,以及丰富的想象力。因此,“数学建模”课程在培养学生的创新能力方面有着其他课程不可替代的作用。

几年的“数学建模”教学实践告诉我们,进行数学建模教学,为学生提供一本内容丰富,既理论完整又实用的“数学建模”教材,使学生少走弯路尤为重要。这也是我们编写这本教材的初衷。本书既是我们多年教学经验的总结,也是我们心血的结晶。本书的特点是尽量为学生提供常用的数学方法,并将相应的 Matlab 和 Lingo 程序提供给学生,使学生在进行书中提供的案例的学习时,在自己动手构建数学模型的同时上机进行数学实验,从而为学生提供数学建模全过程的训练,以便能够举一反三,取得事半功倍的教学效果。

全书共 16 章,第 1 章、第 3 章和第 8 章由孙玺菁修订;第 2 章由仲维杰修订;第 7 章由仲维杰编著;第 5 章和第 6 章由康淑瑰修订;第 9 章和第 13 章由周刚编著;第 14 章、第 15 章、第 16 章、附录 A 和附录 B 由孙兆亮增补和修订;其余各章由司守奎修订,全书由司守奎统稿。本书各章有一定的独立性,这样便于教师和学生按需要进行选择。

由于 Matlab 软件每年更新两个版本,该新版本教材在 Matlab 图形系统、整数规划、微分方程符号解、时间序列工具箱等方面更新内容较多。另外增加了一章数理统计模型。一本好的教材需要经过多年的教学实践,反复锤炼。由于编者的经验和时间所限,书中的错误和纰漏在所难免,敬请同行不吝指正。

最后,作者十分感谢国防工业出版社对本书出版所给予的大力支持,尤其是责任编辑丁福志的热情支持和帮助。

本书的 Matlab 程序在 Matlab2014b 下全部调试通过,如有问题的话可以加入 QQ 群 204957415,和作者进行交流。需要本书源程序电子文档的读者,可以到 http://www.ndip.cn 国防工业出版社网站“资源下载”栏目下载,也可发送电子邮件联系索取,E－mail:896369667@qq.com,sishoukui@163.com。

编 者

2015 年 2 月

目　录

第 1 章　线 性 规 划

1.1　线性规划问题

在人们的生产实践中,经常会遇到如何利用现有资源来安排生产,以取得最大经济效益的问题。此类问题构成了运筹学的一个重要分支——数学规划,而线性规划(Linear Programming,LP)则是数学规划的一个重要分支。自从 1947 年 G. B. Dantzig 提出求解线性规划的单纯形方法以来,线性规划在理论上趋向成熟,在实用中日益广泛与深入。特别是在计算机能处理成千上万个约束条件和决策变量的线性规划问题之后,线性规划的适用领域更为广泛了,已成为现代管理中经常采用的基本方法之一。

1.1.1　线性规划的实例与定义

例 1.1　某机床厂生产甲、乙两种机床,每台销售后的利润分别为4000 元与3000 元。生产甲机床需用 A、B 机器加工,加工时间分别为每台 2h 和 1h;生产乙机床需用 A、B、C 三种机器加工,加工时间为每台各 1h。若每天可用于加工的机器时数分别为 A 机器 10h、B 机器 8h 和 C 机器 7h,问该厂应生产甲、乙机床各几台,才能使总利润最大?

上述问题的数学模型:设该厂生产 x_1 台甲机床和 x_2 乙机床时总利润 z 最大,则 x_1,x_2 应满足

$$\max \quad z = 4x_1 + 3x_2, \tag{1.1}$$

$$\text{s.t.}\begin{cases}2x_1 + x_2 \leqslant 10,\\ x_1 + x_2 \leqslant 8,\\ x_2 \leqslant 7,\\ x_1,x_2 \geqslant 0。\end{cases} \tag{1.2}$$

式中:变量 x_1,x_2 为决策变量。

式(1.1)称为问题的目标函数,式(1.2)中的几个不等式是问题的约束条件,记为 s. t.(即 subject to)。由于上面的目标函数及约束条件均为线性函数,故称为线性规划问题。

总之,线性规划问题是在一组线性约束条件的限制下,求一线性目标函数最大或最小的问题。

在解决实际问题时,把问题归结成一个线性规划数学模型是很重要的一步,往往也是很困难的一步,模型建立得是否恰当,直接影响到求解。而选择适当的决策变量,是建立有效模型的关键之一。

1.1.2　线性规划问题的解的概念

一般线性规划问题的(数学)标准型为

$$\max \quad z = \sum_{j=1}^{n} c_j x_j , \tag{1.3}$$

$$\text{s.t.} \begin{cases} \sum_{j=1}^{n} a_{ij} x_j = b_i, i = 1,2,\cdots,m, \\ x_j \geqslant 0, j = 1,2,\cdots,n。 \end{cases} \tag{1.4}$$

式中：$b_i \geqslant 0, i = 1,2,\cdots,m$。

可行解 满足约束条件式(1.4)的解 $\boldsymbol{x} = [x_1,\cdots,x_n]^{\mathrm{T}}$，称为线性规划问题的可行解，而使目标函数式(1.3)达到最大值的可行解称为最优解。

可行域 所有可行解构成的集合称为问题的可行域，记为 R。

1.1.3 线性规划的 Matlab 标准形式及软件求解

线性规划的目标函数可以是求最大值，也可以是求最小值，约束条件的不等号可以是小于等号也可以是大于等号。为了避免这种形式多样性带来的不便，Matlab 中规定线性规划的标准形式为

$$\min_{x} \boldsymbol{f}^{\mathrm{T}} \boldsymbol{x},$$

$$\text{s.t.} \begin{cases} \boldsymbol{A} \cdot \boldsymbol{x} \leqslant \boldsymbol{b}, \\ \mathrm{Aeq} \cdot \boldsymbol{x} = \mathrm{beq}, \\ \mathrm{lb} \leqslant \boldsymbol{x} \leqslant \mathrm{ub}。 \end{cases}$$

式中：$\boldsymbol{f}, \boldsymbol{x}, \boldsymbol{b}$，beq，lb，ub 为列向量，其中 $\boldsymbol{f}$ 称为价值向量，$\boldsymbol{b}$ 称为资源向量；$\boldsymbol{A}$，Aeq 为矩阵。

Matlab 中求解线性规划的命令为

```
[x,fval] = linprog(f,A,b)
[x,fval] = linprog(f,A,b,Aeq,beq)
[x,fval] = linprog(f,A,b,Aeq,beq,lb,ub)
```

式中：x 返回决策向量的取值；fval 返回目标函数的最优值；f 为价值向量；A 和 b 对应线性不等式约束；Aeq 和 beq 对应线性等式约束；lb 和 ub 分别对应决策向量的下界向量和上界向量。

例如，线性规划

$$\max_{x} \boldsymbol{c}^{\mathrm{T}} \boldsymbol{x},$$

$$\text{s.t.} \quad \boldsymbol{A}\boldsymbol{x} \geqslant \boldsymbol{b}。$$

的 Matlab 标准型为

$$\min_{x} - \boldsymbol{c}^{\mathrm{T}} \boldsymbol{x},$$

$$\text{s.t.} \quad - \boldsymbol{A}\boldsymbol{x} \leqslant - \boldsymbol{b}。$$

例 1.2 求解下列线性规划问题：

$$\max z = 2x_1 + 3x_2 - 5x_3,$$

$$\text{s.t.} \begin{array}{l} x_1 + x_2 + x_3 = 7, \\ 2x_1 - 5x_2 + x_3 \geqslant 10, \\ x_1 + 3x_2 + x_3 \leqslant 12, \\ x_1, x_2, x_3 \geqslant 0。 \end{array}$$

解(1) 化成 Matlab 标准型,即

$$\min \quad w = -2x_1 - 3x_2 + 5x_3,$$

$$\text{s.t.} \begin{cases} \begin{bmatrix} -2 & 5 & -1 \\ 1 & 3 & 1 \end{bmatrix} \begin{bmatrix} x_1 \\ x_2 \\ x_3 \end{bmatrix} \leqslant \begin{bmatrix} -10 \\ 12 \end{bmatrix}, \\ [1,1,1] \cdot [x_1, x_2, x_3]^{\mathrm{T}} = 7, [x_1, x_2, x_3]^{\mathrm{T}} \geqslant [0,0,0]^{\mathrm{T}}。 \end{cases}$$

(2) 求解的 Matlab 程序如下:

```
f=[-2; -3; 5];
a=[-2,5,-1;1,3,1]; b=[-10;12];
aeq=[1,1,1];
beq=7;
[x,y]=linprog(f,a,b,aeq,beq,zeros(3,1));
x, y=-y
```

(3) 求解的 Lingo 程序如下:

```
model:
sets:
row/1..2/:b;
col/1..3/:c,x;
links(row,col):a;
endsets
data:
c=2 3 -5;
a=-2 5 -1 1 3 1;
b=-10 12;
enddata
max=@ sum(col:c*x);
@ for(row(i):@ sum(col(j):a(i,j)*x(j))<b(i));
@ sum(col:x)=7;
end
```

求得的最优解为 $x_1 = 6.4286, x_2 = 0.5714, x_3 = 0$,对应的最优值 $z = 14.5714$。

例 1.3 求解下列线性规划问题:

$$\min \quad z = 2x_1 + 3x_2 + x_3,$$

$$\text{s.t.} \begin{cases} x_1 + 4x_2 + 2x_3 \geqslant 8, \\ 3x_1 + 2x_2 \geqslant 6, \\ x_1, x_2, x_3 \geqslant 0。 \end{cases}$$

解 编写 Matlab 程序如下:

```
c=[2;3;1];
a=[1,4,2;3,2,0];
b=[8;6];
[x,y]=linprog(c,-a,-b,[],[],zeros(3,1)) % 这里没有等式约束,对应的矩阵为空矩阵
```

求得的最优解为 $x_1=0.8066, x_2=1.7900, x_3=0.0166$，对应的最优值 $z=7.0000$。

1.1.4 可以转化为线性规划的问题

很多看起来不是线性规划的问题，也可以通过变换转化为线性规划的问题来解决。

例 1.4 数学规划问题：

$$\min \quad |x_1|+|x_2|+\cdots+|x_n|,$$
$$\text{s.t.} \quad \boldsymbol{A}\boldsymbol{x}\leqslant \boldsymbol{b}。$$

式中：$\boldsymbol{x}=[x_1,\cdots,x_n]^{\mathrm{T}}$；$\boldsymbol{A}$ 和 $\boldsymbol{b}$ 为相应维数的矩阵和向量。

要把上面的问题变换成线性规划问题，只要注意到事实：对任意的 x_i，存在 $u_i, v_i\geqslant 0$ 满足

$$x_i = u_i - v_i, \ |x_i| = u_i + v_i。$$

事实上，只要取 $u_i=\dfrac{x_i+|x_i|}{2}, v_i=\dfrac{|x_i|-x_i}{2}$ 就可以满足上面的条件。

这样，记 $\boldsymbol{u}=[u_1,\cdots,u_n]^{\mathrm{T}}, \boldsymbol{v}=[v_1,\cdots,v_n]^{\mathrm{T}}$，从而可以把上面的问题变成

$$\min \quad \sum_{i=1}^{n}(u_i+v_i),$$
$$\text{s.t.} \quad \begin{cases}\boldsymbol{A}(\boldsymbol{u}-\boldsymbol{v})\leqslant \boldsymbol{b},\\ \boldsymbol{u},\boldsymbol{v}\geqslant 0。\end{cases}$$

式中：$\boldsymbol{u}\geqslant 0$ 为向量 $\boldsymbol{u}$ 的每个分量大于等于 0。

进一步把模型改写成

$$\min \quad \sum_{i=1}^{n}(u_i+v_i),$$
$$\text{s.t.} \quad \begin{cases}[\boldsymbol{A}, -\boldsymbol{A}]\begin{bmatrix}\boldsymbol{u}\\ \boldsymbol{v}\end{bmatrix}\leqslant \boldsymbol{b},\\ \boldsymbol{u},\boldsymbol{v}\geqslant 0。\end{cases}$$

例 1.5 （续例 1.4 类型的实例）求解下列数学规划问题：

$$\min \quad z=|x_1|+2|x_2|+3|x_3|+4|x_4|,$$
$$\text{s.t.} \quad \begin{cases}x_1-x_2-x_3+x_4\leqslant -2,\\ x_1-x_2+x_3-3x_4\leqslant -1,\\ x_1-x_2-2x_3+3x_4\leqslant -\dfrac{1}{2}。\end{cases}$$

解 做变量变换 $u_i=\dfrac{x_i+|x_i|}{2}, v_i=\dfrac{|x_i|-x_i}{2}, i=1,2,3,4$，并把新变量重新排序成一维向量 $\boldsymbol{y}=\begin{bmatrix}\boldsymbol{u}\\ \boldsymbol{v}\end{bmatrix}=[u_1,\cdots,u_4,v_1,\cdots,v_4]^{\mathrm{T}}$，则可把模型变换为线性规划模型

$$\min \quad \boldsymbol{c}^{\mathrm{T}}\boldsymbol{y},$$
$$\text{s.t.} \quad \begin{cases}[\boldsymbol{A}, -\boldsymbol{A}]\begin{bmatrix}\boldsymbol{u}\\ \boldsymbol{v}\end{bmatrix}\leqslant \boldsymbol{b},\\ \boldsymbol{y}\geqslant 0。\end{cases}$$

式中

$$\boldsymbol{c} = [1,2,3,4,1,2,3,4]^{\mathrm{T}},$$

$$\boldsymbol{b} = [-2,-1,-\frac{1}{2}]^{\mathrm{T}},$$

$$\boldsymbol{A} = \begin{bmatrix} 1 & -1 & -1 & 1 \\ 1 & -1 & 1 & -3 \\ 1 & -1 & -2 & 3 \end{bmatrix}。$$

计算的 Matlab 程序如下:

```
clc, clear
c=1:4; c=[c,c]'; % 构造价值列向量
a=[1 -1 -1 1; 1 -1 1 -3; 1 -1 -2 3];
a=[a,-a]; % 构造变换后新的系数矩阵
b=[-2 -1 -1/2]';
[y,z]=linprog(c,a,b,[],[],zeros(8,1)) % 这里没有等式约束,对应的矩阵为空矩阵
x=y(1:4)-y(5:end) % 变换到原问题的解,x=u-v
```

求得最优解 $x_1=-2, x_2=x_3=x_4=0$,最优值 $z=2$。

该题也可以直接使用 Lingo 软件求解,Lingo 程序如下:

```
model:
sets:
col/1..4/:c,x;
row/1..3/:b;
links(row,col):a;
endsets
data:
c=1 2 3 4;
b=-2 -1 -0.5;
a=1 -1 -1 1 1 -1 1 -3 1 -1 -2 3;
enddata
min=@sum(col:c*@abs(x));
@for(row(i):@sum(col(j):a(i,j)*x(j))<b(i));
@for(col:@free(x)); ! x 的分量可正可负;
end
```

注:(1) Lingo 软件可以自动对带有绝对值的数学规划问题进行线性化。

(2) Lingo 线性化时,变量的个数至少扩大为原来的 4 倍,约束条件也增加很多;问题规模大时,Lingo 软件可能就无法求解了;如果能手工进行线性化,则应尽量手工线性化。

例 1.6 $\min\limits_{x_i}\{\max\limits_{y_i}|\varepsilon_i|\}$,其中 $\varepsilon_i = x_i - y_i$。

对于这个问题,如果取 $v=\max\limits_{y_i}|\varepsilon_i|$,上面的问题就变换成

$$\min \quad v,$$

$$\text{s.t.} \begin{cases} x_1 - y_1 \leqslant v, \cdots, x_n - y_n \leqslant v, \\ y_1 - x_1 \leqslant v, \cdots, y_n - x_n \leqslant v。\end{cases}$$

此即通常的线性规划问题。

1.2 投资的收益和风险

1.2.1 问题提出

市场上有 n 种资产 $s_i(i=1,2,\cdots,n)$ 可以选择，现用数额为 M 的相当大的资金作一个时期的投资。这 n 种资产在这一时期内购买 s_i 的平均收益率为 r_i，风险损失率为 q_i，投资越分散，总的风险越少，总体风险可用投资的 s_i 中最大的一个风险来度量。

购买 s_i 时要付交易费，费率为 p_i，当购买额不超过给定值 u_i 时，交易费按购买 u_i 计算。另外，假定同期银行存款利率是 r_0，既无交易费又无风险（$r_0=5\%$）。

已知 $n=4$ 时相关数据如表 1.1 所列。

表 1.1 投资的相关数据

s_i	r_i/%	q_i/%	p_i/%	u_i/元
s_1	28	2.5	1	103
s_2	21	1.5	2	198
s_3	23	5.5	4.5	52
s_4	25	2.6	6.5	40

试给该公司设计一种投资组合方案，即用给定资金 M，有选择地购买若干种资产或存银行生息，使净收益尽可能大，总体风险尽可能小。

1.2.2 符号规定和基本假设

1. 符号规定

（1）s_i 表示第 i 种投资项目，如股票、债券等，$i=0,1,\cdots,n$，其中 s_0 指存入银行。

（2）r_i,p_i,q_i 分别表示 s_i 的平均收益率、交易费率、风险损失率，$i=0,1,\cdots,n$，其中 $p_0=0,q_0=0$。

（3）u_i 表示 s_i 的交易定额，$i=1,2,\cdots,n$。

（4）x_i 表示投资项目 s_i 的资金，$i=0,1,\cdots,n$。

（5）a 表示投资风险度。

（6）Q 表示总体收益。

2. 基本假设

（1）投资数额 M 相当大，为了便于计算，假设 $M=1$。

（2）投资越分散，总的风险越小。

（3）总体风险用投资项目 s_i 中最大的一个风险来度量。

（4）$n+1$ 种资产 s_i 之间是相互独立的。

（5）在投资的这一时期内，r_i,p_i,q_i 为定值，不受意外因素影响。

（6）净收益和总体风险只受 r_i,p_i,q_i 影响，不受其他因素干扰。

1.2.3 模型的分析与建立

(1) 总体风险用所投资的 s_i 中最大的一个风险来衡量,即

$$\max\{q_i x_i \mid i=1,2,\cdots,n\}。$$

(2) 购买 $s_i(i=1,2,\cdots,n)$ 所付交易费是一个分段函数,即

$$交易费=\begin{cases}p_i x_i, x_i > u_i,\\ p_i u_i, x_i \leqslant u_i。\end{cases}$$

而题目所给的定值 u_i(单位:元)相对总投资 M 很少,$p_i u_i$ 更小,这样购买 s_i 的净收益可以简化为$(r_i - p_i)x_i$。

(3) 要使净收益尽可能大,总体风险尽可能小,这是一个多目标规划模型。

目标函数为

$$\begin{cases}\max \sum\limits_{i=0}^{n}(r_i - p_i)x_i,\\ \min\{\max\limits_{1\leqslant i\leqslant n}\{q_i x_i\}\}。\end{cases}$$

约束条件为

$$\begin{cases}\sum\limits_{i=0}^{n}(1+p_i)x_i = M,\\ x_i \geqslant 0, i=0,1,\cdots,n。\end{cases}$$

(4) 模型简化。

① 在实际投资中,投资者承受风险的程度不一样,若给定风险一个界限 a,使最大的一个风险率为 a,即$\frac{q_i x_i}{M}\leqslant a(i=1,2,\cdots,n)$,可找到相应的投资方案。这样把多目标规划变成一个目标的线性规划。

模型一 固定风险水平,优化收益

$$\max \sum_{i=0}^{n}(r_i - p_i)x_i,$$

$$\text{s.t.}\begin{cases}\frac{q_i x_i}{M}\leqslant a, i=1,2,\cdots,n,\\ \sum\limits_{i=0}^{n}(1+p_i)x_i = M, x_i\geqslant 0, i=0,1,\cdots,n。\end{cases}$$

② 若投资者希望总盈利至少达到水平 k 以上,在风险最小的情况下寻求相应的投资组合。

模型二 固定盈利水平,极小化风险

$$\min\{\max_{1\leqslant i\leqslant n}\{q_i x_i\}\},$$

$$\text{s.t.}\begin{cases}\sum_{i=0}^{n}(r_i - p_i)x_i \geqslant k,\\ \sum_{i=0}^{n}(1+p_i)x_i = M,\\ x_i \geqslant 0, i = 0,1,\cdots,n。\end{cases}$$

③ 投资者在权衡资产风险和预期收益两方面时，希望选择一个令自己满意的投资组合。因此对风险、收益分别赋予权重 $s(0<s\leqslant 1)$ 和 $1-s$，s 称为投资偏好系数。

模型三
$$\min s\{\max_{1\leqslant i\leqslant n}\{q_i x_i\}\} - (1-s)\sum_{i=0}^{n}(r_i - p_i)x_i,$$

$$\text{s.t.}\begin{cases}\sum_{i=0}^{n}(1+p_i)x_i = M,\\ x_i \geqslant 0, i = 0,1,2,\cdots,n。\end{cases}$$

1.2.4 模型一的求解

模型一为

$$\min f = [-0.05, -0.27, -0.19, -0.185, -0.185]\cdot[x_0, x_1, x_2, x_3, x_4]^{\mathrm{T}},$$

$$\text{s.t.}\begin{cases}x_0 + 1.01x_1 + 1.02x_2 + 1.045x_3 + 1.065x_4 = 1,\\ 0.025x_1 \leqslant a,\\ 0.015x_2 \leqslant a,\\ 0.055x_3 \leqslant a,\\ 0.026x_4 \leqslant a,\\ x_i \geqslant 0, i = 0,1,\cdots,4。\end{cases}$$

由于 a 是任意给定的风险度，不同的投资者有不同的风险度。下面从 $a=0$ 开始，以步长 $\Delta a=0.001$ 进行循环搜索，编制程序如下：

```
clc,clear
a=0;
hold on
while a<0.05
    c=[-0.05,-0.27,-0.19,-0.185,-0.185];
    A=[zeros(4,1),diag([0.025,0.015,0.055,0.026])];
    b=a*ones(4,1);
    Aeq=[1,1.01,1.02,1.045,1.065];
    beq=1;
    LB=zeros(5,1);
    [x,Q]=linprog(c,A,b,Aeq,beq,LB);
    Q=-Q;
    plot(a,Q,'*k');
    a=a+0.001;
end
xlabel('a'),ylabel('Q')
```

1.2.5 结果分析

风险 a 与收益 Q 之间的关系如图 1.1 所示。从图 1.1 可以看出：

（1）风险大，收益也大。

（2）当投资越分散时，投资者承担的风险越小，这与题意一致。冒险的投资者会出现集中投资的情况，保守的投资者则尽量分散投资。

（3）在 $a=0.006$ 附近有一个转折点，在这一点左边，风险增加很少时，利润增长很快；在这一点右边，风险增加很大时，利润增长很缓慢。所以对于风险和收益没有特殊偏好的投资者来说，应该选择曲线的转折点作为最优投资组合，大约是 $a=0.6\%$，$Q=20\%$，所对应的投资方案为

风险度 $a=0.006$，收益 $Q=0.2019$，$x_0=0$，$x_1=0.24$，$x_2=0.4$，$x_3=0.1091$，$x_4=0.2212$。

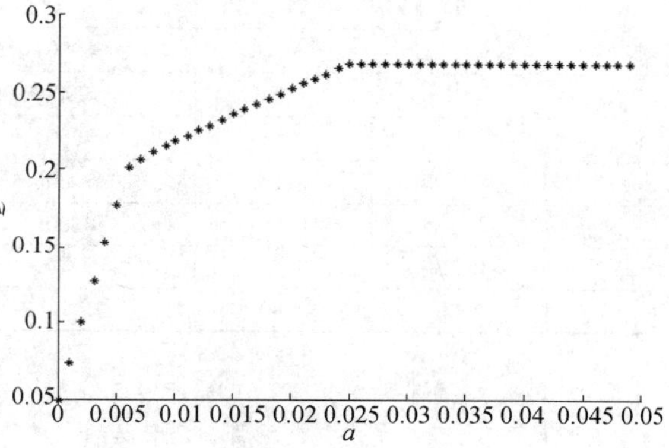

图 1.1 风险与收益的关系图

拓展阅读材料

[1] Frederick S. Hillier, Gerald J. Lieberman. Introduction to Operations Research (Nineth Edition). New York: McGraw - Hill Companies, Inc., 2010.

习 题 1

1.1 分别用 Matlab 和 Lingo 求解下列线性规划问题：

$$\max \quad z = 3x_1 - x_2 - x_3,$$

$$\text{s.t.} \begin{cases} x_1 - 2x_2 + x_3 \leqslant 11, \\ -4x_1 + x_2 + 2x_3 \geqslant 3, \\ -2x_1 + x_3 = 1, \\ x_1, x_2, x_3 \geqslant 0。 \end{cases}$$

1.2 分别用 Matlab 和 Lingo 求解下列规划问题：

$$\min \quad z = |x_1| + 2|x_2| + 3|x_3| + 4|x_4|,$$

$$\text{s.t.}\begin{cases}x_1-x_2-x_3+x_4=0,\\x_1-x_2+x_3-3x_4=1,\\x_1-x_2-2x_3+3x_4=-\dfrac{1}{2}。\end{cases}$$

1.3 某厂生产三种产品Ⅰ,Ⅱ,Ⅲ。每种产品要经过A,B两道工序加工。设该厂有两种规格的设备能完成A工序,以A_1,A_2表示;有三种规格的设备能完成B工序,以B_1,B_2,B_3表示。产品Ⅰ可在A,B任何一种规格设备上加工。产品Ⅱ可在任何规格的A设备上加工,但完成B工序时,只能在B_1设备上加工;产品Ⅲ只能在A_2与B_2设备上加工。已知在各种机床设备的单件工时、原材料费、产品销售价格、各种设备有效台时以及满负荷操作时机床设备的费用如表1.2所列,试安排最优的生产计划,使该厂利润最大。

表1.2 生产的相关数据

设备	产品			设备有效台时	满负荷时的设备费用/元
	Ⅰ	Ⅱ	Ⅲ		
A_1	5	10		6000	300
A_2	7	9	12	10000	321
B_1	6	8		4000	250
B_2	4		11	7000	783
B_3	7			4000	200
原料费/(元/件)	0.25	0.35	0.50		
单价/(元/件)	1.25	2.00	2.80		

1.4 一架货机有三个货舱:前舱、中仓和后舱。三个货舱所能装载的货物的最大重量和体积有限制如表1.3所列。并且为了飞机的平衡,三个货舱装载的货物重量必须与其最大的容许量成比例。

表1.3 货舱数据

	前舱	中仓	后舱
重量限制/t	10	16	8
体积限制/m^3	6800	8700	5300

现有四类货物用该货机进行装运,货物的规格以及装运后获得的利润如表1.4所列。

表1.4 货物规格及利润表

	重量/t	空间/(m^3/t)	利润/(元/t)
货物1	18	480	3100
货物2	15	650	3800
货物3	23	580	3500
货物4	12	390	2850

假设:

(1) 每种货物可以无限细分;

(2) 每种货物可以分布在一个或者多个货舱内;

(3) 不同的货物可以放在同一个货舱内,并且可以保证不留空隙。

问应如何装运,能使货机飞行利润最大?

第 2 章　整数规划

2.1　概　论

1. 整数规划的定义

数学规划中的变量(部分或全部)限制为整数时,称为整数规划。若在线性规划模型中,变量限制为整数,则称为整数线性规划。目前所流行的求解整数规划的方法,往往只适用于整数线性规划。目前还没有一种方法能有效地求解一切整数规划。

2. 整数规划的分类

如不加特殊说明,则一般指整数线性规划。整数线性规划模型大致可分为两类:

(1) 变量全限制为整数时,称纯(完全)整数规划。

(2) 变量部分限制为整数时,称混合整数规划。

3. 整数规划特点

(1) 原线性规划有最优解,当自变量限制为整数后,其整数规划解出现下述情况。

① 原线性规划最优解全是整数,则整数规划最优解与线性规划最优解一致。

② 整数规划无可行解。

例 2.1　原线性规划为

$$\min \quad z = x_1 + x_2,$$

$$\text{s.t.} \begin{cases} 2x_1 + 4x_2 = 5, \\ x_1 \geqslant 0, x_2 \geqslant 0。\end{cases}$$

其最优实数解为 $x_1 = 0, x_2 = \frac{5}{4}, \min z = \frac{5}{4}$,而对应的整数规划无可行解。

③ 有可行解(当然就存在最优解),但最优解值变差。

例 2.2　原线性规划为

$$\min \quad z = x_1 + x_2,$$

$$\text{s.t.} \begin{cases} 2x_1 + 4x_2 = 6, \\ x_1 \geqslant 0, x_2 \geqslant 0。\end{cases}$$

其最优实数解为

$$x_1 = 0, x_2 = \frac{3}{2}, \min z = \frac{3}{2}。$$

若限制为整数,得

$$x_1 = 1, x_2 = 1, \min z = 2。$$

(2) 整数规划最优解不能按照实数最优解简单取整而获得。

4. 求解方法分类

(1) 分枝定界法——可求纯或混合整数线性规划。

(2) 割平面法——可求纯或混合整数线性规划。

(3) 隐枚举法——求解“0－1”整数规划。

① 过滤隐枚举法。

② 分枝隐枚举法。

(4) 匈牙利法——解决指派问题(“0－1”规划特殊情形)。

(5) 蒙特卡洛法——求解各种类型规划。

2.2 0－1 型整数规划

0－1 型整数规划是整数规划中的特殊情形,它的变量 x_j 仅取值 0 或 1。这时 x_j 称为 0－1 变量,或称二进制变量。x_j 仅取值 0 或 1 这个条件可由下述约束条件

$$0 \leqslant x_j \leqslant 1 \text{ 且 } x_j \text{ 为整数}$$

所代替,是和一般整数规划的约束条件形式一致的。在实际问题中,如果引入 0－1 变量,就可以把有各种情况需要分别讨论的数学规划问题统一在一个问题中讨论了。下面先介绍引入 0－1 变量的实际问题。

2.2.1 相互排斥的约束条件

有两种运输方式可供选择,但只能选择一种运输方式,或者用车运输,或者用船运输。用车运输的约束条件为 $5x_1 + 4x_2 \leqslant 24$,用船运输的约束条件为 $7x_1 + 3x_2 \leqslant 45$。即有两个相互排斥的约束条件

$$5x_1 + 4x_2 \leqslant 24 \text{ 或 } 7x_1 + 3x_2 \leqslant 45,$$

为了统一在一个问题中,引入 0－1 变量

$$y = \begin{cases} 1, \text{当采取船运方式时}, \\ 0, \text{当采取车运方式时}。 \end{cases}$$

则上述约束条件可改写为

$$\begin{cases} 5x_1 + 4x_2 \leqslant 24 + yM, \\ 7x_1 + 3x_2 \leqslant 45 + (1 - y)M, \\ y = 0 \text{ 或 } 1。 \end{cases}$$

式中:M 为充分大的数。

把相互排斥的约束条件改成普通的约束条件,未必需要引进充分大的正实数,例如相互排斥的约束条件

$$x_1 = 0 \text{ 或 } 500 \leqslant x_1 \leqslant 800,$$

可改写为

$$\begin{cases} 500y \leqslant x_1 \leqslant 800y, \\ y = 0 \text{ 或 } 1。 \end{cases}$$

如果有 m 个互相排斥的约束条件

$$a_{i1}x_1 + \cdots + a_{in}x_n \leqslant b_i, i = 1,2,\cdots,m。$$

为了保证这 m 个约束条件只有一个起作用,引入 m 个 0 - 1 变量

$$y_i = \begin{cases} 1,\text{第 } i \text{ 个约束起作用}, \\ 0,\text{第 } i \text{ 个约束不起作用}, i = 1,2,\cdots,m, \end{cases}$$

和一个充分大的常数 M,则下面这一组 $m+1$ 个约束条件

$$a_{i1}x_1 + \cdots + a_{in}x_n \leqslant b_i + (1 - y_i)M, i = 1,2,\cdots,m, \tag{2.1}$$

$$y_1 + \cdots + y_m = 1, \tag{2.2}$$

就合于上述的要求。这是因为,由式(2.2),m 个 y_i 中只有一个能取 1,设 $y_{i^*} = 1$,代入式(2.1),就只有 $i = i^*$ 的约束条件起作用,而别的式子都是多余的。

2.2.2 关于固定费用的问题(Fixed Cost Problem)

在讨论线性规划时,有些问题是要求使成本为最小。那么,可设固定成本为常数,并在线性规划的模型中不必明显列出。但有些固定费用(固定成本)的问题不能用一般线性规划来描述,而可改变为混合整数规划来解决,见下例。

例 2.3 某工厂为了生产某种产品,有几种不同的生产方式可供选择,如选定的生产方式投资高(选购自动化程度高的设备),由于产量大,因而分配到每件产品的变动成本就降低;反之,如选定的生产方式投资低,将来分配到每件产品的变动成本可能增加。所以,必须全面考虑。设有三种方式可供选择,令

$j = 1,2,3$ 分别表示三种方式;

x_j 表示采用第 j 种方式时的产量;

c_j 表示采用第 j 种方式时每件产品的变动成本;

k_j 表示采用第 j 种方式时的固定成本。

为了说明成本的特点,暂不考虑其他约束条件。采用各种生产方式的总成本分别为

$$P_j = \begin{cases} k_j + c_jx_j, & \text{当 } x_j > 0, \\ 0, & \text{当 } x_j = 0, \quad j = 1,2,3。 \end{cases}$$

在构成目标函数时,为了统一在一个问题中讨论,现引入 0 - 1 变量 y_j,令

$$y_j = \begin{cases} 1, & \text{当采用第 } j \text{ 种生产方式}, & \text{即 } x_j > 0 \text{ 时}, \\ 0, & \text{当不采用第 } j \text{ 种生产方式}, & \text{即 } x_j = 0 \text{ 时}, j = 1,2,3。 \end{cases} \tag{2.3}$$

于是目标函数

$$\min z = (k_1y_1 + c_1x_1) + (k_2y_2 + c_2x_2) + (k_3y_3 + c_3x_3),$$

式(2.3)可表示为下述 3 个线性约束条件:

$$y_j\varepsilon \leqslant x_j \leqslant y_jM, j = 1,2,3, \tag{2.4}$$

式中:ε 为充分小的正常数;M 为充分大的正常数。

式(2.4)说明,当 $x_j > 0$ 时 y_j 必须为 1;当 $x_j = 0$ 时只有 y_j 为 0 时才有意义,所以式(2.4)完全可以代替式(2.3)。

2.2.3 指派问题的数学模型

例 2.4 拟分配 n 人去做 n 项工作,每人做且仅做一项工作,若分配第 i 人去做第 j

项工作，需花费 c_{ij} 单位时间，问应如何分配工作才能使工人花费的总时间最少？

容易看出，要给出一个指派问题的实例，只需给出矩阵 $\boldsymbol{C}=(c_{ij})$，$\boldsymbol{C}$ 称为指派问题的系数矩阵。

引入 0－1 变量

$$x_{ij}=\begin{cases}1,\text{第 } i \text{ 人做第 } j \text{ 项工作}\\0,\text{第 } i \text{ 人不做第 } j \text{ 项工作}\end{cases},i,j=1,2,\cdots,n。$$

上述指派问题的数学模型为

$$\min \quad \sum_{i=1}^{n}\sum_{j=1}^{n}c_{ij}x_{ij},$$

$$\text{s.t.}\begin{cases}\sum\limits_{j=1}^{n}x_{ij}=1,i=1,\cdots,n,\\\sum\limits_{i=1}^{n}x_{ij}=1,j=1,\cdots,n,\\x_{ij}=0\text{ 或 }1,i,j=1,\cdots,n。\end{cases}$$

上述指派问题的可行解可以用一个矩阵表示，其每行、每列均有且只有一个元素为 1，其余元素均为 0；还可以用 $1,\cdots,n$ 中的一个置换表示。

指派问题的求解可以使用匈牙利算法、拍卖算法等算法，这里就不讨论了。

2.3 蒙特卡洛法（随机取样法）

蒙特卡洛方法也称为计算机随机模拟方法，它源于世界著名的赌城——摩纳哥的 Monte Carlo（蒙特卡洛）。它是基于对大量事件的统计结果来实现一些确定性问题的计算。使用蒙特卡洛方法必须使用计算机生成相关分布的随机数，Matlab 给出了生成各种随机数的命令。

例 2.5 $y=x^2$、$y=12-x$ 与 x 轴在第一象限围成一个曲边三角形。设计一个随机实验，求该图形面积的近似值。

解 设计的随机试验的思想如下：在矩形区域 $[0,12]\times[0,9]$ 上产生服从均匀分布的 10^7 个随机点，统计随机点落在曲边三角形的频数，则曲边三角形的面积近似为上述矩形的面积乘以频率。

计算的 Matlab 程序如下：

```
clc, clear
x=unifrnd(0,12,[1,10000000]);
y=unifrnd(0,9,[1,10000000]);
pinshu=sum(y<x.^2 & x<=3)+sum(y<12-x & x>=3);
area_appr=12*9*pinshu/10^7
```

运行结果在 49.5 附近，由于是随机模拟，因此每次的结果都是不一样的。

前面介绍的常用的整数规划求解方法，主要是针对线性整数规划而言，而对于非线性整数规划目前尚未有一种成熟而准确的求解方法，这是因为非线性规划本身的通用有效解法尚未找到,更何况是非线性整数规划。

然而,尽管整数规划由于限制变量为整数而增加了难度;然而又由于整数解是有限个,于是为枚举法提供了方便。当然,在自变量维数很大和取值范围很宽的情况下,企图用显枚举法(即穷举法)计算出最优值是不现实的,但是应用概率理论可以证明,在一定计算量的情况下,用蒙特卡洛法完全可以得出一个满意解。

例 2.6 已知非线性整数规划为

$$\max \quad z = x_1^2 + x_2^2 + 3x_3^2 + 4x_4^2 + 2x_5^2 - 8x_1 - 2x_2 - 3x_3 - x_4 - 2x_5,$$

$$\text{s.t.}\begin{cases} 0 \leqslant x_i \leqslant 99, i = 1,\cdots,5, \\ x_1 + x_2 + x_3 + x_4 + x_5 \leqslant 400, \\ x_1 + 2x_2 + 2x_3 + x_4 + 6x_5 \leqslant 800, \\ 2x_1 + x_2 + 6x_3 \leqslant 200, \\ x_3 + x_4 + 5x_5 \leqslant 200。\end{cases}$$

如果用显枚举法试探,则共需计算$(100)^5 = 10^{10}$个点,其计算量非常之大。然而应用蒙特卡洛去随机计算 10^6 个点,便可找到满意解,那么这种方法的可信度究竟怎样呢?

下面就随机取样采集 10^6 个点计算,应用概率理论来估计一下可信度。

不失一般性,假定一个整数规划的最优点不是孤立的奇点。

假设目标函数落在高值区的概率分别为 0.01、0.00001,则当计算 10^6 个点后,至少有一个点能落在高值区的概率分别为

$1 - 0.99^{1000000} \approx 0.99\cdots99$(100 多位),

$1 - 0.99999^{1000000} \approx 0.999954602$。

解 (1)首先编写 M 文件 mente.m 定义目标函数 f 和约束向量函数 g,程序如下:

```
function [f,g] = mengte(x);
f = x(1)^2 + x(2)^2 + 3 * x(3)^2 + 4 * x(4)^2 + 2 * x(5)^2 - 8 * x(1) - 2 * x(2) - 3 * x
(3) - ...
x(4) - 2 * x(5);
g = [sum(x) - 400
x(1) + 2 * x(2) + 2 * x(3) + x(4) + 6 * x(5) - 800
2 * x(1) + x(2) + 6 * x(3) - 200
x(3) + x(4) + 5 * x(5) - 200];
```

(2) 编写如下 Matlab 程序求问题的解。

```
rand('state',sum(clock)); % 初始化随机数发生器
p0 = 0;
tic  % 计时开始
for i = 1:10^6
    x = randi([0,99],1,5); % 产生一行五列的区间[0,99]上的随机整数
    [f,g] = mengte(x);
    if all(g < = 0)
            if p0 < f
                 x0 = x; p0 = f; % 记录下当前较好的解
```

```
            end
        end
    end
    x0,p0
    toc   % 计时结束
```

由于是随机模拟,因此每次的运行结果都是不一样的。

本题可以使用 Lingo 软件求得精确的全局最优解,程序如下:

```
model:
sets:
row/1..4/:b;
col/1..5/:c1,c2,x;
link(row,col):a;
endsets
data:
c1 =1,1,3,4,2;
c2 = -8,-2,-3,-1,-2;
a =1 1 1 1 1
   1 2 2 1 6
   2 1 6 0 0
   0 0 1 1 5;
b =400,800,200,200;
enddata
max =@ sum(col:c1 * x^2 + c2 * x);
@ for(row(i):@ sum(col(j):a(i,j) * x(j)) < b(i));
@ for(col:@ gin(x));
@ for(col:@ bnd(0,x,99));
end
```

求得的全局最优解为 $x_1=50$,$x_2=99$,$x_3=0$,$x_4=99$,$x_5=20$,最优值 $z=51568$。

2.4 整数线性规划的计算机求解

整数规划问题的求解使用 Lingo 等专用软件比较方便。对于整数线性规划问题,也可以使用 Matlab 的 intlinprog 函数求解,但使用 Matlab 软件求解数学规划问题有一个缺陷,即必须把所有的决策变量化成一维决策向量,实际上对于多维变量的数学规划问题,用 Matlab 软件求解,需要做一个变量替换,把多维决策变量化成一维决策向量,变量替换后,约束条件很难写出;而使用 Lingo 软件求解数学规划问题是不需要做变换的,使用起来相对比较容易。

Matlab 求解混合整数线性规划的命令为

```
[x,fval] = intlinprog(f,intcon,A,b,Aeq,beq,lb,ub)
```

对应如下数学模型

$$\min_{x} \boldsymbol{f}^{\mathrm{T}}\boldsymbol{x},$$

$$
\text{s. t.}\begin{cases}\boldsymbol{x}(\text{intcon})\ 为整数,\\ \boldsymbol{A}\cdot\boldsymbol{x}\leqslant\boldsymbol{b},\\ \text{Aeq}\cdot\boldsymbol{x}=\text{beq},\\ \text{lb}\leqslant\boldsymbol{x}\leqslant\text{ub}。\end{cases}
$$

式中:$\boldsymbol{f}$,$\boldsymbol{x}$,intcon,$\boldsymbol{b}$,beq,lb,ub 为列向量;$\boldsymbol{A}$,Aeq 为矩阵。

例 2.7 求解下列指派问题,已知指派矩阵为

$$
\begin{bmatrix}3 & 8 & 2 & 10 & 3\\ 8 & 7 & 2 & 9 & 7\\ 6 & 4 & 2 & 7 & 5\\ 8 & 4 & 2 & 3 & 5\\ 9 & 10 & 6 & 9 & 10\end{bmatrix}。
$$

解 这里需要把二维决策变量 $x_{ij}(i,j=1,\cdots,5)$ 变成一维决策变量 $y_k(k=1,\cdots,25)$,编写的 Matlab 程序如下:

```
clc, clear
c=[3 8 2 10 3;8 7 2 9 7;6 4 2 7 5
  8 4 2 3 5;9 10 6 9 10];
c=c(:); a=zeros(10,25); intcon=1:25;
for i=1:5
   a(i,(i-1)*5+1:5*i)=1;
   a(5+i,i:5:25)=1;
end
b=ones(10,1); lb=zeros(25,1); ub=ones(25,1);
x=intlinprog(c,intcon,[],[],a,b,lb,ub);
x=reshape(x,[5,5])
```

求得最优指派方案为 $x_{15}=x_{23}=x_{32}=x_{44}=x_{51}=1$,最优值为 21。

求解的 Lingo 程序如下

```
model:
sets:
var/1..5/;
link(var,var):c,x;
endsets
data:
c=3 8 2 10 3
  8 7 2 9 7
  6 4 2 7 5
  8 4 2 3 5
  9 10 6 9 10;
enddata
min=@sum(link:c*x);
```

```
@ for(var(i):@ sum(var(j):x(i,j)) =1);
@ for(var(j):@ sum(var(i):x(i,j)) =1);
@ for(link:@ bin(x));
end
```

例 2.8 求解如下的混合整数规划问题

$$\min z = -3x_1 - 2x_2 - x_3,$$

$$\text{s. t.} \begin{cases} x_1 + x_2 + x_3 \leqslant 7, \\ 4x_1 + 2x_2 + x_3 = 12, \\ x_1, x_2 \geqslant 0, \\ x_3 = 0 \text{ 或 } 1。\end{cases}$$

解 求解的 Matlab 程序如下:

```
clc, clear
f =[ -3; -2; -1]; intcon =3; % 整数变量的地址
a =ones(1,3); b =7;
aeq =[4 2 1]; beq =12;
lb =zeros(3,1); ub =[inf;inf;1]; % x(3)为 0 -1 变量
x =intlinprog(f,intcon,a,b,aeq,beq,lb,ub)
```

求得的最优解为 $x_1 = 0, x_2 = 5.5, x_3 = 1$;目标函数的最优值 $z = -12$。

拓展阅读材料

[1] Matlab Optimization Toolbox User's Guide. R2014b.

阅读其中的两部分内容:①旅行商问题的 0 -1 整数规划模型及算法;②数独问题的 0 -1 整数规划模型。

习 题 2

2.1 试将下述非线性的 0 -1 规划问题转换成线性的 0 -1 规划问题:

$$\max \quad z = x_1 + x_1 x_2 - x_3,$$

$$\text{s. t.} \begin{cases} -2x_1 + 3x_2 + x_3 \leqslant 3, \\ x_j = 0 \text{ 或 } 1, j = 1,2,3。\end{cases}$$

2.2 某市为方便小学生上学,拟在新建的 8 个居民小区 $A_1, A_2, \cdots, A_8$ 增设若干所小学,经过论证知备选校址有 $B_1, B_2, \cdots, B_6$,它们能够覆盖的居民小区如表 2.1 所列。

表 2.1 校址选择数据

备选校址	B_1	B_2	B_3	B_4	B_5	B_6
覆盖的居民小区	A_1, A_5 A_7	A_1, A_2 A_5, A_8	A_1, A_3, A_5	A_2, A_4 A_8	A_3, A_6	A_4, A_6 A_8

试建立一个数学模型,确定出最小个数的建校地址,使其能覆盖所有的居民小区。

2.3 某公司新购置了某种设备 6 台,欲分配给下属的 4 个企业,已知各企业获得这种设备后年创

利润如表 2.2 所列(单位:千万元)。问应如何分配这些设备能使年创总利润最大,最大利润是多少?

表 2.2 各企业获得设备的年创利润数

企业＼设备	甲	乙	丙	丁
1	4	2	3	4
2	6	4	5	5
3	7	6	7	6
4	7	8	8	6
5	7	9	8	6
6	7	10	8	6

2.4 有一场由四个项目(高低杠、平衡木、跳马、自由体操)组成的女子体操团体赛,赛程规定:每个队至多允许 10 名运动员参赛,每一个项目可以有 6 名选手参加。每个选手参赛的成绩评分从高到低依次为:10;9.9;9.8;…;0.1;0。每个代表队的总分是参赛选手所得总分之和,总分最多的代表队为优胜者。此外,还规定每个运动员只能参加全能比赛(四项全参加)与单项比赛这两类中的一类,参加单项比赛的每个运动员至多只能参加三个单项。每个队应有 4 人参加全能比赛,其余运动员参加单项比赛。

现某代表队的教练已经对其所带领的 10 名运动员参加各个项目的成绩进行了大量测试,教练发现每个运动员在每个单项上的成绩稳定在 4 个得分上(表 2.3),她们得到这些成绩的相应概率也由统计得出(见表中第二个数据。例如 8.4 ~0.15 表示取得 8.4 分的概率为 0.15)。试解答以下问题:

(1) 每个选手的各单项得分按最悲观估算,在此前提下,请为该队排出一个出场阵容,使该队团体总分尽可能高;每个选手的各单项得分按均值估算,在此前提下,请为该队排出一个出场阵容,使该队团体总分尽可能高。

(2) 若对以往的资料及近期各种信息进行分析得到:本次夺冠的团体总分估计为不少于 236.2 分,该队为了夺冠应排出怎样的阵容?以该阵容出战,其夺冠的前景如何?得分前景(即期望值)又如何?它有 90% 的把握战胜怎样水平的对手?

表 2.3 运动员各项目得分及概率分布表

项目＼运动员	1	2	3	4	5
高低杠	8.4 ~0.15 9.5 ~0.5 9.2 ~0.25 9.4 ~0.1	9.3 ~0.1 9.5 ~0.1 9.6 ~0.6 9.8 ~0.2	8.4 ~0.1 8.8 ~0.2 9.0 ~0.6 10 ~0.1	8.1 ~0.1 9.1 ~0.5 9.3 ~0.3 9.5 ~0.1	8.4 ~0.15 9.5 ~0.5 9.2 ~0.25 9.4 ~0.1
平衡木	8.4 ~0.1 8.8 ~0.2 9.0 ~0.6 10 ~0.1	8.4 ~0.15 9.0 ~0.5 9.2 ~0.25 9.4 ~0.1	8.1 ~0.1 9.1 ~0.5 9.3 ~0.3 9.5 ~0.1	8.7 ~0.1 8.9 ~0.2 9.1 ~0.6 9.9 ~0.1	9.0 ~0.1 9.2 ~0.1 9.4 ~0.6 9.7 ~0.2

（续）

项目 \ 运动员	1	2	3	4	5
跳马	9.1～0.1 9.3～0.1 9.5～0.6 9.8～0.2	8.4～0.1 8.8～0.2 9.0～0.6 10～0.1	8.4～0.15 9.5～0.5 9.2～0.25 9.4～0.1	9.0～0.1 9.4～0.1 9.5～0.5 9.7～0.3	8.3～0.1 8.7～0.1 8.9～0.6 9.3～0.2
自由体操	8.7～0.1 8.9～0.2 9.1～0.6 9.9～0.1	8.9～0.1 9.1～0.1 9.3～0.6 9.6～0.2	9.5～0.1 9.7～0.1 9.8～0.6 10～0.2	8.4～0.1 8.8～0.2 9.0～0.6 10～0.1	9.4～0.1 9.6～0.1 9.7～0.6 9.9～0.2

项目 \ 运动员	6	7	8	9	10
高低杠	9.4～0.1 9.6～0.1 9.7～0.6 9.9～0.2	9.5～0.1 9.7～0.1 9.8～0.6 10～0.2	8.4～0.1 8.8～0.2 9.0～0.6 10～0.1	8.4～0.15 9.5～0.5 9.2～0.25 9.4～0.1	9.0～0.1 9.2～0.1 9.4～0.6 9.7～0.2
平衡木	8.7～0.1 8.9～0.2 9.1～0.6 9.9～0.1	8.4～0.1 8.8～0.2 9.0～0.6 10～0.1	8.8～0.05 9.2～0.05 9.8～0.5 10～0.4	8.4～0.1 8.8～0.1 9.2～0.6 9.8～0.2	8.1～0.1 9.1～0.5 9.3～0.3 9.5～0.1
跳马	8.5～0.1 8.7～0.1 8.9～0.5 9.1～0.3	8.3～0.1 8.7～0.1 8.9～0.6 9.3～0.2	8.7～0.1 8.9～0.2 9.1～0.6 9.9～0.1	8.4～0.1 8.8～0.2 9.0～0.6 10～0.1	8.2～0.1 9.2～0.5 9.4～0.3 9.6～0.1
自由体操	8.4～0.15 9.5～0.5 9.2～0.25 9.4～0.1	8.4～0.1 8.8～0.1 9.2～0.6 9.8～0.2	8.2～0.1 9.3～0.5 9.5～0.3 9.8～0.1	9.3～0.1 9.5～0.1 9.7～0.5 9.9～0.3	9.1～0.1 9.3～0.1 9.5～0.6 9.8～0.2

第3章 非线性规划

3.1 非线性规划模型

3.1.1 非线性规划的实例与定义

如果目标函数或约束条件中包含非线性函数,就称这种规划问题为非线性规划问题。一般说来,解非线性规划要比解线性规划问题困难得多。而且,也不像线性规划有单纯形法这一通用方法,非线性规划目前还没有适于各种问题的一般算法,各个方法都有自己特定的适用范围。

下面通过实例归纳出非线性规划数学模型的一般形式。

例3.1(投资决策问题) 某企业有 n 个项目可供选择投资,并且至少要对其中一个项目投资。已知该企业拥有总资金 A 元,投资于第 $i(i=1,\cdots,n)$ 个项目需花资金 a_i 元,并预计可收益 b_i 元。试选择最佳投资方案。

解 设投资决策变量为

$$x_i=\begin{cases}1,\text{决定投资第 } i \text{ 个项目}\\0,\text{决定不投资第 } i \text{ 个项目}\end{cases},i=1,\cdots,n,$$

则投资总额为 $\sum\limits_{i=1}^{n}a_ix_i$,投资总收益为 $\sum\limits_{i=1}^{n}b_ix_i$。因为该公司至少要对一个项目投资,并且总的投资金额不能超过总资金 A,故有限制条件

$$0<\sum_{i=1}^{n}a_ix_i\leqslant A,$$

另外,由于 $x_i(i=1,\cdots,n)$ 只取值0或1,所以还有

$$x_i(1-x_i)=0,i=1,\cdots,n。$$

最佳投资方案应是投资额最小而总收益最大的方案,所以这个最佳投资决策问题归结为总资金以及决策变量(取0或1)的限制条件下,极大化总收益和总投资之比。因此,其数学模型为

$$\max Q=\frac{\sum\limits_{i=1}^{n}b_ix_i}{\sum\limits_{i=1}^{n}a_ix_i},$$

$$\text{s.t.}\begin{cases}0<\sum\limits_{i=1}^{n}a_ix_i\leqslant A,\\x_i(1-x_i)=0,i=1,\cdots,n。\end{cases}$$

上面例题是在一组等式或不等式的约束下,求一个函数的最大值(或最小值)问题,其中至少有一个非线性函数,这类问题称为非线性规划问题。可概括为如下一般形式:

$$\min f(\boldsymbol{x}),$$
$$\text{s.t.}\begin{cases}h_j(\boldsymbol{x}) \leqslant 0, j = 1,\cdots,q,\\ g_i(\boldsymbol{x}) = 0, i = 1,\cdots,p。\end{cases} \tag{3.1}$$

式中:$\boldsymbol{x} = [x_1,\cdots,x_n]^{\mathrm{T}}$ 为模型式(3.1)的决策变量;f 为目标函数,$g_i (i=1,\cdots,p)$ 和 $h_j(j=1,\cdots,q)$ 为约束函数;$g_i(\boldsymbol{x})=0\ (i=1,\cdots,p)$ 为等式约束;$h_j(\boldsymbol{x}) \leqslant 0\ (j=1,\cdots,q)$ 为不等式约束。

对于一个实际问题,在把它归结成非线性规划问题时,一般要注意如下几点:

(1) 确定供选方案:首先要收集同问题有关的资料和数据,在全面熟悉问题的基础上,确认问题的可供选择的方案,并用一组变量来表示它们。

(2) 提出追求目标:经过资料分析,根据实际需要和可能,提出要追求极小化或极大化的目标。并且,运用各种科学和技术原理,把它表示成数学关系式。

(3) 给出价值标准:在提出要追求的目标之后,要确立所考虑目标的"好"或"坏"的价值标准,并用某种数量形式来描述它。

(4) 寻求限制条件:由于所追求的目标一般都要在一定的条件下取得极小化或极大化效果,因此还需要寻找出问题的所有限制条件,这些条件通常用变量之间的一些不等式或等式来表示。

注:线性规划与非线性规划的区别在于,如果线性规划的最优解存在,则其最优解只能在其可行域的边界上达到(特别是可行域的顶点上达到),而非线性规划的最优解(如果最优解存在)则可能在其可行域的任意一点达到。

3.1.2 非线性规划的 Matlab 解法

Matlab 中非线性规划的数学模型写成以下形式:

$$\min f(\boldsymbol{x}),$$
$$\text{s.t.}\begin{cases}\boldsymbol{A}\cdot\boldsymbol{x} \leqslant \boldsymbol{b},\\ \mathrm{Aeq}\cdot\boldsymbol{x} = \mathrm{beq},\\ c(\boldsymbol{x}) \leqslant 0,\\ \mathrm{ceq}(\boldsymbol{x}) = 0,\\ \mathrm{lb} \leqslant \boldsymbol{x} \leqslant \mathrm{ub}。\end{cases}$$

式中:$f(\boldsymbol{x})$为标量函数;$\boldsymbol{A},\boldsymbol{b}$,Aeq,beq,lb,ub 为相应维数的矩阵和向量;$c(\boldsymbol{x})$,$\mathrm{ceq}(\boldsymbol{x})$为非线性向量函数。

Matlab 中的命令是

```
[x,fval] = fmincon(fun,x0,A,b,Aeq,beq,lb,ub,nonlcon,options)
```

x 的返回值是决策向量 $\boldsymbol{x}$ 的取值,fval 返回的是目标函数的取值,其中 fun 是用 M 文件定义的函数 $f(\boldsymbol{x})$;x0 是 $\boldsymbol{x}$ 的初始值;A,b,Aeq,beq 定义了线性约束 $\boldsymbol{A}\cdot\boldsymbol{x}\leqslant\boldsymbol{b}$,$\mathrm{Aeq}\cdot\boldsymbol{x}=\mathrm{beq}$,如果没有线性约束,则 A = [ ],b = [ ],Aeq = [ ],beq = [ ];lb 和 ub 是变量 $\boldsymbol{x}$ 的下界和上界,如果上界和下界没有约束,即 $\boldsymbol{x}$ 无下界也无上界,则 lb = [ ],ub = [ ],也可以写成

lb 的各分量都为 - inf, ub 的各分量都为 inf; nonlcon 是用 M 文件定义的非线性向量函数 $c(\boldsymbol{x})$, $ceq(\boldsymbol{x})$; options 定义了优化参数,可以使用 Matlab 默认的参数设置。

例 3.2 求下列非线性规划:

$$\min f(x) = x_1^2 + x_2^2 + x_3^2 + 8,$$

$$\text{s.t.} \begin{cases} x_1^2 - x_2 + x_3^2 \geqslant 0, \\ x_1 + x_2^2 + x_3^3 \leqslant 20, \\ -x_1 - x_2^2 + 2 = 0, \\ x_2 + 2x_3^2 = 3, \\ x_1, x_2, x_3 \geqslant 0。 \end{cases}$$

解 (1) 编写 M 函数 fun1.m 定义目标函数:

```
function f = fun1(x);
f = sum(x.^2) + 8;
```

(2) 编写 M 函数 fun2.m 定义非线性约束条件:

```
function [g,h] = fun2(x);
g = [ -x(1)^2 + x(2) - x(3)^2
    x(1) + x(2)^2 + x(3)^3 - 20]; % 非线性不等式约束
h = [ -x(1) - x(2)^2 + 2
    x(2) + 2 * x(3)^2 - 3]; % 非线性等式约束
```

(3) 编写主程序文件如下:

```
[x,y] = fmincon('fun1',rand(3,1),[],[],[],[],zeros(3,1),[],'fun2')
```

求得当 $x_1 = 0.5522$, $x_2 = 1.2033$, $x_3 = 0.9478$ 时,最小值 $y = 10.6511$。

3.2 无约束问题的 Matlab 解法

3.2.1 无约束极值问题的符号解

例 3.3 求多元函数 $f(x,y) = x^3 - y^3 + 3x^2 + 3y^2 - 9x$ 的极值。

解 先解方程组

$$\begin{cases} f_x(x,y) = 3x^2 + 6x - 9 = 0, \\ f_y(x,y) = -3y^2 + 6y = 0。 \end{cases}$$

求得驻点为 $(1,0)$, $(1,2)$, $(-3,0)$, $(-3,2)$。

再求出 Hessian 阵

$$\begin{bmatrix} \dfrac{\partial^2 f}{\partial x^2} & \dfrac{\partial^2 f}{\partial x \partial y} \\ \dfrac{\partial^2 f}{\partial x \partial y} & \dfrac{\partial^2 f}{\partial y^2} \end{bmatrix} = \begin{bmatrix} 6 + 6x & 0 \\ 0 & 6 - 6y \end{bmatrix},$$

如果在驻点处 Hessian 阵为正定阵,则在该点取极小值;如果在驻点处 Hessian 阵为负定阵,则在该点取极大值;如果在驻点处 Hessian 阵为不定阵,则该驻点不是极值点。可以验证:

(1) 点(1,0)是极小值点,对应的极小值$f(1,0)=-5$。

(2) 点(1,2),(-3,0)不是极值点。

(3) 点(-3,2)是极大值点,对应的极大值$f(-3,2)=31$。

计算的 Matlab 程序如下:

```
clc, clear
syms x y
f = x^3 - y^3 + 3 * x^2 + 3 * y^2 - 9 * x;
df = jacobian(f); % 求一阶偏导数
d2f = jacobian(df); % 求 Hessian 阵
[xx,yy] = solve(df) % 求驻点
xx = double(xx);yy = double(yy); % 转化成双精度浮点型数据,下面判断特征值的正负,必须是数值型数据
for i =1:length(xx)
    a = subs(d2f,{x,y},{xx(i),yy(i)});
    b = eig(a); % 求矩阵的特征值
    f = subs(f,{x,y},{xx(i),yy(i)});f = double(f);
    if all(b >0)
        fprintf('(%f,%f)是极小值点,对应的极小值为%f\n',xx(i),yy(i),f);
    elseif all(b <0)
        fprintf('(%f,%f)是极大值点,对应的极大值为%f\n',xx(i),yy(i),f);
    elseif any(b >0) & any(b <0)
        fprintf('(%f,%f)不是极值点\n',xx(i),yy(i));
    else
        fprintf('无法判断(%f,%f)是否是极值点\n',xx(i),yy(i));
    end
end
```

3.2.2 无约束极值问题的数值解

在 Matlab 工具箱中,用于求解无约束极小值问题的函数有 fminunc 和 fminsearch,用法介绍如下。

求函数的极小值

$$\min_{x} f(x),$$

式中:x 为标量或向量。

Matlab 中 fminunc 的基本命令是

```
[x,fval] = fminunc(fun,x0,options)
```

其中:返回值 x 是所求得的极小值点,返回值 fval 是函数的极小值。fun 是一个 M 函数,当 fun 只有一个返回值时,它的返回值是函数$f(x)$;当 fun 有两个返回值时,它的第二个返回值是$f(x)$的梯度向量;当 fun 有三个返回值时,它的第三个返回值是$f(x)$的二阶导数阵(Hessian 阵)。x0 是 x 的初始值,options 是优化参数,可以使用默认参数。

求多元函数的极小值也可以使用 Matlab 的 fminsearch 命令,其使用格式为

```
[x,fval] = fminsearch(fun,x0,options)
```

例 3.4 求多元函数 $f(x,y)=x^3-y^3+3x^2+3y^2-9x$ 的极值。

解 编写 Matlab 程序如下：

```
clc, clear
f=@(x) x(1)^3-x(2)^3+3*x(1)^2+3*x(2)^2-9*x(1); % 定义匿名函数
g=@(x) -f(x);
[xy1,z1]=fminunc(f, rand(2,1)) % 求极小值点
[xy2,z2]=fminsearch(g,rand(2,1)); % 求极大值点
xy2, z2=-z2
```

求得的极小值点为(1,0)，极小值为 -5；极大值点为(-3,2)，极大值为 31。

注：fminsearch 只能求给定的初始值附近的一个极小值点。

例 3.5 求函数 $f(x)=100(x_2-x_1^2)^2+(1-x_1)^2$ 的极小值。

解 在求极小值时，可以使用函数的梯度，编写 M 函数 fun3.m 如下：

```
function [f,g]=fun3(x);
f=100*(x(2)-x(1)^2)^2+(1-x(1))^2;
g=[-400*x(1)*(x(2)-x(1)^2)-2*(1-x(1));200*(x(2)-x(1)^2)]; % g 返回
的是梯度向量
```

编写主程序文件如下：

```
options = optimset('GradObj','on');
[x,y]=fminunc('fun3',rand(1,2),options)
```

即可求得函数的极小点(1,1)，函数的极小值为 3.9917×10^{-15}，即极小值近似为 0。

在求极值时，也可以利用二阶导数，编写 M 函数 fun4.m 如下：

```
function [f,df,d2f]=fun4(x);
f=100*(x(2)-x(1)^2)^2+(1-x(1))^2;
df=[-400*x(1)*(x(2)-x(1)^2)-2*(1-x(1));200*(x(2)-x(1)^2)];
d2f=[-400*x(2)+1200*x(1)^2+2,-400*x(1)
     -400*x(1),200];
```

编写主程序文件如下：

```
options = optimset('GradObj','on','Hessian','on');
[x,y]=fminunc('fun4',rand(1,2),options)
```

即可求得函数的极小值。

一般来说，提供的信息越多，计算越快，精度越高。

例 3.6 求函数 $f(x)=\sin(x)+3$ 取极小值时的 x 值。

解 编写 $f(x)$ 的 M 函数 fun5.m 如下：

```
function f=fun5(x);
f=sin(x)+3;
```

编写主程序文件如下：

```
x0=2;
[x,y]=fminsearch(@fun5,x0)
```

求得在初值 2 附近的极小值点 $x=4.7124$ 及极小值 $y=2$。

3.2.3 求函数的零点和方程组的解

例 3.7 求多项式 $f(x)=x^3-x^2+2x-3$ 的零点。

解　Matlab 程序如下：

```
clc, clear
xishu=[1 -1 2 -3]; % 多项式是用向量定义的,系数从高次幂到低次幂排列
x0=roots(xishu)
```

求得多项式的全部零点为 $-0.1378 \pm 1.5273i$ 和 1.2757。

使用符号求解的程序如下：

```
syms x
x0=solve(x^3-x^2+2*x-3) % 求函数零点的符号解
x0=vpa(x0,5) % 化成小数格式的数据
```

也求得全部的零点为 $-0.1378 \pm 1.5273i$ 和 1.2757。

求数值解的 Matlab 程序如下：

```
y=@(x) x^3-x^2+2*x-3;
x=fsolve(y,rand) % 只能求给定初始值附近的一个零点
```

求得给定初始值附近的一个零点为 1.2757。

例 3.8　求如下方程组的解

$$\begin{cases} x^2+y-6=0, \\ y^2+x-6=0。\end{cases}$$

解　符号求解的 Matlab 程序如下：

```
syms x y
[x,y]=solve(x^2+y-6,y^2+x-6)
```

求得方程组的 4 组解为 $(2,2)$，$(-3,-3)$，$\left(\frac{1+\sqrt{21}}{2},\frac{1-\sqrt{21}}{2}\right)$，$\left(\frac{1-\sqrt{21}}{2},\frac{1+\sqrt{21}}{2}\right)$。

求数值解的程序如下：

```
f=@(x) [x(1)^2+x(2)-6; x(2)^2+x(1)-6];
xy=fsolve(f,rand(2,1)) % 只能求给定初始值附近的一组解
```

求得一组数值解(2,2)。

3.3　约束极值问题

带有约束条件的极值问题称为约束极值问题,也叫规划问题。

求解约束极值问题要比求解无约束极值问题困难得多。为了简化其优化工作,可采用以下方法:将约束问题化为无约束问题;将非线性规划问题化为线性规划问题,以及能将复杂问题变换为较简单问题的其他方法。

库恩-塔克条件是非线性规划领域中最重要的理论成果之一,是确定某点为最优点的必要条件,但一般它并不是充分条件(对于凸规划,它既是最优点存在的必要条件,同时也是充分条件)。

3.3.1　二次规划

若某非线性规划的目标函数为自变量 x 的二次函数,约束条件又全是线性的,就称这种规划为二次规划。

Matlab 中二次规划的数学模型可表述如下：

$$\min \quad \frac{1}{2}\boldsymbol{x}^{\mathrm{T}}\boldsymbol{H}\boldsymbol{x}+\boldsymbol{f}^{\mathrm{T}}\boldsymbol{x},$$

$$\text{s. t.}\begin{cases}\boldsymbol{A}\boldsymbol{x}\leqslant\boldsymbol{b},\\ \mathrm{Aeq}\cdot\boldsymbol{x}=\mathrm{beq},\\ \mathrm{lb}\leqslant\boldsymbol{x}\leqslant\mathrm{ub}。\end{cases}$$

式中:$\boldsymbol{H}$ 为实对称矩阵; $\boldsymbol{f}$,$\boldsymbol{b}$,beq,lb,ub 为列向量;$\boldsymbol{A}$,Aeq 为相应维数的矩阵。

Matlab 中求解二次规划的命令是

```
[x,fval] = quadprog(H,f,A,b,Aeq,beq,lb,ub,x0,options)
```

返回值 x 是决策向量 $\boldsymbol{x}$ 的值,返回值 fval 是目标函数在 $\boldsymbol{x}$ 处的值(具体细节可以参看在 Matlab 命令窗口中运行 help quadprog 后的“帮助”文档)。

例 3.9 求解二次规划

$$\min f(\boldsymbol{x})=2x_1^2-4x_1x_2+4x_2^2-6x_1-3x_2,$$

$$\text{s. t.}\begin{cases}x_1+x_2\leqslant 3,\\ 4x_1+x_2\leqslant 9,\\ x_1,x_2\geqslant 0。\end{cases}$$

解 编写如下程序:

```
h=[4,-4;-4,8];
f=[-6;-3];
a=[1,1;4,1];
b=[3;9];
[x,value]=quadprog(h,f,a,b,[],[],zeros(2,1))
```

求得 $x_1=1.9500$,$x_2=1.0500$,$\min f(x)=-11.0250$。

3.3.2 罚函数法

利用罚函数法,可将非线性规划问题的求解,转化为求解一系列无约束极值问题,因而也称这种方法为序列无约束最小化技术(Sequential Unconstrained Minization Technique,SUMT)。

罚函数法求解非线性规划问题的思想是,利用问题中的约束函数作出适当的罚函数,由此构造出带参数的增广目标函数,把问题转化为无约束非线性规划问题。主要有两种形式,一种叫外罚函数法,另一种叫内罚函数法,下面介绍外罚函数法。

考虑问题

$$\min f(\boldsymbol{x}),$$

$$\text{s. t.}\begin{cases}g_i(\boldsymbol{x})\leqslant 0, & i=1,\cdots,r,\\ h_j(\boldsymbol{x})\geqslant 0, & j=1,\cdots,s,\\ k_m(\boldsymbol{x})=0, & m=1,\cdots,t。\end{cases}$$

取一个充分大的数 $M>0$,构造函数

$$P(\boldsymbol{x},M)=f(\boldsymbol{x})+M\sum_{i=1}^{r}\max(g_i(\boldsymbol{x}),0)-M\sum_{j=1}^{s}\min(h_j(\boldsymbol{x}),0)+M\sum_{m=1}^{t}|k_m(\boldsymbol{x})|,$$

(或 $P(\boldsymbol{x},M) = f(\boldsymbol{x}) + M\text{sum}\left(\max\begin{pmatrix}G(\boldsymbol{x})\\0\end{pmatrix}\right) - M\text{sum}\left(\min\begin{pmatrix}H(\boldsymbol{x})\\0\end{pmatrix}\right) + M\|K(\boldsymbol{x})\|$,这里 $G(\boldsymbol{x}) = [g_1(\boldsymbol{x}),\cdots,g_r(\boldsymbol{x})]$,$H(\boldsymbol{x}) = [h_1(\boldsymbol{x}),\cdots,h_s(\boldsymbol{x})]$,$K(\boldsymbol{x}) = [k_1(\boldsymbol{x}),\cdots,k_t(\boldsymbol{x})]$,Matlab 中可以直接利用 max、min 和 sum 函数),则以增广目标函数 $P(\boldsymbol{x},M)$ 为目标函数的无约束极值问题 $\min P(\boldsymbol{x},M)$ 的最优解 x 也是原问题的最优解。

例 3.10 求下列非线性规划

$$\min f(x) = x_1^2 + x_2^2 + 8,$$

$$\text{s.t.}\begin{cases}x_1^2 - x_2 \geqslant 0,\\ -x_1 - x_2^2 + 2 = 0,\\ x_1,x_2 \geqslant 0。\end{cases}$$

解 (1) 定义增广目标函数,编写 M 函数 test1.m 如下:

```
function g=test1(x);
M=50000;
f=x(1)^2+x(2)^2+8;
g=f-M*min(x(1),0)-M*min(x(2),0)-M*min(x(1)^2-x(2),0)+M*abs(-x(1)
-x(2)^2+2);
```

或者是利用 Matlab 的求矩阵的极小值和极大值函数编写 test2.m 如下:

```
function g=test2(x);
M=50000;
f=x(1)^2+x(2)^2+8;
g=f-M*sum(min([x';zeros(1,2)]))-M*min(x(1)^2-x(2),0)+M*abs(-x(1)-
x(2)^2+2);
```

也可以修改增广目标函数的定义,编写 test3.m 如下:

```
function g=test3(x);
M=50000;
f=x(1)^2+x(2)^2+8;
g=f-M*min(min(x),0)-M*min(x(1)^2-x(2),0)+M*(-x(1)-x(2)^2+2)^2;
```

(2) 求增广目标函数的极小值,在 Matlab 命令窗口中输入:

```
[x,y]=fminsearch('test3',rand(2,1))
```

即可求得问题的解。由于是非线性问题,很难求得问题的全局最优解,因此只能求得一个局部最优解,并且每次的运行结果都是不一样的。

注:(1) 如果非线性规划问题要求实时算法,则可以使用罚函数方法,但计算精度较低。

(2) 如果非线性规划问题不要求实时算法,但要求精度高,则可以使用 Lingo 软件编程求解或使用 Matlab 的 fmincon 命令求解。

3.3.3 Matlab 求约束极值问题

在 Matlab 优化工具箱中,用于求解约束最优化问题的函数有 fminbnd、fmincon、quadprog、fseminf、fminimax,上面已经介绍了函数 fmincon 和 quadprog。

1. fminbnd 函数

求单变量非线性函数在区间上的极小值

$$\min_{x} f(x), x \in [x_1, x_2]$$

Matlab 的命令为

```
[x,fval] = fminbnd(fun,x1,x2,options),
```

它的返回值是极小点 x 和函数的极小值。这里 fun 是用 M 文件定义的函数、匿名函数或 Matlab 中的单变量数学函数。

例 3.11 求函数 $f(x) = (x-3)^2 - 1, x \in [0,5]$ 的最小值。

解 编写 M 函数 fun6. m:

```
function f = fun6(x);
f = (x - 3)^2 - 1;
```

在 Matlab 的命令窗口输入

```
[x,y] = fminbnd('fun6',0,5)
```

即可求得极小值点 $x = 3$ 和极小值 $y = -1$。

2. fseminf 函数

求

$$\min f(\boldsymbol{x}),$$

$$\text{s. t.} \begin{cases} \boldsymbol{A} \cdot \boldsymbol{x} \leqslant \boldsymbol{b}, \\ \text{Aeq} \cdot \boldsymbol{x} = \text{beq}, \\ \text{lb} \leqslant \boldsymbol{x} \leqslant \text{ub}, \\ c(\boldsymbol{x}) \leqslant 0, \\ \text{ceq}(\boldsymbol{x}) \leqslant 0, \\ K_i(\boldsymbol{x}, w_i) \leqslant 0, 1 \leqslant i \leqslant n。 \end{cases}$$

式中:$\boldsymbol{x}, \boldsymbol{b}$, beq, lb, ub 为向量;$\boldsymbol{A}$, Aeq 为矩阵;$c(\boldsymbol{x})$, ceq$(\boldsymbol{x})$ 为向量函数;$K_i(\boldsymbol{x}, w_i)$ 为标量函数,$w_1, \cdots, w_n$ 为附加的变量。

上述问题的 Matlab 命令格式为

```
[x,fval] = fseminf(fun,x0,ntheta,seminfcon,A,b,Aeq,beq,lb,ub)
```

其中:fun 用于定义目标函数 $f(x)$;x0 为 $\boldsymbol{x}$ 的初始值;ntheta 是半无穷约束 $K_i(\boldsymbol{x}, w_i)$ 的个数;函数 seminfcon 用于定义非线性不等式约束 $c(\boldsymbol{x})$、非线性等式约束 ceq$(\boldsymbol{x})$ 和半无穷约束 $K_i(\boldsymbol{x}, w_i)$ 的函数,函数 seminfcon 有两个输入参量 x 和 s,s 是推荐的取样步长,也可不使用。

例 3.12 求函数 $f(\boldsymbol{x}) = (x_1 - 0.5)^2 + (x_2 - 0.5)^2 + (x_3 - 0.5)^2$ 取最小值时的 $\boldsymbol{x}$ 值,约束为

$$K_1(\boldsymbol{x}, w_1) = \sin(w_1 x_1)\cos(w_1 x_2) - \frac{1}{1000}(w_1 - 50)^2 - \sin(w_1 x_3) - x_3 \leqslant 1,$$

$$K_2(\boldsymbol{x}, w_2) = \sin(w_2 x_2)\cos(w_2 x_1) - \frac{1}{1000}(w_2 - 50)^2 - \sin(w_2 x_3) - x_3 \leqslant 1,$$

$$1 \leqslant w_1 \leqslant 100, 1 \leqslant w_2 \leqslant 100。$$

解 (1) 编写 M 函数 fun7. m 定义目标函数如下:

```
function f = fun7(x,s);
```

```
f = sum((x - 0.5).^2);
```

(2) 编写 M 函数 fun8.m 定义约束条件如下：

```
function [c,ceq,k1,k2,s] = fun8(x,s);
c = [];ceq = [];
if isnan(s(1,1))
      s = [0.2,0;0.2 0];
end
% 取样值
w1 = 1:s(1,1):100;
w2 = 1:s(2,1):100;
% 半无穷约束
k1 = sin(w1 * x(1)).* cos(w1 * x(2)) -1/1000 * (w1 -50).^2 - sin(w1 * x(3)) - x(3) -1;
k2 = sin(w2 * x(2)).* cos(w2 * x(1)) -1/1000 * (w2 -50).^2 - sin(w2 * x(3)) - x(3) -1;
% 画出半无穷约束的图形
plot(w1,k1,'-',w2,k2,'+');
```

(3) 调用函数 fseminf：

编写主程序文件如下：

```
x0 = [0.5; 0.2; 0.3]; % 如果初始值取的不合适,可能就得不到可行解
[x,y] = fseminf(@ fun7,x0,2,@ fun8)
```

求得 $x_1 = 0.6675$，$x_2 = 0.3012$，$x_3 = 0.4022$，对应的最小值 $f(x) = 0.0771$。

3. fminimax 函数

求解

$$\min_{x} \max_{i} F_i(\boldsymbol{x}),$$

$$\text{s.t.} \begin{cases} \boldsymbol{A} \cdot \boldsymbol{x} \leqslant \boldsymbol{b}, \\ \text{Aeq} \cdot \boldsymbol{x} = \text{beq}, \\ c(\boldsymbol{x}) \leqslant 0, \\ \text{ceq}(\boldsymbol{x}) = 0, \\ \text{lb} \leqslant \boldsymbol{x} \leqslant \text{ub}. \end{cases}$$

的 Matlab 命令为

```
[x,fval] = fminimax(fun,x0,A,b,Aeq,beq,lb,ub,nonlcon,options)
```

例 3.13 求函数族 $\{f_1(\boldsymbol{x}), f_2(\boldsymbol{x}), f_3(\boldsymbol{x}), f_4(\boldsymbol{x}), f_5(\boldsymbol{x})\}$ 取极小 - 极大值时的 x 值，其中

$$\begin{cases} f_1(\boldsymbol{x}) = 2x_1^2 + x_2^2 - 48x_1 - 40x_2 + 304, \\ f_2(\boldsymbol{x}) = -x_1^2 - 3x_2^2, \\ f_3(\boldsymbol{x}) = x_1 + 3x_2 - 18, \\ f_4(\boldsymbol{x}) = -x_1 - x_2, \\ f_5(\boldsymbol{x}) = x_1 + x_2 - 8. \end{cases}$$

解 (1) 编写 M 函数 fun9.m 定义向量函数如下：

```
function f = fun9(x);
```

```
f =[2 * x(1)^2 + x(2)^2 -48 * x(1) -40 * x(2) +304
      -x(1)^2 -3 * x(2)^2
      x(1) +3 * x(2) -18
      -x(1) -x(2)
      x(1) + x(2) -8];
```

（2）调用函数 fminimax：

```
[x,y] = fminimax(@ fun9,rand(2,1))
```

求得 $x_1=4, x_2=4$，对应的 $f_1(\boldsymbol{x})=0, f_2(\boldsymbol{x})=-64, f_3(\boldsymbol{x})=-2, f_4(\boldsymbol{x})=-8, f_5(\boldsymbol{x})=0$。

利用等式

$$\max_x \min_i F_i(\boldsymbol{x}) = -\min_x \max_i [(-F_i(\boldsymbol{x}))],$$

也可以使用命令 fminimax 求极大－极小问题。

通过设置 options 中的 MinAbsMax 属性，fminimax 可以求解如下形式的问题：

$$\min_x \max_i |F_i(\boldsymbol{x})|。$$

4. 利用梯度求解约束优化问题

例 3.14 已知函数 $f(\boldsymbol{x})=e^{x_1}(4x_1^2+2x_2^2+4x_1x_2+2x_2+1)$，求

$$\min f(\boldsymbol{x}),$$

$$\text{s.t.} \begin{cases} x_1x_2-x_1-x_2 \leqslant -1.5, \\ x_1x_2 \geqslant -10。 \end{cases}$$

分析 当使用梯度求解上述问题时，效率更高并且结果更准确。

题目中目标函数的梯度为

$$\begin{bmatrix} e^{x_1}(4x_1^2+2x_2^2+4x_1x_2+8x_1+6x_2+1) \\ e^{x_1}(4x_1+4x_2+2) \end{bmatrix}。$$

解 （1）编写 M 函数 fun10.m 定义目标函数及梯度函数：

```
function [f,df] = fun10(x);
f = exp(x(1)) * (4 * x(1)^2 +2 * x(2)^2 +4 * x(1) * x(2) +2 * x(2) +1);
df =[exp(x(1)) * (4 * x(1)^2 +2 * x(2)^2 +4 * x(1) * x(2) +8 * x(1) +6 * x(2) +1);
exp(x(1)) * (4 * x(2) +4 * x(1) +2)];
```

（2）编写 M 函数 fun11.m 定义约束条件及约束条件的梯度函数：

```
function [c,ceq,dc,dceq] = fun11(x);
c =[x(1) * x(2) -x(1) -x(2) +1.5; -x(1) * x(2) -10];
dc =[x(2) -1, -x(2);x(1) -1, -x(1)];
ceq =[];dceq =[];
```

（3）调用函数 fmincon，编写主程序文件如下：

```
options = optimset('GradObj','on','GradConstr','on');
[x,y] = fmincon(@ fun10,rand(2,1),[],[],[],[],[],[],@ fun11,options)
```

求得 $x_1=-9.5474, x_2=1.0474$，对应的极小值为 $y=0.0236$。

3.3.4 Matlab 优化工具箱的用户图形界面解法

Matlab 优化工具箱中的 optimtool 命令提供了优化问题的用户图形界面解法。optimtool 可应用到所有优化问题的求解,计算结果可以输出到 Matlab 工作空间中。

例 3.15 用 optimtool 重新求解例 3.2。

利用例 3.2 已经定义好的函数 fun1 和 fun2。在 Matlab 命令窗口中运行 optimtool,打开图形界面,如图 3.1 所示,填入有关的参数,未填入的参数取值为空或者为默认值,然后用鼠标单击 start 按钮,就得到求解结果,再使用 file 菜单下的 Export to Workspace 选项,把计算结果输出到 Matlab 工作空间中去。

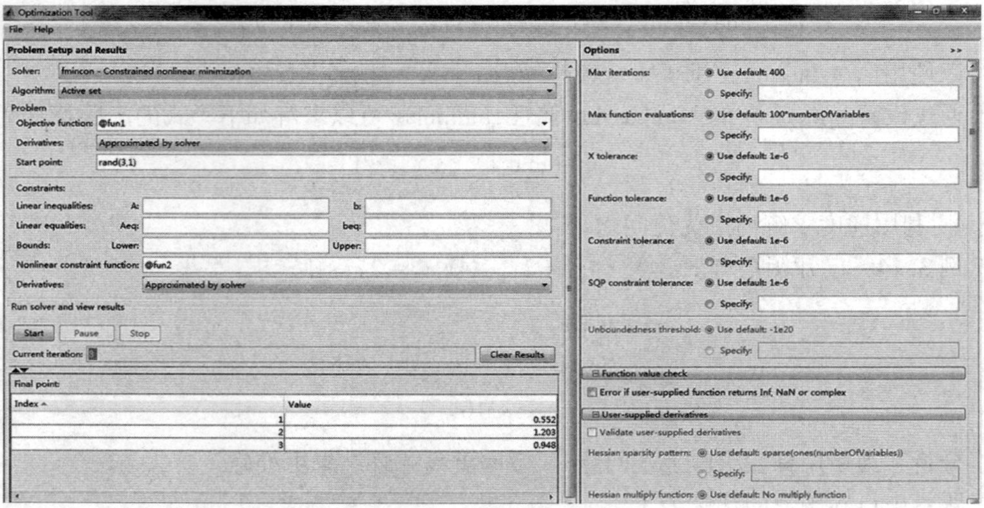

图 3.1 优化问题用户图形界面解法示意图

3.4 飞行管理问题

在约 10000m 高空的某边长 160km 的正方形区域内,经常有若干架飞机作水平飞行。区域内每架飞机的位置和速度向量均由计算机记录其数据,以便进行飞行管理。当一架欲进入该区域的飞机到达区域边缘时,记录其数据后,要立即计算并判断是否会与区域内的飞机发生碰撞。如果会碰撞,则应计算如何调整各架(包括新进入的)飞机飞行的方向角,以避免碰撞。现假定条件如下:

(1) 不碰撞的标准为任意两架飞机的距离大于 8km。

(2) 飞机飞行方向角调整的幅度不应超过 30°。

(3) 所有飞机飞行速度均为 800km/h。

(4) 进入该区域的飞机在到达区域边缘时,与区域内飞机的距离应在 60km 以上。

(5) 最多需考虑 6 架飞机。

(6) 不必考虑飞机离开此区域后的状况。

请对这个避免碰撞的飞行管理问题建立数学模型,列出计算步骤,对以下数据进行计算(方向角误差不超过0.01度),要求飞机飞行方向角调整的幅度尽量小。

设该区域4个顶点的坐标为(0,0),(160,0),(160,160),(0,160)。记录数据见表3.1。

表3.1　飞行记录数据

飞机编号	横座标 x	纵座标 y	方向角/(°)
1	150	140	243
2	85	85	236
3	150	155	220.5
4	145	50	159
5	130	150	230
新进入	0	0	52

注:方向角指飞行方向与 x 轴正向的夹角。

为方便以后的讨论,引进如下记号:

D 为飞行管理区域的边长;

Ω 为飞行管理区域,取直角坐标系使其为$[0,D]\times[0,D]$;

a 为飞机飞行速度,$a=800\text{km/h}$;

(x_i^0,y_i^0)为第 i 架飞机的初始位置,$i=1,\cdots,6$,$i=6$ 对应新进入的飞机;

$(x_i(t),y_i(t))$为第 i 架飞机在 t 时刻的位置;

θ_i^0 为第 i 架飞机的原飞行方向角,即飞行方向与 x 轴夹角,$0\leqslant\theta_i^0<2\pi$;

$\Delta\theta_i$ 为第 i 架飞机的方向角调整量,$-\dfrac{\pi}{6}\leqslant\Delta\theta_i\leqslant\dfrac{\pi}{6}$;

$\theta_i=\theta_i^0+\Delta\theta_i$ 为第 i 架飞机调整后的飞行方向角。

3.4.1 模型一

根据相对运动的观点在考查两架飞机 i 和 j 的飞行时,可以将飞机 i 视为不动,而飞机 j 以相对速度

$$v=v_j-v_i=(a\cos\theta_j-a\cos\theta_i,a\sin\theta_j-a\sin\theta_i) \tag{3.2}$$

相对于飞机 i 运动,对式(3.2)进行适当的计算,得

$$\begin{aligned} v&=2a\sin\frac{\theta_j-\theta_i}{2}\left(-\sin\frac{\theta_j+\theta_i}{2},\cos\frac{\theta_j+\theta_i}{2}\right)\\ &=2a\sin\frac{\theta_j-\theta_i}{2}\left[\cos\left(\frac{\pi}{2}+\frac{\theta_j+\theta_i}{2}\right),\sin\left(\frac{\pi}{2}+\frac{\theta_j+\theta_i}{2}\right)\right], \end{aligned} \tag{3.3}$$

不妨设 $\theta_j\geqslant\theta_i$,此时相对飞行方向角为 $\beta_{ij}=\dfrac{\pi}{2}+\dfrac{\theta_i+\theta_j}{2}$,如图3.2所示。

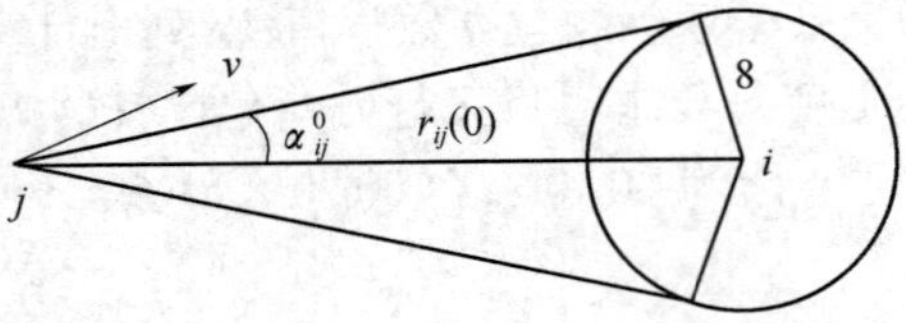

图 3.2 相对飞行方向角

由于两架飞机的初始距离为

$$r_{ij}(0) = \sqrt{(x_i^0 - x_j^0)^2 + (y_i^0 - y_j^0)^2}, \tag{3.4}$$

$$\alpha_{ij}^0 = \arcsin \frac{8}{r_{ij}(0)}, \tag{3.5}$$

因此只要当相对飞行方向角 β_{ij} 满足

$$\alpha_{ij}^0 < \beta_{ij} < 2\pi - \alpha_{ij}^0 \tag{3.6}$$

时，两架飞机就不可能碰撞（图 3.2）。

记 β_{ij}^0 为调整前第 j 架飞机相对于第 i 架飞机的相对速度（向量）与这两架飞机连线（从 j 指向 i 的向量）的夹角（以连线向量为基准，逆时针方向为正，顺时针方向为负）。则由式(3.6)知，两架飞机不碰撞的条件为

$$\left| \beta_{ij}^0 + \frac{1}{2}(\Delta\theta_i + \Delta\theta_j) \right| > \alpha_{ij}^0, \tag{3.7}$$

式中

$$\begin{aligned} \beta_{mn}^0 &= \text{相对速度 } v_{mn} \text{ 的辐角} - \text{从 } n \text{ 指向 } m \text{ 的连线向量的辐角} \\ &= \arg \frac{e^{i\theta_n} - e^{i\theta_m}}{(x_m + iy_m) - (x_n + iy_n)}。\end{aligned}$$

（注意 β_{mn}^0 表达式中的 i 表示虚数单位，这里为了区别虚数单位 i 或 j，下标改写成 m,n）这里利用复数的辐角，可以很方便地计算角度 $\beta_{mn}^0(m,n=1,2,\cdots,6)$。

本问题中的优化目标函数可以有不同的形式：如使所有飞机的最大调整量最小，所有飞机的调整量绝对值之和最小等。这里以所有飞机的调整量绝对值之和最小为目标函数，可以得到如下的数学规划模型：

$$\min \quad \sum_{i=1}^{6} |\Delta\theta_i|,$$

$$\text{s.t.} \begin{cases} \left| \beta_{ij}^0 + \frac{1}{2}(\Delta\theta_i + \Delta\theta_j) \right| > \alpha_{ij}^0, i = 1,\cdots,5, j = i+1,\cdots,6, \\ |\Delta\theta_i| \leqslant 30°, i = 1,2,\cdots,6。\end{cases}$$

利用如下的程序：

```
clc,clear
x0 =[150 85 150 145 130 0];
y0 =[140 85 155 50 150 0];
q =[243 236 220.5 159 230 52];
xy0 =[x0; y0];
```

```
d0 =dist(xy0); % 求矩阵各个列向量之间的距离
d0(find(d0 = =0)) =inf;
a0 =asind(8./d0) % 以度为单位的反函数
xy1 =x0 +i *y0
xy2 =exp(i *q *pi/180)
for m =1:6
      for n =1:6
          if n ~ =m
          b0(m,n) =angle((xy2(n) -xy2(m))/(xy1(m) -xy1(n)));
          end
      end
end
b0 =b0 *180/pi;
dlmwrite('txt1.txt',a0,'delimiter', '\t','newline','PC');
dlmwrite('txt1.txt','~','-append'); % 往纯文本文件中写 Lingo 数据的分割符
dlmwrite('txt1.txt',b0,'delimiter', '\t','newline','PC','-append','roffset', 1)
```

求得 α_{ij}^0 的值如表 3.2 所列。

表 3.2　α_{ij}^0 的值

	1	2	3	4	5	6
1	0	5.39119	32.23095	5.091816	20.96336	2.234507
2	5.39119	0	4.804024	6.61346	5.807866	3.815925
3	32.23095	4.804024	0	4.364672	22.83365	2.125539
4	5.091816	6.61346	4.364672	0	4.537692	2.989819
5	20.96336	5.807866	22.83365	4.537692	0	2.309841
6	2.234507	3.815925	2.125539	2.989819	2.309841	0

求得 β_{ij}^0 的值如表 3.3 所列。

表 3.3　β_{ij}^0 的值

	1	2	3	4	5	6
1	0	109.26	-128.25	24.18	173.07	14.475
2	109.26	0	-88.871	-42.244	-92.305	9
3	-128.25	-88.871	0	12.476	-58.786	0.31081
4	24.18	-42.244	12.476	0	5.9692	-3.5256
5	173.07	-92.305	-58.786	5.9692	0	1.9144
6	14.475	9	0.31081	-3.5256	1.9144	0

上述飞行管理的数学规划模型的 Lingo 程序如下：

```
model:
sets:
plane/1..6/:delta;
```

```
link(plane,plane):alpha,beta;
endsets
data:
alpha=@ file('txt1.txt');
beta=@ file('txt1.txt');
enddata
min=@ sum(plane:@ abs(delta));
@ for(plane:@ bnd(-30,delta,30));
@ for(plane(i)|i#le#5:@ for(plane(j)|j#ge#i+1: @ abs(beta(i,j)+0.5*del-
ta(i)+0.5*delta(j))>alpha(i,j)));
end
```

求得的最优解为 $\Delta\theta_3=2.55778°$，$\Delta\theta_6=1.0716°$，其他调整角度为0。

3.4.2 模型二

两架飞机 i,j 不发生碰撞的条件为

$$[x_i(t)-x_j(t)]^2+[y_i(t)-y_j(t)]^2>64,$$
$$1\leqslant i\leqslant 5,\ i+1\leqslant j\leqslant 6,\ 0\leqslant t\leqslant \min\{T_i,T_j\}, \tag{3.8}$$

式中：T_i,T_j 分别为第 i,j 架飞机飞出正方形区域边界的时刻。这里

$$x_i(t)=x_i^0+at\cos\theta_i,\ y_i(t)=y_i^0+at\sin\theta_i,\ i=1,2,\cdots,n,$$
$$\theta_i=\theta_i^0+\Delta\theta_i,\ |\Delta\theta_i|\leqslant\frac{\pi}{6},\ i=1,2,\cdots,n。$$

下面把约束条件式(3.8)加强为对所有的时间 t 都成立，记

$$l_{ij}=(x_i(t)-x_j(t))^2+(y_i(t)-y_j(t))^2-64=\tilde{a}_{ij}t^2+\tilde{b}_{ij}t+\tilde{c}_{ij},$$

式中

$$\tilde{a}_{ij}=4a^2\sin^2\frac{\theta_i-\theta_j}{2},$$
$$\tilde{b}_{ij}=2a\{[x_i(0)-x_j(0)](\cos\theta_i-\cos\theta_j)+[y_i(0)-y_j(0)](\sin\theta_i-\sin\theta_j)\},$$
$$\tilde{c}_{ij}=[x_i(0)-x_j(0)]^2+[y_i(0)-y_j(0)]^2-64。$$

则两架 i,j 飞机不碰撞的条件是

$$\Delta_{ij}=\tilde{b}_{ij}^2-4\tilde{a}_{ij}\tilde{c}_{ij}<0。 \tag{3.9}$$

这样可建立如下的非线性规划模型：

$$\sum_{i=1}^{6}(\Delta\theta_i)^2,$$
$$\text{s.t.}\begin{cases}\Delta_{ij}<0,1\leqslant i\leqslant 5,i+1\leqslant j\leqslant 6,\\ |\Delta\theta_i|\leqslant\dfrac{\pi}{6},i=1,2,\cdots,6。\end{cases}$$

拓展阅读材料

[1] Stephen Boyd. Convex Optimization. Cambridge: Cambridge University Press, 2004.

[2] Stephen Boyd, Lieven Vandenberghe. Convex Optimization – Solutions Manual.

习 题 3

3.1 某工厂向用户提供发动机,按合同规定,其交货数量和日期是:第一季度末交 40 台,第二季末交 60 台,第三季末交 80 台。工厂的最大生产能力为每季 100 台,每季的生产费用是 $f(x)=50x+0.2x^2$(元),此处 x 为该季生产发动机的台数。若工厂生产得多,多余的发动机可移到下季向用户交货,这样,工厂就需支付存储费,每台发动机每季的存储费为 4 元。问该厂每季应生产多少台发动机,才能既满足交货合同,又使工厂所花费的费用最少(假定第一季度开始时发动机无存货)?

3.2 用 Matlab 的非线性规划命令 fmincon 求解飞行管理问题的模型二。

3.3 用罚函数法求解飞行管理问题的模型二。

3.4 求下列问题的解:

$$\max f(\boldsymbol{x}) = 2x_1 + 3x_1^2 + 3x_2 + x_2^2 + x_3,$$

$$\text{s.t.}\begin{cases} x_1 + 2x_1^2 + x_2 + 2x_2^2 + x_3 \leqslant 10, \\ x_1 + x_1^2 + x_2 + x_2^2 - x_3 \leqslant 50, \\ 2x_1 + x_1^2 + 2x_2 + x_3 \leqslant 40, \\ x_1^2 + x_3 = 2, \\ x_1 + 2x_2 \geqslant 1, \\ x_1 \geqslant 0, x_2, x_3 \text{ 无约束。} \end{cases}$$

第 4 章　图与网络模型及方法

图论起源于 18 世纪。第一篇图论论文是瑞士数学家欧拉于 1736 年发表的《哥尼斯堡的七座桥》。1847 年，克希霍夫为了给出电网络方程而引进了“树”的概念。1857 年，凯莱在计算烷 C_nH_{2n+2} 的同分异构体时，也发现了“树”。哈密尔顿于 1859 年提出“周游世界”游戏，用图论的术语，就是如何找出一个连通图中的生成圈。近几十年来，计算机技术和科学的飞速发展，大大地促进了图论研究和应用，图论的理论和方法已经渗透到物理、化学、通信科学、建筑学、运筹学、生物遗传学、心理学、经济学、社会学等学科中。

图论中所谓的“图”是指某类具体事物和这些事物之间的联系。如果用点表示这些具体事物，用连接两点的线段（直的或曲的）表示两个事物的特定的联系，就得到了描述这个“图”的几何形象。图论为任何一个包含了一种二元关系的离散系统提供了一个数学模型，借助于图论的概念、理论和方法，可以对该模型求解。哥尼斯堡七桥问题就是一个典型的例子。在哥尼斯堡有七座桥将普莱格尔河中的两个岛及岛与河岸联结起来，问题是要从这四块陆地中的任何一块开始通过每一座桥正好一次，再回到起点。

当然可以通过试验去尝试解决这个问题，但该城居民的任何尝试均未成功。欧拉为了解决这个问题，采用了建立数学模型的方法。他将每一块陆地用一个点来代替，将每一座桥用连接相应两点的一条线来代替，从而得到一个有四个“点”、七条“线”的“图”（图 4.1）。问题成为从任一点出发一笔画出七条线再回到起点。欧拉考查了一般一笔画的结构特点，给出了一笔画的一个判定法则，得到了“不可能走通”的结果，不但彻底解决了这个问题，而且开创了图论研究的先河。

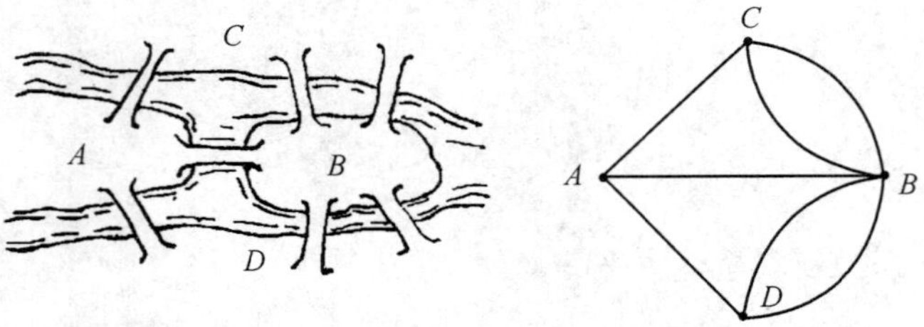

图 4.1　哥尼斯堡七桥问题

4.1　图的基本概念与数据结构

4.1.1　基本概念

直观地讲，对于平面上的 n 个点，把其中的一些点对用曲线或直线连接起来，不考虑点的位置与连线曲直长短，这样形成的一个关系结构就是一个图。记成 $G=(V,E)$，V 是以上述点为元素的顶点集，E 是以上述连线为元素的边集。

各条边都加上方向的图称为有向图，否则称为无向图。如果有的边有方向，有的边无方向，则称为混合图。

任两顶点间最多有一条边，且每条边的两个端点皆不重合的图，称为简单图。

如果图的两顶点间有边相连，则称此两顶点相邻，每一对顶点都相邻的图称为完全图，否则称为非完全图，完全图记为 $K_{|V|}$。

若 $V=X\cup Y, X\cap Y=\varnothing$，$|X|\cdot|Y|\neq 0$（这里 $|X|$ 表示顶点集 X 中元素的个数），且 X 中无相邻的顶点对，Y 中亦然，则称图 G 为二分图；特别地，若对任意 $u\in X$，u 与 Y 中每个顶点相邻，则称图 G 为完全二分图，记为 $K_{|X|,|Y|}$。

设 $v\in V$ 是边 $e\in E$ 的端点，则称 v 与 e 相关联，与顶点 v 关联的边数称为该顶点的度，记为 $d(v)$，度为奇数的顶点称为奇顶点，度为偶数的顶点称为偶顶点。可以证明 $\sum\limits_{v\in V(G)} d(v)=2|E|$，即所有顶点的度数之和是边数的 2 倍，且由此可知奇顶点的总数是偶数。

设 $W=v_0e_1v_1e_2\cdots e_kv_k$，其中 $e_i\in E, 1\leqslant i\leqslant k, v_j\in V, 0\leqslant j\leqslant k$，$e_i$ 与 v_{i-1} 和 v_i 关联，称 W 是图 G 的一条道路，k 为路长，v_0 为起点，v_k 为终点；各边相异的道路称为迹；各顶点相异的道路称为轨道。若 W 是一轨道，则可记为 $P(v_0,v_k)$；起点与终点重合的道路称为回路；起点与终点重合的轨道称为圈，即对轨道 $P(v_0,v_k)$，当 $v_0=v_k$ 时成为一圈；图中任两顶点之间都存在道路的图，称为连通图。图中含有所有顶点的轨道称为 Hamilton 轨，闭合的 Hamilton 轨道称为 Hamilton 圈；含有 Hamilton 圈的图称为 Hamilton 图。

称两顶点 u,v 分别为起点和终点的最短轨道之长为顶点 u,v 的距离；在完全二分图 $K_{|X|,|Y|}$ 中，X 中两顶点之间的距离为偶数，X 中的顶点与 Y 中的顶点的距离为奇数。

赋权图是指每条边都有一个（或多个）实数对应的图，这个（些）实数称为这条边的权（每条边可以具有多个权）。赋权图在实际问题中非常有用。根据不同的实际情况，权数的含义可以各不相同。例如，可用权数代表两地之间的实际距离或行车时间，也可用权数代表某工序所需的加工时间等。

4.1.2 图与网络的数据结构

为了在计算机上实现网络优化的算法，首先必须有一种方法（即数据结构）在计算机上来描述图与网络。一般来说，算法的好坏与网络的具体表示方法，以及中间结果的操作方案是有关系的。这里介绍计算机上用来描述图与网络的两种主要表示方法：邻接矩阵表示法和稀疏矩阵表示法。在下面数据结构的讨论中，首先假设 $G=(V,E)$ 是一个简单无向图，顶点集合 $V=\{v_1,\cdots,v_n\}$，边集 $E=\{e_1,\cdots,e_m\}$，记 $|V|=n$，$|E|=m$。

1. 邻接矩阵表示法

邻接矩阵是表示顶点之间相邻关系的矩阵，邻接矩阵记为 $\boldsymbol{W}=(w_{ij})_{n\times n}$，当 G 为赋权图时，有

$$w_{ij}=\begin{cases}\text{权值}, & \text{当 } v_i \text{ 与 } v_j \text{ 之间有边时},\\ 0 \text{ 或 } \infty, & \text{当 } v_i \text{ 与 } v_j \text{ 之间无边时}。\end{cases}$$

当 G 为非赋权图时，有

$$w_{ij}=\begin{cases}1, & \text{当 } v_i \text{ 与 } v_j \text{ 之间有边时},\\ 0, & \text{当 } v_i \text{ 与 } v_j \text{ 之间无边时}。\end{cases}$$

采用邻接矩阵表示图,直观方便,通过查看邻接矩阵元素的值可以很容易地查找图中任两个顶点 v_i 和 v_j 之间有无边,以及边上的权值。当图的边数 m 远小于顶点数 n 时,邻接矩阵表示法会造成很大的空间浪费。

2. 稀疏矩阵表示法

稀疏矩阵是指矩阵中零元素很多,非零元素很少的矩阵。对于稀疏矩阵,只要存放非零元素的行标、列标、非零元素的值即可,可以按如下方式存储:

(非零元素的行地址,非零元素的列地址),非零元素的值。

在 Matlab 中,无向图和有向图邻接矩阵的使用上有很大差异。

对于有向图,只要写出邻接矩阵,直接使用 Matlab 的 sparse 命令,就可以把邻接矩阵转化为稀疏矩阵的表示方式。

对于无向图,由于邻接矩阵是对称阵,Matlab 中只需使用邻接矩阵的下三角元素,即 Matlab 只存储邻接矩阵下三角元素中的非零元素。

稀疏矩阵只是一种存储格式。Matlab 中,普通矩阵使用 sparse 命令变成稀疏矩阵,稀疏矩阵使用 full 命令变成普通矩阵。

4.2 最短路问题

4.2.1 两个指定顶点之间的最短路径

问题如下:给出了一个连接若干个城镇的铁路网络,在这个网络的两个指定城镇间,找一条最短铁路线。

构造赋权图 $G=(V,E,\boldsymbol{W})$。其中,顶点集 $V=\{v_1,\cdots,v_n\}$,$v_1,\cdots,v_n$ 表示各个小城镇;E 为边的集合;邻接矩阵 $\boldsymbol{W}=(w_{ij})_{n\times n}$,$w_{ij}$ 表示顶点 v_i 和 v_j 之间直通铁路的距离,若顶点 v_i 和 v_j 之间无铁路,则 $w_{ij}=\infty$。问题就是求赋权图 G 中指定的两个顶点 u_0,v_0 间的具有最小权的路。这条路称为 u_0,v_0 间的最短路,它的权称为 u_0,v_0 间的距离,亦记为 $d(u_0,v_0)$。

求最短路已有成熟的算法,如迪克斯特拉(Dijkstra)算法,其基本思想是按距 u_0 从近到远为顺序,依次求得 u_0 到 G 的各顶点的最短路和距离,直至 v_0(或直至 G 的所有顶点),算法结束。为避免重复并保留每一步的计算信息,采用了标号算法。下面是该算法。

(1) 令 $l(u_0)=0$,对 $v\neq u_0$,令 $l(v)=\infty$,$S_0=\{u_0\}$,$i=0$。

(2) 对每个 $v\in\bar{S}_i(\bar{S}_i=V\backslash S_i)$,用

$$\min_{u\in S_i}\{l(v),l(u)+w(uv)\}$$

代替 $l(v)$,这里 $w(uv)$ 表示顶点 u 和 v 之间边的权值。计算 $\min\limits_{v\in\bar{S}_i}\{l(v)\}$,把达到这个最小值的一个顶点记为 u_{i+1},令 $S_{i+1}=S_i\cup\{u_{i+1}\}$。

(3) 若 $i=|V|-1$,则停止;若 $i<|V|-1$,则用 $i+1$ 代替 i,转(2)。

算法结束时,从 u_0 到各顶点 v 的距离由 v 的最后一次标号 $l(v)$ 给出。在 v 进入 S_i 之

前的标号 $l(v)$ 叫 T 标号，v 进入 S_i 时的标号 $l(v)$ 叫 P 标号。算法就是不断修改各顶点的 T 标号，直至获得 P 标号。若在算法运行过程中，将每一顶点获得 P 标号所由来的边在图上标明，则算法结束时，u_0 至各顶点的最短路也在图上标示出来了。

例 4.1 某公司在六个城市 $c_1, c_2, \cdots, c_6$ 中有分公司，从 c_i 到 c_j 的直接航程票价记在下述矩阵的 (i,j) 位置上（∞ 表示无直接航路）。请帮助该公司设计一张城市 c_1 到其他城市间的票价最便宜的路线图。

$$\begin{bmatrix} 0 & 50 & \infty & 40 & 25 & 10 \\ 50 & 0 & 15 & 20 & \infty & 25 \\ \infty & 15 & 0 & 10 & 20 & \infty \\ 40 & 20 & 10 & 0 & 10 & 25 \\ 25 & \infty & 20 & 10 & 0 & 55 \\ 10 & 25 & \infty & 25 & 55 & 0 \end{bmatrix}$$

用矩阵 $\boldsymbol{a}_{n\times n}$（$n$ 为顶点个数）存放各边权的邻接矩阵，行向量 pb、index_1、index_2、d 分别用来存放 P 标号信息、标号顶点顺序、标号顶点索引、最短通路的值。其中分量

$$\text{pb}(i) = \begin{cases} 1, & \text{当第 } i \text{ 顶点的标号已成为 P 标号;} \\ 0, & \text{当第 } i \text{ 顶点的标号未成为 P 标号;} \end{cases}$$

$\text{index}_2(i)$ 存放始点到第 i 顶点最短通路中第 i 顶点前一顶点的序号；

$d(i)$ 存放由始点到第 i 顶点最短通路的值。

求第一个城市到其他城市的最短路径的 Matlab 程序如下：

```
clc,clear
a=zeros(6); % 邻接矩阵初始化
a(1,2)=50;a(1,4)=40;a(1,5)=25;a(1,6)=10;
a(2,3)=15;a(2,4)=20;a(2,6)=25;
a(3,4)=10;a(3,5)=20;
a(4,5)=10;a(4,6)=25;
a(5,6)=55;
a=a+a';
a(a==0)=inf;
pb(1:length(a))=0;pb(1)=1;index1=1;index2=ones(1,length(a));
d(1:length(a))=inf;d(1)=0;
temp=1; % 最新的 P 标号的顶点
while sum(pb)<length(a)
    tb=find(pb==0);
    d(tb)=min(d(tb),d(temp)+a(temp,tb));
    tmpb=find(d(tb)==min(d(tb)));
    temp=tb(tmpb(1)); % 可能有多个点同时达到最小值,只取其中的一个
    pb(temp)=1;
    index1=[index1,temp];
    temp2=find(d(index1)==d(temp)-a(temp,index1));
    index2(temp)=index1(temp2(1));
```

```
end
d, index1, index2
```

求得 c_1 到 $c_2,\cdots,c_6$ 的最便宜票价分别为35,45,35,25,10。

从起点 sb 到终点 db 通用的 Dijkstra 标号算法程序如下：

```
function [mydistance,mypath] =mydijkstra(a,sb,db);
% 输入:a—邻接矩阵;a(i,j)—i 到 j 之间的距离,可以是有向的
% sb—起点的标号, db—终点的标号
% 输出:mydistance—最短路的距离, mypath—最短路的路径
n=size(a,1); visited(1:n) = 0;
distance(1:n) = inf; distance(sb) = 0; % 起点到各顶点距离的初始化
visited(sb) =1; u=sb; % u 为最新的 P 标号顶点
parent(1:n) = 0; % 前驱顶点的初始化
for i = 1: n-1
    id=find(visited= =0); % 查找未标号的顶点
    for v = id
      if a(u, v) + distance(u) < distance(v)
        distance(v) = distance(u) + a(u, v); % 修改标号值
        parent(v) = u;
      end
    end
    temp=distance;
    temp(visited= =1) =inf; % 已标号点的距离换成无穷
    [t, u] = min(temp); % 找标号值最小的顶点
    visited(u) = 1; % 标记已经标号的顶点
 end
 mypath = [];
 if parent(db) ~ = 0 % 如果存在路!
    t = db; mypath = [db];
    while t ~ = sb
      P = parent(t);
      mypath = [ P mypath];
      t = p;
    end
 end
 mydistance = distance(db);
```

4.2.2 两个指定顶点之间最短路问题的数学规划模型

假设有向图有 n 个顶点，现需要求从顶点 v_1 到顶点 v_n 的最短路。仍然用 E 表示弧的集合，设 $\boldsymbol{W}=(w_{ij})_{n\times n}$ 为邻接矩阵，其分量为

$$w_{ij} = \begin{cases} \text{弧 } v_iv_j \text{ 的权值}, & v_iv_j \in E, \\ \infty, & \text{其他}, \end{cases}$$

决策变量为 x_{ij}，当 $x_{ij}=1$，说明弧 v_iv_j 位于顶点 v_1 至顶点 v_n 的最短路上；否则 $x_{ij}=0$。其数学规划表达式为

$$\min \sum_{v_iv_j \in E} w_{ij}x_{ij},$$

$$\text{s.t.}\begin{cases}\sum\limits_{\substack{j=1\\ v_iv_j\in E}}^{n} x_{ij}-\sum\limits_{\substack{j=1\\ v_jv_i\in E}}^{n} x_{ji}=\begin{cases}1,i=1,\\-1,i=n,\\0,i\neq 1,n,\end{cases}\\ x_{ij}=0\text{ 或 }1。\end{cases}$$

例 4.2 在图 4.2 中，用点表示城市，现有 A,B_1,B_2,C_1,C_2,C_3,D 共 7 个城市。点与点之间的连线表示城市间有道路相连。连线旁的数字表示道路的长度。现计划从城市 A 到城市 D 铺设一条天然气管道，请设计出最小长度管道铺设方案。

编写 Lingo 程序如下：

```
model:
sets:
cities/A,B1,B2,C1,C2,C3,D/;
roads(cities,cities)/A B1,A B2,B1 C1,B1
C2,B1 C3,B2 C1,
B2 C2,B2 C3,C1 D,C2 D,C3 D/:w,x;
endsets
data:
w=2 4 3 3 1 2 3 1 1 3 4;
enddata
n=@size(cities); ! 城市的个数;
min=@sum(roads:w*x);
@for(cities(i)|i#ne#1#and# i#ne#n:
        @sum(roads(i,j):x(i,j))=@sum
(roads(j,i):x(j,i)));
@sum(roads(i,j)|i#eq#1:x(i,j))=1;
@sum(roads(i,j)|j#eq#n:x(i,j))=1;
end
```

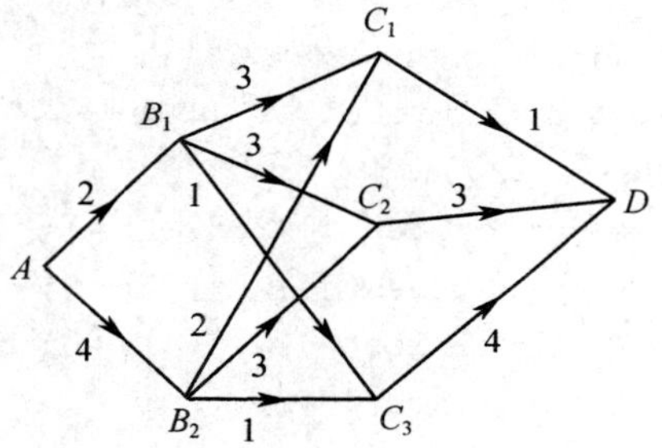

图 4.2 7 个城市间的连线图

求得最短铺设方案是铺设 AB_1,B_1C_1,C_1D 段，最短铺设长度为 6。

例 4.3(无向图的最短路问题) 求图 4.3 中 v_1 到 v_{11} 的最短路。

分析 例 4.2 处理的问题属于有向图的最短路问题，本例是处理无向图的最短路问题，在处理方式上与有向图的最短路问题有一些差别，这里选择赋权邻接矩阵的方法编写 Lingo 程序。

编写 Lingo 程序如下：

```
model:
sets:
cities/1..11/;
roads(cities,cities):w,x;
endsets
```

```
data:
w=0;
enddata
calc:
w(1,2)=2;w(1,3)=8;w(1,4)=1;
w(2,3)=6;w(2,5)=1;
w(3,4)=7;w(3,5)=5;w(3,6)=1;w(3,7)=2;
w(4,7)=9;
w(5,6)=3;w(5,8)=2;w(5,9)=9;
w(6,7)=4;w(6,9)=6;
w(7,9)=3;w(7,10)=1;
w(8,9)=7;w(8,11)=9;
w(9,10)=1;w(9,11)=2;w(10,11)=4;
@ for(roads(i,j):w(i,j)=w(i,j)+w(j,i));
@ for(roads(i,j):w(i,j)=@ if(w(i,j) #eq# 0, 1000,w(i,j)));
endcalc
n=@ size(cities); ! 城市的个数;
min=@ sum(roads:w*x);
@ for(cities(i) |i #ne#1 #and#i #ne# n:@ sum(cities(j):x(i,j))=@ sum(cities
(j):x(j,i)));
@ sum(cities(j):x(1,j))=1;
@ sum(cities(j):x(j,1))=0; ! 不能回到顶点1;
@ sum(cities(j):x(j,n))=1;
@ for(roads:@ bin(x));
end
```

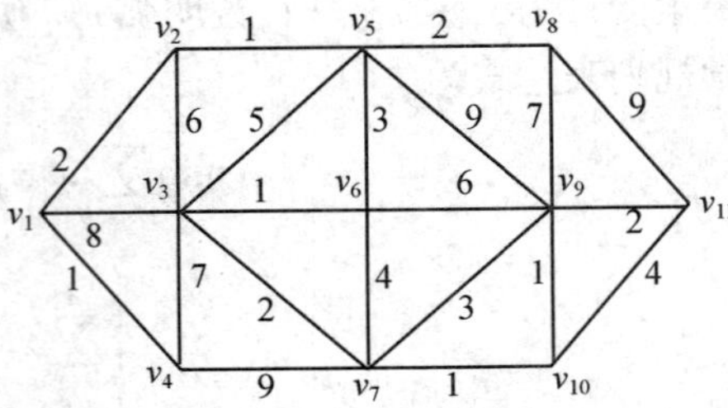

图 4.3 赋权无向图

与有向图相比较,在程序中只增加了一个语句@ sum(cities(j):x(j,1))=0,即从顶点 1 离开后,再不能回到该顶点。

求得的最短路径为 1→2→5→6→3→7→10→9→11,最短路径长度为 13。

4.2.3 每对顶点之间的最短路径

计算赋权图中各对顶点之间最短路径,显然可以调用 Dijkstra 算法。具体方法是:每次以不同的顶点作为起点,用 Dijkstra 算法求出从该起点到其余顶点的最短路径,反复执行 $n-1$ 次这样的操作,就可得到从每一个顶点到其他顶点的最短路径。这种算法的时间复杂度为 $O(n^3)$。第二种解决这一问题的方法是由 R. W. Floyd 提出的算法,称为 Floyd 算法。

对于赋权图 $G=(V,E,\boldsymbol{A}_0)$,其中顶点集 $V=\{v_1,\cdots,v_n\}$,邻接矩阵

$$\boldsymbol{A}_0=\begin{bmatrix} a_{11} & a_{12} & \cdots & a_{1n} \\ a_{21} & a_{22} & \cdots & a_{2n} \\ \vdots & \vdots & \ddots & \vdots \\ a_{n1} & a_{n2} & \cdots & a_{nn} \end{bmatrix},$$

式中

$$a_{ij}=\begin{cases}\text{权值,当 } v_i \text{ 与 } v_j \text{ 之间有边时,} \\ \infty \text{ ,当 } v_i \text{ 与 } v_j \text{ 之间无边时,}\end{cases},i \neq j;$$

$$a_{ii}=0,i=1,2,\cdots,n。$$

对于无向图,$\boldsymbol{A}_0$ 是对称矩阵,$a_{ij}=a_{ji}$。

Floyd 算法的基本思想是递推产生一个矩阵序列 $\boldsymbol{A}_1,\cdots,\boldsymbol{A}_k,\cdots,\boldsymbol{A}_n$,其中矩阵 $\boldsymbol{A}_k$ 的第 i 行第 j 列元素 $\boldsymbol{A}_k(i,j)$ 表示从顶点 v_i 到顶点 v_j 的路径上所经过的顶点序号不大于 k 的最短路径长度。

计算时用迭代公式

$$\boldsymbol{A}_k(i,j)=\min(\boldsymbol{A}_{k-1}(i,j),\boldsymbol{A}_{k-1}(i,k)+\boldsymbol{A}_{k-1}(k,j)),$$

k 是迭代次数,$i,j,k=1,2,\cdots,n$。

最后,当 $k=n$ 时,$\boldsymbol{A}_n$ 即是各顶点之间的最短通路值。

例 4.4 用 Floyd 算法求解例 4.1。

矩阵 path 用来存放每对顶点之间最短路径上所经过的顶点的序号。Floyd 算法的 Matlab 程序如下:

```
clear;clc;
n=6; a=zeros(n);
a(1,2)=50;a(1,4)=40;a(1,5)=25;a(1,6)=10;
a(2,3)=15;a(2,4)=20;a(2,6)=25; a(3,4)=10;a(3,5)=20;
a(4,5)=10;a(4,6)=25; a(5,6)=55;
a=a+a';
a(a==0)=inf; % 把所有零元素替换成无穷
a([1:n+1:n^2])=0; % 对角线元素替换成零,Matlab 中数据是逐列存储的
path=zeros(n);
for k=1:n
    for i=1:n
      for j=1:n
        if a(i,j)>a(i,k)+a(k,j)
          a(i,j)=a(i,k)+a(k,j);
          path(i,j)=k;
      end
    end
  end
end
a, path
```

使用 Lingo 编写的 Floyd 算法如下:

```
model:
sets:
nodes/c1..c6/;
link(nodes,nodes):w,path; ! path 标志最短路径上走过的顶点;
endsets
data:
```

```
path = 0;
w = 0;
@ text(mydata1.txt) = @ writefor(nodes(i):@ writefor(nodes(j):
        @ format(w(i,j),'10.0f')),@ newline(1));
@ text(mydata1.txt) = @ write(@ newline(1));
@ text(mydata1.txt) = @ writefor(nodes(i):@ writefor(nodes(j):
        @ format(path(i,j),'10.0f')),@ newline(1));
enddata
calc:
w(1,2) = 50;w(1,4) = 40;w(1,5) = 25;w(1,6) = 10;
w(2,3) = 15;w(2,4) = 20;w(2,6) = 25;
w(3,4) = 10;w(3,5) = 20;
w(4,5) = 10;w(4,6) = 25;w(5,6) = 55;
@ for(link(i,j):w(i,j) = w(i,j) + w(j,i));
@ for(link(i,j) |i#ne#j:w(i,j) = @ if(w(i,j)#eq#0,10000,w(i,j)));
@ for(nodes(k):@ for(nodes(i):@ for(nodes(j):
      tm = @ smin(w(i,j),w(i,k) + w(k,j));
      path(i,j) = @ if(w(i,j)#gt# tm,k,path(i,j));w(i,j) = tm)));
endcalc
end
```

编写的求起点 sb 到终点 db 通用的 Floyd 算法程序如下：

```
function [dist,mypath] = myfloyd(a,sb,db);
% 输入:a—邻接矩阵;元素 a(i,j)—顶点 i 到 j 之间的直达距离,可以是有向的
% sb—起点的标号;db—终点的标号
% 输出:dist—最短路的距离;% mypath—最短路的路径
n = size(a,1); path = zeros(n);
for k = 1:n
    for i = 1:n
        for j = 1:n
            if a(i,j) > a(i,k) + a(k,j)
                a(i,j) = a(i,k) + a(k,j);
                path(i,j) = k;
            end
        end
    end
end
dist = a(sb,db);
parent = path(sb,:); % 从起点 sb 到终点 db 的最短路上各顶点的前驱顶点
parent(parent = = 0) = sb; % path 中的分量为 0,表示该顶点的前驱是起点
mypath = db; t = db;
while t ~ = sb
        p = parent(t); mypath = [p,mypath];
        t = p;
```

```
end
```

4.3 最小生成树问题

4.3.1 基本概念

连通的无圈图叫做树,记为 T;其度为 1 的顶点称为叶子顶点。显然,有边的树至少有两个叶子顶点。

若图 $G=(V(G),E(G))$ 和树 $T=(V(T),E(T))$ 满足 $V(G)=V(T),E(T)\subset E(G)$,则称 T 是 G 的生成树。图 G 连通的充分必要条件为 G 有生成树,一个连通图的生成树的个数很多。

树有下面常用的五个充要条件。

定理 4.1 (1) $G=(V,E)$ 是树当且仅当 G 中任两顶点之间有且仅有一条轨道。

(2) G 是树当且仅当 G 无圈,且 $|E|=|V|-1$。

(3) G 是树当且仅当 G 连通,且 $|E|=|V|-1$。

(4) G 是树当且仅当 G 连通,且 $\forall e\in E,G-e$ 不连通。

(5) G 是树当且仅当 G 无圈,$\forall e\notin E,G+e$ 恰有一个圈。

4.3.2 最小生成树

欲修筑连接 n 个城市的铁路,已知 i 城与 j 城之间的铁路造价为 c_{ij},设计一个线路图,使总造价最低。

上述问题的数学模型是在连通赋权图上求权最小的生成树。赋权图的具有最小权的生成树叫做最小生成树。

下面介绍构造最小生成树的两种常用算法。

1. prim 算法构造最小生成树

构造连通赋权图 $G=(V,E,W)$ 的最小生成树,设置两个集合 P 和 Q,其中 P 用于存放 G 的最小生成树中的顶点,集合 Q 存放 G 的最小生成树中的边。令集合 P 的初值为 $P=\{v_1\}$(假设构造最小生成树时,从顶点 v_1 出发),集合 Q 的初值为 $Q=\varnothing$(空集)。prim 算法的思想是,从所有 $p\in P,v\in V-P$ 的边中,选取具有最小权值的边 pv,将顶点 v 加入集合 P 中,将边 pv 加入集合 Q 中,如此不断重复,直到 $P=V$ 时,最小生成树构造完毕,这时集合 Q 中包含了最小生成树的所有边。

prim 算法如下:

(1) $P=\{v_1\},Q=\varnothing$。

(2) while $P\sim=V$

找最小边 pv,其中 $p\in P,v\in V-P$;

$$P=P+\{v\};$$
$$Q=Q+\{pv\};$$

end

例 4.5 用 prim 算法求图 4.4 的最小生成树。

用 $result_{3\times n}$ 的第一、二、三行分别表示最小生成树边的起点、终点、权集合。Matlab 程序如下：

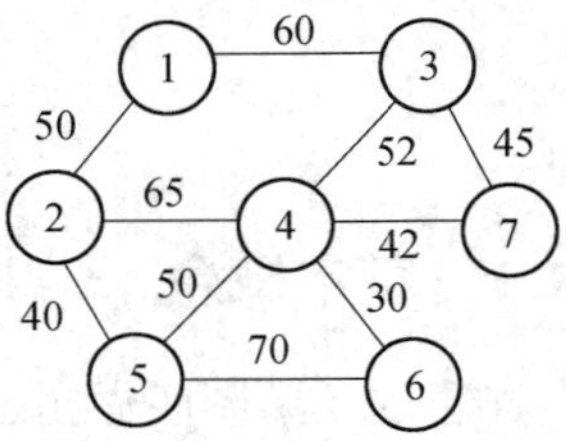

图 4.4 最小生成树问题

```
clc;clear;
a = zeros(7);
a(1,2) = 50; a(1,3) = 60;
a(2,4) = 65; a(2,5) = 40;
a(3,4) = 52;a(3,7) = 45;
a(4,5) = 50; a(4,6) = 30;a(4,7) = 42;
a(5,6) = 70;
a = a + a';a(a = = 0) = inf;
result = [ ];p = 1;tb = 2:length(a);
while size(result,2) ~ = length(a) -1
    temp = a(p,tb);temp = temp(:);
    d = min(temp);
    [jb,kb] = find(a(p,tb) = = d,1);        % 找第 1 个最小值
    j = p(jb);k = tb(kb);
    result = [result,[j;k;d]];p = [p,k];tb(find(tb = = k)) = [];
end
result
```

求得最小生成树的边集为 $\{v_1v_2, v_2v_5, v_5v_4, v_4v_6, v_4v_7, v_7v_3\}$。

2. Kruskal 算法构造最小生成树

科茹斯克尔(Kruskal)算法是一个好算法。Kruskal 算法如下：

(1) 选 $e_1 \in E(G)$，使得 e_1 是权值最小的边。

(2) 若 $e_1, e_2, \cdots, e_i$ 已选好，则从 $E(G) - \{e_1, e_2, \cdots, e_i\}$ 中选取 e_{i+1}，使得

① $\{e_1, e_2, \cdots, e_i, e_{i+1}\}$ 中无圈；

② e_{i+1} 是 $E(G) - \{e_1, e_2, \cdots, e_i\}$ 中权值最小的边。

(3) 直到选得 $e_{|V|-1}$ 为止。

例 4.6 用 Kruskal 算法构造例 4.5 的最小生成树。

用 $index_{2\times n}$ 存放各边端点的信息，当选中某一边之后，就将此边对应的顶点序号中较大序号 u 改为此边的另一序号 v，同时把后面边中所有序号为 u 的改为 v。此方法的几何意义是将序号 u 的这个顶点收缩到 v 顶点，u 顶点不复存在。后面继续寻查时，发现某边的两个顶点序号相同时，认为已被收缩掉，失去了被选取的资格。

Matlab 程序如下：

```
clc;clear;
a(1,[2,3]) = [50,60]; a(2,[4,5]) = [65,40]; % 这里给出邻接矩阵的另外一种输入方式
a(3,[4,7]) = [52,45]; a(4,[5,6]) = [50,30];
a(4,7) = 42; a(5,6) = 70;
[i,j,b] = find(a);
data = [i';j';b'];index = data(1:2,:);
loop = length(a) -1;
```

```
result = [];
while length(result) < loop
    temp = min(data(3,:));
    flag = find(data(3,:) = = temp);
    flag = flag(1);
    v1 = index(1,flag);v2 = index(2,flag);
    if v1 ~ = v2
      result = [result,data(:,flag)];
    end
    index(find(index = = v2)) = v1;
    data(:,flag) = [];
    index(:,flag) = [];
end
result
```

求解结果和例4.5相同。

4.4 网络最大流问题

4.4.1 基本概念与基本定理

1. 网络与流

定义4.1 给一个有向图 $D=(V,A)$,其中 A 为弧集,在 V 中指定了一点,称为发点(记为 v_s),另一点称为收点(记为 v_t),其余的点叫中间点,对于每一条弧 $(v_i,v_j)\in A$,对应有一个 $c(v_i,v_j)\geqslant 0$(或简写为 c_{ij}),称为弧的容量。通常把这样的有向图 D 叫做一个网络,记为 $D=(V,A,C)$,其中 $C=\{c_{ij}\}$。

所谓网络上的流,是指定义在弧集合 A 上的一个函数 $f=\{f_{ij}\}=\{f(v_i,v_j)\}$,并称 f_{ij} 为弧 (v_i,v_j) 上的流量。

2. 可行流与最大流

定义4.2 满足下列条件的流 f 称为可行流:

(1) 容量限制条件:对每一弧 $(v_i,v_j)\in A$, $0\leqslant f_{ij}\leqslant c_{ij}$。

(2) 平衡条件:对于中间点,流出量 = 流入量,即对于每个 $i(i\neq s,t)$,有

$$\sum_{j:(v_i,v_j)\in A} f_{ij} - \sum_{j:(v_j,v_i)\in A} f_{ji} = 0,$$

对于发点 v_s,记

$$\sum_{(v_s,v_j)\in A} f_{sj} - \sum_{(v_j,v_s)\in A} f_{js} = v(f),$$

对于收点 v_t,记

$$\sum_{(v_t,v_j)\in A} f_{tj} - \sum_{(v_j,v_t)\in A} f_{jt} = -v(f),$$

式中:$v(f)$ 为这个可行流的流量,即发点的净输出量。

可行流总是存在的,如零流。

最大流问题可以写为如下的线性规划模型：

$$\max \quad v(f),$$

$$\text{s.t.} \begin{cases} \sum\limits_{j:(v_i,v_j)\in A} f_{ij} - \sum\limits_{j:(v_j,v_i)\in A} f_{ji} = \begin{cases} v(f), i = s, \\ -v(f), i = t, \\ 0, i \neq s,t, \end{cases} \\ 0 \leqslant f_{ij} \leqslant c_{ij}, \forall (v_i,v_j) \in A。 \end{cases} \tag{4.1}$$

3. 增广路

给定一个可行流 $f=\{f_{ij}\}$，把网络中使 $f_{ij}=c_{ij}$ 的弧称为饱和弧，使 $f_{ij}<c_{ij}$ 的弧称为非饱和弧。把 $f_{ij}=0$ 的弧称为零流弧，$f_{ij}>0$ 的弧称为非零流弧。

若 μ 是网络中联结发点 v_s 和收点 v_t 的一条路，定义路的方向是从 v_s 到 v_t，则路上的弧被分为两类：一类是弧的方向与路的方向一致，称为前向弧，前向弧的全体记为 μ^+；另一类弧与路的方向相反，称为后向弧，后向弧的全体记为 μ^-。

定义 4.3 设 f 是一个可行流，μ 是从 v_s 到 v_t 的一条路，若 μ 满足：前向弧是非饱和弧，后向弧是非零流弧，则称 μ 为（关于可行流 f）一条增广路。

4.4.2 寻求最大流的标号法（Ford - Fulkerson）

从 v_s 到 v_t 的一个可行流出发（若网络中没有给定 f，则可以设 f 是零流），经过标号过程与调整过程，即可求得从 v_s 到 v_t 的最大流。这两个过程的步骤分述如下。

1. 标号过程

在下面的算法中，每个顶点 v_x 的标号值有两个，v_x 的第一个标号值表示在可能的增广路上，v_x 的前驱顶点；v_x 的第二个标号值记为 δ_x，表示在可能的增广路上可以调整的流量。

(1) 初始化，给发点 v_s 标号为 $(0,\infty)$。

(2) 若顶点 v_x 已经标号，则对 v_x 的所有未标号的邻接顶点 v_y 按以下规则标号：

① 若 $(v_x,v_y)\in A$，且 $f_{xy}<c_{xy}$ 时，令 $\delta_y=\min\{c_{xy}-f_{xy},\delta_x\}$，则给顶点 v_y 标号为 (v_x,δ_y)，若 $f_{xy}=c_{xy}$，则不给顶点 v_y 标号。

② $(v_y,v_x)\in A$，且 $f_{yx}>0$，令 $\delta_y=\min\{f_{yx},\delta_x\}$，则给 v_y 标号为 $(-v_x,\delta_y)$，这里第一个标号值 $-v_x$，表示在可能的增广路上，(v_y,v_x) 为反向弧；若 $f_{yx}=0$，则不给 v_y 标号。

(3) 不断地重复步骤(2)直到收点 v_t 被标号，或不再有顶点可以标号为止。当 v_t 被标号时，表明存在一条从 v_s 到 v_t 的增广路，则转向增流过程。如若 v_t 点不能被标号，且不存在其他可以标号的顶点时，表明不存在从 v_s 到 v_t 的增广路，算法结束，此时所获得的流就是最大流。

2. 增流过程

(1) 令 $v_y=v_t$。

(2) 若 v_y 的标号为 (v_x,δ_t)，则 $f_{xy}=f_{xy}+\delta_t$；若 v_y 的标号为 $(-v_x,\delta_t)$，则 $f_{yx}=f_{yx}-\delta_t$。

(3) 若 $v_y=v_s$，把全部标号去掉，并回到标号过程。否则，令 $v_y=v_x$，并回到增流过程(2)。

最大流算法的实现可以使用 Matlab 工具箱，下面将给出应用的例子。首先给出最大流问题的数学规划解法。

例 4.7 现需要将城市 s 的石油通过管道运送到城市 t,中间有 4 个中转站 v_1, v_2, v_3 和 v_4,城市与中转站的连接以及管道的容量如图 4.5 所示,求从城市 s 到城市 t 的最大流。

解 使用最大流的数学规划模型式(4.1),编写 Lingo 程序如下:

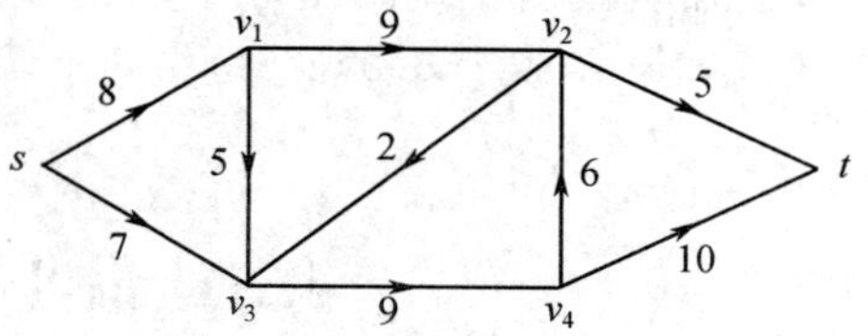

图 4.5 网络图

```
model:
sets:
nodes/s,1,2,3,4,t/;
arcs(nodes,nodes)/s 1,s 3,1 2,1 3,2
3,2 t,3 4,4 2,4 t/:c,f;
endsets
data:
c=8 7 9 5 2 5 9 6 10;
enddata
n=@size(nodes);!顶点的个数;
max=flow;
@for(nodes(i)|i #ne#1 #and# i #ne# n:
     @sum(arcs(i,j):f(i,j))=@sum(arcs(j,i):f(j,i)));
@sum(arcs(i,j)|i #eq# 1:f(i,j))=flow;
@sum(arcs(i,j)|j #eq# n:f(i,j))=flow;
@for(arcs:@bnd(0,f,c));
end
```

求得最大流的流量为 14。

在上面的程序中,采用了稀疏集的编写方法。下面介绍的程序编写方法是利用赋权邻接矩阵,这样可以不使用稀疏集的编写方法,更便于推广到复杂网络。

```
model:
sets:
nodes/s,1,2,3,4,t/;
arcs(nodes,nodes):c,f;
endsets
data:
c=0;
@text('fdata.txt')=f;!把 Lingo 的计算结果输出到外部纯文本文件,供 Matlab 处理;
enddata
calc:
c(1,2)=8;c(1,4)=7;
c(2,3)=9;c(2,4)=5;
c(3,4)=2;c(3,6)=5;
c(4,5)=9;c(5,3)=6;c(5,6)=10;
endcalc
n=@size(nodes);!顶点的个数;
max=flow;
```

```
@ for(nodes(i)|i #ne#1 #and# i #ne# n:
    @ sum(nodes(j):f(i,j)) = @ sum(nodes(j):f(j,i)));
@ sum(nodes(i):f(1,i)) = flow;
@ sum(nodes(i):f(i,n)) = flow;
@ for(arcs:@ bnd(0,f,c));
end
```

4.5 最小费用最大流问题

4.5.1 最小费用最大流

给定网络 $D=(V,A,C)$，每一弧 $(v_i,v_j)\in A$ 上，除了已给容量 c_{ij} 外，还给了一个单位流量的费用 $b(v_i,v_j)\geqslant 0$（简记为 b_{ij}）。所谓最小费用最大流问题就是求一个从发点 v_s 到收点 v_t 的最大流，使流的总输送费用 $\sum\limits_{(v_i,v_j)\in A} b_{ij}f_{ij}$ 取最小值。最小费用最大流问题可以归结为两个线性规划问题，首先用线性规划模型式(4.1)求出最大流量 $v(f_{\max})$，然后用如下的线性规划模型求出最大流对应的最小费用。

$$\min \sum_{(v_i,v_j)\in A} b_{ij}f_{ij},$$
$$\text{s.t.}\begin{cases}0\leqslant f_{ij}\leqslant c_{ij},\ \forall (v_i,v_j)\in A,\\ \sum\limits_{j:(v_i,v_j)\in A} f_{ij}-\sum\limits_{j:(v_j,v_i)\in A} f_{ji}=d_i,\end{cases}\tag{4.2}$$

式中

$$d_i=\begin{cases}v(f_{\max}),i=s,\\ -v(f_{\max}),i=t,\\ 0,i\neq s,t。\end{cases}$$

式中：$v(f_{\max})$为用线性规划模型式(4.1)求得的最大流的流量。

例4.8（最小费用最大流问题）（续例4.7） 由于输油管道的长短不一或地质等原因，每条管道上运输费用也不相同，因此，除考虑输油管道的最大流外，还需要考虑输油管道输送最大流的最小费用。图4.6所示是带有运费的网络，其中第1个数字是网络的容量，第2个数字是网络的单位运费。

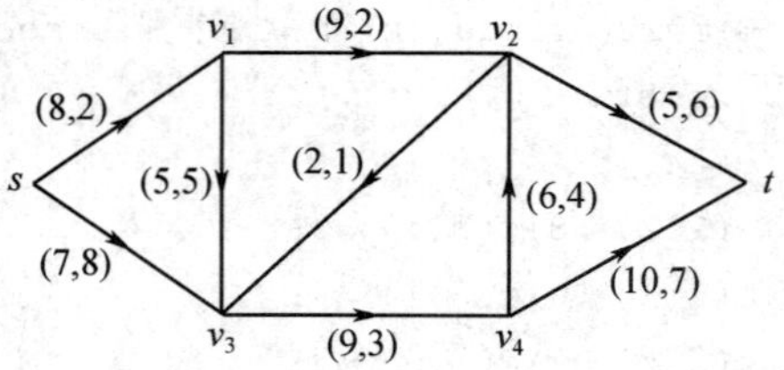

图4.6 最小费用最大流的网络图

解 利用例4.7求得的最大流流量为14，按照最小费用最大流的线性规划模型式(4.2)写出相应的Lingo程序如下：

```
model:
sets:
nodes/s,1,2,3,4,t/:d;
arcs(nodes,nodes)/s 1,s 3,1 2,1 3,2
3,2 t,3 4,4 2,4 t/:b,c,f;
endsets
data:
```

```
d=14 0 0 0 0 -14; ! 最大流为14;
b=2 8 2 5 1 6 3 4 7;
c=8 7 9 5 2 5 9 6 10;
enddata
min=@ sum(arcs:b*f);
@ for(nodes(i):@ sum(arcs(i,j):f(i,j)) -@ sum(arcs(j,i):f(j,i)) =d(i));
@ for(arcs:@ bnd(0,f,c));
end
```

求得最大流的最小费用是205。

类似地,可以利用赋权邻接矩阵编程求得最小费用最大流。Lingo程序如下:

```
model:
sets:
nodes/s,1,2,3,4,t/:d;
arcs(nodes,nodes):b,c,f; ! c为容量,b为单位运价;
endsets
data:
d=14 0 0 0 0 -14;
b=0; c=0;
enddata
calc:
b(1,2)=2;b(1,4)=8;
b(2,3)=2;b(2,4)=5;
b(3,4)=1;b(3,6)=6;
b(4,5)=3;b(5,3)=4;b(5,6)=7;
c(1,2)=8;c(1,4)=7;
c(2,3)=9;c(2,4)=5;
c(3,4)=2;c(3,6)=5;
c(4,5)=9;c(5,3)=6;c(5,6)=10;
endcalc
min=@ sum(arcs:b*f);
@ for(nodes(i):@ sum(nodes(j):f(i,j)) -@ sum(nodes(j):f(j,i)) =d(i));
@ for(arcs:@ bnd(0,f,c));
end
```

4.5.2 求最小费用流的一种迭代方法

这里所介绍的求最小费用流的迭代方法,是由Busacker和Gowan在1961年提出的。其主要步骤如下:

(1) 求出从发点到收点的最小费用通路$\mu(s,t)$。

(2) 对该通路$\mu(s,t)$分配最大可能的流量

$$\bar{f}=\min_{(v_i,v_j)\in\mu(s,t)}\{c_{ij}\},$$

并让通路上的所有边的容量相应减少$\bar{f}$。这时,对于通路上的饱和边,其单位流费用相应

改为∞。

(3) 作该通路$\mu(s,t)$上所有边(v_i,v_j)的反向边(v_j,v_i),令

$$c_{ji}=\bar{f},b_{ji}=-b_{ij}。$$

(4) 在这样构成的新网络中,重复上述步骤(1)、(2)、(3),直到从发点到收点的全部流量等于指定的$v(f)$为止(或者再也找不到从v_s到v_t的最小费用通路)。

4.6 Matlab 的图论工具箱

4.6.1 Matlab 图论工具箱的命令

Matlab 图论工具箱的命令见表4.1。

表4.1 Matlab 图论工具箱的相关命令

命令名	功能
graphallshortestpaths	求图中所有顶点对之间的最短距离
graphconncomp	找无向图的连通分支,或有向图的强(弱)连通分支
graphisdag	测试有向图是否含有圈,不含圈返回1,否则返回0
graphisomorphism	确定两个图是否同构,同构返回1,否则返回0
graphisspantree	确定一个图是否是生成树,是返回1,否则返回0
graphmaxflow	计算有向图的最大流
graphminspantree	在图中找最小生成树
graphpred2path	把前驱顶点序列变成路径的顶点序列
graphshortestpath	求图中指定的一对顶点间的最短距离和最短路径
graphtopoorder	执行有向无圈图的拓扑排序
graphtraverse	求从一顶点出发,所能遍历图中的顶点

下面给出图论工具箱在最短路、最小生成树和最大流中的应用例子。

4.6.2 应用举例

例4.9 用 Matlab 工具箱求图4.7中从v_1到v_{11}的最短路径及长度。

解 Matlab 程序如下:

```
clc, clear
a(1,2)=2;a(1,3)=8;a(1,4)=1;
a(2,3)=1;a(2,3)=6;a(2,5)=1;
a(3,4)=7;a(3,5)=5;a(3,6)=1;
a(3,7)=2;
a(4,7)=9;
a(5,6)=3;a(5,8)=2;a(5,9)=9;
a(6,7)=4;a(6,9)=6;
a(7,9)=3;a(7,10)=1;
a(8,9)=7;a(8,11)=9;
```

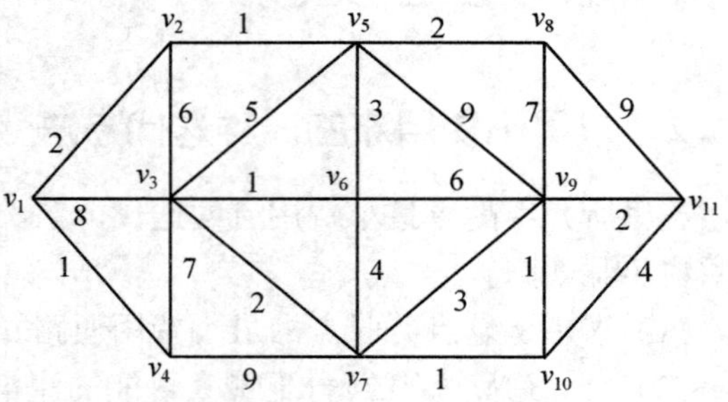

图4.7 无向图的最短路径

```
a(9,10)=1;a(9,11)=2;
a(10,11)=4;
a=a'; % Matlab 工具箱要求数据是下三角矩阵
[i,j,v]=find(a);
b=sparse(i,j,v,11,11) % 构造稀疏矩阵
[x,y,z]=graphshortestpath(b,1,11,'Directed',false) % Directed 是标志图为有向
或无向的属性,该图是无向图,对应的属性值为 false(也可以写作 0)。
```

求得最短路径为 $v_1 \to v_2 \to v_5 \to v_6 \to v_3 \to v_7 \to v_{10} \to v_9 \to v_{11}$,最短路径的长度为 13。

例 4.10(渡河问题) 某人带狼、羊以及蔬菜渡河,一小船除需人划外,每次只能载一物过河。而人不在场时,狼要吃羊,羊要吃菜,问此人应如何过河?

解 该问题可以使用图论中的最短路算法进行求解。

可以用四维向量来表示状态,其中第一分量表示人,第二分量表示狼,第三分量表示羊,第四分量表示蔬菜;当人或物在此岸时相应分量取 1,在对岸时取 0。

根据题意,人不在场时,狼要吃羊,羊要吃菜,因此,人不在场时,不能将狼与羊、羊与蔬菜留在河的任一岸。例如,状态(0,1,1,0)表示人和菜在对岸,而狼和羊在此岸,这时人不在场,狼要吃羊,因此,这个状态是不可行的。

通过穷举法将所有可行的状态列举出来,可行的状态有

$$(1,1,1,1),(1,1,1,0),(1,1,0,1),(1,0,1,1),(1,0,1,0),$$
$$(0,1,0,1),(0,1,0,0),(0,0,1,0),(0,0,0,1),(0,0,0,0)$$

共 10 种。每一次的渡河行为改变现有的状态。现构造赋权图 $G=(V,E,\boldsymbol{W})$,其中顶点集合 $V=\{v_1,\cdots,v_{10}\}$ 中的顶点(按照上面的顺序编号)分别表示上述 10 个可行状态,当且仅当对应的两个可行状态之间存在一个可行转移时两顶点之间才有边连接,并且对应的权重取为 1,当两个顶点之间不存在可行转移时,可以把相应的权重取为 ∞。

因此问题变为在图 G 中寻找一条由初始状态(1,1,1,1)出发,经最小次数转移达到最终状态(0,0,0,0)的转移过程,即求从状态(1,1,1,1)到状态(0,0,0,0)的最短路径。这就将问题转化成了图论中的最短路问题。

该题的难点在于计算邻接矩阵,由于摆渡一次就改变现有的状态,为此再引入一个四维状态转移向量,用它来反映摆渡情况。用 1 表示过河,0 表示未过河。例如,(1,1,0,0)表示人带狼过河。状态转移只有四种情况,用如下的向量表示:

$$(1,0,0,0),(1,1,0,0),(1,0,1,0),(1,0,0,1)$$

现在规定状态向量与转移向量之间的运算为

$$0+0=0,1+0=1,0+1=1,1+1=0$$

通过上面的定义,如果某一个可行状态加上转移向量得到的新向量还属于可行状态,则这两个可行状态对应的顶点之间就存在一条边。用计算机编程时,可以利用普通向量的异或运算实现,具体的 Matlab 程序如下:

```
clc, clear
a=[1 1 1 1;1 1 1 0;1 1 0 1;1 0 1 1;1 0 1 0
0 1 0 1;0 1 0 0;0 0 1 0;0 0 0 1; 0 0 0 0]; % 每一行是一个可行状态
b=[1 0 0 0;1 1 0 0;1 0 1 0;1 0 0 1]; % 每一行是一个转移状态
```

```
w = zeros(10); % 邻接矩阵初始化
for i =1:9
    for j = i +1:10
        for k =1:4
            if findstr(xor(a(i,:),b(k,:)),a(j,:))
                w(i,j) =1;
            end
        end
    end
end
w = w'; % 变成下三角矩阵
c = sparse(w) ; % 构造稀疏矩阵
[x,y,z] = graphshortestpath(c,1,10,'Directed',0) % 该图是无向图,Directed 属性值为 0
h = view(biograph(c,[],'ShowArrows','off','ShowWeights','off')); % 画出无向图
Edges = getedgesbynodeid(h); % 提取句柄 h 中的边集
set(Edges,'LineColor',[0 0 0]); % 为了将来打印清楚,边画成黑色
set(Edges,'LineWidth',1.5); % 线型宽度设置为 1.5
```

赋权图 G 之间的状态转移关系如图 4.8 所示,最终求得的状态转移顺序为

$$1 \quad 6 \quad 3 \quad 7 \quad 2 \quad 8 \quad 5 \quad 10$$

经过 7 次渡河就可以把狼、羊、蔬菜运过河,第一次运羊过河,空船返回;第二次运菜过河,带羊返回;第三次运狼过河,空船返回;第四次运羊过河。

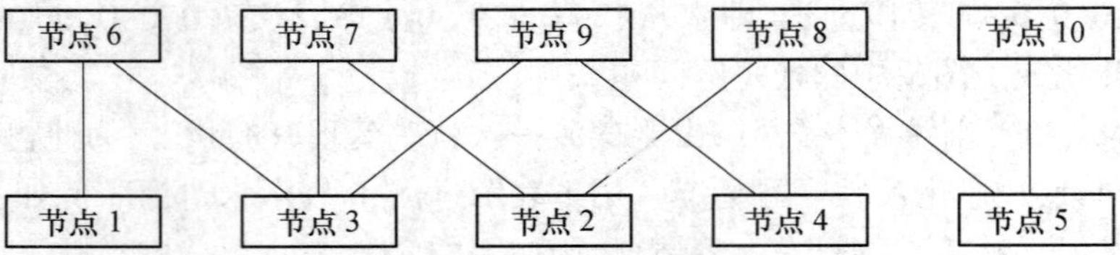

图 4.8 可行状态之间的转移

例 4.11 求图 4.9 所示有向图中 v_s 到 v_t 的最短路径及长度。

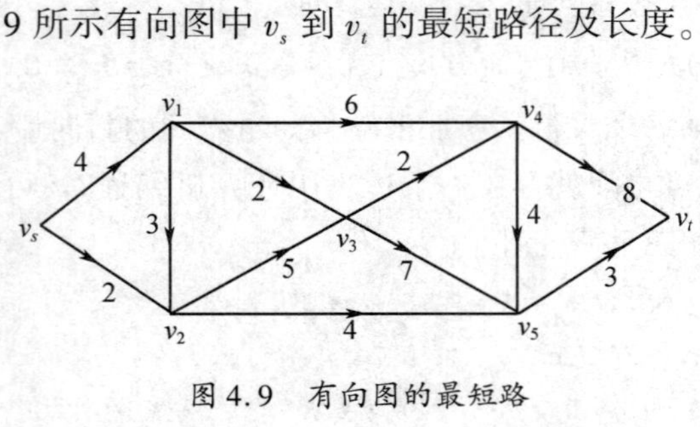

图 4.9 有向图的最短路

解 该赋权有向图中顶点集 $V=\{v_s, v_1, \cdots, v_5, v_t\}$ 中总共有7个顶点，邻接矩阵

$$\boldsymbol{W}=\begin{bmatrix} 0 & 4 & 2 & \infty & \infty & \infty & \infty \\ \infty & 0 & 3 & 2 & 6 & \infty & \infty \\ \infty & \infty & 0 & 5 & \infty & 4 & \infty \\ \infty & \infty & \infty & 0 & 2 & 7 & \infty \\ \infty & \infty & \infty & \infty & 0 & 4 & 8 \\ \infty & \infty & \infty & \infty & \infty & 0 & 3 \\ \infty & \infty & \infty & \infty & \infty & \infty & 0 \end{bmatrix}。$$

计算的 Matlab 程序如下：

```
clc, clear
a = zeros(7);
a(1,2) = 4; a(1,3) = 2;
a(2,3) = 3; a(2,4) = 2; a(2,5) = 6;
a(3,4) = 5; a(3,6) = 4;
a(4,5) = 2; a(4,6) = 7;
a(5,6) = 4; a(5,7) = 8;
a(6,7) = 3;
b = sparse(a); % 构造稀疏矩阵,这里给出构造稀疏矩阵的另一种方法
[x,y,z] = graphshortestpath(b,1,7,'Directed',1,'Method','Bellman - Ford')
% 有向图,Directed 属性值为真或 1,方法(Method)属性的默认值是 Dijkstra
view(biograph(b,[]))
```

例 4.12 设有9个节点 $v_i(i=1,\cdots,9)$，坐标分别为 (x_i, y_i)，具体数据见表4.2。任意两个节点之间的距离为

$$d_{ij}=|x_i-x_j|+|y_i-y_j|。$$

问怎样连接电缆，使每个节点都连通，且所用的总电缆长度为最短？

表 4.2 点的坐标数据表

i	1	2	3	4	5	6	7	8	9
x_i	0	5	16	20	33	23	35	25	10
y_i	15	20	24	20	25	11	7	0	3

解 以 $V=\{v_1, v_2, \cdots, v_9\}$ 作为顶点集，构造赋权图 $G=(V, E, \boldsymbol{W})$，这里 $\boldsymbol{W}=(w_{ij})_{9\times 9}$ 为邻接矩阵，其中 $w_{ij}=d_{ij}, i,j=1,2,\cdots,9$。求总电缆长度最短的问题实际上就是求图 G 的最小生成树。

计算的 Matlab 程序如下：

```
clc, clear
x = [0   5   16   20   33   23   35   25   10];
y = [15   20   24   20   25   11   7   0   3];
xy = [x;y];
d = mandist(xy); % 求 xy 的两两列向量间的绝对值距离
d = tril(d); % 截取 Matlab 工具箱要求的下三角矩阵
b = sparse(d) % 转化为稀疏矩阵
```

```
[ST,pred] = graphminspantree(b,'Method','Kruskal') % 调用最小生成树的命令
st = full(ST); % 把最小生成树的稀疏矩阵转化成普通矩阵
TreeLength = sum(sum(st)) % 求最小生成树的长度
view(biograph(ST,[ ],'ShowArrows','off')) % 画出最小生成树
```

求得边集为$\{v_2v_1, v_4v_2, v_4v_3, v_5v_4, v_6v_4, v_7v_6, v_8v_6, v_9v_8\}$,总电缆长度的最小值为110。

例4.13 求图4.10中从①到⑧的最大流。

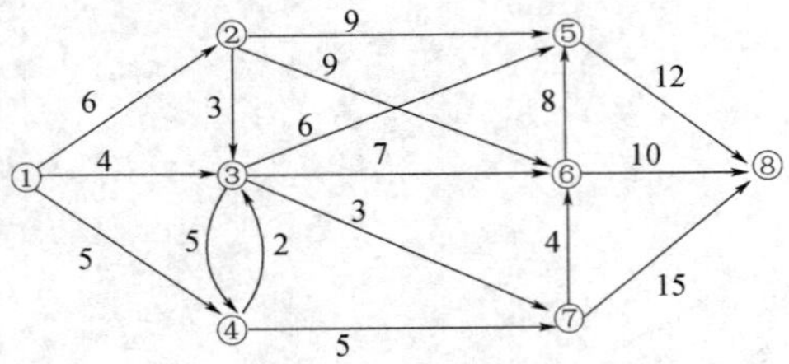

图4.10 最大流问题的网络图

解 Matlab图论工具箱求解最大流的命令,只能解决权重都为正值,且两个顶点之间不能有两条弧的问题。图4.10中顶点3、4之间有两条弧,为此,在顶点4和顶点3之间加入一个虚拟的顶点9,并添加两条弧,删除顶点4到顶点3的权重为2的弧,加入的两条弧的容量都是2。

求解的Matlab程序如下:

```
clc, clear, a = zeros(9);
a(1,2) =6; a(1,3) =4; a(1,4) =5;
a(2,3) =3; a(2,5) =9; a(2,6) =9;
a(3,4) =4; a(3,5) =6; a(3,6) =7; a(3,7) =3;
a(4,7) =5; a(4,9) =2;
a(5,8) =12;
a(6,5) =8; a(6,8) =10;
a(7,6) =4; a(7,8) =15;
a(9,3) =2;
b = sparse(a);
[x,y,z] = graphmaxflow(b,1,8)
```

求得最大流的流量是15。

4.7 旅行商(TSP)问题

4.7.1 修改圈近似算法

一名推销员准备前往若干城市推销产品,然后回到驻地。如何为他设计一条最短的旅行路线(从驻地出发,经过每个城市恰好一次,最后返回驻地)?这个问题称为旅行商问题。用图论的术语说,就是在一个赋权完全图中,找出一个有最小权的Hamilton圈。称这种圈为最优圈。目前还没有求解旅行商问题的有效算法。所以希望有一个方法以获得相当好(但不一定最优)的解。

一个可行的办法是首先求一个Hamilton圈C,然后适当修改C以得到具有较小权的

另一个 Hamilton 圈。修改的方法叫做改良圈算法。设初始圈 $C = v_1 v_2 \cdots v_n v_1$。

（1）对于 $1 \leqslant i < i+1 < j \leqslant n$，构造新的 Hamilton 圈

$$C_{ij} = v_1 v_2 \cdots v_i v_j v_{j-1} v_{j-2} \cdots v_{i+1} v_{j+1} v_{j+2} \cdots v_n v_1,$$

它是由 C 中删去边 $v_i v_{i+1}$ 和 $v_j v_{j+1}$，添加边 $v_i v_j$ 和 $v_{i+1} v_{j+1}$ 而得到的。若 $w(v_i v_j) + w(v_{i+1} v_{j+1}) < w(v_i v_{i+1}) + w(v_j v_{j+1})$，则以 C_{ij} 代替 C，C_{ij} 称为 C 的改良圈。

（2）转(1)，直至无法改进，停止。

用改良圈算法得到的结果几乎可以肯定不是最优的。为了得到更高的精确度，可以选择不同的初始圈，重复进行几次，以求得较精确的结果。

圈的修改过程一次替换三条边比一次仅替换两条边更有效；然而奇怪的是，进一步推广这一想法就不对了。

例 4.14　从北京(Pe)乘飞机到东京(T)、纽约(N)、墨西哥城(M)、伦敦(L)、巴黎(Pa)五城市旅游，每城市恰去一次再回北京，应如何安排旅游线，使旅程最短？用修改圈算法，求一个近似解。各城市之间的航线距离如表 4.3 所列。

表 4.3　六城市间的距离

	L	M	N	Pa	Pe	T
L		56	35	21	51	60
M	56		21	57	78	70
N	35	21		36	68	68
Pa	21	57	36		51	61
Pe	51	78	68	51		13
T	60	70	68	61	13	

解　编写程序如下：

```
function main
a = zeros(6);
a(1,2) =56;a(1,3) =35;a(1,4) =21;a(1,5) =51;a(1,6) =60;
a(2,3) =21;a(2,4) =57;a(2,5) =78;a(2,6) =70; a(3,4) =36;a(3,5) =68;a(3,6) =
68; a(4,5) =51;a(4,6) =61;
a(5,6) =13; a =a +a'; L =size(a,1);
c =[5 1:4 6 5]; % 选取初始圈
[circle,long] =modifycircle(a,L,c) % 调用下面修改圈的子函数
% * * * * * * * * * * * * * * * * * * * * * * * * * * * * * * * * * * * * * * * * * * *
% 以下为修改圈的子函数
% * * * * * * * * * * * * * * * * * * * * * * * * * * * * * * * * * * * * * * * * * * *
function [circle,long] =modifycircle(a,L,c);
for k =1:L
 flag =0; % 退出标志
 for m =1:L -2 % m 为算法中的 i
 for n =m +2:L % n 为算法中的 j
 if a(c(m),c(n)) +a(c(m +1),c(n +1)) <a(c(m),c(m +1)) +a(c(n),c(n +1))
    c(m +1:n) =c(n: -1:m +1); flag =flag +1; % 修改一次,标志加 1
 end
```

```
end
end
    if flag = =0 % 一条边也没有修改,就返回
      long =0; % 圈长的初始值
      for i =1:L
        long = long + a(c(i),c(i +1)); % 求改良圈的长度
      end
      circle = c; % 返回修改圈
      return
    end
end
```

求得近似圈为 5→4→1→3→2→6→5;近似圈的长度为 211。

实际上可以用下节的数学规划模型求得精确的最短圈长度为 211,这里的近似算法凑巧求出了准确解。

4.7.2 旅行商问题的数学规划模型

设城市的个数为 n,d_{ij}是两个城市 i 与 j 之间的距离,$x_{ij}=0$ 或 1(1 表示走过城市 i 到城市 j 的路,0 表示没有选择走这条路),则有

$$\min \sum_{i \neq j} d_{ij} x_{ij},$$

$$\text{s.t.} \begin{cases} \sum_{j=1}^{n} x_{ij} = 1, i = 1,2,\cdots,n, (\text{每个点只有一条边出去}), \\ \sum_{i=1}^{n} x_{ij} = 1, j = 1,2,\cdots,n, (\text{每个点只有一条边进去}), \\ \sum_{i,j \in s} x_{ij} \leqslant |s| - 1, 2 \leqslant |s| \leqslant n-1, s \subset \{1,2,\cdots,n\}, \text{即 } s \text{ 为} \{1,2,\cdots,n\} \text{ 的真子集} \\ (\text{除起点和终点外,各边不构成圈}), \\ x_{ij} \in \{0,1\}, i,j = 1,2,\cdots,n, i \neq j. \end{cases}$$

将旅行商问题写成数学规划的具体形式还需要一定的技巧,下面例子引用 Lingo"帮助"文档中的一个程序。

例 4.15 已知 SV 地区各城镇之间的距离如表 4.4 所列,某公司计划在 SV 地区做广告宣传,推销员从城市 1 出发,经过各个城镇,再回到城市 1。为节约开支,公司希望推销员走过这 10 个城镇的总距离最小。

表 4.4 城镇之间的距离

	2	3	4	5	6	7	8	9	10
1	8	5	9	12	14	12	16	17	22
2		9	15	17	8	11	18	14	22
3			7	9	11	7	12	12	17
4				3	17	10	7	15	18
5					8	10	6	15	15
6						9	14	8	16
7							8	6	11
8								11	11
9									10

解 编写 Lingo 程序如下：

```
MODEL:
  SETS:
  CITY /1..10/: U; ! U( I) = sequence no. of city;
  LINK( CITY, CITY):
    DIST, ! The distance matrix;
      X; ! X( I, J) = 1 if we use link I, J;
ENDSETS
DATA: ! Distance matrix, it need not be symmetric;
   DIST =  0   8   5   9  12  14  12  16  17  22
           8   0   9  15  17   8  11  18  14  22
           5   9   0   7   9  11   7  12  12  17
           9  15   7   0   3  17  10   7  15  18
          12  17   9   3   0   8  10   6  15  15
          14   8  11  17   8   0   9  14   8  16
          12  11   7  10  10   9   0   8   6  11
          16  18  12   7   6  14   8   0  11  11
          17  14  12  15  15   8   6  11   0  10
          22  22  17  18  15  16  11  11  10   0;
ENDDATA
! The model:Ref. Desrochers & Laporte, OR Letters, Feb. 91;
N = @ SIZE( CITY);
MIN = @ SUM( LINK: DIST * X);
@ FOR( CITY( K):
! It must be entered;
@ SUM( CITY( I) | I #NE# K: X( I, K)) = 1;
! It must be departed;
@ SUM( CITY( J) | J #NE# K: X( K, J)) = 1;
! Weak form of the subtour breaking constraints;
! These are not very powerful for large problems;
@ FOR( CITY( J) | J #GT# 1 #AND# J #NE# K:
    U( J) > = U( K) + X ( K, J) -
    ( N - 2) * ( 1 - X( K, J)) +
    ( N - 3) * X( J, K)));
  ! Make the X's 0/1;
  @ FOR( LINK: @ BIN( X));
  ! For the first and last stop we know...;
   @ FOR( CITY( K) | K #GT# 1:
  U( K) < = N - 1 - ( N - 2) * X( 1, K);
 U( K) > = 1 + ( N - 2) * X( K, 1));
END
```

求得的最短路径为 1→2→6→9→7→10→8→5→4→3→1，最短路径长度为 73。

4.8 计划评审方法和关键路线法

计划评审方法(Program Evaluation and Review Technique, PERT)和关键路线法(Critical Path Method, CPM)是网络分析的重要组成部分,广泛地用于系统分析和项目管理。计划评审与关键路线方法是在20世纪50年代提出并发展起来的。1956年,美国杜邦公司为了协调企业不同业务部门的系统规划,提出了关键路线法。1958年,美国海军武装部在研制"北极星"导弹计划时,由于导弹的研制系统过于庞大、复杂,为找到一种有效的管理方法,设计了计划评审方法。由于PERT与CPM既有着相同的目标应用,又有很多相同的术语,这两种方法已合并为一种方法,在国外称为PERT/CPM,在国内称为统筹方法(Scheduling Method)。

4.8.1 计划网络图

例4.16 某项目工程由11项作业组成(分别用代号 $A,B,\cdots,J,K$ 表示),其计划完成时间及作业间相互关系如表4.5所列,求完成该项目的最短时间。

表4.5 作业流程数据

作业	计划完成时间/天	紧前作业	作业	计划完成时间/天	紧前作业
A	5	—	G	21	B,E
B	10	—	H	35	B,E
C	11	—	I	25	B,E
D	4	B	J	15	F,G,I
E	4	A	K	20	F,G
F	15	C,D			

例4.16就是计划评审方法或关键路线法需要解决的问题。

1. 计划网络图的概念

定义4.4 称任何消耗时间或资源的行动为作业。称作业的开始或结束为事件,事件本身不消耗资源。

在计划网络图中通常用圆圈表示事件,用箭线表示工作,如图4.11所示,1、2、3表示事件,A、B 表示作业。由这种方法画出的网络图称为计划网络图。

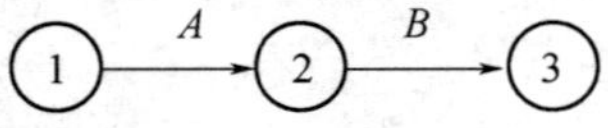

图4.11 计划网络图的基本画法

虚作业用虚箭线"┈┈➝"表示。它表示工时为0,不消耗任何资源的虚构作业。其作用只是为了正确表示工作的前行后继关系。

定义4.5 在计划网络图中,称从初始事件到最终事件的由各项工作连贯组成的一条路为路线。具有累计作业时间最长的路线称为关键路线。

由此看来,例4.16就是求相应的计划网络图中的关键路线。

2. 建立计划网络图应注意的问题

（1）任何作业在网络中用唯一的箭线表示，任何作业其终点事件的编号必须大于其起点事件。

（2）两个事件之间只能画一条箭线，表示一项作业。对于具有相同开始和结束事件的两项以上的作业，要引进虚事件和虚作业。

（3）任何计划网络图应有唯一的最初事件和唯一的最终事件。

（4）计划网络图不允许出现回路。

（5）计划网络图的画法一般是从左到右，从上到下，尽量做到清晰美观，避免箭头交叉。

4.8.2 时间参数

1. 事件时间参数

1）事件的最早时间

事件 j 的最早时间用 $t_E(j)$ 表示，它表明以事件 j 为始点的各工作最早可能开始的时间，也表示以事件 j 为终点的各工作的最早可能完成时间，它等于从始点事件到该事件的最长路线上所有工作的工时总和。事件最早时间可用下列递推公式，按照事件编号从小到大的顺序逐个计算。

设事件编号为 $1,2,\cdots,n$，则

$$\begin{cases} t_E(1) = 0, \\ t_E(j) = \max\limits_i \{t_E(i) + t(i,j)\}, \end{cases} \tag{4.3}$$

式中：$t_E(i)$ 为与事件 j 相邻的各紧前事件的最早时间；$t(i,j)$ 为作业 (i,j) 所需的工时。

终点事件的最早时间显然就是整个工程的总最早完工期，即

$$t_E(n) = \text{总最早完工期。}$$

2）事件的最迟时间

事件 i 的最迟时间用 $t_L(i)$ 表示，它表明在不影响任务总工期条件下，以事件 i 为始点的工作的最迟必须开始时间，或以事件 i 为终点的各工作的最迟必须完成时间。由于一般情况下，都把任务的最早完工时间作为任务的总工期，所以事件最迟时间的计算公式为

$$\begin{cases} t_L(n) = \text{总工期(或 } t_E(n)\text{)}, \\ t_L(i) = \min\limits_j \{t_L(j) - t(i,j)\}, \end{cases} \tag{4.4}$$

式中：$t_L(j)$ 为与事件 i 相邻的各紧后事件的最迟时间。

式(4.4)也是递推公式，但与式(4.3)相反，是从终点事件开始，按编号由大至小的顺序逐个由后向前计算。

2. 工作的时间参数

1）工作的最早可能开工时间与工作的最早可能完工时间

一个工作 (i,j) 的最早可能开工时间用 $t_{ES}(i,j)$ 表示。任何一件工作都必须在其所有紧前工作全部完工后才能开始。工作 (i,j) 的最早可能完工时间用 $t_{EF}(i,j)$ 表示，它表示工作按最早开工时间开始所能达到的完工时间。它们的计算公式为

$$\begin{cases} t_{ES}(1,j) = 0, \\ t_{ES}(i,j) = \max\limits_{k}\{t_{ES}(k,i) + t(k,i)\}, \\ t_{EF}(i,j) = t_{ES}(i,j) + t(i,j)。 \end{cases} \tag{4.5}$$

这组公式也是递推公式。即所有从总开工事件出发的工作$(1,j)$,其最早可能开工时间为0;任一工作(i,j)的最早开工时间要由它的所有紧前工作(k,i)的最早开工时间决定;工作(i,j)的最早完工时间显然等于其最早开工时间与工时之和。

2）工作的最迟必须开工时间与工作的最迟必须完工时间

一个工作(i,j)的最迟开工时间用$t_{LS}(i,j)$表示。它表示工作(i,j)在不影响整个任务如期完成的前提下,必须开始的最晚时间。

工作(i,j)的最迟必须完工时间用$t_{LF}(i,j)$表示。它表示工作(i,j)按最迟时间开工,所能达到的完工时间。它们的计算公式为

$$\begin{cases} t_{LF}(i,n) = 总完工期(或\ t_{EF}(i,n)), \\ t_{LS}(i,j) = \min\limits_{k}\{t_{LS}(j,k) - t(i,j)\}, \\ t_{LF}(i,j) = t_{LS}(i,j) + t(i,j)。 \end{cases} \tag{4.6}$$

这组公式是按工作的最迟必须开工时间由终点向始点逐个递推的公式。凡是进入总完工事件n的工作(i,n),其最迟完工时间必须等于预定总工期或等于这个工作的最早可能完工时间。任一工作(i,j)的最迟必须开工时间由它的所有紧后工作(j,k)的最迟开工时间确定。而工作(i,j)的最迟完工时间显然等于本工作的最迟开工时间与工时的和。

由于任一个事件i(除去始点事件和终点事件),既表示某些工作的开始又表示某些工作的结束,所以从事件与工作的关系考虑,用式(4.5)、式(4.6)求得的有关工作的时间参数也可以通过事件的时间参数式(4.3)、式(4.4)来计算。如工作(i,j)的最早可能开工时间$t_{ES}(i,j)$就等于事件i的最早时间$t_E(i)$。工作(i,j)的最迟必须完工时间等于事件j的最迟时间。

3. 时差

工作的时差又叫工作的机动时间或富裕时间,常用的时差有两种。

1）工作的总时差

在不影响任务总工期的条件下,某工作(i,j)可以延迟其开工时间的最大幅度,叫做该工作的总时差,用$R(i,j)$表示。其计算公式为

$$R(i,j) = t_{LF}(i,j) - t_{EF}(i,j), \tag{4.7}$$

即工作(i,j)的总时差等于它的最迟完工时间与最早完工时间的差。显然$R(i,j)$也等于该工作的最迟开工时间与最早开工时间之差。

2）工作的单时差

工作的单时差是指在不影响紧后工作的最早开工时间条件下,此工作可以延迟其开工时间的最大幅度,用$r(i,j)$表示。其计算公式为

$$r(i,j) = t_{ES}(j,k) - t_{EF}(i,j), \tag{4.8}$$

即单时差等于其紧后工作的最早开工时间与本工作的最早完工时间之差。

4.8.3 计划网络图的计算

以例 4.16 的求解过程为例介绍计划网络图的计算方法。

1. 建立计划网络图

首先建立计划网络图。按照上述规则,建立例 4.16 的计划网络图,如图 4.12 所示。

2. 写出相应的规划问题

设 x_i 是事件 i 的开始时间,1 为最初事件,n 为最终事件。希望总的工期最短,即极小化 x_n,为了求所有事件的最早开工时间,把目标函数取为 $\min\sum\limits_{i\in V} x_i$。设 t_{ij} 是作业(i,j)的计划时间,因此,对于事件 i 与事件 j 有

$$x_j \geqslant x_i + t_{ij},$$

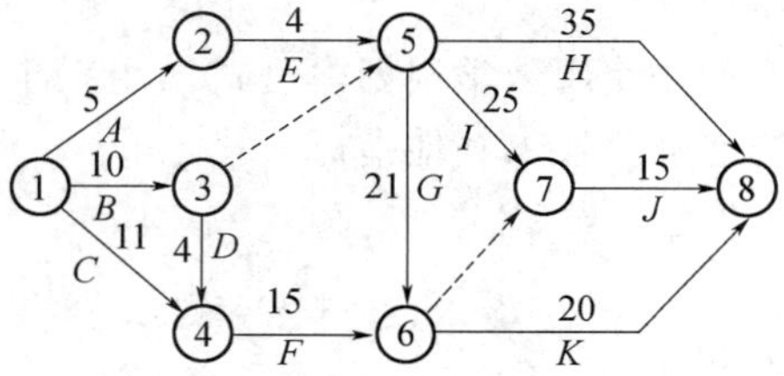

图 4.12 例 4.16 的计划网络图

由此得到相应的数学规划问题

$$\min\sum_{i\in V} x_i,$$

$$\text{s.t.}\quad \begin{cases} x_j \geqslant x_i + t_{ij}, (i,j) \in A, i,j \in V, \\ x_i \geqslant 0, i \in V, \end{cases} \tag{4.9}$$

式中:V 为所有的事件集合;A 为所有作业的集合。

3. 问题求解

用 Lingo 软件求解例 4.16。

解 编写 Lingo 程序如下:

```
model:
sets:
events/1..8/:x;
operate(events,events)/1 2,1 3,1 4,2 5,3 4,3 5,4 6,5 6,
5 7,5 8,6 7,6 8,7 8/:t;
endsets
data:
t =5 10 11 4 4 0 15 21 25 35 0 20 15;
enddata
min =@ sum(events:x);
@ for(operate(i,j):x(j) >x(i) +t(i,j));
end
```

计算结果给出了各个项目的开工时间,如 $x_1=0$,则作业 A,B,C 的开工时间均是第 0 天;$x_2=5$,作业 E 的开工时间是第 5 天;$x_3=10$,则作业 D 的开工时间是第 10 天;等等。每个作业只要按规定的时间开工,则整个项目的最短工期为 51 天。

尽管上述 Lingo 程序给出了相应的开工时间和整个项目的最短工期,但统筹方法中许多有用的信息并没有得到,如项目的关键路径、每个作业的最早开工时间、最迟开工时间等。

例 4.17(续例 4.16) 求例 4.16 中每个作业的最早开工时间、最迟开工时间和作业的关键路径。

解 分别用 x_i, z_i 表示第 $i(i=1,\cdots,8)$ 个事件的最早时间和最迟时间, t_{ij} 表示作业 (i,j) 的计划时间, $es_{ij}, ls_{ij}, ef_{ij}, lf_{ij}$ 分别表示作业 (i,j) 的最早开工时间、最迟开工时间、最早完工时间、最晚完工时间。对应作业的最早开工时间与最迟开工时间相同,就得到项目的关键路径。

首先使用数学规划模型式(4.9),求事件的最早开工时间 $x_i(i=1,\cdots,8)$。然后用下面的递推公式求其他指标。

$$z_n = x_n, n = 8,$$

$$z_i = \min_j \{z_j - t_{ij}\}, i = n-1,\cdots,1,(i,j) \in A, \tag{4.10}$$

$$\mathrm{es}_{ij} = x_i, (i,j) \in A, \tag{4.11}$$

$$\mathrm{lf}_{ij} = z_j, (i,j) \in A, \tag{4.12}$$

$$\mathrm{ls}_{ij} = \mathrm{lf}_{ij} - t_{ij}, (i,j) \in A, \tag{4.13}$$

$$\mathrm{ef}_{ij} = x_i + t_{ij}, (i,j) \in A。 \tag{4.14}$$

使用式(4.11)和式(4.13)可以得到所有作业的最早开工时间和最迟开工时间,如表 4.6所列,方括号中第 1 个数字是最早开工时间,第 2 个数字是最迟开工时间。

表 4.6 作业数据

作业(i,j)	开工时间	计划完成时间/天	作业(i,j)	开工时间	计划完成时间/天
$A(1,2)$	[0,1]	5	$G(5,6)$	[10,10]	21
$B(1,3)$	[0,0]	10	$H(5,8)$	[10,16]	35
$C(1,4)$	[0,5]	11	$I(5,7)$	[10,11]	25
$D(3,4)$	[10,12]	4	$J(7,8)$	[35,36]	15
$E(2,5)$	[5,6]	4	$K(6,8)$	[31,31]	20
$F(4,6)$	[14,16]	15			

从表 4.6 可以看出,当最早开工时间与最迟开工时间相同时,对应的作业在关键路线上,因此可以画出计划网络图中的关键路线,如图 4.13 粗线所示。关键路线为 1→3→5→6→8。

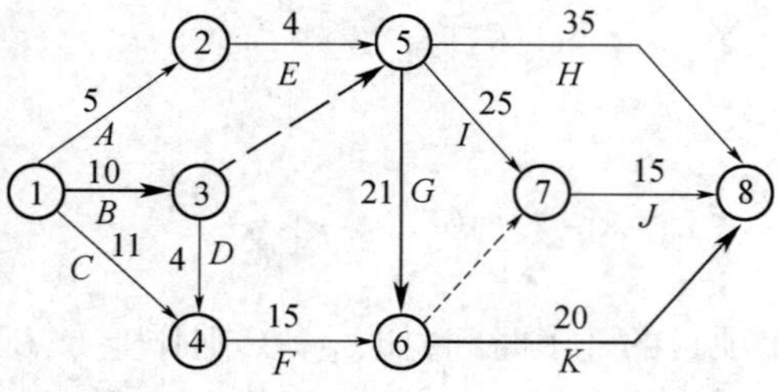

图 4.13 带有关键路线的计划网络图

计算的 Lingo 程序如下:

```
model:
sets:
```

```
events/1..8/:x,z; ! x为事件的最早时间,z为事件的最迟时间;
operate(events,events)/1 2,1 3,1 4,2 5,3 4,3 5,4 6,5 6,
5 7,5 8,6 7,6 8,7 8/:t,s,ls,es,ef,lf; ! ls为作业的最迟开工时间,es为最早开工时间,
ef为最早完工时间,lf为最迟完工时间;
endsets
data:
t=5 10 11 4 4 0 15 21 25 35 0 20 15;
@text(txt1.txt)=es,ls; ! 把计算结果输出到外部纯文本文件;
enddata
min=@sum(events:x);
@for(operate(i,j):x(j)>x(i)+t(i,j));
n=@size(events);
z(n)=x(n);
@for(events(i)|i#lt#n:z(i)=@min(operate(i,j):z(j)-t(i,j)));
@for(operate(i,j):es(i,j)=x(i));
@for(operate(i,j):lf(i,j)=z(j));
@for(operate(i,j):ls(i,j)=lf(i,j)-t(i,j));
@for(operate(i,j):ef(i,j)=x(i)+t(i,j));
end
```

4. 将关键路线看成最长路

如果将关键路线看成最长路,则可以按照求最短路的方法(将求极小改为求极大)求出关键路线。

设 x_{ij} 为0-1变量,当作业(i,j)位于关键路线上取1,否则取0。数学规划问题写成

$$\max \sum_{(i,j)\in A} t_{ij}x_{ij},$$

$$\text{s.t.}\begin{cases}\sum\limits_{j:(i,j)\in A} x_{ij}-\sum\limits_{j:(j,i)\in A} x_{ji}=\begin{cases}1,i=1,\\-1,i=n,\\0,i\neq 1,n,\end{cases}\\ x_{ij}=0\text{ 或 }1,(i,j)\in A。\end{cases}$$

例4.18 用最长路的方法求解例4.16。

解 按上述数学规划问题写出如下的Lingo程序:

```
model:
sets:
events/1..8/:d;
operate(events,events)/1 2,1 3,1 4,2 5,3 4,3 5,4 6,5 6,
5 7,5 8,6 7,6 8,7 8/:t,x;
endsets
data:
t=5 10 11 4 4 0 15 21 25 35 0 20 15;
d=1 0 0 0 0 0 0 -1;
enddata
max=@sum(operate:t*x);
```

```
@ for(events(i):@ sum(operate(i,j):x(i,j)) - @ sum(operate(j,i):x(j,i)) = d
(i));
end
```

求得工期需要 51 天,关键路线为 1→3→5→6→8。

4.8.4 关键路线与计划网络的优化

例 4.19(关键路线与计划网络的优化) 假设例 4.16 中所列的工程要求在 49 天内完成。为提前完成工程,有些作业需要加快进度,缩短工期,而加快进度需要额外增加费用。表 4.7 列出例 4.16 中可缩短工期的所有作业和缩短一天工期额外增加的费用。现在的问题是,如何安排作业才能使额外增加的总费用最少?

表 4.7 工程作业数据

作业 (i,j)	计划完成时间/天	最短完成时间/天	缩短一天工期增加的费用/元	作业 (i,j)	计划完成时间/天	最短完成时间/天	缩短一天工期增加的费用/元
$B(1,3)$	10	8	700	$H(5,8)$	35	30	500
$C(1,4)$	11	8	400	$I(5,7)$	25	22	300
$E(2,5)$	4	3	450	$J(7,8)$	15	12	400
$G(5,6)$	21	16	600	$K(6,8)$	20	16	500

例 4.19 所涉及的问题就是计划网络的优化问题,这时需要压缩关键路径来减少最短工期。

1. 计划网络优化的数学表达式

设 x_i 是事件 i 的开始时间,t_{ij}是作业(i,j)的计划时间,m_{ij}是完成作业(i,j)的最短时间,y_{ij}是作业(i,j)可能减少的时间,c_{ij}是作业(i,j)缩短一天工期增加的费用,因此有

$$x_j - x_i \geqslant t_{ij} - y_{ij} \text{且 } 0 \leqslant y_{ij} \leqslant t_{ij} - m_{ij}。$$

设 d 是要求完成的天数,1 为最初事件,n 为最终事件,所以有 $x_n - x_1 \leqslant d$。而问题的总目标是使额外增加的费用最小,即目标函数为 $\min \sum_{(i,j)\in A} c_{ij}y_{ij}$。由此得到相应的数学规划问题

$$\min \sum_{(i,j)\in A} c_{ij}y_{ij},$$

$$\text{s. t.}\begin{cases} x_j - x_i + y_{ij} \geqslant t_{ij}, (i,j) \in A, i,j \in V, \\ x_n - x_1 \leqslant d, \\ 0 \leqslant y_{ij} \leqslant t_{ij} - m_{ij}, (i,j) \in A, i,j \in V。\end{cases}$$

2. 计划网络优化的求解

用 Lingo 软件求解例 4.19,程序如下:

```
model:
sets:
events/1..8/:x;
operate(events,events)/1 2,1 3,1 4,2 5,3 4,3 5,4 6,5 6,
5 7,5 8,6 7,6 8,7 8/:t,m,c,y;
```

```
endsets
data:
t =5 10 11 4 4 0 15 21 25 35 0 20 15;
m =5 8 8 3 4 0 15 16 22 30 0 16 12;
c =0 700 400 450 0 0 0 600 300 500 0 500 400;
d =49;
enddata
min =@ sum(operate:c * y);
@ for(operate(i,j):x(j) -x(i) +y(i,j) >t(i,j));
n =@ size(events);
x(n) -x(1) <d;
@ for(operate:@ bnd(0,y,t -m));
end
```

作业(1,3)(B)压缩一天工期,作业(6,8)(K)压缩一天工期,这样可以在49天完工,需要多花费1200元。

如果需要知道压缩工期后的关键路径,则需要稍复杂一点的计算。

例4.20(续例4.19) 用Lingo软件求解例4.19,并求出相应的关键路径、各作业的最早开工时间和最迟开工时间。

解 使用与前面例子相同的符号。为了得到作业的最早开工时间,在目标函数中加入 $\sum\limits_{i \in V} x_i$,建立如下的数学规划模型:

$$\min \sum_{(i,j) \in A} c_{ij} y_{ij} + \sum_{i \in V} x_i ,$$

$$\text{s. t.} \begin{cases} x_j - x_i + y_{ij} \geqslant t_{ij}, (i,j) \in A, i,j \in V, \\ x_n - x_1 \leqslant d, \\ 0 \leqslant y_{ij} \leqslant t_{ij} - m_{ij}, (i,j) \in A, i,j \in V。\end{cases}$$

先求出 x_i, y_{ij},其中 $i \in V, (i,j) \in A$。再使用迭代公式

$$z_n = x_n, n = 8,$$

$$z_i = \min_j \{ z_j - t_{ij} + y_{ij} \}, i = n-1, \cdots, 1, (i,j) \in A,$$

$$\text{es}_{ij} = x_i, (i,j) \in A,$$

$$\text{ls}_{ij} = z_j - t_{ij} + y_{ij}, (i,j) \in A。$$

求出事件最迟时间 z_i、作业最早开工时间 es_{ij} 和最迟开工时间 ls_{ij}。

计算出所有作业的最早开工时间和最迟开工时间,如表4.8所列。

表4.8 作业数据

作业(i,j)	开工时间	实际完成时间/天	作业(i,j)	开工时间	实际完成时间/天
$A(1,2)$	[0,0]	5	$G(5,6)$	[9,9]	21
$B(1,3)$	[0,0]	9	$H(5,8)$	[9,14]	35
$C(1,4)$	[0,4]	11	$I(5,7)$	[9,9]	25
$D(3,4)$	[9,12]	4	$J(7,8)$	[34,34]	15
$E(2,5)$	[5,5]	4	$K(6,8)$	[30,30]	19
$F(4,6)$	[13,15]	15			

当最早开工时间与最迟开工时间相同时,对应的作业就在关键路线上,图 4.14 中的粗线表示优化后的关键路线。从图 4.14 中可以看到,关键路线不止一条。

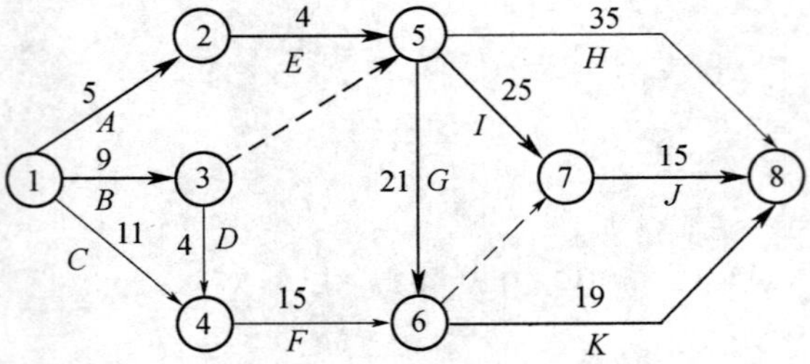

图 4.14　优化后的关键路线图

计算的 Lingo 程序如下:

```
model:
sets:
events/1..8/:x,z;
operate(events,events)/1 2,1 3,1 4,2 5,3 4,3 5,4 6,5 6,
5 7,5 8,6 7,6 8,7 8/:t,m,c,y,es,ls;
endsets
data:
t=5 10 11 4 4 0 15 21 25 35 0 20 15;
m=5 8 8 3 4 0 15 16 22 30 0 16 12;
c=0 700 400 450 0 0 0 600 300 500 0 500 400;
d=49;
@text(txt2.txt)=es,ls; ! 把作业最早开工时间 es 和最迟开工时间 ls 输出到外部纯文本
文件;
enddata
min=@sum(operate:c*y)+@sum(events:x);
@for(operate(i,j):x(j)-x(i)+y(i,j)>t(i,j));
n=@size(events);
x(n)-x(1)<=d;
@for(operate:@bnd(0,y,t-m));
z(n)=x(n);
@for(events(i)|i#lt#n:z(i)=@min(operate(i,j):z(j)-t(i,j)+y(i,j)));
@for(operate(i,j):es(i,j)=x(i));
@for(operate(i,j):ls(i,j)=z(j)-t(i,j)+y(i,j));
end
```

4.8.5　完成作业期望和实现事件的概率

在例 4.16 中,每项作业完成的时间均看成固定的,但在实际应用中,每一工作的完成会受到一些意外因素的干扰,一般不可能是完全确定的,往往只能凭借经验和过去完成类似工作需要的时间进行估计。通常情况下,对完成一项作业可以给出三个时间上的估计

值：最乐观的估计值(a)、最悲观的估计值(b)和最可能的估计值(m)。

设t_{ij}是完成作业(i,j)的实际时间(是一个随机变量)，通常用下面的方法计算相应的数学期望和方差：

$$E(t_{ij}) = \frac{a_{ij} + 4m_{ij} + b_{ij}}{6}, \tag{4.15}$$

$$\mathrm{Var}(t_{ij}) = \frac{(b_{ij} - a_{ij})^2}{36}。 \tag{4.16}$$

设T为实际工期，即

$$T = \sum_{(i,j) \in \text{关键路线}} t_{ij}, \tag{4.17}$$

由中心极限定理，可以假设T服从正态分布，并且期望值和方差满足

$$\bar{T} = E(T) = \sum_{(i,j) \in \text{关键路线}} E(t_{ij}), \tag{4.18}$$

$$S^2 = \mathrm{Var}(T) = \sum_{(i,j) \in \text{关键路线}} \mathrm{Var}(t_{ij})。 \tag{4.19}$$

设规定的工期为d，则在规定的工期内完成整个项目的概率为

$$P\{T \leqslant d\} = \Phi\left(\frac{d - \bar{T}}{S}\right)。 \tag{4.20}$$

@psn(x)是 Lingo 软件提供的标准正态分布函数，即

$$@\mathrm{psn}(\mathrm{x}) = \Phi(x) = \int_{-\infty}^{x} \frac{1}{\sqrt{2\pi}} \mathrm{e}^{-t^2/2} \mathrm{d}t。 \tag{4.21}$$

例 4.21 已知例 4.16 中各项作业完成的三个估计时间如表 4.9 所列。如果规定时间为 52 天，求在规定时间内完成全部作业的概率。进一步，如果完成全部作业的概率大于等于 95%，那么工期至少需要多少天？

表 4.9 作业数据

作业 (i,j)	估计时间/天			作业 (i,j)	估计时间/天		
	a	m	b		a	m	b
$A(1,2)$	3	5	7	$G(5,6)$	18	20	28
$B(1,3)$	8	9	16	$H(5,8)$	26	33	52
$C(1,4)$	8	11	14	$I(5,7)$	18	25	32
$D(3,4)$	2	4	6	$J(7,8)$	12	15	18
$E(2,5)$	3	4	5	$K(6,8)$	11	21	25
$F(4,6)$	8	16	18				

解 对于这个问题采用最长路的方法。

按式(4.15)计算出各作业的期望值，再建立求关键路径的数学规划模型，即

$$\max \sum_{(i,j) \in A} E(t_{ij}) x_{ij},$$

$$\text{s.t.} \begin{cases} \sum_{j:(i,j) \in A} x_{ij} - \sum_{j:(j,i) \in A} x_{ji} = \begin{cases} 1, i = 1, \\ -1, i = n, \\ 0, i \neq 1, n, \end{cases} \\ x_{ij} = 0 \text{ 或 } 1, (i,j) \in A。 \end{cases}$$

求出关键路径后,再由式(4.16)计算出关键路线上各作业方差的估计值,最后利用分布函数@ psn,即可计算出完成作业的概率与完成整个项目的时间。

计算得到关键路线的时间期望为45.3天,标准差为2.14,在52天内完成全部作业的概率为99.9%,如果完成全部作业的概率大于等于95%,那么工期至少需要48.8天。

计算的Lingo程序如下:

```
model:
sets:
events/1..8/:d;
operate(events,events)/1 2,1 3,1 4,2 5,3 4,3 5,4 6,5 6,
5 7,5 8,6 7,6 8,7 8/:a,m,b,et,dt,x;
endsets
data:
a =3 8 8 3 2 0 8 18 18 26 0 11 12;
m = 5 9 11 4 4 0 16 20 25 33 0 21 15;
b =7 16 14 5 6 0 18 28 32 52 0 25 18;
d =1 0 0 0 0 0 0 -1;
limit =52;
enddata
@ for(operate:et =(a +4 * m +b)/6;dt =(b - a)^2/36);
max = tbar;
tbar =@ sum(operate:et * x);
@ for(events(i):@ sum(operate(i,j):x(i,j)) - @ sum(operate(j,i):x(j,i)) =d
(i));
s^2 =@ sum(operate:dt * x);
p =@ psn((limit - tbar)/s);
@ psn((days - tbar)/s) =0.95;
end
```

注:本题求解时,必须把Lingo求解器设置成求全局解,否则Lingo会警告找不到解。

4.9 钢管订购和运输

4.9.1 问题描述

要铺设一条$A_1 \to A_2 \to \cdots \to A_{15}$的输送天然气的主管道,如图4.15所示。经筛选后可以生产这种主管道钢管的钢厂有$S_1,S_2,\cdots,S_7$。图中粗线表示铁路,单细线表示公路,双细线表示要铺设的管道(假设沿管道或者原有公路,或者建有施工公路),圆圈表示火车站,每段铁路、公路和管道旁的阿拉伯数字表示里程(单位:km)。

为方便计算,1km主管道钢管称为1单位钢管。

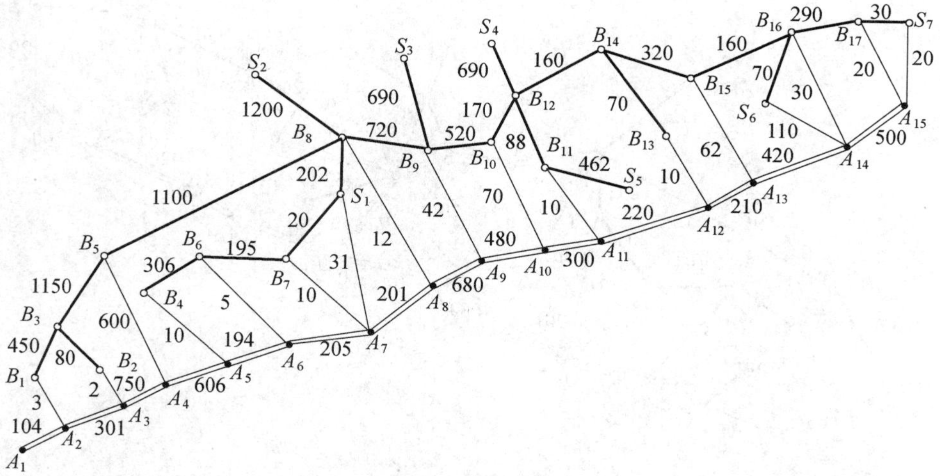

图 4.15　交通网络及管道图

一家钢厂如果承担制造这种钢管,至少需要生产 500 个单位。钢厂 S_i 在指定期限内能生产该钢管的最大数量为 s_i 个单位,钢管出厂售价 1 单位钢管为 p_i 万元,见表 4.10;1 单位钢管的铁路运价见表 4.11。

表 4.10　各钢管厂的供货上限及售价

i	1	2	3	4	5	6	7
s_i	800	800	1000	2000	2000	2000	3000
p_i	160	155	155	160	155	150	160

表 4.11　单位钢管的铁路运价

里程/km	≤300	301 ~ 350	351 ~ 400	401 ~ 450	451 ~ 500
运价/万元	20	23	26	29	32
里程/km	501 ~ 600	601 ~ 700	701 ~ 800	801 ~ 900	901 ~ 1000
运价/万元	37	44	50	55	60

1000km 以上每增加 1 ~ 100km 运价增加 5 万元。公路运输费用为 1 单位钢管每千米 0.1 万元(不足整千米部分按整千米计算)。钢管可由铁路、公路运往铺设地点(不只是运到点 $A_1, A_2, \cdots, A_{15}$,而是管道全线)。

(1) 请制定一个主管道钢管的订购和运输计划,使总费用最小(给出总费用)。

(2) 请就(1)的模型分析:哪家钢厂钢管的销价的变化对购运计划和总费用影响最大,哪家钢厂钢管的产量的上限的变化对购运计划和总费用的影响最大,并给出相应的数字结果。

(3) 如果要铺设的管道不是一条线,而是一个树形图,铁路、公路和管道构成网络,请就这种更一般的情形给出一种解决办法,并对图 4.16 按(1)的要求给出模型和结果。

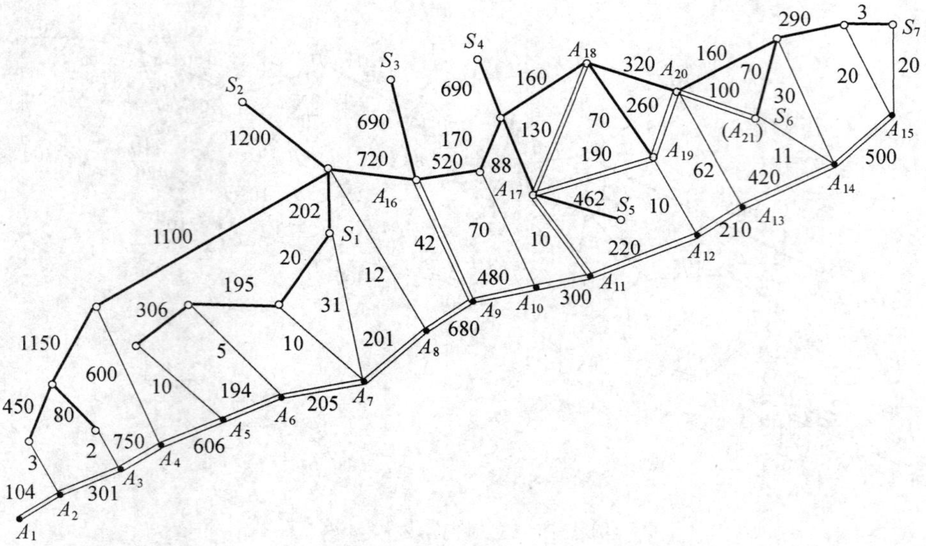

图 4.16　交通网络及树状管道图

4.9.2 模型的建立与求解

记第 i 家钢厂的最大供应量为 s_i，从第 i 家钢厂到铺设节点 j 的订购和运输费用为 c_{ij}；用 l_j 表示管道第 j 段需要铺设的钢管量。x_{ij}是从钢厂 S_i 运到节点 j 的钢管量，y_j 是从节点 j 向左铺设的钢管量，z_j 是从节点 j 向右铺设的钢管量。

根据题中所给数据，可以先计算出从 S_i 到 A_j 的最小购运费 c_{ij}（即出厂售价与运输费用之和），再根据 c_{ij}求解总费用，总费用应包括：订购费用（已包含在 c_{ij}中），运输费用（由各厂 S_i 经铁路、公路运送至各点 A_j，$i=1,2,\cdots,7$，$j=1,2,\cdots,15$），铺设管道 $A_jA_{j+1}(j=1,2,\cdots,14)$的运费。

1. 运费矩阵的计算模型

下面介绍购买单位钢管及从 $S_i(i=1,2,\cdots,7)$运送到 $A_j(j=1,2,\cdots,15)$的最小购运费用 c_{ij}的计算过程。

1）计算铁路任意两点间的最小运输费用

由于铁路运费不是连续的，故不能直接构造铁路费用赋权图，用 Floyd 算法来计算任意两点间的最小运输费用。但可以首先构造铁路距离赋权图，用 Floyd 算法来计算任意两点间的最短铁路距离值，再依据题中的铁路运价表，求出任意两点间的最小铁路运输费用。这就可以巧妙地避开铁路运费不是连续的问题。

首先构造铁路距离赋权图 $G_1=(V,E_1,\boldsymbol{W}_1)$，其中

$$V=\{S_1,\cdots,S_7,A_1,\cdots,A_{15},B_1,\cdots,B_{17}\},$$

各顶点的编号如图 4.15 所示；$\boldsymbol{W}_1=(w_{ij}^{(1)})_{39\times 39}$，有

$$w_{ij}^{(1)}=\begin{cases}d_{ij}^{(1)}, & i,j\text{ 之间有铁路直接相连}\\ +\infty, & i,j\text{ 之间没有铁路直接相连}\end{cases},d_{ij}^{(1)}\text{ 表示 } i,j \text{ 两点之间的铁路路程。}$$

然后应用 Floyd 算法求得任意两点间的最短铁路距离。

根据铁路运价表，可以得到铁路费用赋权完全图 $\tilde{G}_1=(V,E_1,\tilde{\boldsymbol{W}}_1)$，其中 $\tilde{\boldsymbol{W}}_1=(c_{ij}^{(1)})_{39\times39}$，这里 $c_{ij}^{(1)}$ 为第 i,j 顶点间的最小铁路运输费用，若两点间的铁路距离值为无穷大，则对应的铁路运输费用也为无穷大。

2）构造公路费用的赋权图

构造公路费用赋权图 $G_2=(V,E_2,\boldsymbol{W}_2)$，其中 V 同上。

$$\boldsymbol{W}_2=(c_{ij}^{(2)})_{39\times39},$$

$$c_{ij}^{(2)}=\begin{cases}0.1d_{ij}^{(2)},i,j\text{ 之间有公路直接相连}\\+\infty,i,j\text{ 之间没有公路直接相连}\end{cases},d_{ij}^{(2)}\text{ 表示 }i,j\text{ 两点之间的公路路程。}$$

3）计算任意两点间的最小运输费用

由于可以用铁路、公路交叉运送，所以任意相邻两点间的最小运输费用为铁路、公路两者最小运输费用的最小值。

构造铁路公路的混合赋权图 $G=(V,E,\boldsymbol{W})$，$\boldsymbol{W}=(c_{ij}^{(3)})_{39\times39}$，其中 $c_{ij}^{(3)}=\min(c_{ij}^{(1)},c_{ij}^{(2)})$。

对图 G 应用 Floyd 算法，就可以计算出所有顶点对之间的最小运输费用，最后提取需要的 $S_i(i=1,2,\cdots,7)$ 到 $A_j(j=1,2,\cdots,15)$ 的最小运送费用 $\tilde{c}_{ij}$（单位：万元），如表 4.12 所列。

表 4.12　最小运费计算结果

	A_1	A_2	A_3	A_4	A_5	A_6	A_7	A_8	A_9	A_{10}	A_{11}	A_{12}	A_{13}	A_{14}	A_{15}
S_1	170.7	160.3	140.2	98.6	38	20.5	3.1	21.2	64.2	92	96	106	121.2	128	142
S_2	215.7	205.3	190.2	171.6	111	95.5	86	71.2	114.2	142	146	156	171.2	178	192
S_3	230.7	220.3	200.2	181.6	121	105.5	96	86.2	48.2	82	86	96	111.2	118	132
S_4	260.7	250.3	235.2	216.6	156	140.5	131	116.2	84.2	62	51	61	76.2	83	97
S_5	255.7	245.3	225.2	206.6	146	130.5	121	111.2	79.2	57	33	51	71.2	73	87
S_6	265.7	255.3	235.2	216.6	156	140.5	131	121.2	84.2	62	51	45	26.2	11	28
S_7	275.7	265.3	245.2	226.6	166	150.5	141	131.2	99.2	76	66	56	38.2	26	2

任意两点间的最小运输费用加上出厂售价，得到单位钢管从任一个 $S_i(i=1,2,\cdots,7)$ 到 $A_j(j=1,2,\cdots,15)$ 的购买和运送最小费用 c_{ij}。

2. 总费用的数学规划模型

分析题目可以知道约束条件应包括以下几方面：

（1）钢厂产量约束：上限和下限（如果生产）。

（2）运量约束：x_{ij} 对 i 求和等于 z_j 加上 y_j，即 $\sum_{i=1}^{7}x_{ij}=z_j+y_j,j=1,2,\cdots,15$；

y_{j+1} 与 z_j 之和等于 A_jA_{j+1} 段的长度 l_j，即 $y_{j+1}+z_j=l_j,j=1,2,\cdots,14$。

由 A_j 向 A_jA_{j-1} 段铺设管道的运输总路程为 $1+\cdots+y_j=y_j(y_j+1)/2$；

由 A_j 向 A_jA_{j+1} 段铺设管道的运输总路程为 $1+\cdots+z_j=z_j(z_j+1)/2$。

根据以上条件可以建立如下数学规划模型：

$$\min\quad\sum_{i=1}^{7}\sum_{j=1}^{15}c_{ij}x_{ij}+\frac{0.1}{2}\sum_{j=1}^{15}[z_j(z_j+1)+y_j(y_j+1)]\tag{4.22}$$

$$
\text{s.t.}\begin{cases}
\sum_{j=1}^{15} x_{ij} \in \{0\} \cup [500, s_i], i = 1,2,\cdots,7, & (4.23)\\
\sum_{i=1}^{7} x_{ij} = z_j + y_j, j = 1,2,\cdots,15, & (4.24)\\
y_{j+1} + z_j = l_j, j = 1,2,\cdots,14, & (4.25)\\
x_{ij} \geqslant 0, z_j \geqslant 0, y_j \geqslant 0, i = 1,2,\cdots 7, j = 1,2\cdots,15, & (4.26)\\
y_1 = 0, z_{15} = 0。 & (4.27)
\end{cases}
$$

3. Lingo 程序

使用计算机求解上述数学规划时,需要对非线性约束条件式(4.23)进行处理。引进 0-1变量

$$
f_i = \begin{cases} 1, \text{钢厂 } i \text{ 生产}, \\ 0, \text{钢厂 } i \text{ 不生产}。 \end{cases} \quad i = 1,2,\cdots,7。
$$

把约束条件式(4.23)转化为线性约束

$$
500 f_i \leqslant \sum_{j=1}^{15} x_{ij} \leqslant s_i f_i, i = 1,2,\cdots,7。 \tag{4.28}
$$

利用 Lingo 软件求得总费用的最小值为 127.8632 亿元。Lingo 程序如下:

```
model:
sets:
! nodes 表示节点集合;
nodes /S1,S2,S3,S4,S5,S6,S7,A1,A2,A3,A4,A5,A6,A7,A8,A9,A10,A11,A12,A13,
A14,A15,
B1,B2,B3,B4,B5,B6,B7,B8,B9,B10,B11,B12,B13,B14,B15,B16,B17 /;
! c1(i,j)表示节点 i 到 j 铁路运输的最小运价(万元),c2(i,j)表示节点 i 到 j 公路运输的费
用邻接矩阵,c(i,j)表示节点 i 到 j 的最小运价,path 表示最短路径上走过的顶点;
link(nodes, nodes): w, c1,c2,c,path1,path;
supply /S1..S7 /:S,P,f;
need/A1..A15 /:b,y,z; ! y 表示每一点往左铺设的量,z 表示往右铺设的量;
linkf(supply, need):cf,x;
endsets
data:
S =800 800 1000 2000 2000 2000 3000;
P =160 155 155 160 155 150 160;
b =104,301,750,606,194,205,201,680,480,300,220,210,420,500,0;
path1 =0; path =0; w =0; c2 =0;
! 以下是格式化输出计算的中间结果和最终结果;
@ text(MiddleCost.txt) =@ writefor(supply(i): @ writefor(need(j): @ format
(cf(i,j),'6.1f')), @ newline(1));
@ text(Train_path.txt) =@ writefor(nodes(i):@ writefor(nodes(j):@ format
(path1(i,j),'5.0f')),
@ newline(1));
@ text(Final_path.txt) =@ writefor(nodes(i):@ writefor(nodes(j):@ format
```

```
(path(i,j),'5.0f')),
    @ newline(1));
    @ text(FinalResult.txt) = @ writefor(supply(i):@ writefor(need(j):@ format
(x(i,j),'5.0f')), @ newline(1) );
    @ text(FinalResult.txt) = @ write(@ newline(1));
    @ text(FinalResult.txt) = @ writefor(need:@ format(y,'5.0f') );
    @ text(FinalResult.txt) = @ write(@ newline(2));
    @ text(FinalResult.txt) = @ writefor(need:@ format(z,'5.0f') );
    enddata
    calc:
    ！输入铁路距离邻接矩阵的上三角元素；
    w(1,29) = 20;w(1,30) = 202;w(2,30) = 1200;w(3,31) = 690;w(4,34) = 690;w(5,33) = 462;
    w(6,38) = 70;w(7,39) = 30;w(23,25) = 450;w(24,25) = 80;w(25,27) = 1150;w(26,28) = 306;
    w(27,30) = 1100;w(28,29) = 195;w(30,31) = 720;w(31,32) = 520;w(32,34) = 170;w
(33,34) = 88;
    w(34,36) = 160;w(35,36) = 70;w(36,37) = 320;w(37,38) = 160;w(38,39) = 290;
    @ for(link(i,j): w(i,j) = w(i, j) + w(j,i) );！输入铁路距离邻接矩阵的下三角元素；
    @ for(link(i,j) |i#ne#j: w(i,j) = @ if(w(i,j) #eq# 0, 20000,w(i,j)));！无铁路连
接,元素为充分大的数；
    ！以下就是最短路计算公式(Floyd - Warshall 算法)；
    @ for(nodes(k):@ for(nodes(i):@ for(nodes(j):tm = @ smin(w(i,j),w(i,k) + w
(k,j));
    path1(i,j) = @ if(w(i,j)#gt# tm,k,path1(i,j));w(i,j) = tm)));
    ！以下就是按最短路 w 查找相应运费 C1 的计算公式；
    @ for(link |w#eq#0: C1 = 0);
    @ for(link |w#gt#0 #and# w#le#300: C1 = 20);
    @ for(link |w#gt#300 #and# w#le#350: C1 = 23);
    @ for(link |w#gt#350 #and# w#le#400: C1 = 26);
    @ for(link |w#gt#400 #and# w#le#450: C1 = 29);
    @ for(link |w#gt#450 #and# w#le#500: C1 = 32);
    @ for(link |w#gt#500 #and# w#le#600: C1 = 37);
    @ for(link |w#gt#600 #and# w#le#700: C1 = 44);
    @ for(link |w#gt#700 #and# w#le#800: C1 = 50);
    @ for(link |w#gt#800 #and# w#le#900: C1 = 55);
    @ for(link |w#gt#900 #and# w#le#1000: C1 = 60);
    @ for(link |w#gt#1000: C1 = 60 + 5 * @ floor(w/100 - 10) + @ if(@ mod(w,100)#eq#
0,0,5) );
    ！输入公路距离邻接矩阵的上三角元素；
    c2(1,14) = 31;c2(6,21) = 110;c2(7,22) = 20;c2(8,9) = 104;c2(9,10) = 301;c2(9,23) = 3;
    c2(10,11) = 750;c2(10,24) = 2;c2(11,12) = 606;c2(11,27) = 600;c2(12,13) = 194;c2
(12,26) = 10;
    c2(13,14) = 205;c2(13,28) = 5;c2(14,15) = 201;c2(14,29) = 10;c2(15,16) = 680;c2
(15,30) = 12;
```

```
c2(16,17) =480;c2(16,31) =42;c2(17,18) =300;c2(17,32) =70;c2(18,19) =220;c2
(18,33) =10;
c2(19,20) =210;c2(19,35) =10;c2(20,21) =420;c2(20,37) =62;c2(21,22) =500;c2
(21,38) =30;
c2(22,39) =20;
@ for(link(i,j): c2(i,j) = c2(i,j) +c2(j,i)); ! 输入公路距离邻接矩阵的下三角元素;
@ for(link(i,j):c2(i,j) =0.1 * c2(i,j)); ! 距离转化成费用;
@ for(link(i,j) |i#ne#j: c2(i,j) =@ if(c2(i,j)#eq#0,10000,c2(i,j) )); ! 无公路
连接,元素为充分大的数;
@ for(link: C = @ smin(C1,C2)); ! C1 和 C2 矩阵对应元素取最小;
@ for(nodes(k):@ for(nodes(i):@ for(nodes(j):tm =@ smin(C(i,j),C(i,k) +C(k,
j));
path(i,j) =@ if(C(i,j)#gt# tm,k,path(i,j));C(i,j) =tm)));
@ for(link(i,j) |i #le#7 #and# j#ge#8 #and# j#le#22:cf(i,j -7) =c(i,j)); ! 提取下
面二次规划模型需要的 7 ×15 矩阵;
endcalc
[obj]min =@ sum(linkf(i,j):(cf(i,j) +p(i)) * x(i,j)) +0.05 * @ sum(need(j):y
(j)^2 +y(j) +z(j)^2 +z(j));
! 约束;
@ for(supply(i):[con1]@ sum(need(j):x(i,j)) < = S(i) * f(i));
@ for(supply(i):[con2]@ sum(need(j):x(i,j)) > = 500 * f(i));
@ for(need(j):[con3] @ sum(supply(i):x(i,j)) =y(j) +z(j));
@ for(need(j) |j#NE#15:[con4] z(j) +y(j +1) =b(j));
y(1) =0; z(15) =0;
@ for(supply: @ bin(f));
@ for(need: @ gin(y));
end
```

4.9.3 管道为树状图时的模型

当管道为树状图时,建立与上面类似的非线性规划模型:

$$\min \quad \sum_{i=1}^{7}\sum_{j=1}^{21} c_{ij}x_{ij} + 0.05\sum_{j=1}^{21}\sum_{(jk)\in E}(y_{jk}^2 + y_{jk}), \tag{4.29}$$

$$\text{s.t.}\begin{cases} 500f_i \leqslant \sum_{j=1}^{21} x_{ij} \leqslant s_i f_i, i = 1,2,\cdots,7, & (4.30)\\ \sum_{i=1}^{7} x_{ij} = \sum_{(jk)\in E} y_{jk}, j = 1,2,\cdots,21, & (4.31)\\ y_{jk} + y_{kj} = l_{jk}, x_{ij}, y_{jk} \geqslant 0, & (4.32)\end{cases}$$

式中:(jk)为连接 A_j,A_k 的边;E 为树形图的边集;l_{jk}为从 A_j 到 A_k 的长度;y_{jk}为由 A_j 沿(jk)铺设的钢管数量。

用 Lingo 求解得最小费用为 140.6631 亿元。Lingo 程序如下:

```
model:
sets:
! nodes 表示节点集合;
nodes /S1,S2,S3,S4,S5,S6,S7,A1,A2,A3,A4,A5,A6,A7,A8,A9,A10,A11,A12,A13,A14,
A15,A16,A17,A18,A19,A20,B1,B2,B3,B4,B5,B6,B7,B8,B9,B10,B11,B12 /;
! c1(i,j)表示节点 i 到 j 铁路运输的最小单位运价(万元),c2(i,j)表示节点 i 到 j 公路运输的
邻接权重矩阵,c(i,j)表示节点 i 到 j 的最小单位运价,path 标志最短路径上走过的顶点;
link(nodes, nodes): w, c1,c2,c,path1,path;
supply /S1..S7 /:s,p,f;
need/A1..A21 /:b,y,z;! y 表示每一点往节点编号小的方向铺设量,z 表示往节点编号大的方向
铺设量;
linkf(supply, need):cf,x;
special /1..3 /:sx; ! 铺设节点 9,11,17 往最大编号节点方向的铺设量;
endsets
data:
s =800 800 1000 2000 2000 2000 3000;
p =160 155 155 160 155 150 160;
b =104,301,750,606,194,205,201,680,480,300,220,210,420,500,42,10,130,190,260,
100,0;
path1 =0; path =0; w =0; c2 =0;
! 以下是格式化输出计算的中间结果和最终结果;
@ text(MiddleCost.txt) =@ writefor(supply(i): @ writefor(need(j): @ format
(cf(i,j),'6.1f')), @ newline(1));
@ text(Train_path.txt) =@ writefor(nodes(i):@ writefor(nodes(j):@ format
(path1(i,j),'5.0f')),
@ newline(1));
@ text(Final_path.txt) =@ writefor(nodes(i):@ writefor(nodes(j):@ format
(path(i,j),'5.0f')),
@ newline(1));
@ text(FinalResult.txt) =@ writefor(supply(i):@ writefor(need(j):@ format(x
(i,j),'5.0f')), @ newline(1) );
@ text(FinalResult.txt) =@ write(@ newline(1));
@ text(FinalResult.txt) =@ writefor(need:@ format(y,'5.0f'));
@ text(FinalResult.txt) =@ write(@ newline(2));
@ text(FinalResult.txt) =@ writefor(need:@ format(z,'5.0f'));
enddata
calc:
! 输入铁路距离邻接矩阵的上三角元素;
w(28,30) =450;w(29,30) =80;w(30,32) =1150;w(31,33) =306;w(33,34) =
195;w(1,34) =20;
w(1,35) =202;w(32,35) =1100;w(2,35) =1200;w(23,35) =720;w(3,23) =690;w(23,
```

```
36)=520;
    w(36,37)=170;w(4,37)=690;w(5,24)=462;w(24,37)=88;w(25,37)=160;w(25,26)=70;
    w(25,27)=320;w(27,38)=160;w(6,38)=70;w(38,39)=290;w(7,39)=30;
    @ for(link(i,j): w(i,j) = w(i, j) +w(j,i) );! 输入铁路距离邻接矩阵的下三角元素;
    @ for(link(i,j) |i#ne#j: w(i,j) =@ if(w(i,j) #eq# 0, 20000,w(i,j))); ! 无铁路连
接,元素为充分大的数;
    ! 以下就是最短路计算公式(Floyd-Warshall 算法);
    @ for(nodes(k):@ for(nodes(i):@ for(nodes(j):tm=@ smin(w(i,j),w(i,k)+w
(k,j));
    path1(i,j)=@ if(w(i,j)#gt# tm,k,path1(i,j));w(i,j)=tm)));
    ! 以下就是按最短路 w 查找相应运费 C1 的计算公式;
    @ for(link |w#eq#0: C1 =0);
    @ for(link |w#gt#0 #and# w#le#300: C1 =20);
    @ for(link |w#gt#300 #and# w#le#350: C1 =23);
    @ for(link |w#gt#350 #and# w#le#400: C1 =26);
    @ for(link |w#gt#400 #and# w#le#450: C1 =29);
    @ for(link |w#gt#450 #and# w#le#500: C1 =32);
    @ for(link |w#gt#500 #and# w#le#600: C1 =37);
    @ for(link |w#gt#600 #and# w#le#700: C1 =44);
    @ for(link |w#gt#700 #and# w#le#800: C1 =50);
    @ for(link |w#gt#800 #and# w#le#900: C1 =55);
    @ for(link |w#gt#900 #and# w#le#1000: C1 =60);
    @ for(link |w#gt#1000: C1 = 60 +5 * @ floor(w/100 -10) +@ if(@ mod(w,100)#eq#
0,0,5) );
    ! 输入公路距离邻接矩阵的上三角元素;
    c2(8,9)=104;c2(9,10)=301;c2(10,11)=750;c2(11,12)=606;c2(12,13)=194;c2
(13,14)=205;
    c2(14,15)=201;c2(15,16)=680;c2(16,17)=480;c2(16,23)=42;c2(17,18)=300;
c2(18,19)=220;
    c2(18,24)=10;c2(19,20)=210;c2(20,21)=420;c2(21,22)=500;c2(24,25)=130;
c2(24,26)=190;
    c2(26,27)=260;c2(6,27)=100;c2(9,28)=3;c2(10,29)=2;c2(11,32)=600;c2(12,
31)=10;
    c2(13,33)=5;c2(14,34)=10;c2(1,14)=31;c2(15,35)=12;c2(17,36)=70;c2(19,
26)=10;
    c2(20,27)=62;c2(6,21)=110;c2(21,38)=30;c2(22,39)=20;c2(7,22)=20;
    @ for(link(i,j): c2(i,j) = c2(i,j) +c2(j,i)); ! 输入公路距离邻接矩阵的下三角
元素;
    @ for(link(i,j):c2(i,j)=0.1 *c2(i,j)); ! 距离转化成费用;
    @ for(link(i,j) |i#ne#j: c2(i,j) =@ if(c2(i,j)#eq#0,10000,c2(i,j) )); ! 无边
对应的元素充分大;
    @ for(link: C = @ smin(C1,C2)); ! C1 和 C2 矩阵对应元素取最小;
    @ for(nodes(k):@ for(nodes(i):@ for(nodes(j):tm=@ smin(C(i,j),C(i,k)+C
```

```
(k,j));
    path(i,j) =@ if(C(i,j)#gt# tm,k,path(i,j));C(i,j) =tm)));
    @ for(link(i,j) |i #le# 7 #and# j#ge#8 #and# j#le# 27:cf(i,j -7) =c(i,j)); ! 提取下面二次规划模型需要的7 ×21 矩阵;
    @ for(supply(i):cf(i,21) =c(i,6));
    endcalc
    [obj]min =@ sum(linkf(i,j):(cf(i,j) +p(i)) *x(i,j)) +0.05 *@ sum(need(j):y(j)^2 +y(j) +z(j)^2 +z(j)) +0.05 *@ sum(special:sx^2 +sx);
    ! 约束;
    @ for(supply(i):[con1]@ sum(need(j):x(i,j)) < = s(i) *f(i));
    @ for(supply(i):[con2]@ sum(need(j):x(i,j)) > = 500 *f(i));
    @ for(need(j) |j#ne#9 #and# j#ne#11 #and# j#ne#17:[con3] @ sum(supply(i):x(i,j)) =y(j) +z(j));
    y(9) +z(9) +sx(1) =@ sum(supply(i):x(i,9)); y(11) +z(11) +sx(2) =@ sum(supply(i):x(i,11));
    y(17) +z(17) +sx(3) =@ sum(supply(i):x(i,17));
    @ for(need(j) |j #le# 14:(z(j) +y(j +1)) =b(j));
    @ for(need(j) |j#ge#19 #and# j#le#20:z(j) +y(j +1) =b(j));
    sx(1) +y(16) =42; sx(2) +y(17) =10; sx(3) +y(19) =190; z(17) +y(18) =130;
    y(1) +z(15) +z(16) +z(18) +z(21) =0;
    @ for(supply: @ bin(f)); @ for(need: @ gin(y));
    end
```

拓展阅读材料

[1] 汪小帆,李翔,陈关荣. 网络科学导论. 北京:高等教育出版社,2012.

[2] 汪小帆,李翔,陈关荣. 复杂网络理论及其应用,北京:清华大学出版社,2009.

[3] Matlab Bioinformatics Toolbox User's Guide. R2014b.

[4] 冯俊文. 中国邮递员问题的整数规划模型. 系统管理学报,2010,19(6):684 - 688.

习 题 4

4.1 北京(Pe)、东京(T)、纽约(N)、墨西哥城(M)、伦敦(L)、巴黎(Pa)各城市之间的航线距离如表4.13所列。

表4.13 六城市之间的航线距离

	L	M	N	Pa	Pe	T
L		56	35	21	51	60
M	56		21	57	78	70
N	35	21		36	68	68
Pa	21	57	36		51	61
Pe	51	78	68	51		13
T	60	70	68	61	13	

由上述交通网络的数据确定最小生成树。

4.2 某台机器可连续工作4年,也可每年末卖掉来换一台新的。已知各年初购置一台新机器的价格及不同役龄机器年末的处理价如表4.14所列(单位:万元)。又新机器第一年运行及维修费为0.3万元,使用1~3年后机器每年的运行及维修费用分别为0.8万元、1.5万元、2.0万元。试确定该机器的最优更新策略,使4年内用于更换、购买及运行维修的总费用最省。

表4.14 机器的购置价及处理价

j	第一年	第二年	第三年	第四年
年初购置价	2.5	2.6	2.8	3.1
使用了 j 年的机器处理价	2.0	1.6	1.3	1.1

4.3 某产品从仓库运往市场销售。已知各仓库的可供量、各市场需求量及从 i 仓库至 j 市场的路径的运输能力如表4.15所列(表中数字0代表无路可通),试求从仓库可运往市场的最大流量,各市场需求能否满足?

表4.15 最大流问题的相关数据

市场 j / 仓库 i	1	2	3	4	可供量
A	30	10	0	40	20
B	0	0	10	50	20
C	20	10	40	5	100
需求量	20	20	60	20	

4.4 某单位招收懂俄、英、日、德、法文的翻译各一人,有5人应聘。已知乙懂俄文,甲、乙、丙、丁懂英文,甲、丙、丁懂日文,乙、戊懂德文,戊懂法文,问这5个人是否都能得到聘书?最多几个得到聘书,招聘后每人从事哪一方面翻译工作?

4.5 表4.16所列是某运输问题的相关数据。将此问题转化为最小费用最大流问题,画出网络图并求解。

表4.16 运输问题的相关数据

销地 / 产地	1	2	3	产量
A	20	24	5	8
B	30	22	20	7
销量	4	5	6	

4.6 求图4.17所示网络的最小费用最大流,弧上的第1个数字为单位流的费用,第2个数字为弧的容量。

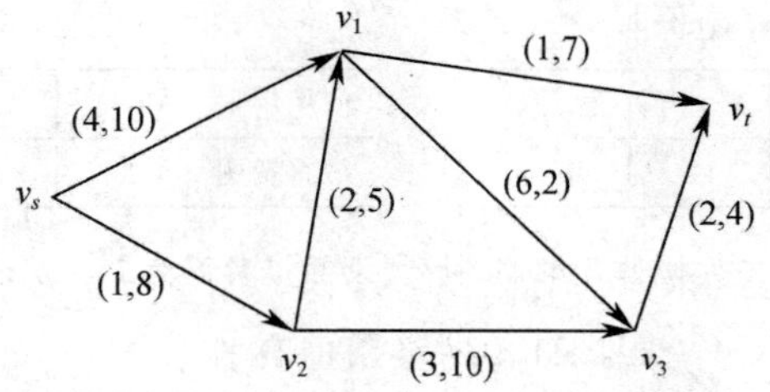

图 4.17　最小费用最大流的网络图

4.7　某公司计划推出一种新型产品，需要完成的作业如表 4.17 所列。

表 4.17　计算网络图的相关数据

作业	名称	计划完成时间/周	紧前作业	最短完成时间/周	缩短 1 周的费用/元
A	设计产品	6	–	4	800
B	市场调查	5	–	3	600
C	原材料订货	3	*A*	1	300
D	原材料收购	2	*C*	1	600
E	建立产品设计规范	3	*A*,*D*	1	400
F	产品广告宣传	2	*B*	1	300
G	建立产品生产基地	4	*E*	2	200
H	产品运输到库	2	*G*,*F*	2	200

(1) 画出产品的计划网络图。

(2) 求完成新产品的最短时间，列出各项作业的最早开始时间、最迟开始时间和计划网络的关键路线。

(3) 假定公司计划在 17 周内推出该产品，各项作业的最短时间和缩短 1 周的费用如表 4.17 所列，求产品在 17 周内上市的最小费用。

(4) 如果各项作业的完成时间并不能完全确定，而是根据以往的经验估计出来的，其估计值如表 4.18所列。试计算出产品在 21 周内上市的概率和以 95% 的概率完成新产品上市所需的周数。

表 4.18　作业数据

作业	*A*	*B*	*C*	*D*	*E*	*F*	*G*	*H*
最乐观的估计	2	4	2	1	1	3	2	1
最可能的估计	6	5	3	2	3	4	4	2
最悲观的估计	10	6	4	3	5	5	6	4

4.8　某企业使用一台设备，在每年年初，企业领导部门要决定是购置新的，还是继续使用旧的。若购置新设备，就要支付一定的购置费用；若继续使用旧设备，则需支付更多的维修费用。现在的问题是如何制订一个几年之内的设备更新计划，使得总的支付费用最少。以一个 5 年之内要更新某种设备的计划为例，已知该种设备在各年年初的价格如表 4.19 所列。还已知使用不同时间(年)的设备所需要的维修费用见表 4.20。如何制订使得总的支付费用最少的设备更新计划呢？

表 4.19 设备购置价格

第 1 年	第 2 年	第 3 年	第 4 年	第 5 年
11	11	12	12	13

表 4.20 设备维修费用

使用年限	0 ~ 1	1 ~ 2	2 ~ 3	3 ~ 4	4 ~ 5
维修费用	5	6	8	11	20

4.9 已知下列网络图有关数据如表 4.21 所列,设间接费用为 15 元/天,求最低成本日程。

表 4.21 网络图的有关数据

工作代号	正常时间		特急时间	
	工时/天	费用/元	工时/天	费用/元
①→②	6	100	4	120
②→③	9	200	5	280
②→④	3	80	2	110
③→④	0	0	0	0
③→⑤	7	150	5	180
④→⑥	8	250	3	375
④→⑦	2	120	1	170
⑤→⑧	1	100	1	100
⑥→⑧	4	180	3	200
⑦→⑧	5	130	2	220

第 5 章 插值与拟合

在实际问题中,一个函数 $y=f(x)$ 往往是通过实验观测得到的,仅已知函数 $f(x)$ 在某区间 $[a,b]$ 上一系列点上的值

$$y_i = f(x_i), i = 0,1,\cdots,n。$$

当需要在这些节点 $x_0,x_1,\cdots,x_n$ 之间的点 x 上的函数值时,常用较简单的、满足一定条件的函数 $\varphi(x)$ 去代替 $f(x)$,插值法是一种常用方法,其插值函数 $\varphi(x)$ 满足条件

$$\varphi(x_i) = y_i, i = 0,1,\cdots,n。$$

拟合也是已知有限个数据点,求近似函数,不要求过已知数据点,只要求在某种意义下它在这些点上的总偏差最小。

插值和拟合都是要根据一组数据构造一个函数作为近似,由于近似的要求不同,二者在数学方法上是完全不同的。而面对一个实际问题,究竟应该用插值还是拟合,有时容易确定,有时则并不明显。

5.1 插值方法

在工程和数学应用中,经常有这样一类数据处理问题,在平面上给定一组离散点列,要求一条曲线,把这些点按次序连接起来,称为插值。

已知 $n+1$ 个点 $(x_i,y_i)(i=0,1,\cdots,n)$,下面求各种插值函数。

5.1.1 分段线性插值

简单地说,将每两个相邻的节点用直线连起来,如此形成的一条折线就是分段线性插值函数,记作 $I_n(x)$,它满足 $I_n(x_i)=y_i$,且 $I_n(x)$ 在每个小区间 $[x_i,x_{i+1}]$ 上是线性函数 $(i=0,1,\cdots,n-1)$。

$I_n(x)$ 可以表示为 $I_n(x)=\sum\limits_{i=0}^{n} y_i l_i(x)$,其中

$$l_i(x) = \begin{cases} \dfrac{x - x_{i-1}}{x_i - x_{i-1}}, x \in [x_{i-1}, x_i], i \neq 0, \\ \dfrac{x - x_{i+1}}{x_i - x_{i+1}}, x \in [x_i, x_{i+1}], i \neq n, \\ 0, \text{其他。} \end{cases}$$

$I_n(x)$ 有良好的收敛性,即对于 $x\in[a,b]$,有

$$\lim_{n\to\infty} I_n(x) = f(x)。$$

用 $I_n(x)$ 计算 x 点的插值时,只用到 x 左右的两个节点,计算量与节点个数 n 无关。但 n

越大,分段越多,插值误差越小。实际上用函数表作插值计算时,分段线性插值就足够了,如数学、物理中用的特殊函数表,数理统计中用的概率分布表等。

5.1.2 拉格朗日插值多项式

拉格朗日(Lagrange)插值的基函数为

$$l_i(x) = \frac{(x-x_0)\cdots(x-x_{i-1})(x-x_{i+1})\cdots(x-x_n)}{(x_i-x_0)\cdots(x_i-x_{i-1})(x_i-x_{i+1})\cdots(x_i-x_n)} = \prod_{\substack{j=0\\j\neq i}}^{n}\frac{x-x_j}{x_i-x_j}, i=0,1,\cdots,n。$$

$l_i(x)$是 n 次多项式,满足

$$l_i(x_j) = \begin{cases}0, j\neq i,\\1, j=i。\end{cases}$$

拉格朗日插值函数

$$L_n(x) = \sum_{i=0}^{n} y_i l_i(x) = \sum_{i=0}^{n} y_i\left(\prod_{\substack{j=0\\j\neq i}}^{n}\frac{x-x_j}{x_i-x_j}\right)。$$

5.1.3 样条插值

许多工程技术中提出的计算问题对插值函数的光滑性有较高要求,如飞机的机翼外形,内燃机的进、排气门的凸轮曲线,都要求曲线具有较高的光滑程度,不仅要连续,而且要有连续的曲率,这就导致了样条插值的产生。

1. 样条函数的概念

样条(Spline)本来是工程设计中使用的一种绘图工具,是富有弹性的细木条或细金属条。绘图员利用它把一些已知点连接成一条光滑曲线(称为样条曲线),并使连接点处有连续的曲率。三次样条插值就是由此抽象出来的。

数学上将具有一定光滑性的分段多项式称为样条函数。具体地说,给定区间$[a,b]$的一个分划

$$\Delta: a = x_0 < x_1 < \cdots < x_{n-1} < x_n = b。$$

如果函数 $S(x)$满足

(1) 在每个小区间$[x_i,x_{i+1}]$$(i=0,1,\cdots,n-1)$上 $S(x)$是 m 次多项式。

(2) $S(x)$在$[a,b]$上具有 $m-1$ 阶连续导数。

则称 $S(x)$为关于分划 Δ 的 m 次样条函数,其图形为 m 次样条曲线。

显然,折线是一次样条曲线。

2. 三次样条插值

利用样条函数进行插值,即取插值函数为样条函数,称为样条插值。例如分段线性插值是一次样条插值。这里只介绍三次样条插值,即已知函数 $y=f(x)$在区间$[a,b]$上的 $n+1$个节点

$$a = x_0 < x_1 < \cdots < x_{n-1} < x_n = b$$

上的值 $y_i=f(x_i)(i=0,1,\cdots,n)$，求插值函数 $S(x)$，使得

(1) $S(x_i)=y_i(i=0,1,\cdots,n)$。　　(5.1)

(2) 在每个小区间 $[x_i,x_{i+1}](i=0,1,\cdots,n-1)$ 上 $S(x)$ 是三次多项式，记为 $S_i(x)$。

(3) $S(x)$ 在 $[a,b]$ 上二阶连续可微。

函数 $S(x)$ 称为 $f(x)$ 的三次样条插值函数。

由条件(2)，不妨记

$$S(x)=\{S_i(x),x\in[x_i,x_{i+1}],i=0,1,\cdots,n-1\},$$
$$S_i(x)=a_ix^3+b_ix^2+c_ix+d_i,$$

式中：a_i,b_i,c_i,d_i 为待定系数，共 $4n$ 个。

由条件(3)，有

$$\begin{cases}S_i(x_{i+1})=S_{i+1}(x_{i+1}),\\ S'_i(x_{i+1})=S'_{i+1}(x_{i+1}),i=0,1,\cdots,n-2。\\ S''_i(x_{i+1})=S''_{i+1}(x_{i+1}),\end{cases}\tag{5.2}$$

容易看出，式(5.1)和式(5.2)共含有 $4n-2$ 个方程，为确定 $S(x)$ 的 $4n$ 个待定参数，尚需再给出两个边界条件。

常用的三次样条函数的边界条件有 3 种类型：

(1) $S'(a)=y'_0,S'(b)=y'_n$。由这种边界条件建立的样条插值函数称为 $f(x)$ 的完备三次样条插值函数。

特别地，$y'_0=y'_n=0$ 时，样条曲线在端点处呈水平状态。

如果 $f'(x)$ 不知道，我们可以要求 $S'(x)$ 与 $f'(x)$ 在端点处近似相等。这时以 x_0,x_1,x_2,x_3 为节点作一个三次 Newton 插值多项式 $N_a(x)$，以 $x_n,x_{n-1},x_{n-2},x_{n-3}$ 作一个三次 Newton 插值多项式 $N_b(x)$，要求

$$S'(a)=N'_a(a),S'(b)=N'_b(b)。$$

由这种边界条件建立的三次样条称为 $f(x)$ 的 Lagrange 三次样条插值函数。

(2) $S''(a)=y''_0,S''(b)=y''_n$。特别地，$y''_0=y''_n=0$ 时，称为自然边界条件。

(3) $S'(a+0)=S'(b-0),S''(a+0)=S''(b-0)$，此条件称为周期条件。

5.1.4 Matlab 插值工具箱

1. 一维插值函数

Matlab 中有现成的一维插值函数 interp1，语法为

```
y = interp1(x0,y0,x,'method')
```

其中：method 指定插值的方法，默认为线性插值。其值可为

'nearest'　　最近项插值
'linear'　　线性插值
'spline'　　立方样条插值
'cubic'　　立方插值

所有的插值方法要求 x0 是单调的。

当 x0 为等距时可以用快速插值法，使用快速插值法的格式为' * nearest'' * linear'' *

spline'' * cubic'。

2. 三次样条插值

在 Matlab 中数据点称为断点。如果三次样条插值没有边界条件,最常用的方法,就是采用非扭结(not - a - knot)条件。这个条件强迫第 1 个和第 2 个三次多项式的三阶导数相等。对最后一个和倒数第 2 个三次多项式也做同样的处理。

Matlab 中三次样条插值有如下函数:

```
y = interp1(x0,y0,x,'spline');
y = spline(x0,y0,x);
pp = csape(x0,y0,conds);
pp = csape(x0,y0,conds,valconds);y = fnval(pp,x);
```

其中:x0,y0 是已知数据点;x 是插值点;y 是插值点的函数值。

对于三次样条插值,提倡使用函数 csape。csape 的返回值是 pp 形式,要求插值点的函数值,必须调用函数 fnval。

pp = csape(x0,y0)使用默认的边界条件,即 Lagrange 边界条件。

pp = csape(x0,y0,conds,valconds)中的 conds 指定插值的边界条件,其值可为:

'complete'　　边界为一阶导数,一阶导数的值在 valconds 参数中给出,若忽略 valconds 参数,则按默认情况处理。

'not - a - knot'　　非扭结条件。

'periodic'　　周期条件。

'second'　　边界为二阶导数,二阶导数的值在 valconds 参数中给出,若忽略 valconds 参数,二阶导数的默认值为[0, 0]。

'variational' 设置边界的二阶导数值为[0,0]。

对于一些特殊的边界条件,可以通过 conds 的一个 1 ×2 矩阵来表示,conds 元素的取值为 0、1、2。

conds(i) = j 的含义是给定端点 i 的 j 阶导数,即 conds 的第一个元素表示左边界的条件,第二个元素表示右边界的条件,conds = [2,1]表示左边界是二阶导数,右边界是一阶导数,对应的值由 valconds 给出。

详细情况请使用"帮助"文档 doc csape。

例 5.1　机床加工。

待加工零件的外形根据工艺要求由一组数据(x,y)给出(在平面情况下),用程控铣床加工时每一刀只能沿 x 方向和 y 方向走非常小的一步,这就需要从已知数据得到加工所要求的步长很小的(x,y)坐标。

表 5.1 中给出的 x,y 数据位于机翼断面的下轮廓线上,假设需要得到 x 坐标每改变 0.1 时的 y 坐标。试完成加工所需数据,画出曲线,并求出 $x=0$ 处的曲线斜率和 $13 \leqslant x \leqslant 15$ 范围内 y 的最小值。要求用分段线性和三次样条两种插值方法计算。

表 5.1　插值数据点

x	0	3	5	7	9	11	12	13	14	15
y	0	1.2	1.7	2.0	2.1	2.0	1.8	1.2	1.0	1.6

解 编写以下程序：

```
x0 =[0  3  5  7  9  11  12  13  14 15];
y0 =[0 1.2 1.7 2.0 2.1 2.0 1.8 1.2 1.0 1.6];
x =0:0.1:15;
y1 =interp1(x0,y0,x);
y2 =interp1(x0,y0,x,'spline');
pp1 =csape(x0,y0);
y3 =fnval(pp1,x);
pp2 =csape(x0,y0,'second');
y4 =fnval(pp2,x);
[x',y1',y2',y3',y4']
subplot(1,3,1)
plot(x0,y0,'+',x,y1)
title('Piecewise linear')
subplot(1,3,2)
plot(x0,y0,'+',x,y2)
title('Spline1')
subplot(1,3,3)
plot(x0,y0,'+',x,y3)
title('Spline2')
dx =diff(x);
dy =diff(y3);
dy_dx =dy./dx;
dy_dx0 =dy_dx(1)
ytemp =y3(131:151);
ymin =min(ytemp);
index =find(y3 = =ymin);
xmin =x(index);
[xmin,ymin]
```

计算结果略。

可以看出，分段线性插值的光滑性较差（特别是在 $x=14$ 附近弯曲处），建议选用三次样条插值的结果。

例 5.2 已知速度曲线 $v(t)$ 上的四个数据点如表 5.2 所列。

表 5.2 速度的四个观测值

t	0.15	0.16	0.17	0.18
$v(t)$	3.5	1.5	2.5	2.8

用三次样条插值求位移 $S=\int_{0.15}^{0.18} v(t)\,\mathrm{d}t$。

解 求解 Matlab 程序如下：

```
clc, clear
x0 =0.15:0.01:0.18;
```

```
y0=[3.5  1.5  2.5  2.8];
pp=csape(x0,y0)  % 默认的边界条件,Lagrange边界条件
format long g
xishu=pp.coefs  % 显示每个区间上三次多项式的系数
s=quadl(@ (t)ppval(pp,t),0.15,0.18) % 求积分
format % 恢复短小数的显示格式
```

求出三次样条插值函数为

$$v(t)=\begin{cases}-616666.7(t-0.15)^3+33500(t-0.15)^2-473.33(t-0.15)+3.5, t\in[0.15,0.16],\\ -616666.7(t-0.16)^3+15000(t-0.16)^2-11.67(t-0.16)+1.5, t\in[0.16,0.17],\\ -616666.7(t-0.17)^3-3500(t-0.16)^2-126.67(t-0.17)+2.5, t\in[0.17,0.18]。\end{cases}$$

位移 $S=\int_{0.15}^{0.18}v(t)\mathrm{d}t=0.0686$。

3. 二维插值

前面讲述的都是一维插值,即节点为一维变量,插值函数是一元函数(曲线)。若节点是二维的,插值函数就是二元函数,即曲面。如在某区域测量了若干点(节点)的高程(节点值),为了画出较精确的等高线图,就要先插入更多的点(插值点),计算这些点的高程(插值)。

1) 插值节点为网格节点

已知 $m\times n$ 个节点:$(x_i,y_j,z_{ij})(i=1,2,\cdots,m;j=1,2,\cdots,n)$,且 $x_1<\cdots<x_m;y_1<\cdots<y_n$。求点$(x,y)$处的插值 z。

Matlab 中有一些计算二维插值的命令。如:

```
z=interp2(x0,y0,z0,x,y,'method')
```

其中:x0,y0 分别为 m 维和 n 维向量,表示节点;z0 为 $n\times m$ 矩阵,表示节点值;x,y 为一维数组,表示插值点,x 与 y 应是方向不同的向量,即一个是行向量,另一个是列向量;z 为矩阵,它的行数为 y 的维数,列数为 x 的维数,表示得到的插值;'method'的用法同上面的一维插值。

如果是三次样条插值,可以使用命令

```
pp=csape({x0,y0},z0,conds,valconds),z=fnval(pp,{x,y})
```

其中:x0,y0 分别为 m 维和 n 维向量;z0 为 $m\times n$ 矩阵;z 为矩阵,它的行数为 x 的维数,列数为 y 的维数,表示得到的插值,具体使用方法同一维插值。

例 5.3 在一丘陵地带测量高程,x 和 y 方向每隔 100m 测一个点,得到高程如表 5.3 所列,试插值一曲面,确定合适的模型,并由此找出最高点和该点的高程。

表 5.3 高程数据点

y \ x	100	200	300	400	500
100	636	697	624	478	450
200	698	712	630	478	420
300	680	674	598	412	400
400	662	626	552	334	310

解 编写程序如下：

```
clear,clc
x=100:100:500;
y=100:100:400;
z=[636  697  624  478   450
  698   712  630  478   420
  680   674  598  412   400
  662   626  552  334  310];
pp=csape({x,y},z')
xi=100:10:500;yi=100:10:400;
cz=fnval(pp,{xi,yi});
[i,j]=find(cz==max(max(cz))) % 找最高点的地址
x=xi(i),y=yi(j),zmax=cz(i,j) % 求最高点的坐标
```

求得点(170,180)的高程最高,对应的高程 z=720.6252。

2）插值节点为散乱节点

已知 n 个节点 (x_i,y_i,z_i)，$i=1,2,\cdots,n$，求点 (x,y) 处的插值 z。

对上述问题,Matlab 中提供了插值函数 griddata,其格式为

```
ZI = griddata(x,y,z,XI,YI)
```

其中:x、y、z 均为 n 维向量,指明所给数据点的横坐标、纵坐标和竖坐标;向量 XI、YI 是给定的网格点的横坐标和纵坐标;返回值 ZI 为网格(XI,YI)处的函数值。XI 与 YI 应是方向不同的向量,即一个是行向量,另一个是列向量。

例 5.4 在某海域测得一些点 (x,y) 处的水深 z 由表 5.4 给出,在适当的矩形区域内画出海底曲面的图形。

表 5.4 海底水深数据

x	129	140	103.5	88	185.5	195	105	157.5	107.5	77	81	162	162	117.5
y	7.5	141.5	23	147	22.5	137.5	85.5	-6.5	-81	3	56.5	-66.5	84	-33.5
z	4	8	6	8	6	8	8	9	9	8	8	9	4	9

解 编写程序如下：

```
clc, clear
x=[129,140,103.5,88,185.5,195,105,157.5,107.5,77,81,162,162,117.5];
y=[7.5,141.5,23,147,22.5,137.5,85.5,-6.5,-81,3,56.5,-66.5,84,-33.5];
z=-[4,8,6,8,6,8,8,9,9,8,8,9,4,9];
xmm=minmax(x) % 求 x 的最小值和最大值
ymm=minmax(y) % 求 y 的最小值和最大值
xi=xmm(1):xmm(2);
yi=ymm(1):ymm(2);
zi1=griddata(x,y,z,xi,yi','cubic'); % 立方插值
zi2=griddata(x,y,z,xi,yi','nearest'); % 最近点插值
zi=zi1; % 立方插值和最近点插值的混合插值的初始值
zi(isnan(zi1))=zi2(isnan(zi1)) % 把立方插值中的不确定值换成最近点插值的结果
```

```
subplot(1,2,1), plot(x,y,'*')
subplot(1,2,2), mesh(xi,yi,zi)
```

注:Matlab 插值时外插值是不确定的,这里使用了混合插值,把不确定的插值换成了最近点插值的结果。

5.2 曲线拟合的线性最小二乘法

5.2.1 线性最小二乘法

曲线拟合问题的提法是,已知一组(二维)数据,即平面上的 n 个点 (x_i, y_i), $i=1, 2, \cdots, n$, x_i 互不相同,寻求一个函数(曲线) $y=f(x)$,使 $f(x)$ 在某种准则下与所有数据点最为接近,即曲线拟合得最好。

线性最小二乘法是解决曲线拟合最常用的方法,基本思路是,令

$$f(x) = a_1 r_1(x) + a_2 r_2(x) + \cdots + a_m r_m(x), \tag{5.3}$$

式中:$r_k(x)$ 为事先选定的一组线性无关的函数;a_k 为待定系数($k=1,2,\cdots,m; m<n$)。

拟合准则是使 $y_i (i=1,2,\cdots,n)$ 与 $f(x_i)$ 的距离 δ_i 的平方和最小,称为最小二乘准则。

1. 系数 a_k 的确定

记

$$J(a_1, \cdots, a_m) = \sum_{i=1}^{n} \delta_i^2 = \sum_{i=1}^{n} [f(x_i) - y_i]^2, \tag{5.4}$$

为求 $a_1, \cdots, a_m$ 使 J 达到最小,只需利用极值的必要条件 $\frac{\partial J}{\partial a_j}=0 (j=1,\cdots,m)$,得到关于 $a_1, \cdots, a_m$ 的线性方程组

$$\sum_{i=1}^{n} r_j(x_i) \left[\sum_{k=1}^{m} a_k r_k(x_i) - y_i \right] = 0, j = 1, \cdots, m,$$

即

$$\sum_{k=1}^{m} a_k \left[\sum_{i=1}^{n} r_j(x_i) r_k(x_i) \right] = \sum_{i=1}^{n} r_j(x_i) y_i, j = 1, \cdots, m。 \tag{5.5}$$

记

$$\boldsymbol{R} = \begin{bmatrix} r_1(x_1) & \cdots & r_m(x_1) \\ \vdots & \vdots & \vdots \\ r_1(x_n) & \cdots & r_m(x_n) \end{bmatrix}_{n \times m},$$

$$\boldsymbol{A} = [a_1, \cdots, a_m]^{\mathrm{T}}, \boldsymbol{Y} = [y_1, \cdots, y_n]^{\mathrm{T}},$$

方程组式(5.5)可表为

$$\boldsymbol{R}^{\mathrm{T}} \boldsymbol{R} \boldsymbol{A} = \boldsymbol{R}^{\mathrm{T}} \boldsymbol{Y}。 \tag{5.6}$$

当 $\{r_1(x), \cdots, r_m(x)\}$ 线性无关时,$\boldsymbol{R}$ 列满秩,$\boldsymbol{R}^{\mathrm{T}}\boldsymbol{R}$ 可逆,于是方程组式(5.6)有唯一解

$$\boldsymbol{A} = (\boldsymbol{R}^{\mathrm{T}} \boldsymbol{R})^{-1} \boldsymbol{R}^{\mathrm{T}} \boldsymbol{Y}。$$

2. 函数 $r_k(x)$ 的选取

面对一组数据 (x_i,y_i), $i=1,2,\cdots,n$,用线性最小二乘法作曲线拟合时,首要的也是关键的一步是恰当地选取 $r_1(x),\cdots,r_m(x)$。如果通过机理分析,能够知道 y 与 x 之间的函数关系,则 $r_1(x),\cdots,r_m(x)$ 容易确定。若无法知道 y 与 x 之间的关系,通常可以将数据 (x_i,y_i), $i=1,2,\cdots,n$ 作图,直观地判断应该用什么样的曲线去作拟合。常用的曲线有

(1) 直线 $y=a_1x+a_2$。

(2) 多项式 $y=a_1x^m+\cdots+a_mx+a_{m+1}$(一般 $m=2,3$,不宜太高)。

(3) 双曲线(一支)$y=\dfrac{a_1}{x}+a_2$。

(4) 指数曲线 $y=a_1e^{a_2x}$。

对于指数曲线,拟合前需作变量代换,化为对 a_1,a_2 的线性函数。

已知一组数据,用什么样的曲线拟合最好,可以在直观判断的基础上,选几种曲线分别拟合,然后比较,看哪条曲线的最小二乘指标 J 最小。

5.2.2 最小二乘法的 Matlab 实现

1. 解方程组方法

在上面的记号下,

$$J(a_1,\cdots,a_m) = \|\boldsymbol{RA}-\boldsymbol{Y}\|_2^2。$$

Matlab 中的线性最小二乘的标准型为

$$\min_{A}\|\boldsymbol{RA}-\boldsymbol{Y}\|_2^2,$$

命令为 $\boldsymbol{A}=\boldsymbol{R}\backslash\boldsymbol{Y}$。

例 5.5 用最小二乘法求一个形如 $y=a+bx^2$ 的经验公式,使它与表 5.5 所列的数据拟合。

表 5.5 拟合数据表

x	19	25	31	38	44
y	19.0	32.3	49.0	73.3	97.8

解 编写程序如下:

```
x=[19   25   31   38   44]';
y=[19.0  32.3  49.0  73.3  97.8]';
r=[ones(5,1),x.^2];
ab=r\y
x0=19:0.1:44;
y0=ab(1)+ab(2)*x0.^2;
plot(x,y,'o',x0,y0,'r')
```

求得的经验公式为 $y=0.9726+0.05x^2$。

2. 多项式拟合方法

如果取 $\{r_1(x),\cdots,r_{m+1}(x)\}=\{1,x,\cdots,x^m\}$,即用 m 次多项式拟合给定数据,Matlab 中有现成的函数

```
a=polyfit(x0,y0,m)
```

其中:输入参数 x0,y0 为要拟合的数据;m 为拟合多项式的次数;输出参数 a 为拟合多项式 y=a(1)x^m+…+a(m)x+a(m+1)的系数向量 a=[a(1), …, a(m), a(m+1)]。

多项式在 x 处的值 y 可用下面的函数计算:

```
y=polyval(a,x)。
```

例 5.6 某乡镇企业 1990 年—1996 年的生产利润如表 5.6 所列。

表 5.6 乡镇企业的利润表

年份	1990	1991	1992	1993	1994	1995	1996
利润/万元	70	122	144	152	174	196	202

试预测 1997 年和 1998 年的利润。

解 作已知数据的散点图,有

```
x0=[1990 1991 1992 1993 1994 1995 1996];
y0=[70 122 144 152 174 196 202];
plot(x0,y0,'*')
```

发现该乡镇企业的年生产利润几乎直线上升。因此,可以用 $y=a_1x+a_0$ 作为拟合函数来预测该乡镇企业未来的年利润。编写程序如下:

```
x0=[1990 1991 1992 1993 1994 1995 1996];
y0=[70 122 144 152 174 196 202];
a=polyfit(x0,y0,1)
y97=polyval(a,1997)
y98=polyval(a,1998)
```

求得 a(1)=21,a(2)=-4.0705×10^4,即一次多项式 $y=a_1x+a_0$ 的系数 $a_1=21$,$a_0=-4.0705\times10^4$,1997 年的生产利润 $y_{97}=233.4286$,1998 年的生产利润 $y_{98}=253.9286$。

5.3 最小二乘优化

在无约束最优化问题中,有些重要的特殊情形,比如目标函数由若干个函数的平方和构成,这类函数一般可以写成

$$F(\boldsymbol{x}) = \sum_{i=1}^{m} f_i^2(\boldsymbol{x}),\boldsymbol{x} \in \mathbf{R}^n,$$

式中:$\boldsymbol{x}=[x_1,\cdots,x_n]^{\mathrm{T}}$,一般假设 $m\geqslant n$。

把极小化这类函数的问题

$$\min \quad F(x) = \sum_{i=1}^{m} f_i^2(x)$$

称为最小二乘优化问题。

最小二乘优化是一类比较特殊的优化问题,在处理这类问题时,Matlab 也提供了一些强大的函数。在 Matlab 优化工具箱中,用于求解最小二乘优化问题的函数有 lsqlin、lsqcurvefit、lsqnonlin、lsqnonneg,下面介绍这些函数的用法。

5.3.1 lsqlin 函数

求解 $\min\limits_{x} \frac{1}{2} \| \boldsymbol{C} \cdot \boldsymbol{x} - \boldsymbol{d} \|_2^2$,

$$\text{s.t.} \begin{cases} \boldsymbol{A} \cdot \boldsymbol{x} \leqslant \boldsymbol{b}, \\ \text{Aeq} \cdot \boldsymbol{x} = \text{beq}, \\ \text{lb} \leqslant \boldsymbol{x} \leqslant \text{ub}, \end{cases}$$

式中:$\boldsymbol{C}$,$\boldsymbol{A}$,Aeq 为矩阵;$\boldsymbol{d}$,$\boldsymbol{b}$,beq,lb,ub,$\boldsymbol{x}$ 为向量。

Matlab 中的函数为

```
x = lsqlin(C,d,A,b,Aeq,beq,lb,ub,x0)
```

例 5.7 用 lsqlin 命令求解例 5.5。

解 编写程序如下:

```
x = [19   25   31   38   44]';
y = [19.0  32.3  49.0  73.3  97.8]';
r = [ones(5,1),x.^2];
ab = lsqlin(r,y)
x0 = 19:0.1:44;
y0 = ab(1) + ab(2) * x0.^2;
plot(x,y,'o',x0,y0,'r')
```

求得的结果与例 5.5 相同。

5.3.2 lsqcurvefit 函数

给定输入输出数列 xdata,ydata,求参量 x,使得

$$\min_x \| F(x,\text{xdata}) - \text{ydata} \|_2^2 = \sum_i (F(x,\text{xdata}_i) - \text{ydata}_i)^2.$$

Matlab 中的函数为

```
x = lsqcurvefit(fun,x0,xdata,ydata,lb,ub,options)
```

其中:fun 为定义函数 $F(x,\text{xdata})$ 的 M 文件。

例 5.8 用表 5.7 中的观测数据,拟合函数 $y = e^{-k_1 x_1} \sin(k_2 x_2) + x_3^2$ 中的参数 k_1,k_2。

表 5.7 已知观测数据

序号	y/kg	x_1/cm^2	x_2/kg	x_3/kg	序号	y/kg	x_1/cm^2	x_2/kg	x_3/kg
1	15.02	23.73	5.49	1.21	14	15.94	23.52	5.18	1.98
2	12.62	22.34	4.32	1.35	15	14.33	21.86	4.86	1.59
3	14.86	28.84	5.04	1.92	16	15.11	28.95	5.18	1.37
4	13.98	27.67	4.72	1.49	17	13.81	24.53	4.88	1.39
5	15.91	20.83	5.35	1.56	18	15.58	27.65	5.02	1.66
6	12.47	22.27	4.27	1.50	19	15.85	27.29	5.55	1.70
7	15.80	27.57	5.25	1.85	20	15.28	29.07	5.26	1.82
8	14.32	28.01	4.62	1.51	21	16.40	32.47	5.18	1.75

（续）

序号	y/kg	x_1/cm^2	x_2/kg	x_3/kg	序号	y/kg	x_1/cm^2	x_2/kg	x_3/kg
9	13.76	24.79	4.42	1.46	22	15.02	29.65	5.08	1.70
10	15.18	28.96	5.30	1.66	23	15.73	22.11	4.90	1.81
11	14.20	25.77	4.87	1.64	24	14.75	22.43	4.65	1.82
12	17.07	23.17	5.80	1.90	25	14.35	20.04	5.08	1.53
13	15.40	28.57	5.22	1.66					

解 (1) 编写 M 文件 fun1.m 定义函数 $F(x,\text{xdata})$。

```
function f = fun1(canshu,xdata);
f = exp( - canshu(1) * xdata(:,1)). * sin(canshu(2) * xdata(:,2)) + xdata(:,3).^2; % 其中 canshu(1) = k1,canshu(2) = k2,注意函数中自变量的形式
```

(2) 把原始数据全部复制保存到纯文本文件 data1.txt 中,包括 13 行后面的空行。

调用函数 lsqcurvefit,编写程序如下:

```
clc, clear
a = textread('data1.txt');
y0 = a(:,[2,7]); % 提出因变量 y 的数据
y0 = nonzeros(y0); % 去掉最后的 0 元素,且变成列向量
x0 = [a(:,[3:5]);a([1:end - 1],[8:10])]; % 由分块矩阵构造因变量数据的 3 列矩阵
canshu0 = rand(2,1); % 拟合参数的初始值是任意取的
% 非线性拟合的答案是不唯一的,下面给出拟合参数的上下界
lb = zeros(2,1); % 这里是随意给的拟合参数的下界,无下界时,默认值是空矩阵[]
ub = [20;2]; % 这里是随意给的上界,无上界时,默认值是空矩阵[]
canshu = lsqcurvefit(@ fun1,canshu0,x0,y0,lb,ub)
```

注:非线性拟合时,每一次的运行结果可能都是不同的。

例 5.9 用最小二乘法拟合 $y = \frac{1}{\sqrt{2\pi}\sigma}e^{-\frac{(x-\mu)^2}{2\sigma^2}}$ 中的未知参数 μ,σ,其中已知数据值 x_i,y_i $(i=1,2,\cdots,n)$ 分别放在 Matlab 数据文件 data3.mat 中的 x0 和 y0 中,这里的data3.mat是由如下 Matlab 程序产生的:

```
x0 = -10:0.01:10;
y0 = normpdf(x0,0,1); % 计算标准正态分布概率密度函数在 x0 处的取值
save data3 x0 y0 % 把 x0,y0 保存到文件 data3.mat 中
```

解 Matlab 程序如下:

```
clc, clear
load data3 % 分别加载 xi 的观测值 x0,yi 的观测值 y0
mf = @ (cs,xdata)1 /sqrt(2 * pi) /cs(2) * exp( - (xdata - cs(1)).^2 /cs(2)^2 /2);
% yc = mf([2,1],1) % 测试匿名函数
cs = lsqcurvefit(mf,rand(2,1),x0,y0) % 拟合参数的初始值是任意取的
```

求得参数 μ,σ 的估计值分别为 $\hat{\mu}=0,\hat{\sigma}=1$。

注:定义的(匿名)函数必须具有通用性,函数的自变量代入向量也可以进行 Matlab 的逐个元素运算。

5.3.3 lsqnonlin 函数

已知函数向量 $F(\boldsymbol{x})=[f_1(\boldsymbol{x}),\cdots,f_k(\boldsymbol{x})]^{\mathrm{T}}$,求 x 使得

$$\min_{\boldsymbol{x}} \|F(\boldsymbol{x})\|_2^2,$$

Matlab 中的函数为

```
x = lsqnonlin(fun,x0,lb,ub,options)
```

其中:fun 是定义向量函数 $F(x)$的 M 文件。

例 5.10 用 lsqnonlin 函数求解例 5.9。

解 这里 $F(\boldsymbol{x})$取作误差向量,$\boldsymbol{x}=[\mu,\sigma]^{\mathrm{T}}$ 为要拟合的参数向量;编写 Matlab 程序如下:

```
clc, clear
load data3 % 分别加载 xi 的观测值 x0,yi 的观测值 y0
F = @ (cs) 1/sqrt(2 * pi)/cs(2) * exp( -(x0 -cs(1)).^2/cs(2)^2/2) -y0;
cs0 = rand(2,1); % 拟合参数的初始值是任意取的
cs = lsqnonlin(F,cs0)
```

求得参数 μ,σ 的估计值也是 $\hat{\mu}=0,\hat{\sigma}=1$。

5.3.4 lsqnonneg 函数

求解非负的 $\boldsymbol{x}$,使得

$$\min_{\boldsymbol{x}} \|\boldsymbol{C}\boldsymbol{x}-\boldsymbol{d}\|_2^2。$$

Matlab 中的函数为

```
x = lsqnonneg(C,d,options)
```

例 5.11 已知 $\boldsymbol{C}=\begin{bmatrix}0.0372 & 0.2869\\0.6861 & 0.7071\\0.6233 & 0.6245\\0.6344 & 0.6170\end{bmatrix}$,$\boldsymbol{d}=\begin{bmatrix}0.8587\\0.1781\\0.0747\\0.8405\end{bmatrix}$,求 $\boldsymbol{x}=[x_1,x_2]^{\mathrm{T}}(\boldsymbol{x}\geqslant 0)$使其满足 $\min\limits_{\boldsymbol{x}} \|\boldsymbol{C}\boldsymbol{x}-\boldsymbol{d}\|_2^2$。

解 编写程序如下:

```
c = [0.0372 0.2869;0.6861 0.7071;0.6233 0.6245;0.6344 0.6170];
d = [0.8587;0.1781;0.0747;0.8405];
x = lsqnonneg(c,d)
```

求得 $x_1=0,x_2=0.6929$。

5.3.5 Matlab 的曲线拟合用户图形界面解法

Matlab 工具箱提供了命令 cftool,该命令给出了一维数据拟合的交互式环境。具体执行步骤如下:

(1) 把数据导入到工作空间。

(2) 运行 cftool,打开用户图形界面窗口。

(3) 选择适当的模型进行拟合。

(4) 生成一些相关的统计量,并进行预测。

可以通过“帮助”文档(运行 doc cftool)熟悉该命令的使用细节。

5.4 曲线拟合与函数逼近

前面讲的曲线拟合是已知一组离散数据$\{(x_i,y_i),i=1,\cdots,n\}$,选择一个较简单的函数$f(x)$(如多项式),在一定准则(如最小二乘准则)下,最接近这些数据。

如果已知一个较为复杂的连续函数$y(x),x\in[a,b]$,要求选择一个较简单的函数$f(x)$,在一定准则下最接近$y(x)$,就是所谓函数逼近。

与曲线拟合的最小二乘准则相对应,函数逼近常用的一种准则是最小平方逼近,即

$$J=\int_a^b[f(x)-y(x)]^2\mathrm{d}x \tag{5.7}$$

达到最小。与曲线拟合一样,选一组函数$\{r_k(x),k=1,\cdots,m\}$构造$f(x)$,即令

$$f(x)=a_1r_1(x)+\cdots+a_mr_m(x),$$

代入式(5.7),求$a_1,\cdots,a_m$使J达到极小。利用极值必要条件可得

$$\begin{bmatrix}(r_1,r_1) & \cdots & (r_1,r_m)\\ \vdots & \vdots & \vdots\\ (r_m,r_1) & \cdots & (r_m,r_m)\end{bmatrix}\begin{bmatrix}a_1\\ \vdots\\ a_m\end{bmatrix}=\begin{bmatrix}(y,r_1)\\ \vdots\\ (y,r_m)\end{bmatrix}, \tag{5.8}$$

这里$(g,h)=\int_a^b g(x)h(x)\mathrm{d}x$。当方程组(5.8)的系数矩阵非奇异时,有唯一解。

最简单的当然是用多项式逼近函数,即选$r_1(x)=1,r_2(x)=x,r_3(x)=x^2,\cdots$。并且如果能使$\int_a^b r_i(x)r_j(x)\mathrm{d}x=0,i\neq j$,方程组(5.8)的系数矩阵将是对角阵,计算大大简化。满足这种性质的多项式称为正交多项式。

勒让得(Legendre)多项式是在$[-1,1]$区间上的正交多项式,它的表达式为

$$P_0(x)=1,P_k(x)=\frac{1}{2^k k!}\frac{\mathrm{d}^k}{\mathrm{d}x^k}(x^2-1)^k,k=1,2,\cdots。$$

可以证明

$$\int_{-1}^1 P_i(x)P_j(x)\mathrm{d}x=\begin{cases}0,i\neq j,\\ \dfrac{2}{2i+1},i=j,\end{cases}$$

$$P_{k+1}(x)=\frac{2k+1}{k+1}xP_k(x)-\frac{k}{k+1}P_{k-1}(x),k=1,2,\cdots。$$

常用的正交多项式还有第一类切比雪夫(Chebyshev)多项式

$$T_n(x)=\cos(n\arccos x),x\in[-1,1],n=0,1,2,\cdots$$

和拉盖尔(Laguerre)多项式

$$L_n(x)=\mathrm{e}^x\frac{\mathrm{d}^n}{\mathrm{d}x^n}(x^n\mathrm{e}^{-x}),x\in[0,+\infty),n=0,1,2,\cdots。$$

例 5.12 求$f(x)=\cos x, x\in\left[-\frac{\pi}{2},\frac{\pi}{2}\right]$在$H=\mathrm{Span}\{1,x^2,x^4\}$中的最佳平方逼近多项式。

解 编写程序如下：

```
syms x
base=[1,x^2,x^4];
y1=base.'*base
y2=cos(x)*base.'
r1=int(y1,-pi/2,pi/2)
r2=int(y2,-pi/2,pi/2)
a=r1\r2
xishu1=double(a) % 符号数据转化成数值型数据
xishu2=vpa(a,6) % 把符号数据转化成小数型的符号数据
```

求得 xishu1 = 0.9996　　-0.4964　　0.0372，即所求的最佳平方逼近多项式为

$$y=0.9996-0.4964x^2+0.0372x^4。$$

5.5 黄河小浪底调水调沙问题

5.5.1 问题的提出

2004 年 6 月至 7 月黄河进行了第三次调水调沙试验，特别是首次由小浪底、三门峡和万家寨三大水库联合调度，采用接力式防洪预泄放水，形成人造洪峰进行调沙试验获得成功。整个试验期为 20 多天，小浪底从 6 月 19 日开始预泄放水，直到 7 月 13 日结束并恢复正常供水。小浪底水利工程按设计拦沙量为 75.5 亿 m^3，在这之前，小浪底共积泥沙达 14.15 亿 t。这次调水调沙试验一个重要目的就是由小浪底上游的三门峡和万家寨水库泄洪，在小浪底形成人造洪峰，冲刷小浪底库区沉积的泥沙，在小浪底水库开闸泄洪以后，从 6 月 27 日开始三门峡水库和万家寨水库陆续开闸放水，人造洪峰于 6 月 29 日先后到达小浪底，7 月 3 日达到最大流量 2700m^3/s，使小浪底水库的排沙量也不断地增加。表 5.8 是由小浪底观测站从 6 月 29 日到 7 月 10 日检测到的试验数据。

表 5.8 观测数据

日期	6.29		6.30		7.1		7.2		7.3		7.4	
时间	8:00	20:00	8:00	20:00	8:00	20:00	8:00	20:00	8:00	20:00	8:00	20:00
水流量	1800	1900	2100	2200	2300	2400	2500	2600	2650	2700	2720	2650
含沙量	32	60	75	85	90	98	100	102	108	112	115	116
日期	7.5		7.6		7.7		7.8		7.9		7.10	
时间	8:00	20:00	8:00	20:00	8:00	20:00	8:00	20:00	8:00	20:00	8:00	20:00
水流量	2600	2500	2300	2200	2000	1850	1820	1800	1750	1500	1000	900
含沙量	118	120	118	105	80	60	50	30	26	20	8	5

现在,根据试验数据建立数学模型研究下面的问题:

(1) 给出估计任意时刻的排沙量及总排沙量的方法。

(2) 确定排沙量与水流量的关系。

5.5.2 模型的建立与求解

已知给定的观测时刻是等间距的,以 6 月 29 日零时刻开始计时,则各次观测时刻(离开始时刻 6 月 29 日零时刻的时间)分别为

$$t_i = 3600(12i - 4), i = 1,2,\cdots,24,$$

式中:计时单位为 s。

第 1 次观测的时刻 $t_1 = 28800$,最后一次观测的时刻 $t_{24} = 1022400$。

记第 $i(i = 1,2,\cdots,24)$ 次观测时水流量为 v_i,含沙量为 c_i,则第 i 次观测时的排沙量为 $y_i = c_i v_i$。有关的数据见表 5.9。

表 5.9 插值数据对应关系 排沙量单位:kg

节点	1	2	3	4	5	6	7	8
时刻	28800	72000	115200	158400	201600	244800	288000	331200
排沙量	57600	114000	157500	187000	207000	235200	250000	265200
节点	9	10	11	12	13	14	15	16
时刻	374400	417600	460800	504000	547200	590400	633600	676800
排沙量	286200	302400	312800	307400	306800	300000	271400	231000
节点	17	18	19	20	21	22	23	24
时刻	720000	763200	806400	849600	892800	936000	979200	1022400
排沙量	160000	111000	91000	54000	45500	30000	8000	4500

对于问题(1),根据所给问题的试验数据,要计算任意时刻的排沙量,就要确定出排沙量随时间变化的规律,可以通过插值来实现。考虑到实际中的排沙量应该是时间的连续函数,为了提高模型的精度,采用三次样条函数进行插值。

利用 Matlab 函数,求出三次样条函数,得到排沙量 $y = y(t)$ 与时间的关系,然后进行积分,就可以得到总的排沙量

$$z = \int_{t_1}^{t_{24}} y(t)\,\mathrm{d}t。$$

最后求得总的排沙量为 1.844×10^9 t,计算的 Matlab 程序如下:

```
clc,clear
load data3.txt % 把表 5.8 中的日期和时间数据行删除,余下的数据保存在纯文本文件
liu = data3([1,3],:); liu = liu'; liu = liu(:); % 提出水流量并按照顺序变成列向量
sha = data3([2,4],:); sha = sha'; sha = sha(:); % 提出含沙量并按照顺序变成列向量
y = sha. * liu; y = y'; % 计算排沙量,并变成行向量
i =1:24;
t =(12 * i -4) * 3600;
t1 =t(1);t2 =t(end);
```

```
pp = csape(t,y); % 进行三次样条插值
xsh = pp.coefs % 求得插值多项式的系数矩阵,每一行是一个区间上多项式的系数
TL = quadl(@ (tt)fnval(pp,tt),t1,t2) % 求总含沙量的积分运算
```

也可以利用三次 B 样条函数(这里理论就不涉及了)进行插值,求得总的排沙量也为 1.844×10^9t,,计算的 Matlab 程序如下:

```
clc,clear
load data3.txt % 把表 5.8 中的日期和时间数据行删除,余下的数据保存在纯文本文件
liu = data3([1,3],:); liu = liu'; liu = liu(:); % 提出水流量并按照顺序变成列向量
sha = data3([2,4],:); sha = sha'; sha = sha(:); % 提出含沙量并按照顺序变成列向量
y = sha. * liu; y = y'; % 计算排沙量,并变成行向量
i = 1:24;
t = (12 * i - 4) * 3600;
t1 = t(1);t2 = t(end);
pp = spapi(4,t,y) % 三次 B 样条
pp2 = fn2fm(pp,'pp') % 把 B 样条函数转化为 pp 格式
TL = quadl(@ (tt)fnval(pp,tt),t1,t2)
```

对于问题 2,研究排沙量与水流量的关系,从试验数据可以看出,开始排沙量是随着水流量的增加而增长,而后是随着水流量的减少而减少。显然,变化规律并非是线性的关系,为此,把问题分为两部分,从开始水流量增加到最大值 $2720m^3/s$(即增长的过程)为第一阶段,从水流量的最大值到结束为第二阶段,分别来研究水流量与排沙量的关系。

画出排沙量与水流量的散点图(图 5.1)。

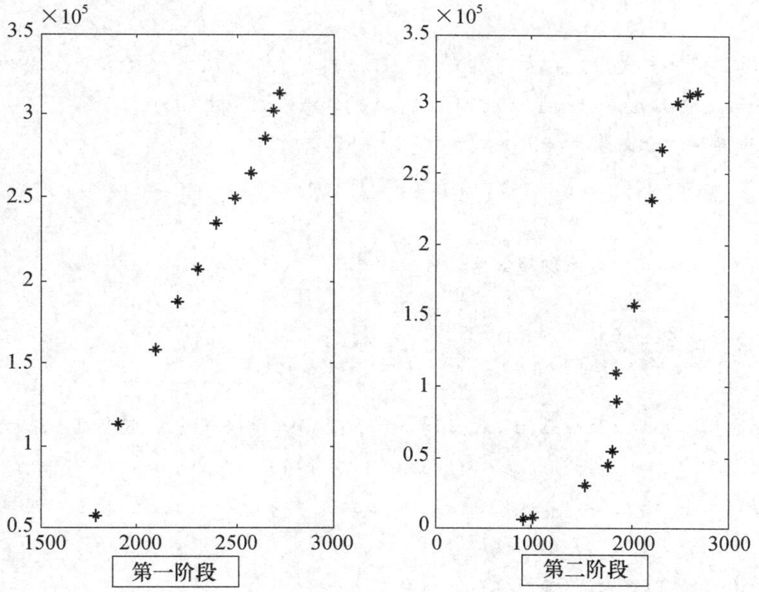

图 5.1　散点图

画散点图的程序如下:

```
clc,clear
```

```
load data3.txt % 把表 5.8 中的日期和时间数据行删除,余下的数据保存在纯文本文件中
liu=data3([1,3],:); liu=liu'; liu=liu(:); % 提出水流量并按照顺序变成列向量
sha=data3([2,4],:); sha=sha'; sha=sha(:); % 提出含沙量并按照顺序变成列向量
y=sha.*liu; % 计算排沙量,这里是列向量
subplot(1,2,1), plot(liu(1:11),y(1:11),'*')
subplot(1,2,2), plot(liu(12:24),y(12:24),'*')
```

从散点图可以看出,第一阶段基本上是线性关系。第一阶段和第二阶段都准备用一次和二次曲线来拟合,哪一个模型的剩余标准差小就选取哪一个模型。最后求得第一阶段排沙量 y 与水流量 v 之间的预测模型为

$$y = 250.5655v - 373384.4661。$$

第二阶段的预测模型为一个二次多项式,即

$$y = 0.1067v^2 - 180.4668v + 72421.0982。$$

计算的 Matlab 程序如下:

```
clc,clear
load data3.txt % 把表 5.8 中的日期和时间数据行删除,余下的数据保存在纯文本文件中
liu=data3([1,3],:); liu=liu'; liu=liu(:); % 提出水流量并按照顺序变成列向量
sha=data3([2,4],:); sha=sha'; sha=sha(:); % 提出含沙量并按照顺序变成列向量
y=sha.*liu; % 计算排沙量,这里是列向量
format long e
% 以下是第一阶段的拟合
for j=1:2
nihe1{j}=polyfit(liu(1:11),y(1:11),j);% 拟合多项式,系数排列从高次幂到低次幂
yhat1{j}=polyval(nihe1{j},liu(1:11)); % 求预测值
% 以下求误差平方和与剩余标准差
cha1(j)=sum((y(1:11)-yhat1{j}).^2); rmse1(j)=sqrt(cha1(j)/(10-j));
end
celldisp(nihe1) % 显示细胞数组的所有元素
rmse1
% 以下是第二阶段的拟合
for j=1:2
    nihe2{j}=polyfit(liu(12:24),y(12:24),(j+1)); % 这里使用细胞数组
    yhat2{j}=polyval(nihe2{j},liu(12:24));
    rmse2(j)=sqrt(sum((y(12:24)-yhat2{j}).^2)/(11-j)); % 求剩余标准差
end
celldisp(nihe2) % 显示细胞数组的所有元素
rmse2
format % 恢复默认的短小数的显示格式
```

拓展阅读材料

[1] Matlab Curve Fitting Toolbox User's Guide. R2014b.

习 题 5

5.1 用给定的多项式，如 $y=x^3-6x^2+5x-3$，产生一组数据 (x_i,y_i)，$i=1,2,\cdots,m$，再在 y_i 上添加随机干扰（可用 rand 产生[0,1]区间上均匀分布的随机数，或用 randn 产生 $N(0,1)$ 分布的随机数），然后用 x_i 和添加了随机干扰的 y_i 作3次多项式拟合，与原系数比较。如果作2或4次多项式拟合，那么结果如何？

5.2 已知平面区域 $0\leqslant x\leqslant 5600$，$0\leqslant y\leqslant 4800$ 的高程数据见表5.10（单位：m）。

表 5.10 高程数据表

4800	1350	1370	1390	1400	1410	960	940	880	800	690	570	430	290	210	150
4400	1370	1390	1410	1430	1440	1140	1110	1050	950	820	690	540	380	300	210
4000	1380	1410	1430	1450	1470	1320	1280	1200	1080	940	780	620	460	370	350
3600	1420	1430	1450	1480	1500	1550	1510	1430	1300	1200	980	850	750	550	500
3200	1430	1450	1460	1500	1550	1600	1550	1600	1600	1600	1550	1500	1500	1550	1550
2800	950	1190	1370	1500	1200	1100	1550	1600	1550	1380	1070	900	1050	1150	1200
2400	910	1090	1270	1500	1200	1100	1350	1450	1200	1150	1010	880	1000	1050	1100
2000	880	1060	1230	1390	1500	1500	1400	900	1100	1060	950	870	900	936	950
1600	830	980	1180	1320	1450	1420	400	1300	700	900	850	810	380	780	750
1200	740	880	1080	1130	1250	1280	1230	1040	900	500	700	780	750	650	550
800	650	760	880	970	1020	1050	1020	830	800	700	300	500	550	480	350
400	510	620	730	800	850	870	850	780	720	650	500	200	300	350	320
0	370	470	550	600	670	690	670	620	580	450	400	300	100	150	250
y/x	0	400	800	1200	1600	2000	2400	2800	3200	3600	4000	4400	4800	5200	5600

试用二维插值求 x,y 方向间隔都为50点上的高程，并画出该区域的等高线。

5.3 用最小二乘法求一形如 $y=ae^{bx}$ 的经验公式拟合表5.11中的数据。

表 5.11 已知数据

x_i	1	2	3	4	5	6	7	8
y_i	15.3	20.5	27.4	36.6	49.1	65.6	87.87	117.6

5.4（水箱水流量问题） 许多供水单位由于没有测量流入或流出水箱流量的设备，因此只能测量水箱中的水位。试通过测得的某时刻水箱中水位的数据，估计在任意时刻 t（包括水泵灌水期间）流出水箱的流量 $f(t)$。

给出原始数据表5.12，其中长度单位为E（1E = 30.24cm）。水箱为圆柱体，其直径为57E。

假设：

(1) 影响水箱流量的唯一因素是该区公众对水的普通需要；

(2) 水泵的灌水速度为常数；

(3) 从水箱中流出水的最大流速小于水泵的灌水速度；

(4) 每天的用水量分布都是相似的；

(5) 水箱的流水速度可用光滑曲线来近似；

(6) 当水箱的水容量达到 514×10^3g 时，开始泵水，达到 677.6×10^3g 时，便停止泵水。

表 5.12 水位数据表

时间/s	水位/10^{-2}E	时间/s	水位/10^{-2}E
0	3175	44636	3350
3316	3110	49953	3260
6635	3054	53936	3167
10619	2994	57254	3087
13937	2947	60574	3012
17921	2892	64554	2927
21240	2850	68535	2842
25223	2795	71854	2767
28543	2752	75021	2697
32284	2697	79254	泵水
35932	泵水	82649	泵水
39332	泵水	85968	3475
39435	3550	89953	3397
43318	3445	93270	3340

第6章 微分方程建模

微分方程建模是数学建模的重要方法,因为许多实际问题的数学描述将导致求解微分方程的定解问题。把形形色色的实际问题化成微分方程的定解问题,大体上可以分为以下几步:

(1) 根据实际要求确定要研究的量(自变量、未知函数、必要的参数等)并确定坐标系。

(2) 找出这些量所满足的基本规律(物理的、几何的、化学的或生物学的等)。

(3) 运用这些规律列出方程和定解条件。

列方程常见的方法有以下几种:

(1) 按规律直接列方程。在数学、力学、物理、化学等学科中许多自然现象所满足的规律已为人们所熟悉,并直接由微分方程所描述,如牛顿第二定律、放射性物质的放射性规律等。常利用这些规律对某些实际问题列出微分方程。

(2) 微元分析法与任意区域上取积分的方法。自然界中也有许多现象所满足的规律是通过变量的微元之间的关系式来表达的。对于这类问题,我们不能直接列出自变量和未知函数及其变化率之间的关系式,而是通过微元分析法,利用已知的规律建立一些变量(自变量与未知函数)的微元之间的关系式,然后再通过取极限的方法得到微分方程,或等价地通过任意区域上取积分的方法来建立微分方程。

(3) 模拟近似法。在生物、经济等学科中,许多现象所满足的规律并不很清楚而且相当复杂,因而需要根据实际资料或大量的实验数据,提出各种假设。在一定的假设下,给出实际现象所满足的规律,然后利用适当的数学方法列出微分方程。

在实际的微分方程建模过程中,也往往是上述方法的综合应用。不论应用哪种方法,通常要根据实际情况,做出一定的假设与简化,并要把模型的理论或计算结果与实际情况进行对照验证,以修改模型使之更准确地描述实际问题进而达到预测预报的目的。

本章将利用上述方法讨论具体的微分方程的建模问题及利用 Matlab 求解。

6.1 发射卫星为什么用三级火箭

采用运载火箭把人造卫星发射到高空轨道上运行,为什么不能用一级火箭而必须用多级火箭系统?

下面通过建立运载火箭有关的数学模型来回答上述问题。

火箭是一个复杂的系统,为了使问题简单明了,只从动力系统和整体结构上分析,并且假设引擎是足够强大的。

6.1.1 为什么不能用一级火箭发射人造卫星

下面用三个数学模型回答这个问题。

1. 卫星进入 600km 高空轨道时,火箭必需的最低速度

首先将问题理想化,假设:

(1) 卫星轨道是以地球中心为圆心的某个平面上的圆周,卫星在此轨道上以地球引力作为向心力绕地球做平面匀速圆周运动。

(2) 地球是固定于空间中的一个均匀球体,其质量集中于球心。

(3) 其他星球对卫星的引力忽略不计。

建模与求解:

设地球半径为 R,质量为 M;卫星轨道半径为 r,卫星质量为 m。

根据假设(2)和(3),卫星只受到地球的引力,由牛顿万有引力定律可知其引力大小为

$$F = \frac{GMm}{r^2}, \tag{6.1}$$

式中:G 为引力常数。

为消去常数 G,把卫星放在地球表面,则由式(6.1),得

$$mg = \frac{GMm}{R^2} \text{ 或 } GM = R^2 g,$$

再代入式(6.1),得

$$F = mg\left(\frac{R}{r}\right)^2, \tag{6.2}$$

式中:$g = 9.81(\mathrm{m/s^2})$ 为重力加速度。

根据假设(1),若卫星围绕地球做匀速圆周运动的速度为 v,则其向心力为 mv^2/r,因为卫星所受的地球引力就是它做匀速运动的向心力,故有

$$mg\left(\frac{R}{r}\right)^2 = \frac{mv^2}{r},$$

由此便推得卫星距地面为 $(r-R)$km,必需的最低速度的数学模型为

$$v = R\sqrt{\frac{g}{r}}, \tag{6.3}$$

取 $R = 6400\mathrm{km}$,$r - R = 600\mathrm{km}$,代入式(6.3),得

$$v \approx 7.6\mathrm{km/s},$$

即要把卫星送入离地面 600km 高的轨道,火箭的末速度最低应为 7.6km/s。

2. 火箭推进力及升空速度

火箭的简单模型由一台发动机和一个燃料仓组成。燃料燃烧产生大量气体从火箭末端喷出,给火箭一个向前的推力。火箭飞行要受地球引力、空气阻力、地球自转与公转等的影响,使火箭升空后做曲线运动。为使问题简化,假设:

(1) 火箭在喷气推动下做直线运动,火箭所受的重力和空气阻力忽略不计。

(2) 在 t 时刻火箭质量为 $m(t)$,速度为 $v(t)$,且均为时间 t 的连续可微函数。

(3) 从火箭末端喷出气体的速度(相对火箭本身)为常数 u。

建模与分析:

由于火箭在运动过程中不断喷出气体,使其质量不断减少,在$(t,t+\Delta t)$内的减少量可由泰勒展开式表示为

$$m(t+\Delta t)-m(t)=\frac{\mathrm{d}m}{\mathrm{d}t}\Delta t+o(\Delta t)。\tag{6.4}$$

因为喷出的气体相对于地球的速度为 $v(t)-u$,则由动量守恒定律,有

$$m(t)v(t)=m(t+\Delta t)v(t+\Delta t)-\left[\frac{\mathrm{d}m}{\mathrm{d}t}\Delta t+o(\Delta t)\right][v(t)-u],\tag{6.5}$$

从式(6.4)和式(6.5)可得火箭推进力的数学模型为

$$m\frac{\mathrm{d}v}{\mathrm{d}t}=-u\frac{\mathrm{d}m}{\mathrm{d}t}。\tag{6.6}$$

令 $t=0$ 时,$v(0)=v_0$,$m(0)=m_0$,求解式(6.6),得火箭升空速度模型为

$$v(t)=v_0+u\ln\frac{m_0}{m(t)}。\tag{6.7}$$

式(6.6)表明火箭所受推力等于燃料消耗速度与喷气速度(相对火箭)的乘积。式(6.7)表明,在 v_0,m_0 一定的条件下,升空速度 $v(t)$ 由喷气速度(相对火箭)u 及质量比 $m_0/m(t)$ 决定。这为提高火箭速度找到了正确途径:从燃料上设法提高 u 值;从结构上设法减少 $m(t)$。

3. 一级火箭末速度上限

火箭-卫星系统的质量可分为三部分:m_p(有效负载,如卫星),m_F(燃料质量),m_s(结构质量,如外壳、燃料容器及推进器)。一级火箭末速度上限主要是受目前技术条件的限制,假设:

(1) 目前技术条件为:相对火箭的喷气速度 $u=3\text{km/s}$ 及

$$\frac{m_s}{m_F+m_s}\geqslant\frac{1}{9}。$$

(2) 初速度 v_0 忽略不计,即 $v_0=0$。

建模与求解:

因为升空火箭的最终(燃料耗尽)质量为 m_p+m_s,所以由式(6.7)及假设(2)得到末速度为

$$v=u\ln\frac{m_0}{m_p+m_s},\tag{6.8}$$

令 $m_s=\lambda(m_F+m_s)=\lambda(m_0-m_p)$,代入式(6.8),得

$$v=u\ln\frac{m_0}{\lambda m_0+(1-\lambda)m_p},\tag{6.9}$$

于是,当卫星脱离火箭,即 $m_p=0$ 时,便得火箭末速度上限的数学模型为

$$v^0=u\ln\frac{1}{\lambda}。$$

由假设(1),取 $u=3\text{km},\lambda=\frac{1}{9}$,便得火箭速度上限

$$v^0 = 3\ln 9 \approx 6.6\text{km/s}。$$

因此,用一级火箭发射卫星,在目前技术条件下无法达到相应高度所需的速度。

6.1.2 理想火箭模型

从前面对问题的假设和分析可以看出,火箭推进力自始至终在加速整个火箭,然而随着燃料的不断消耗,所出现的无用结构质量也在随之不断加速,做了无用功,因而效益低,浪费大。

所谓理想火箭,就是能够随着燃料的燃烧不断抛弃火箭的无用结构。下面建立它的数学模型。

假设在 $(t,t+\Delta t)$ 时段丢弃的结构质量与烧掉的燃料质量以 α 与 $1-\alpha$ 的比例同时进行。

建模与分析:

由动量守恒定律,有

$$m(t)v(t) = m(t+\Delta t)v(t+\Delta t) - \alpha\frac{\mathrm{d}m}{\mathrm{d}t}\Delta t\cdot v(t) - (1-\alpha)\frac{\mathrm{d}m}{\mathrm{d}t}\Delta t\cdot[v(t)-u] + o(\Delta t),$$

由上式可得理想火箭的数学模型为

$$-m(t)\frac{\mathrm{d}v(t)}{\mathrm{d}t} = (1-\alpha)\frac{\mathrm{d}m}{\mathrm{d}t}\cdot u, \tag{6.10}$$

及

$$v(0) = 0, m(0) = m_0,$$

解得

$$v(t) = (1-\alpha)u\ln\frac{m_0}{m(t)}。 \tag{6.11}$$

由上式可知,当燃料耗尽,结构质量抛弃完时,便只剩卫星质量 m_p,从而最终速度的数学模型为

$$v(t) = (1-\alpha)u\ln\frac{m_0}{m_p}。 \tag{6.12}$$

式(6.12)表明,当 m_0 足够大时,便可使卫星达到我们所希望它具有的任意速度。例如,考虑到空气阻力和重力等因素,估计要使 $v=10.5\text{km/s}$ 才行,如果取 $u=3\text{km/s},\alpha=0.1$,则可推出 $m_0/m_p=50$,即发射 1t 重的卫星大约需 50t 重的理想火箭。

6.1.3 多级火箭卫星系统

理想火箭是设想把无用结构质量连续抛弃以达到最佳的升空速度,虽然这在目前的技术条件下办不到,但它的确为发展火箭技术指明了奋斗目标。目前已商业化的多级火箭卫星系统便是朝着这种目标迈进的第一步。多级火箭是自末级开始,逐级燃烧,当第 i

级燃料烧尽时,第 $i+1$ 级火箭立即自动点火,并抛弃已经无用的第 i 级。用 m_i 表示第 i 级火箭质量,m_p 表示有效负载。为了简单起见,先作如下假设:

1. 设各级火箭具有相同的 λ,λm_i 表示第 i 级的结构质量,$(1-\lambda)m_i$ 表示第 i 级的燃料质量。

2. 喷气相对火箭的速度 u 相同,燃烧级的初始质量与其负载质量之比保持不变,该比值记为 k。

先考虑二级火箭。由式(6.7),当第一级火箭燃烧完时,其速度为

$$v_1 = u\ln\frac{m_1 + m_2 + m_p}{\lambda m_1 + m_2 + m_p} = u\ln\frac{k+1}{\lambda k + 1},$$

在第二级火箭燃烧完时,其速度为

$$v_2 = v_1 + u\ln\frac{m_2 + m_p}{\lambda m_2 + m_p} = 2u\ln\frac{k+1}{\lambda k+1}。\tag{6.13}$$

仍取 $u=3\text{km/s}$,$\lambda=0.1$,考虑到阻力等因素,为了达到第一宇宙速度 7.9km/s,对于二级火箭,欲使 $v_2=10.5\text{km/s}$,由式(6.13)得

$$6\ln\frac{k+1}{0.1k+1} = 10.5,$$

解得

$$k = 11.2,$$

这时

$$\frac{m_0}{m_p} = \frac{m_1 + m_2 + m_p}{m_p} = (k+1)^2 \approx 149。$$

同理,可推出三级火箭

$$v_3 = 3u\ln\frac{k+1}{\lambda k+1},$$

欲使 $v_3=10.5\text{km/s}$,应该 $k\approx3.25$,从而 $m_0/m_p\approx77$。

与二级火箭相比,在达到相同效果的情况下,三级火箭的质量几乎节省了一半。

现记 n 级火箭的总质量(包括有效负载 m_p)为 m_0,在相同假设下($u=3\text{km/s}$,$v_{末}=10.5\text{km/s}$,$\lambda=0.1$),可以算出相应的 m_0/m_p 值,现将计算结果列于表 6.1 中。

表 6.1 质量比数据

n/级数	1	2	3	4	5	…	∞
m_0/m_p	×	149	77	65	60	…	50

实际上,由于受技术条件的限制,采用四级或四级以上的火箭,在经济效益方面是不合算的,因此采用三级火箭是最好的方案。

6.2 人口模型

6.2.1 Malthus 模型

1789 年,英国神父 Malthus 在分析了一百多年间人口统计资料之后,提出了 Malthus

模型。

模型假设：

1. 设 $x(t)$ 表示 t 时刻的人口数，且 $x(t)$ 连续可微。

2. 人口的增长率 r 是常数（增长率 = 出生率 − 死亡率）。

3. 人口数量的变化是封闭的，即人口数量的增加与减少只取决于人口中个体的生育和死亡，且每一个体都具有同样的生育能力与死亡率。

建模与求解：

由假设，t 时刻到 $t+\Delta t$ 时刻人口的增量为

$$x(t+\Delta t)-x(t)=rx(t)\Delta t,$$

于是得

$$\begin{cases}\dfrac{dx}{dt}=rx,\\ x(0)=x_0,\end{cases}\tag{6.14}$$

其解为

$$x(t)=x_0e^{rt}。\tag{6.15}$$

模型评价：

考虑二百多年来人口增长的实际情况，1961 年世界人口总数为 3.06×10^9，在 1961 年—1970 年这段时间内，每年平均的人口自然增长率为 2%，则式（6.15）可写为

$$x(t)=3.06\times10^9\cdot e^{0.02(t-1961)}。\tag{6.16}$$

根据 1700—1961 年间世界人口统计数据，发现这些数据与式（6.16）的计算结果相当符合。因为在这期间全球人口大约每 35 年增加 1 倍，而用式（6.16）算出每 34.6 年增加 1 倍。

但是，利用式（6.16）对世界人口进行预测，也会得出令人惊异的结论，当 $t=2670$ 年时，$x(t)=4.4\times10^{15}$，即 4400 万亿，这相当于地球上每平方米要容纳至少 20 人。

显然，用这一模型进行预测的结果远高于实际人口增长，误差的原因是对增长率 r 的估计过高。由此，可以对 r 是常数的假设提出疑问。

6.2.2 阻滞增长模型（Logistic 模型）

如何对增长率 r 进行修正呢？我们知道，地球上的资源是有限的，它只能提供一定数量的生命生存所需的条件。随着人口数量的增加，自然资源、环境条件等对人口再增长的限制作用将越来越显著。如果在人口较少时，可以把增长率 r 看成常数，那么当人口增加到一定数量之后，就应当视 r 为一个随着人口的增加而减小的量，即将增长率 r 表示为人口 $x(t)$ 的函数 $r(x)$，且 $r(x)$ 为 x 的减函数。

模型假设：

1. 设 $r(x)$ 为 x 的线性函数，$r(x)=r-sx$（工程师原则，首先用线性）。

2. 自然资源与环境条件所能容纳的最大人口数为 x_m，即当 $x=x_m$ 时，增长率 $r(x_m)=0$。

建模与求解：

由假设1、2可得 $r(x)=r\left(1-\frac{x}{x_m}\right)$，则有

$$\begin{cases}\frac{\mathrm{d}x}{\mathrm{d}t}=r\left(1-\frac{x}{x_m}\right)x,\\ x(t_0)=x_0。\end{cases} \tag{6.17}$$

式(6.17)是一个可分离变量的方程，其解为

$$x(t)=\frac{x_m}{1+\left(\frac{x_m}{x_0}-1\right)\mathrm{e}^{-r(t-t_0)}}。 \tag{6.18}$$

模型检验：

由式(6.17)，计算可得

$$\frac{\mathrm{d}^2x}{\mathrm{d}t^2}=r^2\left(1-\frac{x}{x_m}\right)\left(1-\frac{2x}{x_m}\right)x。 \tag{6.19}$$

人口总数 $x(t)$ 有如下规律：

1. $\lim\limits_{t\to+\infty}x(t)=x_m$，即无论人口初值 x_0 如何，人口总数都以 x_m 为极限。

2. 当 $0<x_0<x_m$ 时，$\frac{\mathrm{d}x}{\mathrm{d}t}=r\left(1-\frac{x}{x_m}\right)x>0$，这说明 $x(t)$ 是单调增加的。又由式(6.19)知，当 $x<\frac{x_m}{2}$ 时，$\frac{\mathrm{d}^2x}{\mathrm{d}t^2}>0$，$x=x(t)$ 为凹函数；当 $x>\frac{x_m}{2}$ 时，$\frac{\mathrm{d}^2x}{\mathrm{d}t^2}<0$，$x=x(t)$ 为凸函数。

3. 人口变化率 $\frac{\mathrm{d}x}{\mathrm{d}t}$ 在 $x=\frac{x_m}{2}$ 时取到最大值，即人口总数达到极限值一半以前是加速生长时期，经过这一点之后，生长速率会逐渐变小，最终达到0。

6.2.3 模型推广

可以从另一个角度导出阻滞增长模型，在 Malthus 模型上增加一个竞争项 $-bx^2(b>0)$，它的作用是使纯增长率减少。如果一个国家工业化程度较高，食品供应较充足，能够提供更多的人生存，此时 b 较小；反之 b 较大，故建立方程

$$\begin{cases}\frac{\mathrm{d}x}{\mathrm{d}t}=x(a-bx),a,b>0,\\ x(t_0)=x_0,\end{cases} \tag{6.20}$$

其解为

$$x(t)=\frac{ax_0}{bx_0+(a-bx_0)\mathrm{e}^{-a(t-t_0)}}, \tag{6.21}$$

由式(6.21)，得

$$\frac{\mathrm{d}^2x}{\mathrm{d}t^2}=(a-2bx)(a-bx)x。 \tag{6.22}$$

对式(6.20)~式(6.22)进行分析，有

1. 对任意 $t > t_0$，有 $x(t) > 0$，且 $\lim\limits_{t \to +\infty} x(t) = \dfrac{a}{b}$。

2. 当 $0 < x < \dfrac{a}{b}$ 时，$\dfrac{dx}{dt} > 0$，$x(t)$ 递增；当 $x = \dfrac{a}{b}$ 时，$\dfrac{dx}{dt} = 0$；当 $x(t) > \dfrac{a}{b}$ 时，$\dfrac{dx}{dt} < 0$，$x(t)$ 递减。

3. 当 $0 < x < \dfrac{a}{2b}$ 时，$\dfrac{d^2x}{dt^2} > 0$，$x(t)$ 为凹函数；当 $\dfrac{a}{2b} < x < \dfrac{a}{b}$ 时，$\dfrac{d^2x}{dt^2} < 0$，$x(t)$ 为凸函数。

令式(6.20)第一个方程的右边为0，得 $x_1 = 0$，$x_2 = \dfrac{a}{b}$，称它们是微分方程式(6.20)的平衡解。易知 $\lim\limits_{t \to +\infty} x(t) = \dfrac{a}{b}$，故又称 $\dfrac{a}{b}$ 是式(6.20)的稳定平衡解。可预测不论人口开始的数量 x_0 为多少，经过相当长的时间后，人口总数将稳定在 $\dfrac{a}{b}$。

6.2.4 美国人口的预报模型

认识人口数量的变化规律，建立人口模型，做出较准确的预报，是有效控制人口增长的前提。利用表6.2给出的近2个世纪的美国人口统计数据（单位：百万人），建立人口预测模型，最后用它预报2010年美国的人口。

表6.2 美国人口统计数据

年	1790	1800	1810	1820	1830	1840	1850	1860
人口	3.9	5.3	7.2	9.6	12.9	17.1	23.2	31.4
年	1870	1880	1890	1900	1910	1920	1930	1940
人口	38.6	50.2	62.9	76.0	92.0	106.5	123.2	131.7
年	1950	1960	1970	1980	1990	2000		
人口	150.7	179.3	204.0	226.5	251.4	281.4		

1. 建模与求解

记 $x(t)$ 为第 t 年的人口数量，设人口年增长率 $r(x)$ 为 x 的线性函数，$r(x) = r - sx$。自然资源与环境条件所能容纳的最大人口数为 x_m，即当 $x = x_m$ 时，增长率 $r(x_m) = 0$，可得 $r(x) = r\left(1 - \dfrac{x}{x_m}\right)$，建立 Logistic 人口模型：

$$\begin{cases} \dfrac{dx}{dt} = r\left(1 - \dfrac{x}{x_m}\right)x, \\ x(t_0) = x_0, \end{cases}$$

其解为

$$x(t) = \frac{x_m}{1 + \left(\dfrac{x_m}{x_0} - 1\right)e^{-r(t-t_0)}}。 \tag{6.23}$$

2. 参数估计

把表6.2中的全部数据,包括后面的四个空格,全部保存到纯文本文件 data5.txt 中。

1) 非线性最小二乘估计

把表6.2中的第1个数据作为初始条件,利用余下的数据拟合式(6.23)中的参数 x_m 和 r,编写的 Matlab 程序如下:

```
clc, clear
a=textread('data4.txt'); % 把原始数据保存在纯文本文件 data4.txt 中
x=a([2:2:6],:)'; % 提出人口数据
x=nonzeros(x); % 去掉后面的0,并变成列向量
t=[1790:10:2000]';
t0=t(1); x0=x(1);
fun=@ (cs,td)cs(1)./(1+(cs(1)/x0-1)*exp(-cs(2)*(td-t0))); % cs(1)=
xm,cs(2)=r
cs=lsqcurvefit(fun,rand(2,1),t(2:end),x(2:end),zeros(2,1))
xhat=fun(cs,[t;2010]) % 预测已知年代和2010年的人口
```

求得 $x_m=342.4368$,$r=0.0274$,2010年人口的预测值为282.68百万人。

2) 线性最小二乘法

为了利用简单的线性最小二乘法估计这个模型的参数 r 和 x_m,把 Logistic 方程表示为

$$\frac{1}{x}\cdot\frac{\mathrm{d}x}{\mathrm{d}t}=r-sx,s=\frac{r}{x_m}, \tag{6.24}$$

利用向后差分,得到差分方程

$$\frac{x(k)-x(k-1)}{\Delta t}\frac{1}{x(k)}=r-sx(k),k=2,3,\cdots,22, \tag{6.25}$$

式中:步长 $\Delta t=10$。

下面拟合其中的参数 r 和 s。编写如下的 Matlab 程序:

```
clc, clear
a=textread('data4.txt'); % 把原始数据保存在纯文本文件 data4.txt 中
x=a([2:2:6],:)'; x=nonzeros(x);
t=[1790:10:2000]';
a=[ones(21,1), -x(2:end)];
b=diff(x)./x(2:end)/10;
cs=a\b;
r=cs(1), xm=r/cs(2)
```

求得 $x_m=373.5135$,$r=0.0247$。

也可以利用向前差分,得到差分方程

$$\frac{x(k+1)-x(k)}{\Delta t}\frac{1}{x(k)}=r-sx(k),k=1,2,\cdots,21,$$

再进行拟合。拟合的 Matlab 程序如下:

```
clc, clear
a=textread('data4.txt'); % 把原始数据保存在纯文本文件 data4.txt 中
```

```
x=a([2:2:6],:)'; x=nonzeros(x);
t=[1790:10:2000]';
a=[ones(21,1), -x(1:end-1)];
b=diff(x)./x(1:end-1)/10;
cs=a\b;
r=cs(1), xm=r/cs(2)
```

求得 $x_m=294.386$，$r=0.0325$。

从上面的三种拟合方法可以看出，拟合同样的参数，由于方法不同，可能结果相差很大。

6.3 Matlab 求微分方程的符号解

在 Matlab 中，符号运算工具箱提供了功能强大的求解常微分方程的符号运算命令 dsolve。

用 Matlab 求解常微分方程的符号解，首先定义符号变量，然后调用命令 dsolve。dsolve 的调用格式如下：

```
[y1,…,yN] = dsolve(eqns,conds,Name,Value)
```

式中：eqns 为符号微分方程或符号微分方程组；conds 为初值条件或边值条件；Name 和 Value 为可选的成对参数。

6.3.1 求解常微分方程的通解

例 6.1 试解常微分方程

$$x^2+y+(x-2y)y'=0。$$

解 编写程序如下：

```
clc, clear
syms y(x) % 定义符号变量
dsolve(x^2+y+(x-2*y)*diff(y)==0)
```

6.3.2 求解常微分方程的初边值问题

例 6.2 试求微分方程

$$y'''-y''=x, y(1)=8, y'(1)=7, y''(2)=4$$

的解。

解 编写程序如下：

```
clc, clear
syms y(x) % 定义符号变量
dy=diff(y); d2y=diff(y,2); % 定义一阶导数和二阶导数,用于初值或边值条件的赋值
y=dsolve(diff(y,3)-diff(y,2)==x,y(1)==8,dy(1)==7,d2y(2)==4)
y=simplify(y) % 把计算结果化简
```

6.3.3 求解常微分方程组

例 6.3 试求常微分方程组

$$\begin{cases} f'' + 3g = \sin x \\ g' + f' = \cos x \end{cases}$$

的通解和在初边值条件为 $f'(2)=0, f(3)=3, g(5)=1$ 的解。

解 编写程序如下：

```
clc,clear
syms f(x) g(x) % 定义符号变量
df = diff(f); % 定义 f 的一阶导数,用于初值或边值条件的赋值
[f1,g1] = dsolve(diff(f,2) + 3 * g = = sin(x),diff(g) + df = = cos(x)) % 求通解
f1 = simplify(f1), g1 = simplify(g1) % 对符号解进行化简
[f2,g2] = dsolve(diff(f,2) + 3 * g = = sin(x),diff(g) + df = = cos(x),df(2) = = 0,
f(3) = = 3,g(5) = = 1)
f2 = simplify(f2), g2 = simplify(g2) % 对符号解进行化简
```

6.3.4 求解线性常微分方程组

1. 一阶齐次线性微分方程组

$$\boldsymbol{X}' = \boldsymbol{A}\boldsymbol{X}, \boldsymbol{X} = \begin{bmatrix} x_1 \\ \vdots \\ x_n \end{bmatrix}, \boldsymbol{A} = \begin{bmatrix} a_{11} & \cdots & a_{1n} \\ \vdots & \ddots & \vdots \\ a_{n1} & \cdots & a_{nn} \end{bmatrix},$$

式中：$'$ 为对 t 求导数。e^{At} 是它的基解矩阵，解为 $\boldsymbol{X}(t) = e^{A(t-t_0)}\boldsymbol{X}_0$。

dsolve 也可以直接求解齐次线性微分方程组 $\boldsymbol{X}' = \boldsymbol{A}\boldsymbol{X}$，其中 $\boldsymbol{X}, \boldsymbol{A}$ 是适当维数的矩阵。

例 6.4 试解初值问题

$$\boldsymbol{X}' = \begin{bmatrix} 2 & 1 & 3 \\ 0 & 2 & -1 \\ 0 & 0 & 2 \end{bmatrix}\boldsymbol{X}, \boldsymbol{X}(0) = \begin{bmatrix} 1 \\ 2 \\ 1 \end{bmatrix}。$$

解 编写程序如下：

```
clc, clear
syms x(t) y(t) z(t) % 定义符号变量
X = [x; y; z]; % 定义符号向量
A = [2 1 3;0 2 -1;0 0 2]; B = [1 2 1]';
[x,y,z] = dsolve(diff(X) = = A * X,X(0) = = B)
```

2. 非齐次线性方程组

由参数变易法可求得初值问题

$$\boldsymbol{X}' = \boldsymbol{A}\boldsymbol{X} + f(t), \boldsymbol{X}(t_0) = \boldsymbol{X}_0$$

的解为

$$\boldsymbol{X}(t) = e^{A(t-t_0)}\boldsymbol{X}_0 + \int_{t_0}^{t} e^{A(t-s)} f(s)\,ds。$$

例 6.5 试解初值问题

$$\boldsymbol{X}' = \begin{bmatrix} 1 & 0 & 0 \\ 2 & 1 & -2 \\ 3 & 2 & 1 \end{bmatrix}\boldsymbol{X} + \begin{bmatrix} 0 \\ 0 \\ e^t \cos 2t \end{bmatrix}, \boldsymbol{X}(0) = \begin{bmatrix} 0 \\ 1 \\ 1 \end{bmatrix}。$$

解 编写程序如下：

```
clc,clear
syms x(t) y(t) z(t) % 定义符号变量
X =[x;y;z]; A =[1,0,0;2,1, -2;3,2,1];B =[0;0;exp(t) * cos(2 * t)];
X0 =[0;1;1]; % 初值条件
X =dsolve(diff(X) = =A * X +B,X(0) = =X0) % 求符号解
X =simplify([X.x;X.y;X.z]) % 显示解的各个分量
pretty(X) % 分数线居中的显示方式
```

6.3.5 应用举例

例 6.6 有高为 1m 的半球形容器，水从它的底部小孔流出。小孔横截面积为 1cm^2。开始时容器内盛满了水，求水从小孔流出过程中容器里水面的高度 h（水面与孔口中心的距离）随时间 t 变化的规律。

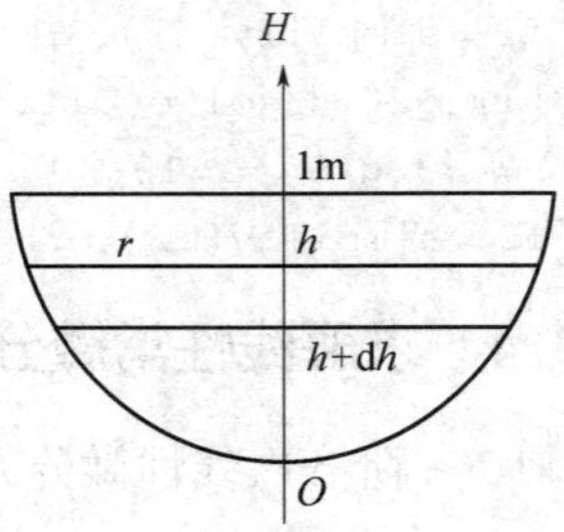

图 6.1 半球形容器及坐标系

解 如图 6.1 所示以底部中心为坐标原点，垂直向上为坐标轴的正向建立坐标系。由能量守恒原理，得

$$mgh = \frac{1}{2}mv^2, \qquad (6.26)$$

解得 $v=\sqrt{2gh}$。

设在微小时间间隔 $[t,t+\mathrm{d}t]$ 内，水面高度由 h 降到 $h+\mathrm{d}h$（这里 $\mathrm{d}h$ 为负值），由物质守恒原理，得

$$S(-\mathrm{d}h) = S_0 v\mathrm{d}t, \qquad (6.27)$$

式中：S_0 为底部小孔的横截面面积；S 为水面所在的截面面积，有

$$S = \pi r^2 = \pi[1^2-(1-h)^2] = \pi(2h-h^2), \qquad (6.28)$$

把 $v=\sqrt{2gh}$、$S_0=0.0001$ 和式(6.28)代入式(6.27)，化简得

$$\mathrm{d}t = \frac{10000\pi}{\sqrt{2g}}(h^{\frac{3}{2}}-2h^{\frac{1}{2}})\mathrm{d}h。$$

再考虑到初始条件，得到如下的微分方程模型：

$$\begin{cases}\dfrac{\mathrm{d}t}{\mathrm{d}h} = \dfrac{10000\pi}{\sqrt{2g}}(h^{\frac{3}{2}}-2h^{\frac{1}{2}}),\\ t(1)=0,\end{cases}$$

利用分离变量法，可以求得微分方程的解为

$$t = \frac{2000\sqrt{2}\pi}{3\sqrt{g}}(3h^{\frac{5}{2}}-10h^{\frac{3}{2}}+7)。$$

上式表达了水从小孔流出的过程中容器内水面高度 h 与时间 t 之间的关系。

计算的 Matlab 程序如下：

```
clc, clear
syms g t(h) % 定义符号常量和变量
```

```
t =dsolve(diff(t) = =10000 *pi/sqrt(2 *g) *(h^(3/2) -2 *h^(1/2)),t(1) = =0)
% 求符号解
t =simplify(t) % 化简
pretty(t) % 分数线居中的显示方式
```

6.4 放射性废料的处理

6.4.1 问题的提出

美国原子能委员会以往处理浓缩的放射性废料的方法,一直是把它们装入密封的圆桶里,然后扔到水深为90多米的海底。生态学家和科学家们担心圆桶下沉到海底时与海底碰撞而发生破裂,从而造成核污染。美国原子能委员会分辩说这是不可能的。为此工程师们进行了碰撞实验,发现当圆桶下沉速度超过12.2 m/s与海底相撞时,圆桶就可能发生碰裂。这样为避免圆桶碰裂,需要计算一下圆桶沉到海底时速度是多少?已知圆桶质量 $m=239.46$ kg,体积 $V=0.2058\text{m}^3$,海水密度 $\rho=1035.71\text{kg/m}^3$,若圆桶速度小于12.2 m/s就说明这种方法是安全可靠的,否则就要禁止使用这种方法来处理放射性废料。假设水的阻力与速度大小成正比例,其正比例常数 $k=0.6$。现要求建立合理的数学模型,解决如下实际问题:

1. 判断这种处理废料的方法是否合理。

2. 一般情况下,v 大,k 也大;v 小,k 也小。当 v 很大时,常用 kv 来代替 k,那么这时速度与时间关系如何?并求出当速度不超过12.2 m/s时,圆桶的运动时间 t 和位移 s 应不超过多少(k 值仍设为0.6)?

6.4.2 模型的建立与求解

1. 问题一的模型

以海平面上的一点为坐标原点,垂直向下为坐标轴的正向建立坐轴系。首先要找出圆桶的运动规律,由于圆桶在运动过程中受到本身的重力以及水的浮力 H 和水的阻力 f 的作用,所以根据牛顿运动定律得到圆筒受到的合力 F 满足

$$F=G-H-f, \tag{6.29}$$

又因为 $F=ma=m\dfrac{\mathrm{d}v}{\mathrm{d}t}=m\dfrac{\mathrm{d}^2s}{\mathrm{d}t^2}, G=mg, H=\rho gV$ 以及 $f=kv=k\dfrac{\mathrm{d}s}{\mathrm{d}t}$,所以圆桶的位移和速度分别满足下面的微分方程:

$$m\frac{\mathrm{d}^2s}{\mathrm{d}t^2}=mg-\rho gV-k\frac{\mathrm{d}s}{\mathrm{d}t}, \tag{6.30}$$

$$m\frac{\mathrm{d}v}{\mathrm{d}t}=mg-\rho gV-kv。 \tag{6.31}$$

根据方程式(6.30),加上初始条件 $\left.\dfrac{\mathrm{d}^2s}{\mathrm{d}t^2}\right|_{t=0}=s|_{t=0}=0$,求得位移函数为

$$s(t)=-171511.0+429.744t+171511.0\mathrm{e}^{-0.00250564t}。 \tag{6.32}$$

由方程式(6.31),加上初始条件$v|_{t=0}=0$,求得速度函数为

$$v(t) = 429.744 - 429.744e^{-0.00250564t}。\tag{6.33}$$

由$s(t)=90\text{m}$,求得圆筒到达水深90m的海底需要时间$t=12.9994\text{s}$,再把它代入方程式(6.33),求出圆桶到达海底的速度为$v=13.7720\text{m/s}$。

显然此圆桶的速度已超过12.2m/s,可以得出这种处理废料的方法不合理。因此,美国原子能委员会已经禁止用这种方法来处理放射性废料。

计算的Matlab程序如下:

```
clc,clear
syms m V rho g k s(t) v(t) % 定义符号常数和符号变量
ds=diff(s); % 定义 s 的一阶导数,为了初值条件赋值
s=dsolve(m*diff(s,2)-m*g+rho*g*V+k*diff(s),s(0)==0,ds(0)==0);
s=subs(s,{m,V,rho,g,k},{239.46,0.2058,1035.71,9.8,0.6}); % 常数赋值
s=simplify(s); % 化简
s=vpa(s,6)  % 显示小数形式的位移函数
v=dsolve(m*diff(v)-m*g+rho*g*V+k*v,v(0)==0);
v=subs(v,{m,V,rho,g,k},{239.46,0.2058,1035.71,9.8,0.6});
v=simplify(v); % 化简
v=vpa(v,6)  % 显示小数形式的速度函数
y=s-90;
tt=solve(y); tt=double(tt)   % 求到达海底 90m 处的时间
vv=subs(v,tt);vv=double(vv)  % 求到底海底 90m 处的速度
```

2. 问题二的模型

由题设条件,圆桶受到的阻力应改为$f = kv^2 = k\left(\frac{\mathrm{d}s}{\mathrm{d}t}\right)^2$,类似问题一的模型,可得到圆桶的速度应满足如下的微分方程:

$$m\frac{\mathrm{d}v}{\mathrm{d}t} = mg - \rho gV - kv^2。\tag{6.34}$$

根据方程式(6.34),加上初始条件为$v|_{t=0} = 0$,求出圆桶的速度为

$$v(t) = 20.7303\tanh(0.0519t),$$

这时若速度要小于12.2m/s,经计算可得圆桶的运动时间就不能超过$T=13.0025\text{s}$,利用$s(T) = \int_0^T v(t)\mathrm{d}t$,计算得到的位移不能超过84.8439m。

通过这个模型,也可以得到原来处理核废料的方法是不合理的。

计算的Matlab程序如下:

```
clc,clear
syms m V rho g k v(t)
v=dsolve(m*diff(v)-m*g+rho*g*V+k*v^2,v(0)==0);
v=subs(v,{m,V,rho,g,k},{239.46,0.2058,1035.71,9.8,0.6});
v=simplify(v); v=vpa(v,6)              % 显示小数形式的速度函数
T=solve(v-12.2); T=double(T)           % 求时间的临界值 T
```

```
s = int(v,0,T)                          % 求位移的临界值
```

3. 结果分析

由于在实际中 k 与 v 的关系很难确定，所以上面的模型有它的局限性,而且对不同的介质,比如在水中与在空气中 k 与 v 的关系也不同。如果假设 k 为常数,水中的 k 值就比在空气中要大一些。在一般情况下,k 应是 v 的函数,即 $k=k(v)$,至于是什么样的函数,这个问题至今还没有解决。

这个模型还可以推广到其他方面,比如一个物体从高空落向地面。尽管物体越高,落到地面的速度越大,但此速度绝不会无限大。

6.5 初值问题的 Matlab 数值解

Matlab 的工具箱提供了几个解常微分方程的功能函数,如 ode45、ode23、ode113。其中,ode45 采用四五阶龙格库塔方法(以下简称 RK 方法),是解非刚性常微分方程的首选方法;ode23 采用二三阶 RK 方法;ode113 采用多步法,效率一般比 ode45 高。

在化学工程及自动控制等领域中,所涉及的常微分方程组初值问题常常是所谓的"刚性"问题。具体地说,对一阶线性微分方程组,有

$$\frac{\mathrm{d}y}{\mathrm{d}x} = \boldsymbol{A}y + \boldsymbol{\Phi}(x), \tag{6.35}$$

式中:$y,\boldsymbol{\Phi}\in\mathbf{R}^m$;$\boldsymbol{A}$ 为 m 阶方阵。

若矩阵 $\boldsymbol{A}$ 的特征值 $\lambda_i(i=1,2,\cdots,m)$ 满足关系

$$\mathrm{Re}\lambda_i < 0, i = 1,2,\cdots,m,$$

$$\max_{1\leqslant i\leqslant m} |\mathrm{Re}\lambda_i| \gg \min_{1\leqslant i\leqslant m} |\mathrm{Re}\lambda_i|,$$

则称方程组式(6.35)为刚性方程组或 Stiff 方程组,称数

$$s = \max_{1\leqslant i\leqslant m} |\mathrm{Re}\lambda_i| / \min_{1\leqslant i\leqslant m} |\mathrm{Re}\lambda_i|$$

为刚性比。理论上的分析表明,求解刚性问题所选用的数值方法最好是对步长 h 不作任何限制。

Matlab 的工具箱提供了几个解刚性常微分方程的功能函数,如 ode15s、ode23s、ode23t、ode23tb。

6.5.1 ode23、ode45、ode113 的使用

对简单的一阶方程的初值问题

$$\begin{cases} y' = f(x,y), \\ y(x_0) = y_0, \end{cases}$$

Matlab 的函数形式是

```
[t,y] = solver('F',tspan,y0)
```

这里 solver 为 ode45、ode23、ode113,输入参数 F 是用 M 文件定义的微分方程 $y'=f(x,y)$ 右端的函数。tspan = [t0,tfinal]是求解区间,y0 是初值。

注意:函数 solver('F',tspan,y0)也可以返回一个值,返回一个值时,返回的是结构数组,利用 Matlab 命令 deval 和返回的结构数组,可以计算任意点的函数值。

例 6.7 用 RK 方法求解

$$y' = -2y + 2x^2 + 2x, 0 \leqslant x \leqslant 0.5, y(0) = 1。$$

解 编写 Matlab 程序如下：

```
clc, clear
yx=@(x,y)-2*y+2*x^2+2*x;      % 定义微分方程右端项的匿名函数
[x,y]=ode45(yx,[0,0.5],1)      % 第一种返回格式
sol=ode45(yx,[0,0.5],1)        % 第二种返回格式
y2=deval(sol,x)                % 计算自变量x对应的函数值
check=[y,y2']                  % 比较两种计算结果是一样的,但一个是行向量,一个
                               是列向量
```

6.5.2 高阶微分方程 $y^{(n)}=f(t,y,y',\cdots,y^{(n-1)})$ 和一阶微分方程组的解法

高阶常微分方程,必须做变量替换,化成一阶微分方程组,才能使用 Matlab 求数值解。

一阶微分方程组的解法和简单的一阶方程解法是一样的。

例 6.8 考虑初值问题

$$y''' - 3y'' - y'y = 0, y(0) = 0, y'(0) = 1, y''(0) = -1。$$

解 (1) 设 $y_1 = y, y_2 = y', y_3 = y''$,则有

$$\begin{cases} y_1' = y_2, & y_1(0) = 0, \\ y'_2 = y_3, & y_2(0) = 1, \\ y'_3 = 3y_3 + y_2 y_1, & y_3(0) = -1。 \end{cases}$$

初值问题可以写成 $\boldsymbol{Y}' = \boldsymbol{F}(t, \boldsymbol{Y}), Y(0) = Y_0$ 的形式,其中 $\boldsymbol{Y} = [y_1, y_2, y_3]^{\mathrm{T}}$。

(2) 把一阶方程组写成接受两个参数 t 和 y,返回一个列向量的 M 文件 F.m,即

```
function dy=F(t,y);
dy=[y(2);y(3);3*y(3)+y(2)*y(1)];
```

注意:尽管不一定用到参数 t,M 文件必须接受此两参数。这里向量 dy 必须是列向量。

(3) 用 Matlab 解决此问题的函数形式为

```
[T,Y]=solver('F',tspan,y0)
```

这里 solver 为 ode45、ode23、ode113,输入参数 F 是用 M 文件定义的常微分方程组,tspan=[t0 tfinal]是求解区间,y0 是初值列向量。在 Matlab 命令窗口输入

```
[T,Y]=ode45('F',[0 1],[0;1;-1])
```

就得到上述常微分方程的数值解。这里 Y 和时刻 T 是一一对应的,Y(:,1)是初值问题的解,Y(:,2)是解的导数,Y(:,3)是解的二阶导数。

例 6.9 求 van der Pol 方程

$$\begin{cases} y'' - 1000(1 - y^2)y' + y = 0, \\ y(0) = 2, \\ y'(0) = 0 \end{cases}$$

的数值解,这里是刚性微分方程。

解 (1) 化成常微分方程组。设 $y_1 = y, y_2 = y'$,则

$$\begin{cases} y'_1 = y_2, & y_1(0) = 2, \\ y'_2 = 1000(1 - y_1^2)y_2 - y_1, & y_2(0) = 0。\end{cases}$$

(2) 求数值解,并利用图形输出解的结果。Matlab 程序如下:

```
dy =@ (t,y) [y(2);1000 * (1 -y(1)^2) * y(2) -y(1)]; % 定义匿名函数
[t,y] =ode15s(dy,[0 3000],[2;0]); % 求数值解
plot(t,y(:,1),'*')
title('Solution of van der Pol Equation,mu =1000');
xlabel('time t');
ylabel('solution y');
```

例 6.10 Lorenz 方程是一个三阶的非线性系统,它是由描述大气动力系统的 Navier - Stokes 偏微分方程演化而来的。自由系统如下:

$$\begin{cases} \dot{x} = \sigma(y - x), \\ \dot{y} = \beta x - y - xz, \\ \dot{z} = -\lambda z + xy。\end{cases}$$

若系统参数 σ,β,λ 在一定范围内,系统就出现混沌,如 $\sigma = 10, \beta = 28, \lambda = 8/3$ 时,出现混沌现象。求在初始条件 $[x(0),y(0),z(0)]^{\mathrm{T}} = [5,13,17]^{\mathrm{T}}$ 时,方程组的数值解,并画出解的图形。

解 编写的 Matlab 程序如下:

```
rho =10; beta =28; lamda =8/3;
f =@ (t,Y) [rho * (Y(2) -Y(1))
beta * Y(1) -Y(2) -Y(1) * Y(3)
-lamda * Y(3) +Y(1) * Y(2)]; % 定义微分方程组右端项的匿名函数
[t,y] =ode45(f,[0,30],[5,13,17]) % 求数值解
subplot(2,2,1)
plot(t,y(:,1),'*') % 画出 x 的曲线
subplot(2,2,2)
plot(t,y(:,2),'X') % 画出 y 的曲线
subplot(2,2,3)
plot(t,y(:,3),'o') % 画出 z 的曲线
subplot(2,2,4)
plot3(y(:,1),y(:,2),y(:,3)) % 画出空间的轨线
```

6.6 边值问题的 Matlab 数值解

Matlab 中用 bvp4c 和 bvpinit 命令求解常微分方程的两点边值问题,微分方程的标准形式为

$$y' = f(x,y), bc(y(a),y(b)) = 0,$$

或者是

$$y' = f(x, y, p), bc(y(a), y(b), p) = 0,$$

式中：p 为有关的参数；y，f 可以为向量函数，求解的区间为$[a,b]$；bc 为边界条件。

一般地说，边值问题在计算上比初值问题困难得多，特别地，由于边值问题的解可能是多值的，bvp4c 需要提供猜测的初始值。下面首先给出一个简单的例子。

例 6.11 考察描述在水平面上一个小水滴横截面形状的标量方程

$$\frac{d^2}{dx^2}h(x) + [1 - h(x)]\left\{1 + \left[\frac{d}{dx}h(x)\right]^2\right\}^{3/2} = 0, h(-1) = h(1) = 0,$$

式中：$h(x)$ 为 x 处水滴的高度。

设 $y_1(x) = h(x), y_2(x) = \frac{dh(x)}{dx}$，把上述微分方程写成两个一阶微分方程组，即

$$\begin{cases} \frac{d}{dx}y_1(x) = y_2(x), \\ \frac{d}{dx}y_2(x) = [y_1(x) - 1][1 + y_2(x)^2]^{3/2}。\end{cases}$$

上述微分方程组可以由如下函数表示：

```
function yprime = drop(x,y);
yprime = [y(2);(y(1) -1) * (1 +y(2)^2)^(3/2)];
```

边界条件通过残差函数指定，边界条件通过如下函数表示：

```
function res = dropbc(ya,yb);
res = [ya(1);yb(1)];
```

使用 $y_1(x) = \sqrt{1 - x^2}$ 和 $y_2(x) = -x/(0.1 + \sqrt{1 - x^2})$（这里分母加上 0.1 是为了避免奇性）作为初始猜测解（初始解可以是任意取的，如取 $y_1(x) = x^2$ 和 $y_2(x) = 2x$），由如下函数定义：

```
function yinit = dropinit(x);
yinit = [sqrt(1 -x.^2); -x./(0.1 + sqrt(1 -x.^2))];
```

利用如下的程序就可以求微分方程的边值问题并画出图 6.2。

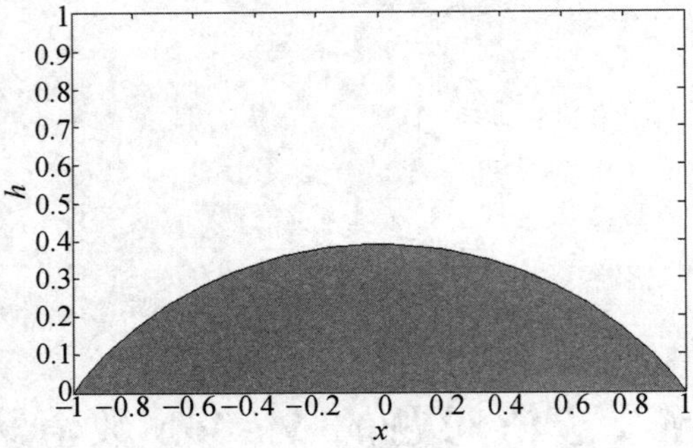

图 6.2 解曲线的图形

```
solinit = bvpinit(linspace( -1,1,20),@ dropinit);
sol = bvp4c(@ drop,@ dropbc,solinit);
fill(sol.x,sol.y(1,:),[0.7,0.7,0.7])
```

```
axis([ -1,1,0,1])
xlabel('x','FontSize',12)
ylabel('h','Rotation',0,'FontSize',12)
```

这里调用函数 bvpinit，计算区间[-1,1]上等间距的 20 个点的数据，然后调用函数 bvp4c，得到数值解的结构 sol，用“填充”命令 fill 填充 $x-y_1$ 平面上的解曲线。

一般地，bvp4c 的调用格式如下：

```
sol = bvp4c(@ odefun,@ bcfun,solinit,options,p1,p2,…);
```

函数 odefun 的格式为

```
yprime = odefun(x,y,p1,p2, …);
```

函数 bcfun 的格式为

```
res = bcfun(ya,yb, p1,p2, …);
```

初始猜测结构 solinit 有两个域，solinit. x 提供初始猜测的 x 值，排列顺序从左到右排列，其中 solinit. x(1)和 solinit. x(end)分别为 a 和 b。对应地，solinit. y(:,i)给出点 solinit. x(i)处的初始猜测解。

输出参数 sol 是包含数值解的一个结构，其中 sol. x 给出了计算数值解的 x 点，sol. x(i)处的数值解由 sol. y(:,i)给出，类似地，sol. x(i)处数值解的一阶导数值由 sol. yp(:,i)给出。

可以把上面的所有函数都放在一个文件中，程序如下：

```
function sol = example11;
solinit = bvpinit(linspace( -1,1,20),@ dropinit);
sol = bvp4c(@ drop,@ dropbc,solinit);
fill(sol.x,sol.y(1,:),[0.7,0.7,0.7])
axis([ -1,1,0,1])
xlabel('x','FontSize',12)
ylabel('h','Rotation',0,'FontSize',12)

function yprime = drop(x,y);
yprime = [y(2);(y(1) -1) * (1 +y(2)^2)^(3/2)];

function res = dropbc(ya,yb);
res = [ya(1);yb(1)];

function yinit = dropinit(x);
yinit = [sqrt(1 -x.^2); -x./(0.1 + sqrt(1 -x.^2))];
```

注意在函数中的所有变量都是局部变量，为了便于随时调用一些变量的取值，可以使用匿名函数，编写的程序如下：

```
clc, clear
yprime = @ (x,y)[y(2);(y(1) -1) * (1 +y(2)^2)^(3/2)]; % 定义一阶方程组的匿名函数
res = @ (ya,yb)[ya(1);yb(1)]; % 定义边值条件的匿名函数
yinit = @ (x)[x.^2;2 * x]; % 定义初始猜测解的匿名函数,这里换了另外一个初始猜测解
solinit = bvpinit(linspace( -1,1,20),yinit); % 给出初始猜测解的结构
```

```
sol = bvp4c(yprime,res,solinit); % 计算数值解
fill(sol.x,sol.y(1,:),[0.7,0.7,0.7]) % 填充解曲线
axis([ -1,1,0,1])
xlabel('x','FontSize',12)
ylabel('h','Rotation',0,'FontSize',12)
```

例 6.12 描述 $x=0$ 处固定,$x=1$ 处有弹性支持,沿着 x 轴平衡位置以均匀角速度旋转的绳的位移方程

$$\frac{d^2}{dx^2}y(x)+\mu y(x)=0,$$

具有边界条件

$$y(0)=0,\left[\frac{d}{dx}y(x)\right]\bigg|_{x=0}=1,\left[y(x)+\frac{d}{dx}y(x)\right]\bigg|_{x=1}=0。$$

这个边值问题是一个特征问题,必须找到参数 μ 的值使得方程的解存在。如果提供了参数 μ 的猜测值和对应解的猜测值,也可以利用函数 bvp4c 求解特征问题。上述微分方程可以写成下面的微分方程组:

$$\begin{cases}\frac{d}{dx}y_1(x)=y_2(x),\\ \frac{d}{dx}y_2(x)=-\mu y_1(x)。\end{cases}$$

使用 $\mu=5$, $y_1(x)=\sin x$ 和 $y_2(x)=\cos x$ 作为初始猜测解。编写的程序如下:

```
clc, clear
eq = @ (x,y,mu)[y(2); -mu * y(1)]; % 定义一阶方程组的匿名函数
bd = @ (ya,yb,mu)[ya(1);ya(2) -1;yb(1) + yb(2)]; % 定义边值条件的匿名函数
guess = @ (x)[sin(x);cos(x)]; % 定义初始猜测解的匿名函数
guess_structure = bvpinit(linspace(0,1,10),guess,5); % 给出初始猜测解的结构,mu = 5
sol = bvp4c(eq,bd,guess_structure); % 计算数值解
plot(sol.x,sol.y(1,:),'-',sol.x,sol.yp(1,:),'--','LineWidth',2)
xlabel('x','FontSize',12)
legend('y_1','y_2')
```

图 6.3 给出了上述边值问题解的图形。

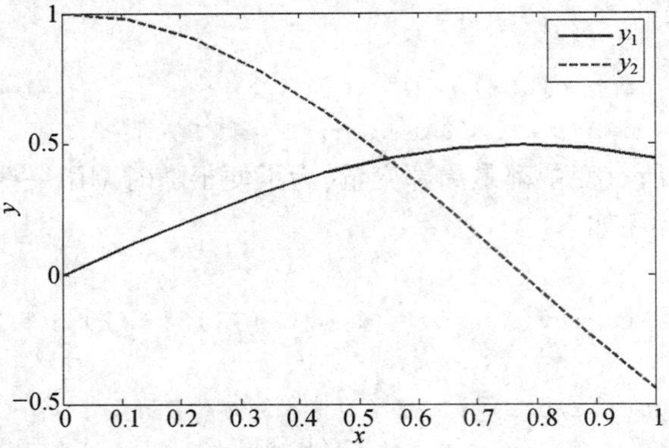

图 6.3 解曲线及导数曲线的图形

例 6.13 微分方程组为

$$\begin{cases}u' = 0.5u(w-u)/v,\\ v' = -0.5(w-u),\\ w' = [0.9-1000(w-y)-0.5w(w-u)]/z,\\ z' = 0.5(w-u),\\ y' = -100(y-w),\end{cases}$$

边界条件为 $u(0)=v(0)=w(0)=1, z(0)=-10; w(1)=y(1)$。

使用如下猜测解：

$$\begin{cases}u(x) = 1,\\ v(x) = 1,\\ w(x) = -4.5x^2+8.91x+1,\\ z(x) = -10,\\ y(x) = -4.5x^2+9x+0.91。\end{cases}$$

编写如下程序：

```
clc, clear
eq=@(x,y)[0.5*y(1)*(y(3)-y(1))/y(2)
         -0.5*(y(3)-y(1))
         (0.9-1000*(y(3)-y(5))-0.5*y(3)*(y(3)-y(1)))/y(4)
         0.5*(y(3)-y(1))
         100*(y(3)-y(5))]; % 定义一阶方程组的匿名函数
bd=@(ya,yb)[ya(1)-1;ya(2)-1;ya(3)-1;ya(4)+10;yb(3)-yb(5)]; % 定义边值
条件的匿名函数
guess=@(x)[1;1;-4.5*x.^2+8.91*x+1;-10;-4.5*x.^2+9*x+0.91]; % 定义
初始猜测解的匿名函数
guess_structure=bvpinit(linspace(0,1,5),guess); % 给出初始猜测解的结构
sol=bvp4c(eq,bd,guess_structure); % 计算数值解
plot(sol.x,sol.y(1,:),'-*',sol.x,sol.y(2,:),'-D',sol.x,sol.y(3,:),':S',sol.
x,sol.y(4,:),'-.O',sol.x,sol.y(5,:),'--P') % 画出5条解曲线
legend('u','v','w','z','y','Location','southwest') % 图注标注在左下角
```

拓展阅读材料

[1] Henry Edwards C, David E. Penney. 微分方程及边值问题：计算与建模. 张友，王立冬，袁学刚，译. 北京：清华大学出版社，2007.

[2] Matlab Symbolic Math Toolbox User's Guide. R2014b.

习 题 6

6.1 设位于坐标原点的甲舰向位于 x 轴上点 $A(1,0)$ 处的乙舰发射导弹，导弹始终对准乙舰。如果乙舰以最大的速度 v_0（v_0 是常数）沿平行于 y 轴的直线行驶，导弹的速度是 $5v_0$，求导弹运行的曲线。

乙舰行驶多远时,导弹将它击中?

6.2 交通十字路口都会设置红绿灯。为了让那些正行驶在交叉路口或离交叉路口太近而无法停下的车辆通过路口,红绿灯转换中间还要亮起一段时间的黄灯。对于一位驶近交叉路口的驾驶员来说,万万不可处于这样的进退两难的境地——要安全停车则离路口太近,要想在红灯亮之前通过路口又觉太远。那么,黄灯应亮多长时间才最为合理呢?

6.3 我们知道现在的香烟都有过滤嘴,而且有的过滤嘴还很长,据说过滤嘴可以减少毒物进入体内,你认为呢?过滤嘴的作用到底有多大,与使用的材料和过滤嘴的长度有无关系?请你建立一个描述吸烟过程的数学模型,分析人体吸入的毒量与哪些因素有关,以及它们之间的数量表达式。

6.4 根据经验,当一种新商品投入市场后,随着人们对它的拥有量的增加,其销售量 $s(t)$ 下降的速度与 $s(t)$ 成正比。广告宣传可给销量添加一个增长速度,它与广告费 $a(t)$ 成正比,但广告只能影响这种商品在市场上尚未饱和的部分(设饱和量为 M)。建立一个销售 $s(t)$ 的模型。若广告宣传只进行有限时间 τ,且广告费为常数 a,问 $s(t)$ 如何变化?

6.5 用龙格库塔方法求微分方程数值解,画出解的图形,对结果进行分析比较。

(1) $x^2y''+xy'+(x^2-n^2)y=0, y\left(\frac{\pi}{2}\right)=2, y'\left(\frac{\pi}{2}\right)=-\frac{2}{\pi}$,为 Bessel 方程,$n=\frac{1}{2}$ 时,精确解 $y=\sin x\sqrt{\frac{2\pi}{x}}$。

(2) $y''+y\cos x=0, y(0)=1, y'(0)=0$,幂级数解

$$y=1-\frac{1}{2!}x^2+\frac{2}{4!}x^4-\frac{9}{6!}x^6+\frac{55}{8!}x^8-\cdots$$

6.6 一只小船渡过宽为 d 的河流,目标是起点 A 正对着的另一岸 B 点。已知河水流速 v_1 与船在静水中的速度 v_2 之比为 k。

(1) 建立小船航线的方程,求其解析解。

(2) 设 $d=100\text{m}, v_1=1\text{m/s}, v_2=2\text{m/s}$,用数值解法求渡河所需时间、任意时刻小船的位置及航行曲线,作图,并与解析解比较。

第7章　数理统计

数理统计研究的对象是受随机因素影响的数据,它是以概率论为基础的一门应用学科。数据样本少则几个,多则成千上万,人们希望能用少数几个包含其最多相关信息的数值来体现数据样本总体的规律。面对一批数据进行分析和建模,首先需要掌握参数估计和假设检验这两个数理统计的最基本方法,给定的数据满足一定的分布要求后,才能建立回归分析和方差分析等数学模型。

7.1　参数估计和假设检验

7.1.1　区间估计

例7.1　有一大批糖果,现从中随机地取16袋,称得质量(单位:g)如下:

506　508　499　503　504　510　497　512

514　505　493　496　506　502　509　496

设袋装糖果的质量近似地服从正态分布,试求总体均值μ的置信度为0.95的置信区间。

解　μ的一个置信水平为$1-\alpha$的置信区间为$\left(\overline{X}\pm\frac{S}{\sqrt{n}}t_{\alpha/2}(n-1)\right)$,式中$\overline{X}$为样本均值,$S$为样本标准差,$n$为样本容量。这里显著性水平$\alpha=0.05$,$\alpha/2=0.025$,$n-1=15$,$t_{0.025}(15)=2.1315$,由给出的数据算得$\bar{x}=503.75$,$s=6.2022$。计算得总体均值$\mu$的置信水平为0.95的置信区间为(500.4451,507.0549)。

计算的Matlab程序如下:

```
clc, clear
x0 =[506  508  499  503  504  510  497  512
514  505  493  496  506  502  509  496]; x0 =x0(:);
alpha =0.05;
mu =mean(x0), sig =std(x0), n =length(x0);
t =[mu -sig/sqrt(n) * tinv(1 -alpha/2,n -1),mu + sig/sqrt(n) * tinv(1 -alpha/
2,n -1)]
% 以下命令 ttest 的返回值 ci 就直接给出了置信区间估计
[h,p,ci] =ttest(x0,mu,0.05)  % 通过假设检验也可求得置信区间
```

注:Matlab命令ttest实际上是进行单个总体,方差未知的t检验,同时给出了参数的区间估计。

例7.2　从一批灯泡中随机地取5只作寿命试验,测得寿命(单位:h)为

1050　1100　1120　1250　1280

设灯泡寿命服从正态分布。求灯泡寿命平均值的置信区间为 0.95 的单侧置信区间。

解 这里显著性水平 $\alpha=0.05$, $n=5$, $t_\alpha(n-1)=2.1318$, $\bar{x}=1160$, $s=99.7497$，寿命平均值 μ 的置信水平为 $1-\alpha$ 的单侧置信下限为

$$\underline{\mu}=\bar{X}-\frac{S}{\sqrt{n}}t_\alpha(n-1),$$

计算得所求的单侧置信下限为

$$\underline{\mu}=\bar{x}-\frac{s}{\sqrt{n}}t_\alpha(n-1)=1064.9。$$

计算的 Matlab 程序如下：

```
clc, clear
alpha=0.05; ta=tinv(1-alpha,4)
x0=[1050  1100  1120  1250  1280];
xb=mean(x0), s=std(x0), n=length(x0);
mu=xb-s/sqrt(n)*ta % 计算单侧置信下限
[h,p,ci]=ttest(x0,xb,'Alpha',0.05,'Tail','right') % 通过假设检验也可求得置信区间
```

例 7.3 分别使用金球和铂球测定引力常数（单位：$10^{-11}\mathrm{m}^3\cdot\mathrm{kg}^{-1}\cdot\mathrm{s}^{-2}$）。

（1）用金球测定观察值为 6.683, 6.681, 6.676, 6.678, 6.679, 6.672。

（2）用铂球测定观察值为 6.661, 6.661, 6.667, 6.667, 6.664。

设测定值总体为 $N(\mu,\sigma^2)$，μ,σ^2 均为未知，试就（1），（2）两种情况分别求 μ 的置信度为 0.9 的置信区间，并求 σ^2 的置信度为 0.9 的置信区间。

解 （1）μ,σ^2 均未知时，μ 的置信度为 0.9 的置信区间为

$$\left(\bar{X}-\frac{S}{\sqrt{n}}t_{\alpha/2}(n-1),\bar{X}+\frac{S}{\sqrt{n}}t_{\alpha/2}(n-1)\right),$$

这里 $1-\alpha=0.9$, $\alpha=0.1$, $\alpha/2=0.05$, $n_1=6$, $n_2=5$, $n_1-1=5$, $n_2-1=4$。

$$\bar{x}_1=\frac{1}{6}\sum_{i=1}^{6}x_i=6.678, s_1^2=\frac{1}{5}\sum_{i=1}^{6}(x_i-\bar{x}_1)^2=0.15\times10^{-4},$$

$$\bar{x}_2=\frac{1}{5}\sum_{i=1}^{5}x_i=6.664, s_2^2=\frac{1}{4}\sum_{i=1}^{4}(x_i-\bar{x}_2)^2=0.9\times10^{-5},$$

$$t_{\alpha/2}(5)=2.0150, t_{\alpha/2}(4)=2.1318。$$

代入，得：用金球测定时，μ 的置信区间是（6.675, 6.681）；用铂球测定时，μ 的置信区间为（6.661, 6.667）。

（2）μ,σ^2 均未知时，σ^2 的置信度为 0.9 的置信区间为

$$\left(\frac{(n-1)S}{\chi^2_{\alpha/2}(n-1)},\frac{(n-1)S}{\chi^2_{1-\alpha/2}(n-1)}\right),$$

这里 $n_1-1=5$, $n_2-1=4$, $\alpha/2=0.05$，查表，得

$$\chi^2_{\alpha/2}(5)=11.071, \chi^2_{\alpha/2}(4)=9.488,$$
$$\chi^2_{1-\alpha/2}(5)=1.145, \chi^2_{1-\alpha/2}(4)=0.711。$$

将这些值以及上面(1)中算得的 s_1^2, s_2^2 代入上面区间,得:用金球测定时,σ^2 的置信区间是$(6.76\times10^{-6}, 6.533\times10^{-5})$;用铂球测定时,$\sigma^2$ 的置信区间是$(3.79\times10^{-6}, 5.065\times10^{-5})$。

计算的 Matlab 程序如下:

```
clc, clear
x1 =[6.683, 6.681, 6.676, 6.678, 6.679, 6.672];
x2 =[6.661, 6.661, 6.667, 6.667, 6.664];
[h1,p1,ci1,st1] =ttest(x1,mean(x1),'Alpha',0.1) % 均值检验和区间估计
[h2,p2,ci2,st2] =ttest(x2,mean(x2),'Alpha',0.1)
[h3,p3,ci3,st3] =vartest(x1,var(x1),'Alpha',0.1) % 方差检验和区间估计
[h4,p4,ci4,st4] =vartest(x2,var(x1),'Alpha',0.1)
```

例 7.4(续例 7.3) 在例 7.3 中,设用金球和铂球测定时总体的方差相等,求两个测定值总体均值差的置信度为 0.90 的置信区间。

解 由题意知,总体均值差的置信度为 0.90 的置信区间为

$$\left(\overline{X}_1 - \overline{X}_2 \pm t_{\alpha/2}(n_1+n_2-2)S_w\sqrt{\frac{1}{n_1}+\frac{1}{n_2}}\right),$$

式中

$$S_w^2 = \frac{(n_1-1)S_1^2+(n_2-1)S_2^2}{n_1+n_2-2}。$$

此题中,$1-\alpha=0.90, \alpha=0.10, \alpha/2=0.05$;$n_1=6, n_2=5, n_1+n_2-2=9$,查表得 $t_{\alpha/2}(9)=1.8331$。计算,得 $s_w^2=1.233\times10^{-5}$,$s_w=\sqrt{s_w^2}=3.512\times10^{-3}$。

代入公式,得总体均值差的置信度为 0.90 的置信区间为(0.010,0.018)。

计算的 Matlab 程序如下:

```
clc, clear
x1 =[6.683, 6.681, 6.676, 6.678, 6.679, 6.672];
x2 =[6.661, 6.661, 6.667, 6.667, 6.664];
[h,p,ci,st] =ttest2(x1,x2,'Alpha',0.1)
```

7.1.2 经验分布函数

设 $X_1, X_2, \cdots, X_n$ 是总体 F 的一个样本,用 $S(x)(-\infty<x<\infty)$表示 $X_1, X_2, \cdots, X_n$ 中不大于 x 的随机变量的个数。定义经验分布函数 $F_n(x)$为

$$F_n(x) = \frac{1}{n}S(x), \ -\infty < x < \infty。$$

对于一个样本值,那么经验分布函数 $F_n(x)$的观察值是很容易得到的($F_n(x)$的观察值仍以 $F_n(x)$表示)。

一般地,设 $x_1, x_2, \cdots, x_n$ 是总体 F 的一个容量为 n 的样本值。先将 $x_1, x_2, \cdots, x_n$ 按自小到大的次序排列,并重新编号。设为

$$x_{(1)} \leqslant x_{(2)} \leqslant \cdots \leqslant x_{(n)}。$$

则经验分布函数 $F_n(x)$的观察值为

$$F_n(x)=\begin{cases}0, & 若\ x < x_{(1)},\\ \dfrac{k}{n}, & 若\ x_{(k)} \leqslant x < x_{(k+1)},\\ 1, & 若\ x \geqslant x_{(n)}。\end{cases}$$

对于经验分布函数 $F_n(x)$，格里汶科(Glivenko)在1933年证明了，当 $n\to\infty$ 时 $F_n(x)$ 以概率1一致收敛于总体分布函数 $F(x)$。因此，对于任一实数 x，当 n 充分大时，经验分布函数的任一个观察值 $F_n(x)$ 与总体分布函数 $F(x)$ 只有微小的差别，从而在实际上可当作 $F(x)$ 来使用。

例7.5 下面列出了84个伊特拉斯坎(Etruscan)人男子的头颅的最大宽度(mm)，计算经验分布函数并画出经验分布函数图形。

141	148	132	138	154	142	150	146	155	158
150	140	147	148	144	150	149	145	149	158
143	141	144	144	126	140	144	142	141	140
145	135	147	146	141	136	140	146	142	137
148	154	137	139	143	140	131	143	141	149
148	135	148	152	143	144	141	143	147	146
150	132	142	142	143	153	149	146	149	138
142	149	142	137	134	144	146	147	140	142
140	137	152	145						

解 首先把上面数据保存在纯文本文件ex7_5.txt中，计算经验分布函数 $F_n(x)$ 在每个点 x_i 的值，计算结果保存在Excel文件。画出经验分布函数 $F_n(x)$ 的图形，如图7.1所示。

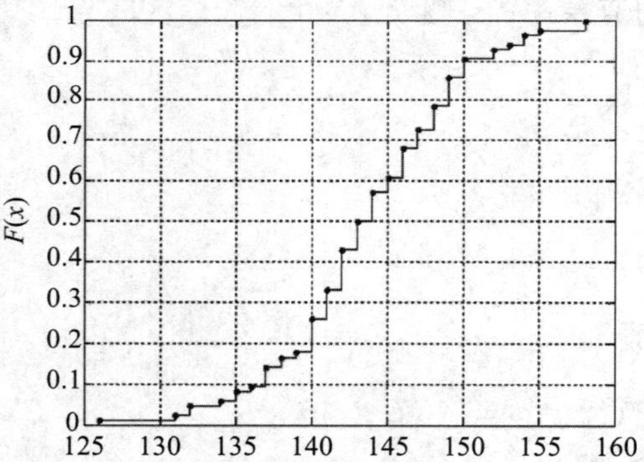

图7.1 经验分布函数取值图

计算及画图的Matlab程序如下：

```
clc, clear
a=textread('ex7_5.txt'); a=nonzeros(a); % 读入数据,并去掉多余的零展成列向量
[ycdf,xcdf,n]=cdfcalc(a) % 计算经验分布函数的取值
cdfplot(a), title('') % 画经验分布函数的图形
hold on, plot(xcdf,ycdf(2:end),'.') % 再重新画经验分布函数的取值
xlswrite('ex7_5.xls',[xcdf,ycdf(2:end)])
```

7.1.3 Q-Q图

Q-Q图(Quantile-Quantile Plot)是检验拟合优度的好方法,目前在国外被广泛使用,它的图示方法简单直观,易于使用。

对于一组观察数据 $x_1, x_2, \cdots, x_n$,利用参数估计方法确定了分布模型的参数 θ 后,分布函数 $F(x;\theta)$ 就知道了,现在希望知道的是观测数据与分布模型的拟合效果如何。如果拟合效果好,观测数据的经验分布就应当非常接近分布模型的理论分布,而经验分布函数的分位数自然也应当与分布模型的理论分位数近似相等。Q-Q图的基本思想就是基于这个观点,将经验分布函数的分位数点和分布模型的理论分位数点作为一对数组画在直角坐标图上,就是一个点,n 个观测数据对应 n 个点,如果这 n 个点看起来像一条直线,说明观测数据与分布模型的拟合效果很好,以下简单地给出计算步骤。

判断观测数据 $x_1, x_2, \cdots, x_n$ 是否来自于分布 $F(x)$,Q-Q图的计算步骤如下:

1. 将 $x_1, x_2, \cdots, x_n$ 依大小顺序排列成 $x_{(1)} \leqslant x_{(2)} \leqslant \cdots \leqslant x_{(n)}$。
2. 取 $y_i = F^{-1}((i-1/2)/n)$,$i=1,2,\cdots,n$。
3. 将 $(y_i, x_{(i)})$,$i=1,2,\cdots,n$,这 n 个点画在直角坐标图上。
4. 如果这 n 个点看起来呈一条45°角的直线,从(0,0)到(1,1)分布,则 $x_1, x_2, \cdots, x_n$ 拟合分布 $F(x)$ 的效果很好。

例7.6(续7.5) 如果这些数据来自于正态总体,求该正态分布的参数,试画出它们的Q-Q图,判断拟合效果。

解 (1) 采用矩估计方法估计参数的取值。先从所给的数据算出样本均值和标准差

$$\bar{x} = 143.7738, s = 5.9705,$$

正态分布 $N(\mu, \sigma^2)$ 中参数的估计值为 $\hat{\mu} = 143.7738$,$\hat{\sigma} = 5.9705$。

(2) 画Q-Q图。

① 将观测数据记为 $x_1, x_2, \cdots, x_{84}$,并依从小到大顺序排列为

$$x_{(1)} \leqslant x_{(2)} \leqslant \cdots \leqslant x_{(84)}。$$

② 取 $y_i = F^{-1}((i-1/2)/n)$,$i=1,2,\cdots,84$,这里 $F^{-1}(x)$ 是参数 $\mu = 143.7738$,$\sigma = 5.9705$ 的正态分布函数的反函数。

③ 将 $(y_i, x_{(i)})$ $(i=1,2,\cdots,84)$ 这84个点画在直角坐标系上,如图7.2所示。

④ 这些点看起来接近一条45°角的直线,说明拟合结果较好。

计算及画图的Matlab程序如下:

```
clc, clear
a=textread('ex7_5.txt'); a=nonzeros(a); % 读入数据,去掉多余的零并展开成列向量
xbar=mean(a), s=std(a) % 求均值和标准差
pd=ProbDistUnivParam('normal',[xbar s]) % 定义正态分布
qqplot(a,pd)  % Matlab工具箱直接画Q-Q图
% 下面不利用工具箱画Q-Q图
sa=sort(a); % 把a按照从小到大排列
n=length(a); pi=([1:n]-1/2)/n;
yi=norminv(pi,xbar,s)' % 计算对应的yi值
hold on, plot(yi,sa,'.') % 重新描点画Q-Q图
```

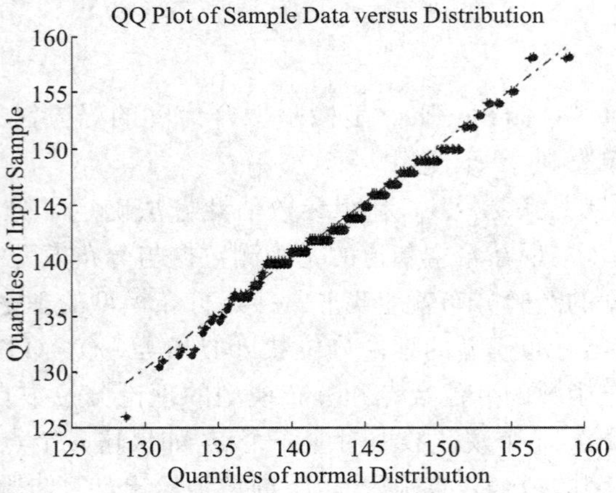

图 7.2　Q－Q 图

7.1.4　非参数检验

1. χ^2 拟合优度检验

若总体 X 是离散型的，则建立待检假设 H_0：总体 X 的分布律为 $P\{X=x_i\}=p_i, i=1, 2, \cdots$。

若总体 X 是连续型的，则建立待检假设 H_0：总体 X 的概率密度为 $f(x)$。

可按照下面的五个步骤进行检验：

（1）建立待检假设 H_0：总体 X 的分布函数为 $F(x)$。

（2）在数轴上选取 $k-1$ 个分点 $t_1, t_2, \cdots, t_{k-1}$，将数轴分成 k 个区间：$(-\infty, t_1)$，$[t_1, t_2), \cdots, [t_{k-2}, t_{k-1}), [t_{k-1}, +\infty)$，令 p_i 为分布函数 $F(x)$ 的总体 X 在第 i 个区间内取值的概率，设 m_i 为 n 个样本观察值中落入第 i 个区间上的个数，也称为组频数。

（3）选取统计量 $\chi^2=\sum_{i=1}^{k}\frac{(m_i-np_i)^2}{np_i}$，如果 H_0 为真，则 $\chi^2\sim\chi^2(k-1-r)$，其中 r 为分布函数 $F(x)$ 中未知参数的个数。

（4）对于给定的显著性水平 α，确定 χ^2_α，使其满足 $P\{\chi^2(k-1-r)>\chi^2_\alpha\}=\alpha$，并且依据样本计算统计量 χ^2 的观察值。

（5）作出判断：若 $\chi^2<\chi^2_\alpha$，则接受 H_0；否则拒绝 H_0，即不能认为总体 X 的分布函数为 $F(x)$。

例 7.7　检查了一本书的 100 页，记录各页中印刷错误的个数，其结果如表 7.1 所列。

表 7.1　印刷错误数据表

错误个数 f_i	0	1	2	3	4	5	6	≥7
含 f_i 个错误的页数	36	40	19	2	0	2	1	0

问能否认为一页的印刷错误的个数服从泊松分布（取 $\alpha=0.05$）。

解　记一页的印刷错误数为 X，按题意需在显著性水平 $\alpha=0.05$ 下检验假设

H_0:X 的分布律为

$$P\{X = k\} = \frac{\lambda^k e^{-\lambda}}{k!}, k = 0,1,2,\cdots,$$

因参数 λ 未知,应先根据观察值,用矩估计法来求 λ 的估计。可知 λ 的矩估计值为 $\hat{\lambda} = \bar{x} = 1$。在 X 服从泊松分布的假设下,X 的所有可能取得的值为 $\Omega = \{0,1,2,\cdots\}$,将 Ω 分成如表 7.2 左起第一栏所列的两两不相交的子集:A_0, A_1, A_2, A_3,接着根据估计式

$$\hat{p}_k = \hat{P}\{X = k\} = \frac{\hat{\lambda}^k e^{-\hat{\lambda}}}{k!} = \frac{e^{-1}}{k!}, k = 0,1,2,\cdots$$

计算有关概率的估计,计算结果列于表 7.2。

表 7.2 χ^2 检验数据表

A_i	f_i	$\hat{p}_i$	$n\hat{p}_i$	$f_i^2/(n\hat{p}_i)$
$A_0:\{X=0\}$	36	0.3679	36.7879	35.2289
$A_1:\{X=1\}$	40	0.3679	36.7879	43.4925
$A_2:\{X=2\}$	19	0.1839	18.3940	19.6260
$A_3:\{X\geqslant 3\}$	5	0.0803	8.0291	3.1137
				$\Sigma = 101.4611$

今 $\chi^2 = 101.4611 - 100 = 1.4611$,因估计了一个参数,$r = 1$,只有 4 组,故 $k = 4$,$\alpha = 0.05$,$\chi_\alpha^2(k-r-1) = \chi_{0.05}^2(2) = 5.9915 > 1.4611 = \chi^2$,故在显著性水平 $\alpha = 0.05$ 下接受假设 H_0,即认为样本来自泊松分布的总体。

计算的 Matlab 程序如下:

```
clc, clear, n=100;
f=0:7; num=[36 40 19 2 0 2 1 0];
lamda=dot(f,num)/100
pi=poisspdf(f,lamda)
[h,p,st]=chi2gof(f,'ctrs',f,'frequency',num,'expected',n*pi,'nparams',1) %调用工具箱
col3=st.E/sum(st.O) %计算表中的第3列数据
col4=st.E %显示表中的第4列数据
col5=st.O.^2./col4 %计算表中的第5列数据
sumcol5=sum(col5) %计算表中第5列数据的和
k2=chi2inv(0.95,st.df) %求临界值,st.df为自由度
```

例 7.8 在一批灯泡中抽取 300 只作寿命试验,其结果如表 7.3 所列。

表 7.3 寿命测试数据表

寿命 t/h	$0\leqslant t\leqslant 100$	$100<t\leqslant 200$	$200<t\leqslant 300$	$t>300$
灯泡数	121	78	43	58

取 $\alpha = 0.05$,试检验假设

H_0:灯泡寿命服从指数分布。

$$f(t)=\begin{cases}0.005e^{-0.005t}, & t\geq 0,\\ 0, & t<0。\end{cases}$$

解 本题是在显著性水平 $\alpha=0.05$ 下,检验假设

H_0:灯泡寿命 X 服从指数分布,其概率密度为

$$f(t)=\begin{cases}0.005\mathrm{e}^{-0.005t}, & t\geq 0,\\ 0, & t<0。\end{cases}$$

在 H_0 为真的假设下,X 可能取值的范围为 $\Omega=[0,+\infty)$。将 Ω 分成互不相交的 4 个部分:A_1,A_2,A_3,A_4 如表 7.4 所列。以 A_i 记事件$\{X\in A_i\}$。若 H_0 为真,X 的分布函数为

$$F(t)=\begin{cases}1-\mathrm{e}^{-0.005t}, & t\geq 0,\\ 0, & t<0。\end{cases}$$

得

$$p_i=P(A_i)=P\{a_i<X\leqslant a_{i+1}\}=F(a_{i+1})-F(a_i), i=1,2,3,4。$$

计算结果列于表 7.4。

表 7.4 χ^2 检验数据表

A_i	f_i	$\hat{p}_i$	$n\hat{p}_i$	$f_i^2/(n\hat{p}_i)$
$A_1:0\leqslant t\leqslant 100$	121	0.3935	118.0408	124.0334
$A_2:100<t\leqslant 200$	78	0.2387	71.5954	84.9776
$A_3:200<t\leqslant 300$	43	0.1447	43.4248	42.5794
$A_4:t>300$	58	0.2231	66.9390	50.2547
				$\Sigma=301.845$

今 $\chi^2=1.845$。由 $\alpha=0.05,k=4,r=0$ 知

$$\chi_\alpha^2(k-r-1)=\chi_{0.05}^2(3)=7.8147>1.845=\chi^2。$$

故在显著性水平 $\alpha=0.05$ 下,接受假设 H_0,认为这批灯泡寿命服从指数分布,其概率密度为

$$f(t)=\begin{cases}0.005\mathrm{e}^{-0.005t}, & t\geq 0,\\ 0, & t<0。\end{cases}$$

计算的 Matlab 程序如下:

```
clc, clear
edges=[0:100:300 inf]; bins=[50 150 250 inf]; % 定义原始数据区域的边界和中心
num=[121 78 43 58]; % 已知观测频数
pd=makedist('exp',200)  % 定义指数分布
[h,p,st]=chi2gof(bins,'Edges',edges,'cdf',pd,'Frequency',num)
pi=st.E/sum(st.O) % 计算表中的第 3 列数据
col4=st.E % 显示表中的第 4 列数据
col5=st.O.^2./col4  % 计算表中的第 5 列数据
```

```
sumcol5 = sum(col5)  % 计算表中第 5 列数据的和
k2 = chi2inv(0.95,st.df)  % 求临界值,st.df 为自由度
```

例 7.9 表 7.5 给出了随机选取的某大学 200 名一年级学生一次数学考试的成绩。试取 $\alpha=0.1$ 检验数据来自正态总体 $N(60,15^2)$。

表 7.5 学生分数统计数据

分数 x	$20\leqslant x\leqslant 30$	$30<x\leqslant 40$	$40<x\leqslant 50$	$50<x\leqslant 60$
学生数	5	15	30	51
分数 x	$60<x\leqslant 70$	$70<x\leqslant 80$	$80<x\leqslant 90$	$90<x\leqslant 100$
学生数	60	23	10	6

解 本题要求在显著性水平 $\alpha=0.1$ 下检验假设

H_0:数据 X 来自正态总体,$X\sim N(60,15^2)$,即需检验 X 的概率密度为

$$f(x)=\frac{1}{15\sqrt{2\pi}}\mathrm{e}^{-\frac{(x-60)2}{2\times 15^2}},\ -\infty<x<+\infty。$$

将在 H_0 下 X 可能取值的区间 $(-\infty,+\infty)$ 分为 6 个两两不相交的小区间 $A_1,A_2,\cdots,A_6$(分法见表 7.6)。用 A_i 记事件"X 的观察值落在 A_i 内",以 $f_i(i=1,2,\cdots,6)$ 记样本观察值 $x_1,x_2,\cdots,x_{200}$ 中落在 A_i 的个数,记 $p_i=P\{X\in A_i\}$。计算结果列于表 7.6。

表 7.6 χ^2 检验数据表

A_i	f_i	$\hat{p}_i$	$n\hat{p}_i$	$f_i^2/(n\hat{p}_i)$
$A_1:(-\infty,40]$	20	0.0912	18.2422	21.9271
$A_2:(40,50]$	30	0.1613	32.2563	27.9016
$A_3:(50,60]$	51	0.2475	49.5015	52.5439
$A_4:(60,70]$	60	0.2475	49.5015	72.7251
$A_5:(70,80]$	23	0.1613	32.2563	16.3999
$A_6:(80,+\infty)$	16	0.0912	18.2422	14.0334
				$\Sigma=205.5309$

因此 $\chi^2=5.5309$。因 $\alpha=0.1,k=6,r=0$,有

$$\chi_\alpha^2(k-r-1)=\chi_{0.1}^2(5)=9.2364>5.5309=\chi^2。$$

故在显著性水平 $\alpha=0.1$ 下接受假设 H_0,即认为考试成绩的数据来自正态总体 $N(60,15^2)$。

计算的 Matlab 程序如下:

```
clc, clear,alpha = 0.1;
edges = [ - inf 20:10:100 inf]; % 原始数据区间的边界
x = [25:10:95]; % 原始数据区间的中心
num = [5 15 30 51 60 23 10 6];
pd = @ (x)normcdf(x,60,15); % 定义正态分布的分布函数
```

```
[h,p,st] = chi2gof(x,'cdf',pd,'Edges',edges,'Frequency',num)
pi = st.E/sum(st.O) % 计算表中的第 3 列数据
col4 = st.E % 显示表中的第 4 列数据
col5 = st.O.^2./col4   % 计算表中的第 5 列数据
sumcol5 = sum(col5)  % 计算表中第 5 列数据的和
k2 = chi2inv(1 - alpha,st.df) % 求临界值
```

例 7.10(续 7.5) 试检验这些数据是否来自正态总体(取 $\alpha=0.1$)。

解 采用矩估计方法估计参数的取值。先从所给的数据算出样本均值和标准差

$$\bar{x}=143.7738, s=5.9705,$$

本题是在显著性水平 $\alpha=0.1$ 下,检验假设

H_0:头颅的最大宽度 X 服从正态分布 $N(143.7738, 5.9705^2)$。

样本观察值的最小值为 126,最大值为 158。将区间[126,158]分成互不相交的 7 个区间:$A_1, A_2, \cdots, A_7$ 如表 7.7 所列。以 $f_i(i=1,2,\cdots,7)$ 记样本观察值落在 A_i 中的个数,以 A_i 记事件$\{X\in A_i\}$。若 H_0 为真,X 服从正态分布 $N(143.7738, 5.9705^2)$,可以计算出

$$p_i=P(A_i)=P\{a_i<X\leqslant a_{i+1}\}, i=1,2,\cdots,7。$$

计算结果列于表 7.7。

表 7.7　χ^2 检验数据表

A_i	f_i	$\hat{p}_i$	$n\hat{p}_i$	$f_i^2/(n\hat{p}_i)$
$A_1:126\leqslant t\leqslant 135.6$	7	0.0855	7.1816	6.8230
$A_2:135.6<t\leqslant 138.8$	7	0.1169	9.8204	4.9896
$A_3:138.8<t\leqslant 142$	22	0.1808	15.1865	31.8703
$A_4:142<t\leqslant 145.2$	15	0.2112	17.7409	12.6826
$A_5:145.2<t\leqslant 148.4$	15	0.1864	15.6563	14.3712
$A_6:148.4<t\leqslant 151.6$	10	0.1243	10.4375	9.5809
$A_7:151.6<t\leqslant 158$	8	0.0950	7.9768	8.0233
				$\Sigma=88.3408$

今 $\chi^2=4.3408$。由 $\alpha=0.1, k=7, r=2$ 知

$$\chi_\alpha^2(k-r-1)=\chi_{0.1}^2(4)=7.7794>4.3408=\chi^2。$$

故在显著性水平 $\alpha=0.1$ 下,接受假设 H_0,认为这些数据是来自正态总体。

计算的 Matlab 程序如下:

```
clc, clear, alpha = 0.1;
a = textread('ex7_5.txt'); a = nonzeros(a); % 读入数据,去掉多余的零并展开成列向量
xbar = mean(a), s = std(a) % 求均值和标准差
mm = minmax(a')  % 求观察值的最大值和最小值
pd = @ (x)normcdf(x,xbar,s); % 定义正态分布
[h,p,st] = chi2gof(a,'cdf',pd,'NParams',2)  % 调用工具箱的假设检验命令
pi = st.E/length(a) % 计算概率
col4 = st.E % 显示表中的第 4 列数据
```

```
tj = st.O.^2./st.E, stj = sum(tj) % 计算表中的最后一列及和
k2 = chi2inv(1 - alpha,st.df) % 求临界值
```

2. 柯尔莫哥洛夫(Kolmogorov - Smirnov)检验

χ^2 拟合优度检验实际上是检验 $p_i = F_0(a_i) - F(a_{i-1}) = p_{i0}(i = 1,2,\cdots,k)$ 的正确性，并未直接检验原假设的分布函数 $F_0(x)$ 的正确性，柯尔莫哥洛夫检验直接针对原假设 $H_0:F(x) = F_0(x)$，这里分布函数 $F(x)$ 必须是连续型分布。柯尔莫哥洛夫检验基于经验分布函数(或称样本分布函数)作为检验统计量，检验理论分布函数与样本分布函数的拟合优度。

设总体 X 服从连续分布，$X_1,X_2,\cdots,X_n$ 是来自总体 X 的简单随机样本，F_n 为经验分布函数，根据大数定律，当 n 趋于无穷大时，经验分布函数 $F_n(x)$ 依概率收敛总体分布函数 $F(x)$。定义 $F_n(x)$ 到 $F(x)$ 的距离为

$$D_n = \sup_{-\infty < x < +\infty} |F_n(x) - F(x)|,$$

当 n 趋于无穷大时，D_n 依概率收敛到 0。检验统计量建立在 D_n 基础上。

柯尔莫哥洛夫检验的步骤如下：

(1) 原假设和备择假设

$$H_0:F(x) = F_0(x), H_1:F(x) \neq F_0(x)。$$

(2) 选取检验统计量

$$D_n = \sup_{-\infty < x < +\infty} |F_n(x) - F(x)|,$$

当 H_0 为真时，D_n 有偏小趋势，则拟合得越好；

当 H_0 不真时，D_n 有偏大趋势，则拟合得越差。

Kolmogorov 定理　在 $F_0(x)$ 为连续分布的假定下，当原假设为真时，$\sqrt{n}D_n$ 的极限分布为

$$\lim_{n\to\infty} P\{\sqrt{n}D_n \leqslant t\} = 1 - 2\sum_{i=1}^{\infty}(-1)^{i-1}e^{-2i^2t^2}, t > 0。$$

推导检验统计量的分布时，使用 $\sqrt{n}D_n$ 比 D_n 方便。

在显著性水平 α 下，一个合理的检验是：如果 $\sqrt{n}D_n > k$，则拒绝原假设，其中 k 是合适的常数。

(3) 确定拒绝域。给定显著性水平 α，查 D_n 极限分布表，求出 t_α 满足

$$P\{\sqrt{n}D_n \geqslant t_\alpha\} = \alpha,$$

作为临界值，即拒绝域为 $[t_\alpha, +\infty)$。

(4) 作判断。计算统计量的观察值，如果检验统计量 $\sqrt{n}D_n$ 的观察值落在拒绝域中，则拒绝原假设，否则不拒绝原假设。

注：对于固定的 α 值，我们需要知道该 α 值下检验的临界值。常用的是在统计量为 D_n 时，各个 α 值所对应的临界值如下：在 $\alpha = 0.1$ 的显著性水平下，检验的临界值是 $1.22/\sqrt{n}$；在 $\alpha = 0.05$ 的显著性水平下，检验的临界值是 $1.36/\sqrt{n}$；在 $\alpha = 0.01$ 的显著性水

平下,检验的临界值是 $1.63/\sqrt{n}$。这里 n 为样本的个数。当由样本计算出来的 D_n 值小于临界值时,说明不能拒绝零假设,所假设的分布是可以接受的;当由样本计算出来的 D_n 值大于临界值时,拒绝零假设,即所假设的分布是不能接受的。

例 7.11(续例 7.5) 试用柯尔莫哥洛夫检验法检验这些数据是否服从正态分布($\alpha=0.05$)。

解 (1)假设

$$H_0:X \sim N(\mu,\sigma^2),$$
$$H_1:X\text{ 不服从 }N(\mu,\sigma^2)。$$

这里取 μ 和 σ^2 的估计值为

$$\hat{\mu} = \bar{x} = \frac{1}{n}\sum_{i=1}^{84} x_i = 143.7738,$$

$$\hat{\sigma}^2 = \frac{1}{84}\sum_{i=1}^{84}(x_i - \bar{x})^2 = 5.9705^2,$$

即 $H_0:X \sim N(143.7738, 5.9705^2)$。

(2) $\alpha=0.05$,拒绝域为 $D_n \geqslant \dfrac{1.36}{\sqrt{n}}$,这里 $n=84$。

(3) 计算经验分布函数值 $F_n(x_i)$ 和理论分布函数值 $F(x_i)$,并计算统计量 $D_n = \sup\limits_{x_i}|F_n(x_i) - F(x_i)| = 0.0851$,由于 $1.36/\sqrt{n} = 0.1484$,所以 $D_n < 1.36/\sqrt{n}$,接受原假设,认为这些数据服从正态分布。

计算的 Matlab 程序如下:

```
clc, clear
a = textread('ex7_5.txt'); a = nonzeros(a); % 读入数据,去掉多余的零并展开成列向量
xbar = mean(a), s = std(a), s2 = var(a) % 求均值, 标准差和方差
[yn,xn] = cdfcalc(a);  % 计算经验分布函数值
yn(end) = [];  % yn 的元素个数比 xn 多了一个,删除最后一个值
y = normcdf(xn,xbar,s); % 计算理论分布函数值
Dn = max(abs(yn - y))  % 计算统计量的值
LJ = 1.36 /sqrt(length(a)) % 计算拒绝域的临界值
% 以下直接调用 Matlab 工具箱的命令进行 KS 检验
pd = makedist('Normal','mu',xbar,'sigma',s)
[h,p,st] = kstest(a,'CDF',pd) % 直接调用工具箱的命令进行 KS 检验
```

7.1.5 秩和检验

秩和检验可用于检验假设 H_0:两个总体 X 与 Y 有相同的分布。

设分别从 X、Y 两总体中独立抽取大小为 n_1 和 n_2 的样本,设 $n_1 \leqslant n_2$,其检验步骤如下:

1. 将两个样本混合起来,按照数值大小统一编序,由小到大,每个数据对应的序数称为秩。

2. 计算取自总体 X 的样本所对应的秩之和，用 T 表示。

3. 根据 n_1, n_2 与水平 α，查秩和检验表，得秩和下限 T_1 与上限 T_2。

4. 如果 $T \leqslant T_1$ 或 $T \geqslant T_2$，则否定假设 H_0，认为 X, Y 两总体分布有显著差异。否则认为 X、Y 两总体分布在水平 α 下无显著差异。

秩和检验的依据是，如果两总体分布无显著差异，那么 T 不应太大或太小，以 T_1 和 T_2 为上、下界的话，则 T 应在这两者之间，如果 T 太大或太小，则认为两总体的分布有显著差异。

例 7.12 某涂漆原工艺规定烘干温度为 120℃，现欲将烘干温度提高到 160℃，为了考虑温度变化后是否对零件抗弯强度有明显影响，今用同一涂漆工艺加工了 15 个零件，其中 9 个在 120℃ 下烘干，6 个在 160℃ 下烘干，分别测得烘干后各零件的抗弯强度数值如表 7.8 所列。试讨论烘干温度对抗弯强度在水平 $\alpha = 0.05$ 下是否有显著影响？

表 7.8 抗弯强度数值

120℃	41.5	42.0	40.0	42.5	42.0	42.2	42.7	42.1	41.4
160℃	41.2	41.8	42.4	41.6	41.7	41.3			

解 （1）15 个数据按自小到大的顺序排列结果如表 7.9 所列。

表 7.9 数据自小到大排序结果

秩号	1	2	3	4	5	6	7	8	
120℃	40.0			41.4	41.5				
160℃		41.2	41.3			41.6	41.7	41.8	
秩号	9	10	11	12	13	14	15		
120℃	42.0	42.1	42.2	42.3		42.5	42.7		
160℃					42.4				

（2）120℃ 下有 9 个数据：$n_2 = 9$，160℃ 下有 6 个数据，$n_1 = 6$，$n_1 < n_2$，所以

$$T = 2 + 3 + 6 + 7 + 8 + 13 = 39。$$

（3）对 $\alpha = 0.05$，查秩和检验表得 $T_1 = 33, T_2 = 63$。

（4）因为 $33 < 39 < 63$，即 $T_1 < T < T_2$，所以认为在两种不同的烘干温度下，零件的抗弯强度没有显著差异。

计算的 Matlab 程序如下：

```
clc, clear
x = [41.5 42.0 40.0 42.5 42.0 42.2 42.7 42.1 41.4];
y = [41.2 41.8 42.4 41.6 41.7 41.3];
yx = [y,x]; yxr = tiedrank(yx) % 计算秩
yr = sum(yxr(1:length(y))) % 计算 y 的秩和
[p,h,s] = ranksum(y,x) % 利用 Matlab 工具箱直接进行检验
```

7.2 Bootstrap 方法

7.2.1 非参数 Bootstrap 方法

设总体的分布 F 未知,但已知有一个容量为 n 的来自分布 F 的数据样本,自这一样本按放回抽样的方法抽取一个容量为 n 的样本,这种样本称为 Bootstrap 样本或称为自助样本。相继地,独立地自原始样本中取很多个 Bootstrap 样本,利用这些样本对总体 F 进行统计推断,这种方法称为非参数 Bootstrap 方法,又称自助法。这一方法可以用于当人们对总体知之甚少的情况,它是近代统计中的一种用于数据处理的重要实用方法。这种方法的实现需要在计算机上作大量的计算,随着计算机威力的增长,它已成为一种流行的方法。

Bootstap 方法是 Efron 在 20 世纪 70 年代后期建立的。

1. 估计量的标准误差的 Bootstrap 估计

在估计总体未知参数 θ 时,人们不但要给出 θ 的估计$\hat{\theta}$,还需指出这一估计$\hat{\theta}$的精度。通常我们用估计量$\hat{\theta}$的标准差 $\sqrt{D(\hat{\theta})}$ 来度量估计的精度。估计量$\hat{\theta}$的标准差 $\sigma_{\hat{\theta}}=\sqrt{D(\hat{\theta})}$ 也称为估计量$\hat{\theta}$的标准误差。

设 $X_1,X_2,\cdots,X_n$ 是来自以 $F(x)$ 为分布函数的总体的样本,θ 是我们感兴趣的未知参数,用$\hat{\theta}=\hat{\theta}(X_1,X_2,\cdots,X_n)$ 作为 θ 的估计量,在应用中$\hat{\theta}$的抽样分布常是很难处理的,这样,$\sqrt{D(\hat{\theta})}$ 常没有一个简单的表达式,不过可以用计算机模拟的方法来求得 $\sqrt{D(\hat{\theta})}$ 的估计。为此,自 F 产生很多容量为 n 的样本(如 B 个),对于每一个样本计算$\hat{\theta}$的值,得$\hat{\theta}_1$,$\hat{\theta}_2,\cdots,\hat{\theta}_B$,则 $\sqrt{D(\hat{\theta})}$ 可以用

$$\hat{\sigma}_{\hat{\theta}}=\sqrt{\frac{1}{B-1}\sum_{i=1}^{B}(\hat{\theta}_i-\bar{\theta})^2}$$

来估计,其中$\bar{\theta}=\frac{1}{B}\sum_{i=1}^{B}\hat{\theta}_i$。然而 F 常常是未知的,这样就无法产生模拟样本,需要另外的方法。

现在设分布 F 未知,$x_1,x_2,\cdots,x_n$ 是来自 F 的样本值,F_n 是相应的经验分布函数。当 n 很大时,F_n 接近 F。用 F_n 代替上一段中的 F,在 F_n 中抽样。在 F_n 中抽样,就是在原始样本 $x_1,x_2,\cdots,x_n$ 中每次随机地取一个个体作放回抽样。如此得到一个容量为 n 的样本 $x_1^*,x_2^*,\cdots,x_n^*$,这就是第一段中所说的 Bootstrap 样本。用 Bootstrap 样本按上一段中计算估计$\hat{\theta}(x_1,x_2,\cdots,x_n)$那样求出 θ 的估计$\hat{\theta}^*=\hat{\theta}(x_1^*,x_2^*,\cdots,x_n^*)$,估计$\hat{\theta}^*$称为 θ 的 Bootstrap 估计。相应地、独立地抽得 B 个 Bootstrap 样本,以这些样本分别求出 θ 的相应的 Bootstrap 估计如下:

Bootstrap 样本 1　$x_1^{*1},x_2^{*1},\cdots,x_n^{*1}$,Bootstrap 估计$\hat{\theta}_1^*$;

Bootstrap 样本 2　$x_1^{*2}, x_2^{*2}, \cdots, x_n^{*2}$, Bootstrap 估计$\hat{\theta}_2^*$；

$$\vdots$$

Bootstrap 样本 B　$x_1^{*B}, x_2^{*B}, \cdots, x_n^{*B}$, Bootstrap 估计$\hat{\theta}_B^*$。

则$\hat{\theta}$的标准误差$\sqrt{D(\hat{\theta})}$,就以

$$\hat{\sigma}_{\hat{\theta}} = \sqrt{\frac{1}{B-1}\sum_{i=1}^{B}(\hat{\theta}_i^* - \bar{\theta}^*)^2}$$

来估计,其中$\bar{\theta}^* = \frac{1}{B}\sum_{i=1}^{B}\hat{\theta}_i^*$,上式就是$\sqrt{D(\hat{\theta})}$的 Bootstrap 估计。

综上所述得到求$\sqrt{D(\hat{\theta})}$的 Bootstrap 估计的步骤是：

(1) 自原始数据样本 $x_1, x_2, \cdots, x_n$ 按放回抽样的方法,抽得容量为 n 的样本 x_1^*, $x_2^*, \cdots, x_n^*$(称为 Bootstrap 样本)；

(2) 相继地、独立地求出 $B(B \geqslant 1000)$ 个容量为 n 的 Bootstrap 样本, $x_1^{*i}, x_2^{*i}, \cdots, x_n^{*i}$, $i = 1, 2, \cdots, B$。对于第 i 个 Bootstrap 样本,计算$\hat{\theta}_i^* = \hat{\theta}(x_1^{*i}, x_2^{*i}, \cdots, x_n^{*i})$, $i = 1, 2, \cdots, B$($\hat{\theta}_i^*$称为 θ 的第 i 个 Bootstrap 估计)。

(3) 计算

$$\hat{\sigma}_{\hat{\theta}} = \sqrt{\frac{1}{B-1}\sum_{i=1}^{B}(\hat{\theta}_i^* - \bar{\theta}^*)^2},$$

式中：$\bar{\theta}^* = \frac{1}{B}\sum_{i=1}^{B}\hat{\theta}_i^*$。

例 7.13　某种基金的年回报率是具有分布函数 F 的连续型随机变量, F 未知, F 的中位数 θ 是未知参数。现有以下的数据：

18.2　9.5　12.0　21.1　10.2

以样本中位数作为总体中位数 θ 的估计。试求中位数估计的标准误差的 Bootstrap 估计。

解　将原始样本自小到大排序,中间一个数为 12.0,得样本中位数为 12.0。

相继地、独立地在上述 5 个数据中,按放回抽样的方法取样,取 $B = 10$ 得到下述 10 个 Bootstrap 样本：

样本 1	9.5	18.2	12.0	10.2	18.2
样本 2	21.1	18.2	12.0	9.5	10.2
样本 3	21.1	10.2	10.2	12.0	10.2
样本 4	18.2	12.0	9.5	18.2	10.2
样本 5	21.1	12.0	18.2	12.0	18.2
样本 6	10.2	10.2	9.5	21.1	10.2
样本 7	9.5	21.1	12.0	10.2	12.0
样本 8	10.2	18.2	10.2	21.1	21.1
样本 9	10.2	10.2	18.2	18.2	18.2

样本 10　18.2　10.2　18.2　10.2　10.2

对以上每个 Bootstrap 样本，求得样本中位数分别为

$$\hat{\theta}_1^* = 12.0, \hat{\theta}_2^* = 12.0, \hat{\theta}_3^* = 10.2, \hat{\theta}_4^* = 12.0, \hat{\theta}_5^* = 18.2,$$
$$\hat{\theta}_6^* = 10.2, \hat{\theta}_7^* = 12.0, \hat{\theta}_8^* = 18.2, \hat{\theta}_9^* = 18.2, \hat{\theta}_{10}^* = 10.2,$$

则中位数估计的标准误差的 Bootstrap 估计

$$\hat{\sigma}_{\hat{\theta}} = \sqrt{\frac{1}{9}\sum_{i=1}^{10}(\hat{\theta}_i^* - \bar{\theta}^*)^2} = 3.4579。$$

本题中取 $B = 10$，这只是为了说明计算方法，是不能实际运用的，在实际中应取 $B \geqslant 1000$。

上述计算的 Matlab 程序如下：

```
clc, clear
a =[9.5  18.2  12.0  10.2  18.2
21.1  18.2  12.0  9.5  10.2
21.1  10.2  10.2  12.0  10.2
18.2  12.0  9.5  18.2  10.2
21.1  12.0  18.2  12.0  18.2
10.2  10.2  9.5  21.1  10.2
9.5  21.1  12.0  10.2  12.0
10.2  18.2  10.2  21.1  21.1
10.2  10.2  18.2  18.2  18.2
18.2  10.2  18.2  10.2  10.2];
zw = quantile(a',0.5) % 求矩阵 a 每一行的中位数
bzc = std(zw)  % 计算中位数标准差的 Bootstrap 估计
```

下面我们使用计算机进行抽样，取 $B = 1000$，其中的一次运行结果

$$\hat{\sigma}_{\hat{\theta}} = \sqrt{\frac{1}{999}\sum_{i=1}^{1000}(\hat{\theta}_i^* - \bar{\theta}^*)^2} = 3.7311。$$

计算的 Matlab 程序如下：

```
clc, clear
a =[18.2  9.5  12.0  21.1  10.2]; % 输入原始样本
b = bootstrp(1000,@ (x)quantile(x,0.5),a) % 计算各个 bootstrap 样本的中位数
c = std(b)  % 计算中位数标准差
```

2. 估计量的均方误差的 Bootstrap 估计

设 $X = (X_1, X_2, \cdots, X_n)$ 是来自总体 F 的样本，F 未知，$R = R(X)$ 是感兴趣的随机变量，它依赖于样本 X。假设我们希望去估计 R 的分布的某些特征。例如 R 的数学期望 $E_F(R)$，就可以按照上面所说的三个步骤进行，只是在第(2)步中对于第 i 个 Bootstrap 样本 $x_i^* = (x_1^{*i}, x_2^{*i}, \cdots, x_n^{*i})$，计算 $R_i^* = R_i^*(x_i^*)$ 代替计算 θ_i^*，且在第(3)步中计算感兴趣的 R 的特征。例如如果希望估计 $E_F(R)$ 就计算

$$E_*(R^*) = \frac{1}{B}\sum_{i=1}^{B} R_i^*。$$

例 7.14　设金属元素铂的升华热是具有分布函数 F 的连续型随机变量，F 的中位数

θ 是未知参数,现测得以下的数据(以 kcal/mol 计):

136.3　136.6　135.8　135.4　134.7　135.0　134.1　143.3　147.8　148.8　134.8　135.2　134.9　149.5　141.2　135.4　134.8　135.8　135.0　133.7　134.4　134.9　134.8　134.5　134.3　135.2

以样本中位数 $M=M(X)$ 作为总体中位数 θ 的估计,试求均方误差 $MSE=E[(M-\theta)^2]$ 的 Bootstrap 估计。

解　将原始样本自小到大排序,左起第 13 个数为 135.0,左起第 14 个数为 135.2,于是样本中位数为 $\frac{1}{2}(135.0+135.2)=135.1$。以 135.1 作为总体中位数 θ 的估计,即 $\hat{\theta}=135.1$。取 $R=R(X)=(M-\hat{\theta})^2$,需估计 $R(X)$ 的均值 $E[(M-\hat{\theta})^2]$。

相继地、独立地抽取 10000 个 Bootstrap 样本如下:

样本 1,得样本中位数为 134.9;…;样本 10000,得样本中位数为 135.2。

对于用第 i 个样本计算

$$R_i^*=R(x_i^*)=(M_i^*-\hat{\theta})^2=(M_i^*-135.1)^2,i=1,2,\cdots,10000。$$

即对于样本 1,$(M_1^*-135.1)^2=(134.9-135.1)^2=0.04$;…;对于样本 10000,$(M_{10000}^*-135.1)^2=(135.2-135.1)^2=0.01$。

用这 10000 个数的平均值

$$\frac{1}{10000}\sum_{i=1}^{10000}(M_i^*-135.1)^2=0.071$$

近似 $E[(M-\theta)^2]$,即得 $MSE[(M-\theta)^2]$ 的 Bootstrap 估计为 0.071(其中的一次运行结果)。

计算的 Matlab 程序为:

```
clc, clear
a=[136.3  136.6  135.8  135.4  134.7  135.0  134.1  143.3  147.8  148.8
134.8  135.2  134.9  149.5  141.2  135.4  134.8  135.8  135.0  133.7  134.4
134.9  134.8  134.5  134.3  135.2];
b=bootstrp(10000,@(x)quantile(x,0.5),a);  % 求各个 bootstrap 样本的中位数
c=mean((b-quantile(a,0.5)).^2)  % 求均方误差
```

3. Bootstrap 置信区间

下面介绍一种求未知参数 θ 的 Bootstrap 置信区间的方法。

设 $X=(X_1,X_2,\cdots,X_n)$ 是来自总体 F 容量为 n 的样本,$x=(x_1,x_2,\cdots,x_n)$ 是一个已知的样本值。F 中含有未知参数 θ,$\hat{\theta}=\hat{\theta}(X_1,X_2,\cdots,X_n)$ 是 θ 的估计量。现在来求 θ 的置信水平为 $1-\alpha$ 的置信区间。

相继地,独立地从样本 $x=(x_1,x_2,\cdots,x_n)$ 中抽出 B 个容量为 n 的 Bootstrap 样本,对于每个 Bootstrap 样本求出 θ 的 Bootstrap 估计:$\hat{\theta}_1^*,\hat{\theta}_2^*,\cdots,\hat{\theta}_B^*$。将它们自小到大排序,得

$$\hat{\theta}_{(1)}^*\leqslant\hat{\theta}_{(2)}^*\leqslant\cdots\leqslant\hat{\theta}_{(B)}^*。$$

取 $R(X)=\hat{\theta}$,用对应的 $R(X^*)=\hat{\theta}^*$ 的分布作为 $R(X)$ 的分布的近似,求出 $R(X^*)$ 的分布的近似分位数 $\hat{\theta}_{\alpha/2}^*$ 和 $\hat{\theta}_{1-\alpha/2}^*$ 使

$$P\{\hat{\theta}^*_{\alpha/2} < \hat{\theta}^* < \hat{\theta}^*_{1-\alpha/2}\} = 1 - \alpha,$$

于是近似地有

$$P\{\hat{\theta}^*_{\alpha/2} < \theta < \hat{\theta}^*_{1-\alpha/2}\} = 1 - \alpha。$$

记 $k_1 = \left[B \times \frac{\alpha}{2}\right], k_2 = \left[B \times \left(1 - \frac{\alpha}{2}\right)\right]$,在上式中以 $\hat{\theta}^*_{(k_1)}$ 和 $\hat{\theta}^*_{(k_2)}$ 分别作为分位数 $\hat{\theta}^*_{\alpha/2}$ 和 $\hat{\theta}^*_{1-\alpha/2}$ 的估计,得到近似等式

$$P\{\hat{\theta}^*_{(k_1)} < \theta < \hat{\theta}^*_{(k_2)}\} = 1 - \alpha。$$

于是由上式就得到 θ 的置信水平为 $1-\alpha$ 的近似置信区间 $(\hat{\theta}^*_{(k_1)}, \hat{\theta}^*_{(k_2)})$,这一区间称为 θ 的置信水平为 $1-\alpha$ 的 Bootstrap 置信区间。这种求置信区间的方法称为分位数法。

例 7.15 有 30 窝仔猪出生时各窝猪的存活只数为

9 8 10 12 11 12 7 9 11 8 9 7 7 8 9 7 9 9 10 9 9 9 12 10 10 9 13 11 13 9

以样本均值 $\bar{x}$ 作为总体均值 μ 的估计,以样本标准差 s 作为总体标准差 σ 的估计,按分位数法求 μ 以及 σ 的置信水平为 0.90 的 Bootstrap 置信区间。

解 相继地、独立地自原始样本数据用放回抽样的方法,得到 10000 个容量均为 30 的 Bootstrap 样本。

对每个 Bootstrap 样本算出样本均值 $\bar{x}_i^*$ $(i=1,2,\cdots,10000)$,将 10000 个 $\bar{x}_i^*$ 按自小到大排序,左起第 500 位为 $\bar{x}^*_{(500)} = 9.0333$,左起第 9500 位为 $\bar{x}^*_{(9500)} = 10.0667$。于是得 μ 的一个置信水平为 0.90 的 Bootstrap 置信区间为

$$(\bar{x}^*_{(500)}, \bar{x}^*_{(9500)}) = (9.0333, 10.0667)。$$

对上述 10000 个 Bootstrap 样本的每一个算出标准差 s_i^* $(i=1,2,\cdots,10000)$,将 10000 个 s_i^* 按自小到大排序。左起第 500 位为 $s^*_{(500)} = 1.4464$,左起第 9500 位为 $s^*_{(9500)} = 2.0634$,于是得 σ 的一个置信水平为 0.90 的 bootstap 置信区间为

$$(s^*_{(500)}, s^*_{(9500)}) = (1.4464, 2.0634)。$$

计算的 Matlab 程序如下:

```
clc, clear
a=[9 8 10 12 11 12 7 9 11 8 9 7 7 8 9 7 9 9 10 9 9 9 12
 10 10 9 13 11 13 9];
b=bootci(10000,{@ (x)[mean(x),std(x)],a},'alpha',0.1) % 返回值 b 第一列为均值
的置信区间,第二列为标准差的置信区间
```

用非参数 Bootstrap 法来求参数的近似置信区间的优点是,不需要对总体分布的类型作任何的假设,而且可以适用于小样本,且能用于各种统计量(不限于样本均值)。

以上介绍的 Bootstrap 方法,没有假设所研究的总体的分布函数 F 的形式,Bootstrap 样本是来自已知的数据(原始样本),所以称为非参数 Bootstrap 方法。

7.2.2 参数 Bootstrap 方法

假设所研究的总体的分布函数 $F(x;\beta)$ 的形式已知,但其中包含未知参数 β(β 可以是向量)。现在已知有一个来自 $F(x;\beta)$ 的样本

$$X_1, X_2, \cdots, X_n。$$

利用这一样本求出 β 的最大似然估计$\hat{\beta}$。在 $F(x;\beta)$ 中以$\hat{\beta}$代替 β 得到 $F(x;\hat{\beta})$,接着在 $F(x;\hat{\beta})$ 中产生容量为 n 的样本

$$X_1^*, X_2^*, \cdots, X_n^* \sim F(x;\hat{\beta})。$$

这种样本可以产生很多个,如产生 $B(B \geqslant 1000)$ 个,就可以利用这些样本对总体进行统计推断,其做法与非参数 Bootstrap 方法一样。这种方法称为参数 Bootstrap 方法。

例 7.16 已知某种电子元件的寿命(单位:h)服从威布尔分布,其分布函数为

$$F(x) = \begin{cases} 1 - \mathrm{e}^{-(x/\eta)^\beta}, & x > 0, \\ 0, & \text{其他} \end{cases} \beta > 0, \eta > 0。$$

概率密度为

$$f(x) = \begin{cases} \dfrac{\beta}{\eta^\beta} x^{\beta-1} \mathrm{e}^{-(x/\eta)^\beta}, & x > 0, \\ 0, & \text{其他}, \end{cases}$$

已知参数 $\beta = 2$。今有样本

142.84 97.04 32.46 69.14 85.67 114.43 41.76 163.07 108.22 63.28

(1) 确定参数 η 的最大似然估计。

(2) 对于时刻 $t_0 = 50$,求可靠性 $R(50) = 1 - F(50) = \mathrm{e}^{-(50/\eta)^2}$ 的置信水平为 0.95 的 Bootstrap 单侧置信下限。

解 (1)设有样本 $x_1, x_2, \cdots, x_n$,似然函数为(已将 $\beta = 2$ 代入)

$$L = \prod_{i=1}^{n} \frac{2}{\eta^2} x_i \mathrm{e}^{-(x_i/\eta)^2} = \frac{2^n}{\eta^{2n}} \left(\prod_{i=1}^{n} x_i \right) \mathrm{e}^{-\left(\sum_{i=1}^{n} x_i^2 \right) / \eta^2},$$

$$\ln L = n \ln 2 - 2n \ln \eta + \sum_{i=1}^{n} \ln x_i - \frac{1}{\eta^2} \sum_{i=1}^{n} x_i^2,$$

令 $\dfrac{\mathrm{d}}{\mathrm{d}\eta} \ln L = 0$,得

$$\frac{-2n}{\eta} + \frac{2}{\eta^3} \sum_{i=1}^{n} x_i^2 = 0,$$

$$\hat{\eta} = \sqrt{\frac{\sum_{i=1}^{n} x_i^2}{n}}。$$

以数据代入,得 η 的最大似然估计为$\hat{\eta} = 100.0696$。

（2）对于参数$\beta=2,\eta=\hat{\eta}=100.0696$，产生服从对应韦布尔分布的5000个容量为10的Bootstrap样本。

对于每个样本$x_1^{*i},x_2^{*i},\cdots,x_{10}^{*i}$，计算$\eta$的Bootstrap估计

$$\eta_i^* = \sqrt{\frac{\sum_{j=1}^{10}(x_j^{*i})^2}{10}}。$$

将以上5000个η_i^*自小到大排列，取左起第250（$[5000\times0.05]=250$）位，得

$$\eta_{(250)}^* = 73.3758,$$

于是在$t=50$时，可靠性$R(50)$的置信水平为0.95的Bootstrap单侧置信下限为

$$e^{-(50/\hat{\eta}_{(250)}^*)^2} = 0.6286。$$

计算的Matlab程序如下：

```
clc, clear
a =[142.84  97.04  32.46  69.14  85.67  114.43  41.76  163.07  108.22  63.28];
eta = sqrt(mean(a.^2))  % 求最大似然估计
beta = 2; B = 5000; alpha = 0.05;
b = wblrnd(eta,beta,[B,10]);  % 产生服从韦布尔分布的随机数
etahat = sqrt(mean(b.^2,2));  % 计算每个样本对应的最大似然估计
seta = sort(etahat);  % 把 B 个最大似然估计按照从小到大排列
k = floor(B * alpha)
se = seta(k)  % 提取相应位置的估计量
Rt0 = exp( -(50/se)^2)  % 求对应的置信下限
```

例7.17 据Hardy－Weinberg定律，若基因频率处于平衡状态，则在一总体中个体具有血型M、MN、N的概率分别是$(1-\theta)^2,2\theta(1-\theta),\theta^2$，其中$0<\theta<1$。据1937年对香港地区的调查有表7.10的数据。

表7.10 血型的数据

血型	M	MN	N	
人数	342	500	187	共1029

（1）求θ的最大似然估计$\hat{\theta}$。

（2）求θ的置信水平为0.90的Bootstrap置信区间。

解 分别记x_1,x_2,x_3为具有血型为M、MN、N的人数，记$x_1+x_2+x_3=n$。似然函数为

$$L = [(1-\theta)^2]^{x_1}[2\theta(1-\theta)]^{x_2}(\theta^2)^{x_3} = 2^{x_2}\theta^{x_2+2x_3}(1-\theta)^{2x_1+x_2},$$

$$\ln L = x_2\ln 2 + (x_2+2x_3)\ln\theta + (2x_1+x_2)\ln(1-\theta)。$$

令

$$\frac{\mathrm{d}}{\mathrm{d}\theta}\ln L = \frac{x_2 + 2x_3}{\theta} - \frac{2x_1 + x_2}{1 - \theta} = 0,$$

解得

$$\hat{\theta} = \frac{x_2 + 2x_3}{2x_1 + 2x_2 + 2x_3} = \frac{x_2 + 2x_3}{2n}。$$

以数据 $x_1 = 342, x_2 = 500, x_3 = 187, n = 1029$，代入得 $\hat{\theta} = 0.4247$。以 $\hat{\theta}$ 代替 θ，得到 $(1-\theta)^2 = 0.3310$，$2\theta(1-\theta) = 0.4887$，$\theta^2 = 0.1804$。于是血型的近似分布律见表 7.11。

表 7.11 血型的近似分布律

血型	M	MN	N
人数	0.3310	0.4887	0.1804

以表 7.11 为分布律产生 1000 个 Bootstrap 样本，从而得到 θ 的 1000 个 Bootstrap 估计 $\hat{\theta}_1^*, \hat{\theta}_2^*, \cdots, \hat{\theta}_{1000}^*$，将这 1000 个数按自小到大的次序排列得到

$$\hat{\theta}_{(1)}^* \leqslant \hat{\theta}_{(2)}^* \leqslant \cdots \leqslant \hat{\theta}_{(1000)}^*。$$

取 $(\hat{\theta}_{(50)}^*, \hat{\theta}_{(950)}^*) = (0.4072, 0.4431)$ 为 θ 的置信水平为 0.90 的 Bootstrap 置信区间。

计算的 Matlab 程序如下：

```
clc, clear
x0 =[342  500  187];
theta =(x0(2) +2 * x0(3))/sum(x0)/2  % 计算最大似然估计
fb =[(1 -theta)^2,2 * theta * (1 -theta),theta^2]  % 计算分布律
cf = cumsum(fb)  % 求累计分布
a = rand(1029,1000);  % 每一列随机数对应一个 bootstrap 样本
jx1 =(a< =cf(1));  % 1 对应 M 出现
jx2 =(a >cf(1) & a< =cf(2)); % 1 对应 MN 出现
jx3 =(a > =cf(2)); % 1 对应 N 出现
x1 =sum(jx1); x2 =sum(jx2); x3 =sum(jx3);
theta2 =(x2 +2 * x3)/1029/2;  % 计算统计量 theta 的值
stheta =sort(theta2); % 把统计量按照从小到大排序
qj =[stheta(50), stheta(950)]  % 提出置信区间的取值
```

7.3 方差分析

下面只给出单因素试验的方差分析，双因素试验和多因素试验的方差分析是类似的。

设因素 A 有 s 个水平 $A_1, A_2, \cdots, A_s$，在水平 $A_j(j=1,2,\cdots,s)$ 下，进行 $n_j(n_j \geqslant 2)$ 次独立试验，得出表 7.12 所列结果。

表 7.12 方差分析数据表

	A_1	A_2	$\cdots$	A_s
试验批号	X_{11}	X_{12}	$\cdots$	X_{1s}
	X_{21}	X_{22}	$\cdots$	X_{2s}
	$\vdots$	$\vdots$		$\vdots$
	$X_{n_1 1}$	$X_{n_2 2}$	$\cdots$	$X_{n_s s}$
样本总和 $T_{\bullet j}$	$T_{\bullet 1}$	$T_{\bullet 2}$	$\cdots$	$T_{\bullet s}$
样本均值 $\overline{X}_{\bullet j}$	$\overline{X}_{\bullet 1}$	$\overline{X}_{\bullet 2}$	$\cdots$	$\overline{X}_{\bullet s}$
总体均值	μ_1	μ_2	$\cdots$	μ_s

表 7.12 中：X_{ij} 为第 j 个等级进行第 i 次试验的可能结果，记

$$n = n_1 + n_2 + \cdots + n_s,$$

$$\overline{X}_{\bullet j} = \frac{1}{n_j}\sum_{i=1}^{n_j} X_{ij}, T_{\bullet j} = \sum_{i=1}^{n_j} X_{ij}, \overline{X} = \frac{1}{n}\sum_{j=1}^{s}\sum_{i=1}^{n_j} X_{ij}, T_{\bullet\bullet} = \sum_{j=1}^{s}\sum_{i=1}^{n_j} X_{ij} = n\overline{X}。$$

1. 方差分析的假设前提

(1) 对变异因素的某一个水平，例如第 j 个水平，进行实验，把得到的观察值 X_{1j}，$X_{2j}, \cdots, X_{n_j}$ 看成是从正态总体 $N(\mu_j, \sigma^2)$ 中取得的一个容量为 n_j 的样本，且 μ_j, σ^2 未知。

(2) 对于表示 s 个水平的 s 个正态总体的方差认为是相等的。

(3) 由不同总体中抽取的样本相互独立。

2. 统计假设

提出待检假设

$$H_0: \mu_1 = \mu_2 = \cdots = \mu_s = \mu。$$

3. 检验方法

设

$$S_T = \sum_{j=1}^{s}\sum_{i=1}^{n_j} (X_{ij} - \overline{X})^2 = \sum_{j=1}^{s}\sum_{i=1}^{n_j} X_{ij}^2 - \frac{T_{\bullet\bullet}^2}{n},$$

$$S_E = \sum_{j=1}^{s}\sum_{i=1}^{n_j} (X_{ij} - \overline{X}_{\bullet j})^2 = \sum_{j=1}^{s}\sum_{i=1}^{n_j} X_{ij}^2 - \sum_{j=1}^{s} \frac{T_{\bullet j}^2}{n_j}, S_A = S_T - S_E。$$

若 H_0 为真，则检验统计量 $F = \frac{(n-s)S_A}{(s-1)S_E} \sim F(s-1, n-s)$，对于给定的显著性水平 α，查表确定临界值 F_α，使得 $P\left\{\frac{(n-s)S_A}{(s-1)S_E} > F_\alpha\right\} = \alpha$，依据样本值计算检验统计量 F 的观察值，并与 F_α 比较，最后下结论：若检验统计量 F 的观察值大于临界值 F_α，则拒绝原假设 H_0；若 F 的值小于 F_α，则接受 H_0。

例 7.18 设有某品牌的三台机器 A，B，C 生产同一产品，对每台机器观测 5 天。其日产量如表 7.13 所示，设各机器日产量服从正态分布，且方差相等，问三台机器的日产量有无显著差异（$\alpha = 0.05$）？

表 7.13　三台机器产量数据表

	A	B	C
1	41	65	45
2	48	57	51
3	41	54	56
4	49	72	48
5	57	64	48

解　设μ_1,μ_2,μ_3分别为A,B,C的平均日产量。

(1) 原假设$H_0:\mu_1=\mu_2=\mu_3$;$H_1:\mu_1,\mu_2,\mu_3$不全相等。

(2) 当H_0为真时$F=\dfrac{(n-s)S_A}{(s-1)S_E}\sim F(s-1,n-s)$。

(3) 此题中,$n=n_1+n_2+n_3=15,s=3,\alpha=0.05$。

拒绝域为$F>F_\alpha(s-1,n-3)=F_\alpha(2,12)=3.8853$。

由题意列出方差分析表见表7.14。

表 7.14　方差分析表

	A	B	C	Σ
1	41	65	45	
2	48	57	51	
3	41	54	56	
4	49	72	48	
5	57	64	48	
$T_{\bullet j}$	236	312	248	$T_{\bullet\bullet}=796$
$T_{\bullet j}^2$	55696	97344	61504	$\sum_{j=1}^{3}\frac{T_{\bullet j}^2}{n_j}=42908.8$
$\sum_{i=1}^{n_j}X_{ij}^2$	11316	19670	12370	$\sum_{i=1}^{5}\sum_{j=1}^{3}X_{ij}^2=43356$

$$S_T=\sum_{i=1}^{5}\sum_{j=1}^{3}X_{ij}^2-\frac{T_{\bullet\bullet}^2}{n}=43356-42241.07=1114.93,$$

$$S_E=\sum_{i=1}^{5}\sum_{j=1}^{3}X_{ij}^2-\sum_{j=1}^{3}\frac{T_{\bullet j}^2}{n_j}=43356-42908.8=447.2,$$

$$S_A=S_T-S_E=1114.93-447.2=667.73,$$

$$F=\frac{S_A/(s-1)}{S_E/(n-r)}=\frac{667.73/2}{447.2/12}=8.9589>3.8853。$$

(4) 结论:故拒绝 H_0:即认为机器日产量存在显著差异。

计算的 Matlab 程序如下:

```
clc, clear, alpha = 0.05;
a = [41    65    45
48    57    51
41    54    56
49    72    48
57    64    48];
[p,t,st] = anova1(a) % 返回值 t 是细胞数组
F = t{2,5}  % 显示 F 统计量的值
fa = finv(1 - alpha,t{2,3},t{3,3})  % 计算临界值
```

7.4 回归分析

7.4.1 多元线性回归

1. 模型

多元线性回归分析的模型为

$$\begin{cases} y = \beta_0 + \beta_1 x_1 + \cdots + \beta_m x_m + \varepsilon, \\ \varepsilon \sim N(0, \sigma^2), \end{cases} \tag{7.1}$$

式中:$\beta_0, \beta_1, \cdots, \beta_m, \sigma^2$ 都是与 $x_1, x_2, \cdots, x_m$ 无关的未知参数,$\beta_0, \beta_1, \cdots, \beta_m$ 称为回归系数。

现得到 n 个独立观测数据 $[b_i, a_{i1}, \cdots, a_{im}]$,其中 b_i 为 y 的观察值,$a_{i1}, \cdots, a_{im}$ 分别为 $x_1, x_2, \cdots, x_m$ 的观察值,$i = 1, \cdots, n, n > m$,由式(7.1)得

$$\begin{cases} b_i = \beta_0 + \beta_1 a_{i1} + \cdots + \beta_m a_{im} + \varepsilon_i, \\ \varepsilon_i \sim N(0, \sigma^2), \quad i = 1, \cdots, n。 \end{cases} \tag{7.2}$$

记

$$\boldsymbol{X} = \begin{bmatrix} 1 & a_{11} & \cdots & a_{1m} \\ \vdots & \vdots & \ddots & \vdots \\ 1 & a_{n1} & \cdots & a_{nm} \end{bmatrix}, \quad \boldsymbol{Y} = \begin{bmatrix} b_1 \\ \vdots \\ b_n \end{bmatrix}, \tag{7.3}$$

$$\boldsymbol{\varepsilon} = [\varepsilon_1, \cdots, \varepsilon_n]^{\mathrm{T}}, \boldsymbol{\beta} = [\beta_0, \beta_1, \cdots, \beta_m]^{\mathrm{T}},$$

式(7.1)表示为

$$\begin{cases} \boldsymbol{Y} = \boldsymbol{X\beta} + \boldsymbol{\varepsilon}, \\ \boldsymbol{\varepsilon} \sim N(0, \sigma^2 \boldsymbol{E}_n), \end{cases} \tag{7.4}$$

式中:$\boldsymbol{E}_n$ 为 n 阶单位矩阵。

2. 参数估计

模型式(7.1)中的参数 $\beta_0, \beta_1, \cdots, \beta_m$ 用最小二乘法估计,即应选取估计值 $\hat{\beta}_j$,使当 $\beta_j = \hat{\beta}_j, j = 0, 1, \cdots, m$ 时,误差平方和

$$Q = \sum_{i=1}^{n} \varepsilon_i^2 = \sum_{i=1}^{n} (b_i - \hat{b}_i)^2 = \sum_{i=1}^{n} (b_i - \beta_0 - \beta_1 a_{i1} - \cdots - \beta_m a_{im})^2 \tag{7.5}$$

达到最小。为此,令

$$\frac{\partial Q}{\partial \beta_j} = 0, j = 0,1,2,\cdots,n,$$

得

$$\begin{cases} \dfrac{\partial Q}{\partial \beta_0} = -2\sum_{i=1}^{n}(b_i - \beta_0 - \beta_1 a_{i1} - \cdots - \beta_m a_{im}) = 0, \\ \dfrac{\partial Q}{\partial \beta_j} = -2\sum_{i=1}^{n}(b_i - \beta_0 - \beta_1 a_{i1} - \cdots - \beta_m a_{im}) a_{ij} = 0, \quad j = 1,2,\cdots,m。 \end{cases} \tag{7.6}$$

经整理化为以下正规方程组:

$$\begin{cases} \beta_0 n + \beta_1 \sum_{i=1}^{n} a_{i1} + \beta_2 \sum_{i=1}^{n} a_{i2} + \cdots + \beta_m \sum_{i=1}^{n} a_{im} = \sum_{i=1}^{n} b_i, \\ \beta_0 \sum_{i=1}^{n} a_{i1} + \beta_1 \sum_{i=1}^{n} a_{i1}^2 + \beta_2 \sum_{i=1}^{n} a_{i1} a_{i2} + \cdots + \beta_m \sum_{i=1}^{n} a_{i1} a_{im} = \sum_{i=1}^{n} a_{i1} b_i, \\ \qquad \vdots \\ \beta_0 \sum_{i=1}^{n} a_{im} + \beta_1 \sum_{i=1}^{n} a_{im} a_{i1} + \beta_2 \sum_{i=1}^{n} a_{im} a_{i2} + \cdots + \beta_m \sum_{i=1}^{n} a_{im}^2 = \sum_{i=1}^{n} a_{im} b_i, \end{cases} \tag{7.7}$$

正规方程组的矩阵形式为

$$\boldsymbol{X}^{\mathrm{T}}\boldsymbol{X}\boldsymbol{\beta} = \boldsymbol{X}^{\mathrm{T}}\boldsymbol{Y}, \tag{7.8}$$

当矩阵 $\boldsymbol{X}$ 列满秩时,$\boldsymbol{X}^{\mathrm{T}}\boldsymbol{X}$ 为可逆方阵,式(7.8)的解为

$$\hat{\boldsymbol{\beta}} = (\boldsymbol{X}^{\mathrm{T}}\boldsymbol{X})^{-1}\boldsymbol{X}^{\mathrm{T}}\boldsymbol{Y}。 \tag{7.9}$$

将$\hat{\boldsymbol{\beta}}$代回原模型得到 y 的估计值,即

$$\hat{y} = \hat{\beta}_0 + \hat{\beta}_1 x_1 + \cdots + \hat{\beta}_m x_m, \tag{7.10}$$

而这组数据的拟合值为

$$\hat{b}_i = \hat{\beta}_0 + \hat{\beta}_1 a_{i1} + \cdots + \hat{\beta}_m a_{im} (i = 1,\cdots,n)。$$

记 $\hat{\boldsymbol{Y}} = \boldsymbol{X}\hat{\boldsymbol{\beta}} = [\hat{b}_1,\cdots,\hat{b}_n]^{\mathrm{T}}$,拟合误差 $\boldsymbol{e} = \boldsymbol{Y} - \hat{\boldsymbol{Y}}$ 称为残差,可作为随机误差 $\boldsymbol{\varepsilon}$ 的估计,而

$$Q = \sum_{i=1}^{n} e_i^2 = \sum_{i=1}^{n} (b_i - \hat{b}_i)^2 \tag{7.11}$$

为残差平方和(或剩余平方和)。

3. 统计分析

不加证明地给出以下结果:

(1) $\hat{\boldsymbol{\beta}}$ 是 $\boldsymbol{\beta}$ 的线性无偏最小方差估计;$\hat{\boldsymbol{\beta}}$ 的期望等于 $\boldsymbol{\beta}$;在 $\boldsymbol{\beta}$ 的线性无偏估计中,$\hat{\boldsymbol{\beta}}$ 的方差最小。

(2) $\hat{\boldsymbol{\beta}}$ 服从正态分布

$$\hat{\boldsymbol{\beta}} \sim N(\boldsymbol{\beta}, \sigma^2 (\boldsymbol{X}^{\mathrm{T}}\boldsymbol{X})^{-1}), \tag{7.12}$$

记$(\boldsymbol{X}^{\mathrm{T}}\boldsymbol{X})^{-1} = (c_{ij})_{n \times n}$。

(3) 对残差平方和 Q,$EQ = (n-m-1)\sigma^2$,且

$$\frac{Q}{\sigma^2} \sim \chi^2(n-m-1)。 \tag{7.13}$$

由此得到 σ^2 的无偏估计

$$s^2 = \frac{Q}{n-m-1} = \hat{\sigma}^2。 \tag{7.14}$$

s^2 是剩余方差(残差的方差),s 称为剩余标准差。

(4) 对总平方和 $\mathrm{SST} = \sum_{i=1}^{n} (b_i - \bar{b})^2$ 进行分解,有

$$\mathrm{SST} = Q + U, U = \sum_{i=1}^{n} (\hat{b}_i - \bar{b})^2, \tag{7.15}$$

式中:$\bar{b} = \frac{1}{n}\sum_{i=1}^{n} b_i$;$Q$ 为由式(7.5)定义的残差平方和,反映随机误差对 y 的影响;U 为回归平方和,反映自变量对 y 的影响。上面的分解中利用了正规方程组。

4. 回归模型的假设检验

因变量 y 与自变量 $x_1,\cdots,x_m$ 之间是否存在如模型式(7.1)所示的线性关系是需要检验的,显然,如果所有的$|\hat{\beta}_j|$ $(j=1,\cdots,m)$都很小,y 与 $x_1,\cdots,x_m$ 的线性关系就不明显,所以可令原假设为

$$H_0:\beta_j = 0, j = 1,\cdots,m。$$

当 H_0 成立时由分解式(7.15)定义的 U,Q 满足

$$F = \frac{U/m}{Q/(n-m-1)} \sim F(m, n-m-1), \tag{7.16}$$

在显著性水平 α 下,对于上 α 分位数 $F_\alpha(m,n-m-1)$,若 $F < F_\alpha(m,n-m-1)$,接受 H_0,否则拒绝。

注:接受 H_0 只说明 y 与 $x_1,\cdots,x_m$ 的线性关系不明显,可能存在非线性关系,如平方关系。

还有一些衡量 y 与 $x_1,\cdots,x_m$ 相关程度的指标,如用回归平方和在总平方和中的比值定义复判定系数

$$R^2 = \frac{U}{\mathrm{SST}}。 \tag{7.17}$$

$R = \sqrt{R^2}$ 称为复相关系数,R 越大,y 与 $x_1,\cdots,x_m$ 相关关系越密切,通常,R 大于 0.8(或 0.9)才认为相关关系成立。

5. 回归系数的假设检验和区间估计

当上面的 H_0 被拒绝时,β_j 不全为0,但是不排除其中若干个等于0。所以应进一步作

如下 $m+1$ 个检验：

$$H_0^{(j)}:\beta_j=0, j=0,1,\cdots,m。$$

由式(7.12)，$\hat{\beta}_j \sim N(\beta_j,\sigma^2 c_{jj})$，$c_{jj}$ 是 $(\boldsymbol{X}^{\mathrm{T}}\boldsymbol{X})^{-1}$ 中的第 (j,j) 元素，用 s^2 代替 σ^2，由式(7.12)～式(7.14)，当 $H_0^{(j)}$ 成立时，有

$$t_j=\frac{\hat{\beta}_j/\sqrt{c_{jj}}}{\sqrt{Q/(n-m-1)}}\sim t(n-m-1)。\tag{7.18}$$

对给定的 α，若 $|t_j|<t_{\frac{\alpha}{2}}(n-m-1)$，则接受 $H_0^{(j)}$，否则拒绝。

式(7.18)也可用于对 β_j 作区间估计，在置信水平 $1-\alpha$ 下，β_j 的置信区间为

$$[\hat{\beta}_j-t_{\frac{\alpha}{2}}(n-m-1)s\sqrt{c_{jj}},\hat{\beta}_j+t_{\frac{\alpha}{2}}(n-m-1)s\sqrt{c_{jj}}],\tag{7.19}$$

式中：$s=\sqrt{\dfrac{Q}{n-m-1}}$。

6. 利用回归模型进行预测

当回归模型和系数通过检验后，可由给定 $[x_1,\cdots,x_m]$ 的取值 $[a_{01},\cdots,a_{0m}]$ 预测 y 的取值 b_0，b_0 是随机的，显然其预测值(点估计)为

$$\hat{b}_0=\hat{\beta}_0+\hat{\beta}_1 a_{01}+\cdots+\hat{\beta}_m a_{0m}。\tag{7.20}$$

给定 α 可以算出 b_0 的预测区间(区间估计)，结果较复杂，但当 n 较大且 a_{0i} 接近平均值 $\bar{x}_i$ 时，b_0 的预测区间可简化为

$$[\hat{b}_0-z_{\frac{\alpha}{2}}s,\hat{b}_0+z_{\frac{\alpha}{2}}s],\tag{7.21}$$

式中：$z_{\frac{\alpha}{2}}$ 为标准正态分布的上 $\dfrac{\alpha}{2}$ 分位数。

对 b_0 的区间估计方法可用于给出已知数据残差 $e_i=b_i-\hat{b}_i(i=1,\cdots,n)$ 的置信区间，e_i 服从均值为 0 的正态分布，所以若某个 e_i 的置信区间不包含零点，则认为这个数据是异常的，可予以剔除。

7.4.2 多元二项式回归

统计工具箱提供了一个作多元二项式回归的命令 rstool，它产生一个交互式画面，并输出有关信息，用法是

```
rstool(X,Y,model,alpha),
```

其中：alpha 为显著性水平 α(缺省时设定为 0.05)，model 可选择如下的 4 个模型(用字符串输入，默认时设定为线性模型)：

1. linear(线性)：$y=\beta_0+\beta_1 x_1+\cdots+\beta_m x_m$。

2. purequadratic(纯二次)：$y=\beta_0+\beta_1 x_1+\cdots+\beta_m x_m+\sum\limits_{j=1}^{m}\beta_{jj}x_j^2$。

3. interaction(交叉)：$y=\beta_0+\beta_1 x_1+\cdots+\beta_m x_m+\sum\limits_{1\leqslant j<k\leqslant m}\beta_{jk}x_j x_k$。

4. quadratic(完全二次)：$y=\beta_0+\beta_1 x_1+\cdots+\beta_m x_m+\sum\limits_{1\leqslant j\leqslant k\leqslant m}\beta_{jk}x_j x_k$。

$[y, x_1, \cdots, x_m]$ 的 n 个独立观测数据仍然记为 $[b_i, a_{i1}, \cdots, a_{im}], i = 1, \cdots, n$。$\boldsymbol{Y}$、$\boldsymbol{XX}$ 分别为 n 维列向量和 $n \times m$ 矩阵，这里

$$\boldsymbol{Y} = \begin{bmatrix} b_1 \\ \vdots \\ b_n \end{bmatrix}, \boldsymbol{XX} = \begin{bmatrix} a_{11} & \cdots & a_{1m} \\ \vdots & \ddots & \vdots \\ a_{n1} & \cdots & a_{nm} \end{bmatrix}。$$

注:(1) 这里多元二项式回归中，数据矩阵 $\boldsymbol{XX}$ 与线性回归分析中的数据矩阵 $\boldsymbol{X}$ 是有差异的，后者的第一列为全 1 的列向量。

(2) 在完全二次多项式回归中，二次项系数的排列次序是先为交叉项的系数，最后是纯二次项的系数。

例 7.19 根据表 7.15 某猪场 25 头育肥猪 4 个胴体性状的数据资料，试进行瘦肉量 y 对眼肌面积(x_1)、腿肉量(x_2)、腰肉量(x_3)的多元回归分析。

表 7.15 某养猪场数据资料

序号	瘦肉量 y/kg	眼肌面积 x_1/cm^2	腿肉量 x_2/kg	腰肉量 x_3/kg	序号	瘦肉量 y/kg	眼肌面积 x_1/cm^2	腿肉量 x_2/kg	腰肉量 x_3/kg
1	15.02	23.73	5.49	1.21	14	15.94	23.52	5.18	1.98
2	12.62	22.34	4.32	1.35	15	14.33	21.86	4.86	1.59
3	14.86	28.84	5.04	1.92	16	15.11	28.95	5.18	1.37
4	13.98	27.67	4.72	1.49	17	13.81	24.53	4.88	1.39
5	15.91	20.83	5.35	1.56	18	15.58	27.65	5.02	1.66
6	12.47	22.27	4.27	1.50	19	15.85	27.29	5.55	1.70
7	15.80	27.57	5.25	1.85	20	15.28	29.07	5.26	1.82
8	14.32	28.01	4.62	1.51	21	16.40	32.47	5.18	1.75
9	13.76	24.79	4.42	1.46	22	15.02	29.65	5.08	1.70
10	15.18	28.96	5.30	1.66	23	15.73	22.11	4.90	1.81
11	14.20	25.77	4.87	1.64	24	14.75	22.43	4.65	1.82
12	17.07	23.17	5.80	1.90	25	14.35	20.04	5.08	1.53
13	15.40	28.57	5.22	1.66					

要求：

(1) 求 y 关于 x_1, x_2, x_3 的线性回归方程

$$y = c_0 + c_1 x_1 + c_2 x_2 + c_3 x_3,$$

计算 c_0, c_1, c_2, c_3 的估计值。

(2) 对上述回归模型和回归系数进行检验(要写出相关的统计量)。

(3) 试建立 y 关于 x_1, x_2, x_3 的二项式回归模型，并根据适当统计量指标选择一个较好的模型。

解 (1) 记 y, x_1, x_2, x_3 的观察值分别为 $b_i, a_{i1}, a_{i2}, a_{i3}, i = 1, 2, \cdots, 25$，且

$$X=\begin{bmatrix}1 & a_{11} & a_{12} & a_{13}\\ \vdots & \vdots & \vdots & \vdots\\ 1 & a_{25,1} & a_{25,2} & a_{25,3}\end{bmatrix},\quad Y=\begin{bmatrix}b_1\\ \vdots\\ b_{25}\end{bmatrix}。$$

用最小二乘法求 c_0,c_1,c_2,c_3 的估计值，即应选取估计值 $\hat{c}_j$，使当 $c_j=\hat{c}_j, j=0,1,2,3$ 时，误差平方和

$$Q=\sum_{i=1}^{25}\varepsilon_i^2=\sum_{i=1}^{25}(b_i-\hat{b}_i)^2=\sum_{i=1}^{25}(b_i-c_0-c_1a_{i1}-c_2a_{i2}-c_3a_{i3})^2$$

达到最小。为此，令

$$\frac{\partial Q}{\partial c_j}=0, j=0,1,2,3$$

得到正规方程组，求解正规方程组得 c_0,c_1,c_2,c_3 的估计值

$$[\hat{c}_0,\hat{c}_1,\hat{c}_2,\hat{c}_3]=(X^{\mathrm{T}}X)^{-1}X^{\mathrm{T}}Y。$$

利用 Matlab 程序，求得

$$\hat{c}_0=0.8539,\hat{c}_1=0.0178,\hat{c}_2=2.0782,\hat{c}_3=1.9396。$$

(2) 因变量 y 与自变量 x_1,x_2,x_3 之间是否存在线性关系是需要检验的，显然，如果所有的 $|\hat{c}_j|$ $(j=1,2,3)$ 都很小，y 与 x_1,x_2,x_3 的线性关系就不明显，所以可令原假设为

$$H_0: c_j=0, j=1,2,3。\tag{7.22}$$

记 $m=3$，$n=25$，$Q=\sum_{i=1}^{n}e_i^2=\sum_{i=1}^{n}(b_i-\hat{b}_i)^2$，$U=\sum_{i=1}^{n}(\hat{b}_i-\bar{b})^2$，这里 $\hat{b}_i=\hat{c}_0+\hat{c}_1a_{i1}+\cdots+\hat{c}_ma_{im}(i=1,\cdots,n)$，$\bar{b}=\frac{1}{n}\sum_{i=1}^{n}b_i$。当 H_0 成立时统计量

$$F=\frac{U/m}{Q/(n-m-1)}\sim F(m,n-m-1),$$

在显著性水平 α 下，若

$$F_{1-\alpha/2}(m,n-m-1)<F<F_{\alpha/2}(m,n-m-1),$$

则接受 H_0，否则拒绝。

利用 Matlab 程序求得统计量 $F=37.7453$，查表得上 $\alpha/2$ 分位数 $F_{0.025}(3,21)=3.8188$，因而拒绝式(7.22)的原假设，模型整体上通过了检验。

当式(7.22)的 H_0 被拒绝时，β_j 不全为 0，但是不排除其中若干个等于 0。所以应进一步作如下 $m+1$ 个检验：

$$H_0^{(j)}: c_j=0,\ j=0,1,\cdots,m,\tag{7.23}$$

当 $H_0^{(j)}$ 成立时，有

$$t_j=\frac{\hat{\beta}_j/\sqrt{c_{jj}}}{\sqrt{Q/(n-m-1)}}\sim t(n-m-1),$$

式中：c_{jj} 为 $(X^{\mathrm{T}}X)^{-1}$ 中的第 (j,j) 元素，对给定的 α，若 $|t_j|<t_{\frac{\alpha}{2}}(n-m-1)$，则接受 $H_0^{(j)}$，否则拒绝。

利用 Matlab 程序,求得统计量

$$t_0 = 0.6223, t_1 = 0.6090, t_2 = 7.7407, t_3 = 3.8062,$$

查表得上 $\alpha/2$ 分位数 $t_{0.025}(21)=2.0796$。

对于式(7.23)的检验,在显著性水平 $\alpha=0.05$ 时,接受 $H_0^{(j)}: c_j=0(j=0,1)$,拒绝 $H_0^{(j)}: c_j=0(j=2,3)$,即变量 x_1 对模型的影响是不显著的。建立线性模型时,可以不使用 x_1。

把全部原始数据,包括 13 行后面的空行,复制保存到纯文本文件 ex7_19.txt 中。

问题(1)和(2)的 Matlab 程序如下:

```
clc, clear
ab=textread('ex7_19.txt');
y=ab(:,[2:5:10]); % 提取因变量 y 的观察值
Y=nonzeros(y) % 去掉 y 后面的 0,并变成列向量
x123=[ab([1:13],[3:5]); ab([1:12],[8:10])]; % 提取 x1,x2,x3 的观察值
X=[ones(25,1),x123]; % 构造多元线性回归分析的数据矩阵 X
[beta,betaint,r,rint,st]=regress(Y,X)  % 计算回归系数和统计量等,st 的第 2 个分
量就是 F 统计量,下面根据统计量的表达式重新计算的结果和这里是一样的。
q=sum(r.^2)  % 计算残差平方和
ybar=mean(Y)  % 计算 y 的观察值的平均值
yhat=X*beta;  % 计算 y 的估计值
u=sum((yhat-ybar).^2)  % 计算回归平方和
m=3;    % 变量的个数,拟合参数的个数为 m+1
n=length(Y); % 样本点的个数
F=u/m/(q/(n-m-1))  % 计算 F 统计量的值,自由度为样本点的个数减拟合参数的个数
fw1=finv(0.025,m,n-m-1) % 计算上 1-alpha/2 分位数
fw2=finv(0.975,m,n-m-1) % 计算上 alpha/2 分位数
c=diag(inv(X'*X))  % 计算 c(j,j)的值
t=beta./sqrt(c)/sqrt(q/(n-m-1))  % 计算 t 统计量的值
tfw=tinv(0.975,n-m-1)  % 计算 t 分布的上 alpha/2 分位数
save xydata Y x123  % 把 Y 和 x123 保存到 mat 文件 xydata 中,供问题(3)的二次模型使用
```

注: ① 在 regress 的第 5 个返回值中,就包含 F 统计量的值,不需单独计算。

② regress 的返回值中不包括 t 统计量的值,如果需要则要单独计算。由于假设检验和参数的区间估计是等价的,regress 的第 2 个返回值是各参数的区间估计,如果某参数的区间估计包含零点,则该参数对应的变量是不显著的。

(3) 使用 Matlab 的用户图形界面解法求二项式回归模型。根据剩余标准差(rmse)这个指标选取较好的模型是完全二次模型,模型为

$$y=-17.0988+0.3611x_1+2.3563x_2+18.2730x_3-0.1412x_1x_2$$
$$-0.4404x_1x_3-1.2754x_2x_3+0.0217x_1^2+0.5025x_2^2+0.3962x_3^2。$$

计算的 Matlab 程序如下:

```
clc, clear
load xydata
```

```
rstool(x123,Y)
```

7.4.3 非线性回归

非线性回归是指因变量 y 对回归系数 $\beta_1,\cdots,\beta_m$(而不是自变量)是非线性的。Matlab 统计工具箱中的命令 nlinfit、nlparci、nlpredci、nlintool,不仅可以给出拟合的回归系数及其置信区间,而且可以给出预测值及其置信区间等。下面通过例题说明这些命令的用法。

例 7.20 在研究化学动力学反应过程中,建立了一个反应速度和反应物含量的数学模型,形式为

$$y=\frac{\beta_4x_2-\dfrac{x_3}{\beta_5}}{1+\beta_1x_1+\beta_2x_2+\beta_3x_3},$$

式中:$\beta_1,\cdots,\beta_5$ 为未知的参数;x_1,x_2,x_3 为三种反应物(氢,n 戊烷,异构戊烷)的含量;y 为反应速度。

今测得一组数据如表 7.16 所列,试由此确定参数 $\beta_1,\cdots,\beta_5$,并给出其置信区间。$\beta_1,\cdots,\beta_5$ 的参考值为[0.1,0.05,0.02,1,2]。

表 7.16 反应数据

序号	反应速度 y	氢 x_1	n 戊烷 x_2	异构戊烷 x_3	序号	反应速度 y	氢 x_1	n 戊烷 x_2	异构戊烷 x_3
1	8.55	470	300	10	8	4.35	470	190	65
2	3.79	285	80	10	9	13.00	100	300	54
3	4.82	470	300	120	10	8.50	100	300	120
4	0.02	470	80	120	11	0.05	100	80	120
5	2.75	470	80	10	12	11.32	285	300	10
6	14.39	100	190	10	13	3.13	285	190	120
7	2.54	100	80	65					

解 首先,以回归系数和自变量为输入变量,将要拟合的模型写成匿名函数。然后,用 nlinfit 计算回归系数,用 nlparci 计算回归系数的置信区间,用 nlpredci 计算预测值及其置信区间,编写如下 Matlab 程序:

```
clc, clear
xy0 =[8.55  470  300  10
3.79  285  80  10
4.82  470  300  120
0.02  470  80  120
2.75  470  80  10
14.39  100  190  10
2.54  100  80  65
4.35  470  190  65
13.00  100  300  54
8.50  100  300  120
0.05  100  80  120
```

```
11.32  285  300  10
3.13  285  190  120];
x=xy0(:,[2:4]);
y=xy0(:,1);
huaxue=@(beta,x)(beta(4)*x(:,2)-x(:,3)/beta(5))./(1+beta(1)*x(:,1)+
beta(2)*x(:,2)+beta(3)*x(:,3)); % 用匿名函数定义要拟合的函数
beta0=[0.1,0.05,0.02,1,2]';  % 回归系数的初值,可以任意取,这里是给定的
[beta,r,j]=nlinfit(x,y,huaxue,beta0)  % 计算回归系数 beta; r,j 是下面命令用的信息
betaci=nlparci(beta,r,'jacobian',j)  % 计算回归系数的置信区间
[yhat,delta]=nlpredci(huaxue,x,beta,r,'jacobian',j) % 计算 y 的预测值及置信区间半径
```

用 nlintool 得到一个交互式画面,左下方的 Export 可向工作空间传送数据,如剩余标准差等。使用命令

```
nlintool(x,y,huaxue,beta0)
```

(注意这里 x、y、huaxue、beta0 必须在工作空间中,也就是说要把上面的程序运行一遍,再运行 nlintool)可看到画面,并向工作空间传送有关数据,如剩余标准差 rmse = 0.1933。

7.5 基于灰色模型和 Bootstrap 理论的大规模定制质量控制方法研究

7.5.1 引言

随着全球竞争的加剧和市场细分程度的提升,大规模定制生产方式越来越受到重视。大规模定制是在大规模生产的基础上,通过产品结构和制造过程的重组,运用现代信息技术、新材料技术、制造技术等一系列手段,以接近大规模生产的成本和速度,为单个顾客或小批量、多品种市场定制任意数量产品的一种生产方式。大规模定制生产过程质量控制与大批量生产过程比较具有以下新的特点:①样本量较小,尤其是在定制化程度较高的情况下和生产的初级阶段;②样本数列往往具有时变性,不能简单假设其服从正态分布;③大规模定制生产模式要求灵活性和快速性,而传统的质量控制方法响应速度偏慢。因此,应用于大批量生产模式下的经典休哈特控制图便不再适用。

大规模定制生产尤其是新产品初期质量控制中的一个突出的问题是样本量不足,无法确定样本数据的统计分布,不能得到过程分布参数的真值,因此也无法构建出相应的控制图。上述问题的研究可以细分为两个方面:如何有效地拓展样本数量,以有助于分析样本数据的分布规律;如何获得统计量的分布,进而估计过程参数和构建控制图。张炎亮,樊树海等研究了灰色神经网络模型在大规模定制生产中的应用;贺云花等、Raviwongse & Allada、杜尧研究了成组技术在柔性制造和小批量生产中的应用;Suykens & Vandewalle 以及孙林,杨世元分析了支持向量机模型的原理,研究了其在小批量及柔性生产质量预测中

的应用;吴德会研究了小批量生产中基于动态指数平滑模型的过程质量预测;李奔波对工序能力等级的判定方法进行了改进,对大规模定制环境下的单值控制图和中位数控制图进行了研究;王晶等将 Bootstrap 方法引入到多品种小批量生产的质量控制中,研究了基于该方法的控制图的构造和实施流程。

以上文献对可以用于大规模定制生产中的质量控制方法进行了研究,提出的灰色神经组合预测模型固然有很多优点,但在大规模定制实际生产中工序质量数据的样本量很小,无法获得足够的数据用于神经网络的训练,其训练效果及可信度难以保证。本文提出的基于灰色模型和 Bootstrap 的集成方法,在质量数据预测与统计推断方面具有优势,可以有效解决大规模定制生产中样本量小带来的研究局限性。首先,灰色模型在极小样本量情况下进行质量数据预测具有独特的优势,预测效果也相对较好;其次,基于 Bootstrap 理论的统计推断方法通过重复抽样,能对未知分布的随机变量的分布参数进行较为精确的区间估计,为构建质量控制图提供依据。

7.5.2 基于灰色模型的大规模定制生产质量预测

灰色理论可充分开发并利用少量数据中的显信息和隐信息,根据行为特征数据找出因素本身或因素之间的数学关系,提取建模所需变量,通过建立离散数据的微分方程动态模型,了解系统的动态行为和发展趋势。灰色模型有以下优点:①所需信息量较少(一般有 4 个以上数据即可建模);②不需要知道原始数据分布的先验特征,通过有限次的生成,可将无规则分布(或服从任意分布)的任意光滑离散的原始序列转化为有序序列;③可保持原系统特征,能较好地反映系统实际情况。因此,适用于大规模定制生产的质量预测分析。

灰色模型 GM(1,1)是灰色系统理论中较常用的预测模型,基于该模型的质量指标预测建模步骤如下:

1. 原始质量指标数列为

$$x^{(0)} = (x^{(0)}(1), x^{(0)}(2), \cdots, x^{(0)}(n))。$$

2. $x^{(1)}$是 $x^{(0)}$ 的累加序列为

$$x^{(1)} = (x^{(0)}(1), \sum_{i=1}^{2} x^{(0)}(i), \cdots, \sum_{i=1}^{n} x^{(0)}(i))。$$

经过该处理,可使粗糙的原始离散数列变为光滑的离散数列。

3. 建立基本预测模型 GM(1,1),其白化方程为

$$\frac{\mathrm{d}x^{(1)}}{\mathrm{d}t} + ax^{(1)} = b, \tag{7.24}$$

式中:a,b 为常系数,且符合

$$[a,b]^{\mathrm{T}} = (\boldsymbol{B}^{\mathrm{T}}\boldsymbol{B})^{-1}\boldsymbol{B}^{\mathrm{T}}\boldsymbol{Y}, \tag{7.25}$$

$$\boldsymbol{B} = \begin{bmatrix} -z^{(1)}(2) & 1 \\ -z^{(1)}(3) & 1 \\ \vdots & \vdots \\ -z^{(1)}(n) & 1 \end{bmatrix}, \boldsymbol{Y} = \begin{bmatrix} x^{(0)}(2) \\ x^{(0)}(3) \\ \vdots \\ x^{(0)}(n) \end{bmatrix}, \tag{7.26}$$

式中：$z^{(1)}(k)=0.5x^{(1)}(k)+0.5x^{(1)}(k-1)$。

4. 对建立的GM(1,1)预测模型进行精度检验和评估。检验依据后验差比值 c 和小误差概率 p 两个指标，模型精度等级见表7.17。其中 c 和 p 定义如下：

$$c=\frac{s_2}{s_1}, \tag{7.27}$$

$$p=P\{|q^{(0)}(k)-q|<0.6475s_1\}, \tag{7.28}$$

式中：$q^{(0)}$ 为残差序列；q 为残差序列的均值；s_1 为原始序列的标准差；s_2 为残差序列的标准差。

表7.17　灰色模型预测精度等级

等级精度	后验差比值 c	小误差概率 p
A(好)	$\leqslant 0.35$	$\geqslant 0.95$
B(合格)	$0.35<c\leqslant 0.50$	$0.80\leqslant p<0.95$
C(勉强)	$0.50<c\leqslant 0.65$	$0.70\leqslant p<0.80$
D(不合格)	>0.65	<0.70

如果精度不合要求，可以用残差序列建立GM(1,1)模型对原模型进行修正，以提高其精度，若GM(1,1)模型满足精度要求时，其还原数据与预测值见式(7.29)和式(7.30)。

$$\hat{x}^{(1)}(t+1)=[x^{(0)}(1)-b/a]\mathrm{e}^{-at}+b/a, \tag{7.29}$$

$$\hat{x}^{(0)}(t+1)=\hat{x}^{(1)}(t+1)-\hat{x}^{(1)}(t)=(1-\mathrm{e}^{a})[x^{(0)}(1)-b/a]\mathrm{e}^{-at}。 \tag{7.30}$$

若要进一步提高预测精度，可采用GM(1,1)新陈代谢模型。首先采用原始序列建立一个GM(1,1)模型，按上述方法求出一个预测值，然后将该预测值补入已知数列中，同时去除一个最旧的数据；在此基础上再建立GM(1,1)模型，求出下一个预测值，以此类推，通过预测灰数的新陈代谢，逐个预测，依次递补，可以得到之后几期的数据，对原始数据数量进行有效扩充。

7.5.3　基于Bootstrap理论的过程质量分析

在大规模定制生产模式中，能采集到的质量数据十分有限，即便经过上述的灰色模型预测，样本量仍不能满足分布参数估计的要求。Bootstrap方法可以通过重复抽样，获得一定规模的样本量，进而得到统计量的经验分布并进行区间估计。Bootstrap理论由Efron于1979年提出，是一种新的增广样本统计方法。它的无先验性，以及计算过程中只需要有限的观测数据，使其可方便地应用于小样本数据处理。

1. Bootstrap方法的数学描述

设 $X=(x_1,x_2,\cdots,x_n)$ 是来自于某个未知总体 F 的样本，$R(X,F)$ 是总体分布 F 的某个分布特征。根据观测样本 $X=(x_1,x_2,\cdots,x_n)$ 估计 $R(X,F)$ 的某个参数(如均值，方差或分布密度函数等)。例如，设 $\theta=\theta(F)$ 为总体分布 F 的某个参数，F_n 是观测样本 X 的经验分布函数，$\hat{\theta}=\hat{\theta}(F_n)$ 是 θ 的估计，记估计误差为

$$R(X,F) = \hat{\theta}(F_n) - \theta(F) \underline{\underline{\Delta}} T_n 。 \tag{7.31}$$

由观测样本 $X=(x_1,x_2,\cdots,x_n)$ 估计 $R(X,F)$ 的分布特征，显然此时 $R(X,F)$ 的均值和方差分别为 $\theta(F)$ 估计误差的均值和方差。Bootstrap 方法的实质就是再抽样过程，通过对观测数据的重新抽样产生再生样本来模拟总体分布。计算 $R(X,F)$ 分布特征的基本步骤如下：

(1) 根据观测样本 $X=(x_1,x_2,\cdots,x_n)$ 构造经验分布函数 F_n。

(2) 从 F_n 中抽取样本 $X^*=(x_1^*,x_2^*,\cdots,x_n^*)$，称为 Bootstrap 样本。

(3) 计算相应的 Bootstrap 统计量 $R^*(X^*,F_n)$，其表达式为

$$R^*(X^*,F_n) = \hat{\theta}(F_n^*) - \hat{\theta}(F_n) \underline{\underline{\Delta}} R_n 。 \tag{7.32}$$

式中：F_n^* 为 Bootstrap 样本的经验分布函数；R_n 为 T_n 的 Bootstrap 统计量。

(4) 重复(2)、(3) B 次，即可得到 Bootstrap 统计量 $R^*(X^*,F_n)$ 的 B 个可能取值，将统计量的值从小到大排列即为样本统计量的 Bootstrap 经验分布。

(5) 用 $R^*(X^*,F_n)$ 的分布去逼近 $R(X,F)$ 的分布，即用 R_n 的分布去近似 T_n 的分布，可得到参数 $\theta(F)$ 的 B 个可能取值，即可统计求出参数 θ 的分布及其特征值。

采用上述 Bootstrap 方法作统计分析的目的在于获得所估计参数的置信区间。当置信水平为 $1-\alpha$ 时，置信区间上限为经验分布的 $(1-\alpha/2)$ 分位数，下限为经验分布的 $\alpha/2$ 分位数。

由以上分析可知，Bootstrap 经验分布的一般特性如下：①经验分布集中在样本统计量 T 周围；②经验分布的均值是统计量 T 所有可能样本抽样分布的均值估计；③经验分布的标准差是统计量 T 的标准差估计；④经验分布的 $\alpha/2$ 和 $1-\alpha/2$ 分位数分别为 $1-\alpha$ 置信水平下统计量 T 的置信区间的下限和上限。

2. 基于 Bootstrap 的质量控制图分析

采用 Bootstrap 方法对大规模定制生产过程进行质量控制的过程，如图 7.3 所示，具体步骤为：

(1) 对原始数据重复抽样，得到一定数量的子样本。

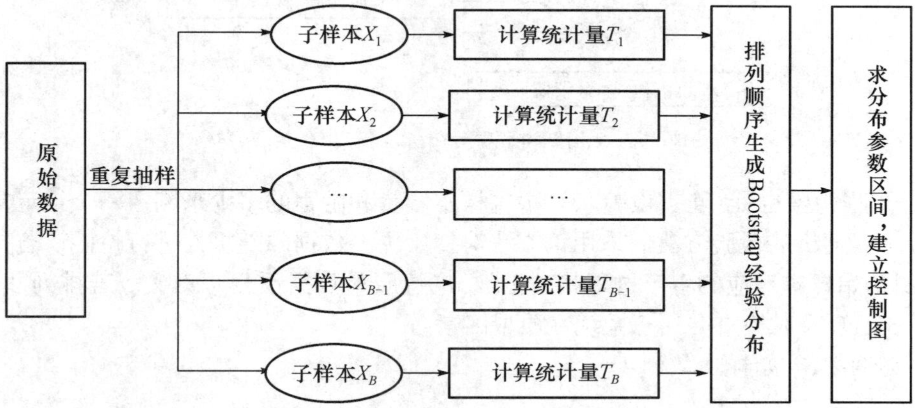

图 7.3　基于 Bootstrap 的质量控制图分析示意图

(2) 对每个子样本计算相关的统计量。

(3) 将子样本的统计量按从小到大排序,得到 Bootstrap 经验分布。

(4) 根据控制图的控制限要求,上下限取 Bootstrap 经验分布的相应分位数,构建样本统计量控制图。

在具体实施中,需要考虑原始观测样本的样本量以及抽样次数。张湘平研究提出,要保证应用 Bootstrap 方法进行估计的有效性,至少要有 8 个观察值,相关文献中提出根据实际情况,观测样本越多越好;Efron 和 Tibshirani 研究提出重复抽样次数 B 一般取 1000~3000。

7.5.4 案例分析

某航空产品制造厂生产的一批框段根据技术指标及安装位置的差异性,其半径、形状、连接方式各不相同,共有 20 种,且每一种产品批生产数量都不超过 30 件,其生产方式可视为大规模定制模式。其中一种框段(钣金零件)厚度要求为 $\phi 2.60^{+0.1}_{-0.1}$(mm),在生产初期采集了 10 件的加工数据,测得的质量数据为 2.5320,2.6470,2.6290,2.5840,2.6090,2.6010,2.5280,2.5630,2.6540,2.6190。根据本文的研究思路,对该零件的加工数据进行质量分析的流程,如图 7.4 所示。

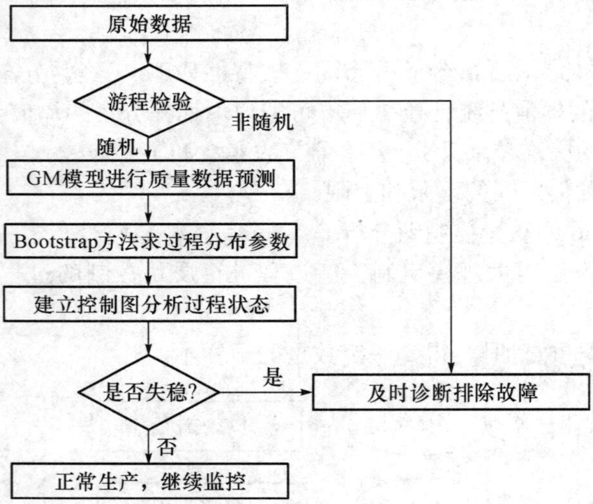

图 7.4 质量分析流程图

1. 游程检验也称"连贯检验",是根据样本容量和游程的多少来判定一个给定样本序列是否排列随机的检验方法。采用该方法对初始样本数据的随机性进行检验。若排列随机,表明初始样本对应的生产过程状态正常,进行质量数据预测有意义。若排列非随机,应根据 5M1E 及时检查并纠正系统性质量因素。

本案例中,初始样本数列

$$x^{(0)} = (2.5320, 2.6470, 2.6290, 2.5840, 2.6090, 2.5280, 2.5630, 2.6540, 2.6190)。$$

中位数 $Me = (2.6010 + 2.6090)/2 = 2.6050$,数列中样本取值若大于 Me 的记为"1",

小于 Me 的记为“0”，由此产生 0－1 数列“0110100011”。统计结果：3 个“0”游程，3 个“1”游程，共有 $U=6$ 个游程；“1”的总个数 $n_1=5$，“0”的总个数 $n_2=5$，查游程检验临界值表可知，在 0.05 显著性水平上该样本序列排列是随机的，说明初始样本对应的生产过程状态是正常的。

2. 采用灰色系统模型，用 Matlab 编程求解白化方程参数并求预测值，在此过程中检验模型精度。经计算得，后验差比值 c 为 0.5348，与精度等级表 12 比较，模型精度满足要求。

取之后 6 期的预测值：

2.5904，2.5877，2.5850，2.5823，2.5797，2.5770，

扩充样本数量，得到新的样本数列 $\tilde{x}^{(0)}$ 为

2.5320，2.6470，2.6290，2.5840，2.6090，2.6010，2.5280，2.5630，2.6540，2.6190，2.5904，2.5877，2.5850，2.5823，2.5797，2.5770。

3. 以新的样本序列 $\tilde{x}^{(0)}$ 中数据为原始数据，按 7.5.3 节所述步骤，计算样本均值和样本极差的 3σ 控制限。依时间顺序将 $\tilde{x}^{(0)}$ 分为 4 个子样本组，如表 7.18 所列。

表 7.18　框段厚度检测值

（单位：mm）

子样本	1	2	3	4
检测值	2.532	2.609	2.654	2.585
	2.647	2.601	2.619	2.5823
	2.629	2.528	2.5904	2.5797
	2.584	2.563	2.5877	2.577
均值 $\overline{X}$	2.598	2.5753	2.6128	2.581
极差 R	0.115	0.081	0.0663	0.008

在 Matlab 中用 Bootstrap 工具箱，基于样本数列 $\tilde{x}^{(0)}$ 进行重复抽样，子样本容量为 4，抽取 1000 个子样本，计算子样本均值和极差。

4. 将得到的 1000 个子样本的均值和极差按从小到大的顺序排列，则得到 Bootstrap 经验分布。当采用 3σ 控制图时，取显著性水平 $\alpha=0.27\%$，上下控制限分别为经验分布的 $(1-\alpha/2)$ 分位数和 $\alpha/2$ 分位数。因此，获得样本均值控制图的上下控制限分别为 $LCL_{\bar{x}}=2.5388$ 和 $UCL_{\bar{x}}=2.6390$，样本极差控制图的上下控制限分别为 $LCL_R=0.0017$ 和 $UCL_R=0.1260$。

注：由于是 Bootstrap 抽样，每次的计算结果是不一样的。

5. 根据样本均值和样本极差控制图上下限和表 7.18 中的样本统计量取值，分别绘制样本均值控制图（图 7.5）和样本极差控制图（图 7.6），观察样本统计量数据点均在控制界限内，可以判断生产过程受控。

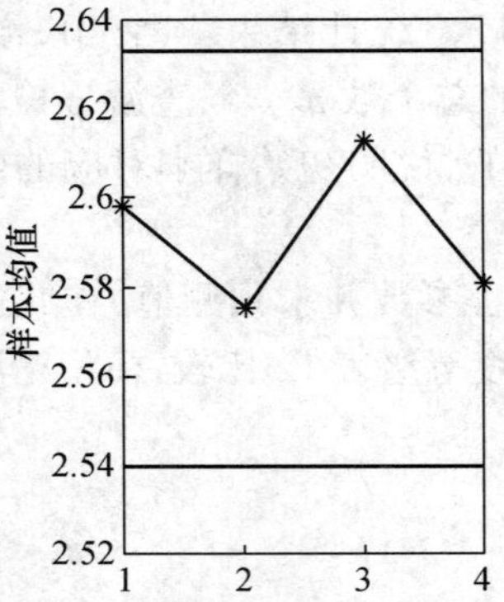

图 7.5　均值控制图

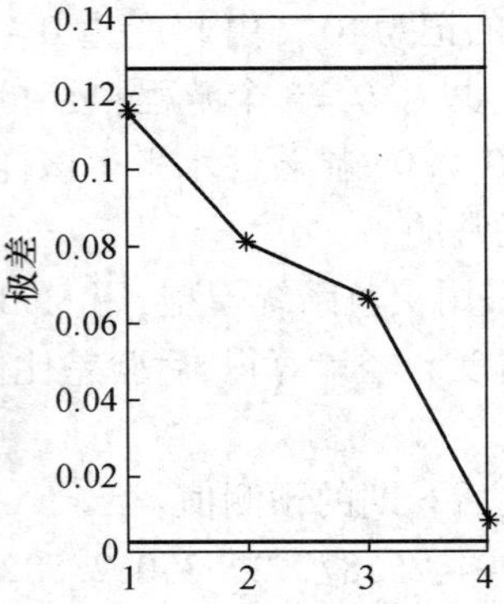

图 7.6　极差控制图

7.5.5　结论

鉴于灰色模型在极小样本量数据预测中的优势,采用灰色系统预测模型对样本数量进行扩展,再基于 Bootstrap 统计推断方法得到统计量的经验分布,采用$\overline{X}$控制图和 R 控制图对大规模定制生产中的过程状态进行判断。通过对框段生产线大规模定制生产质量控制的案例研究,本文提出的新方法可用于大规模定制生产尤其是新型号生产初期的质量预测和控制。

计算的 Matlab 程序如下:

```
clc, clear
x0 = [2.5320,2.6470,2.6290,2.5840,2.6090,2.6010,2.5280,2.5630,2.6540,
2.6190];
n = length(x0);
me = quantile(x0,0.5)  % 计算中位数
[h,p,stat] = runstest(x0,me)  % 进行游程检验
x1 = cumsum(x0);  % 求累加序列
zk = (x1(1:end-1) + x1(2:end))/2  % 求累加序列的均值序列
B = [ -zk', ones(size(zk'))]; yn = x0(2:end)';
ab = B\yn  % 拟合参数 a,b
syms x(t)
x = dsolve(diff(x) + ab(1) * x = = ab(2),x(0) = = x0(1)); % 求微分方程的符号解
xx = vpa(x,6)  % 显示小数格式的符号解
yuce = subs(x,'t',[0:n +5]);  % 求累加序列的预测值
yuce = double(yuce); % 把符号数转换成数值类型
yuce0 = [x0(1),diff(yuce)]  % 求原始数据的预测值
c = std(yuce0(1:n))/std(x0)  % 求后验差比值 c
nyuce = yuce0(n +1:end)  % 提取 6 个新的预测值
nyb = [x0, nyuce];  % 构造新的样本数据
nnyb = reshape(nyb,[4,4])
mu = mean(nnyb)  % 分别求 4 个子样本的均值
jc = range(nnyb)  % 分别求 4 个子样本的极差
```

```
xlswrite('hb.xls',[nnyb;mu;jc])  % 把数据写到 Excel 文件中,便于做表使用
b = rand(4,1000); % 产生 4 行 1000 列的随机数矩阵
h = floor(b * length(nyb)) +1; % 把随机数映射为编号(每列对应 bootstrap 样本编号)
bb = repmat(nyb',1,1000); bb = bb(h); % 对新序列进行重复抽样
mmu = mean(bb); mjc = range(bb); % 计算 1000 个子样本的均值和极差
smu = sort(mmu); sjc = sort(mjc); % 把均值和极差按照从小到大的次序排列
alpha = 0.0027; k1 = floor(1000 * alpha/2), k2 = floor(1000 * (1 - alpha/2))
mqj = [smu(k1), smu(k2)]  % 显示均值的置信区间
jqj = [sjc(k1), sjc(k2)]  % 显示极差的置信区间
subplot(1,2,1), plot(mu,'* -'), hold on, plot([1,4],[mqj(1),mqj(1)])
plot([1,4],[mqj(2),mqj(2)]), ylabel('样本均值')
subplot(1,2,2), plot(jc,'* -'), hold on, plot([1,4],[jqj(1),jqj(1)]),
plot([1,4],[jqj(2),jqj(2)]), ylabel('极差')
```

拓展阅读材料

[1] 2007 年全国研究生数学建模竞赛 A 题"建立食品卫生安全保障体系数学模型及改进模型的若干理论问题"的优秀论文及评述,数学的实践与认识,2008, 38(14).

习 题 7

7.1 从一批灯泡中随机地取 5 只做寿命试验,测得寿命(单位:h)为

1050 1100 1120 1250 1280

设灯泡寿命服从正态分布。求灯泡寿命平均值的置信水平为 0.90 的置信区间。

7.2 某车间生产滚珠,随机地抽出了 50 粒,测得它们的直径为(单位:mm)。

15.0	15.8	15.2	15.1	15.9	14.7	14.8	15.5	15.6	15.3
15.1	15.3	15.0	15.6	15.7	14.8	14.5	14.2	14.9	14.9
15.2	15.0	15.3	15.6	15.1	14.9	14.2	14.6	15.8	15.2
15.9	15.2	15.0	14.9	14.8	14.5	15.1	15.5	15.5	15.1
15.1	15.0	15.3	14.7	14.5	15.5	15.0	14.7	14.6	14.2

经过计算知样本均值 $\bar{x} = 15.0780$,样本标准差 $s = 0.4325$,试问滚珠直径是否服从正态分布 $N(15.0780, 0.4325^2)$ $(\alpha = 0.05)$?

7.3(续 7.1) 按分位数法求灯泡寿命平均值的置信水平为 0.90 的 Bootstrap 置信区间。

7.4 设有如表 7.19 所列的 3 个组 5 年保险理赔额的观测数据。试用方差分析法检验 3 个组的理赔额均值是否有显著差异(已知 $F_{0.05}(2,12) = 4.6$)。

表 7.19 保险理赔额观测数据

	$t=1$	$t=2$	$t=3$	$t=4$	$t=5$
$j=1$	98	93	103	92	110
$j=2$	100	108	118	99	111
$j=3$	129	140	108	105	116

7.5 某种半成品在生产过程中的废品率 y 与它所含的某种化学成分 x 有关，现将试验所得的 8 组数据记录见表 7.20。试求回归方程 $y=\frac{a_1}{x}+a_2+a_3x+a_4x^2$。

表 7.20 废品率与化学成分关系的观测数据

序号	1	2	3	4	5	6	7	8
x	1	2	4	5	7	8	9	10
y	1.3	1	0.9	0.81	0.7	0.6	0.55	0.4

第8章　时 间 序 列

将预测对象按照时间顺序排列起来，构成一个所谓的时间序列，从所构成的这一组时间序列过去的变化规律，推断今后变化的可能性及变化趋势、变化规律，就是时间序列预测法。时间序列模型其实也是一种回归模型，其基于的原理是，一方面承认事物发展的延续性，运用过去时间序列的数据进行统计分析就能推测事物的发展趋势；另一方面又充分考虑到偶然因素影响而产生的随机性，为了消除随机波动的影响，利用历史数据，进行统计分析，并对数据进行适当的处理，进行趋势预测。优点是简单易行，便于掌握，能够充分运用原时间序列的各项数据，计算速度快，对模型参数有动态确定的能力，精度较好，采用组合的时间序列或者把时间序列和其他模型组合效果更好。缺点是不能反映事物的内在联系，不能分析两个因素的相关关系，只适用于短期预测。

8.1　确定性时间序列分析方法

时间序列预测技术就是通过对预测目标自身时间序列的处理，来研究其变化趋势。一个时间序列往往是以下几类变化形式的叠加或耦合：

(1) 长期趋势变动。它是指时间序列朝着一定的方向持续上升或下降，或停留在某一水平上的倾向，它反映了客观事物的主要变化趋势。

(2) 季节变动。

(3) 循环变动。通常是指周期为一年以上，由非季节因素引起的涨落起伏波形相似的波动。

(4) 不规则变动。通常分为突然变动和随机变动。

通常用 T_t 表示长期趋势项，S_t 表示季节变动趋势项，C_t 表示循环变动趋势项，R_t 表示随机干扰项。常见的确定性时间序列模型有以下几种类型。

(1) 加法模型：

$$y_t = T_t + S_t + C_t + R_t 。$$

(2) 乘法模型：

$$y_t = T_t \cdot S_t \cdot C_t \cdot R_t 。$$

(3) 混合模型：

$$y_t = T_t \cdot S_t + R_t ,$$
$$y_t = S_t + T_t \cdot C_t \cdot R_t 。$$

式中：y_t 为观测目标的观测记录，均值 $E(R_t)=0$，方差 $\mathrm{Var}(R_t)=\sigma^2$。

如果在预测时间范围以内，无突然变动且随机变动的方差 σ^2 较小，并且有理由认为过去和现在的演变趋势将继续发展到未来时，可用一些经验方法进行预测。下面介绍具体方法。

8.1.1 移动平均法

设观测序列为 $y_1, \cdots, y_T$，取移动平均的项数 $N < T$。一次移动平均值计算公式为

$$M_t^{(1)} = \frac{1}{N}(y_t + y_{t-1} + \cdots + y_{t-N+1})$$

$$= \frac{1}{N}(y_{t-1} + \cdots + y_{t-N}) + \frac{1}{N}(y_t - y_{t-N}) = M_{t-1}^{(1)} + \frac{1}{N}(y_t - y_{t-N}), \quad (8.1)$$

二次移动平均值计算公式为

$$M_t^{(2)} = \frac{1}{N}(M_t^{(1)} + \cdots + M_{t-N+1}^{(1)}) = M_{t-1}^{(2)} + \frac{1}{N}(M_t^{(1)} - M_{t-N}^{(1)})。 \quad (8.2)$$

当预测目标的基本趋势是在某一水平上下波动时，可用一次移动平均方法建立预测模型，即

$$\hat{y}_{t+1} = M_t^{(1)} = \frac{1}{N}(y_t + \cdots + y_{t-N+1}), t = N, N+1, \cdots, T, \quad (8.3)$$

其预测标准误差为

$$S = \sqrt{\frac{\sum_{t=N+1}^{T} (\hat{y}_t - y_t)^2}{T - N}}。$$

最近 N 期序列值的平均值作为未来各期的预测结果。一般 N 取值范围：$5 \leqslant N \leqslant 200$。当历史序列的基本趋势变化不大且序列中随机变动成分较多时，N 的取值应较大一些，否则 N 的取值应小一些。在有确定的季节变动周期的资料中，移动平均的项数应取周期长度。选择最佳 N 值的一个有效方法是，比较若干模型的预测误差，预测标准误差最小者为好。

当预测目标的基本趋势与某一线性模型相吻合时，常用二次移动平均法，但序列同时存在线性趋势与周期波动时，可用趋势移动平均法建立预测模型：

$$\hat{y}_{T+m} = a_T + b_T m, m = 1, 2, \cdots,$$

式中：$a_T = 2M_T^{(1)} - M_T^{(2)}$；$b_T = \frac{2}{N-1}(M_T^{(1)} - M_T^{(2)})$。

例 8.1 某企业 1～11 月的销售收入时间序列如表 8.1 所列。试用一次简单移动平均法预测 12 月的销售收入。

表 8.1 企业销售收入

月份 t	1	2	3	4	5	6
销售收入 y_t	533.8	574.6	606.9	649.8	705.1	772.0
月份 t	7	8	9	10	11	
销售收入 y_t	816.4	892.7	963.9	1015.1	1102.7	

解 分别取 $N = 4, N = 5$ 的预测公式：

$$\hat{y}_{t+1}^{(1)}=\frac{y_t+y_{t-1}+y_{t-2}+y_{t-3}}{4},t=4,5,\cdots,11,$$

$$\hat{y}_{t+1}^{(2)}=\frac{y_t+y_{t-1}+y_{t-2}+y_{t-3}+y_{t-4}}{5},t=5,\cdots,11。$$

当 $N=4$ 时,预测值 $\hat{y}_{12}^{(1)}=993.6$,预测的标准误差为

$$S_1=\sqrt{\frac{\sum_{t=5}^{11}(\hat{y}_t^{(1)}-y_t)^2}{11-4}}=150.5。$$

当 $N=5$ 时,预测值 $\hat{y}_{12}^{(2)}=958.2$,预测的标准误差为

$$S_2=\sqrt{\frac{\sum_{t=6}^{11}(\hat{y}_t^{(2)}-y_t)^2}{11-5}}=182.4。$$

计算结果表明,$N=4$ 时,预测的标准误差较小,所以选取 $N=4$。预测 12 月的销售收入为 993.6。

计算的 Matlab 程序如下:

```
clc,clear
y=[533.8,574.6,606.9,649.8,705.1,772.0,816.4,892.7,963.9,1015.1,1102.7];
m=length(y);
n=[4,5]; % n为移动平均的项数
for i=1:length(n) % 由于n的取值不同,因此下面使用了细胞数组
   for j=1:m-n(i)+1
     yhat{i}(j)=sum(y(j:j+n(i)-1))/n(i);
   end
   y12(i)=yhat{i}(end); % 提出12月的预测值
   s(i)=sqrt(mean((y(n(i)+1:end)-yhat{i}(1:end-1)).^2)); % 求预测的标准
误差
end
y12, s % 分别显示两种方法的预测值和预测的标准误差
```

移动平均法只适合做近期预测,而且是预测目标的发展趋势变化不大的情况。如果目标的发展趋势存在其他的变化,采用简单移动平均法就会产生较大的预测偏差和滞后。

8.1.2 指数平滑法

一次移动平均实际上认为最近 N 期数据对未来值影响相同,都加权 $1/N$,而 N 期以前的数据对未来值没有影响,加权为 0。但是,二次及更高次移动平均的权数却不是 $1/N$,且次数越高,权数的结构越复杂,但永远保持对称的权数,即两端项权数小,中间项权数大,不符合一般系统的动态性。一般说来,历史数据对未来值的影响是随时间间隔的增长而递减的。所以,更切合实际的方法应是对各期观测值依时间顺序进行加权平均作为预测值。指数平滑法可满足这一要求,而且具有简单的递推形式。

指数平滑法根据平滑次数的不同,又分为一次指数平滑法、二次指数平滑法和三次指数平滑法等,下面分别介绍。

1. 一次指数平滑法

1）预测模型

设时间序列为 $y_1,y_2,\cdots,y_t,\cdots$，$\alpha$ 为加权系数，$0<\alpha<1$，一次指数平滑公式为

$$S_t^{(1)} = \alpha y_t + (1-\alpha)S_{t-1}^{(1)} = S_{t-1}^{(1)} + \alpha(y_t - S_{t-1}^{(1)}), \tag{8.4}$$

式(8.4)是由移动平均公式改进而来的。由式(8.1)知，移动平均数的递推公式为

$$M_t^{(1)} = M_{t-1}^{(1)} + \frac{y_t - y_{t-N}}{N},$$

以 $M_{t-1}^{(1)}$ 作为 y_{t-N} 的最佳估计，则有

$$M_t^{(1)} = M_{t-1}^{(1)} + \frac{y_t - M_{t-1}^{(1)}}{N} = \frac{y_t}{N} + \left(1-\frac{1}{N}\right)M_{t-1}^{(1)},$$

令 $\alpha=\frac{1}{N}$，以 S_t 代替 $M_t^{(1)}$，即得式(8.4)，即

$$S_t^{(1)} = \alpha y_t + (1-\alpha)S_{t-1}^{(1)}。$$

为进一步理解指数平滑的实质，把式(8.4)依次展开，有

$$S_t^{(1)} = \alpha y_t + (1-\alpha)[\alpha y_{t-1} + (1-\alpha)S_{t-2}^{(1)}] = \cdots = \alpha\sum_{j=0}^{\infty}(1-\alpha)^j y_{t-j}。 \tag{8.5}$$

式(8.5)表明 $S_t^{(1)}$ 是全部历史数据的加权平均，加权系数分别为 $\alpha,\alpha(1-\alpha),\alpha(1-\alpha)^2,\cdots$，显然有

$$\sum_{j=0}^{\infty}\alpha(1-\alpha)^j = \frac{\alpha}{1-(1-\alpha)} = 1,$$

由于加权系数符合指数规律，又具有平滑数据的功能，故称之为指数平滑。

以这种平滑值进行预测，就是一次指数平滑法。预测模型为

$$\hat{y}_{t+1} = S_t^{(1)},$$

即

$$\hat{y}_{t+1} = \alpha y_t + (1-\alpha)\hat{y}_t, \tag{8.6}$$

也就是以第 t 期指数平滑值作为 $t+1$ 期预测值。

2）加权系数的选择

在进行指数平滑时，加权系数的选择是很重要的。由式(8.6)可以看出，α 的大小规定了在新预测值中新数据和原预测值所占的比重。α 值越大，新数据所占的比重就越大，原预测值所占的比重就越小，反之亦然。若把式(8.6)改写为

$$\hat{y}_{t+1} = \hat{y}_t + \alpha(y_t - \hat{y}_t), \tag{8.7}$$

则从式(8.7)可看出，新预测值是根据预测误差对原预测值进行修正而得到的。α 的大小则体现了修正的幅度，α 值越大，修正幅度越大；α 值越小，修正幅度也越小。

若选取 $\alpha=0$，则 $\hat{y}_{t+1}=\hat{y}_t$，即下期预测值就等于本期预测值，在预测过程中不考虑任何新信息；若选取 $\alpha=1$，则 $\hat{y}_{t+1}=y_t$，即下期预测值就等于本期观测值，完全不相信过去的信息。这两种极端情况下很难做出正确的预测。因此，α 值应根据时间序列的具体性质

在0~1之间选择。具体如何选择一般可遵循下列原则:① 如果时间序列波动不大,比较平稳,则 α 应取小一点,如0.1~0.5,以减少修正幅度,使预测模型能包含较长时间序列的信息;② 如果时间序列具有迅速且明显的变动倾向,则 α 应取大一点,如0.6~0.8,使预测模型灵敏度高一些,以便迅速跟上数据的变化。

实用中,类似移动平均法,多取几个 α 值进行试算,看哪个预测误差小,就采用哪个。

3）初始值的确定

用一次指数平滑法进行预测,除了选择合适的 α 外,还要确定初始值 $s_0^{(1)}$。初始值是由预测者估计或指定的。当时间序列的数据较多,比如在20个以上时,初始值对以后的预测值影响很少,可选用第一期数据为初始值。如果时间序列的数据较少(在20个以下),初始值对以后的预测值影响很大,这时就必须认真研究如何正确确定初始值。一般以最初几期实际值的平均值作为初始值。

例8.2 某市1976—1987年某种电器销售额如表8.2所列。试预测1988年该电器销售额。

解 采用指数平滑法,并分别取 $\alpha=0.2,0.5,0.8$ 进行计算,初始值

$$S_0^{(1)} = \frac{y_1 + y_2}{2} = 51,$$

即

$$\hat{y}_1 = S_0^{(1)} = 51。$$

按预测模型

$$\hat{y}_{t+1} = \alpha y_t + (1 - \alpha)\hat{y}_t,$$

计算各期预测值,列于表8.2中。

表8.2 某种电器销售额及指数平滑预测值计算表 (单位:万元)

年份	t	实际销售额 y_t	预测值 $\hat{y}_t$ $\alpha=0.2$	预测值 $\hat{y}_t$ $\alpha=0.5$	预测值 $\hat{y}_t$ $\alpha=0.8$
1976	1	50	51	51	51
1977	2	52	50.8	50.5	50.2
1978	3	47	51.04	51.25	51.64
1979	4	51	50.23	49.13	47.93
1980	5	49	50.39	50.06	50.39
1981	6	48	50.11	49.53	49.28
1982	7	51	49.69	48.77	48.26
1983	8	40	49.95	49.88	50.45
1984	9	48	47.96	44.94	42.09
1985	10	52	47.97	46.47	46.82
1986	11	51	48.77	49.24	50.96
1987	12	59	49.22	50.12	50.99

从表 8.2 可以看出，$\alpha=0.2,0.5,0.8$ 时，预测值是很不相同的。究竟 α 取何值为好，可通过计算它们的预测标准误差 S，选取使 S 较小的那个 α 值。预测的标准误差见表 8.3。

表 8.3　预测的标准误差

α	0.2	0.5	0.8
S	4.5029	4.5908	4.8426

计算结果表明 $\alpha=0.2$ 时，S 较小，故选取 $\alpha=0.2$，预测 1988 年该电器销售额为 $\hat{y}_{1988}=51.1754$。

计算的 Matlab 程序如下：

```
clc,clear
yt = load('dianqi.txt'); % 实际销售额数据以列向量的方式存放在纯文本文件中
n = length(yt); alpha = [0.2 0.5 0.8]; m = length(alpha);
yhat(1,[1:m]) = (yt(1) + yt(2))/2;
for i = 2:n
    yhat(i,:) = alpha * yt(i-1) + (1 - alpha).* yhat(i-1,:);
end
yhat
err = sqrt(mean((repmat(yt,1,m) - yhat).^2))
xlswrite('dianqi.xls',yhat) % 把预测数据写到 Excel 文件，准备在 Word 表格中使用
yhat1988 = alpha * yt(n) + (1 - alpha).* yhat(n,:)
```

2. 二次指数平滑法

一次指数平滑法虽然克服了移动平均法的缺点，但当时间序列的变动出现直线趋势时，用一次指数平滑法进行预测，仍存在明显的滞后偏差，因此，也必须加以修正，再作二次指数平滑，利用滞后偏差的规律建立直线趋势模型，这就是二次指数平滑法。其计算公式为

$$\begin{cases} S_t^{(1)} = \alpha y_t + (1-\alpha)S_{t-1}^{(1)}, \\ S_t^{(2)} = \alpha S_t^{(1)} + (1-\alpha)S_{t-1}^{(2)}, \end{cases} \tag{8.8}$$

式中：$S_t^{(1)}$ 为一次指数的平滑值；$S_t^{(2)}$ 为二次指数的平滑值。

当时间序列 $\{y_t\}$ 从某时期开始具有直线趋势时，可用直线趋势模型

$$\hat{y}_{t+m} = a_t + b_t m, m = 1,2,\cdots, \tag{8.9}$$

$$\begin{cases} a_t = 2S_t^{(1)} - S_t^{(2)}, \\ b_t = \dfrac{\alpha}{1-\alpha}(S_t^{(1)} - S_t^{(2)}), \end{cases} \tag{8.10}$$

进行预测。

例 8.3　我国 1965—1985 年的发电总量资料数据见表 8.4，试用二次指数平滑法预测 1986 年和 1987 年的发电总量。

表 8.4　我国发电总量及一、二次指数平滑值计算表　(单位:亿千瓦时)

年份	t	发电总量 y_t	一次平滑值	二次平滑值	y_{t+1} 的估计值
1965	1	676	676	676	
1966	2	825	720.7	689.4	676
1967	3	774	736.7	703.6	765.4
1968	4	716	730.5	711.7	784.0
1969	5	940	793.3	736.2	757.4
1970	6	1159	903.0	786.2	875.0
1971	7	1384	1047.3	864.6	1069.9
1972	8	1524	1190.3	962.3	1308.4
1973	9	1668	1333.6	1073.7	1516.1
1974	10	1688	1439.9	1183.6	1705.0
1975	11	1958	1595.4	1307.1	1806.1
1976	12	2031	1726.1	1432.8	2007.2
1977	13	2234	1878.4	1566.5	2145.0
1978	14	2566	2084.7	1722.0	2324.1
1979	15	2820	2305.3	1897.0	2602.9
1980	16	3006	2515.5	2082.5	2888.6
1981	17	3093	2688.8	2264.4	3134.1
1982	18	3277	2865.2	2444.6	3295.0
1983	19	3514	3059.9	2629.2	3466.1
1984	20	3770	3272.9	2822.3	3675.1
1985	21	4107	3523.1	3032.6	3916.6

解　取 $\alpha=0.3$,初始值 $S_0^{(1)}$ 和 $S_0^{(2)}$ 都取序列的首项数值,即 $S_0^{(1)}=S_0^{(2)}=676$。计算 $S_t^{(1)}, S_t^{(2)}$,列于表 8.4,得

$$S_{21}^{(1)} = 3523.1, S_{21}^{(2)} = 3032.6。$$

由式(8.10),可得 $t=21$ 时,有

$$a_{21} = 2S_{21}^{(1)} - S_{21}^{(2)} = 4013.7,$$

$$b_{21} = \frac{\alpha}{1-\alpha}(S_{21}^{(1)} - S_{21}^{(2)}) = 210.24,$$

于是,得 $t=21$ 时直线趋势方程为

$$\hat{y}_{21+m} = 4013.7 + 210.24m,$$

预测 1986 年和 1987 年的发电总量为(单位:亿千瓦时)

$$\hat{y}_{1986} = \hat{y}_{22} = \hat{y}_{21+1} = 4223.95,$$

$$\hat{y}_{1987} = \hat{y}_{23} = \hat{y}_{21+2} = 4434.19。$$

为了求各期的模拟值,可将式(8.10)代入直线趋势模型(8.9),并令 $m=1$,则得

$$\hat{y}_{t+1} = (2S_t^{(1)} - S_t^{(2)}) + \frac{\alpha}{1-\alpha}(S_t^{(1)} - S_t^{(2)}),$$

即

$$\hat{y}_{t+1} = \left(1 + \frac{1}{1-\alpha}\right)S_t^{(1)} - \frac{1}{1-\alpha}S_t^{(2)}。\tag{8.11}$$

令 $t=1,2,\cdots,20$,由式(8.11)可求出各期的模拟值。计算结果见表 8.4。

计算的 Matlab 程序如下:

```
clc,clear
yt=load('fadian.txt'); % 原始发电总量数据以列向量的方式存放在纯文本文件中
n=length(yt), alpha=0.3; st1(1)=yt(1); st2(1)=yt(1);
for i=2:n
    st1(i)=alpha*yt(i)+(1-alpha)*st1(i-1);
    st2(i)=alpha*st1(i)+(1-alpha)*st2(i-1);
end
xlswrite('fadian.xls',[st1',st2']) % 把数据写入表单 Sheet1 中的前两列
at=2*st1-st2;
bt=alpha/(1-alpha)*(st1-st2);
yhat=at+bt; % 最后的一个分量为 1986 年的预测值
xlswrite('fadian.xls',yhat','Sheet1','C2') % 把预测值写入第 3 列
str=['C',int2str(n+2)]; % 准备写 1987 年的预测值位置的字符串
xlswrite('fadian.xls',at(n)+2*bt(n),'Sheet1',str)% 把 1987 年的预测值写到相应
位置
```

3. 三次指数平滑法

当时间序列的变动表现为二次曲线趋势时,则需要用三次指数平滑法。三次指数平滑是在二次指数平滑的基础上,再进行一次平滑,其计算公式为

$$\begin{cases} S_t^{(1)} = \alpha y_t + (1-\alpha)S_{t-1}^{(1)}, \\ S_t^{(2)} = \alpha S_t^{(1)} + (1-\alpha)S_{t-1}^{(2)}, \\ S_t^{(3)} = \alpha S_t^{(2)} + (1-\alpha)S_{t-1}^{(3)}, \end{cases}\tag{8.12}$$

式中:$S_t^{(3)}$ 为三次指数平滑值。

三次指数平滑法的预测模型为

$$\hat{y}_{t+m} = a_t + b_t m + C_t m^2, m = 1,2,\cdots,\tag{8.13}$$

式中

$$\begin{cases} a_t = 3S_t^{(1)} - 3S_t^{(2)} + S_t^{(3)}, \\ b_t = \frac{\alpha}{2(1-\alpha)^2}[(6-5\alpha)S_t^{(1)} - 2(5-4\alpha)S_t^{(2)} + (4-3\alpha)S_t^{(3)}], \\ c_t = \frac{\alpha^2}{2(1-\alpha)^2}[S_t^{(1)} - 2S_t^{(2)} + S_t^{(3)}]。 \end{cases}\tag{8.14}$$

例 8.4 某省 1978—1988 年全民所有制单位固定资产投资总额如表 8.5 所列,试预测 1989 年和 1990 年固定资产投资总额。

表 8.5　某省全民所有制单位固定资产投资总额及

一、二、三次指数平滑值和预测值计算表

（单位：亿元）

年份	t	投资总额 y_t	一次平滑值	二次平滑值	三次平滑值	y_{t+1}的估计值
1978	1	20.04	21.37	21.77	21.89	
1979	2	20.06	20.98	21.53	21.78	20.23
1980	3	25.72	22.40	21.79	21.78	19.56
1981	4	34.61	26.06	23.07	22.17	24.49
1982	5	51.77	33.78	26.28	23.40	34.59
1983	6	55.92	40.42	30.52	25.54	53.89
1984	7	80.65	52.49	37.11	29.01	64.58
1985	8	131.11	76.07	48.80	34.95	89.30
1986	9	148.58	97.83	63.51	43.52	142.42
1987	10	162.67	117.28	79.64	54.35	176.09
1988	11	232.26	151.77	101.28	68.43	196.26

解　从图 8.1 可以看出，投资总额呈二次曲线上升，可用三次指数平滑法进行预测。

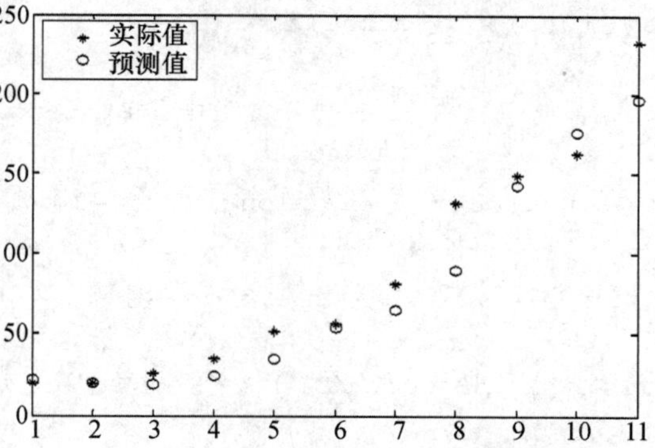

图 8.1　某省固定资产投资总额趋势图

取 $\alpha=0.3$，初始值 $S_1^{(0)}=S_2^{(0)}=S_3^{(0)}=\dfrac{y_1+y_2+y_3}{3}=21.94$。计算 $S_t^{(1)},S_t^{(2)},S_t^{(3)}$ 列于表 8.5 中，得

$$S_{11}^{(1)}=151.77,S_{11}^{(2)}=101.28,S_{11}^{(3)}=68.43。$$

由式(8.14)，可得到当 $t=11$ 时，有

$$a_{11}=219.91,b_{11}=38.38,c_{11}=1.62,$$

于是，得 $t=11$ 时预测模型为

$$\hat{y}_{11+m}=219.91+38.38m+1.62m^2。$$

预测 1989 年和 1990 年的固定资产投资总额为（单位：亿元）

$$\hat{y}_{1989}=\hat{y}_{12}=\hat{y}_{11+1}=a_{11}+b_{11}+c_{11}=259.92,$$
$$\hat{y}_{1990}=\hat{y}_{13}=\hat{y}_{11+2}=a_{11}+2b_{11}+2^2c_{11}=303.16。$$

因为国家从1989年开始对固定资产投资采取压缩政策，这些预测值显然偏高，应作适当的修正，以消除政策因素的影响。

与二次指数平滑法一样，为了计算各期的模拟值，可将式(8.14)代入预测模型式(8.13)，并令 $m=1$，得

$$\hat{y}_{t+1}=\frac{3-3\alpha+\alpha^2}{(1-\alpha)^2}S_t^{(1)}-\frac{3-\alpha}{(1-\alpha)^2}S_t^{(2)}+\frac{1}{(1-\alpha)^2}S_t^{(3)}。 \tag{8.15}$$

令 $t=0,1,2,\cdots,10$，由式(8.15)可求出各期的模拟值，见表8.5。

计算的 Matlab 程序如下：

```
clc,clear
yt = load('touzi.txt'); % 原始投资总额数据以列向量的方式存放在纯文本文件中
n = length(yt); alpha = 0.3; st0 = mean(yt(1:3));
st1(1) = alpha * yt(1) + (1 - alpha) * st0;
st2(1) = alpha * st1(1) + (1 - alpha) * st0;
st3(1) = alpha * st2(1) + (1 - alpha) * st0;
for i = 2:n
    st1(i) = alpha * yt(i) + (1 - alpha) * st1(i - 1);
    st2(i) = alpha * st1(i) + (1 - alpha) * st2(i - 1);
    st3(i) = alpha * st2(i) + (1 - alpha) * st3(i - 1);
end
xlswrite('touzi.xls',[st1',st2',st3']) % 把数据写在前三列
at = 3 * st1 - 3 * st2 + st3;
bt = 0.5 * alpha /(1 - alpha)^2 * ((6 - 5 * alpha) * st1 - 2 * (5 - 4 * alpha) * st2 + (4
- 3 * alpha) * st3);
ct = 0.5 * alpha^2 /(1 - alpha)^2 * (st1 - 2 * st2 + st3);
yhat = at + bt + ct;
xlswrite('touzi.xls',yhat','Sheet1','D2') % 把数据写在第 4 列第 2 行开始的位置
plot(1:n,yt,'D',2:n,yhat(1:end - 1),'*')
legend('实际值','预测值','Location','northwest') % 图注显示在左上角
xishu = [ct(end),bt(end),at(end)]; % 二次预测多项式的系数向量
yhat1990 = polyval(xishu,2) % 求预测多项式 m = 2 时的值
```

指数平滑预测模型是以时刻 t 为起点，综合历史序列的信息，对未来进行预测的。选择合适的加权系数 α 是提高预测精度的关键环节。根据实践经验，α 的取值范围一般以0.1～0.3为宜。α 值越大，加权系数序列衰减速度越快，所以实际上 α 取值大小起着控制参加平均的历史数据个数的作用。α 值越大意味着采用的数据越少。因此，可以得到选择 α 值的一些基本准则：

(1) 如果序列的基本趋势比较稳，预测偏差由随机因素造成，则 α 值应取小一些，以减少修正幅度，使预测模型能包含更多历史数据的信息。

(2) 如果预测目标的基本趋势已发生系统的变化，则 α 值应取得大一些。这样，可以偏重新数据的信息对原模型进行大幅度修正，以使预测模型适应预测目标的新变化。

另外，由于指数平滑公式是递推计算公式，所以必须确定初始值 $S_0^{(1)},S_0^{(2)},S_0^{(3)}$。可以取前3～5个数据的算术平均值作为初始值。

8.1.3 差分指数平滑法

当时间序列的变动具有直线趋势时,用一次指数平滑法会出现滞后偏差,其原因在于数据不满足模型要求。因此,也可以从数据变换的角度来考虑改进措施,即在运用指数平滑法以前先对数据作一些技术上的处理,使之能适合于一次指数平滑模型,然后再对输出结果作技术上的返回处理,使之恢复为原变量的形态。差分方法是改变数据变动趋势的简易方法。下面讨论如何用差分方法来改进指数平滑法。

1. 一阶差分指数平滑法

当时间序列呈直线增加时,可运用一阶差分指数平滑模型来预测。其公式如下:

$$\nabla y_t = y_t - y_{t-1}, \tag{8.16}$$

$$\nabla \hat{y}_{t+1} = \alpha \nabla y_t + (1-\alpha) \nabla \hat{y}_t, \tag{8.17}$$

$$\hat{y}_{t+1} = \nabla \hat{y}_{t+1} + y_t, \tag{8.18}$$

式中:∇为差分记号。

式(8.16)表示对呈现直线增加的序列作一阶差分,构成一个平稳的新序列;式(8.18)表示把经过一阶差分后的新序列的指数平滑预测值与变量当前的实际值叠加,作为变量下一期的预测值。对于这个公式的数学意义可作如下的解释。

因为

$$y_{t+1} = y_{t+1} - y_t + y_t = \nabla y_{t+1} + y_t, \tag{8.19}$$

采用按式(8.18)计算的预测值去估计式(8.19)中的 y_{t+1},从而式(8.19)等号左边的 y_{t+1} 也要改为预测值,亦即成为式(8.18)。

前面已分析过,指数平滑值实际上是一种加权平均数。因此,把序列中逐期增量的加权平均数(指数平滑值)加上当前值的实际数进行预测,比一次指数平滑法只用变量以往取值的加权平均数作为下一期的预测更合理,从而使预测值始终围绕实际值上下波动,从根本上解决了在有直线增长趋势的情况下,用一次指数平滑法所得出的结果始终落后于实际值的问题。

例 8.5 某工业企业 1977—1986 年锅炉燃料消耗量资料如表 8.6 所列,试预测 1987 年的燃料消耗量。

表 8.6 某企业锅炉燃料消耗量的差分指数平滑法计算表($\alpha=0.4$) (单位:百吨)

年份	t	燃料消耗量 y_t	差分	差分指数平滑值	预测值
1977	1	24			
1978	2	26	2	2	26
1979	3	27	1	2	28
1980	4	30	3	1.6	28.6
1981	5	32	2	2.16	32.16
1982	6	33	1	2.10	34.10
1983	7	36	3	1.66	34.66
1984	8	40	4	2.19	38.19
1985	9	41	1	2.92	42.92
1986	10	44	3	2.15	43.15
1987	11			2.49	46.49

解 由资料可以看出,燃料消耗量,除个别年份外,逐期增长量大体在200t左右,即呈直线增长,因此可用一阶差分指数平滑模型来预测。取 $\alpha=0.4$,初始值为差分序列首项值,计算结果列于表8.6中。

预测1987年燃料消耗量为

$$\hat{y}_{1987}=46.49(\text{百吨})。$$

计算的Matlab程序如下:

```
clc,clear
yt = load('ranliao.txt'); % 实际燃料消耗量数据以列向量的方式存放在纯文本文件中
n = length(yt); alpha = 0.4;
dyt = diff(yt); % 求yt的一阶向前差分
dyt = [0;dyt]; % 这里使用的是一阶向后差分,加"0"补位
dyhat(2) = dyt(2); % 指数平滑值的初始值
for i = 2:n
    dyhat(i+1) = alpha * dyt(i) + (1 - alpha) * dyhat(i);
end
for i = 1:n
    yhat(i+1) = dyhat(i+1) + yt(i);
end
yhat
xlswrite('ranliao.xls',[yt,dyt])
xlswrite('ranliao.xls',[dyhat',yhat'],'Sheet1','C1')
```

2. 二阶差分指数平滑模型

当时间序列呈现二次曲线增长时,可用二阶差分指数平滑模型来预测,计算公式如下:

$$\nabla y_t = y_t - y_{t-1}, \tag{8.20}$$

$$\nabla^2 y_t = \nabla y_t - \nabla y_{t-1}, \tag{8.21}$$

$$\nabla^2 \hat{y}_{t+1} = \alpha \nabla^2 y_t + (1-\alpha)\nabla^2 \hat{y}_t, \tag{8.22}$$

$$\hat{y}_{t+1} = \nabla^2 \hat{y}_{t+1} + \nabla y_t + y_t, \tag{8.23}$$

式中:∇^2 为二阶差分。

因为

$$y_{t+1} = y_{t+1} - y_t + y_t = \nabla y_{t+1} + y_t = (\nabla y_{t+1} - \nabla y_t) + \nabla y_t + y_t = \nabla^2 y_{t+1} + \nabla y_t + y_t,$$

所以,用 $\nabla^2 y_{t+1}$ 的估计值代替 $\nabla^2 y_{t+1}$ 得到式(8.23)。

差分方法和指数平滑法的联合运用,除了能克服一次指数平滑法的滞后偏差之外,对初始值的问题也有显著的改进。因为数据经过差分处理后,所产生的新序列基本上是平稳的。这时,初始值取新序列的第一期数据对于未来预测值不会有多大影响。其次,它拓展了指数平滑法的适用范围,但是,对于指数平滑法存在的加权系数 α 的选择问题,以及只能逐期预测问题,差分指数平滑模型并未改进。

8.1.4 具有季节性特点的时间序列的预测

这里提到的季节,可以是自然季节,也可以是某种产品的销售季节等。显然,在现实

的经济活动中，表现为季节性的时间序列是非常多的，比如空调、季节性服装的生产与销售所产生的数据等。对于季节性时间序列的预测，要从数学上完全拟合其变化曲线是非常困难的。但预测的目的是为了找到时间序列的变化趋势，尽可能地做到精确。从这个意义上讲，可以有多种方法，下面介绍其中一种，即所谓季节系数法。季节系数法的具体计算步骤如下：

(1) 收集 m 年的每年各季度或者各月份(每年 n 个季度)的时间序列样本数据 a_{ij}。其中，i 表示年份的序号($i=1,2,\cdots,m$)，j 表示季度或者月份的序号($j=1,2,\cdots,n$)。

(2) 计算每年所有季度或所有月份的算术平均值 $\bar{a}$，即

$$\bar{a} = \frac{1}{k}\sum_{i=1}^{m}\sum_{j=1}^{n} a_{ij}, k = mn。$$

(3) 计算同季度或同月份数据的算术平均值 $\bar{a}_{\cdot j} = \frac{1}{m}\sum_{i=1}^{m} a_{ij}, j = 1,2,\cdots,n$。

(4) 计算季度系数或月份系数 $b_j = \bar{a}_{\cdot j}/\bar{a}$。

(5) 预测计算。当时间序列是按季度列出时，先求出预测年份(下一年)的年加权平均

$$y_{m+1} = \frac{\sum_{i=1}^{m} w_i y_i}{\sum_{i=1}^{m} w_i},$$

式中：$y_i = \sum_{j=1}^{n} a_{ij}$ 为第 i 年的年合计数；w_i 为第 i 年的权数，按自然数列取值，即 $w_i = i$。

再计算预测年份的季度平均值 $\bar{y}_{m+1}$：$\bar{y}_{m+1} = y_{m+1}/n$。最后，预测年份第 j 季度的预测值为

$$y_{m+1,j} = b_j \bar{y}_{m+1}。$$

例 8.6 某商店某类商品 1999—2003 年各季度的销售额如表 8.7 所列。试预测 2004 年各季度的销售额。

表 8.7 某商店某类商品 1999—2003 年各季度销售额 (单位:元)

年份 \ 季度	1	2	3	4
1999	137920	186742	274561	175433
2000	142814	198423	265419	183521
2001	131002	193987	247556	169847
2002	157436	200144	283002	194319
2003	149827	214301	276333	185204

解 把表 8.7 中的销售额数据保存在纯文本文件 jijie. txt 中，编写如下的 Matlab 程序：

```
clc, clear
format long g
a=load('jijie.txt');
```

```
[m,n] = size(a);
a_mean = mean(mean(a)); % 计算所有数据的算术平均值
aj_mean = mean(a); % 计算同季节的算术平均值
bj = aj_mean/a_mean % 计算季节系数
w = 1:m;
yhat = w * sum(a,2)/sum(w) % 预测下一年的年加权平均值,这里是求行和
yjmean = yhat/n % 计算预测年份的季节平均值
yjhat = yjmean * bj % 预测年份的季节预测值
format % 恢复默认的显示格式
```

8.2 平稳时间序列模型

这里的平稳是指宽平稳,其特性是序列的统计特性不随时间的平移而变化,即均值和协方差不随时间的平移而变化。

8.2.1 时间序列的基本概念

定义 8.1 给定随机过程$\{X_t, t\in T\}$。固定 t,X_t 是一个随机变量,设其均值为 μ_t,当 t 变动时,此均值是 t 的函数,记为

$$\mu_t = E(X_t),$$

称为随机过程的均值函数。

固定 t,设 X_t 的方差为 σ_t^2。当 t 变动时,这个方差也是 t 的函数,记为

$$\sigma_t^2 = \mathrm{Var}(X_t) = E[(X_t-\mu_t)^2]。$$

称为随机过程的方差函数。方差函数的平方根 σ_t 称为随机过程的标准差函数,它表示随机过程 X_t 对于均值函数 μ_t 的偏离程度。

定义 8.2 对随机过程$\{X_t, t\in T\}$,取定 $t,s\in T$,定义其自协方差函数为

$$\gamma_{t,s} = \mathrm{Cov}(X_t, X_s) = E[(X_t-\mu_t)(X_s-\mu_s)]。$$

为刻画$\{X_t, t\in T\}$在时刻 t 与 s 之间的相关性,还可将 $\gamma_{t,s}$ 标准化,即定义自相关函数

$$\rho_{t,s} = \frac{\gamma_{t,s}}{\sqrt{\gamma_{t,t}}\sqrt{\gamma_{s,s}}} = \frac{\gamma_{t,s}}{\sigma_t\sigma_s}。$$

因此,自相关函数 $\rho_{t,s}$ 是标准化自协方差函数。

定义 8.3 设随机序列$\{X_t, t=0,\pm1,\pm2,\cdots\}$满足

(1) $E(X_t)=\mu=$ 常数。

(2) $\gamma_{t+k,t}=\gamma_k(k=0,\pm1,\pm2,\cdots)$与 t 无关。

则称 X_t 为平稳随机序列(平稳时间序列),简称平稳序列。

定义 8.4 设平稳序列$\{\varepsilon_t, t=0,\pm1,\pm2,\cdots\}$的自协方差函数为

$$\gamma_k = \sigma^2\delta_{k,0} = \begin{cases}0, & k\neq 0,\\ \sigma^2, & k=0,\end{cases}$$

式中

$$\delta_{k,0} = \begin{cases} 1, & k = 0, \\ 0, & k \neq 0, \end{cases}$$

则称该序列为平稳白噪声序列。

平稳白噪声序列的方差是常数 σ^2,因为 $\gamma_k = 0(k \neq 0)$,所以 ε_t 的任意两个不同时点之间是不相关的。平稳白噪声序列是一种最基本的平稳序列。

对平稳序列 X_t 的样本 $X_1, X_2, \cdots, X_n$,可以用样本均值估计随机序列的均值

$$\hat{\mu} = \frac{1}{n}\sum_{i=1}^{n} X_t = \bar{X}。$$

样本自协方差函数有如下两种形式:

$$\hat{\gamma}_k = \frac{1}{n}\sum_{t=1}^{n-k}(X_{t+k} - \bar{X})(X_t - \bar{X}), 0 \leqslant k \leqslant n-1,$$

或者

$$\hat{\gamma}_k^* = \frac{1}{n-k}\sum_{t=1}^{n-k}(X_{t+k} - \bar{X})(X_t - \bar{X}), 0 \leqslant k \leqslant n-1,$$

且 $\hat{\gamma}_{-k} = \hat{\gamma}_k(\hat{\gamma}_{-k}^* = \hat{\gamma}_k^*)$。

样本自相关函数为

$$\hat{\rho}_k = \frac{\hat{\gamma}_k}{\hat{\gamma}_0}, 0 \leqslant k \leqslant n-1,$$

或者

$$\hat{\rho}_k^* = \frac{\hat{\gamma}_k^*}{\hat{\gamma}_0}, 0 \leqslant k \leqslant n-1。$$

定义 8.5 设 $\{\varepsilon_t, t = 0, \pm 1, \pm 2, \cdots\}$ 是零均值平稳白噪声, $\mathrm{Var}(\varepsilon_t) = \sigma_\varepsilon^2$。若 $\{G_k, k = 0, 1, 2, \cdots\}$ 是一数列,满足

$$\sum_{k=0}^{\infty} |G_k| < +\infty, G_0 = 1, \tag{8.24}$$

定义随机序列

$$X_t = \sum_{k=0}^{\infty} G_k \varepsilon_{t-k}, \tag{8.25}$$

则 X_t 称为随机线性序列。在条件(8.24)下,可证式(8.25)中的 X_t 是平稳序列。若零均值平稳序列 X_t 能表示为式(8.25)的形式,则这种形式称为传递形式,$\{G_k, k = 0, 1, 2, \cdots\}$ 称为 Green 函数。

定义 8.6 设 $\{X_t, t = 0, \pm 1, \pm 2, \cdots\}$ 是零均值平稳序列,从时间序列预报的角度引出偏相关函数的定义。如果已知 $\{X_{t-1}, X_{t-2}, \cdots, X_{t-k}\}$ 的值,要求对 X_t 做出预报。此时,可以考虑由 $\{X_{t-1}, X_{t-2}, \cdots, X_{t-k}\}$ 对 X_t 的线性最小均方估计,即选择系数 $\varphi_{k,1}, \varphi_{k,2}, \cdots, \varphi_{k,k}$,使得

$$\min \delta = E[(X_t - \sum_{j=1}^{k} \varphi_{k,j} X_{t-j})^2]。$$

将 δ 展开,得

$$\delta = \gamma_0 - 2\sum_{j=1}^{k}\varphi_{k,j}\gamma_j + \sum_{j=1}^{k}\sum_{i=1}^{k}\varphi_{k,j}\varphi_{k,i}\gamma_{j-i}。$$

令 $\frac{\partial\delta}{\partial\varphi_{k,j}}=0, j=1,2,\cdots,k$,得

$$-\gamma_j + \sum_{i=1}^{k}\varphi_{k,i}\gamma_{j-i} = 0, j = 1,2,\cdots,k。$$

两端同除 γ_0 并写成矩阵形式,可知 $\varphi_{k,j}$ 应满足下列线性方程组:

$$\begin{bmatrix} 1 & \rho_1 & \cdots & \rho_{k-1} \\ \rho_1 & 1 & \cdots & \rho_{k-2} \\ \vdots & \vdots & \ddots & \vdots \\ \rho_{k-1} & \rho_{k-2} & \cdots & 1 \end{bmatrix}\begin{bmatrix} \varphi_{k,1} \\ \varphi_{k,2} \\ \vdots \\ \varphi_{k,k} \end{bmatrix} = \begin{bmatrix} \rho_1 \\ \rho_2 \\ \vdots \\ \rho_k \end{bmatrix}。\tag{8.26}$$

式(8.26)称为 Yule - Walker 方程。$\{\varphi_{k,k}, k=1,2,\cdots\}$ 称为 X_t 的偏相关函数。

下面介绍一种重要的平稳时间序列——ARMA 时间序列。ARMA 时间序列分为三种类型:

AR 序列,即自回归序列(Auto Regressive Model)。

MA 序列,即移动平均序列(Moving Average Model)。

ARMA 序列,即自回归移动平均序列(Auto Regressive Moving Average Model)。

1. AR(p)序列

设$\{X_t, t=0, \pm1, \pm2,\cdots\}$是零均值平稳序列,满足下列模型:

$$X_t = \varphi_1 X_{t-1} + \varphi_2 X_{t-2} + \cdots + \varphi_p X_{t-p} + \varepsilon_t \tag{8.27}$$

式中:ε_t 为零均值、方差是 σ_ε^2 的平稳白噪声;X_t 为阶数为 p 的自回归序列,简记为AR(p)序列;$\boldsymbol{\varphi}$ 为自回归参数向量,且

$$\boldsymbol{\varphi} = [\varphi_1, \varphi_2, \cdots, \varphi_p]^{\mathrm{T}},$$

称其分量 $\varphi_j, j=1,2,\cdots,p$ 称为自回归系数。

引进后移算子对描述式(8.27)比较方便。算子 B 定义如下:

$$BX_t \equiv X_{t-1}, B^k X_t \equiv X_{t-k}。$$

记算子多项式

$$\varphi(B) = 1 - \varphi_1 B - \varphi_2 B^2 - \cdots - \varphi_p B^p,$$

则式(8.27)可以改写为

$$\varphi(B) X_t = \varepsilon_t。$$

2. MA(q)序列

设$\{X_t, t=0, \pm1, \pm2,\cdots\}$是零均值平稳序列,满足下列模型:

$$X_t = \varepsilon_t - \theta_1\varepsilon_{t-1} - \theta_2\varepsilon_{t-2} - \cdots - \theta_q\varepsilon_{t-q}, \tag{8.28}$$

式中:ε_t 为零均值、方差是 σ_ε^2 的平稳白噪声;X_t 为阶数为 q 的移动平均序列,简记为MA(q)序列;$\boldsymbol{\theta}$ 为移动平均参数向量,且

$$\boldsymbol{\theta} = [\theta_1, \theta_2, \cdots, \theta_q]^{\mathrm{T}},$$

称其分量 $\theta_j, j=1,2,\cdots,q$ 称为移动平均系数。

在工程上,一个平稳白噪声发生器通过一个线性系统,如果其输出是白噪声的线性叠加,那么这一输出服从 MA 模型。

对于线性后移算子 B,有

$$B\varepsilon_t \equiv \varepsilon_{t-1}, B^k\varepsilon_t \equiv \varepsilon_{t-k},$$

再引进算子多项式

$$\theta(B) = 1 - \theta_1 B - \theta_2 B^2 - \cdots - \theta_q B^q,$$

则式(8.28)可以改写为

$$X_t = \theta(B)\varepsilon_t。$$

3. ARMA(p,q)序列

设$\{X_t, t=0,\pm1,\pm2,\cdots\}$是零均值平稳序列,满足下列模型:

$$X_t - \varphi_1 X_{t-1} - \cdots - \varphi_p X_{t-p} = \varepsilon_t - \theta_1\varepsilon_{t-1} - \cdots - \theta_q\varepsilon_{t-q}, \tag{8.29}$$

式中:ε_t 为零均值、方差是 σ_ε^2 的平稳白噪声;X_t 为阶数为 p,q 的自回归移动平均序列,简记为 ARMA(p,q)序列,当 $q=0$ 时是 AR(p)序列,当 $p=0$ 时是 MA(q)序列。

应用算子多项式 $\varphi(B),\theta(B)$,式(8.29)可以写为

$$\varphi(B)X_t = \theta(B)\varepsilon_t。$$

对于一般的平稳序列$\{X_t, t=0,\pm1,\pm2,\cdots\}$,设其均值 $E(X_t)=\mu$,满足下列模型:

$$(X_t-\mu) - \varphi_1(X_{t-1}-\mu) - \cdots - \varphi_p(X_{t-p}-\mu) = \varepsilon_t - \theta_1\varepsilon_{t-1} - \cdots - \theta_q\varepsilon_{t-q} \tag{8.30}$$

式中:ε_t 为零均值、方差是 σ_ε^2 的平稳白噪声。

利用后移算子 $\varphi(B),\theta(B)$,式(8.30)可表为

$$\varphi(B)(X_t-\mu) = \theta(B)\varepsilon_t。$$

关于算子多项式 $\varphi(B),\theta(B)$,通常还要作下列假定:

(1) $\varphi(B)$和$\theta(B)$无公共因子,又 $\varphi_p\neq0,\theta_q\neq0$。

(2) $\varphi(B)=0$ 的根全在单位圆外,这一条件称为模型的平稳性条件。

(3) $\theta(B)=0$ 的根全在单位圆外,这一条件称为模型的可逆性条件。

8.2.2 ARMA 模型的构建及预报

在实际问题建模中,首先要进行模型的识别与定阶,即要判断 AR(p)、MA(q)或 ARMA(p,q)模型的类别,并估计阶数 p,q。其实,这都归结到模型的定阶问题。当模型定阶后,就要对模型参数 $\boldsymbol{\varphi}=[\varphi_1,\varphi_2,\cdots,\varphi_p]^{\mathrm{T}}$ 及 $\boldsymbol{\theta}=[\theta_1,\theta_2,\cdots,\theta_q]^{\mathrm{T}}$ 进行估计。定阶与参数估计完成后,还要对模型进行检验,即要检验 ε_t 是否为平稳白噪声。若检验获得通过,则 ARMA 时间序列的建模完成。作为时间序列建模之后的一个重要应用,我们还要讨论 ARMA 时间序列的预报。

1. ARMA 模型的构建

1) ARMA 模型定阶的 AIC 准则

AIC 准则又称 Akaike 信息准则,是由日本统计学家 Akaike 于 1974 年提出的。AIC

准则是信息论与统计学的重要研究成果,具有重要的意义。

ARMA(p,q)序列 AIC 定阶准则为:选 p,q,使得

$$\min \quad \text{AIC} = n\ln\hat{\sigma}_{\varepsilon}^{2} + 2(p+q+1), \tag{8.31}$$

其中:n 为样本容量;$\hat{\sigma}_{\varepsilon}^{2}$ 为 σ_{ε}^{2} 的估计,与 p 和 q 有关。若当 $p=\hat{p}, q=\hat{q}$ 时,式(8.31)达到最小值,则认为序列是 ARMA($\hat{p},\hat{q}$)。

当 ARMA(p,q)序列含有未知均值参数 μ 时,模型为

$$\varphi(B)(X_t-\mu) = \theta(B)\varepsilon_t,$$

这时,未知参数个数为 $k=p+q+2$,AIC 准则为:选取 p,q,使得

$$\min \quad \text{AIC} = n\ln\hat{\sigma}_{\varepsilon}^{2} + 2(p+q+2)。 \tag{8.32}$$

实际上,式(8.31)与式(8.32)有相同的最小值点 $\hat{p},\hat{q}$。

2) ARMA 模型的参数估计

ARMA 模型的参数估计有矩估计、逆函数估计、最小二乘估计、条件最小二乘估计、最大似然估计等方法,这里不给出各种估计的数学原理和参数估计表达式,直接使用 Matlab 工具箱给出相关的参数估计。

3) ARMA 模型检验的 χ^2 检验

若拟合模型的残差记为 $\hat{\varepsilon}_t$,它是 ε_t 的估计。例如,对 AR(p)序列,设未知参数的估计是 $\hat{\varphi}_1,\hat{\varphi}_2,\cdots,\hat{\varphi}_p$,则残差

$$\hat{\varepsilon}_t = X_t - \hat{\varphi}_1 X_{t-1} - \cdots - \hat{\varphi}_p X_{t-p}, t = 1,2,\cdots,n(\text{设 } X_0 = X_{-1} = \cdots = X_{1-p} = 0)。$$

记

$$\eta_k = \frac{\sum_{t=1}^{n-k}\hat{\varepsilon}_t\hat{\varepsilon}_{t+k}}{\sum_{t=1}^{n}\hat{\varepsilon}_t^2}, k = 1,2\cdots,L,$$

其中:L 为 $\hat{\varepsilon}_t$ 自相关函数的拖尾数。Ljung – Box 的 χ^2 检验统计量是

$$\chi^2 = n(n+2)\sum_{k=1}^{L}\frac{\eta_k^2}{n-k}。 \tag{8.33}$$

检验的假设是

$$H_0:\rho_k = 0, \text{当 } k \leqslant L; H_1: \text{对某些 } k \leqslant L, \rho_k \neq 0。$$

在 H_0 成立时,若样本容量 n 充分大,χ^2 近似于 $\chi^2(L-r)$ 分布,其中 r 是估计的模型参数个数。

χ^2 检验法:给定显著性水平 α,查表得上 α 分位数 $\chi_{\alpha}^2(L-r)$,则当 $\chi^2 > \chi_{\alpha}^2(L)$ 时拒绝 H_0,即认为 ε_t 非白噪声,模型检验未通过;而当 $\chi^2 \leqslant \chi_{\alpha}^2(L-r)$ 时,接受 H_0,认为 ε_t 是白噪声,模型通过检验。

Matlab 中作 Ljung – Box 检验的函数为 lbqtest。

2. ARMA(p,q)序列的预报

时间序列的 m 步预报,是根据 $\{\boldsymbol{X}_k, \boldsymbol{X}_{k-1}, \cdots\}$ 的取值对未来 $k+m$ 时刻的随机变量 $\boldsymbol{X}_{k+m}(m>0)$ 做出估计。估计量记作 $\hat{X}_k(m)$,它是 $\boldsymbol{X}_k, \boldsymbol{X}_{k-1}, \cdots$ 的线性组合。

1）AR(p)序列的预报

AR(p)序列的预报递推公式为

$$\begin{cases}\hat{X}_k(1) = \varphi_1 X_k + \varphi_2 X_{k-1} + \cdots + \varphi_p X_{k-p+1}, \\ \hat{X}_k(2) = \varphi_1 \hat{X}_k(1) + \varphi_2 X_k + \cdots + \varphi_p X_{k-p+2}, \\ \qquad \vdots \\ \hat{X}_k(p) = \varphi_1 \hat{X}_k(p-1) + \varphi_2 \hat{X}_k(p-2) + \cdots + \varphi_{p-1}\hat{X}_k(1) + \varphi_p X_k, \\ \hat{X}_k(m) = \varphi_1 \hat{X}_k(m-1) + \varphi_2 \hat{X}_k(m-2) + \cdots + \varphi_p \hat{X}_k(m-p), m > p。\end{cases} \tag{8.34}$$

由此可见，$\hat{X}_k(m)(m\geqslant 1)$ 仅依赖于 X_t 的 k 时刻以前的 p 个时刻的值 $X_k, X_{k-1}, \cdots, X_{k-p+1}$。这是 AR($p$)序列预报的特点。

2）MA(q)与 ARMA(p,q)序列的预报

关于 MA(q)序列 $\{X_t, t=0, \pm 1, \pm 2, \cdots\}$ 的预报，有

$$\hat{X}_k(m) = 0, m > q。$$

因此，只需要讨论 $\hat{X}_k(m), m=1,2,\cdots,q$。为此，定义预报向量

$$\hat{\boldsymbol{X}}_k^{(q)} = [\hat{X}_k(1), \hat{X}_k(2), \cdots, \hat{X}_k(q)]^{\mathrm{T}}。\tag{8.35}$$

所谓递推预报是求 $\hat{X}_k^{(q)}$ 与 $\hat{X}_{k+1}^{(q)}$ 的递推关系，对 MA(q)序列，有

$$\begin{aligned}\hat{X}_{k+1}(1) &= \theta_1 \hat{X}_k(1) + \hat{X}_k(2) - \theta_1 X_{k+1}, \\ \hat{X}_{k+1}(2) &= \theta_2 \hat{X}_k(1) + \hat{X}_k(3) - \theta_2 X_{k+1}, \\ &\vdots \\ \hat{X}_{k+1}(q-1) &= \theta_{q-1} \hat{X}_k(1) + \hat{X}_k(q) - \theta_{q-1} X_{k+1}, \\ \hat{X}_{k+1}(q) &= \theta_q \hat{X}_k(1) - \theta_q X_{k+1}。\end{aligned}$$

从而得

$$\hat{\boldsymbol{X}}_{k+1}^{(q)} = \begin{bmatrix}\theta_1 & 1 & 0 & \cdots & 0 \\ \theta_2 & 0 & 1 & \cdots & 0 \\ \vdots & \vdots & \vdots & \ddots & \vdots \\ \theta_{q-1} & 0 & 0 & \cdots & 1 \\ \theta_q & 0 & 0 & 0 & 0\end{bmatrix}\hat{\boldsymbol{X}}_k^{(q)} - \begin{bmatrix}\theta_1 \\ \theta_2 \\ \vdots \\ \theta_q\end{bmatrix}\boldsymbol{X}_{k+1}。\tag{8.36}$$

递推初值可取 $\hat{\boldsymbol{X}}_{k_0}^{(q)} = 0$（$k_0$ 较小）。因为模型的可逆性保证了递推式渐近稳定，即当 n 充分大后，初始误差的影响可以逐渐消失。

对于 ARMA(p,q)序列，有

$$\hat{X}_k(m) = \varphi_1 \hat{X}_k(m-1) + \varphi_2 \hat{X}_k(m-2) + \cdots + \varphi_p \hat{X}_k(m-p), m > p。$$

因此，只需要知道 $\hat{X}_k(1), \hat{X}_k(2), \cdots, \hat{X}_k(p)$，就可以递推算得 $\hat{X}_k(m), m>p$。仍定义预报向量(8.35)。令

$$\varphi_j^* = \begin{cases}\varphi_j, & j = 1,2,\cdots,p, \\ 0, & j > p。\end{cases}$$

可得到下列递推预报公式：

$$\hat{X}_{k+1}^{(q)} = \begin{bmatrix} -G_1 & 1 & 0 & \cdots & 0 \\ -G_2 & 0 & 1 & \cdots & 0 \\ \vdots & \vdots & \vdots & \ddots & \vdots \\ -G_{q-1} & 0 & 0 & \cdots & 1 \\ -G_q+\varphi_q^* & \varphi_{q-1}^* & \varphi_{q-2}^* & \cdots & \varphi_1^* \end{bmatrix} \hat{X}_k^{(q)} + \begin{bmatrix} G_1 \\ G_2 \\ \vdots \\ G_{q-1} \\ G_q \end{bmatrix} X_{k+1} + \begin{bmatrix} 0 \\ 0 \\ \vdots \\ 0 \\ \sum_{j=q+1}^{p} \varphi_j^* X_{k+q+1-j} \end{bmatrix}。 \tag{8.37}$$

式中：G_j 满足 $X_t = \sum_{j=0}^{\infty} G_j \varepsilon_{t-j}$。式(8.37)中第三项当 $p \leqslant q$ 时为0。由可逆性条件保证，当 k_0 较小时，可令初值 $\hat{X}_{k0}^{(q)} = 0$。

在实际中，模型参数是未知的。若已建立了时间序列的模型，则理论模型中的未知参数用其估计替代，再用上面介绍的方法进行预报。

8.3 时间序列的 Matlab 相关工具箱及命令

Matlab 时间序列的相关命令在系统辨识(System Identification)工具箱、计量经济学(Econometrics)工具箱和金融(Financial)工具箱。

在系统辨识工具箱，有：观察数据的获取命令 idinput；数据预处理命令 detrend、idfilt、idresamp；模型结构的选择命令 struc、arxstruc、ivstruc 和 selstruc；参数估计命令 ar、arx、armax、ivx 等；模型预报与仿真的命令 compare、pe、predict、sim 等。

在计量经济学工具箱，有：模型参数获取或设置命令 garchget、garchset；建模和仿真等命令 garchfit、garchpred、garchsim。

在金融工具箱，有：构造时间序列数组的命令 fints、ascii2fts；用户图形界面解法命令 ftsgui、ftstool。

注：可以到 http://www.mathworks.com/help/网站下载相关工具箱用户使用手册的 pdf"帮助"文档。

8.3.1 系统辨识工具箱相关命令的使用

例 8.7 随机产生时间序列 $X_t + 0.6X_{t-1} + 0.2X_{t-2} = \varepsilon_t$ 的 10000 个观测值，其中的后 10 个数据见表 8.8，利用这 10000 个数据估计其模型参数，并预测第 10001、10002 和 10003 个值。

表 8.8 模拟观测数据

t	9991	9992	9993	9994	9995	9996	9997	9998	9999	10000
x_t	0.7752	0.2128	-1.2496	0.7664	-0.4751	0.9895	0.0470	1.6276	0.0101	-0.2287

注：表 8.8 中的数据是打开 Matlab 后第一次运行的数据，因为 Matlab 使用的是伪随机数，实际上是 Matlab 中已经排好序的数据。

解 首先利用 Matlab 软件辨识得到 AR(2)模型

$$y_t = -0.5786y_{t-1} - 0.1888y_{t-2} + \varepsilon_t,$$

利用式(8.34)计算的 3 个预测值分别为

$$\hat{x}_{10001} = -0.5786x_{10000} - 0.1888x_{9999} = 0.1304,$$

$$\hat{x}_{10002} = -0.5786\hat{x}_{10001} - 0.1888x_{10000} = -0.0323,$$

$$\hat{x}_{10003} = -0.5786\hat{x}_{10002} - 0.1888\hat{X}_{10001} = -0.0060。$$

计算的 Matlab 程序如下：

```
clc, clear
elps = randn(10000,1); x(1:2) =0;
for i =3:10000
    x(i) = -0.6 * x(i -1) -0.2 * x(i -2) + elps(i); % 产生模拟数据
end
xlswrite('data1.xls',x(end -9:end)) % 把 x 的后 10 个数据保存到 Excel 文件中
dlmwrite('mdata.txt',x) % 供下面例 8.13 的 GARCH 模型使用同样的数据
x = x'; m = ar(x,2) % 进行参数估计
xhat = forecast(m,x,3) % 计算 3 个预测值
```

Matlab 的计算结果显示为

```
A(q)y(t) = e(t),
A(q) = 1 +0.5786 q^ -1 + 0.1888 q^ -2.
```

例 8.8(续例 8.7) 随机产生时间序列 $X_t + 0.6X_{t-1} + 0.2X_{t-2} = \varepsilon_t$ 的 10000 个观测值，实际计算验证用 AIC 准则定阶的正确性。

解 序列的真阶是 $p=2$。分别用 AR(1)、AR(2)、AR(3)拟合(由于是随机模拟，每次的运行结果都是不一样的)，其中的一次运行结果的 AIC 值分别为 0.0083、-0.0325、-0.0324，显示应为 AR(2)序列。

运算的 Matlab 程序如下：

```
clc, clear
elps = randn(10000,1); x(1:2) =0;
for i =3:10000
    x(i) = -0.6 * x(i -1) -0.2 * x(i -2) + elps(i); % 产生模拟数据
end
for i =1:3
    m{i} = ar(x,i); % 拟合模型
    myaic(i) = aic(m{i}); % 计算 AIC 的值
end
myaic
```

例 8.9(续例 8.7) 随机产生时间序列 $X_t + 0.6X_{t-1} + 0.2X_{t-2} = \varepsilon_t$ 的 10000 个观测值，利用这 10000 个数据估计其模型参数，并用 χ^2 检验法进行模型检验。

解 计算的 Matlab 程序如下：

```
clc, clear
elps = randn(10000,1); x(1:2) =0;
```

```
for i =3:10000
      x(i) = -0.6 * x(i-1) -0.2 * x(i-2) +elps(i); % 产生模拟数据
end
x =x'; m =ar(x,2); % 拟合模型
xp =predict(m,x); % 计算已知数据的预测值
res =x -xp; % 计算残差向量,也可以使用命令 res =resid(m,x)计算残差向量
h =lbqtest(res) % 对残差向量进行 Ljung - Box 检验
```

检验结果为 h =0,模型通过了检验。

例 8.10 随机产生时间序列 $X_t=\varepsilon_t-0.6\varepsilon_{t-1}-0.2\varepsilon_{t-2}$ 的 10000 个观测值,其中的后 10 个数据见表 8.9,利用这 10000 个数据估计其模型参数。

表 8.9 模拟观测数据

t	9991	9992	9993	9994	9995	9996	9997	9998	9999	10000
x_t	0.0803	0.3235	−0.9669	0.0592	−0.2652	0.8577	0.5457	1.8538	0.9961	0.1029

解 利用 Matlab 软件求得的 MA(2) 模型为

$$y_t = \varepsilon_t - 0.5773\varepsilon_{t-1} - 0.2195\varepsilon_{t-2}。$$

计算的 Matlab 程序如下:

```
clc, clear
elps =randn(10000,1);
for i =3:10000
      x(i) =elps(i) -0.6 * elps(i -1) -0.2 * elps(i -2); % 产生模拟数据
end
x =x'; m =armax(x,[0,2]) % 拟合 ARMA(0,2)模型,x 必须为列向量
```

例 8.11 模拟产生下列时间序列的 10000 个观测数据

$$X_t - 0.8X_{t-1} = \varepsilon_t - 0.4\varepsilon_{t-1}, \varepsilon_t \sim N(0,1),$$

建立适当的 ARMA(p,q) 模型,并用 χ^2 检验法进行模型检验。

解 通过枚举法利用 AIC 准则,来对模型定阶,选取 AIC 取值最小的 p,q 作为模型的阶数。由于是随机模拟,每一次的运行结果都是不一样的,这里不给出具体的答案。

计算的 Matlab 程序如下:

```
clc,clear
randn('state',sum(clock)); % 初始化随机数发生器
elps =randn(1,10000); % 产生 10000 个服从标准正态分布的随机数
x(1) =0; % 赋初始值
for j =2:10000
      x(j) =0.8 * x(j -1) +elps(j) -0.4 * elps(j -1); % 产生样本点
end
x =x'; % 转换成下面需要的列向量
for i =0:3
      for j =0:3
        if i = =0 & j = =0
```

```
        continue % arma(p,q)模型中,p,q不能同时为0
      end
    m=armax(x,[i,j]); % 拟合模型,已知数据必须是列向量
    myaic=aic(m); % 计算 AIC 指标
    fprintf('p=%d,q=%d,AIC=%f\n',i,j,myaic); % 显示计算结果
  end
end
p=input('输入阶数 p=');q=input('输入阶数 q='); % 输入模型的阶数
m=armax(x,[p,q]) % 拟合指定参数 p,q 的模型
res=resid(m,x); % 计算残差向量
h=lbqtest(res) % 进行 chi2 检验
```

8.3.2 计量经济学工具箱相关命令的使用

本节主要介绍一下 GARCH 模型,GARCH 表示广义自回归条件异方差(Generalized Auto Regressive Conditional Heteroscedasticity)。GARCH 模型分为均值方程与方差方程两部分。

均值方程形式如下:

$$y_t = C + \sum_{i=1}^{R} \varphi_i y_{t-i} + \varepsilon_t + \sum_{j=1}^{M} \theta_j \varepsilon_{t-j} + \sum_{k=1}^{N_x} \beta_k \boldsymbol{X}(t,k), \tag{8.38}$$

式中:$\{\varphi_i\}$为自回归系数;$\{\theta_j\}$为移动平均系数;$\boldsymbol{X}$为解释回归矩阵,它的每一列是一个时间序列;$\boldsymbol{X}(t,k)$为该矩阵第 t 行第 k 列的数据。

GARCH(P,Q)模型方差方程形式如下:

$$\sigma_t^2 = K + \sum_{i=1}^{P} G_i \sigma_{t-i}^2 + \sum_{j=1}^{Q} A_j \varepsilon_{t-j}^2, \tag{8.39}$$

其中系数满足下列约束条件:

$$\sum_{i=1}^{P} G_i + \sum_{j=1}^{Q} A_j < 1,$$

$$K > 0, G_i > 0, A_j > 0, i = 1,2,\cdots,P; j = 1,2,\cdots,Q。$$

在工具箱中可以通过命令 garch 指定模型的结构,garch 的语法为

```
model = garch(P,Q)
model = garch(Name,Value)
```

其中:Name 为属性;Value 是对应的属性值。

在工具箱中可以通过命令 estimate 对模型中的参数进行估计,estimate 的语法为

```
EstMdl = estimate(Mdl,y)
```

式中:输入参数 Mdl 指定模型的结构;y 为时间序列的样本观测值;输出参数 EstMdl 是模型的参数估计值。

例 8.12 模拟产生下列时间序列的 10000 个观测数据:

$$\text{均值方程}\ y_t = 0.8y_{t-1} + \varepsilon_t + 0.4\varepsilon_{t-1}, \tag{8.40}$$

$$\text{方差方程}\ \sigma_t^2 = 0.01 + 0.2\sigma_{t-1}^2 + 0.3\varepsilon_{t-1}^2, \tag{8.41}$$

利用 GARCH 模型估计模型的参数,用χ^2 检验法进行模型检验,并预测第 10001,10002 和 10003 个值。

解 对比式(8.38)和式(8.40),式(8.39)和式(8.41),属性参数 $C=0$,AR = 0.8,MA = 0.4,$K=0.01$,GARCH = 0.2,ARCH = 0.3。由于是随机模拟,每一次运行的预测值都是不一样的。这里不再赘述。

计算的 Matlab 程序如下:

```
clc,clear
VarMd = garch('Constant',0.01,'GARCH',0.2,'ARCH',0.3); % 指定模型的结构
Md = arima('Constant',0,'AR',0.8,'MA',0.4, 'Variance',VarMd); % 指定模型的结构
[y,e,v] = simulate(Md,10000); % 产生指定结构模型的 10000 个模拟数据
ToEstVarMd = garch(1,1);
ToEstMd = arima('ARLags',1,'MALags',1,'Constant',0,'Variance',ToEstVarMd);
[EstMd,EstParamCov,logL,info] = estimate(ToEstMd,y)  % 模型拟合
res = infer(EstMd,y); % 计算残差
h = lbqtest(res) % 进行模型检验
yhat = forecast(EstMd,3,'Y0',y) % 预测未来的 3 个值
```

例 8.13(续例 8.7) 使用例 8.7 的数据建立 GARCH 预测模型。

解 这里不对模型进行定阶,只拟合一个 GARCH 模型,说明相关命令的用法。计算结果为

$$y_t = 0.0016 - 0.4862y_t + \varepsilon_t,$$
$$\sigma_t^2 = 0.5329 + 0.4607\sigma_{t-1}^2 + 0.0160\varepsilon_{t-1}^2。$$

3 个预测值分别为

$$\hat{x}_{10001} = 0.1128, \hat{x}_{10002} = -0.0532, \hat{x}_{10003} = 0.0275。$$

可以看出 3 个预测值与例 8.7 的预测值有差异,其原因是模型的结构不同。

计算的 Matlab 程序如下:

```
clc, clear
ToEstVarMd = garch(1,1);
% ToEstMd = arima('ARLags',1:2,'Variance',ToEstVarMd); % AR 的阶次取 2,无法通过
ToEstMd = arima('ARLags',1,'Variance',ToEstVarMd);
y = load('mydata.txt');
[EstMd,EstParamCov,logL,info] = estimate(ToEstMd,y')  % 模型拟合,注意 y 为列
向量
yhat = forecast(EstMd,3,'Y0',y') % 计算 3 个预测值
```

8.3.3 金融工具箱的使用

1. 金融工具箱的相关命令

金融工具箱有时间序列数组的创建命令 fints,把 ASCII 文件的内容保存为 Matlab 中的 fints 型时间序列变量的命令 ascii2fts。

例 8.14 利用 fints 函数创立日期型数组。

Matlab 程序如下:

```
price = [1:6]'
dates = [today:today + 5]'
obj = fints(dates,price)
```

ascii2fts 的调用格式为

```
tsobj = ascii2fts(filename, descrow, colheadrow, skiprows)
tsobj = ascii2fts(filename, timedata, descrow, colheadrow, skiprows)
```

其中:输入参数:

filename	文件名,用单引号扩起来;
timedata	判定是不是“天”数据,若是则输入字符串“t”,若不是则输入“nt”;
descrow	确定 ASCⅡ文件中文字说明的行数;
colheadrow	说明每列变量名所在的行数;
skiprows	ASCⅡ文件中不需要输入的行。

输出参数:

tsobj　　MATLAB 中 fints 型时间序列数据。

该工具箱还有把 fints 型数据转化为矩阵数据的函数 fts2mat,抽出时间序列某些数据的命令 extfield,合并多个时间序列的命令 merge,计算相关系数的命令 corrcoef,计算偏相关系数的命令 parcorr,计算自相关系数的命令 autocorr 等。

2. 金融工具箱的用户图形界面命令

用户图形界面解法有两个命令:ftsgui 和 ftstool。

1) ftsgui 用户图形界面功能介绍

在 Matlab 命令窗口输入如下代码:

```
> > ftsgui
```

时间序列主窗口显示如图 8.2 所示。

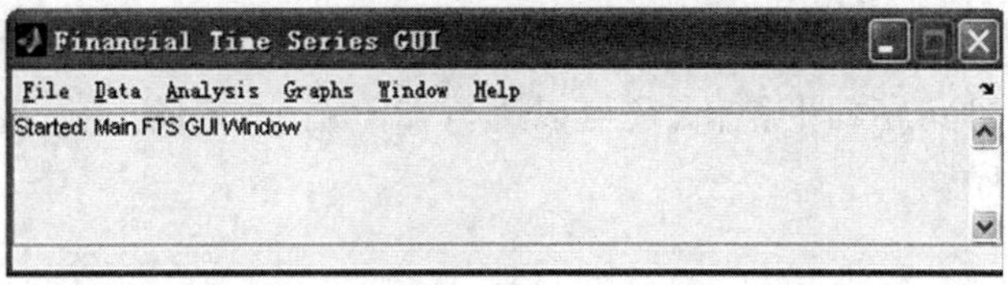

图 8.2　Matlab 时间序列用户图形界面

主窗口有 6 个菜单选项,分别是 File、Data、Analysis、Graphs、Windows、Help。举例来说,Matlab 自带有迪斯尼公司的股价数据文件,数据文件名是 disney. mat,其中含有迪斯尼股价的时间、开盘价、最高价、最低价、收盘价等内容,而且有缺失的数据,缺失的数据内容为 NaN 符号。在\matlab\R2014b\toolbox\finance\findemos 可以找到该文件。调入 disney. mat 文件后,同时还出现另外 3 个窗口。这是因为 disney 文件中含有 3 个 fints 型的数组 dis、dis_nv 和 q_dis,3 个窗口分别对应于不同的数组。

2) ftstool 用户图形界面功能介绍

ftstool 用户图形界面可以实现数据获取、转换、合并和画图的一些功能。

8.4 ARIMA 序列与季节性序列

前面介绍了平稳时间序列的建模与预报,在实际中遇到的时间序列往往有三个特性:趋势性、季节性与非平稳性。本节主要采用 Box - Jenkins 方法,即差分方法,有时还要用时间序列的变换方法,消除其趋势性、季节性,使得变换后的序列是平稳序列,并假设为 ARMA 序列,再用上面介绍的方法去研究。

8.4.1 ARIMA 序列及其预报

先看一个例子。考虑研究时间序列$\{X_t, t=0, \pm 1, \pm 2, \cdots\}$,满足

$$X_t - 1.5X_{t-1} + 0.5X_{t-2} = \varepsilon_t, \tag{8.42}$$

改写为$\varphi(B)X_t = \varepsilon_t$,其中$\varphi(B) = 1 - 1.5B + 0.5B^2$。$\varphi(B) = 0$的根是$B_1 = 1, B_2 = 2$,其中$B_1 = 1$在单位圆周上,并非在单位圆外,即原序列非平稳,因而不是 AR(2)序列。但若改写式(8.42)为

$$(X_t - X_{t-1}) - 0.5(X_{t-1} - X_{t-2}) = \varepsilon_t,$$

令

$$\nabla X_t = X_t - X_{t-1} = W_t, \tag{8.43}$$

则有

$$W_t - 0.5W_{t-1} = \varepsilon_t,$$

式中:W_t为 AR(1)序列。

式(8.43)定义的运算∇称为一阶向后差分运算。经过这样的一阶差分运算,原来的非平稳序列X_t转化为平稳序列W_t。

由上例可见,差分运算可以使一类非平稳序列(即带有趋势性的序列)平稳化。如果一阶差分还不能使时间序列平稳化,还可以进行二阶差分、三阶差分,直至第d阶差分,最后将序列化为平稳序列。

一阶差分:

$$\nabla X_t = X_t - X_{t-1} = (1-B)X_t,$$

二阶差分:

$$\nabla^2 X_t = X_t - 2X_{t-1} + X_{t-2} = (1-B)^2 X_t,$$

一般地,d阶差分

$$\nabla^d X_t = (1-B)^d X_t,$$

式中:∇^d称为d阶差分算子,有

$$\nabla^d \equiv (1-B)^d = 1 - \binom{d}{1}B + \binom{d}{2}B^2 + \cdots + (-1)^{d-1}\binom{d}{d-1}B^{d-1} + (-1)^d B^d。$$

设$\{X_t, t=0, \pm 1, \pm 2, \cdots\}$是非平稳序列。若存在正整数$d$,使得

$$\nabla^d X_t = W_t,$$

而$\{W_t,t=0,\pm1,\pm2,\cdots\}$是ARMA$(p,q)$序列,则称$X_t$是ARIMA$(p,d,q)$序列。这时,$X_t$满足

$$\varphi(B)\nabla^d X_t=\theta(B)\varepsilon_t。\tag{8.44}$$

若$\nabla^d X_t$为平稳序列,但均值$\mu\neq0$,则$\nabla^d X_t-\mu$为平稳零均值序列,满足

$$\varphi(B)(\nabla^d X_t-\mu)=\theta(B)\varepsilon_t,t>d,\tag{8.45}$$

此时,称X_t为一般ARIMA(p,d,q)序列,若μ未知,可用$\nabla^d X_t$的平均值$\bar{x}$估计。

若X_t的观测样本是$X_1,X_2,\cdots,X_n$,经过一阶差分后,数据减少为$n-1$个;二阶差分以后,数据为$n-2$个;一般地,d阶差分以后,数据为$n-d$个。由d阶差分$\nabla^d X_t$复原数据,需要给定初值$X_1,X_2,\cdots,X_d$。

在确定模型时,往往采用下面的方法。先对X_t的样本$X_1,X_2,\cdots,X_n$,计算样本自相关函数与样本偏相关函数。如果是截尾的或者是拖尾的(即被负指数控制的),说明已服从ARMA模型。若自相关函数与偏相关函数至少有1个不是截尾的或拖尾的,说明X_t不是平稳的,可以作一阶差分$\nabla X_t,t=2,3,\cdots,n$,并求其样本自相关函数与样本偏相关函数,再用上述方法讨论。这样,直至判断$\nabla^d X_t$是平稳序列为止。在实际计算中,若遇到样本自相关函数或样本偏相关函数的图形虽然下降,但下降很慢,应认为是非平稳序列,需作差分运算。

若初值$X_1,X_2,\cdots,X_d$已知,由

$$W_t=\nabla^d X_t,t=d+1,\cdots,n,$$

可以复原X_t。下面给出$d=1,2$时的复原公式。

$d=1$时

$$X_t=X_1+\sum_{j=1}^{t-1}W_{j+1}=X_k+\sum_{j=1}^{t-k}W_{j+k},t>k\geqslant1。\tag{8.46}$$

$d=2$时

$$\begin{aligned}X_t&=X_2+(t-2)(X_2-X_1)+\sum_{j=1}^{t-2}(t-j-1)W_{j+2}\\&=X_k+(t-k)(X_k-X_{k-1})+\sum_{j=1}^{t-k}(t-j-k+1)W_{j+k},t>k\geqslant2。\end{aligned}\tag{8.47}$$

设X_t是ARIMA(p,d,q)序列,则当$p=0$时,称为IMA(d,q)序列;当$q=0$时,称为ARI(p,d)序列。

下面简单介绍ARIMA序列的预报。

设$\{X_t,t=0,\pm1,\pm2,\cdots\}$是ARIMA$(p,d,q)$序列,仅讨论$d=1$与$d=2$的情形,这在实用中是最常见的。

(1) 当$d=1$时,$\nabla X_t=W_t$,有

$$\nabla\hat{X}_k(m)=\hat{W}_k(m),$$

即

$$\hat{X}_k(m)-\hat{X}_k(m-1)=\hat{W}_k(m)。$$

由此得

$$\hat{X}_k(m) = \hat{X}_k(m-1) + \hat{W}_k(m) = X_k + \sum_{j=1}^{m} \hat{W}_k(j)。 \tag{8.48}$$

(2) 当 $d=2$ 时，$\nabla^2 \hat{X}_k(m) = \hat{W}_k(m)$，即

$$\hat{X}_k(m) - 2\hat{X}_k(m-1) + \hat{X}_k(m-2) = \hat{W}_k(m)。$$

复原 $\hat{X}_k(m)$，可得

$$\hat{X}_k(m) = X_k + m(X_k - X_{k-1}) + \sum_{j=1}^{m} (m+1-j)\hat{W}_k(j)。 \tag{8.49}$$

下面，通过实例说明如何实现时间序列的建模与预报。

例 8.15 某化工生产过程每 2h 的浓度读数（逐行排列）如表 8.10 所列。

表 8.10 化工生产过程浓度数据

17.0	16.6	16.3	16.1	17.1	16.9	16.8	17.4	17.1	17.0
16.7	17.4	17.2	17.4	17.4	17.0	17.3	17.2	17.4	16.8
17.1	17.4	17.4	17.5	17.4	17.6	17.4	17.3	17.0	17.8
17.5	18.1	17.5	17.4	17.4	17.1	17.6	17.7	17.4	17.8
17.6	17.5	16.5	17.8	17.3	17.3	17.1	17.4	16.9	17.3
17.6	16.9	16.7	16.8	16.8	17.2	16.8	17.6	17.2	16.6
17.1	16.9	16.6	18.0	17.2	17.3	17.0	16.9	17.3	16.8
17.0	16.6	16.3	16.1	17.1	16.9	16.8	17.4	17.1	
17.3	17.4	17.7	16.8	16.9	17.0	16.9	17.0	16.6	16.7
16.8	16.7	16.4	16.5	16.4	16.6	16.5	16.7	16.4	16.4
16.2	16.4	16.3	16.4	17.0	16.9	17.1	17.1	16.7	16.9
16.5	17.2	16.4	17.0	17.0	16.7	16.2	16.6	16.9	16.5
16.6	16.6	17.0	17.1	17.1	16.7	16.8	16.3	16.6	16.8
16.9	17.1	16.8	17.0	17.2	17.3	17.2	17.3	17.2	17.2
17.5	16.9	16.9	16.9	17.0	16.5	16.7	16.8	16.7	16.7
16.6	16.5	17.0	16.7	16.7	16.9	17.4	17.1	17.0	16.8
17.2	17.2	17.4	17.2	16.9	16.8	17.0	17.4	17.2	17.2
17.1	17.1	17.1	17.4	17.2	16.9	16.9	17.0	16.7	16.9
17.3	17.8	17.8	17.6	17.5	17.0	16.9	17.1	17.2	17.4
17.5	17.9	17.0	17.0	17.0	17.2	17.3	17.4	17.4	17.0
18.0	18.2	17.6	17.8	17.7	17.2	17.4			

(1) 对这一生产过程建模。

(2) 对这一生产过程进行 10 步预测。

解 (1) 通过计算自相关函数和偏相关函数，确定取 $d=1$。利用 AIC 和 BIC 准则定阶，取 ARIMA(1,1,1) 模型。参数的估计为

$$\hat{\varphi}_1 = 0.2425, \hat{\theta}_1 = -0.8383。$$

得到模型为

$$(1-0.2425B)(1-B)X_t=(1-0.8383B)\varepsilon_t。$$

（2）经计算,其 10 步预报值见表 8.11。

表 8.11　10 步预报值

步 数	1	2	3	4	5
预报值	17.4717	17.4891	17.4933	17.4943	17.4946
步 数	6	7	8	9	10
预报值	17.4946	17.4946	17.4947	17.4947	17.4947

计算的 Matlab 程序如下：

```
clc,clear
a=textread('hua.txt');  % 把原始数据按照原来的排列格式存放在纯文本文件 hua.txt
a=nonzeros(a'); % 按照原来数据的顺序去掉零元素
r11=autocorr(a)   % 计算自相关函数
r12=parcorr(a)   % 计算偏相关函数
da=diff(a);      % 计算一阶差分
r21=autocorr(da)  % 计算自相关函数
r22=parcorr(da)   % 计算偏相关函数
n=length(da);  % 计算差分后的数据个数
k=0; % 初始化试探模型的个数
for i=0:3
    for j=0:3
        if i==0 & j==0
            continue
        elseif i==0
            ToEstMd=arima('MALags',1:j,'Constant',0); % 指定模型的结构
        elseif j==0
            ToEstMd=arima('ARLags',1:i,'Constant',0); % 指定模型的结构
        else
            ToEstMd=arima('ARLags',1:i,'MALags',1:j,'Constant',0); % 指定模型的
结构
        end
        k=k+1; R(k)=i; M(k)=j;
        [EstMd,EstParamCov,logL,info]=estimate(ToEstMd,da); % 模型拟合
        numParams = sum(any(EstParamCov)); % 计算拟合参数的个数
        % compute Akaike and Bayesian Information Criteria
        [aic(k),bic(k)]=aicbic(logL,numParams,n);
    end
end
fprintf('R,M,AIC,BIC 的对应值如下\n%f');  % 显示计算结果
check=[R',M',aic',bic']
```

```
r = input('输入阶数 R = ');m = input('输入阶数 M = ');
ToEstMd = arima('ARLags',1:r,'MALags',1:m,'Constant',0); % 指定模型的结构
[EstMd,EstParamCov,logL,info] = estimate(ToEstMd,da); % 模型拟合
dx_Forecast = forecast(EstMd,10,'Y0',da)  % 计算 10 步预报值
x_Forecast = a(end) + cumsum(dx_Forecast)  % 计算原始数据的 10 步预测值
```

注:这一问题也可取简化模型 IMA(1,1),即

$$(1 - B)X_t = 0.0034 + (1 - 0.7062B)\varepsilon_t。$$

这时,其 10 步预报值见表 8.12。

表 8.12 10 步预报值(IMA(1,1))

步 数	1	2	3	4	5
预报值	17.5174	17.5208	17.5243	17.5277	17.5312
预报标准差	0.1174	0.0034	0.0034	0.0034	0.0034
步 数	6	7	8	9	10
预报值	17.5346	17.5381	17.5415	17.5450	17.5484
预报标准差	0.0034	0.0034	0.0034	0.0034	0.0034

计算的 Matlab 程序如下:

```
clc,clear
a = textread('hua.txt');  % 把原始数据按照原来的排列格式存放在纯文本文件 hua.txt
a = nonzeros(a')'; % 按照原来数据的顺序去掉零元素
da = diff(a);      % 计算一阶差分
ToEstMd = arima('MALags',1); % 指定模型的结构
[EstMd,EstParamCov,logL,info] = estimate(ToEstMd,da); % 模型拟合
dx_Forecast = forecast(EstMd,10,'Y0',da)  % 计算 10 步预报值
x_Forecast = a(end) + cumsum(dx_Forecast)  % 计算原始数据的 10 步预测值
```

8.4.2 季节性序列及其预报

在不少实际问题中,时间序列有很明显的周期规律性,如气温、雨量、用电量等。由季节性因素或其他周期因素引起的周期性变化的时间序列,称为季节性时间序列,相应的模型为季节性模型。以电力负荷为例,如果 X_t 表示时刻 t 的用电负荷量,以 1h 为采样间隔,显然 X_t 将包含 24h 的周期性变化。一般,上午有一个用电高峰,晚上又有一个用电高峰;中午有一个用电较少的低谷,深夜则出现一天用点量最少的低谷。

一般地,对周期 s 的序列,可先进行差分运算,即

$$\nabla_s X_t = (1 - B^s)X_t,$$
$$\nabla_s^d = (1 - B^s)^d X_t,$$

然后再进行 ARIMA 建模。

例 8.16 测得某地区一口井 7 年的地下水埋深数据如表 8.13 所列。试预报第 8 年全年的地下水埋深。

表 8.13 井水埋深数据

年序 \ 月份	1	2	3	4	5	6	7	8	9	10	11	12
1	9.40	8.81	8.65	10.01	11.07	11.54	12.73	12.43	11.64	11.39	11.1	10.85
2	10.71	10.24	8.48	9.88	10.31	10.53	9.55	6.51	7.75	7.8	5.96	5.21
3	6.39	6.38	6.51	7.14	7.26	8.49	9.39	9.71	9.65	9.26	8.84	8.29
4	7.21	6.93	7.21	7.82	8.57	9.59	8.77	8.61	8.94	8.4	8.35	7.95
5	7.66	7.68	7.85	8.53	9.38	10.09	10.59	10.83	10.49	9.21	8.66	8.39
6	8.27	8.14	8.71	10.43	11.47	11.73	11.61	11.93	11.55	11.35	11.11	10.49
7	10.16	9.96	10.47	11.70	10.1	10.37	12.47	11.91	10.83	10.64	10.29	10.34

解 (1)首先进行时间序列模型定阶。因为数据有下降趋势,又有 12 个月的季节性,故对数据作下列差分运算:

$$W_t = \nabla\nabla_{12}X_t。$$

对 W_t 进行 ARMA 模型拟合。用选取的 p,q 的各种阶数进行试算,用 AIC 和 BIC 准则进行定阶,确定选取 $p=1,q=1$。

(2) 建立模型并进行预测。得到的模型为

$$(1+0.7020)(1-B)(1-B^{12})X_t = (1+0.9882B)\varepsilon_t,$$

算得第 8 年全年预报值如表 8.14 所列。

表 8.14 12 个月地下水埋深预报值

步数	1	2	3	4	5	6
预报值	10.3719	9.9178	10.6062	11.7110	10.1989	10.4072

步数	7	8	9	10	11	12
预报值	12.5505	11.9601	10.9014	10.6964	10.3570	10.3996

计算的 Matlab 程序如下:

```
clc,clear
x=load('water.txt'); % 把原始数据按照表中的格式存放在纯文本文件 water.txt
x=x'; x=x(:); % 按照时间的先后次序,把数据变成列向量
s=12; % 周期 s=12
n=12; % 预报数据的个数
m1=length(x); % 原始数据的个数
for i=s+1:m1
    y(i-s)=x(i)-x(i-s); % 进行周期差分变换
end
w=diff(y); % 消除趋势性的差分运算
m2=length(w); % 计算最终差分后数据的个数
k=0; % 初始化试探模型的个数
for i=0:3
```

```
    for j =0:3
        if i = =0 & j = =0
            continue
        elseif i = =0
            ToEstMd = arima('MALags',1:j,'Constant',0); % 指定模型的结构
        elseif j = =0
            ToEstMd = arima('ARLags',1:i,'Constant',0); % 指定模型的结构
        else
            ToEstMd = arima('ARLags',1:i,'MALags',1:j,'Constant',0); % 指定模型的
结构
        end
        k = k +1; R(k) = i; M(k) = j;
        [EstMd,EstParamCov,logL,info] = estimate(ToEstMd,w'); % 模型拟合
        numParams = sum(any(EstParamCov)); % 计算拟合参数的个数
        % compute Akaike and Bayesian Information Criteria
        [aic(k),bic(k)] = aicbic(logL,numParams,m2);
    end
end
fprintf('R,M,AIC,BIC 的对应值如下\n % f');  % 显示计算结果
check = [R',M',aic',bic']
r = input('输入阶数 R =');m = input('输入阶数 M =');
ToEstMd = arima('ARLags',1:r,'MALags',1:m,'Constant',0); % 指定模型的结构
[EstMd,EstParamCov,logL,info] = estimate(ToEstMd,w'); % 模型拟合
w_Forecast = forecast(EstMd,n,'Y0',w')  % 计算12 步预报值,注意已知数据是列向量
yhat = y(end) + cumsum(w_Forecast)    % 求一阶差分的还原值
for j =1:n
    x(m1 + j) = yhat(j) + x(m1 + j - s); % 求 x 的预测值
end
xhat = x(m1 +1:end)  % 截取 n 个预报值
```

拓展阅读材料

[1] Matlab Econometrics Toolbox User's Guide. R2014b.
[2] Matlab Financial Toolbox User's Guide. R2014b.

习 题 8

8.1 我国 1974—1981 年布的产量如表 8.15 所列。

表 8.15 1974—1981 年布的产量

年份	1974	1975	1976	1977	1978	1979	1980	1981
产量/亿 m	80.8	94.0	88.4	101.5	110.3	121.5	134.7	142.7

(1) 试用趋势移动平均法(取 $N=3$),建立布的年产量预测模型。

(2) 分别取 $\alpha=0.3,\alpha=0.6,S_0^{(1)}=S_0^{(2)}=\dfrac{y_1+y_2+y_3}{3}=87.7$,建立布的直线指数平滑预测模型。

(3) 计算模型拟合误差,比较 3 个模型的优劣。

(4) 用最优的模型预测 1982 年和 1985 年布的产量。

8.2 1960—1982 年全国社会商品零售额如表 8.16 所列(单位:亿元)。

表 8.16 全国社会商品零售额数据

年份	1960	1961	1962	1963	1964	1965	1966	1967
零售总额	696.9	607.7	604	604.5	638.2	670.3	732.8	770.5
年份	1968	1969	1970	1971	1972	1973	1974	1975
零售总额	737.3	801.5	858	929.2	1023.3	1106.7	1163.6	1271.1
年份	1976	1977	1978	1979	1980	1981	1982	
零售总额	1339.4	1432.8	1558.6	1800	2140	2350	2570	

试用三次指数平滑法预测 1983 年和 1985 年全国社会商品零售额。

8.3 某地区粮食产量(亿千克),从 1969—1983 年依次为:3.78,4.19,4.83,5.46,6.71,7.99,8.60,9.24,9.67,9.87,10.49,10.92,10.93,12.39,12.59,试选用 2~3 种适当的曲线预测模型,预测 1985 年和 1990 年的粮食产量。

8.4 1952—1997 年我国人均国内生产总值(单位:元)数据如表 8.17 所列。

表 8.17 1952—1997 年我国人均国内生产总值

年代	人均生产总值	年代	人均生产总值	年代	人均生产总值
1952	119	1968	222	1984	682
1953	142	1969	243	1985	853
1954	144	1970	275	1986	956
1955	150	1971	288	1987	1104
1956	165	1972	292	1988	1355
1957	168	1973	309	1989	1512
1958	200	1974	310	1990	1634
1959	216	1975	327	1991	1879
1960	218	1976	316	1992	2287
1961	185	1977	339	1993	2939
1962	173	1978	379	1994	3923
1963	181	1979	417	1995	4854
1964	208	1980	460	1996	5576
1965	240	1981	489	1997	6079
1966	254	1982	525		
1967	235	1983	580		

(1) 用 ARIMA(2,1,1)模型拟合,求模型参数的估计值。

(2) 求数据的 10 步预报值。

8.5 某地区山猫的数量在前连续 114 年的统计数据如表 8.18 所列。分析该数据,得出山猫的生长规律,并预测以后两个年度山猫的数量。

表 8.18 山猫数据

269	321	585	871	1475	2821	3928	5943	4950	2577	523	98
184	279	409	2285	2685	3409	1824	409	151	45	68	213
546	1033	2129	2536	957	361	377	225	360	731	1638	2725
2871	2119	684	299	236	245	552	1623	3311	6721	4254	687
255	473	358	784	1594	1676	2251	1426	756	299	201	229
469	736	2042	2811	4431	2511	389	73	39	49	59	188
377	1292	4031	3495	537	105	153	387	758	1307	3465	6991
6313	3794	1836	345	382	808	1388	2713	3800	309	2985	3790
674	71	80	108	229	399	1132	2432	3575	2935	1537	529
485	662	1000	1520	2657	3396						

8.6 1946—1970 年美国各季耐用品支出资料如表 8.19 所列。

(1) 对所给时间序列建模;

(2) 对时间序列进行两年(8 个季度)的预报。

表 8.19 1946—1970 年美国各季耐用品支出资料

年度	一季	二季	三季	四季	年度	一季	二季	三季	四季
1946	7.5	8.9	11.1	13.4	1959	27.0	28.7	29.1	29.0
1947	15.5	15.7	15.6	16.7	1960	29.6	31.2	30.6	29.8
1948	18.0	17.4	17.9	18.8	1961	27.6	27.7	29.0	30.3
1949	17.6	17.0	16.1	15.7	1962	31.0	32.1	33.5	33.2
1950	15.9	17.9	20.3	20.4	1963	33.2	33.8	35.5	36.8
1951	20.2	20.5	20.9	20.9	1964	37.9	39.0	41.0	41.6
1952	21.1	21.4	18.2	20.1	1965	43.7	44.4	46.6	48.3
1953	21.4	21.3	21.9	21.3	1966	50.2	52.1	54.0	56.0
1954	20.4	20.4	20.7	20.7	1967	53.9	55.6	55.4	56.2
1955	20.9	23.0	24.9	26.5	1968	57.9	57.3	58.8	60.4
1956	25.6	26.1	27.0	27.2	1969	63.1	83.5	64.8	65.7
1957	28.1	28.0	29.1	28.3	1970	64.8	65.6	67.2	62.1
1958	25.7	24.5	24.4	25.5					

第 9 章　支持向量机

支持向量机是数据挖掘中的一项新技术，是借助最优化方法来解决机器学习问题的新工具，最初由 V. Vapnik 等人提出，近几年来在其理论研究和算法实现等方面都取得了很大的进展，开始成为克服“维数灾难”和“过学习”等困难的强有力手段，其理论基础和实现途径的基本框架都已形成。

支持向量机(Sport Vector Machine，SVM)在模式识别等领域获得了广泛的应用。其主要思想是找到一个超平面，使得它能够尽可能多地将两类数据点正确分开，同时使分开的两类数据点距离分类面最远，如图 9.1(b)所示。

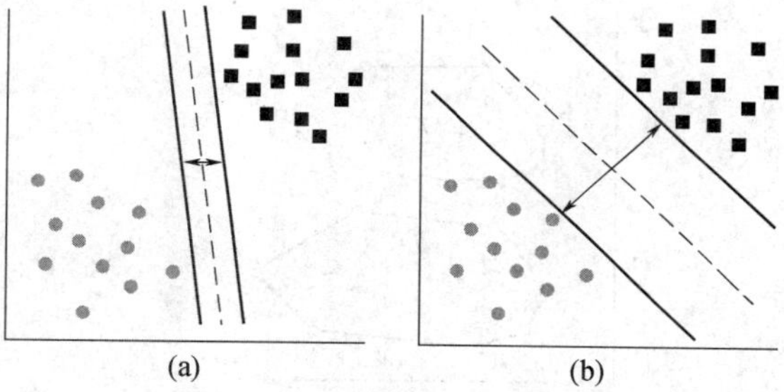

图 9.1　最佳超平面示意图

(a) 一般超平面；(b) 最佳超平面。

9.1　支持向量分类机的基本原理

根据给定的训练集

$$T = \{[\boldsymbol{a}_1, y_1], [\boldsymbol{a}_2, y_2], \cdots, [\boldsymbol{a}_l, y_l]\} \in (\Omega \times Y)^l,$$

式中：$\boldsymbol{a}_i \in \Omega = \mathbf{R}^n$；$\Omega$ 称为输入空间，输入空间中的每一个点 $\boldsymbol{a}_i$ 由 n 个属性特征组成；$y_i \in Y = \{-1, 1\}, i = 1, \cdots, l$。

寻找 $\mathbf{R}^n$ 上的一个实值函数 $g(\boldsymbol{x})$，以便用分类函数

$$f(\boldsymbol{x}) = \mathrm{sgn}(g(\boldsymbol{x}))$$

推断任意一个模式 $\boldsymbol{x}$ 相对应的 y 值的问题为分类问题。

9.1.1　线性可分支持向量分类机

考虑训练集 T，若 $\exists \boldsymbol{\omega} \in \mathbf{R}^n, b \in \mathbf{R}$ 和正数 ε，使得对所有使 $y_i = 1$ 的 $\boldsymbol{a}_i$ 有 $(\boldsymbol{\omega} \cdot \boldsymbol{a}_i) + b \geqslant \varepsilon$ (这里 $(\boldsymbol{\omega} \cdot \boldsymbol{a}_i)$ 表示向量 $\boldsymbol{\omega}$ 和 $\boldsymbol{a}_i$ 的内积)，而对所有使 $y_i = -1$ 的 $\boldsymbol{a}_i$ 有 $(\boldsymbol{\omega} \cdot \boldsymbol{a}_i) + b \leqslant -\varepsilon$，则称训练集 T 线性可分，称相应的分类问题是线性可分的。

记两类样本集分别为

$$M^{+} = \{\boldsymbol{a}_i \mid y_i = 1, [\boldsymbol{a}_i, y_i] \in T\}, M^{-} = \{\boldsymbol{a}_i \mid y_i = -1, [\boldsymbol{a}_i, y_i] \in T\}。$$

定义 M^+ 的凸包 $\mathrm{conv}(M^+)$ 为

$$\mathrm{conv}(M^{+}) = \left\{\boldsymbol{a} = \sum_{j=1}^{N_+} \lambda_j \boldsymbol{a}_j \mid \sum_{j=1}^{N_+} \lambda_j = 1, \quad \lambda_j \geqslant 0, j = 1, \cdots, N_+; \quad \boldsymbol{a}_j \in M^{+}\right\},$$

M^- 的凸包 $\mathrm{conv}(M^-)$ 为

$$\mathrm{conv}(M^{-}) = \left\{\boldsymbol{a} = \sum_{j=1}^{N_-} \lambda_j \boldsymbol{a}_j \mid \sum_{j=1}^{N_-} \lambda_j = 1, \quad \lambda_j \geqslant 0, j = 1, \cdots, N^{-}; \quad \boldsymbol{a}_j \in M^{-}\right\}。$$

式中:N_+ 为 $+1$ 类样本集 M^+ 中样本点的个数;N_- 为 -1 类样本集 M^- 中样本点的个数。

定理 9.1 给出了训练集 T 线性可分与两类样本集凸包之间的关系。

定理 9.1 训练集 T 线性可分的充要条件是,T 的两类样本集 M^+ 和 M^- 的凸包相离,如图 9.2 所示。

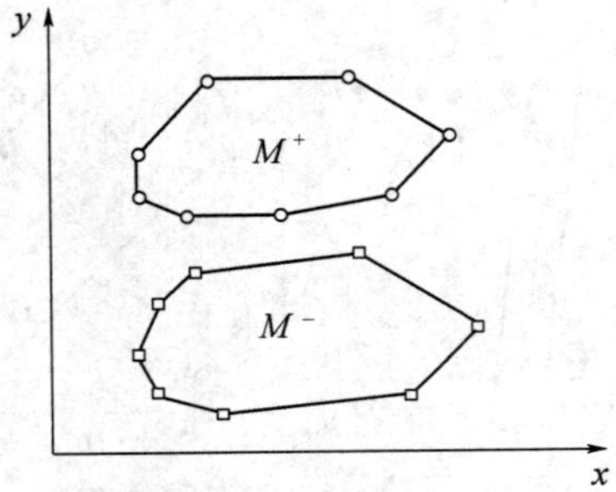

图 9.2 训练集 T 线性可分时两类样本点集的凸包

证明 (1)必要性。若 T 是线性可分的,则存在超平面 $H = \{\boldsymbol{x} \in \mathbf{R}^n \mid (\boldsymbol{\omega} \cdot \boldsymbol{x}) + b = 0\}$ 和 $\varepsilon > 0$,使得

$$(\boldsymbol{\omega} \cdot \boldsymbol{a}_i) + b \geqslant \varepsilon, \forall \boldsymbol{a}_i \in M^{+} \text{ 且} (\boldsymbol{\omega} \cdot \boldsymbol{a}'_j) + b \leqslant -\varepsilon, \forall \boldsymbol{a}'_j \in M^{-}。$$

而正类点集凸包中的任意一点 $\boldsymbol{x}$ 和负类点集凸包中的任意一点 $\boldsymbol{x}'$ 可分别表示为

$$\boldsymbol{x} = \sum_{i=1}^{N_+} \alpha_i \boldsymbol{a}_i \text{ 和 } \boldsymbol{x}' = \sum_{j=1}^{N_-} \beta_j \boldsymbol{a}'_j,$$

式中:$\alpha_i \geqslant 0, \beta_j \geqslant 0$ 且 $\sum_{i=1}^{N_+} \alpha_i = 1, \sum_{j=1}^{N_-} \beta_j = 1$ 。

于是,得

$$(\boldsymbol{\omega} \cdot \boldsymbol{x}) + b = \left(\boldsymbol{\omega} \cdot \sum_{i=1}^{N_+} \alpha_i \boldsymbol{a}_i\right) + b = \sum_{i=1}^{N_+} \alpha_i [(\boldsymbol{\omega} \cdot \boldsymbol{a}_i) + b] \geqslant \varepsilon \sum_{i=1}^{N_+} \alpha_i = \varepsilon > 0,$$

$$(\boldsymbol{\omega} \cdot \boldsymbol{x}') + b = \left(\boldsymbol{\omega} \cdot \sum_{j=1}^{N_-} \beta_j \boldsymbol{a}'_j\right) + b = \sum_{j=1}^{N_-} \beta_j [(\boldsymbol{\omega} \cdot \boldsymbol{a}'_j) + b] \leqslant -\varepsilon \sum_{j=1}^{N_-} \beta_j = -\varepsilon < 0。$$

由此可见,正负两类点集的凸包位于超平面 $(\boldsymbol{\omega} \cdot \boldsymbol{x}) + b = 0$ 的两侧,故两个凸包相离。

(2) 充分性。设两类点集 M^+,M^- 的凸包相离。因为两个凸包都是闭凸集,且有界,根据凸集强分离定理,可知存在一个超平面 $H=\{\boldsymbol{x}\in\mathbf{R}^n \mid (\boldsymbol{\omega}\cdot\boldsymbol{x})+b=0\}$ 强分离这两个凸包,即存在正数 $\varepsilon>0$,使得对 M^+,M^- 凸包中的任意点 $\boldsymbol{x}$ 和 $\boldsymbol{x}'$ 分别有

$$(\boldsymbol{\omega}\cdot\boldsymbol{x})+b\geqslant\varepsilon,$$
$$(\boldsymbol{\omega}\cdot\boldsymbol{x}')+b\leqslant-\varepsilon。$$

显然,特别地,对于任意的 $\boldsymbol{x}\in M^+$,有 $(\boldsymbol{\omega}\cdot\boldsymbol{x})+b\geqslant\varepsilon$,对于任意的 $\boldsymbol{x}'\in M^-$,有 $(\boldsymbol{\omega}\cdot\boldsymbol{x}')+b\leqslant-\varepsilon$,由训练集线性可分的定义可知 T 是线性可分的。

定义 9.1 空间 $\mathbf{R}^n$ 中超平面都可以写为 $(\boldsymbol{\omega}\cdot\boldsymbol{x})+b=0$ 的形式,参数 $(\boldsymbol{\omega},b)$ 乘以任意一个非零常数后得到的是同一个超平面,定义满足条件

$$\begin{cases} y_i[(\boldsymbol{\omega}\cdot\boldsymbol{a}_i)+b]\geqslant 0, \\ \min\limits_{i=1,\cdots,l}|(\boldsymbol{\omega}\cdot\boldsymbol{a}_i)+b|=1, \end{cases} \quad i=1,\cdots,l$$

的超平面为训练集 T 的规范超平面。

定理 9.2 当训练集 T 为线性可分时,存在唯一的规范超平面 $(\boldsymbol{\omega}\cdot\boldsymbol{x})+b=0$,使得

$$\begin{cases} (\boldsymbol{\omega}\cdot\boldsymbol{a}_i)+b\geqslant 1, & y_i=1, \\ (\boldsymbol{\omega}\cdot\boldsymbol{a}_i)+b\leqslant -1, & y_i=-1。 \end{cases} \tag{9.1}$$

证明 规范超平面的存在性是显然的,下证其唯一性。

假设其规范超平面有两个:$(\boldsymbol{\omega}'\cdot\boldsymbol{x})+b'=0$ 和 $(\boldsymbol{\omega}''\cdot\boldsymbol{x})+b''=0$。由于规范超平面满足条件

$$\begin{cases} y_i[(\boldsymbol{\omega}\cdot\boldsymbol{a}_i)+b]\geqslant 0, \\ \min\limits_{i=1,\cdots,l}|(\boldsymbol{\omega}\cdot\boldsymbol{a}_i)+b|=1, \end{cases} \quad i=1,\cdots,l$$

因此由第二个条件可知

$$\boldsymbol{\omega}'=\boldsymbol{\omega}'',b'=b'',$$

或者

$$\boldsymbol{\omega}'=-\boldsymbol{\omega}'',b'=-b''。$$

第一个条件说明 $\boldsymbol{\omega}'=-\boldsymbol{\omega}'',b'=-b''$ 不可能成立,故唯一性得证。

定义 9.2 式(9.1)中满足 $(\boldsymbol{\omega}\cdot\boldsymbol{a}_i)+b=\pm1$ 成立的 $\boldsymbol{a}_i$ 称为普通支持向量。

对于线性可分的情况来说,只有普通支持向量在建立分类超平面的时候起到了作用,它们通常只占样本集很小的一部分,故而也说明支持向量具有稀疏性。对于 $y_i=1$ 类的样本点,其与规范超平面的间隔为

$$\min_{y_i=1}\frac{|(\boldsymbol{\omega}\cdot\boldsymbol{a}_i)+b|}{\|\boldsymbol{\omega}\|}=\frac{1}{\|\boldsymbol{\omega}\|},$$

对于 $y_i=-1$ 类的样本点,其与规范超平面的间隔为

$$\min_{y_i=-1}\frac{|(\boldsymbol{\omega}\cdot\boldsymbol{a}_i)+b|}{\|\boldsymbol{\omega}\|}=\frac{1}{\|\boldsymbol{\omega}\|},$$

则普通支持向量间的间隔为 $\frac{2}{\|\boldsymbol{\omega}\|}$。

最优超平面即意味着最大化$\frac{2}{\|\boldsymbol{\omega}\|}$,如图 9.3 所示,$(\boldsymbol{\omega}\cdot\boldsymbol{x})+b=\pm 1$ 称为分类边界,于是寻找最优超平面的问题可以转化为如下的二次规划问题:

$$\begin{aligned}&\min \quad \frac{1}{2}\|\boldsymbol{\omega}\|^2,\\&\text{s.t.}\quad y_i[(\boldsymbol{\omega}\cdot\boldsymbol{a}_i)+b]\geqslant 1,\quad i=1,\cdots,l。\end{aligned}\tag{9.2}$$

该问题的特点是目标函数$\frac{1}{2}\|\boldsymbol{\omega}\|^2$ 是 $\boldsymbol{\omega}$ 的凸函数,并且约束条件都是线性的。

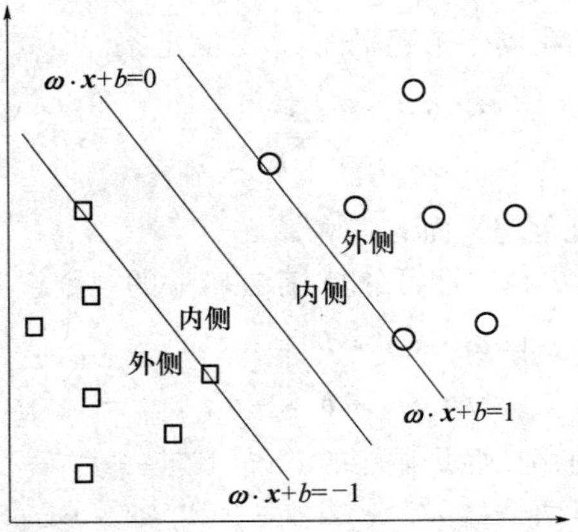

图 9.3　线性可分支持向量分类机

引入 Lagrange 函数

$$L(\boldsymbol{\omega},b,\boldsymbol{\alpha})=\frac{1}{2}\|\boldsymbol{\omega}\|^2+\sum_{i=1}^{l}\alpha_i\{1-y_i[(\boldsymbol{\omega}\cdot\boldsymbol{a}_i)+b]\},$$

式中:$\boldsymbol{\alpha}=[\alpha_1\cdots,\alpha_l]^{\mathrm{T}}\in\mathbf{R}^{l+}$ 为 Lagrange 乘子。

根据对偶的定义,通过对原问题中各变量的偏导置零,得

$$\frac{\partial L}{\partial\boldsymbol{\omega}}=0\ \Rightarrow\ \boldsymbol{\omega}=\sum_{i=1}^{l}\alpha_i y_i\boldsymbol{a}_i,$$

$$\frac{\partial L}{\partial b}=0\ \Rightarrow\ \sum_{i=1}^{l}\alpha_i y_i=0,$$

代入 Lagrange 函数化为原问题的 Lagrange 对偶问题:

$$\max_{\boldsymbol{\alpha}}\quad -\frac{1}{2}\sum_{i=1}^{l}\sum_{j=1}^{l}y_i y_j\alpha_i\alpha_j(\boldsymbol{a}_i\cdot\boldsymbol{a}_j)+\sum_{i=1}^{l}\alpha_i,$$

$$\text{s.t.}\begin{cases}\sum_{i=1}^{l}y_i\alpha_i=0,\\ \alpha_i\geqslant 0,i=1,\cdots,l。\end{cases}\tag{9.3}$$

求解上述最优化问题,得到最优解 $\boldsymbol{\alpha}^*=[\alpha_1^*,\cdots,\alpha_l^*]^{\mathrm{T}}$,计算

$$\boldsymbol{\omega}^*=\sum_{i=1}^{l}\alpha_i^* y_i\boldsymbol{a}_i,$$

由 KKT 互补条件知

$$\alpha_i^*\{1-y_i[(\boldsymbol{\omega}^*\cdot\boldsymbol{a}_i)+b^*]\}=0,$$

可得只有当 $\boldsymbol{a}_i$ 为支持向量的时候,对应的 α_i^* 才为正,否则皆为0。选择 $\boldsymbol{\alpha}^*$ 的一个正分量 α_j^*,并以此计算

$$b^*=y_j-\sum_{i=1}^{l}y_i\alpha_i^*(\boldsymbol{a}_i\cdot\boldsymbol{a}_j),$$

于是构造分类超平面 $(\boldsymbol{\omega}^*\cdot\boldsymbol{x})+b^*=0$,并由此求得决策函数

$$g(\boldsymbol{x})=\sum_{i=1}^{l}\alpha_i^*y_i(\boldsymbol{a}_i\cdot\boldsymbol{x})+b^*,$$

得到分类函数

$$f(\boldsymbol{x})=\mathrm{sgn}\left[\sum_{i=1}^{l}\alpha_i^*y_i(\boldsymbol{a}_i\cdot\boldsymbol{x})+b^*\right],\tag{9.4}$$

从而对未知样本进行分类。

9.1.2 线性支持向量分类机

当训练集 T 的两类样本线性可分时,除了普通支持向量分布在两个分类边界 $(\boldsymbol{\omega}\cdot\boldsymbol{x})+b=\pm1$ 上外,其余的所有样本点都分布在分类边界以外。此时构造的超平面是硬间隔超平面。当训练集 T 的两类样本近似线性可分时,即允许存在不满足约束条件

$$y_i[(\boldsymbol{\omega}\cdot\boldsymbol{a}_i)+b]\geqslant1$$

的样本点后,仍然能继续使用超平面进行划分。只是这时要对间隔进行“软化”,构造软间隔超平面。简言之就是在两个分类边界 $(\boldsymbol{\omega}\cdot\boldsymbol{x})+b=\pm1$ 之间允许出现样本点,这类样本点称为边界支持向量。显然两类样本点集的凸包是相交的,只是相交的部分较小。线性支持向量分类机如图9.4所示。

软化的方法是通过引入松弛变量

$$\xi_i\geqslant0,i=1,\cdots,l,$$

得到“软化”的约束条件

$$y_i[(\boldsymbol{\omega}\cdot\boldsymbol{a}_i)+b]\geqslant1-\xi_i,\quad i=1,\cdots,l。$$

当 ξ_i 充分大时,样本点总是满足上述的约束条件,但是也要设法避免 ξ_i 取太大的值,为此要在目标函数中对它进行惩罚,得到如下的二次规划问题:

$$\min\quad \frac{1}{2}\|\boldsymbol{\omega}\|^2+C\sum_{i=1}^{l}\xi_i,$$

$$\text{s.t.}\begin{cases}y_i((\boldsymbol{\omega}\cdot\boldsymbol{a}_i)+b)\geqslant1-\xi_i,\\ \xi_i\geqslant0,\quad i=1,\cdots,l。\end{cases}\tag{9.5}$$

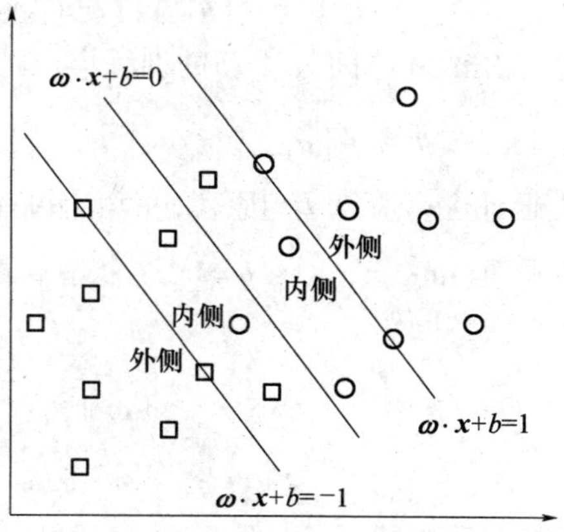

图9.4 线性支持向量分类机

式中：$C>0$ 为一个惩罚参数，其 Lagrange 函数为

$$L(\boldsymbol{\omega},b,\xi,\boldsymbol{\alpha},\boldsymbol{\gamma}) = \frac{1}{2}\|\boldsymbol{\omega}\|^2 + C\sum_{i=1}^{l}\xi_i - \sum_{i=1}^{l}\alpha_i\{y_i[(\boldsymbol{\omega}\cdot\boldsymbol{a}_i)+b]-1+\xi_i\} - \sum_{i=1}^{l}\gamma_i\xi_i,$$

其中：$\gamma_i \geqslant 0,\xi_i \geqslant 0$。原问题的对偶问题如下：

$$\max_{\alpha} -\frac{1}{2}\sum_{i=1}^{l}\sum_{j=1}^{l} y_i y_j \alpha_i \alpha_j(\boldsymbol{a}_i\cdot\boldsymbol{a}_j) + \sum_{i=1}^{l}\alpha_i,$$

$$\text{s. t.} \begin{cases}\sum_{i=1}^{l} y_i\alpha_i = 0, \\ 0 \leqslant \alpha_i \leqslant C, i = 1,\cdots,l。\end{cases} \tag{9.6}$$

求解上述最优化问题，得到最优解 $\boldsymbol{\alpha}^* = [\alpha_1^*,\cdots,\alpha_l^*]^{\mathrm{T}}$，计算

$$\boldsymbol{\omega}^* = \sum_{i=1}^{l}\alpha_i^* y_i \boldsymbol{a}_i,$$

选择 $\boldsymbol{\alpha}^*$ 的一个正分量 $0<\alpha_j^*<C$，并以此计算

$$b^* = y_j - \sum_{i=1}^{l} y_i\alpha_i^*(\boldsymbol{a}_i\cdot\boldsymbol{a}_j)。$$

于是构造分类超平面 $(\boldsymbol{\omega}^*\cdot\boldsymbol{x})+b^*=0$，并由此求得分类函数

$$f(\boldsymbol{x}) = \mathrm{sgn}\left[\sum_{i=1}^{l}\alpha_i^* y_i(\boldsymbol{a}_i\cdot\boldsymbol{x}) + b^*\right]。$$

从而对未知样本进行分类，可见当 $C=\infty$ 时，就等价于线性可分的情形。

9.1.3 可分支持向量分类机

当训练集 T 的两类样本点集重合的区域很大时，上述用来处理线性可分问题的线性支持向量分类机就不适用了，可分支持向量分类机给出了解决这种问题的一种有效途径。通过引进从输入空间 Ω 到另一个高维的 Hilbert 空间 H 的变换 $\boldsymbol{x}\to\varphi(\boldsymbol{x})$，将原输入空间 Ω 的训练集

$$T = \{[\boldsymbol{a}_1,y_1],[\boldsymbol{a}_2,y_2],\cdots,[\boldsymbol{a}_l,y_l]\} \in (\Omega\times Y)^l,$$

转化为 Hilbert 空间 H 中新的训练集

$$\widetilde{T} = \{[\tilde{\boldsymbol{a}}_1,y_1],\cdots,[\tilde{\boldsymbol{a}}_l,y_l]\} = \{[\varphi(\boldsymbol{a}_1),y_1],\cdots,[\varphi(\boldsymbol{a}_l),y_l]\},$$

使其在 Hilbert 空间 H 中线性可分，Hilbert 空间 H 也称为特征空间。然后在空间 H 中求得超平面 $[\boldsymbol{\omega}\cdot\varphi(\boldsymbol{x})]+b=0$，这个超平面可以硬性划分训练集 $\widetilde{T}$，于是原问题转化为如下的二次规划问题：

$$\min \quad \frac{1}{2}\|\boldsymbol{\omega}\|^2,$$

$$\text{s. t.} \quad y_i\{[\boldsymbol{\omega}\cdot\varphi(\boldsymbol{a}_i)]+b\} \geqslant 1, \quad i = 1,\cdots,l。$$

采用核函数 K 满足

$$K(\boldsymbol{a}_i,\boldsymbol{a}_j) = [\varphi(\boldsymbol{a}_i)\cdot\varphi(\boldsymbol{a}_j)],$$

将避免在高维特征空间进行复杂的运算，不同的核函数形成不同的算法。主要的核函数

有如下几类：

线性内核函数 $K(\boldsymbol{a}_i,\boldsymbol{a}_j)=(\boldsymbol{a}_i\cdot\boldsymbol{a}_j)$；

多项式核函数 $K(\boldsymbol{a}_i,\boldsymbol{a}_j)=[(\boldsymbol{a}_i\cdot\boldsymbol{a}_j)+1]^q$；

径向基核函数 $K(\boldsymbol{a}_i,\boldsymbol{a}_j)=\exp\left\{-\dfrac{\|\boldsymbol{a}_i-\boldsymbol{a}_j\|^2}{\sigma^2}\right\}$；

S 形内核函数 $K(\boldsymbol{a}_i,\boldsymbol{a}_j)=\tanh[v(\boldsymbol{a}_i\cdot\boldsymbol{a}_j)+c]$；

傅里叶核函数 $K(\boldsymbol{a}_i,\boldsymbol{a}_j)=\sum\limits_{k=1}^{n}\dfrac{1-q^2}{2[1-2q\cos(a_{ik}-a_{jk})+q^2]}$。

同样可以得到其 Lagrange 对偶问题如下：

$$\max_{\alpha}\quad -\frac{1}{2}\sum_{i=1}^{l}\sum_{j=1}^{l}y_iy_j\alpha_i\alpha_jK(\boldsymbol{a}_i\cdot\boldsymbol{a}_j)+\sum_{i=1}^{l}\alpha_i,$$

$$\text{s.t.}\begin{cases}\sum\limits_{i=1}^{l}y_i\alpha_i=0,\\ \alpha_i\geqslant 0,i=1,\cdots,l。\end{cases}$$

若 K 是正定核，则对偶问题是一个凸二次规划问题，必定有解。求解上述最优化问题，得到最优解 $\boldsymbol{\alpha}^*=[\alpha_1^*,\cdots,\alpha_l^*]^{\mathrm{T}}$，选择 $\boldsymbol{\alpha}^*$ 的一个正分量 α_j^*，并以此计算

$$b^*=y_j-\sum_{i=1}^{l}y_i\alpha_i^*K(\boldsymbol{a}_i,\boldsymbol{a}_j),$$

构造分类函数

$$f(\boldsymbol{x})=\mathrm{sgn}\left[\sum_{i=1}^{l}y_i\alpha_i^*K(\boldsymbol{a}_i,\boldsymbol{x})+b^*\right],$$

从而对未知样本进行分类。

9.1.4 C–支持向量分类机

当映射到高维 H 空间的训练集不能被硬性划分时，需要对约束条件进行软化。结合 9.1.2 节和 9.1.3 节中所述，得到如下的模型：

$$\max_{\alpha}\quad -\frac{1}{2}\sum_{i=1}^{l}\sum_{j=1}^{l}y_iy_j\alpha_i\alpha_jK(\boldsymbol{a}_i,\boldsymbol{a}_j)+\sum_{i=1}^{l}\alpha_i,$$

$$\text{s.t.}\begin{cases}\sum\limits_{i=1}^{l}y_i\alpha_i=0,\\ 0\leqslant\alpha_i\leqslant C,i=1,\cdots,l。\end{cases}\tag{9.7}$$

得到最优解 $\boldsymbol{\alpha}^*=[\alpha_1^*,\cdots,\alpha_l^*]^{\mathrm{T}}$，选择 $\boldsymbol{\alpha}^*$ 的一个正分量 $0<\alpha_j^*<C$，并以此计算

$$b^*=y_j-\sum_{i=1}^{l}y_i\alpha_i^*K(\boldsymbol{a}_i,\boldsymbol{a}_j),$$

构造决策函数

$$g(\boldsymbol{x})=\sum_{i=1}^{l}y_i\alpha_i^*K(\boldsymbol{a}_i,\boldsymbol{x})+b^*,$$

构造分类函数

$$f(\boldsymbol{x}) = \operatorname{sgn}\left[\sum_{i=1}^{l} y_i \alpha_i^* K(\boldsymbol{a}_i, \boldsymbol{x}) + b^* \right],$$

从而对未知样本进行分类。

当输入空间中两类样本点的分布区域严重重合时,选择合适的核函数及其参数,可以使映射到特征空间的每一类样本点的分布区域更为集中,降低两类样本点分布区域的混合程度,从而加强特征空间中两类样本集"线性可分"的程度,来达到提高分类的精度和泛化性能的目的。但是就核函数及其参数的选取问题,目前尚无理论依据,同样的实验数据,采用不同的核函数,其精度往往相差很大,即便是对于相同的核函数,选取的参数不同,分类的精度也会有较大的差别。在实际应用过程中,往往针对具体的问题多次仿真试验,找到适合该问题的核函数,并决定其最佳参数。

下述定理给出了支持向量与 Lagrange 乘子之间的关系。

定理 9.3 对偶问题式(9.7)的最优解为 $\boldsymbol{\alpha}^* = [\alpha_1^*, \cdots, \alpha_l^*]^{\mathrm{T}}$,使得每个样本点 $\boldsymbol{a}_i$ 满足优化问题的 KKT 条件为

$$\begin{aligned}
&\alpha_i^* = 0 \Rightarrow y_i g(\boldsymbol{a}_i) > 1, \\
&0 < \alpha_i^* < C \Rightarrow y_i g(\boldsymbol{a}_i) = 1, \\
&\alpha_i^* = C \Rightarrow y_i g(\boldsymbol{a}_i) < 1,
\end{aligned}$$

式中:$0 < \alpha_i^* < C$,所对应的 $\boldsymbol{a}_i$ 就是普通支持向量(记作 NSV),位于分类间隔的边界 $g(\boldsymbol{x}) = \pm 1$ 上,有 $|g(\boldsymbol{a}_i)| = 1$;$\alpha_i^* = C$ 所对应的 $\boldsymbol{a}_i$ 就是边界支持向量(记作 BSV),代表了所有的错分样本点,位于分类间隔内部,有 $|g(\boldsymbol{a}_i)| < 1$。BSV∪NSV 就是支持向量集。

9.2 支持向量机的 Matlab 命令及应用例子

Matlab 中支持向量机的命令有,训练支持向量机分类器的函数 svmtrain,使用支持向量机分类的函数 svmclassify,指定支持向量机函数使用的序列最小化参数函数 svmsmoset。下面通过一个例子说明有关函数的使用。

例 9.1 1991 年全国各省、自治区、直辖市城镇居民月平均消费情况见表 9.1,序号为 1~20的省份为第 1 类,记为 G_1;序号为 21~27 的省份为第 2 类,记为 G_2。考察下列指标:

x_1 人均粮食支出(元/人);

x_2 人均副食支出(元/人);

x_3 人均烟酒茶支出(元/人);

x_4 人均文化娱乐支出(元/人);

x_5 人均衣着商品支出(元/人);

x_6 人均日用品支出(元/人);

x_7 人均燃料支出(元/人);

x_8 人均非商品支出(元/人)。

试判别西藏、上海、北京应归属哪一类。

表 9.1　1991 年全国 30 个省、自治区、直辖市城镇居民月平均消费

序号	省(自治区、直辖市)名	类型	x_1	x_2	x_3	x_4	x_5	x_6	x_7	x_8
1	山西	1	8.35	23.53	7.51	8.62	17.42	10.00	1.04	11.21
2	内蒙古	1	9.25	23.75	6.61	9.19	17.77	10.48	1.72	10.51
3	吉林	1	8.19	30.50	4.72	9.78	16.28	7.60	2.52	10.32
4	黑龙江	1	7.73	29.20	5.42	9.43	19.29	8.49	2.52	10.00
5	河南	1	9.42	27.93	8.20	8.14	16.17	9.42	1.55	9.76
6	甘肃	1	9.16	27.98	9.01	9.32	15.99	9.10	1.82	11.35
7	青海	1	10.06	28.64	10.52	10.05	16.18	8.39	1.96	10.81
8	河北	1	9.09	28.12	7.40	9.62	17.26	11.12	2.49	12.65
9	陕西	1	9.41	28.20	5.77	10.80	16.36	11.56	1.53	12.17
10	宁夏	1	8.70	28.12	7.21	10.53	19.45	13.30	1.66	11.96
11	新疆	1	6.93	29.85	4.54	9.49	16.62	10.65	1.88	13.61
12	湖北	1	8.67	36.05	7.31	7.75	16.67	11.68	2.38	12.88
13	云南	1	9.98	37.69	7.01	8.94	16.15	11.08	0.83	11.67
14	湖南	1	6.77	38.69	6.01	8.82	14.79	11.44	1.74	13.23
15	安徽	1	8.14	37.75	9.61	8.49	13.15	9.76	1.28	11.28
16	贵州	1	7.67	35.71	8.04	8.31	15.13	7.76	1.41	13.25
17	辽宁	1	7.90	39.77	8.49	12.94	19.27	11.05	2.04	13.29
18	四川	1	7.18	40.91	7.32	8.94	17.60	12.75	1.14	14.80
19	山东	1	8.82	33.70	7.59	10.98	18.82	14.73	1.78	10.10
20	江西	1	6.25	35.02	4.72	6.28	10.03	7.15	1.93	10.39
21	福建	2	10.60	52.41	7.70	9.98	12.53	11.70	2.31	14.69
22	广西	2	7.27	52.65	3.84	9.16	13.03	15.26	1.98	14.57
23	海南	2	13.45	55.85	5.50	7.45	9.55	9.52	2.21	16.30
24	天津	2	10.85	44.68	7.32	14.51	17.13	12.08	1.26	11.57
25	江苏	2	7.21	45.79	7.66	10.36	16.56	12.86	2.25	11.69
26	浙江	2	7.68	50.37	11.35	13.30	19.25	14.59	2.75	14.87
27	北京	2	7.78	48.44	8.00	20.51	22.12	15.73	1.15	16.61
1	西藏	待判	7.94	39.65	20.97	20.82	22.52	12.41	1.75	7.90
2	上海	待判	8.28	64.34	8.00	22.22	20.06	15.12	0.72	22.89
3	广东	待判	12.47	76.39	5.52	11.24	14.52	22.00	5.46	25.50

解　用 $i=1,\cdots,30$ 分别表示 30 个省市或自治区，第 i 个省(自治区或直辖市)的第 j 个指标的取值为 a_{ij}。$y_i=1$ 表示第 1 类，$y_i=-1$ 表示第 2 类。

计算得已知 27 个样本点的均值向量

$$\boldsymbol{\mu}=[\mu_1,\cdots,\mu_8]$$

$$=[8.6115,36.7148,7.1993,10.0626,16.3174,11.0833,1.8196,12.4274],$$

27 个样本点的标准差向量

$$\boldsymbol{\sigma}=[\sigma_1,\cdots,\sigma_8]$$
$$=[1.5246,9.4167,1.7835,2.7343,2.8225,2.3437,0.5102,1.9307]。$$

对所有样本点数据利用如下公式进行标准化处理：

$$\tilde{a}_{ij}=\frac{a_{ij}-\mu_j}{\sigma_j},i=1,\cdots,30;j=1,\cdots,8。$$

对应地，称

$$\tilde{x}_j=\frac{x_j-\mu_j}{s_j},j=1,2,\cdots,8$$

为标准化指标变量。记 $\tilde{\boldsymbol{x}}=[\tilde{x}_1,\cdots,\tilde{x}_8]^{\mathrm{T}}$。

记标准化后的27个已分类样本点数据行向量为 $\boldsymbol{b}_i=[\tilde{a}_{i1},\cdots,\tilde{a}_{i8}],i=1,\cdots,27$。利用线性内核函数的支持向量机模型进行分类，求得支持向量为

$$\boldsymbol{b}_{14},\boldsymbol{b}_{15},\boldsymbol{b}_{17},\boldsymbol{b}_{19},\boldsymbol{b}_{24},\boldsymbol{b}_{25},\boldsymbol{b}_{27},$$

线性分类函数为

$$c(\tilde{\boldsymbol{x}})=\sum_i\beta_iK(\boldsymbol{b}_i,\tilde{\boldsymbol{x}})+b$$
$$=0.4694K(b_{14},\tilde{\boldsymbol{x}})+0.0476K(b_{15},\tilde{\boldsymbol{x}})+0.6750K(b_{17},\tilde{\boldsymbol{x}})+0.5979K(b_{19},\tilde{\boldsymbol{x}})$$
$$-0.4234K(b_{24},\tilde{\boldsymbol{x}})-1.2908K(b_{25},\tilde{\boldsymbol{x}})-0.0758K(b_{27},\tilde{\boldsymbol{x}})+1.0269,$$

式中：$\beta_i=\alpha_iy_i,\tilde{\boldsymbol{x}}=[\tilde{x}_1,\cdots,\tilde{x}_8],K(\boldsymbol{b}_i,\tilde{\boldsymbol{x}})=(\boldsymbol{b}_i\cdot\tilde{\boldsymbol{x}})$。

当 $c(\tilde{\boldsymbol{x}})\geqslant0$，$\tilde{\boldsymbol{x}}$ 属于第1类；当 $c(\tilde{\boldsymbol{x}})<0$，$\tilde{\boldsymbol{x}}$ 属于第2类。

用判别函数判别，得到西藏、上海、广东皆属于总体 G_2，即属于高消费类型。

所有已知样本点回代分类函数皆正确，故误判率为0。

计算的Matlab程序如下：

```
clc, clear
a0=load('fenlei.txt'); % 把表中x1,…,x8的所有数据保存在纯文本文件fenlei.txt中
a=a0'; b0=a(:,[1:27]); dd0=a(:,[28:end]); % 提取已分类和待分类的数据
[b,ps]=mapstd(b0); % 已分类数据的标准化
dd=mapstd('apply',dd0,ps); % 待分类数据的标准化
group=[ones(20,1); 2*ones(7,1)]; % 已知样本点的类别标号
s=svmtrain(b',group) % 训练支持向量机分类器
sv_index=s.SupportVectorIndices % 返回支持向量的标号
beta=s.Alpha % 返回分类函数的权系数
bb=s.Bias % 返回分类函数的常数项
mean_and_std_trans=s.ScaleData % 第1行返回的是已知样本点均值向量的相反数,第2
行返回的是标准差向量的倒数
check=svmclassify(s,b') % 验证已知样本点
err_rate=1-sum(group==check)/length(group) % 计算已知样本点的错判率
solution=svmclassify(s,dd') % 对待判样本点进行分类
```

9.3 乳腺癌的诊断

9.3.1 问题的提出

乳腺肿瘤通过穿刺采样进行分析可以确定其为良性或恶性。医学研究发现乳腺肿瘤病灶组织的细胞核显微图像的10个量化特征：细胞核直径、质地、周长、面积、光滑度、紧密度、凹陷度、凹陷点数、对称度、断裂度与该肿瘤的性质有密切的关系。现试图根据已获得的实验数据建立起一种诊断乳腺肿瘤是良性还是恶性的方法。数据来自确诊的500个病例，每个病例的一组数据包括采样组织中各细胞核的这10个特征量的平均值、标准差和最坏值共30个数据，并将这种方法用于另外69名已做穿刺采样分析的患者。

这个问题实际上属于模式识别问题。什么是模式呢？广义地说，在自然界中可以观察的事物，如果能够区别它们是否相同或是否相似，都可以称之为模式。人们为了掌握客观事物，按事物相似的程度组成类别。模式识别的作用和目的就在于面对某一具体事物时将其正确地归入某一类别。

模式识别的方法很多，除了支持向量机外还有数理统计方法、聚类分析等方法。

9.3.2 支持向量机的分类模型

记 $x_1,\cdots,x_{30}$ 分别表示30个指标变量，已知观测样本为 $[\boldsymbol{a}_i, y_i]$（$i=1,\cdots,n$，这里 $n=500$），其中 $\boldsymbol{a}_i \in \mathbf{R}^{30}$，$y_i=1$ 为良性肿瘤，$y_i=-1$ 为恶性肿瘤。

首先进行线性分类，即要找一个最优分类面 $(\boldsymbol{\omega}\cdot\boldsymbol{x})+b=0$，其中 $\boldsymbol{x}=[x_1,\cdots,x_{30}]^{\mathrm{T}}$，$\boldsymbol{\omega}\in\mathbf{R}^{30}$，$b\in\mathbf{R}$，$\boldsymbol{\omega}$，$b$ 待定，满足如下条件：

$$\begin{cases}(\boldsymbol{\omega}\cdot\boldsymbol{a}_i)+b\geqslant 1, & y_i=1,\\ (\boldsymbol{\omega}\cdot\boldsymbol{a}_i)+b\leqslant -1, & y_i=-1,\end{cases}$$

即有 $y_i[(\boldsymbol{\omega}\cdot\boldsymbol{a}_i)-b]\geqslant 1$，$i=1,\cdots,n$，其中，满足方程 $(\boldsymbol{\omega}\cdot\boldsymbol{a}_i)+b=\pm 1$ 的样本为支持向量。

要使两类总体到分类面的距离最大，则有

$$\max\frac{2}{\|\boldsymbol{\omega}\|}\Rightarrow\min\frac{1}{2}\|\boldsymbol{\omega}\|^2,$$

于是建立SVM的如下数学模型。

1. 模型1

$$\min\quad \frac{1}{2}\|\boldsymbol{\omega}\|^2,$$
$$\text{s.t.}\quad y_i[(\boldsymbol{\omega}\cdot\boldsymbol{a}_i)+b]\geqslant 1, i=1,2,\cdots,n。$$

求得最优值对应的 $\boldsymbol{\omega}^*$，$\boldsymbol{b}^*$，可得分类函数

$$g(\boldsymbol{x})=\mathrm{sgn}[(\boldsymbol{\omega}^*\cdot\boldsymbol{x})+\boldsymbol{b}^*]。$$

模型1是一个二次规划模型，为了利用Matlab求解模型1，下面把模型1化为其对偶问题。

定义广义 Lagrange 函数

$$L(\boldsymbol{\omega},\boldsymbol{\alpha}) = \frac{1}{2}\|\boldsymbol{\omega}\|^2 + \sum_{i=1}^{n}\alpha_i\{1 - y_i[(\boldsymbol{\omega}\cdot\boldsymbol{a}_i) + b]\},$$

式中：$\boldsymbol{\alpha} = [\alpha_1,\cdots,\alpha_n]^{\mathrm{T}} \in \mathbf{R}^{n+}$。

由 KKT 互补条件，通过对 $\boldsymbol{\omega}$ 和 b 求偏导可得

$$\frac{\partial L}{\partial \boldsymbol{\omega}} = \boldsymbol{\omega} - \sum_{i=1}^{n}\alpha_i y_i \boldsymbol{a}_i = 0,$$

$$\frac{\partial L}{\partial b} = \sum_{i=1}^{n}\alpha_i y_i = 0,$$

得 $\boldsymbol{\omega} = \sum_{i=1}^{n}\alpha_i y_i \boldsymbol{a}_i$，$\sum_{i=1}^{n}\alpha_i y_i = 0$，代入原始 Lagrange 函数得

$$L = \sum_{i=1}^{n}\alpha_i - \frac{1}{2}\sum_{i=1}^{n}\sum_{j=1}^{n}\alpha_i\alpha_j y_i y_j(\boldsymbol{a}_i\cdot\boldsymbol{a}_j)。$$

于是模型 1 可以化为模型 2。

2. 模型 2

$$\max \quad \sum_{i=1}^{n}\alpha_i - \frac{1}{2}\sum_{i=1}^{n}\sum_{j=1}^{n}\alpha_i\alpha_j y_i y_j(\boldsymbol{a}_i\cdot\boldsymbol{a}_j),$$

$$\text{s.t.}\begin{cases}\sum_{i=1}^{n}\alpha_i y_i = 0,\\ 0 \leqslant \alpha_i, i = 1,2,\cdots,n。\end{cases}$$

解此二次规划得到最优解 $\boldsymbol{\alpha}^*$，从而得权重向量 $\boldsymbol{\omega}^* = \sum_{i=1}^{n}\alpha_i^* y_i \boldsymbol{a}_i$。

由 KKT 互补条件知

$$\alpha_i^*\{1 - y_i[(\boldsymbol{\omega}^*\cdot\boldsymbol{a}_i) + b^*]\} = 0,$$

这意味着仅仅是支持向量 $\boldsymbol{a}_i$ 使得 α_i^* 为正，所有其他样本对应的 α_i^* 均为 0。选择 $\boldsymbol{\alpha}^*$ 的一个正分量 α_j^*，并以此计算

$$b^* = y_j - \sum_{i=1}^{n} y_i\alpha_i^*(\boldsymbol{a}_i\cdot\boldsymbol{a}_j)。$$

最终的分类函数表达式如下：

$$g(\boldsymbol{x}) = \mathrm{sgn}\Big[\sum_{i=1}^{n}\alpha_i^* y_i(\boldsymbol{a}_i\cdot\boldsymbol{x}) + b^*\Big]。\tag{9.8}$$

实际上，模型 2 中的 $(\boldsymbol{a}_i\cdot\boldsymbol{a}_j)$ 是核函数的线性形式。非线性核函数可以将原样本空间线性不可分的向量转化到高维特征空间中线性可分的向量。

将模型 2 换成一般的核函数 $K(x,y)$，可得一般的模型。

3. 模型 3：

$$\max \quad \sum_{i=1}^{n}\alpha_i - \frac{1}{2}\sum_{i=1}^{n}\sum_{j=1}^{n}\alpha_i\alpha_j y_i y_j K(\boldsymbol{a}_i,\boldsymbol{a}_j),$$

$$\text{s.t.}\begin{cases}\sum_{i=1}^{n}\alpha_i y_i = 0,\\ 0 \leqslant \alpha_i, i = 1,2,\cdots,n。\end{cases}$$

分类函数表达式为

$$g(\boldsymbol{x}) = \operatorname{sgn}\left[\sum_{i=1}^{n} \alpha_i^* y_i K(\boldsymbol{a}_i, \boldsymbol{x}) + b^*\right]。 \tag{9.9}$$

9.3.3 分类模型的求解

第 $i(i=1,\cdots,569)$ 个样本点的第 $j(j=1,\cdots,30)$ 个指标的取值记为 a_{ij}。

对于给定的500个训练样本，首先计算它们的均值向量 $\boldsymbol{\mu}=[\mu_1,\cdots,\mu_{30}]$ 和标准差向量 $\boldsymbol{\sigma}=[\sigma_1,\cdots,\sigma_{30}]$，对所有样本点数据利用如下公式进行标准化处理：

$$\tilde{a}_{ij} = \frac{a_{ij}-\mu_j}{\sigma_j}, i = 1,\cdots,569; j = 1,\cdots,30 。$$

对应地，称

$$\tilde{x}_j = \frac{x_j - \mu_j}{s_j}, j = 1,2,\cdots,30$$

为标准化指标变量。记 $\tilde{\boldsymbol{x}}=[\tilde{x}_1,\cdots,\tilde{x}_{30}]^{\mathrm{T}}$。

记标准化后的500个已分类样本点数据行向量为 $\boldsymbol{b}_i=[\tilde{a}_{i1},\cdots,\tilde{a}_{i,30}], i=1,\cdots,500$。利用二次核函数的支持向量机模型进行分类，求得支持向量总共为73个，记支持向量为 $\boldsymbol{b}_i(i\in I)$。

分类函数为

$$c(\tilde{\boldsymbol{x}}) = \sum_{i\in I} \beta_i K(\boldsymbol{b}_i, \tilde{\boldsymbol{x}}) + b, \tag{9.10}$$

式中：$\beta_i=\alpha_i y_i$；$\tilde{\boldsymbol{x}}=[\tilde{x}_1,\cdots,\tilde{x}_{30}]$。

当 $c(\tilde{\boldsymbol{x}})\geqslant 0$，$\tilde{\boldsymbol{x}}$ 属于第1类，即良性肿瘤；当 $c(\tilde{\boldsymbol{x}})<0$，$\tilde{\boldsymbol{x}}$ 属于第 -1 类，即恶性肿瘤。

所有已知样本点回代分类函数皆正确，故误判率为0。

把69个测试样本 $\boldsymbol{b}_j, j=501,502,\cdots,569$，代入分类函数(9.10)，按如下规则分类：

$c(\boldsymbol{b}_j)\geqslant 0$，第 j 个样本点为良性肿瘤；

$c(\boldsymbol{b}_j)<0$，第 j 个样本点为恶性肿瘤。

求解结果见表9.2。

表9.2　分类结果

良性								恶性							
1	3	6	7	8	9	11	12	2	4	5	10	13	15	17	18
14	16	20	21	23	24	25	26	19	22	27	29	34	36	37	53
28	30	31	32	33	35	38	39	54	55	56	63	64	65	66	67
40	41	42	43	44	45	46	47	68							
48	49	50	51	52	57	58	59								
60	61	62	69												

注：这里的数字代表病例序号

计算的Matlab程序如下：

```
% 原始数据 cancerdata.txt 可在网上下载,数据中的 B 替换成 1,M 替换成 -1,X 替换成 2,删
```

除了分割符*,替换后的数据命名成 cancerdata2.txt

```
clc,clear
a=load('cancerdata2.txt');
a(:,1)=[]; % 删除第一列病例号
gind=find(a(:,1)==1); % 读出良性肿瘤的序号
bind=find(a(:,1)==-1); % 读出恶性肿瘤的序号
training=a([1:500],[2:end]); % 提出已知样本点的数据
training=training'; % 为了进行数据标准化,这里进行了转置
[train,ps]=mapstd(training); % 已分类数据标准化
group(gind)=1; group(bind)=-1; % 已知样本点的类别标号
group=group'; % 转换成列向量
xa0=a([501:569],[2:end]); % 提出待分类数据
xa=xa0'; xa=mapstd('apply',xa,ps); % 待分类数据标准化
s=svmtrain(train',group,'Method','SMO','Kernel_Function','quadratic') % 使用序列最小化方法训练支持向量机的分类器,如果使用二次规划的方法训练支持向量机则无法求解
sv_index=s.SupportVectorIndices' % 返回支持向量的标号
beta=s.Alpha' % 返回分类函数的权系数
b=s.Bias % 返回分类函数的常数项
mean_and_std_trans=s.ScaleData % 第1行返回的是已知样本点均值向量的相反数,第2行返回的是标准差向量的倒数
check=svmclassify(s,train'); % 验证已知样本点
err_rate=1-sum(group==check)/length(group) % 计算错判率
solution=svmclassify(s,xa'); % 进行待判样本点分类
solution=solution'
sg=find(solution==1) % 求待判样本点中的良性编号
sb=find(solution==-1) % 求待判样本点中的恶性编号
```

注:该问题没有使用线性内核函数进行分类,这是由于线性内核函数的错判率为1.2%。

拓展阅读材料

[1] Matlab Statistics Toolbox User's Guide. R2014b.

阅读其中的机器学习中的监督学习部分。

习　题　9

9.1　蠓虫分类问题:生物学家试图对两种蠓虫(Af 与 Apf)进行鉴别,依据的资料是触角和翅膀的长度,已经测得了9支Af和6支Apf的数据如下:

Af:(1.24,1.27),(1.36,1.74),(1.38,1.64),(1.38,1.82),(1.38,1.90),(1.40,1.70),(1.48,1.82),(1.54,1.82),(1.56,2.08)

Apf:(1.14,1.82),(1.18,1.96),(1.20,1.86),(1.26,2.00),(1.28,2.00),(1.30,1.96)

现在的问题是:

(1) 根据如上资料,如何制定一种方法,正确地区分两类蠓虫?

(2) 对触角和翼长分别为(1.24,1.80)、(1.28,1.84)与(1.40,2.04)的3个标本,用所得到的方法加以识别。

9.2 考虑下面的优化问题:

$$\min \|\boldsymbol{\omega}\|^2 + c_1 \sum_{i=1}^{n} \xi_i + c_2 \sum_{i=1}^{n} \xi_i^2,$$

$$\text{s.t.} \quad \begin{cases} y_i[(\boldsymbol{\omega} \cdot \boldsymbol{a}_i) + b] \geqslant 1 - \xi_i, i = 1,2,\cdots,n, \\ \xi_i \geqslant 0, i = 1,2,\cdots,n。 \end{cases}$$

讨论参数 c_1 和 c_2 变化产生的影响,导出对偶表示形式。

第10章　多元分析

多元分析(Multivariate Analysis)是多变量的统计分析方法,是数理统计中应用广泛的一个重要分支,其内容庞杂,视角独特,方法多样,深受工程技术人员的青睐,在很多工程领域有着广泛应用,并在应用中不断完善和创新。

10.1　聚类分析

将认识对象进行分类是人类认识世界的一种重要方法,比如有关世界时间进程的研究,就形成了历史学,有关世界空间地域的研究,就形成了地理学。又如在生物学中,为了研究生物的演变,需要对生物进行分类,生物学家根据各种生物的特征,将它们归属于不同的界、门、纲、目、科、属、种之中。事实上,分门别类地对事物进行研究,要远比在一个混杂多变的集合中研究更清晰、明了和细致,这是因为同一类事物会具有更多的近似特性。在企业的经营管理中,为了确定其目标市场,首先要进行市场细分。因为无论一个企业多么庞大和成功,它也无法满足整个市场的各种需求。而市场细分,可以帮助企业找到适合自己特色并使企业具有竞争力的分市场,将其作为自己的重点开发目标。

通常,人们可以凭经验和专业知识来实现分类。而聚类分析(Cluster Analysis)作为一种定量方法,将从数据分析的角度,给出一个更准确、细致的分类工具。

聚类分析又称群分析,是对多个样本(或指标)进行定量分类的一种多元统计分析方法。对样本进行分类称为Q型聚类分析,对指标进行分类称为R型聚类分析。

10.1.1　Q型聚类分析

1. 样本的相似性度量

要用数量化的方法对事物进行分类,就必须用数量化的方法描述事物之间的相似程度。一个事物常常需要用多个变量来刻画。如果对于一群有待分类的样本点需用 p 个变量描述,则每个样本点可以看成是 $\mathbf{R}^p$ 空间中的一个点。因此,很自然地想到可以用距离来度量样本点间的相似程度。

记 Ω 是样本点集,距离 $d(\cdot,\cdot)$ 是 $\Omega\times\Omega\to\mathbf{R}^+$ 的一个函数,满足条件:

(1) $d(\boldsymbol{x},\boldsymbol{y})\geqslant 0, x,y\in\Omega$。

(2) $d(\boldsymbol{x},\boldsymbol{y})=0$ 当且仅当 $x=y$。

(3) $d(\boldsymbol{x},\boldsymbol{y})=d(\boldsymbol{y},\boldsymbol{x}),\boldsymbol{x},\boldsymbol{y}\in\Omega$。

(4) $d(\boldsymbol{x},\boldsymbol{y})\leqslant d(\boldsymbol{x},z)+d(z,\boldsymbol{y}),\boldsymbol{x},\boldsymbol{y},z\in\Omega$。

这一距离的定义是我们所熟知的,它满足正定性、对称性和三角不等式。在聚类分析中,对于定量变量,最常用的是闵氏(Minkowski)距离,即

$$d_q(\boldsymbol{x},\boldsymbol{y}) = \left[\sum_{k=1}^{p}|x_k - y_k|^q\right]^{\frac{1}{q}}, q > 0,$$

当 $q=1,2$ 或 $q\to+\infty$ 时,则分别得到:

(1) 绝对值距离

$$d_1(\boldsymbol{x},\boldsymbol{y}) = \sum_{k=1}^{p}|x_k - y_k|。\tag{10.1}$$

(2) 欧几里得(Euclid)距离

$$d_2(\boldsymbol{x},\boldsymbol{y}) = \left[\sum_{k=1}^{p}|x_k - y_k|^2\right]^{\frac{1}{2}}。\tag{10.2}$$

(3) 切比雪夫(Chebyshev)距离

$$d_\infty(\boldsymbol{x},\boldsymbol{y}) = \max_{1\leqslant k\leqslant p}|x_k - y_k|。\tag{10.3}$$

在 Minkowski 距离中,最常用的是欧几里得距离,它的主要优点是当坐标轴进行正交旋转时,欧氏距离是保持不变的。因此,如果对原坐标系进行平移和旋转变换,则变换后样本点间的距离和变换前完全相同。

值得注意的是在采用 Minkowski 距离时,一定要采用相同量纲的变量。当变量的量纲不同,测量值变异范围相差悬殊时,建议首先进行数据的标准化处理,然后再计算距离。在采用 Minkowski 距离时,还应尽可能地避免变量的多重相关性(Multicollinearity)。多重相关性所造成的信息重叠,会片面强调某些变量的重要性。由于 Minkowski 距离的这些缺点,一种改进的距离就是马氏距离。

(4) 马氏(Mahalanobis)距离

$$d(\boldsymbol{x},\boldsymbol{y}) = \sqrt{(\boldsymbol{x}-\boldsymbol{y})^{\mathrm{T}}\boldsymbol{\Sigma}^{-1}(\boldsymbol{x}-\boldsymbol{y})},\tag{10.4}$$

式中:$\boldsymbol{x},\boldsymbol{y}$ 为来自 p 维总体 Z 的样本观测值;$\boldsymbol{\Sigma}$ 为 Z 的协方差矩阵,实际中 $\boldsymbol{\Sigma}$ 往往是未知的,常常需要用样本协方差来估计。

马氏距离对一切线性变换是不变的,故不受量纲的影响。

此外,还可采用样本相关系数、夹角余弦和其他关联性度量作为相似性度量。近年来随着数据挖掘研究的深入,这方面的新方法层出不穷。

2. 类与类间的相似性度量

如果有两个样本类 G_1 和 G_2,可以用下面的一系列方法度量它们之间的距离。

(1) 最短距离法(Nearest Neighbor or Single Linkage Method):

$$D(G_1,G_2) = \min_{\substack{\boldsymbol{x}_i\in G_1\\ \boldsymbol{y}_j\in G_2}}\{d(\boldsymbol{x}_i,\boldsymbol{y}_j)\},\tag{10.5}$$

它的直观意义为两个类中最近两点间的距离。

(2) 最长距离法(Farthest Neighbor or Complete Linkage Method):

$$D(G_1,G_2) = \max_{\substack{\boldsymbol{x}_i\in G_1\\ \boldsymbol{y}_j\in G_2}}\{d(\boldsymbol{x}_i,\boldsymbol{y}_j)\},\tag{10.6}$$

它的直观意义为两个类中最远两点间的距离。

(3) 重心法(Centroid Method):

$$D(G_1,G_2)=d(\bar{\boldsymbol{x}},\bar{\boldsymbol{y}}),\tag{10.7}$$

式中:$\bar{\boldsymbol{x}},\bar{\boldsymbol{y}}$ 分别为 G_1,G_2 的重心。

(4) 类平均法(Group Average Method):

$$D(G_1,G_2)=\frac{1}{n_1n_2}\sum_{\boldsymbol{x}_i\in G_1}\sum_{\boldsymbol{x}_j\in G_2}d(\boldsymbol{x}_i,\boldsymbol{x}_j),\tag{10.8}$$

它等于 G_1,G_2 中两样本点距离的平均,n_1,n_2 分别为 G_1,G_2 中的样本点个数。

(5) 离差平方和法(Sum of Squares Method):

若记

$$D_1=\sum_{\boldsymbol{x}_i\in G_1}(\boldsymbol{x}_i-\bar{\boldsymbol{x}}_1)^{\mathrm{T}}(\boldsymbol{x}_i-\bar{\boldsymbol{x}}_1),D_2=\sum_{\boldsymbol{x}_j\in G_2}(\boldsymbol{x}_j-\bar{\boldsymbol{x}}_2)^{\mathrm{T}}(\boldsymbol{x}_j-\bar{\boldsymbol{x}}_2),$$

$$D_{12}=\sum_{\boldsymbol{x}_k\in G_1\cup G_2}(\boldsymbol{x}_k-\bar{\boldsymbol{x}})^{\mathrm{T}}(\boldsymbol{x}_k-\bar{\boldsymbol{x}}),$$

式中

$$\bar{\boldsymbol{x}}_1=\frac{1}{n_1}\sum_{\boldsymbol{x}_i\in G_1}\boldsymbol{x}_i,\bar{\boldsymbol{x}}_2=\frac{1}{n_2}\sum_{\boldsymbol{x}_j\in G_2}\boldsymbol{x}_j,\bar{\boldsymbol{x}}=\frac{1}{n_1+n_2}\sum_{\boldsymbol{x}_k\in G_1\cup G_2}\boldsymbol{x}_k,$$

则定义

$$D(G_1,G_2)=D_{12}-D_1-D_2.\tag{10.9}$$

事实上,若 G_1,G_2 内部点与点距离很小,则它们能很好地各自聚为一类,并且这两类又能够充分分离(即 D_{12} 很大),这时必然有 $D=D_{12}-D_1-D_2$ 很大。因此,按定义可以认为,两类 G_1,G_2 之间的距离很大。离差平方和法最初是由 Ward 在 1936 年提出,后经 Orloci 等人在 1976 年发展起来的,故又称为 Ward 方法。

3. 聚类图

Q 型聚类结果可由一个聚类图展示出来。

例如,在平面上有 7 个点 $w_1,w_2,\cdots,w_7$(图 10.1(a)),可以用聚类图(图 10.1(b))来表示聚类结果。

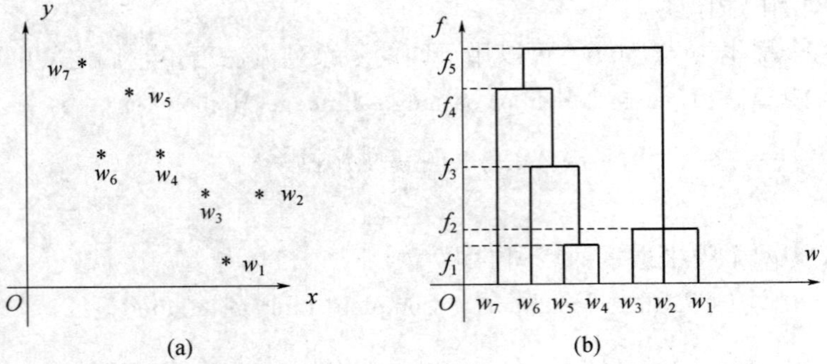

图 10.1 聚类方法示意图

(a) 散点图;(b) 聚类图。

记 $\Omega=\{w_1,w_2,\cdots,w_7\}$,聚类结果如下:当距离值为 f_5 时,分为一类,即

$$G_1=\{w_1,w_2,w_3,w_4,w_5,w_6,w_7\};$$

当距离值为 f_4 时,分为两类,即

$$G_1=\{w_1,w_2,w_3\},G_2=\{w_4,w_5,w_6,w_7\};$$

当距离值为 f_3 时,分为三类,即

$$G_1=\{w_1,w_2,w_3\},G_2=\{w_4,w_5,w_6\},G_3=\{w_7\};$$

当距离值为 f_2 时,分为四类,即

$$G_1=\{w_1,w_2,w_3\},G_2=\{w_4,w_5\},G_3=\{w_6\},G_4=\{w_7\};$$

当距离值为 f_1 时,分为六类,即

$$G_1=\{w_4,w_5\},G_2=\{w_1\},G_3=\{w_2\},G_4=\{w_3\},G_5=\{w_6\},G_6=\{w_7\};$$

当距离小于 f_1 时,分为七类,每一个点自成一类。

怎样才能生成这样的聚类图呢?设 $\Omega=\{w_1,w_2,\cdots,w_7\}$,步骤如下:

(1)计算 n 个样本点两两之间的距离 $\{d_{ij}\}$,记为矩阵 $\boldsymbol{D}=(d_{ij})_{n\times n}$。

(2)首先构造 n 个类,每一个类中只包含一个样本点,每一类的平台高度均为 0。

(3)合并距离最近的两类为新类,并且以这两类间的距离值作为聚类图中的平台高度。

(4)计算新类与当前各类的距离,若类的个数已经等于 1,转入步骤(5),否则回到步骤(3)。

(5)画聚类图。

(6)决定类的个数和类。

显而易见,这种系统归类过程与计算类和类之间的距离有关,采用不同的距离定义,有可能得出不同的聚类结果。

4. 最短距离法的聚类举例

如果使用最短距离法来测量类与类之间的距离,即称其为系统聚类法中的最短距离法(又称最近邻法),由 Florek 等人于 1951 年和 Sneath 于 1957 年引入。下面举例说明最短距离法的计算步骤。

例 10.1 设有 5 个销售员 w_1,w_2,w_3,w_4,w_5,他们的销售业绩由二维变量 (v_1,v_2) 描述,见表 10.1。

表 10.1 销售员业绩表

销售员	v_1(销售量)/百件	v_2(回收款项)/万元
w_1	1	0
w_2	1	1
w_3	3	2
w_4	4	3
w_5	2	5

记销售员 $w_i(i=1,2,3,4,5)$ 的销售业绩为 (v_{i1},v_{i2})。使用绝对值距离来测量点与点之间的距离，使用最短距离法来测量类与类之间的距离，即

$$d(w_i,w_j) = \sum_{k=1}^{2} |v_{ik} - v_{jk}|, D(G_p,G_q) = \min_{\substack{w_i \in G_p \\ w_j \in G_q}} \{d(w_i,w_j)\} 。$$

由距离公式 $d(\cdot,\cdot)$，可以算出距离矩阵

$$\begin{array}{c} \\ w_1 \\ w_2 \\ w_3 \\ w_4 \\ w_5 \end{array} \begin{array}{c} \begin{array}{ccccc} w_1 & w_2 & w_3 & w_4 & w_5 \end{array} \\ \begin{bmatrix} 0 & 1 & 4 & 6 & 6 \\ & 0 & 3 & 5 & 5 \\ & & 0 & 2 & 4 \\ & & & 0 & 4 \\ & & & & 0 \end{bmatrix} \end{array} 。$$

第一步，所有的元素自成一类 $H_1=\{w_1,w_2,w_3,w_4,w_5\}$。每一个类的平台高度为 0，即 $f(w_i)=0, i=1,2,3,4,5$。显然，这时 $D(G_p,G_q)=d(w_p,w_q)$。

第二步，取新类的平台高度为 1，把 w_1,w_2 合成一个新类 h_6，此时的分类情况是

$$H_2 = \{h_6,w_3,w_4,w_5\}。$$

第三步，取新类的平台高度为 2，把 w_3,w_4 合成一个新类 h_7，此时的分类情况是

$$H_3 = \{h_6,h_7,w_5\}。$$

第四步，取新类的平台高度为 3，把 h_6,h_7 合成一个新类 h_8，此时的分类情况是

$$H_4 = \{h_8,w_5\}。$$

第五步，取新类的平台高度为 4，把 h_8,w_5 合成一个新类 h_9，此时的分类情况是

$$H_5 = \{h_9\}。$$

这样，h_9 已把所有的样本点聚为一类，因此，可以转到画聚类图步骤。画出聚类图(图 10.2(a))。这是一颗二叉树，如图 10.2(b)所示。

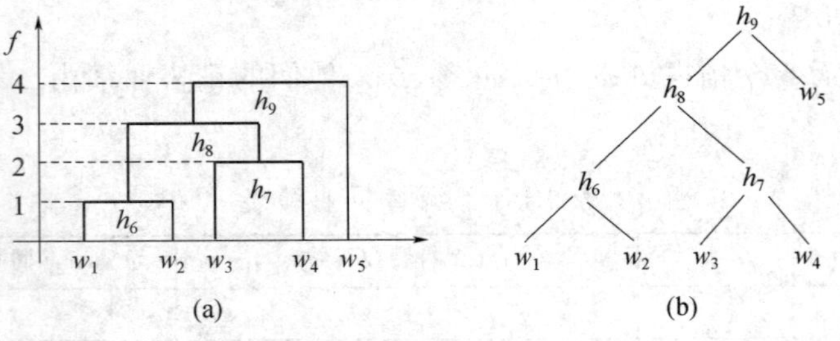

图 10.2 最短距离法
(a) 聚类图；(b) 二叉树图。

有了聚类图，就可以按要求进行分类。可以看出，在这五个推销员中 w_5 的工作成绩最佳，w_3,w_4 的工作成绩较好，而 w_1,w_2 的工作成绩较差。

计算的 Matlab 程序如下：

```
clc,clear
a=[1,0;1,1;3,2;4,3;2,5];
[m,n]=size(a);
d=zeros(m);
d=mandist(a'); % mandist 求矩阵列向量组之间的两两绝对值距离
d=tril(d); % 截取下三角元素
nd=nonzeros(d);  % 去掉 d 中的零元素,非零元素按列排列
nd=union([],nd)  % 去掉重复的非零元素
for i=1:m-1
  nd_min=min(nd);
    [row,col]=find(d==nd_min);tm=union(row,col);  % row 和 col 归为一类
    tm=reshape(tm,1,length(tm));  % 把数组 tm 变成行向量
    fprintf('第% d 次合成,平台高度为% d 时的分类结果为:% s\n',...
       i,nd_min,int2str(tm));
    nd(nd==nd_min)=[]; % 删除已经归类的元素
    if length(nd)==0
       break
    end
end
```

或者使用 Matlab 统计工具箱的相关命令,编写如下程序：

```
clc,clear
a=[1,0;1,1;3,2;4,3;2,5];
y=pdist(a,'cityblock');  % 求 a 的两两行向量间的绝对值距离
yc=squareform(y)  % 变换成距离方阵
z=linkage(y)  % 产生等级聚类树
dendrogram(z) % 画聚类图
T=cluster(z,'maxclust',3)  % 把对象划分成 3 类
for i=1: 3
    tm=find(T==i);  % 求第 i 类的对象
    tm=reshape(tm,1,length(tm)); % 变成行向量
    fprintf('第% d 类的有% s\n',i,int2str(tm)); % 显示分类结果
end
```

5. Matlab 聚类分析的相关命令

Matlab 中聚类分析相关命令的使用说明如下。

1) pdist

Y=pdist(X)计算 $m\times n$ 矩阵 X(看作 m 个 n 维行向量)中两两对象间的欧氏距离。对于有 m 个对象组成的数据集,共有 $(m-1)\cdot m/2$ 个两两对象组合。

输出 Y 是包含距离信息的长度为 $(m-1)\cdot m/2$ 的向量。可用 squareform 函数将此向量转换为方阵,这样可使矩阵中的元素(i,j)对应原始数据集中对象 i 和 j 间的距离。

Y=pdist(X,'metric')中用'metric'指定的方法计算矩阵 X 中对象间的距离。'metric'可取表 10.2 中的特征字符串值。

表 10.2　'metric '取值及含义

字符串	含　义	字符串	含　义
'euclidean'	欧氏距离(默认)	'hamming'	海明距离(Hamming 距离)
'seuclidean'	标准欧几里得距离	custom distance function	自定义函数距离
'cityblock'	绝对值距离	'cosine'	1 - 两个向量夹角的余弦
'minkowski'	闵氏距离(Minkowski 距离)	'correlation'	1 - 样本的相关系数
'chebychev'	切比雪夫距离(Chebychev 距离)	'spearman'	1 - 样本的 Spearman 秩相关系数
'mahalanobis'	马氏距离(Mahalanobis 距离)	'jaccard'	1 - Jaccard 系数

注:" - "表示减号

Y = pdist(X,'minkowski',p)用闵氏距离计算矩阵 X 中对象间的距离。p 为闵氏距离计算用到的指数值,默认为 2。

2) linkage

Z = linkage(Y)使用最短距离算法生成具有层次结构的聚类树。输入矩阵 Y 为 pdist 函数输出的 $(m-1)\cdot m/2$ 维距离行向量。

Z = linkage(Y, 'method')使用由'method'指定的算法计算生成聚类树。'method'可取表 10.3 中的特征字符串值。

表 10.3　'method'取值及含义

字符串	含　义	字符串	含　义
'single'	最短距离(默认)	'median'	赋权重心距离
'average'	无权平均距离	'ward'	离差平方和方法(Ward 方法)
'centroid'	重心距离	'weighted'	赋权平均距离
'complete'	最大距离		

输出 Z 为包含聚类树信息的 $(m-1)\times 3$ 矩阵。聚类树上的叶节点为原始数据集中的对象,由 $1\sim m$。它们是单元素的类,级别更高的类都由它们生成。对应于 Z 中第 j 行每个新生成的类,其索引为 $m+j$,其中 m 为初始叶节点的数量。

第 1 列和第 2 列,即 Z(:,[1:2])包含了被两两连接生成一个新类的所有对象的索引。生成的新类索引为 $m+j$。共有 $m-1$ 个级别更高的类,它们对应于聚类树中的内部节点。

第三列 Z(:,3)包含了相应的在类中的两两对象间的连接距离。

3) cluster

T = cluster(Z,'cutoff',c) 从连接输出(linkage)中创建聚类。cutoff 为定义 cluster 函数如何生成聚类的阈值,其不同的值含义如表 10.4 所列。

表 10.4　cutoff 取值及含义

cutoff 取值	含　义
0 < cutoff < 2	cutoff 作为不一致系数的阈值。不一致系数对聚类树中对象间的差异进行了量化。如果一个连接的不一致系数大于阈值,则 cluster 函数将其作为聚类分组的边界
2 < = cutoff	cutoff 作为包含在聚类树中的最大分类数

T = cluster(Z,'cutoff',c,'depth',d) 从连接输出(linkage)中创建聚类。参数 depth 指定了聚类数中的层数,进行不一致系数计算时要用到。不一致系数将聚类树中两对象的连接与相邻的连接进行比较。详细说明见函数 inconsistent。当参数 depth 被指定时,cutoff 通常作为不一致系数阈值。

输出 T 为大小为 m 的向量,它用数字对每个对象所属的类进行标识。为了找到包含在类 i 中的来自原始数据集的对象,可用 find(T = = i)。

4) zsore(X)

对数据矩阵进行标准化处理,处理方式为

$$\tilde{x}_{ij} = \frac{x_{ij} - \bar{x}_j}{s_j},$$

式中:$\bar{x}_j, s_j$ 为矩阵 $\boldsymbol{X} = (x_{ij})_{m \times n}$ 每一列的均值和标准差。

5) H = dendrogram(Z,P)

由 linkage 产生的数据矩阵 Z 画聚类树状图。P 是节点数,默认值是 30。

6) T = clusterdata(X,cutoff)

将矩阵 X 的数据分类。X 为 $m \times n$ 矩阵,被看做 m 个 n 维行向量。它与以下几个命令等价:

```
Y = pdist(X)
Z = linkage(Y,'single')
T = cluster(Z,cutoff)
```

7) squareform

将 pdist 的输出转换为方阵。

10.1.2 R 型聚类法

在实际工作中,变量聚类法的应用也是十分重要的。在系统分析或评估过程中,为避免遗漏某些重要因素,往往在一开始选取指标时,尽可能多地考虑所有的相关因素。而这样做的结果,则是变量过多,变量间的相关度高,给系统分析与建模带来很大的不便。因此,人们常常希望能研究变量间的相似关系,按照变量的相似关系把它们聚合成若干类,进而找出影响系统的主要因素。

1. 变量相似性度量

在对变量进行聚类分析时,首先要确定变量的相似性度量,常用的变量相似性度量有两种。

(1) 相关系数。记变量 $\boldsymbol{x}_j$ 的取值 $(x_{1j}, x_{2j}, \cdots, x_{nj})^{\mathrm{T}} \in \mathbf{R}^n (j = 1, 2, \cdots, m)$。则可以用两变量 $\boldsymbol{x}_j$ 与 $\boldsymbol{x}_k$ 的样本相关系数作为它们的相似性度量,即

$$r_{jk} = \frac{\sum_{i=1}^{n} (x_{ij} - \bar{x}_j)(x_{ik} - \bar{x}_k)}{\left[\sum_{i=1}^{n} (x_{ij} - \bar{x}_j)^2 \sum_{i=1}^{n} (x_{ik} - \bar{x}_k)^2\right]^{\frac{1}{2}}}, \tag{10.10}$$

在对变量进行聚类分析时,利用相关系数矩阵是最多的。

(2) 夹角余弦。也可以直接利用两变量 $\boldsymbol{x}_j$ 与 $\boldsymbol{x}_k$ 的夹角余弦 r_{jk} 来定义它们的相似性度量,有

$$r_{jk} = \frac{\sum_{i=1}^{n} x_{ij}x_{ik}}{\left(\sum_{i=1}^{n} x_{ij}^2 \sum_{i=1}^{n} x_{ik}^2\right)^{\frac{1}{2}}}。 \tag{10.11}$$

各种定义的相似度量均应具有以下两个性质:

① $|r_{jk}| \leqslant 1$,对于一切 j,k;

② $r_{jk} = r_{kj}$,对于一切 j,k。

$|r_{jk}|$ 越接近 1,$\boldsymbol{x}_j$ 与 $\boldsymbol{x}_k$ 越相关或越相似。$|r_{jk}|$ 越接近 0,$\boldsymbol{x}_j$ 与 $\boldsymbol{x}_k$ 的相似性越弱。

2. 变量聚类法

类似于样本集合聚类分析中最常用的最短距离法、最长距离法等,变量聚类法采用了与系统聚类法相同的思路和过程。在变量聚类问题中,常用的有最长距离法、最短距离法等。

(1) 最长距离法。在最长距离法中,定义两类变量的距离为

$$R(G_1, G_2) = \max_{\substack{x_j \in G_1 \\ x_k \in G_2}} \{d_{jk}\}, \tag{10.12}$$

式中:$d_{jk} = 1 - |r_{jk}|$ 或 $d_{jk}^2 = 1 - r_{jk}^2$,这时,$R(G_1, G_2)$ 与两类中相似性最小的两变量间的相似性度量值有关。

(2) 最短距离法。在最短距离法中,定义两类变量的距离为

$$R(G_1, G_2) = \min_{\substack{x_j \in G_1 \\ x_k \in G_2}} \{d_{jk}\}, \tag{10.13}$$

式中:$d_{jk} = 1 - |r_{jk}|$ 或 $d_{jk}^2 = 1 - r_{jk}^2$,这时,$R(G_1, G_2)$ 与两类中相似性最大的两个变量间的相似性度量值有关。

例 10.2 服装标准制定中的变量聚类法。

在服装标准制定中,对某地成年女子的各部位尺寸进行了统计,通过 14 个部位的测量资料,获得各因素之间的相关系数表(表 10.5)。

表 10.5 成年女子各部位相关系数

	x_1	x_2	x_3	x_4	x_5	x_6	x_7	x_8	x_9	x_{10}	x_{11}	x_{12}	x_{13}	x_{14}
x_1	1													
x_2	0.366	1												
x_3	0.242	0.233	1											
x_4	0.28	0.194	0.59	1										
x_5	0.36	0.324	0.476	0.435	1									
x_6	0.282	0.262	0.483	0.47	0.452	1								
x_7	0.245	0.265	0.54	0.478	0.535	0.663	1							
x_8	0.448	0.345	0.452	0.404	0.431	0.322	0.266	1						

（续）

	x_1	x_2	x_3	x_4	x_5	x_6	x_7	x_8	x_9	x_{10}	x_{11}	x_{12}	x_{13}	x_{14}
x_9	0.486	0.367	0.365	0.357	0.429	0.283	0.287	0.82	1					
x_{10}	0.648	0.662	0.216	0.032	0.429	0.283	0.263	0.527	0.547	1				
x_{11}	0.689	0.671	0.243	0.313	0.43	0.302	0.294	0.52	0.558	0.957	1			
x_{12}	0.486	0.636	0.174	0.243	0.375	0.296	0.255	0.403	0.417	0.857	0.852	1		
x_{13}	0.133	0.153	0.732	0.477	0.339	0.392	0.446	0.266	0.241	0.054	0.099	0.055	1	
x_{14}	0.376	0.252	0.676	0.581	0.441	0.447	0.44	0.424	0.372	0.363	0.376	0.321	0.627	1

其中，x_1 为上身长，x_2 为手臂长，x_3 为胸围，x_4 为颈围，x_5 为总肩围，x_6 为总胸宽，x_7 为后背宽，x_8 为前腰节高，x_9 为后腰节高，x_{10} 为全身长，x_{11} 为身高，x_{12} 为下身长，x_{13} 为腰围，x_{14} 为臀围。用最大系数法对这 14 个变量进行系统聚类，分类结果如图 10.3 所示。

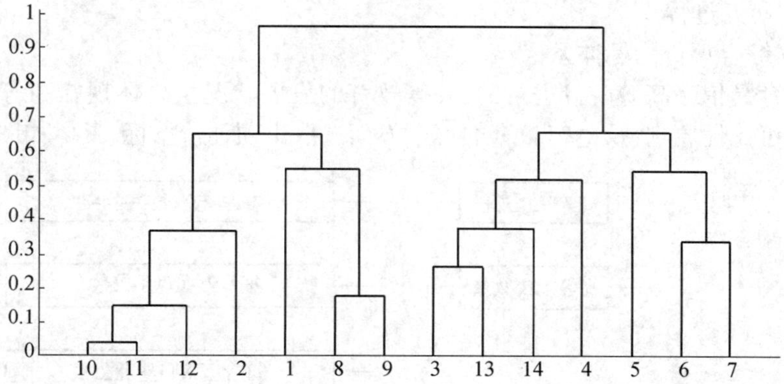

图 10.3　成年女子 14 个部位指标的聚类图

计算的 Matlab 程序如下：

```
% 把下三角相关系数矩阵粘贴到纯文本文件 ch.txt 中
clc,clear
a=textread('ch.txt');
d=1-abs(a); % 进行数据变换，把相关系数转化为距离
d=tril(d); % 提出 d 矩阵的下三角部分
b=nonzeros(d);% 去掉 d 中的零元素
b=b'; % 化成行向量
z=linkage(b,'complete'); % 按最长距离法聚类
y=cluster(z,'maxclust',2)    % 把变量划分成两类
ind1=find(y==1);ind1=ind1'   % 显示第一类对应的变量标号
ind2=find(y==2);ind2=ind2'   % 显示第二类对应的变量标号
h=dendrogram(z); % 画聚类图
set(h,'Color','k','LineWidth',1.3) % 把聚类图线的颜色改成黑色，线宽加粗
```

通过聚类图，可以看出，人体的变量大体可以分为两类：一类反映人高矮的变量，如上身长、手臂长、前腰节高、后腰节高、全身长、身高、下身长；另一类是反映人体胖瘦的变量，

如胸围、颈围、总肩围、总胸宽、后背宽、腰围、臀围。

10.1.3 聚类分析案例——我国各地区普通高等教育发展状况分析

本案例运用 Q 型和 R 型聚类分析方法对我国各地区普通高等教育的发展状况进行分析。

1. 案例研究背景

近年来,我国普通高等教育得到了迅速发展,为国家培养了大批人才。但由于我国各地区经济发展水平不均衡,加之高等院校原有布局使各地区高等教育发展的起点不一致,因而各地区普通高等教育的发展水平存在一定的差异,不同的地区具有不同的特点。对我国各地区普通高等教育的发展状况进行聚类分析,明确各类地区普通高等教育发展状况的差异与特点,有利于管理和决策部门从宏观上把握我国普通高等教育的整体发展现状,分类制定相关政策,更好地指导和规划我国高教事业的整体健康发展。

2. 案例研究过程

1）建立综合评价指标体系

高等教育是依赖高等院校进行的,高等教育的发展状况主要体现在高等院校的相关方面。遵循可比性原则,从高等教育的五个方面选取十项评价指标,具体如图 10.4 所示。

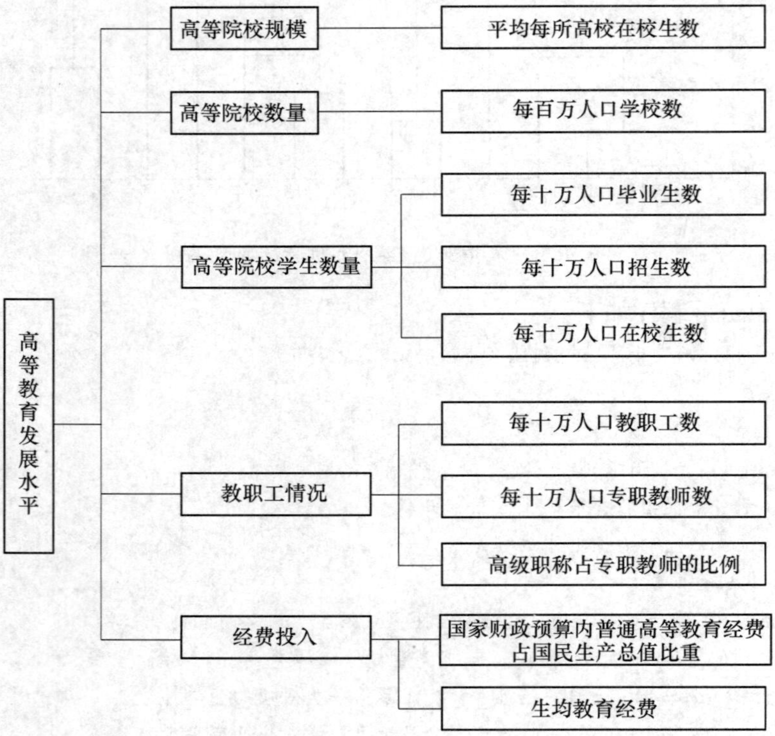

图 10.4 高等教育的 10 项评价指标

2）数据资料

指标的原始数据取自《中国统计年鉴,1995》和《中国教育统计年鉴,1995》,10 项指标值见表10.6。其中,x_1 为每百万人口高等院校数;x_2 为每 10 万人口高等院校毕业生数;x_3 为每 10 万人口高等院校招生数;x_4 为每 10 万人口高等院校在校生数;x_5 为每 10 万人口高等院校教职工数;x_6 为每 10 万人口高等院校专职教师数;x_7 为高级职称占专职教师的比例;x_8 为平均每所高等院校的在校生数;x_9 为国家财政预算内普通高教经费占国内生产总值的比例;x_{10}为生均教育经费。

表 10.6 我国各地区普通高等教育发展状况数据

地区	x_1	x_2	x_3	x_4	x_5	x_6	x_7	x_8	x_9	x_{10}
北京	5.96	310	461	1557	931	319	44.36	2615	2.20	13631
上海	3.39	234	308	1035	498	161	35.02	3052	0.90	12665
天津	2.35	157	229	713	295	109	38.40	3031	0.86	9385
陕西	1.35	81	111	364	150	58	30.45	2699	1.22	7881
辽宁	1.50	88	128	421	144	58	34.30	2808	0.54	7733
吉林	1.67	86	120	370	153	58	33.53	2215	0.76	7480
黑龙江	1.17	63	93	296	117	44	35.22	2528	0.58	8570
湖北	1.05	67	92	297	115	43	32.89	2835	0.66	7262
江苏	0.95	64	94	287	102	39	31.54	3008	0.39	7786
广东	0.69	39	71	205	61	24	34.50	2988	0.37	11355
四川	0.56	40	57	177	61	23	32.62	3149	0.55	7693
山东	0.57	58	64	181	57	22	32.95	3202	0.28	6805
甘肃	0.71	42	62	190	66	26	28.13	2657	0.73	7282
湖南	0.74	42	61	194	61	24	33.06	2618	0.47	6477
浙江	0.86	42	71	204	66	26	29.94	2363	0.25	7704
新疆	1.29	47	73	265	114	46	25.93	2060	0.37	5719
福建	1.04	53	71	218	63	26	29.01	2099	0.29	7106
山西	0.85	53	65	218	76	30	25.63	2555	0.43	5580
河北	0.81	43	66	188	61	23	29.82	2313	0.31	5704
安徽	0.59	35	47	146	46	20	32.83	2488	0.33	5628
云南	0.66	36	40	130	44	19	28.55	1974	0.48	9106
江西	0.77	43	63	194	67	23	28.81	2515	0.34	4085
海南	0.70	33	51	165	47	18	27.34	2344	0.28	7928
内蒙古	0.84	43	48	171	65	29	27.65	2032	0.32	5581
西藏	1.69	26	45	137	75	33	12.10	810	1.00	14199
河南	0.55	32	46	130	44	17	28.41	2341	0.30	5714
广西	0.60	28	43	129	39	17	31.93	2146	0.24	5139
宁夏	1.39	48	62	208	77	34	22.70	1500	0.42	5377
贵州	0.64	23	32	93	37	16	28.12	1469	0.34	5415
青海	1.48	38	46	151	63	30	17.87	1024	0.38	7368

3）R 型聚类分析

定性考察反映高等教育发展状况的5个方面10项评价指标,可以看出,某些指标之间可能存在较强的相关性。比如每10万人口高等院校毕业生数、每10万人口高等院校招生数与每10万人口高等院校在校生数之间可能存在较强的相关性，每10万人口高等院校教职工数和每10万人口高等院校专职教师数之间可能存在较强的相关性。为了验证这种想法,运用 Matlab 软件计算10个指标之间的相关系数,相关系数矩阵如表10.7所列。

表10.7　相关系数矩阵

	x_1	x_2	x_3	x_4	x_5	x_6	x_7	x_8	x_9	x_{10}
x_1	1.0000	0.9434	0.9528	0.9591	0.9746	0.9798	0.4065	0.0663	0.8680	0.6609
x_2	0.9434	1.0000	0.9946	0.9946	0.9743	0.9702	0.6136	0.3500	0.8039	0.5998
x_3	0.9528	0.9946	1.0000	0.9987	0.9831	0.9807	0.6261	0.3445	0.8231	0.6171
x_4	0.9591	0.9946	0.9987	1.0000	0.9878	0.9856	0.6096	0.3256	0.8276	0.6124
x_5	0.9746	0.9743	0.9831	0.9878	1.0000	0.9986	0.5599	0.2411	0.8590	0.6174
x_6	0.9798	0.9702	0.9807	0.9856	0.9986	1.0000	0.5500	0.2222	0.8691	0.6164
x_7	0.4065	0.6136	0.6261	0.6096	0.5599	0.5500	1.0000	0.7789	0.3655	0.1510
x_8	0.0663	0.3500	0.3445	0.3256	0.2411	0.2222	0.7789	1.0000	0.1122	0.0482
x_9	0.8680	0.8039	0.8231	0.8276	0.8590	0.8691	0.3655	0.1122	1.0000	0.6833
x_{10}	0.6609	0.5998	0.6171	0.6124	0.6174	0.6164	0.1510	0.0482	0.6833	1.0000

可以看出某些指标之间确实存在很强的相关性,因此可以考虑从这些指标中选取几个有代表性的指标进行聚类分析。为此,把10个指标根据其相关性进行R型聚类,再从每个类中选取代表性的指标。首先对每个变量(指标)的数据分别进行标准化处理。变量间相近性度量采用相关系数,类间相似性度量的计算选用类平均法。聚类树型图如图10.5所示。

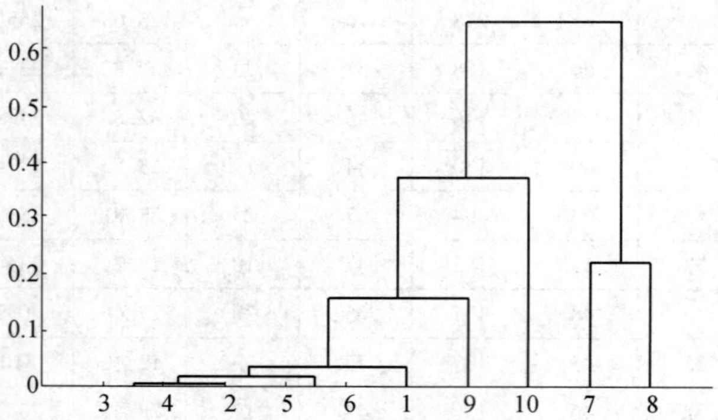

图10.5　指标聚类树型图

计算的 Matlab 程序如下：

```
clc, clear
a=load('gj.txt'); % 把原始数据保存在纯文本文件 gj.txt 中
b=zscore(a); % 数据标准化
```

```
b=zscore(a); % 数据标准化
r=corrcoef(b) % 计算相关系数矩阵
% d=tril(1-r); d=nonzeros(d)'; % 另外一种计算距离方法
d=pdist(b','correlation'); % 计算相关系数导出的距离
z=linkage(d,'average');   % 按类平均法聚类
h=dendrogram(z); % 画聚类图
set(h,'Color','k','LineWidth',1.3)  % 把聚类图线的颜色改成黑色,线宽加粗
T=cluster(z,'maxclust',6)  % 把变量划分成6类
for i=1:6
  tm=find(T==i); % 求第i类的对象
  tm=reshape(tm,1,length(tm)); % 变成行向量
  fprintf('第%d类的有%s\n',i,int2str(tm)); % 显示分类结果
end
```

从聚类图10.5中可以看出,每10万人口高等院校招生数、每10万人口高等院校在校生数、每10万人口高等院校教职工数、每10万人口高等院校专职教师数、每10万人口高等院校毕业生数5个指标之间有较大的相关性,最先被聚到一起。如果将10个指标分为6类,其他5个指标各自为一类。这样就从10个指标中选定了6个分析指标。

x_1 为每百万人口高等院校数;

x_2 为每10万人口高等院校毕业生数;

x_7 为高级职称占专职教师的比例;

x_8 为平均每所高等院校的在校生数;

x_9 为国家财政预算内普通高教经费占国内生产总值的比例;

x_{10} 为生均教育经费。

可以根据这6个指标对30个地区进行聚类分析。

4) Q型聚类分析

根据这6个指标对30个地区进行聚类分析。首先对每个变量的数据分别进行标准化处理,样本间相似性采用欧氏距离度量,类间距离的计算选用类平均法。聚类树型图如图10.6所示。

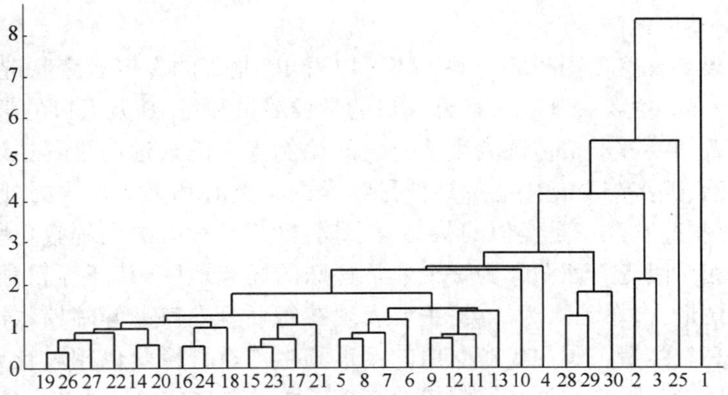

图10.6　各地区聚类树型图

计算的 Matlab 程序如下：

```
clc,clear
load gj.txt % 把原始数据保存在纯文本文件 gj.txt 中
gj(:,[3:6]) = []; % 删除数据矩阵的第 3 ~6 列,即使用变量 1,2,7,8,9,10
gj = zscore(gj); % 数据标准化
y = pdist(gj); % 求对象间的欧氏距离,每行是一个对象
z = linkage(y,'average'); % 按类平均法聚类
h = dendrogram(z); % 画聚类图
set(h,'Color','k','LineWidth',1.3) % 把聚类图线的颜色改成黑色,线宽加粗
for k = 3:5
    fprintf('划分成% d 类的结果如下:\n',k)
    T = cluster(z,'maxclust',k);  % 把样本点划分成 k 类
    for i = 1:k
      tm = find(T = = i);  % 求第 i 类的对象
      tm = reshape(tm,1,length(tm)); % 变成行向量
      fprintf('第% d 类的有% s\n',i,int2str(tm)); % 显示分类结果
    end
    if k = = 5
       break
    end
    fprintf('* * * * * * * * * * * * * * * * * * * * * * * * * * * * * * * * * * *\n');
end
```

3. 案例研究结果

各地区高等教育发展状况存在较大的差异,高教资源的地区分布很不均衡。如果根据各地区高等教育发展状况把 30 个地区分为三类,结果为：

第一类——北京;第二类——西藏;第三类——其他地区。

如果根据各地区高等教育发展状况把 30 个地区分为四类,结果为：

第一类——北京;第二类——西藏;第三类——上海、天津;第四类——其他地区。

如果根据各地区高等教育发展状况把 30 个地区分为五类,结果为：

第一类——北京;第二类——西藏;第三类——上海、天津;第四类——宁夏、贵州、青海;第五类——其他地区。

从以上结果结合聚类图中的合并距离可以看出,北京的高等教育状况与其他地区相比有非常大的不同,主要表现在每百万人口的学校数量和每 10 万人口的学生数量以及国家财政预算内普通高教经费占国内生产总值的比例等方面远远高于其他地区,这与北京作为全国的政治、经济与文化中心的地位是吻合的。上海和天津作为另外两个较早的直辖市,高等教育状况和北京是类似的状况。宁夏、贵州和青海的高等教育状况极为类似,高等教育资源相对匮乏。西藏作为一个非常特殊的民族地区,其高等教育状况具有和其他地区不同的情形,被单独聚为一类,主要表现在每百万人口高等院校数比较高,国家财政预算内普通高教经费占国内生产总值的比重和生均教育经费也相对较高,而高级职称占专职教师的比例与平均每所高等院校的在校生数又都是全国最低的。这正是西藏高等教育状况的特殊之处:人口相对较少,经费比较充足,高等院校规模较小,师资力量薄弱。

其他地区的高等教育状况较为类似,共同被聚为一类。针对这种情况,有关部门可以采取相应措施对宁夏、贵州、青海和西藏地区进行扶持,促进当地高等教育事业的发展。

10.2 主成分分析

主成分分析(Principal Component Analysis)是 1901 年 Pearson 对非随机变量引入的,1933 年 Hotelling 将此方法推广到随机向量的情形,主成分分析和聚类分析有很大的不同,它有严格的数学理论作基础。

主成分分析的主要目的是希望用较少的变量去解释原来资料中的大部分变异,将我们手中许多相关性很高的变量转化成彼此相互独立或不相关的变量。通常是选出比原始变量个数少,能解释大部分资料中的变异的几个新变量,即所谓主成分,并用以解释资料的综合性指标。由此可见,主成分分析实际上是一种降维方法。

10.2.1 基本思想及方法

如果用 $x_1,x_2,\cdots,x_p$ 表示 p 门课程,$c_1,c_2,\cdots,c_p$ 表示各门课程的权重,那么加权之和是

$$s = c_1x_1 + c_2x_2 + \cdots + c_px_p, \tag{10.14}$$

我们希望选择适当的权重能更好地区分学生的成绩。每个学生都对应一个这样的综合成绩,记为 $s_1,s_2,\cdots,s_n$,n 为学生人数。如果这些值很分散,就表明区分得好,即是说,需要寻找这样的加权,能使 $s_1,s_2,\cdots,s_n$ 尽可能的分散,下面来看它的统计定义。

设 $X_1,X_2,\cdots,X_p$ 表示以 $x_1,x_2,\cdots,x_p$ 为样本观测值的随机变量,如果能找到 c_1,$c_2,\cdots,c_p$,使得

$$\mathrm{Var}(c_1X_1 + c_2X_2 + \cdots + c_pX_p) \tag{10.15}$$

的值达到最大,则由于方差反映了数据差异的程度,也就表明我们抓住了这 p 个变量的最大变异。当然,式(10.15)必须加上某种限制,否则权值可选择无穷大而没有意义,通常规定

$$c_1^2 + c_2^2 + \cdots + c_p^2 = 1, \tag{10.16}$$

在此约束下,求式(10.15)的最优解。这个解是 p - 维空间的一个单位向量,它代表一个“方向”,就是常说的主成分方向。

一个主成分不足以代表原来的 p 个变量,因此需要寻找第二个乃至第三个、第四个主成分,第二个主成分不应该再包含第一个主成分的信息,统计上的描述就是让这两个主成分的协方差为 0,几何上就是这两个主成分的方向正交。具体确定各个主成分的方法如下。

设 Z_i 表示第 i 个主成分,$i=1,2,\cdots,p$,可设

$$\begin{cases} Z_1 = c_{11}X_1 + c_{12}X_2 + \cdots + c_{1p}X_p, \\ Z_2 = c_{21}X_1 + c_{22}X_2 + \cdots + c_{2p}X_p, \\ \qquad\vdots \\ Z_p = c_{p1}X_1 + c_{p2}X_2 + \cdots + c_{pp}X_p, \end{cases} \tag{10.17}$$

式中:对每一个 i,均有 $c_{i1}^2+c_{i2}^2+\cdots+c_{ip}^2=1$,且 $[c_{11},c_{12},\cdots,c_{1p}]$ 使得 $\mathrm{Var}(Z_1)$ 的值达到最大;$[c_{21},c_{22},\cdots,c_{2p}]$ 不仅垂直于 $[c_{11},c_{12},\cdots,c_{1p}]$,而且使 $\mathrm{Var}(Z_2)$ 的值达到最大;$[c_{31},c_{32},\cdots,c_{3p}]$ 同时垂直于 $[c_{11},c_{12},\cdots,c_{1p}]$ 和 $[c_{21},c_{22},\cdots,c_{2p}]$,并使 $\mathrm{Var}(Z_3)$ 的值达到最大;以此类推可得全部 p 个主成分,这项工作用手做是很繁琐的,但借助于计算机很容易完成。剩下的是如何确定主成分的个数,总结在下面几个注意事项中。

(1) 主成分分析的结果受量纲的影响,由于各变量的单位可能不一样,如果各自改变量纲,则结果会不一样,这是主成分分析的最大问题。回归分析是不存在这种情况的,所以实际中可以先把各变量的数据标准化,然后使用协方差矩阵或相关系数矩阵进行分析。

(2) 使方差达到最大的主成分分析不用转轴(统计软件常把主成分分析和因子分析放在一起,后者往往需要转轴,使用时应注意)。

(3) 主成分的保留。用相关系数矩阵求主成分时,Kaiser 主张将特征值小于 1 的主成分予以放弃(这也是 SPSS 软件的默认值)。

(4) 在实际研究中,由于主成分的目的是降维,减少变量的个数,故一般选取少量的主成分(不超过 5 个或 6 个),只要它们能解释变异的 70% ~80%(称累积贡献率)即可。

10.2.2 特征值因子的筛选

设有 p 个指标变量 $x_1,x_2,\cdots,x_p$,它在第 i 次试验中的取值为

$$a_{i1},a_{i2},\cdots,a_{ip},\ i=1,2,\cdots,n,$$

将它们写成矩阵形式为

$$\boldsymbol{A}=\begin{bmatrix} a_{11} & a_{12} & \cdots & a_{1p} \\ a_{21} & a_{22} & \cdots & a_{2p} \\ \vdots & \vdots & \ddots & \vdots \\ a_{n1} & a_{n2} & \cdots & a_{np} \end{bmatrix}, \tag{10.18}$$

矩阵 $\boldsymbol{A}$ 称为设计阵。

实际中确定(10.17)式中的系数就是采用矩阵 $\boldsymbol{A}^{\mathrm{T}}\boldsymbol{A}$ 的特征向量。因此,剩下的问题仅仅是将 $\boldsymbol{A}^{\mathrm{T}}\boldsymbol{A}$ 的特征值按由大到小的次序排列之后,如何筛选这些特征值。一个实用的方法是删去 $\lambda_{r+1},\lambda_{r+2},\cdots,\lambda_p$ 后,这些删去的特征值之和小于整个特征值之和 $\sum\lambda_i$ 的 15%,换句话说,余下的特征值所占的比重(定义为累积贡献率)将超过 85%,当然这不是一种严格的规定,近年来文献中关于这方面的讨论很多,有很多比较成熟的方法,这里不一一介绍。

注:使用 $\tilde{x}_i=(x_i-\mu_i)/\sigma_i$ 对数据进行标准化后,得到的标准化数据矩阵记为 $\tilde{\boldsymbol{A}}$,由于 $x_1,x_2,\cdots,x_p$ 的相关系数矩阵 $\boldsymbol{R}=\tilde{\boldsymbol{A}}^{\mathrm{T}}\tilde{\boldsymbol{A}}/(n-1)$,在主成分分析中只需计算相关系数矩阵 $\boldsymbol{R}$ 的特征值和特征向量即可。

单纯考虑累积贡献率有时是不够的,还需要考虑选择的主成分对原始变量的贡献值,用相关系数的平方和来表示,如果选取的主成分为 $z_1,z_2,\cdots,z_r$,则它们对原变量 x_i 的贡献值为

$$\rho_i=\sum_{j=1}^{r}r^2(z_j,x_i), \tag{10.19}$$

式中：$r(z_j,x_i)$ 为 z_j 与 x_i 的相关系数。

例 10.3 设 $\boldsymbol{x}=[x_1,x_2,x_3]^{\mathrm{T}}$，且

$$\boldsymbol{A}^{\mathrm{T}}\boldsymbol{A}=\begin{bmatrix}1 & -2 & 0\\ -2 & 5 & 0\\ 0 & 0 & 0\end{bmatrix},$$

则可算得 $\lambda_1=5.8284,\lambda_2=0.1716$，如果我们仅取第一个主成分，则由于其累积贡献率已经达到97.14%，似乎很理想了，但进一步计算主成分对原变量的贡献值，容易发现

$$\rho_3=r^2(z_1,x_3)=0,$$

可见，第一个主成分对第三个变量的贡献值为0，这是因为 x_3 和 x_1,x_2 都不相关。由于在第一个主成分中不包含 x_3 的信息，这时只选择一个主成分就不够了，需要再取第二个主成分。

例 10.4 研究纽约股票市场上五种股票的周回升率。这里，周回升率 =（本星期五市场收盘价 - 上星期五市场收盘价）/上星期五市场收盘价。从 1975 年 1 月到 1976 年 12 月，对这五种股票作了 100 组独立观测。因为随着一般经济状况的变化，股票有集聚的趋势，因此，不同股票周回升率是彼此相关的。

设 $x_1,x_2,\cdots,x_5$ 分别为五只股票的周回升率，则从数据算得

$$\bar{\boldsymbol{x}}^{\mathrm{T}}=[0.0054,0.0048,0.0057,0.0063,0.0037],$$

$$\boldsymbol{R}=\begin{bmatrix}1.000 & 0.577 & 0.509 & 0.387 & 0.462\\ 0.577 & 1.000 & 0.599 & 0.389 & 0.322\\ 0.509 & 0.599 & 1.000 & 0.436 & 0.426\\ 0.387 & 0.389 & 0.436 & 1.000 & 0.523\\ 0.462 & 0.322 & 0.426 & 0.523 & 1.000\end{bmatrix}。$$

式中：$\boldsymbol{R}$ 为相关系数矩阵。$\boldsymbol{R}$ 的 5 个特征值分别为

$$\lambda_1=2.857,\lambda_2=0.809,\lambda_3=0.540,\lambda_4=0.452,\lambda_5=0.343,$$

λ_1 和 λ_2 对应的标准正交特征向量为

$$\boldsymbol{\eta}_1^{\mathrm{T}}=[0.464,0.457,0.470,0.421,0.421],$$

$$\boldsymbol{\eta}_2^{\mathrm{T}}=[0.240,0.509,0.260,-0.526,-0.582]。$$

标准化变量的前两个主成分为

$$z_1=0.464\tilde{x}_1+0.457\tilde{x}_2+0.470\tilde{x}_3+0.421\tilde{x}_4+0.421\tilde{x}_5,$$

$$z_2=0.240\tilde{x}_1+0.509\tilde{x}_2+0.260\tilde{x}_3-0.526\tilde{x}_4-0.582\tilde{x}_5,$$

它们的累积贡献率为

$$\frac{\lambda_1+\lambda_2}{\sum\limits_{i=1}^{5}\lambda_i}\times 100\%=73\%。$$

这两个主成分具有重要的实际意义，第一主成分大约等于这五种股票周回升率和的一个常数倍，通常称为股票市场主成分，简称市场主成分；第二主成分代表化学股票（在 z_2 中系数为正的三只股票都是化学工业上市企业）和石油股票（在 z_2 中系数为负的两只股票

恰好都为石油板块的上市企业)的一个对照,称为工业主成分。这说明,这些股票周回升率的大部分变差来自市场活动和与它不相关的工业活动。关于股票价格的这个结论与经典的证券理论吻合。至于其他主成分解释较为困难,很可能表示每种股票自身的变差,好在它们的贡献率很少,可以忽略不计。

10.2.3 主成分回归分析

主成分回归分析是为了克服最小二乘(LS)估计在数据矩阵 $\boldsymbol{A}$ 存在多重共线性时表现出的不稳定性而提出的。

主成分回归分析采用的方法是将原来的回归自变量变换到另一组变量,即主成分,选择其中一部分重要的主成分作为新的自变量,丢弃了一部分影响不大的自变量,实际上达到了降维的目的,然后用最小二乘法对选取主成分后的模型参数进行估计,最后再变换回原来的模型求出参数的估计。

例 10.5 Hald 水泥问题,考察含四种化学成分

$x_1 = 3CaO \cdot Al_2O_3$ 的含量(%), $x_2 = 3CaO \cdot SiO_2$ 的含量(%),

$x_3 = 4CaO \cdot Al_2O_3 \cdot Fe_2O_3$ 的含量(%), $x_4 = 2CaO \cdot SiO_2$ 的含量(%)

的某种水泥,每一克所释放出的热量(卡)y 与这四种成分含量之间的关系数据共 13 组,见表 10.8。对数据实施标准化得到数据矩阵 $\tilde{\boldsymbol{A}}$,则 $\tilde{\boldsymbol{A}}^{\mathrm{T}}\tilde{\boldsymbol{A}}/12$ 就是样本相关系数阵(表 10.9)。

表 10.8 Hald 水泥

序号	x_1	x_2	x_3	x_4	y	序号	x_1	x_2	x_3	x_4	y
1	7	26	6	60	78.5	8	1	31	22	44	72.5
2	1	29	15	52	74.3	9	2	54	18	22	93.1
3	11	56	8	20	104.3	10	21	47	4	26	115.9
4	11	31	8	47	87.6	11	1	40	23	34	83.8
5	7	52	6	33	95.9	12	11	66	9	12	113.3
6	11	55	9	22	109.2	13	10	68	8	12	109.4
7	3	71	17	6	102.7						

表 10.9 Hald 水泥数据的样本相关系数阵

	x_1	x_2	x_3	x_4		x_1	x_2	x_3	x_4
x_1	1	0.2286	−0.8241	−0.2454	x_3	−0.8241	−0.1392	1	0.0295
x_2	0.2286	1	−0.1392	−0.9730	x_4	−0.2454	−0.9730	0.0295	1

相关系数阵的四个特征值依次为 2.2357,1.5761,0.1866,0.0016。最后一个特征值接近于 0,前三个特征值之和所占比例(累积贡献率)达到 0.999594。于是略去第 4 个主成分。其他三个保留的特征值对应的三个特征向量分别为

$$\boldsymbol{\eta}_1^{\mathrm{T}} = [0.476, 0.5639, -0.3941, -0.5479],$$

$$\boldsymbol{\eta}_2^{\mathrm{T}} = [-0.509, 0.4139, 0.605, -0.4512],$$

$$\boldsymbol{\eta}_3^{\mathrm{T}} = [0.6755, -0.3144, 0.6377, -0.1954],$$

即取前三个主成分,分别为

$$z_1 = 0.476\tilde{x}_1 + 0.5639\tilde{x}_2 - 0.3941\tilde{x}_3 - 0.5479\tilde{x}_4,$$

$$z_2 = -0.509\tilde{x}_1 + 0.4139\tilde{x}_2 + 0.605\tilde{x}_3 - 0.4512\tilde{x}_4,$$

$$z_3 = 0.6755\tilde{x}_1 - 0.3144\tilde{x}_2 + 0.6377\tilde{x}_3 - 0.1954\tilde{x}_4。$$

对 Hald 数据直接作线性回归得经验回归方程

$$\hat{y} = 62.4054 + 1.5511x_1 + 0.5102x_2 + 0.102x_3 - 0.144x_4。\tag{10.20}$$

作主成分回归分析,得到回归方程

$$\hat{y} = 0.657z_1 + 0.0083z_2 + 0.3028z_3,$$

化成标准化变量的回归方程为

$$\hat{y} = 0.513\tilde{x}_1 + 0.2787\tilde{x}_2 - 0.0608\tilde{x}_3 - 0.4229\tilde{x}_4,$$

恢复到原始的自变量,得到主成分回归方程

$$\hat{y} = 85.7433 + 1.3119x_1 + 0.2694x_2 - 0.1428x_3 - 0.3801x_4。\tag{10.21}$$

式(10.20)和式(10.21)的区别在于后者具有更小的均方误差,因而更稳定。此外,前者所有系数都无法通过显著性检验。

计算的 Matlab 程序如下:

```
clc,clear
load sn.txt % 把原始的 x1,x2,x3,x4,y 的数据保存在纯文本文件 sn.txt 中
[m,n] = size(sn);
x0 = sn(:,[1:n-1]);y0 = sn(:,n);
hg1 = [ones(m,1),x0]\y0;   % 计算普通最小二乘法回归系数
hg1 = hg1' % 变成行向量显示回归系数,其中第 1 个分量是常数项,其他按 x1,…,xn 排序
fprintf('y = % f',hg1(1)); % 开始显示普通最小二乘法回归结果
for i = 2:n
   if hg1(i) > 0
      fprintf('+ % f * x% d',hg1(i),i-1);
   else
      fprintf('% f * x% d',hg1(i),i-1)
   end
end
fprintf('\n')
r = corrcoef(x0)  % 计算相关系数矩阵
xd = zscore(x0);  % 对设计矩阵进行标准化处理
yd = zscore(y0);  % 对 y0 进行标准化处理
[vec1,lamda,rate] = pcacov(r) % vec1 为 r 的特征向量,lamda 为 r 的特征值,rate 为各
个主成分的贡献率
```

```
f=repmat(sign(sum(vec1)),size(vec1,1),1); % 构造与 vec1 同维数的元素为 ±1 的矩阵
vec2=vec1.*f % 修改特征向量的正负号,使得特征向量的所有分量和为正
contr=cumsum(rate)  % 计算累积贡献率,第 i 个分量表示前 i 个主成分的贡献率
df=xd*vec2;  % 计算所有主成分的得分
num=input('请选项主成分的个数:')   % 通过累积贡献率交互式选择主成分的个数
hg21=df(:,[1:num])\yd  % 主成分变量的回归系数,这里由于数据标准化,回归方程的常数项为0
hg22=vec2(:,1:num)*hg21  % 标准化变量的回归方程系数
hg23=[mean(y0)-std(y0)*mean(x0)./std(x0)*hg22, std(y0)*hg22'./std(x0)]
% 计算原始变量回归方程的系数
fprintf('y=%f',hg23(1)); % 开始显示主成分回归结果
for i=2:n
    if hg23(i)>0
        fprintf('+%f*x%d',hg23(i),i-1);
    else
        fprintf('%f*x%d',hg23(i),i-1);
    end
end
fprintf('\n')
% 下面计算两种回归分析的剩余标准差
rmse1=sqrt(sum((hg1(1)+x0*hg1(2:end)'-y0).^2)/(m-n))   % 拟合了 n 个参数
rmse2=sqrt(sum((hg23(1)+x0*hg23(2:end)'-y0).^2)/(m-num)) % 拟合了 num 个参数
```

10.2.4 主成分分析案例——我国各地区普通高等教育发展水平综合评价

主成分分析试图在力保数据信息丢失最少的原则下,对多变量的截面数据表进行最佳综合简化,也就是说,对高维变量空间进行降维处理。本案例运用主成分分析方法综合评价我国各地区普通高等教育的发展水平。

问题与 10.1.3 节中的问题相同,这里就不重复叙述了。

1. 主成分分析法的步骤

下面介绍用主成分分析法进行评价的步骤。

(1) 对原始数据进行标准化处理。假设进行主成分分析的指标变量有 m 个,分别为 $x_1,x_2,\cdots,x_m$,共有 n 个评价对象,第 i 个评价对象的第 j 个指标的取值为 a_{ij}。将各指标值 a_{ij} 转换成标准化指标值 $\tilde{a}_{ij}$,有

$$\tilde{a}_{ij}=\frac{a_{ij}-\mu_j}{s_j},i=1,2,\cdots,n;j=1,2,\cdots,m,$$

式中:$\mu_j=\frac{1}{n}\sum_{i=1}^{n}a_{ij}$;$s_j=\sqrt{\frac{1}{n-1}\sum_{i=1}^{n}(a_{ij}-\mu_j)^2}$,$j=1,2,\cdots,m$,即 μ_j,s_j 为第 j 个指标的样本均值和样本标准差。

对应地,称

$$\tilde{x}_j=\frac{x_j-\mu_j}{s_j},j=1,2,\cdots,m$$

为标准化指标变量。

（2）计算相关系数矩阵 $\boldsymbol{R}$。相关系数矩阵 $\boldsymbol{R}=(r_{ij})_{m\times m}$，有

$$r_{ij}=\frac{\sum_{k=1}^{n}\tilde{a}_{ki}\cdot\tilde{a}_{kj}}{n-1},i,j=1,2,\cdots,m,$$

式中：$r_{ii}=1,r_{ij}=r_{ji},r_{ij}$为第 i 个指标与第 j 个指标的相关系数。

（3）计算特征值和特征向量。计算相关系数矩阵 $\boldsymbol{R}$ 的特征值 $\lambda_1\geqslant\lambda_2\geqslant\cdots\geqslant\lambda_m\geqslant 0$，及对应的特征向量 $\boldsymbol{u}_1,\boldsymbol{u}_2,\cdots,\boldsymbol{u}_m$，其中 $\boldsymbol{u}_j=[u_{1j},u_{2j},\cdots,u_{mj}]^{\mathrm{T}}$，由特征向量组成 m 个新的指标变量：

$$\begin{aligned}y_1&=u_{11}\tilde{x}_1+u_{21}\tilde{x}_2+\cdots+u_{m1}\tilde{x}_m,\\y_2&=u_{12}\tilde{x}_1+u_{22}\tilde{x}_2+\cdots+u_{m2}\tilde{x}_m,\\&\vdots\\y_m&=u_{1m}\tilde{x}_1+u_{2m}\tilde{x}_2+\cdots+u_{mm}\tilde{x}_m,\end{aligned}$$

式中：y_1 为第 1 主成分；y_2 为第 2 主成分，…；y_m 为第 m 主成分。

（4）选择 $p(p\leqslant m)$ 个主成分，计算综合评价值。

① 计算特征值 $\lambda_j(j=1,2,\cdots,m)$ 的信息贡献率和累积贡献率。称

$$b_j=\frac{\lambda_j}{\sum_{k=1}^{m}\lambda_k},\ j=1,2,\cdots,m$$

为主成分 y_j 的信息贡献率，同时，有

$$\alpha_p=\frac{\sum_{k=1}^{p}\lambda_k}{\sum_{k=1}^{m}\lambda_k}$$

为主成分 $y_1,y_2,\cdots,y_p$ 的累积贡献率。当 α_p 接近于 1（一般取 $\alpha_p=0.85,0.90,0.95$）时，则选择前 p 个指标变量 $y_1,y_2,\cdots,y_p$ 作为 p 个主成分，代替原来 m 个指标变量，从而可对 p 个主成分进行综合分析。

② 计算综合得分：

$$Z=\sum_{j=1}^{p}b_jy_j,$$

式中：b_j 为第 j 个主成分的信息贡献率，根据综合得分值就可进行评价。

2. 基于主成分分析法的综合评价

定性考察反映高等教育发展状况的 5 个方面 10 项评价指标，可以看出，某些指标之间可能存在较强的相关性。比如每 10 万人口高等院校毕业生数、每 10 万人口高等院校招生数与每 10 万人口高等院校在校生数之间可能存在较强的相关性，每 10 万人口高等院校教职工数和每 10 万人口高等院校专职教师数之间可能存在较强的相关性。为了验证这种想法，计算 10 个指标之间的相关系数。

可以看出某些指标之间确实存在很强的相关性，如果直接用这些指标进行综合评价，则必然造成信息的重叠，影响评价结果的客观性。主成分分析方法可以把多个指标转化为少数几个不相关的综合指标，因此，可以考虑利用主成分进行综合评价。

利用 Matlab 软件对 10 个评价指标进行主成分分析，相关系数矩阵的前几个特征根及其贡献率见表 10.10。

表 10.10 主成分分析结果

序号	特征根	贡献率	累积贡献率	序号	特征根	贡献率	累积贡献率
1	7.5022	75.0216	75.0216	4	0.2064	2.0638	98.2174
2	1.577	15.7699	90.7915	5	0.145	1.4500	99.6674
3	0.5362	5.3621	96.1536	6	0.0222	0.2219	99.8893

可以看出，前两个特征根的累积贡献率就达到 90% 以上，主成分分析效果很好。下面选取前 4 个主成分（累积贡献率达到 98%）进行综合评价。前 4 个特征根对应的特征向量见表10.11。

表 10.11 标准化变量的前 4 个主成分对应的特征向量

	$\tilde{x}_1$	$\tilde{x}_2$	$\tilde{x}_3$	$\tilde{x}_4$	$\tilde{x}_5$	$\tilde{x}_6$	$\tilde{x}_7$	$\tilde{x}_8$	$\tilde{x}_9$	$\tilde{x}_{10}$
1	0.3497	0.3590	0.3623	0.3623	0.3605	0.3602	0.2241	0.1201	0.3192	0.2452
2	-0.1972	0.0343	0.0291	0.0138	-0.0507	-0.0646	0.5826	0.7021	-0.1941	-0.2865
3	-0.1639	-0.1084	-0.0900	-0.1128	-0.1534	-0.1645	-0.0397	0.3577	0.1204	0.8637
4	-0.1022	-0.2266	-0.1692	-0.1607	-0.0442	-0.0032	0.0812	0.0702	0.8999	0.2457

由此可得 4 个主成分分别为

$$y_1 = 0.3497\tilde{x}_1 + 0.359\tilde{x}_2 + \cdots + 0.2452\tilde{x}_{10},$$

$$y_2 = -0.1972\tilde{x}_1 + 0.0343\tilde{x}_2 + \cdots - 0.286\tilde{x}_{10},$$

$$y_3 = -0.1639\tilde{x}_1 - 0.1084\tilde{x}_2 + \cdots + 0.8637\tilde{x}_{10},$$

$$y_4 = -0.1022\tilde{x}_1 - 0.2266\tilde{x}_2 + \cdots - 0.2457\tilde{x}_{10}。$$

从主成分的系数可以看出，第一主成分主要反映了前 6 个指标（学校数、学生数和教师数方面）的信息，第二主成分主要反映了高校规模和教师中高级职称的比例，第三主成分主要反映了生均教育经费，第四主成分主要反映了国家财政预算内普通高教经费占国内生产总值的比重。把各地区原始 10 个指标的标准化数据代入 4 个主成分的表达式，就可以得到各地区的 4 个主成分值。

分别以 4 个主成分的贡献率为权重，构建主成分综合评价模型，即

$$Z = 0.7502y_1 + 0.1577y_2 + 0.0536y_3 + 0.0206y_4。$$

把各地区的 4 个主成分值代入上式，可以得到各地区高教发展水平的综合评价值以及排序结果，见表 10.12。

表 10.12　排名和综合评价结果

地区	北京	上海	天津	陕西	辽宁	吉林	黑龙江	湖北
名次	1	2	3	4	5	6	7	8
综合评价值	8.6043	4.4738	2.7881	0.8119	0.7621	0.5884	0.2971	0.2455
地区	江苏	广东	四川	山东	甘肃	湖南	浙江	新疆
名次	9	10	11	12	13	14	15	16
综合评价值	0.0581	0.0058	-0.268	-0.3645	-0.4879	-0.5065	-0.7016	-0.7428
地区	福建	山西	河北	安徽	云南	江西	海南	内蒙古
名次	17	18	19	20	21	22	23	24
综合评价值	-0.7697	-0.7965	-0.8895	-0.8917	-0.9557	-0.9610	-1.0147	-1.1246
地区	西藏	河南	广西	宁夏	贵州	青海		
名次	25	26	27	28	29	30		
综合评价值	-1.1470	-1.2059	-1.2250	-1.2513	-1.6514	-1.68		

计算的 Matlab 程序如下：

```
clc,clear
load gj.txt   % 把原始数据保存在纯文本文件 gj.txt 中
gj = zscore(gj); % 数据标准化
r = corrcoef(gj);  % 计算相关系数矩阵
% 下面利用相关系数阵进行主成分分析,vec1 的列为 r 的特征向量,即主成分系数
[vec1,lamda,rate] = pcacov(r) % lamda 为 r 的特征值,rate 为各个主成分的贡献率
contr = cumsum(rate)      % 计算累积贡献率
f = repmat(sign(sum(vec1)),size(vec1,1),1);% 构造与 vec1 同维数的元素为 ±1 的矩阵
vec2 = vec1.*f  % 修改特征向量的正负号,使得每个特征向量的分量和为正
num = 4;  % num 为选取的主成分的个数
df = gj*vec2(:,1:num);  % 计算各个主成分的得分
tf = df*rate(1:num)/100; % 计算综合得分
[stf,ind] = sort(tf,'descend'); % 把得分按照从高到低的次序排列
stf = stf', ind = ind'
```

3. 结论

各地区高等教育发展水平存在较大的差异,高教资源的地区分布很不均衡。北京、上海、天津等地区高等教育发展水平遥遥领先,主要表现在每百万人口的学校数量和每十万人口的教师数量、学生数量以及国家财政预算内普通高教经费占国内生产总值的比重等方面。陕西和东北三省高等教育发展水平也比较高。贵州、广西、河南、安徽等地区高等教育发展水平比较落后,这些地区的高等教育发展需要政策和资金的扶持。值得一提的是西藏、新疆、甘肃等经济不发达地区的高等教育发展水平居于中上游水平,可能是人口等因素造成的。

10.3 因子分析

因子分析(Factor Analysis)是由英国心理学家 Spearman 在 1904 年提出来的,他成功地解决了智力测验得分的统计分析,长期以来,教育心理学家不断丰富、发展了因子分析理论和方法,并应用这一方法在行为科学领域进行了广泛的研究。它通过研究众多变量之间的内部依赖关系,探求观测数据中的基本结构,并用少数几个假想变量来表示其基本的数据结构。这几个假想变量能够反映原来众多变量的主要信息。原始的变量是可观测的显在变量,而假想变量是不可观测的潜在变量,称为因子。

因子分析可以看成主成分分析的推广,它也是多元统计分析中常用的一种降维方式,因子分析所涉及的计算与主成分分析也很类似,但差别也是很明显的:

(1) 主成分分析把方差划分为不同的正交成分,而因子分析则把方差划归为不同的起因因子。

(2) 主成分分析仅仅是变量变换,而因子分析需要构造因子模型。

(3) 主成分分析中原始变量的线性组合表示新的综合变量,即主成分。因子分析中潜在的假想变量和随机影响变量的线性组合表示原始变量。

因子分析与回归分析不同,因子分析中的因子是一个比较抽象的概念,而回归变量有非常明确的实际意义。

因子分析有确定的模型,观察数据在模型中被分解为公共因子、特殊因子和误差三部分。初学因子分析的最大困难在于理解它的模型。先看如下几个例子。

例 10.6 为了解学生的知识和能力,对学生进行了抽样命题考试,考题包括的面很广,但总体来讲可归结为学生的语文水平、数学推导、艺术修养、历史知识、生活知识等五个方面,我们把每一个方面称为一个(公共)因子,显然每个学生的成绩均可由这五个因子来确定,即可设想第 i 个学生考试的分数 X_i 能用这五个公共因子 $F_1, F_2, \cdots, F_5$ 的线性组合表示出来,即

$$X_i = \mu_i + \alpha_{i1}F_1 + \alpha_{i2}F_2 + \cdots + \alpha_{i5}F_5 + \varepsilon_i, i = 1,2,\cdots,N, \tag{10.22}$$

线性组合系数 $\alpha_{i1}, \alpha_{i2}, \cdots, \alpha_{i5}$ 称为因子载荷(Loadings),它分别表示第 i 个学生在这五个因子方面的能力;μ_i 是总平均,ε_i 是第 i 个学生的能力和知识不能被这五个因子包含的部分,称为特殊因子,常假定 $\varepsilon_i \sim N(0,\sigma_i^2)$,不难发现,这个模型与回归模型在形式上是很相似的,但这里 $F_1, F_2, \cdots, F_5$ 的值却是未知的,有关参数的意义也有很大的差异。

因子分析的首要任务就是估计因子载荷 α_{ij} 和方差 σ_i^2,然后给因子 F_i 一个合理的解释,若难以进行合理的解释,则需要进一步作因子旋转,希望旋转后能发现比较合理的解释。

例 10.7 诊断时,医生检测了病人的 4 个生理指标:收缩压、舒张压、心跳间隔、呼吸间隔和舌下温度。但依据生理学知识,这 4 个指标是受植物神经支配的,植物神经又分为交感神经和副交感神经,因此这 4 个指标可用交感神经和副交感神经两个公共因子来确定,从而也构成了因子模型。

例 10.8 Holjinger 和 Swineford 在芝加哥郊区对 145 名七、八年级学生进行了 24 个

心理测验,通过因子分析,这 24 个心理指标被归结为 4 个公共因子,即词语因子、速度因子、推理因子和记忆因子。

特别需要说明的是这里的因子和试验设计里的因子(或因素)是不同的,它比较抽象和概括,往往是不可以单独测量的。

10.3.1 因子分析模型

1. 数学模型

设 p 个变量 $X_i(i=1,2,\cdots,p)$ 可以表示为

$$X_i = \mu_i + \alpha_{i1}F_1 + \cdots + \alpha_{im}F_m + \varepsilon_i, m \leqslant p, \tag{10.23}$$

或

$$\begin{bmatrix} X_1 \\ X_2 \\ \vdots \\ X_p \end{bmatrix} = \begin{bmatrix} \mu_1 \\ \mu_2 \\ \vdots \\ \mu_p \end{bmatrix} + \begin{bmatrix} \alpha_{11} & \alpha_{12} & \cdots & \alpha_{1m} \\ \alpha_{21} & \alpha_{22} & \cdots & \alpha_{2m} \\ \vdots & \vdots & \ddots & \vdots \\ \alpha_{p1} & \alpha_{p2} & \cdots & \alpha_{pm} \end{bmatrix} \begin{bmatrix} F_1 \\ F_2 \\ \vdots \\ F_m \end{bmatrix} + \begin{bmatrix} \varepsilon_1 \\ \varepsilon_2 \\ \vdots \\ \varepsilon_p \end{bmatrix},$$

或

$$\boldsymbol{X} - \boldsymbol{\mu} = \boldsymbol{\Lambda F} + \boldsymbol{\varepsilon}, \tag{10.24}$$

式中

$$\boldsymbol{X} = \begin{bmatrix} X_1 \\ X_2 \\ \vdots \\ X_p \end{bmatrix}, \boldsymbol{\mu} = \begin{bmatrix} \mu_1 \\ \mu_2 \\ \vdots \\ \mu_p \end{bmatrix}, \boldsymbol{\Lambda} = \begin{bmatrix} \alpha_{11} & \alpha_{12} & \cdots & \alpha_{1m} \\ \alpha_{21} & \alpha_{22} & \cdots & \alpha_{2m} \\ \vdots & \vdots & \ddots & \vdots \\ \alpha_{p1} & \alpha_{p2} & \cdots & \alpha_{pm} \end{bmatrix}, \boldsymbol{F} = \begin{bmatrix} F_1 \\ F_2 \\ \vdots \\ F_p \end{bmatrix}, \boldsymbol{\varepsilon} = \begin{bmatrix} \varepsilon_1 \\ \varepsilon_2 \\ \vdots \\ \varepsilon_p \end{bmatrix}。$$

称 $F_1, F_2, \cdots, F_p$ 为公共因子,是不可观测的变量,它们的系数称为载荷因子。ε_i 是特殊因子,是不能被前 m 个公共因子包含的部分。并且满足

$$E(\boldsymbol{F}) = 0, E(\boldsymbol{\varepsilon}) = 0, \mathrm{Cov}(\boldsymbol{F}) = \boldsymbol{I}_m,$$

$$D(\boldsymbol{\varepsilon}) = \mathrm{Cov}(\boldsymbol{\varepsilon}) = \mathrm{diag}(\sigma_1^2, \sigma_2^2, \cdots, \sigma_m^2), \mathrm{Cov}(\boldsymbol{F}, \boldsymbol{\varepsilon}) = 0。$$

2. 因子分析模型的性质

(1) 原始变量 $\boldsymbol{X}$ 的协方差矩阵的分解。由 $\boldsymbol{X} - \boldsymbol{\mu} = \boldsymbol{\Lambda F} + \boldsymbol{\varepsilon}$, 得 $\mathrm{Cov}(\boldsymbol{X} - \boldsymbol{\mu}) = \boldsymbol{\Lambda}\mathrm{Cov}(\boldsymbol{F})\boldsymbol{\Lambda}^{\mathrm{T}} + \mathrm{Cov}(\boldsymbol{\varepsilon})$,即

$$\mathrm{Cov}(\boldsymbol{X}) = \boldsymbol{\Lambda\Lambda}^{\mathrm{T}} + \mathrm{diag}(\sigma_1^2, \sigma_2^2, \cdots, \sigma_m^2)。 \tag{10.25}$$

$\sigma_1^2, \sigma_2^2, \cdots, \sigma_m^2$ 的值越小,则公共因子共享的成分越多。

(2) 载荷矩阵不是唯一的。设 $\boldsymbol{T}$ 为一个 $p \times p$ 的正交矩阵,令 $\widetilde{\boldsymbol{\Lambda}} = \boldsymbol{\Lambda T}, \widetilde{\boldsymbol{F}} = \boldsymbol{T}^{\mathrm{T}}\boldsymbol{F}$,则模型可以表示为

$$\boldsymbol{X} = \boldsymbol{\mu} + \widetilde{\boldsymbol{\Lambda}}\widetilde{\boldsymbol{F}} + \boldsymbol{\varepsilon}。$$

3. 因子载荷矩阵中的几个统计性质

1) 因子载荷 α_{ij} 的统计意义

因子载荷 α_{ij} 是第 i 个变量与第 j 个公共因子的相关系数,反映了第 i 个变量与第 j 个

公共因子的相关重要性。绝对值越大,相关的密切程度越高。

2）变量共同度的统计意义

变量 X_i 的共同度是因子载荷矩阵的第 i 行的元素的平方和,记为 $h_i^2 = \sum_{j=1}^{m} \alpha_{ij}^2$。

对式(10.23)两边求方差,得

$$\mathrm{Var}(X_i) = \alpha_{i1}^2 \mathrm{Var}(F_1) + \cdots + \alpha_{im}^2 \mathrm{Var}(F_m) + \mathrm{Var}(\varepsilon_i),$$

即

$$1 = \sum_{j=1}^{m} \alpha_{ij}^2 + \sigma_i^2,$$

式中:特殊因子的方差 $\sigma_i^2(i=1,2,\cdots,p)$ 称为特殊方差。

可以看出所有的公共因子和特殊因子对变量 X_i 的贡献为1。如果 $\sum_{j=1}^{m} \alpha_{ij}^2$ 非常靠近1, σ_i^2 非常小,则因子分析的效果好,从原变量空间到公共因子空间的转化效果好。

3）公共因子 F_j 方差贡献的统计意义

因子载荷矩阵中各列元素的平方和

$$S_j = \sum_{i=1}^{p} \alpha_{ij}^2, \tag{10.26}$$

称为 $F_j(j=1,2,\cdots,m)$ 对所有的 X_i 的方差贡献和,用于衡量 F_j 的相对重要性。

因子分析的一个基本问题是如何估计因子载荷,亦即如何求解因子模型式(10.23)。下面介绍常用的因子载荷矩阵的估计方法。

10.3.2 因子载荷矩阵的估计方法

1. 主成分分析法

设 $\lambda_1 \geqslant \lambda_2 \geqslant \cdots \geqslant \lambda_p$ 为样本相关系数矩阵 $\boldsymbol{R}$ 的特征值, $\boldsymbol{\eta}_1, \boldsymbol{\eta}_2, \cdots, \boldsymbol{\eta}_p$ 为相应的标准正交化特征向量。设 $m<p$,则因子载荷矩阵 $\boldsymbol{\Lambda}$ 为

$$\boldsymbol{\Lambda} = [\sqrt{\lambda_1}\boldsymbol{\eta}_1, \sqrt{\lambda_2}\boldsymbol{\eta}_2, \cdots, \sqrt{\lambda_m}\boldsymbol{\eta}_m], \tag{10.27}$$

特殊因子的方差用 $\boldsymbol{R}-\boldsymbol{\Lambda}\boldsymbol{\Lambda}^{\mathrm{T}}$ 的对角元来估计,即

$$\sigma_i^2 = 1 - \sum_{j=1}^{m} \alpha_{ij}^2。 \tag{10.28}$$

例 10.9（续例 10.4） 考虑样本相关系数矩阵 $\boldsymbol{R}$ 的前两个样本主成分,对 $m=1$ 和 $m=2$,因子分析主成分解见表 10.13,对 $m=2$,残差矩阵 $\boldsymbol{R}-\boldsymbol{\Lambda}\boldsymbol{\Lambda}^{\mathrm{T}}-\mathrm{Cov}(\boldsymbol{\varepsilon})$ 为

$$\begin{bmatrix} 0 & -0.1274 & -0.1643 & -0.0689 & 0.0173 \\ -0.1274 & 0 & -0.1223 & 0.0553 & 0.0118 \\ -0.1643 & -0.1234 & 0 & -0.0193 & -0.0171 \\ -0.0689 & 0.0553 & -0.0193 & 0 & -0.2317 \\ 0.0173 & 0.0118 & -0.0171 & -0.2317 & 0 \end{bmatrix}。$$

表 10.13　因子分析主成分解

变量	一个因子		两个因子		
	因子载荷估计 F_1	特殊方差	因子载荷估计		特殊方差
			F_1	F_2	
1	0.7836	0.3860	0.7836	-0.2162	0.3393
2	0.7726	0.4031	0.7726	-0.4581	0.1932
3	0.7947	0.3685	0.7947	-0.2343	0.3136
4	0.7123	0.4926	0.7123	0.4729	0.2690
5	0.7119	0.4931	0.7119	0.5235	0.2191
累积贡献	0.571342		0.571342	0.733175	

由这两个因子解释的总方差比一个因子大很多。然而，对 $m=2$，残差矩阵负元素较多，这表明 $\boldsymbol{\Lambda}\boldsymbol{\Lambda}^{\mathrm{T}}$ 产生的数比 $\boldsymbol{R}$ 中对应元素（相关系数）要大。

第一个因子 F_1 代表了一般经济条件，称为市场因子，所有股票在这个因子上的载荷都比较大，且大致相等，第二个因子是化学股和石油股的一个对照，两者分别有比较大的负、正载荷。可见，F_2 使不同的工业部门的股票产生差异，通常称为工业因子。归纳起来，有如下结论：股票回升率由一般经济条件、工业部门活动和各公司本身特殊活动三部分决定，这与例 10.4 的结论基本一致。

计算的 Matlab 程序如下：

```
clc,clear
r=[1.000 0.577 0.509 0.387 0.462
   0.577 1.000 0.599 0.389 0.322
   0.509 0.599 1.000 0.436 0.426
   0.387 0.389 0.436 1.000 0.523
   0.462 0.322 0.426 0.523 1.000];
%下面利用相关系数阵求主成分解,vec1的列为r的特征向量,即主成分系数
[vec1,val,rate]=pcacov(r);%val为r的特征值,rate为各个主成分的贡献率
f1=repmat(sign(sum(vec1)),size(vec1,1),1);%构造与vec1同维数的元素为±1的矩阵
vec2=vec1.*f1;%修改特征向量的正负号,使得每个特征向量的分量和为正
f2=repmat(sqrt(val)',size(vec2,1),1); %构造与vec2同维数的矩阵
a=vec2.*f2    %构造全部因子的载荷矩阵,见式(10.27)
a1=a(:,1)   %提出一个因子的载荷矩阵
tcha1=diag(r-a1*a1')   %计算一个因子的特殊方差
a2=a(:,[1,2])  %提出两个因子的载荷矩阵
tcha2=diag(r-a2*a2')  %计算两个因子的特殊方差
ccha2=r-a2*a2'-diag(tcha2)  %求两个因子时的残差矩阵
con=cumsum(rate)      %求累积贡献率
```

2. 主因子法

主因子方法是对主成分方法的修正，假定首先对变量进行标准化变换，则

$$\boldsymbol{R}=\boldsymbol{\Lambda}\boldsymbol{\Lambda}^{\mathrm{T}}+\boldsymbol{D},$$

$\boldsymbol{D}=\mathrm{diag}\{\sigma_1^2,\cdots,\sigma_m^2\}$。

记

$$\boldsymbol{R}^* = \boldsymbol{\Lambda}\boldsymbol{\Lambda}^{\mathrm{T}} = \boldsymbol{R}-\boldsymbol{D},$$

式中：$\boldsymbol{R}^*$ 为约相关系数矩阵，$\boldsymbol{R}^*$ 对角线上的元素是 h_i^2。

在实际应用中，特殊因子的方差一般都是未知的，可以通过一组样本来估计。估计的方法有如下几种：

(1) 取 $\hat{h}_i^2=1$，在这种情况下主因子解与主成分解等价。

(2) 取 $\hat{h}_i^2=\max\limits_{j\neq i}|r_{ij}|$，这意味着取 X_i 与其余的 X_j 的简单相关系数的绝对值最大者。

记

$$\boldsymbol{R}^* = \boldsymbol{R}-\boldsymbol{D} = \begin{bmatrix} \hat{h}_1^2 & r_{12} & \cdots & r_{1p} \\ r_{21} & \hat{h}_2^2 & \cdots & r_{2p} \\ \vdots & \vdots & \ddots & \vdots \\ r_{p1} & r_{p2} & \cdots & \hat{h}_p^2 \end{bmatrix},$$

直接求 $\boldsymbol{R}^*$ 的前 p 个特征值 $\lambda_1^*\geqslant\lambda_2^*\geqslant\cdots\geqslant\lambda_p^*$，和对应的正交特征向量 $\boldsymbol{u}_1^*,\boldsymbol{u}_2^*,\cdots,\boldsymbol{u}_p^*$，得到如下的因子载荷矩阵：

$$\boldsymbol{\Lambda} = [\sqrt{\lambda_1^*}\boldsymbol{u}_1^* \quad \sqrt{\lambda_2^*}\boldsymbol{u}_2^* \quad \cdots \quad \sqrt{\lambda_p^*}\boldsymbol{u}_p^*]。$$

3. 最大似然估计法

数学理论这里就不介绍了，Matlab 工具箱求因子载荷矩阵使用的是最大似然估计法，命令是 factoran。

下面给出各种求因子载荷矩阵的例子。

例 10.10 假定某地固定资产投资率为 x_1，通货膨胀率为 x_2，失业率为 x_3，相关系数矩阵为

$$\begin{bmatrix} 1 & 1/5 & -1/5 \\ 1/5 & 1 & -2/5 \\ -1/5 & -2/5 & 1 \end{bmatrix}$$

试用主成分分析法求因子分析模型。

解 特征值为 $\lambda_1=1.5464$，$\lambda_2=0.8536$，$\lambda_3=0.6$，对应的特征向量为

$$\boldsymbol{u}_1=\begin{bmatrix} 0.4597 \\ 0.628 \\ -0.628 \end{bmatrix}, \boldsymbol{u}_2=\begin{bmatrix} 0.8881 \\ -0.3251 \\ 0.3251 \end{bmatrix}, \boldsymbol{u}_3=\begin{bmatrix} 0 \\ 0.7071 \\ 0.7071 \end{bmatrix}。$$

载荷矩阵为

$$\boldsymbol{\Lambda} = [\sqrt{\lambda_1}\boldsymbol{u}_1 \quad \sqrt{\lambda_2}\boldsymbol{u}_2 \quad \sqrt{\lambda_3}u_3] = \begin{bmatrix} 0.5717 & 0.8205 & 0 \\ 0.7809 & -0.3003 & 0.5477 \\ -0.7809 & 0.3003 & 0.5477 \end{bmatrix}。$$

$$x_1 = 0.5717F_1 + 0.8205F_2,$$
$$x_2 = 0.7809F_1 - 0.3003F_2 + 0.5477F_3,$$
$$x_3 = -0.7809F_1 + 0.3003F_2 + 0.5477F_3。$$

可取前两个因子 F_1 和 F_2 为公共因子，第一公共因子 F_1 为物价因子，对 $\boldsymbol{X}$ 的贡献为 1.5464，第二公共因子 F_2 为投资因子，对 $\boldsymbol{X}$ 的贡献为 0.8536。共同度分别为 1、0.7、0.7。

计算的 Matlab 程序如下：

```
clc,clear
r=[1 1/5 -1/5;1/5 1 -2/5;-1/5 -2/5 1];
% 下面利用相关系数矩阵求主成分解,val 的列为 r 的特征向量,即主成分的系数
[vec,val,con]=pcacov(r) % val 为 r 的特征值,con 为各个主成分的贡献率
num=input('请选择公共因子的个数:'); % 交互式选取主因子的个数
f1=repmat(sign(sum(vec)),size(vec,1),1);
vec=vec.*f1;      % 特征向量正负号转换
f2=repmat(sqrt(val)',size(vec,1),1);
a=vec.*f2   % 计算因子载荷矩阵
aa=a(:,1:num)   % 提出 num 个主因子的载荷矩阵
s1=sum(aa.^2)   % 计算对 X 的贡献率,实际上等于对应的特征值
s2=sum(aa.^2,2)  % 计算共同度
```

例 10.11（续例 10.10） 试用主因子分析法求因子载荷矩阵。

解 假定用 $\hat{h}_i^2 = \max\limits_{j \neq i} |r_{ij}|$ 代替初始的 h_i^2。则有 $h_1^2 = \dfrac{1}{5}, h_2^2 = \dfrac{2}{5}, h_3^2 = \dfrac{2}{5}$。

$$\boldsymbol{R}^* = \begin{bmatrix} 1/5 & 1/5 & -1/5 \\ 1/5 & 2/5 & -2/5 \\ -1/5 & -2/5 & 2/5 \end{bmatrix},$$

$\boldsymbol{R}^*$ 的特征值为 $\lambda_1 = 0.9123, \lambda_2 = 0.0877, \lambda_3 = 0$。非零特征值对应的特征向量为

$$\boldsymbol{u}_1 = \begin{bmatrix} 0.369 \\ 0.6572 \\ -0.6572 \end{bmatrix}, \boldsymbol{u}_2 = \begin{bmatrix} 0.9294 \\ -0.261 \\ 0.261 \end{bmatrix}。$$

取两个主因子，求得载荷矩阵

$$\boldsymbol{\Lambda} = \begin{bmatrix} 0.3525 & 0.2752 \\ 0.6277 & -0.0773 \\ -0.6277 & 0.0773 \end{bmatrix}。$$

计算的 Matlab 程序如下：

```
clc,clear
r=[1 1/5 -1/5;1/5 1 -2/5;-1/5 -2/5 1];
n=size(r,1); rt=abs(r); % 求矩阵 r 所有元素的绝对值
rt(1:n+1:n^2)=0; % 把 rt 矩阵的对角线元素换成 0
rstar=r; % R* 初始化
rstar(1:n+1:n^2)=max(rt'); % 把矩阵 rstar 的对角线元素换成 rt 矩阵各行的最大值
% 下面利用 R* 矩阵求主因子解,vec1 的列为矩阵 rstar 的特征向量
```

```
[vec1,val,rate] = pcacov(rstar)  % val 为 rstar 的特征值,rate 为各个主成分的贡献率
f1 = repmat(sign(sum(vec1)),size(vec1,1),1);
vec2 = vec1.* f1     % 特征向量正负号转换
f2 = repmat(sqrt(val)',size(vec2,1),1);
a = vec2.* f2   % 计算因子载荷矩阵
num = input('请选择公共因子的个数:');  % 交互式选取主因子的个数
aa = a(:,1:num)  % 提出 num 个因子的载荷矩阵
s1 = sum(aa.^2)  % 计算对 X 的贡献率
s2 = sum(aa.^2,2)  % 计算共同度
```

例 10.12（续例 10.10） 试用最大似然估计法求因子载荷矩阵。

解 利用 Matlab 工具箱,用最大似然估计法,只能求得一个主因子,对应的因子载荷矩阵为

$$\boldsymbol{\Lambda} = [0.3162, 0.6325, -0.6325]^{\mathrm{T}}。$$

计算的 Matlab 程序如下:

```
clc,clear
r = [1 1/5 -1/5;1/5 1 -2/5;-1/5 -2/5 1];
[Lambda,Psi] = factoran(r,1,'xtype','cov') % Lambda 返回的是因子载荷矩阵,Psi 返回的是特殊方差
```

从上面的 3 个例子可以看出,使用不同的估计方法,得到的因子载荷矩阵是不同的,但提出的第一公共因子都是一样的,都是物价因子。

10.3.3 因子旋转(正交变换)

建立因子分析数学模型的目的不仅是要找出公共因子以及对变量进行分组,更重要的是要知道每个公共因子的含义,以便进行进一步的分析,如果每个公共因子的含义不清,则不便于进行实际背景的解释。由于因子载荷矩阵是不唯一的,所以应该对因子载荷矩阵进行旋转。目的是使因子载荷矩阵的结构简化,使载荷矩阵每列或行的元素平方值向 0 和 1 两级分化。有三种主要的正交旋转法:方差最大法、四次方最大法和等量最大法。

(1) 方差最大法。方差最大法从简化因子载荷矩阵的每一列出发,使和每个因子有关的载荷的平方的方差最大。当只有少数几个变量在某个因子上有较高的载荷时,对因子的解释最简单。方差最大的直观意义是希望通过因子旋转后,使每个因子上的载荷尽量拉开距离,一部分的载荷趋于 ±1,另一部分趋于 0。

(2) 四次方最大旋转。四次方最大旋转是从简化载荷矩阵的行出发,通过旋转初始因子,使每个变量只在一个因子上有较高的载荷,而在其他的因子上有尽可能低的载荷。如果每个变量只在一个因子上有非零的载荷,这时的因子解释是最简单的。四次方最大法是使因子载荷矩阵中每一行的因子载荷平方的方差达到最大。

(3) 等量最大法。等量最大法是把四次方最大法和方差最大法结合起来,求它们的加权平均最大。

对两个因子的载荷矩阵

$$\boldsymbol{\Lambda} = (\alpha_{ij})_{p\times 2}, i = 1,\cdots,p; j = 1,2,$$

取正交矩阵

$$T = \begin{bmatrix} \cos\phi & -\sin\phi \\ \sin\phi & \cos\phi \end{bmatrix},$$

这是逆时针旋转,如作顺时针旋转,只需将矩阵 $\boldsymbol{T}$ 次对角线上的两个元素对换即可。并记$\widetilde{\boldsymbol{\Lambda}} = \boldsymbol{\Lambda T}$ 为旋转因子载荷矩阵,此时模型(10.24)变为

$$\boldsymbol{X} - \boldsymbol{\mu} = \widetilde{\boldsymbol{\Lambda}}(\boldsymbol{T}^{\mathrm{T}}\boldsymbol{F}) + \boldsymbol{\varepsilon},$$

同时公共因子 $\boldsymbol{F}$ 也随之变为 $\boldsymbol{T}^{\mathrm{T}}\boldsymbol{F}$,现在希望通过旋转,使因子的含义更加明确。

当公共因子数 $m>2$ 时,可以每次考虑不同的两个因子的旋转,从 m 个因子中每次选两个旋转,共有 $m(m-1)/2$ 种选择,这样共有 $m(m-1)/2$ 次旋转,做完这 $m(m-1)/2$ 次旋转就算完成了一个循环,然后可以重新开始第二个循环,直到每个因子的含义都比较明确为止。

例 10.13 设某三个变量的样本相关系数矩阵为

$$\boldsymbol{R} = \begin{bmatrix} 1 & -1/3 & 2/3 \\ -1/3 & 1 & 0 \\ 2/3 & 0 & 1 \end{bmatrix},$$

试从 $\boldsymbol{R}$ 出发,作因子分析。

解 (1) 求 $\boldsymbol{R}$ 的特征值及其相应的特征向量。由特征方程 $\det(\boldsymbol{R}-\lambda\boldsymbol{I})=0$ 可得三个特征值,依大小次序记为 $\lambda_1=1.7454$,$\lambda_2=1$,$\lambda_3=0.2546$,由于前面两个特征值的累积方差贡献率已达 91.51%,因而只要取两个主因子即可。下面给出了前两个特征值对应的特征向量:

$$\boldsymbol{\eta}_1 = [0.7071, -0.3162, 0.6325]^{\mathrm{T}},$$
$$\boldsymbol{\eta}_2 = [0, 0.8944, 0.4472]^{\mathrm{T}}。$$

(2) 求因子载荷矩阵 $\boldsymbol{\Lambda}_1$。由式(10.27)即可算出

$$\boldsymbol{\Lambda}_1 = \begin{bmatrix} 0.9342 & 0 \\ -0.4178 & 0.8944 \\ 0.8355 & 0.4472 \end{bmatrix}。$$

(3) 对载荷矩阵 $\boldsymbol{\Lambda}_1$ 作正交旋转。对载荷矩阵 $\boldsymbol{\Lambda}_1$ 作正交旋转,使得到的矩阵 $\boldsymbol{\Lambda}_2=\boldsymbol{\Lambda}_1\boldsymbol{T}$的方差和最大。计算结果为

$$\boldsymbol{T} = \begin{bmatrix} 0.9320 & -0.3625 \\ 0.3625 & 0.9320 \end{bmatrix}, \boldsymbol{\Lambda}_2 = \begin{bmatrix} 0.8706 & -0.3386 \\ -0.0651 & 0.9850 \\ 0.9408 & 0.1139 \end{bmatrix}。$$

求解的 Matlab 程序如下:

```
clc,clear
r=[1 -1/3 2/3; -1/3 1 0;2/3 0 1];
% 下面利用相关系数阵求主成分解,vec1 的列为 r 的特征向量,即主成分系数
[vec1,val,rate]=pcacov(r) % val 为 r 的特征值,rate 为各个主成分的贡献率
f1=repmat(sign(sum(vec1)),size(vec1,1),1); % 构造与 vec1 同维数的元素为 ±1 的
```

矩阵

```
vec2 = vec1 .* f1; % 修改特征向量正负号,使得各特征向量的分量和为正
f2 = repmat(sqrt(val)',size(vec2,1),1);
lambda = vec2 .* f2     % 构造全部因子的载荷矩阵,见式(10.27)
num = 2; % 选择两个主因子
[lambda2,t] = rotatefactors(lambda(:,1:num),'method', 'varimax') % 对载荷矩阵进行旋转,其中 lambda2 为旋转载荷矩阵,t 为变换的正交矩阵
```

例 10.14 在一项关于消费者爱好的研究中,随机邀请一些顾客对某种新食品进行评价,共有 5 项指标(变量 1 为味道,2 为价格,3 为风味,4 为适于快餐,5 为能量补充),均采用 7 级打分法,它们的相关系数矩阵

$$
\boldsymbol{R}=\begin{bmatrix} 1 & 0.02 & 0.96 & 0.42 & 0.01 \\ 0.02 & 1 & 0.13 & 0.71 & 0.85 \\ 0.96 & 0.13 & 1 & 0.5 & 0.11 \\ 0.42 & 0.71 & 0.5 & 1 & 0.79 \\ 0.01 & 0.85 & 0.11 & 0.79 & 1 \end{bmatrix}。
$$

从相关系数矩阵 $\boldsymbol{R}$ 可以看出,变量 1 和 3、2 和 5 各成一组,而变量 4 似乎更接近(2,5)组,于是可以期望,因子模型可以取两个、至多三个公共因子。

$\boldsymbol{R}$ 的前两个特征值为 2.8531 和 1.8063,其余三个均小于 1,这两个公共因子对样本方差的累计贡献率为 0.9319,于是,选 $m=2$,因子载荷、贡献率和特殊方差的估计列入表 10.14 中。

表 10.14 因子分析表

	变量因子载荷估计		旋转因子载荷估计		共同度	特殊方差(未旋转)
	F_1	F_2	$\boldsymbol{T}^{\mathrm{T}}F_1$	$\boldsymbol{T}^{\mathrm{T}}F_2$		
1	0.5599	0.8161	0.0198	0.9895	0.9795	0.0205
2	0.7773	−0.5242	0.9374	−0.0113	0.8789	0.1211
3	0.6453	0.7479	0.1286	0.9795	0.9759	0.0241
4	0.9391	−0.1049	0.8425	0.4280	0.8929	0.1071
5	0.7982	−0.5432	0.9654	−0.0157	0.9322	0.0678
特征值	2.85311	1.8063				
累积贡献	0.5706	0.9319				

因为 $\boldsymbol{\Lambda\Lambda}^{\mathrm{T}}+\mathrm{Cov}(\boldsymbol{\varepsilon})$ 与 $\boldsymbol{R}$ 比较接近,所以从直观上,可以认为两个因子的模型给出了数据较好的拟合。另一方面,五个贡献值都比较大,表明这两个公共因子确实解释了每个变量方差的绝大部分。

很明显,变量 2,4,5 在 $\boldsymbol{T}^{\mathrm{T}}F_1$ 上有大载荷,而在 $\boldsymbol{T}^{\mathrm{T}}F_2$ 上的载荷较小或可忽略。相反,变量 1,3 在 $\boldsymbol{T}^{\mathrm{T}}F_2$ 上有大载荷,而在 $\boldsymbol{T}^{\mathrm{T}}F_1$ 上的载荷却是可以忽略。因此,我们有理由称 $\boldsymbol{T}^{\mathrm{T}}F_1$ 为营养因子,$\boldsymbol{T}^{\mathrm{T}}F_2$ 为滋味因子。旋转的效果一目了然。

计算的 Matlab 程序如下:

```
clc,clear
r=[1 0.02 0.96 0.42 0.01; 0.02 1 0.13 0.71 0.85; 0.96 0.13 1 0.5 0.11
0.42 0.71 0.5 1 0.79; 0.01 0.85 0.11 0.79 1];
[vec1,val,rate]=pcacov(r)
f1=repmat(sign(sum(vec1)),size(vec1,1),1);
vec2=vec1.*f1;     % 特征向量正负号转换
f2=repmat(sqrt(val)',size(vec2,1),1);
a=vec2.*f2  % 计算全部因子的载荷矩阵,见式(10.27)
num=2; % num 为因子的个数
a1=a(:,[1:num])  % 提出两个因子的载荷矩阵
tcha=diag(r-a1*a1')   % 因子的特殊方差
gtd1=sum(a1.^2,2)  % 求因子载荷矩阵 a1 的共同度
con=cumsum(rate(1:num))     % 求累积贡献率
[B,T]=rotatefactors(a1,'method','varimax')% B 为旋转因子载荷矩阵,T 为正交矩阵
gtd2=sum(B.^2,2)  % 求因子载荷矩阵 B 的共同度
w=[sum(a1.^2), sum(B.^2)]  % 分别计算两个因子载荷矩阵对应的方差贡献
```

在因子分析中,人们一般关注的重点是估计因子模型的参数,即载荷矩阵,有时公共因子的估计(即所谓因子得分)也是需要的,因子得分可以用于模型诊断,也可以作下一步分析的原始数据。需要指出的是,因子得分的计算并不是通常意义下的参数估计,它是对不可观测的随机变量 F_i 取值的估计。通常可以用加权最小二乘法和回归法来估计因子得分。

10.3.4 因子得分

1. 因子得分的概念

前面主要解决了用公共因子的线性组合来表示一组观测变量的有关问题。如果要使用这些因子做其他的研究,比如把得到的因子作为自变量来做回归分析,对样本进行分类或评价,就需要对公共因子进行测度,即给出公共因子的值。

因子分析的数学模型为

$$\begin{bmatrix} X_1 \\ X_2 \\ \vdots \\ X_p \end{bmatrix} = \begin{bmatrix} \mu_1 \\ \mu_2 \\ \vdots \\ \mu_p \end{bmatrix} + \begin{bmatrix} \alpha_{11} & \alpha_{12} & \cdots & \alpha_{1m} \\ \alpha_{21} & \alpha_{22} & \cdots & \alpha_{2m} \\ \vdots & \vdots & \ddots & \vdots \\ \alpha_{p1} & \alpha_{p2} & \cdots & \alpha_{pm} \end{bmatrix} \begin{bmatrix} F_1 \\ F_2 \\ \vdots \\ F_m \end{bmatrix} + \begin{bmatrix} \varepsilon_1 \\ \varepsilon_2 \\ \vdots \\ \varepsilon_p \end{bmatrix}。$$

原变量被表示为公共因子的线性组合,当载荷矩阵旋转之后,公共因子可以做出解释,通常的情况下,我们还想反过来把公共因子表示为原变量的线性组合。

因子得分函数

$$F_j = c_j + \beta_{j1}X_1 + \cdots + \beta_{jp}X_p, j = 1,2,\cdots,m,$$

可见,要求得每个因子的得分,必须求得分函数的系数,而由于 $p>m$,所以不能得到精确的得分,只能通过估计。

2. 巴特莱特因子得分(加权最小二乘法)

把 $X_i-\mu_i$ 看作因变量,把因子载荷矩阵

$$\begin{bmatrix} \alpha_{11} & \alpha_{12} & \cdots & \alpha_{1m} \\ \alpha_{21} & \alpha_{22} & \cdots & \alpha_{2m} \\ \vdots & \vdots & \ddots & \vdots \\ \alpha_{p1} & \alpha_{p2} & \cdots & \alpha_{pm} \end{bmatrix}$$

看成自变量的观测。

$$\begin{cases} X_1 - \mu_1 = \alpha_{11}F_1 + \alpha_{12}F_2 + \cdots + \alpha_{1m}F_m + \varepsilon_1, \\ X_2 - \mu_2 = \alpha_{21}F_1 + \alpha_{22}F_2 + \cdots + \alpha_{2m}F_m + \varepsilon_2, \\ \qquad \vdots \\ X_p - \mu_p = \alpha_{p1}F_1 + \alpha_{p2}F_2 + \cdots + \alpha_{pm}F_m + \varepsilon_p。 \end{cases}$$

由于特殊因子的方差相异,所以用加权最小二乘法求得分,使

$$\sum_{i=1}^{p} [(X_i - \mu_i) - (\alpha_{i1}\hat{F}_1 + \alpha_{i2}\hat{F}_2 + \cdots + \alpha_{im}\hat{F}_m)]^2/\sigma_i^2,$$

最小的$\hat{F}_1,\cdots,\hat{F}_m$是相应个案的因子得分。

用矩阵表达有

$$\boldsymbol{X} - \boldsymbol{\mu} = \boldsymbol{\Lambda F} + \boldsymbol{\varepsilon},$$

则要使

$$(\boldsymbol{X} - \boldsymbol{\mu} - \boldsymbol{\Lambda F})^{\mathrm{T}}\boldsymbol{D}^{-1}(\boldsymbol{X} - \boldsymbol{\mu} - \boldsymbol{\Lambda F}) \tag{10.29}$$

达到最小,其中$\boldsymbol{D} = \mathrm{diag}\{\sigma_1^2,\cdots,\sigma_p^2\}$,使式(10.29)取得最小值的$\boldsymbol{F}$是相应个案的因子得分。

计算得

$$\hat{\boldsymbol{F}} = (\boldsymbol{\Lambda}^{\mathrm{T}}\boldsymbol{D}^{-1}\boldsymbol{\Lambda})^{-1}\boldsymbol{\Lambda}^{\mathrm{T}}\boldsymbol{D}^{-1}(\boldsymbol{X} - \boldsymbol{\mu})。$$

3. 回归方法

下面简单介绍一下回归方法的思想。

不妨设

$$\begin{bmatrix} X_1 \\ X_2 \\ \vdots \\ X_p \end{bmatrix} = \begin{bmatrix} \alpha_{11} & \alpha_{12} & \cdots & \alpha_{1m} \\ \alpha_{21} & \alpha_{22} & \cdots & \alpha_{2m} \\ \vdots & \vdots & \ddots & \vdots \\ \alpha_{p1} & \alpha_{p2} & \cdots & \alpha_{pm} \end{bmatrix} \begin{bmatrix} F_1 \\ F_2 \\ \vdots \\ F_m \end{bmatrix} + \begin{bmatrix} \varepsilon_1 \\ \varepsilon_2 \\ \vdots \\ \varepsilon_p \end{bmatrix},$$

因子得分函数

$$\hat{F}_j = \beta_{j1}X_1 + \cdots + \beta_{jp}X_p, j = 1,2,\cdots,m。$$

由于

$$\begin{aligned} \alpha_{ij} = \gamma_{X_iF_j} &= E(X_iF_j) = E[X_i(\beta_{j1}X_1 + \cdots + \beta_{jp}X_p)] \\ &= \beta_{j1}\gamma_{i1} + \cdots + \beta_{jp}\gamma_{ip} = [\gamma_{i1},\gamma_{i2},\cdots,\gamma_{ip}]\begin{bmatrix} \beta_{j1} \\ \beta_{j2} \\ \vdots \\ \beta_{jp} \end{bmatrix}, \end{aligned}$$

因此,有

$$\begin{bmatrix} \gamma_{11} & \gamma_{12} & \cdots & \gamma_{1p} \\ \gamma_{21} & \gamma_{22} & \cdots & \gamma_{2p} \\ \vdots & \vdots & \ddots & \vdots \\ \gamma_{p1} & \gamma_{p2} & \cdots & \gamma_{pp} \end{bmatrix} \begin{bmatrix} \beta_{j1} \\ \beta_{j2} \\ \vdots \\ \beta_{jp} \end{bmatrix} = \begin{bmatrix} \alpha_{1j} \\ \alpha_{2j} \\ \vdots \\ \alpha_{pj} \end{bmatrix}, j = 1,2,\cdots,m。$$

式中

$$\begin{bmatrix} \gamma_{11} & \gamma_{12} & \cdots & \gamma_{1p} \\ \gamma_{21} & \gamma_{22} & \cdots & \gamma_{2p} \\ \vdots & \vdots & \ddots & \vdots \\ \gamma_{p1} & \gamma_{p2} & \cdots & \gamma_{pp} \end{bmatrix}, \begin{bmatrix} \beta_{j1} \\ \beta_{j2} \\ \vdots \\ \beta_{jp} \end{bmatrix}, \begin{bmatrix} \alpha_{1j} \\ \alpha_{2j} \\ \vdots \\ \alpha_{pj} \end{bmatrix}$$

分别为原始变量的相关系数矩阵、第 j 个因子得分函数的系数和载荷矩阵的第 j 列。

用矩阵表示,有

$$\begin{bmatrix} \beta_{11} & \beta_{21} & \cdots & \beta_{m1} \\ \beta_{12} & \beta_{22} & \cdots & \beta_{m2} \\ \vdots & \vdots & \ddots & \vdots \\ \beta_{1p} & \beta_{2p} & \cdots & \beta_{mp} \end{bmatrix} = \boldsymbol{R}^{-1}\boldsymbol{\Lambda}。$$

因此,因子得分的估计为

$$\hat{\boldsymbol{F}} = (\hat{F}_{ij})_{n\times m} = \boldsymbol{X}_0\boldsymbol{R}^{-1}\boldsymbol{\Lambda},$$

式中:$\hat{F}_{ij}$为第 i 个样本点对第 j 个因子 F_j 得分的估计值;$\boldsymbol{X}_0$ 为 $n\times m$ 的原始数据矩阵。

10.3.5 因子分析的步骤及与主成分分析的对比

1. 因子分析的步骤

(1) 选择分析的变量。用定性分析和定量分析的方法选择变量,因子分析的前提条件是观测变量间有较强的相关性,因为如果变量之间无相关性或相关性较小,它们之间就不会有共享因子,所以原始变量间应该有较强的相关性。

(2) 计算所选原始变量的相关系数矩阵。相关系数矩阵描述了原始变量之间的相关关系。这可以帮助判断原始变量之间是否存在相关关系,这对因子分析是非常重要的,因为如果所选变量之间无关系,作因子分析就是不恰当的。并且,相关系数矩阵是估计因子结构的基础。

(3) 提出公共因子。这一步要确定因子求解的方法和因子的个数。需要根据研究者的设计方案以及有关的经验或知识事先确定。因子个数的确定可以根据因子方差的大小。只取方差大于1(或特征值大于1)的那些因子,因为方差小于1 的因子其贡献可能很小;按照因子的累计方差贡献率来确定,一般认为要达到60%才能符合要求。

(4) 因子旋转。有时提出的因子很难解释,需要通过坐标变换使每个原始变量在尽可能少的因子之间有密切的关系,这样因子解的实际含义更容易解释,并为每个潜在因子赋予有实际含义的名字。

(5) 计算因子得分。求出各样本的因子得分,有了因子得分值,就可以在许多分析中使用这些因子,例如以因子的得分做聚类分析的变量,做回归分析中的回归因子。

2. 主成分分析法与因子分析法数学模型的异同比较

1) 相同点

在以下几方面是相同的:指标的标准化,相关系数矩阵及其特征值和特征向量,用累计贡献率确定主成分、因子个数 m,综合主成分的分析评价、综合因子的分析评价。

2) 不同点

不同之处见表 10.15。

表 10.15　主成分分析与因子分析法的不同点

主成分分析数学模型	因子分析的一种数学模型
$F_i = a_{i1}x_1 + \cdots + a_{pi}x_p = \boldsymbol{a}_i^{\mathrm{T}}\boldsymbol{x}, i = 1, \cdots, m$	$x_j = b_{j1}F_1 + b_{j2}F_2 + \cdots + b_{jm}F_m + \varepsilon_j$, $j = 1, 2, \cdots, p$
$\boldsymbol{A} = (a_{ij})_{p\times m} = [\boldsymbol{a}_1, \cdots, \boldsymbol{a}_m]$, $\boldsymbol{R}\boldsymbol{a}_i = \lambda_i \boldsymbol{a}_i$, $\boldsymbol{R}$ 为相关系数矩阵,λ_i,$\boldsymbol{a}_i$ 是相应的特征值和单位特征向量,$\lambda_1 \geqslant \lambda_2 \geqslant \cdots \geqslant \lambda_p \geqslant 0$	因子载荷矩阵 $\boldsymbol{B} = (b_{ij})_{p\times m} = \hat{\boldsymbol{B}}\boldsymbol{C}$, $\hat{\boldsymbol{B}} = [\sqrt{\lambda_1}\,a_1, \cdots, \sqrt{\lambda_m}\,a_m]$ 为初等因子载荷矩阵(λ_i,a_i 同左),$\boldsymbol{C}$ 为正交旋转矩阵
$\boldsymbol{A}^{\mathrm{T}}\boldsymbol{A} = \boldsymbol{I}$($\boldsymbol{A}$ 为正交矩阵)	$\boldsymbol{B}^{\mathrm{T}}\boldsymbol{B} \neq \boldsymbol{I}$($\boldsymbol{B}$ 为非正交阵)
用 $\boldsymbol{A}$ 的第 i 列绝对值大的对应变量对 F_i 命名	将 $\boldsymbol{B}$ 的第 j 列绝对值大的对应变量归为 F_j 一类并由此对 F_j 命名
$\lambda_1, \lambda_2, \cdots, \lambda_m$ 互不相同时,a_{ij} 唯一	相关系数 $r_{X_iF_j} = b_{ij}$ 不是唯一的
协方差 $\mathrm{Cov}(F_i, F_j) = \lambda_i\delta_{ij}$, $\delta_{ij} = \begin{cases}1, i\neq j,\\0, i = j\end{cases}$	协方差 $\mathrm{Cov}(F_i, F_j) = \delta_{ij}$, $\delta_{ij} = \begin{cases}1, i\neq j,\\0, i = j\end{cases}$
λ_i(特征值)为主成分 F_i 的方差	$S_i = \sum_{k=1}^{p} b_{ki}^2$ 为 F_i 对 $\boldsymbol{x}$ 的贡献未必等于 λ_i
主成分 F_j 是由 $\boldsymbol{x}$ 确定的	因子 F_i 是不可观测的
主成分函数 $[F_1, F_2, \cdots, F_m]^{\mathrm{T}} = \boldsymbol{A}^{\mathrm{T}}\boldsymbol{x}$	因子得分函数 $[F_1, F_2, \cdots, F_m] = \boldsymbol{x}\boldsymbol{R}^{-1}\boldsymbol{B}$
主成分 F_i 中 $\boldsymbol{x}$ 的系数平方和 $\sum_{k=1}^{p} a_{ki}^2 = 1$,无特殊因子	$\sum_{i=1}^{m} b_{ji}^2 + \sigma_j^2 = h_j^2 + \sigma_j^2 = 1$,$h_j^2$ 称为共同度,σ_j^2 称为特殊方差
综合主成分函数 $\boldsymbol{F} = \sum_{i=1}^{m} (\lambda_i/p)F_i$,其中 $p = \sum_{i=1}^{m} \lambda_i$	综合因子得分函数 $\boldsymbol{F} = \sum_{i=1}^{m} (S_i/p)F_i$,其中 $p = \sum_{i=1}^{m} S_i$

10.3.6 因子分析案例

1. 我国上市公司赢利能力与资本结构的实证分析

已知上市公司的数据见表 10.16。

表 10.16　上市公司数据

公司	销售净利率 x_1	资产净利率 x_2	净资产收益率 x_3	销售毛利率 x_4	资产负利率 y
歌华有线	43.31	7.39	8.73	54.89	15.35
五粮液	17.11	12.13	17.29	44.25	29.69
用友软件	21.11	6.03	7	89.37	13.82
太太药业	29.55	8.62	10.13	73	14.88
浙江阳光	11	8.41	11.83	25.22	25.49
烟台万华	17.63	13.86	15.41	36.44	10.03
方正科技	2.73	4.22	17.16	9.96	74.12
红河光明	29.11	5.44	6.09	56.26	9.85
贵州茅台	20.29	9.48	12.97	82.23	26.73
中铁二局	3.99	4.64	9.35	13.04	50.19
红星发展	22.65	11.13	14.3	50.51	21.59
伊利股份	4.43	7.3	14.36	29.04	44.74
青岛海尔	5.4	8.9	12.53	65.5	23.27
湖北宜化	7.06	2.79	5.24	19.79	40.68
雅戈尔	19.82	10.53	18.55	42.04	37.19
福建南纸	7.26	2.99	6.99	22.72	56.58

试用因子分析法对上述企业进行综合评价。

1）对原始数据进行标准化处理

进行因子分析的指标变量有 4 个,分别为 x_1,x_2,x_3,x_4,共有 16 个评价对象,第 i 个评价对象的第 j 个指标的取值为 a_{ij},$i=1,2,\cdots,16$;$j=1,\cdots,4$。将各指标值 a_{ij} 转换成标准化指标 $\tilde{a}_{ij}$,有

$$\tilde{a}_{ij}=\frac{a_{ij}-\bar{\mu}_j}{s_j},i=1,2,\cdots,16;j=1,\cdots,4,$$

式中:$\bar{\mu}_j=\frac{1}{16}\sum_{i=1}^{16}a_{ij}$;$s_j=\sqrt{\frac{1}{16-1}\sum_{i=1}^{16}(a_{ij}-\bar{\mu}_j)^2}$,即 $\bar{\mu}_j$,s_j 为第 j 个指标的样本均值和样本标准差。

对应地,称

$$\tilde{x}_j=\frac{x_j-\bar{\mu}_j}{s_j},\ j=1,\cdots,4$$

为标准化指标变量。

2）计算相关系数矩阵 $\boldsymbol{R}$

相关系数矩阵 $\boldsymbol{R}=(r_{ij})_{4\times4}$,有

$$r_{ij}=\frac{\sum_{k=1}^{16}\tilde{a}_{ki}\cdot\tilde{a}_{kj}}{16-1},i,j=1,\cdots,4,$$

式中：$r_{ii}=1$；$r_{ij}=r_{ji}$，r_{ij}为第 i 个指标与第 j 个指标的相关系数。

3）计算初等载荷矩阵

计算相关系数矩阵 $\boldsymbol{R}$ 的特征值 $\lambda_1\geqslant\cdots\geqslant\lambda_4\geqslant0$，及对应的特征向量 $\boldsymbol{u}_1,\cdots,\boldsymbol{u}_4$，其中 $\boldsymbol{u}_j=[u_{1j},\cdots,u_{4j}]^{\mathrm{T}}$，初等载荷矩阵

$$\boldsymbol{\Lambda}_1=[\sqrt{\lambda_1}\boldsymbol{u}_1,\sqrt{\lambda_2}\boldsymbol{u}_2,\sqrt{\lambda_3}\boldsymbol{u}_3,\sqrt{\lambda_4}\boldsymbol{u}_4]。$$

4）选择 $m(m\leqslant4)$ 个主因子

根据初等载荷矩阵，计算各个公共因子的贡献率，并选择 m 个主因子。对提取的因子载荷矩阵进行旋转，得到矩阵 $\boldsymbol{\Lambda}_2=\boldsymbol{\Lambda}_1^{(m)}\boldsymbol{T}$（其中 $\boldsymbol{\Lambda}_1^{(m)}$ 为 $\boldsymbol{\Lambda}_1$ 的前 m 列，$\boldsymbol{T}$ 为正交矩阵），构造因子模型

$$\begin{cases}\tilde{x}_1=\alpha_{11}F_1+\cdots+\alpha_{1m}F_m,\\ \qquad\vdots\\ \tilde{x}_4=\alpha_{41}F_1+\cdots+\alpha_{4m}F_m,\end{cases}$$

式中

$$\boldsymbol{\Lambda}_2=\begin{bmatrix}\alpha_{11}&\cdots&\alpha_{1m}\\ \vdots&\ddots&\vdots\\ \alpha_{41}&\cdots&\alpha_{4m}\end{bmatrix}。$$

本例选取两个主因子，第一公共因子 F_1 为销售利润因子，第二公共因子 F_2 为资产收益因子。利用 Matlab 程序计算得到旋转后的因子贡献及贡献率见表 10.17、因子载荷阵见表 10.18。

表 10.17　贡献率数据

因子	贡献	贡献率	累计贡献率
1	1.7794	44.49	44.49
2	1.6673	41.68	86.17

表 10.18　旋转因子分析表

指 标	主因子 1	主因子 2
销售净利率	0.893	0.0082
资产净利率	0.372	0.8854
净资产收益率	-0.2302	0.9386
销售毛利率	0.8892	0.0494

5）计算因子得分，并进行综合评价

用回归方法求单个因子得分函数

$$\hat{F}_j=\beta_{j1}\tilde{x}_1+\beta_{j2}\tilde{x}_2+\beta_{j3}\tilde{x}_3+\beta_{j4}\tilde{x}_4,j=1,2。$$

记第 i 个样本点对第 j 个因子 F_j 得分的估计值

$$\hat{F}_{ij}=\beta_{j1}\tilde{a}_{i1}+\beta_{j2}\tilde{a}_{i2}+\beta_{j3}\tilde{a}_{i3}+\beta_{j4}\tilde{a}_{i4},\ i=1,2,\cdots,16;\ j=1,2。$$

则有

$$\begin{bmatrix}\beta_{11}&\beta_{21}\\ \vdots&\vdots\\ \beta_{14}&\beta_{24}\end{bmatrix}=\boldsymbol{R}^{-1}\boldsymbol{\Lambda}_2,$$

且

$$\hat{\boldsymbol{F}} = (\hat{F}_{ij})_{16\times 2} = \boldsymbol{X}_0\boldsymbol{R}^{-1}\boldsymbol{\Lambda}_2,$$

式中：$\boldsymbol{X}_0 = (\tilde{a}_{ij})_{16\times 4}$为原始数据的标准化数据矩阵；$\boldsymbol{R}$ 为相关系数矩阵；$\boldsymbol{\Lambda}_2$ 为上一步骤中得到的载荷矩阵。

计算得各个因子得分函数为

$$F_1 = 0.506\tilde{x}_1 + 0.1615\tilde{x}_2 - 0.1831\tilde{x}_3 + 0.5015\tilde{x}_4,$$

$$F_2 = -0.045\tilde{x}_1 + 0.5151\tilde{x}_2 + 0.581\tilde{x}_3 - 0.0199\tilde{x}_4。$$

利用综合因子得分公式

$$F = \frac{44.49F_1 + 41.68F_2}{86.17},$$

计算出 16 家上市公司赢利能力的综合得分见表 10.19。

表 10.19　上市公司综合排名表

排名	1	2	3	4	5	6	7	8
F_1	0.0315	0.0025	0.9789	0.4558	-0.0563	1.2791	1.5159	1.2477
F_2	1.4691	1.4477	0.3959	0.8548	1.3577	-0.1564	-0.5814	-0.9729
F	0.7269	0.7016	0.6969	0.6488	0.6277	0.5847	0.5014	0.1735
公司	烟台万华	五粮液	贵州茅台	红星发展	雅戈尔	太太药业	歌华有线	用友软件
排名	9	10	11	12	13	14	15	16
F_1	-0.0351	0.9313	-0.6094	-0.9859	-1.7266	-1.2509	-0.8872	-0.891
F_2	0.3166	-1.1949	0.1544	0.3468	0.2639	-0.7424	-1.1091	-1.2403
F	0.135	-0.0972	-0.2399	-0.3412	-0.7637	-1.0049	-1.1091	-1.2403
公司	青岛海尔	红河光明	浙江阳光	伊利股份	方正科技	中铁二局	福建南纸	湖北宜化

通过相关分析，得出赢利能力 F 与资产负债率 y 之间的相关系数为 -0.6987，这表明两者存在中度相关关系。因子分析法的回归方程为

$$F = 0.829 - 0.0268y,$$

回归方程在显著性水平 0.05 的情况下，通过了假设检验。

计算的 Matlab 程序如下：

```
clc,clear
load ssgs.txt % 把原始数据保存在纯文本文件 ssgs.txt 中
n=size(ssgs,1);
x=ssgs(:,[1:4]); y=ssgs(:,5); % 分别提出自变量 x1,…,x4 和因变量 y 的值
x=zscore(x); % 数据标准化
r=corrcoef(x)  % 求相关系数矩阵
[vec1,val,con1]=pcacov(r)  % 进行主成分分析的相关计算
f1=repmat(sign(sum(vec1)),size(vec1,1),1);
vec2=vec1.*f1;      % 特征向量正负号转换
```

```
f2=repmat(sqrt(val)',size(vec2,1),1);
a=vec2.*f2   % 求初等载荷矩阵
num=input('请选择主因子的个数:');  % 交互式选择主因子的个数
am=a(:,[1:num]);  % 提出 num 个主因子的载荷矩阵
[bm,t]=rotatefactors(am,'method', 'varimax') % am 旋转变换,bm 为旋转后的载荷阵
bt=[bm,a(:,[num+1:end])];  % 旋转后全部因子的载荷矩阵,前两个旋转,后面不旋转
con2=sum(bt.^2)         % 计算因子贡献
check=[con1,con2'/sum(con2)*100]% 该语句是领会旋转意义,con1 是未旋转前贡献率
rate=con2(1:num)/sum(con2) % 计算因子贡献率
coef=inv(r)*bm            % 计算得分函数的系数
score=x*coef              % 计算各个因子的得分
weight=rate/sum(rate)  % 计算得分的权重
Tscore=score*weight'   % 对各因子的得分进行加权求和,即求各企业综合得分
[STscore,ind]=sort(Tscore,'descend')     % 对企业进行排序
display=[score(ind,:)';STscore';ind'] % 显示排序结果
[ccoef,p]=corrcoef([Tscore,y])    % 计算 F 与资产负债的相关系数
[d,dt,e,et,stats]=regress(Tscore,[ones(n,1),y]);% 计算 F 与资产负债的方程
d,stats  % 显示回归系数,和相关统计量的值
```

2. 生育率的影响因素分析

生育率受社会、经济、文化、计划生育政策等很多因素影响,但这些因素对生育率的影响并不是完全独立的,而是交织在一起,如果直接用选定的变量对生育率进行多元回归分析,最终结果往往只能保留两三个变量,其他变量的信息就损失了。因此,考虑用因子分析的方法,找出变量间的数据结构,在信息损失最少的情况下用新生成的因子对生育率进行分析。

选择的变量有多子率、综合节育率、初中以上文化程度比例、城镇人口比例、人均国民收入。表 10.20 是 1990 年中国 30 个省(自治区、直辖市)的数据。

表 10.20 生育率有关数据

多子率/%	综合节育率/%	初中以上文化程度比例/%	人均国民收入/元	城镇人口比例/%
0.94	89.89	64.51	3577	73.08
2.58	92.32	55.41	2981	68.65
13.46	90.71	38.2	1148	19.08
12.46	90.04	45.12	1124	27.68
8.94	90.46	41.83	1080	36.12
2.8	90.17	50.64	2011	50.86
8.91	91.43	46.32	1383	42.65
8.82	90.78	47.33	1628	47.17
0.8	91.47	62.36	4822	66.23
5.94	90.31	40.85	1696	21.24
2.6	92.42	35.14	1717	32.81

（续）

多子率/%	综合节育率/%	初中以上文化程度比例/%	人均国民收入/元	城镇人口比例/%
7.07	87.97	29.51	933	17.9
14.44	88.71	29.04	1313	21.36
15.24	89.43	31.05	943	20.4
3.16	90.21	37.85	1372	27.34
9.04	88.76	39.71	880	15.52
12.02	87.28	38.76	1248	28.91
11.15	89.13	36.33	976	18.23
22.46	87.72	38.38	1845	36.77
24.34	84.86	31.07	798	15.1
33.21	83.79	39.44	1193	24.05
4.78	90.57	31.26	903	20.25
21.56	86	22.38	654	19.93
14.09	80.86	21.49	956	14.72
32.31	87.6	7.7	865	12.59
11.18	89.71	41.01	930	21.49
13.8	86.33	29.69	938	22.04
25.34	81.56	31.3	1100	27.35
20.84	81.45	34.59	1024	25.82
39.6	64.9	38.47	1374	31.91

计算得到特征根与各因子的贡献见表10.21。

表10.21 特征根与各因子的贡献

特征值	3.2492	1.2145	0.2516	0.1841	0.1006
贡献率	0.6498	0.2429	0.0503	0.0368	0.0201
累积贡献率	0.6498	0.8927	0.9431	0.9799	1

我们选择两个主因子。因子载荷等估计见表10.22。

表10.22 因子分析表

变量	因子载荷估计		旋转因子载荷估计		旋转后得分函数		共同度
	F_1	F_2	$\boldsymbol{T}^{\mathrm{T}}F_1$	$\boldsymbol{T}^{\mathrm{T}}F_2$	因子1	因子2	
1	−0.7606	0.5532	−0.3532	0.8716	0.0421	0.5104	0.8845
2	0.569	−0.7666	0.0777	−0.9515	−0.185	−0.6284	0.9114
3	0.8918	0.2537	0.8912	−0.2561	0.3434	0.0322	0.8598
4	0.8707	0.3462	0.9221	−0.1664	0.3781	0.1003	0.8779
5	0.8908	0.3696	0.9515	−0.1571	0.3936	0.1134	0.9301
可解释方差	3.2492	1.2145	2.6806	1.7831			

在这个例子中得到了两个因子，第一个因子是社会经济发展水平因子，第二个因子是计划生育因子。有了因子得分值后，就可以利用因子得分为变量，进行其他的统计分析。

计算的 Matlab 程序如下：

```
clc,clear
load sy.txt % 把原始数据保存在纯文本文件 sy.txt 中
sy = zscore(sy); % 数据标准化
r = cov(sy);  % 求标准化数据的协方差阵,即求相关系数矩阵
[vec1,val,con] = pcacov(r)  % 进行主成分分析的相关计算
f1 = repmat(sign(sum(vec1)),size(vec1,1),1);
vec2 = vec1. * f1;      % 特征向量正负号转换
f2 = repmat(sqrt(val)',size(vec2,1),1);
a = vec2. * f2  % 求初等载荷矩阵
num = input('请选择主因子的个数:');  % 交互式选择主因子的个数
am = a(:,[1:num]);  % 提出 num 个主因子的载荷矩阵
[b,t] = rotatefactors(am,'method', 'varimax') % 旋转变换,b 为旋转后的载荷阵
bt = [b,a(:,[num +1:end])];   % 旋转后全部因子的载荷矩阵
degree = sum(b.^2,2)     % 计算共同度
contr = sum(bt.^2)       % 计算因子贡献
rate = contr(1:num)/sum(contr) % 计算因子贡献率
coef = inv(r) * b          % 计算得分函数的系数
```

可以直接使用 factoran 进行因子分析，该命令使用的是最大似然估计法求因子载荷矩阵，该命令要求主因子的个数要远远小于变量的个数，计算结果与其他方法差异较大，其他方法的计算结果和统计软件 spss 计算结果是一样的。

最大似然法的计算结果见表 10.23。

表 10.23　最大似然法的因子分析表

变量	因子载荷估计		共同度	变量	因子载荷估计		共同度
	F_1	F_2			F_1	F_2	
1	- 0.31	- 0.9481	0.995	4	0.8706	0.1929	0.7951
2	0.1258	0.7568	0.5885	5	0.9718	0.1592	0.9697
3	0.8222	0.3022	0.7674	可解释方差	2.4903	1.6254	

计算的 Matlab 程序如下：

```
clc,clear
load sy.txt % 把原始数据保存在纯文本文件 sy.txt 中
num = input('请选择主因子的个数:');  % 交互式选择主因子的个数
[lambda, psi, T, stats, F] = factoran(sy, num,'rotate','varimax','scores',
'regression') % Lambda 返回的是因子载荷矩阵,psi 返回的是特殊方差,T 返回的是旋转正交矩
阵,stats 返回的是一些统计量,F 返回的是因子得分矩阵
gtd = 1 - psi   % 计算共同度
contr = sum(lambda.^2)  % 计算可解释方差
```

10.4 判别分析

判别分析(Discriminant Analysis)是根据所研究的个体的观测指标来推断该个体所属类型的一种统计方法,在自然科学和社会科学的研究中经常会碰到这种统计问题。例如,在地质找矿中要根据某异常点的地质结构、化探和物探的各项指标来判断该异常点属于哪一种矿化类型;医生要根据某人的各项化验指标的结果来判断属于什么病症;调查某地区的土地生产率、劳动生产率、人均收入、费用水平、农村工业比例等指标,确定该地区属于哪一种经济类型地区等。该方法起源于 1921 年 Pearson 的种族相似系数法,1936 年 Fisher 提出线性判别函数,并形成把一个样本归类到两个总体之一的判别法。

判别问题用统计的语言来表达,就是已有 q 个总体 $X_1,X_2,\cdots,X_q$,它们的分布函数分别为 $F_1(x),F_2(x),\cdots,F_q(x)$,每个 $F_i(x)$ 都是 p 维函数。对于给定的样本 X,要判断它来自哪一个总体。当然,应该要求判别准则在某种意义下是最优的,如错判的概率最小或错判的损失最小等。下面仅介绍最基本的几种判别方法,即距离判别、Bayes 判别和 Fisher判别。

10.4.1 距离判别

距离判别是简单、直观的一种判别方法,该方法适用于连续性随机变量的判别类,对变量的概率分布没有什么限制。

1. Mahalanobis 距离的概念

通常定义的距离是欧几里得距离。但在统计分析与计算中,欧几里得距离就不适用了。如图 10.7 所示,为简单起见,考虑一维 $p=1$ 的情况。设 $X\sim N(0,1)$,$Y\sim N(4,2^2)$。从图 10.7 来看,A 点距 X 的均值 $\mu_1=0$ 较近,距 Y 的均值 $\mu_2=4$ 较远。但从概率角度来分析问题,情况并非如此。经计算,A 点的 x 值为 1.66,也就是说,A 点距 $\mu_1=0$ 是 $1.66\sigma_1$,而 A 点距 $\mu_2=4$ 却只有 $1.17\sigma_2$,因此,应该认为 A 点距 μ_2 更近一点。

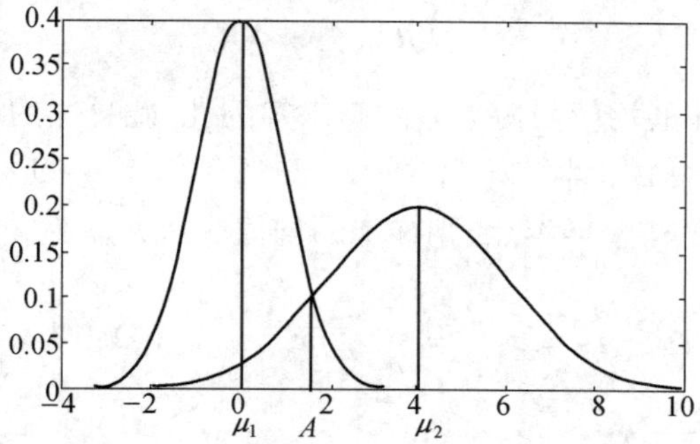

图 10.7　不同均值、方差的正态分布

定义 10.1　设 $\boldsymbol{x},\boldsymbol{y}$ 是从均值为 $\boldsymbol{\mu}$,协方差为 $\boldsymbol{\Sigma}$ 的总体 A 中抽取的样本,则总体 A 内两点 $\boldsymbol{x}$ 与 $\boldsymbol{y}$ 的 Mahalanobis 距离(简称马氏距离)定义为

$$d(\boldsymbol{x},\boldsymbol{y}) = \sqrt{(\boldsymbol{x}-\boldsymbol{y})^{\mathrm{T}}\boldsymbol{\Sigma}^{-1}(\boldsymbol{x}-\boldsymbol{y})},$$

定义样本 x 与总体 $\boldsymbol{A}$ 的 Mahalanobis 距离为

$$d(\boldsymbol{x},\boldsymbol{A}) = \sqrt{(\boldsymbol{x}-\boldsymbol{\mu})^{\mathrm{T}}\boldsymbol{\Sigma}^{-1}(\boldsymbol{x}-\boldsymbol{\mu})}。$$

2. 距离判别的判别准则和判别函数

在这里讨论两个总体的距离判别，分协方差相同和协方差不同两种情况进行讨论。

设总体 A 和 B 的均值向量分别为 $\boldsymbol{\mu}_1$ 和 $\boldsymbol{\mu}_2$，协方差阵分别为 $\boldsymbol{\Sigma}_1$ 和 $\boldsymbol{\Sigma}_2$，今给一个样本 x，要判断 x 来自哪一个总体。

首先考虑协方差相同，即

$$\boldsymbol{\mu}_1 \neq \boldsymbol{\mu}_2, \boldsymbol{\Sigma}_1 = \boldsymbol{\Sigma}_2 = \boldsymbol{\Sigma}。$$

要判断 $\boldsymbol{x}$ 来自哪一个总体，需要计算 $\boldsymbol{x}$ 到总体 $\boldsymbol{A}$ 和 $\boldsymbol{B}$ Mahalanobis 距离 $d(\boldsymbol{x},\boldsymbol{A})$ 和 $d(\boldsymbol{x},\boldsymbol{B})$，然后进行比较，若 $d(\boldsymbol{x},\boldsymbol{A}) \leqslant d(\boldsymbol{x},\boldsymbol{B})$，则判定 $\boldsymbol{x}$ 属于 $\boldsymbol{A}$；否则判定 $\boldsymbol{x}$ 来自 $\boldsymbol{B}$。由此得到如下判别准则：

$$\boldsymbol{x} \in \begin{cases} \boldsymbol{A}, d(\boldsymbol{x},\boldsymbol{A}) \leqslant d(\boldsymbol{x},\boldsymbol{B}), \\ \boldsymbol{B}, d(\boldsymbol{x},\boldsymbol{A}) > d(\boldsymbol{x},\boldsymbol{B})。\end{cases}$$

现在引进判别函数的表达式，考察 $d^2(\boldsymbol{x},\boldsymbol{A})$ 与 $d^2(\boldsymbol{x},\boldsymbol{B})$ 之间的关系，有

$$\begin{aligned} d^2(\boldsymbol{x},\boldsymbol{B}) - d^2(\boldsymbol{x},\boldsymbol{A}) &= (\boldsymbol{x}-\boldsymbol{\mu}_2)^{\mathrm{T}}\boldsymbol{\Sigma}^{-1}(\boldsymbol{x}-\boldsymbol{\mu}_2) - (\boldsymbol{x}-\boldsymbol{\mu}_1)^{\mathrm{T}}\boldsymbol{\Sigma}^{-1}(\boldsymbol{x}-\boldsymbol{\mu}_1) \\ &= 2(\boldsymbol{x}-\bar{\boldsymbol{\mu}})^{\mathrm{T}}\boldsymbol{\Sigma}^{-1}(\boldsymbol{\mu}_1-\boldsymbol{\mu}_2), \end{aligned}$$

式中：$\bar{\boldsymbol{\mu}} = \dfrac{\boldsymbol{\mu}_1+\boldsymbol{\mu}_2}{2}$为两个总体的均值。

令

$$w(\boldsymbol{x}) = (\boldsymbol{x}-\bar{\boldsymbol{\mu}})^{\mathrm{T}}\boldsymbol{\Sigma}^{-1}(\boldsymbol{\mu}_1-\boldsymbol{\mu}_2), \tag{10.30}$$

称 $w(\boldsymbol{x})$ 为两总体距离的判别函数，因此判别准则变为

$$\boldsymbol{x} \in \begin{cases} \boldsymbol{A}, w(\boldsymbol{x}) \geqslant 0, \\ \boldsymbol{B}, w(\boldsymbol{x}) < 0。\end{cases}$$

在实际计算中，总体的均值与协方差阵是未知的，因此总体的均值与协方差需要用样本的均值与协方差来代替，设 $\boldsymbol{x}_1^{(1)}, \boldsymbol{x}_2^{(1)}, \cdots, \boldsymbol{x}_{n_1}^{(1)}$ 是来自总体 $\boldsymbol{A}$ 的 n_1 个样本点，$\boldsymbol{x}_1^{(2)}, \boldsymbol{x}_2^{(2)}, \cdots, \boldsymbol{x}_{n_2}^{(2)}$ 是来自总体 $\boldsymbol{B}$ 的 n_2 个样本点，则样本的均值与协方差为

$$\hat{\boldsymbol{\mu}}_i = \bar{\boldsymbol{x}}^{(i)} = \frac{1}{n_i}\sum_{j=1}^{n_i}\boldsymbol{x}_j^{(i)}, i = 1,2, \tag{10.31}$$

$$\hat{\boldsymbol{\Sigma}} = \frac{1}{n_1+n_2-2}\sum_{i=1}^{2}\sum_{j=1}^{n_i}(\boldsymbol{x}_j^{(i)}-\bar{\boldsymbol{x}}^{(i)})(\boldsymbol{x}_j^{(i)}-\bar{\boldsymbol{x}}^{(i)})^{\mathrm{T}} = \frac{1}{n_1+n_2-2}(\boldsymbol{S}_1+\boldsymbol{S}_2), \tag{10.32}$$

式中

$$\boldsymbol{S}_i = \sum_{j=1}^{n_i}(\boldsymbol{x}_j^{(i)}-\bar{\boldsymbol{x}}^{(i)})(\boldsymbol{x}_j^{(i)}-\bar{\boldsymbol{x}}^{(i)})^{\mathrm{T}}, i = 1,2。$$

对于待测样本 $\boldsymbol{x}$，其判别函数定义为

$$\hat{w}(\boldsymbol{x}) = (\boldsymbol{x} - \bar{\boldsymbol{x}})^{\mathrm{T}} \hat{\boldsymbol{\Sigma}}^{-1} (\bar{\boldsymbol{x}}^{(1)} - \bar{\boldsymbol{x}}^{(2)}),$$

式中

$$\bar{\boldsymbol{x}} = \frac{\bar{\boldsymbol{x}}^{(1)} + \bar{\boldsymbol{x}}^{(2)}}{2},$$

其判别准则为

$$\boldsymbol{x} \in \begin{cases} \boldsymbol{A}, \hat{w}(\boldsymbol{x}) \geqslant 0, \\ \boldsymbol{B}, \hat{w}(\boldsymbol{x}) < 0。 \end{cases}$$

再考虑协方差不同的情况，即

$$\boldsymbol{\mu}_1 \neq \boldsymbol{\mu}_2, \boldsymbol{\Sigma}_1 \neq \boldsymbol{\Sigma}_2,$$

对于样本 $\boldsymbol{x}$，在方差不同的情况下，判别函数为

$$w(\boldsymbol{x}) = (\boldsymbol{x} - \boldsymbol{\mu}_2)^{\mathrm{T}} \boldsymbol{\Sigma}_2^{-1} (\boldsymbol{x} - \boldsymbol{\mu}_2) - (\boldsymbol{x} - \boldsymbol{\mu}_1)^{\mathrm{T}} \boldsymbol{\Sigma}_1^{-1} (\boldsymbol{x} - \boldsymbol{\mu}_1)。$$

与前面讨论的情况相同，在实际计算中总体的均值与协方差是未知的，同样需要用样本的均值与协方差来代替。因此，对于待测样本 x，判别函数定义为

$$\hat{w}(\boldsymbol{x}) = (\boldsymbol{x} - \bar{\boldsymbol{x}}^{(2)})^{\mathrm{T}} \hat{\boldsymbol{\Sigma}}_2^{-1} (\boldsymbol{x} - \bar{\boldsymbol{x}}^{(2)}) - (\boldsymbol{x} - \bar{\boldsymbol{x}}^{(1)})^{\mathrm{T}} \hat{\boldsymbol{\Sigma}}_1^{-1} (\boldsymbol{x} - \bar{\boldsymbol{x}}^{(1)}),$$

式中

$$\hat{\boldsymbol{\Sigma}}_i = \frac{1}{n_i - 1} \sum_{j=1}^{n_i} (\boldsymbol{x}_j^{(i)} - \bar{\boldsymbol{x}}^{(i)})(\boldsymbol{x}_j^{(i)} - \bar{\boldsymbol{x}}^{(i)})^{\mathrm{T}} = \frac{1}{n_i - 1} \boldsymbol{S}_i, i = 1,2。$$

10.4.2 Fisher 判别

Fisher 判别的基本思想是投影，即将表面上不易分类的数据通过投影到某个方向上，使得投影类与类之间得以分离的一种判别方法。

仅考虑两总体的情况，设两个 p 维总体为 X_1, X_2，且都有二阶矩存在。Fisher 的判别思想是变换多元观测 $\boldsymbol{x}$ 到一元观测 y，使得由总体 X_1, X_2 产生的 y 尽可能地分离开来。

设在 p 维的情况下，$\boldsymbol{x}$ 的线性组合 $y = \boldsymbol{a}^{\mathrm{T}}\boldsymbol{x}$，其中 $\boldsymbol{a}$ 为 p 维实向量。设 X_1, X_2 的均值向量分别为 $\boldsymbol{\mu}_1, \boldsymbol{\mu}_2$（均为 p 维），且有公共的协方差矩阵 $\boldsymbol{\Sigma}$（$\boldsymbol{\Sigma} > 0$）。那么线性组合 $y = \boldsymbol{a}^{\mathrm{T}}\boldsymbol{x}$ 的均值为

$$\mu_{y_1} = E(y \mid y = \boldsymbol{a}^{\mathrm{T}}\boldsymbol{x}, \boldsymbol{x} \in X_1) = \boldsymbol{a}^{\mathrm{T}}\boldsymbol{\mu}_1,$$
$$\mu_{y_2} = E(y \mid y = \boldsymbol{a}^{\mathrm{T}}\boldsymbol{x}, \boldsymbol{x} \in X_2) = \boldsymbol{a}^{\mathrm{T}}\boldsymbol{\mu}_2,$$

其方差为

$$\sigma_y^2 = \mathrm{Var}(y) = \boldsymbol{a}^{\mathrm{T}}\boldsymbol{\Sigma}\boldsymbol{a},$$

考虑比

$$\frac{(\mu_{y_1}-\mu_{y_2})^2}{\sigma_y^2}=\frac{[\boldsymbol{a}^{\mathrm{T}}(\boldsymbol{\mu}_1-\boldsymbol{\mu}_2)]^2}{\boldsymbol{a}^{\mathrm{T}}\boldsymbol{\Sigma}\boldsymbol{a}}=\frac{(\boldsymbol{a}^{\mathrm{T}}\boldsymbol{\delta})^2}{\boldsymbol{a}^{\mathrm{T}}\boldsymbol{\Sigma}\boldsymbol{a}}, \tag{10.33}$$

式中：$\boldsymbol{\delta}=\boldsymbol{\mu}_1-\boldsymbol{\mu}_2$ 为两总体均值向量差，根据 Fisher 的思想，要选择 $\boldsymbol{a}$ 使得式(10.33)达到最大。

定理 10.1 $\boldsymbol{x}$ 为 p 维随机变量，设 $y=\boldsymbol{a}^{\mathrm{T}}\boldsymbol{x}$，当选取 $\boldsymbol{a}=c\boldsymbol{\Sigma}^{-1}\boldsymbol{\delta}$，$c\neq 0$ 且为常数时，式(10.33)达到最大。

特别当 $c=1$ 时，线性函数

$$y=\boldsymbol{a}^{\mathrm{T}}\boldsymbol{x}=(\boldsymbol{\mu}_1-\boldsymbol{\mu}_2)^{\mathrm{T}}\boldsymbol{\Sigma}^{-1}\boldsymbol{x}$$

称为 Fisher 线性判别函数，令

$$K=\frac{1}{2}(\mu_{y_1}+\mu_{y_2})=\frac{1}{2}(\boldsymbol{a}^{\mathrm{T}}\boldsymbol{\mu}_1+\boldsymbol{a}^{\mathrm{T}}\boldsymbol{\mu}_2)=\frac{1}{2}(\boldsymbol{\mu}_1-\boldsymbol{\mu}_2)^{\mathrm{T}}\boldsymbol{\Sigma}^{-1}(\boldsymbol{\mu}_1+\boldsymbol{\mu}_2)。$$

定理 10.2 利用上面的记号，取 $\boldsymbol{a}^{\mathrm{T}}=(\boldsymbol{\mu}_1-\boldsymbol{\mu}_2)^{\mathrm{T}}\boldsymbol{\Sigma}^{-1}$，则有

$$\mu_{y_1}-K>0,\mu_{y_2}-K<0。$$

由定理 10.2 得到如下的 Fisher 判别规则：

$$\begin{cases}\boldsymbol{x}\in X_1,\text{当 }\boldsymbol{x}\text{ 使得}(\boldsymbol{\mu}_1-\boldsymbol{\mu}_2)^{\mathrm{T}}\boldsymbol{\Sigma}^{-1}\boldsymbol{x}\geqslant K,\\ \boldsymbol{x}\in X_2,\text{当 }\boldsymbol{x}\text{ 使得}(\boldsymbol{\mu}_1-\boldsymbol{\mu}_2)^{\mathrm{T}}\boldsymbol{\Sigma}^{-1}\boldsymbol{x}<K。\end{cases}$$

定义判别函数

$$W(\boldsymbol{x})=(\boldsymbol{\mu}_1-\boldsymbol{\mu}_2)^{\mathrm{T}}\boldsymbol{\Sigma}^{-1}\boldsymbol{x}-K=\left[\boldsymbol{x}-\frac{1}{2}(\boldsymbol{\mu}_1+\boldsymbol{\mu}_2)\right]^{\mathrm{T}}\boldsymbol{\Sigma}^{-1}(\boldsymbol{\mu}_1-\boldsymbol{\mu}_2), \tag{10.34}$$

则判别规则可改写成

$$\begin{cases}\boldsymbol{x}\in X_1,\text{当 }\boldsymbol{x}\text{ 使得 }W(\boldsymbol{x})\geqslant 0,\\ \boldsymbol{x}\in X_2,\text{当 }\boldsymbol{x}\text{ 使得 }W(\boldsymbol{x})<0。\end{cases}$$

当总体的参数未知时，用样本对 $\boldsymbol{\mu}_1,\boldsymbol{\mu}_2$ 及 $\boldsymbol{\Sigma}$ 进行估计，注意到这里的 Fisher 判别与距离判别一样不需要知道总体的分布类型，但两总体的均值向量必须有显著的差异才行，否则判别无意义。

10.4.3 Bayes 判别

Bayes 判别和 Bayes 估计的思想方法是一样的，即假定对研究的对象已经有一定的认识，这种认识常用先验概率来描述。当取得一个样本后，就可以用样本来修正已有的先验概率分布，得出后验概率分布，再通过后验概率分布进行各种统计推断。

1. 误判概率与误判损失

设有两个总体 X_1 和 X_2，根据某一个判别规则，将实际上为 X_1 的个体判为 X_2 或者将实际上为 X_2 的个体判为 X_1 的概率就是误判概率，一个好的判别规则应该使误判概率最小。除此之外还有一个误判损失问题或者说误判产生的花费(Cost)问题，如把 X_1 的个体

误判到 X_2 的损失比 X_2 的个体误判到 X_1 严重得多,则人们在作前一种判断时就要特别谨慎。例如在药品检验中,把有毒的样品判为无毒的后果比把无毒样品判为有毒严重得多,因此一个好的判别规则还必须使误判损失最小。

为了说明问题,仍以两个总体的情况来讨论。设所考虑的两个总体 X_1 与 X_2 分别具有密度函数 $f_1(\boldsymbol{x})$ 与 $f_2(\boldsymbol{x})$,其中 $\boldsymbol{x}$ 为 p 维向量。记 Ω 为 $\boldsymbol{x}$ 的所有可能观测值的全体,称它为样本空间,R_1 为根据我们的规则要判为 X_1 的那些 $\boldsymbol{x}$ 的全体,而 $R_2=\Omega-R_1$ 是要判为 X_2 的那些 $\boldsymbol{x}$ 的全体。显然 R_1 与 R_2 互斥完备。某样本实际是来自 X_1,但被判为 X_2 的概率为

$$P(2 \mid 1) = P(\boldsymbol{x} \in R_2 \mid X_1) = \int_{R_2}\cdots\int f_1(\boldsymbol{x})\,\mathrm{d}x,$$

来自 X_2,但被判为 X_1 的概率为

$$P(1 \mid 2) = P(\boldsymbol{x} \in R_1 \mid X_2) = \int_{R_1}\cdots\int f_2(\boldsymbol{x})\,\mathrm{d}x。$$

类似地,来自 X_1 被判为 X_1 的概率,来自 X_2 被判为 X_2 的概率分别为

$$P(1 \mid 1) = P(\boldsymbol{x} \in R_1 \mid X_1) = \int_{R_1}\cdots\int f_1(\boldsymbol{x})\,\mathrm{d}x,$$

$$P(2 \mid 2) = P(\boldsymbol{x} \in R_2 \mid X_2) = \int_{R_2}\cdots\int f_2(\boldsymbol{x})\,\mathrm{d}x。$$

又设 p_1,p_2 分别表示总体 X_1 和 X_2 的先验概率,且 $p_1+p_2=1$,于是

P(正确地判为 X_1) $=P$(来自 X_1,被判为 X_1) $=P(\boldsymbol{x}\in R_1|X_1)\cdot P(X_1)=P(1|1)\cdot p_1$,

P(误判到 X_1) $=P$(来自 X_2,被判为 X_1) $=P(\boldsymbol{x}\in R_1|X_2)\cdot P(X_2)=P(1|2)\cdot p_2$。

类似地,有

$$P(\text{正确地判为 }X_2) = P(2 \mid 2)\cdot p_2,$$

$$P(\text{误判到 }X_2) = P(2 \mid 1)\cdot p_1。$$

设 $L(1|2)$ 表示来自 X_2 误判为 X_1 引起的损失,$L(2|1)$ 表示来自 X_1 误判为 X_2 引起的损失,并规定 $L(1|1)=L(2|2)=0$。

将上述的误判概率与误判损失结合起来,定义平均误判损失(Expected Cost of Misclassification,ECM)如下:

$$\mathrm{ECM}(R_1,R_2) = L(2 \mid 1)P(2 \mid 1)p_1 + L(1 \mid 2)P(1 \mid 2)p_2, \tag{10.35}$$

一个合理的判别规则应使 ECM 达到极小。

2. 两总体的 Bayes 判别

由上面叙述,要选择样本空间 Ω 的一个划分 R_1 和 $R_2=\Omega-R_1$ 使得平均损失式(10.35)达到极小。

定理 10.3 极小化平均误判损失式(10.35)的区域 R_1 和 R_2 为

$$R_1 = \left\{\boldsymbol{x}:\frac{f_1(\boldsymbol{x})}{f_2(\boldsymbol{x})} \geqslant \frac{L(1 \mid 2)}{L(2 \mid 1)}\cdot\frac{p_2}{p_1}\right\},$$

$$R_2 = \left\{ \boldsymbol{x}: \frac{f_1(\boldsymbol{x})}{f_2(\boldsymbol{x})} < \frac{L(1 \mid 2)}{L(2 \mid 1)} \cdot \frac{p_2}{p_1} \right\}。$$

注：当 $\frac{f_1(\boldsymbol{x})}{f_2(\boldsymbol{x})} = \frac{L(1|2)}{L(2|1)} \cdot \frac{p_2}{p_1}$ 时，即 $\boldsymbol{x}$ 为边界点，它可归入 R_1, R_2 的任何一个，为了方便就将它归入 R_1。

由上述定理，得到两总体的 Bayes 判别准则：

$$\begin{cases} \boldsymbol{x} \in X_1, 当 \boldsymbol{x} 使得 \frac{f_1(\boldsymbol{x})}{f_2(\boldsymbol{x})} \geqslant \frac{L(1 \mid 2)}{L(2 \mid 1)} \cdot \frac{p_2}{p_1}, \\ \boldsymbol{x} \in X_2, 当 \boldsymbol{x} 使得 \frac{f_1(\boldsymbol{x})}{f_2(\boldsymbol{x})} < \frac{L(1 \mid 2)}{L(2 \mid 1)} \cdot \frac{p_2}{p_1}。 \end{cases} \tag{10.36}$$

应用此准则时仅需要计算：

(1) 新样本点 $\boldsymbol{x}_0 = [x_{01}, x_{02}, \cdots, x_{0p}]^{\mathrm{T}}$ 的密度函数比 $f_1(\boldsymbol{x}_0)/f_2(\boldsymbol{x}_0)$。

(2) 损失比 $L(1|2)/L(2|1)$。

(3) 先验概率比 p_2/p_1。

损失和先验概率以比值的形式出现是很重要的，因为确定两种损失的比值（或两总体的先验概率的比值）往往比确定损失本身（或先验概率本身）来得容易。下面列举式(10.36)的三种特殊情况。

(1) 当 $p_2/p_1 = 1$ 时，有

$$\begin{cases} \boldsymbol{x} \in X_1, 当 \boldsymbol{x} 使得 \frac{f_1(\boldsymbol{x})}{f_2(\boldsymbol{x})} \geqslant \frac{L(1 \mid 2)}{L(2 \mid 1)}, \\ \boldsymbol{x} \in X_2, 当 \boldsymbol{x} 使得 \frac{f_1(\boldsymbol{x})}{f_2(\boldsymbol{x})} < \frac{L(1 \mid 2)}{L(2 \mid 1)}。 \end{cases} \tag{10.37}$$

(2) 当 $L(1|2)/L(2|1) = 1$ 时，有

$$\begin{cases} \boldsymbol{x} \in X_1, 当 \boldsymbol{x} 使得 \frac{f_1(\boldsymbol{x})}{f_2(\boldsymbol{x})} \geqslant \frac{p_2}{p_1}, \\ \boldsymbol{x} \in X_2, 当 \boldsymbol{x} 使得 \frac{f_1(\boldsymbol{x})}{f_2(\boldsymbol{x})} < \frac{p_2}{p_1}。 \end{cases} \tag{10.38}$$

(3) 当 $p_1/p_2 = L(1|2)/L(2|1) = 1$ 时，有

$$\begin{cases} \boldsymbol{x} \in X_1, 当 \boldsymbol{x} 使得 \frac{f_1(\boldsymbol{x})}{f_2(\boldsymbol{x})} \geqslant 1, \\ \boldsymbol{x} \in X_2, 当 \boldsymbol{x} 使得 \frac{f_1(\boldsymbol{x})}{f_2(\boldsymbol{x})} < 1。 \end{cases} \tag{10.39}$$

对于具体问题，如果先验概率或者其比值都难以确定，此时就利用规则式(10.37)；同样，如误判损失或者其比值都是难以确定，此时就利用规则式(10.38)；如果上述两者都难以确定则利用规则式(10.39)，最后这种情况是一种无可奈何的办法，当然判别也变得很简单，若 $f_1(\boldsymbol{x}) \geqslant f_2(\boldsymbol{x})$，则判 $\boldsymbol{x} \in X_1$，否则判 $\boldsymbol{x} \in X_2$。

将上述的两总体 Bayes 判别应用于正态总体 $X_i \sim N_p(\boldsymbol{\mu}_i, \boldsymbol{\Sigma}_i)(i=1,2)$，分两种情况讨论。

(1) $\boldsymbol{\Sigma}_1 = \boldsymbol{\Sigma}_2 = \boldsymbol{\Sigma}, \boldsymbol{\Sigma} > 0$，此时 X_i 的密度为

$$f_i(\boldsymbol{x}) = (2\pi)^{-p/2} |\boldsymbol{\Sigma}|^{-1/2} \exp\left[-\frac{1}{2}(\boldsymbol{x}-\boldsymbol{\mu}_i)^{\mathrm{T}}\boldsymbol{\Sigma}^{-1}(\boldsymbol{x}-\boldsymbol{\mu}_i)\right]。\tag{10.40}$$

定理 10.4 设总体 $X_i \sim N_p(\boldsymbol{\mu}_i, \boldsymbol{\Sigma})(i=1,2)$，其中 $\boldsymbol{\Sigma} > 0$，则使平均误判损失极小的划分为

$$\begin{cases} R_1 = \{\boldsymbol{x}: W(\boldsymbol{x}) \geqslant \beta\}, \\ R_2 = \{\boldsymbol{x}: W(\boldsymbol{x}) < \beta\}, \end{cases}\tag{10.41}$$

式中

$$W(\boldsymbol{x}) = \left[\boldsymbol{x} - \frac{1}{2}(\boldsymbol{\mu}_1 + \boldsymbol{\mu}_2)\right]^{\mathrm{T}}\boldsymbol{\Sigma}^{-1}(\boldsymbol{\mu}_1 - \boldsymbol{\mu}_2),\tag{10.42}$$

$$\beta = \ln\frac{L(1|2)\cdot p_2}{L(2|1)\cdot p_1}。\tag{10.43}$$

不难发现式(10.42)的 $W(\boldsymbol{x})$ 与 Fisher 判别和马氏距离判别的线性判别函数式(10.34)、式(10.30)是一致的。判别规则也只是判别限不一样。

如果总体的 $\boldsymbol{\mu}_1, \boldsymbol{\mu}_2$ 和 $\boldsymbol{\Sigma}$ 未知，用式(10.31)和式(10.32)，算出总体样本的 $\hat{\boldsymbol{\mu}}_1, \hat{\boldsymbol{\mu}}_2$ 和 $\hat{\boldsymbol{\Sigma}}$，来代替 $\boldsymbol{\mu}_1, \boldsymbol{\mu}_2$ 和 $\boldsymbol{\Sigma}$，得到的判别函数

$$W(\boldsymbol{x}) = \left[\boldsymbol{x} - \frac{1}{2}(\hat{\boldsymbol{\mu}}_1 + \hat{\boldsymbol{\mu}}_2)\right]^{\mathrm{T}}\hat{\boldsymbol{\Sigma}}^{-1}(\hat{\boldsymbol{\mu}}_1 - \hat{\boldsymbol{\mu}}_2)\tag{10.44}$$

称为 Anderson 线性判别函数，判别的规则为

$$\begin{cases} \boldsymbol{x} \in X_1, \text{当 } \boldsymbol{x} \text{ 使得 } W(\boldsymbol{x}) \geqslant \beta, \\ \boldsymbol{x} \in X_2, \text{当 } \boldsymbol{x} \text{ 使得 } W(\boldsymbol{x}) < \beta, \end{cases}\tag{10.45}$$

式中：β 由式(10.43)所决定。

这里应该指出，总体参数用其估计来代替，所得到的规则，仅仅只是最优（在平均误判损失达到极小的意义下）规则的一个估计，这时对于一个具体问题来讲，并没有把握说所得到的规则能够使平均误判损失达到最小，但当样本的容量充分大时，估计 $\hat{\boldsymbol{\mu}}_1, \hat{\boldsymbol{\mu}}_2, \hat{\boldsymbol{\Sigma}}$ 分别和 $\boldsymbol{\mu}_1, \boldsymbol{\mu}_2, \boldsymbol{\Sigma}$ 很接近，因此有理由认为"样本"判别规则的性质会很好。

(2) $\boldsymbol{\Sigma}_1 \neq \boldsymbol{\Sigma}_2(\boldsymbol{\Sigma}_1 > 0, \boldsymbol{\Sigma}_2 > 0)$。由于误判损失极小化的划分依赖于密度函数之比 $f_1(\boldsymbol{x})/f_2(\boldsymbol{x})$ 或等价于它的对数 $\ln[f_1(\boldsymbol{x})/f_2(\boldsymbol{x})]$，把协方差矩阵不等的两个多元正态密度代入这个比值后，包含 $|\boldsymbol{\Sigma}_i|^{1/2}(i=1,2)$ 的因子不能消去，而且 $f_i(\boldsymbol{x})$ 的指数部分也不能组合成简单表达式，因此，$\boldsymbol{\Sigma}_1 \neq \boldsymbol{\Sigma}_2$ 时，由定理 10.3 可得判别区域

$$\begin{cases} R_1 = \{\boldsymbol{x}: W(\boldsymbol{x}) \geqslant K\}, \\ R_2 = \{\boldsymbol{x}: W(\boldsymbol{x}) < K\}, \end{cases}\tag{10.46}$$

式中

$$W(\boldsymbol{x}) = -\frac{1}{2}\boldsymbol{x}^{\mathrm{T}}(\boldsymbol{\Sigma}_1^{-1} - \boldsymbol{\Sigma}_2^{-1})\boldsymbol{x} + (\boldsymbol{\mu}_1^{\mathrm{T}}\boldsymbol{\Sigma}_1^{-1} - \boldsymbol{\mu}_2^{\mathrm{T}}\boldsymbol{\Sigma}_2^{-1})\boldsymbol{x},\tag{10.47}$$

$$K = \ln\left(\frac{L(1 \mid 2)p_2}{L(2 \mid 1)p_1}\right) + \frac{1}{2}\ln\frac{|\boldsymbol{\Sigma}_1|}{|\boldsymbol{\Sigma}_2|} + \frac{1}{2}(\boldsymbol{\mu}_1^{\mathrm{T}}\boldsymbol{\Sigma}_1^{-1}\boldsymbol{\mu}_1 - \boldsymbol{\mu}_2^{\mathrm{T}}\boldsymbol{\Sigma}_2^{-1}\boldsymbol{\mu}_2)。 \quad (10.48)$$

显然,判别函数 $W(\boldsymbol{x})$ 是关于 $\boldsymbol{x}$ 的二次函数,它比 $\boldsymbol{\Sigma}_1 = \boldsymbol{\Sigma}_2$ 时的情况复杂得多。如果 $\boldsymbol{\mu}_i, \boldsymbol{\Sigma}_i$ $(i=1,2)$ 未知,仍可采用其估计来代替。

例 10.15 表 10.24 是某气象站预报有无春旱的实际资料,x_1 与 x_2 都是综合预报因子(气象含义从略),有春旱的是 6 个年份的资料,无春旱的是 8 个年份的资料,它们的先验概率分别用 6/14 和 8/14 来估计,并设误判损失相等,试建立 Anderson 线性判别函数。

表 10.24 某气象站有无春旱的资料

序号		1	2	3	4	5	6	7	8
有春旱	x_1	24.8	24.1	26.6	23.5	25.5	27.4		
	x_2	−2.0	−2.4	−3.0	−1.9	−2.1	−3.1		
	$W(x_1,x_2)$	3.0156	2.8796	10.0929	−0.0322	4.8098	12.0960		
无春旱	x_1	22.1	21.6	22.0	22.8	22.7	21.5	22.1	21.4
	x_2	−0.7	−1.4	−0.8	−1.6	−1.5	−1.0	−1.2	−1.3
	$W(x_1,x_2)$	−6.9371	−5.6602	−6.8144	−2.4897	−3.0303	−7.1958	−5.2789	−6.4097

由表 10.24 的数据计算,得

$$\hat{\boldsymbol{\mu}}_1 = [25.3167, \quad -2.4167]^{\mathrm{T}}, \hat{\boldsymbol{\mu}}_2 = [22.0250, \quad -1.1875]^{\mathrm{T}},$$

$$\hat{\boldsymbol{\Sigma}} = \begin{bmatrix} 1.0819 & -0.3109 \\ -0.3109 & 0.1748 \end{bmatrix}, \beta = \ln\frac{p_2}{p_1} = 0.288。$$

将上述计算结果代入 Anderson 线性判别函数,得

$$W(\boldsymbol{x}) = W(x_1, x_2) = 2.0893x_1 - 3.3165x_2 - 55.4331。$$

判别限为 0.288,将表 10.23 的数据代入 $W(\boldsymbol{x})$,计算的结果填在表 10.24 中 $W(x_1,x_2)$ 相应的栏目中,错判的只有一个,即春旱中的第 4 号,与历史资料的拟合率达 93%。

计算的 Matlab 程序如下:

```
clc,clear
a=[24.8  24.1  26.6 23.5  25.5 27.4
 -2.0 -2.4   -3.0   -1.9   -2.1   -3.1]';
b=[22.1 21.6  22.0 22.8  22.7  21.5  22.1  21.4
-0.7   -1.4   -0.8   -1.6   -1.5   -1.0   -1.2   -1.3]';
n1=6;n2=8;
mu1=mean(a),mu2=mean(b) % 计算两个总体样本的均值向量,注意得到的是行向量
sig1=cov(a);sig2=cov(b); % 计算两个总体样本的协方差矩阵
sig=((n1-1)*sig1+(n2-1)*sig2)/(n1+n2-2) % 计算两总体公共协方差阵的估计
beta=log(8/6)
syms x1 x2
x=[x1 x2];
wx=(x-0.5*(mu1+mu2))*inv(sig)*(mu1-mu2)'; % 构造判别函数
```

```
wx = vpa(wx,6) % 显示判别函数
ahat = subs(wx,{x1,x2},{a(:,1),a(:,2)})'; % 计算总体1样本的判别函数值
bhat = subs(wx,{x1,x2},{b(:,1),b(:,2)})'; % 计算总体2样本的判别函数值
ahat = vpa(ahat,6),bhat = vpa(bhat,6) % 显示6位数字的符号数
sol1 = (ahat > beta), sol2 = (bhat < beta) % 回代,计算误判
```

回代结果是春旱中有一个样本点误判。

下面编写 $\boldsymbol{\Sigma}_1 \neq \boldsymbol{\Sigma}_2$ 情形下的 Matlab 程序:

```
clc,clear
p1 =6/14;p2 =8/14;
a = [24.8   24.1   26.6  23.5   25.5  27.4
-2.0   -2.4   -3.0   -1.9   -2.1   -3.1]';
b = [22.1  21.6   22.0  22.8   22.7  21.5   22.1   21.4
-0.7   -1.4   -0.8   -1.6   -1.5   -1.0   -1.2   -1.3]';
n1 =6;n2 =8;
mu1 = mean(a),mu2 = mean(b) % 计算两个总体样本的均值向量,注意得到的是行向量
cov1 = cov(a);cov2 = cov(b); % 计算两个总体样本的协方差矩阵
k = log(p2/p1) +0.5 * log(det(cov1)/det(cov2)) + ...
    0.5 * (mu1 * inv(cov1) * mu1' - mu2 * inv(cov2) * mu2') % 计算 K 值
syms x1 x2
x = [x1 x2];
wx = -0.5 * x * (inv(cov1) - inv(cov2)) * x.' + (mu1 * inv(cov1) - mu2 * inv(cov2))
* x.';
wx = simplify(wx); % 化简判别函数
wx = vpa(wx,6);
ahat = subs(wx,{x1,x2},{a(:,1),a(:,2)})'; % 计算总体1样本的判别函数值
bhat = subs(wx,{x1,x2},{b(:,1),b(:,2)})'; % 计算总体2样本的判别函数值
ahat = vpa(ahat,6),bhat = vpa(bhat,6) % 显示6位数字的符号数
sol1 = (ahat > = k),sol2 = (bhat < k) % 回代,计算误判
```

分类正确率为100%。

或者直接利用 Matlab 工具箱中的分类函数 classify 用其他方法进行分类,程序如下:

```
clc,clear
p1 =6/14;p2 =8/14;
a = [24.8   24.1   26.6  23.5   25.5  27.4
-2.0   -2.4   -3.0   -1.9   -2.1   -3.1]';
b = [22.1  21.6   22.0  22.8   22.7  21.5   22.1   21.4
-0.7   -1.4   -0.8   -1.6   -1.5   -1.0   -1.2   -1.3]';
n1 =6;n2 =8;
train = [a;b]; % train 为已知样本
group = [ones(n1,1);2 * ones(n2,1)]; % 已知样本类别标识
prior = [p1; p2]; % 已知样本的先验概率
sample = train; % sample 一般为未知样本,这里是准备回代检验误判
[x1,y1] = classify(sample,train,group,'linear',prior) % 线性分类
```

```
[x2,y2] = classify(sample,train,group,'quadratic',prior) % 二次分类
% 函数 classify 的第二个返回值为误判率
```

计算结果是,线性判别的误判率是 7.14%,二次判别的误判率为 0。

10.4.4 应用举例

例 10.16 某种产品的生产厂家有 12 家,其中 7 家的产品受消费者欢迎,属于畅销品,定义为 1 类;5 家的产品不大受消费者欢迎,属于滞销品,定义为 2 类。将 12 家的产品的式样,包装和耐久性进行了评估后,得分资料见表 10.25。

表 10.25 生产厂家的数据

厂家	1	2	3	4	5	6	7	8	9	10	11	12	13	14	15
式样	9	7	8	8	9	8	7	4	3	6	2	1	6	8	2
包装	8	6	7	5	9	9	5	4	6	3	4	2	4	1	4
耐久性	7	6	8	5	3	7	6	4	6	3	5	2	5	3	5
类别	1	1	1	1	1	1	1	2	2	2	2	2	待判	待判	待判

今有 3 家新的厂家,得分分别为[6,4,5],[8,1,3],[2,4,5],试对 3 个新厂家进行分类。

利用如下的 Matlab 程序:

```
clc,clear
a = [9 7 8 8 9 8 7 4 3 6 2 1 6 8 2
   8 6 7 5 9 9 5 4 6 3 4 2 4 1 4
   7 6 8 5 3 7 6 4 6 3 5 2 5 3 5];
train = a(:,[1:12])';  % 提出已知样本点数据,这里进行了矩阵转置
sample = a(:,[13:end])'; % 提出待判样本点数据
group = [ones(7,1);2 * ones(5,1)];  % 已知样本的分类
[x1,y1] = classify(sample,train,group,'mahalanobis') % 马氏距离分类
[x2,y2] = classify(sample,train,group,'linear') % 线性分类
[x3,y3] = classify(sample,train,group,'quadratic') % 二次分类
% 函数 classify 的第二个返回值为误判率
```

求得利用马氏距离、线性分类和二次分类方法都把厂家 1,2 分在第 1 类,厂家 3 分在第 2 类。误判率都为 0。

10.5 典型相关分析

10.5.1 典型相关分析(Canonical Correlation Analysis)的基本思想

通常情况下,为了研究两组变量

$$[x_1, x_2, \cdots, x_p], [y_1, y_2, \cdots, y_q]$$

的相关关系,可以用最原始的方法,分别计算两组变量之间的全部相关系数,一共有 pq 个简单相关系数,这样既繁琐又不能抓住问题的本质。如果能够采用类似于主成分的思想,分别找出两组变量的各自的某个线性组合,讨论线性组合之间的相关关系,则更简捷。

首先分别在每组变量中找出第一对线性组合,使其具有最大相关性,即

$$\begin{cases} u_1 = \alpha_{11}x_1 + \alpha_{21}x_2 + \cdots + \alpha_{p1}x_p, \\ v_1 = \beta_{11}y_1 + \beta_{21}y_2 + \cdots + \beta_{q1}y_q。 \end{cases}$$

然后在每组变量中找出第二对线性组合,使其分别与本组内的第一对线性组合不相关,第二对线性组合本身具有次大的相关性,有

$$\begin{cases} u_2 = \alpha_{12}x_1 + \alpha_{22}x_2 + \cdots + \alpha_{p2}x_p, \\ v_2 = \beta_{12}y_1 + \beta_{22}y_2 + \cdots + \beta_{q2}y_q。 \end{cases}$$

u_2 与 u_1、v_2 与 v_1 不相关,但 u_2 和 v_2 相关。如此继续下去,直至进行到 r 步,两组变量的相关性被提取完为止,可以得到 r 组变量,这里 $r \leqslant \min(p,q)$。

10.5.2 典型相关的数学描述

研究两组随机变量之间的相关关系,可用复相关系数(也称全相关系数)。1936 年 Hotelling 将简单相关系数推广到多个随机变量与多个随机变量之间的相关关系的讨论中,提出了典型相关分析。

实际问题中,需要考虑两组变量之间的相关关系的问题很多,例如,考虑几种主要产品的价格(作为第一组变量)和相应这些产品的销售量(作为第二组变量)之间的相关关系;考虑投资性变量(如劳动者人数、货物周转量、生产建设投资等)与国民收入变量(如工农业国民收入、运输业国民收入、建筑业国民收入等)之间的相关关系等。

复相关系数描述两组随机变量 $\boldsymbol{X}=[x_1,x_2,\cdots,x_p]^{\mathrm{T}}$ 与 $\boldsymbol{Y}=[y_1,y_2,\cdots,y_p]^{\mathrm{T}}$ 之间的相关程度。其思想是先将每一组随机变量作线性组合,成为两个随机变量

$$\boldsymbol{u} = \boldsymbol{\rho}^{\mathrm{T}}\boldsymbol{X} = \sum_{i=1}^{p}\rho_i x_i, \boldsymbol{v} = \boldsymbol{\gamma}^{\mathrm{T}}\boldsymbol{Y} = \sum_{j=1}^{q}\gamma_j y_j, \tag{10.49}$$

再研究 $\boldsymbol{u}$ 与 $\boldsymbol{v}$ 的相关系数。由于 $\boldsymbol{u},\boldsymbol{v}$ 与投影向量 $\boldsymbol{\rho},\boldsymbol{\gamma}$ 有关,所以 r_{uv} 与 $\boldsymbol{\rho},\boldsymbol{\gamma}$ 有关,$r_{uv}=r_{uv}(\boldsymbol{\rho},\boldsymbol{\gamma})$。取在 $\boldsymbol{\rho}^{\mathrm{T}}\boldsymbol{\Sigma}_{XX}\boldsymbol{\rho}=1$ 和 $\boldsymbol{\gamma}^{\mathrm{T}}\boldsymbol{\Sigma}_{YY}\boldsymbol{\gamma}=1$ 的条件下使 r_{uv} 达到最大的 $\boldsymbol{\rho},\boldsymbol{\gamma}$ 作为投影向量,这样得到的相关系数为复相关系数

$$r_{uv} = \max_{\substack{\boldsymbol{\rho}^{\mathrm{T}}\boldsymbol{\Sigma}_{XX}\boldsymbol{\rho}=1 \\ \boldsymbol{\gamma}^{\mathrm{T}}\boldsymbol{\Sigma}_{YY}\boldsymbol{\gamma}=1}} r_{uv}(\boldsymbol{\rho},\boldsymbol{\gamma})。 \tag{10.50}$$

将两组变量的协方差矩阵分块得

$$\mathrm{Cov}\begin{bmatrix}\boldsymbol{X}\\ \boldsymbol{Y}\end{bmatrix} = \begin{bmatrix}\mathrm{Var}(\boldsymbol{X}) & \mathrm{Cov}(\boldsymbol{X},\boldsymbol{Y}) \\ \mathrm{Cov}(\boldsymbol{Y},\boldsymbol{X}) & \mathrm{Var}(\boldsymbol{Y})\end{bmatrix} = \begin{bmatrix}\boldsymbol{\Sigma}_{XX} & \boldsymbol{\Sigma}_{XY} \\ \boldsymbol{\Sigma}_{YX} & \boldsymbol{\Sigma}_{YY}\end{bmatrix}, \tag{10.51}$$

此时

$$r_{uv} = \frac{\mathrm{Cov}(\boldsymbol{\rho}^{\mathrm{T}}\boldsymbol{X},\boldsymbol{\gamma}^{\mathrm{T}}\boldsymbol{Y})}{\sqrt{D(\boldsymbol{\rho}^{\mathrm{T}}\boldsymbol{X})}\ \sqrt{D(\boldsymbol{\gamma}^{\mathrm{T}}\boldsymbol{Y})}} = \frac{\boldsymbol{\rho}^{\mathrm{T}}\boldsymbol{\Sigma}_{XY}\boldsymbol{\gamma}}{\sqrt{\boldsymbol{\rho}^{\mathrm{T}}\boldsymbol{\Sigma}_{XX}\boldsymbol{\rho}}\ \sqrt{\boldsymbol{\gamma}^{\mathrm{T}}\boldsymbol{\Sigma}_{YY}\boldsymbol{\gamma}}} = \boldsymbol{\rho}^{\mathrm{T}}\boldsymbol{\Sigma}_{XY}\boldsymbol{\gamma}, \tag{10.52}$$

因此问题转化为在 $\boldsymbol{\rho}^{\mathrm{T}}\boldsymbol{\Sigma}_{XX}\boldsymbol{\rho}=1$ 和 $\boldsymbol{\gamma}^{\mathrm{T}}\boldsymbol{\Sigma}_{YY}\boldsymbol{\gamma}=1$ 的条件下求 $\boldsymbol{\rho}^{\mathrm{T}}\boldsymbol{\Sigma}_{XY}\boldsymbol{\gamma}$ 的极大值。

根据条件极值的求法引入拉格朗日乘数,可将问题转化为求

$$S(\boldsymbol{\rho},\boldsymbol{\gamma}) = \boldsymbol{\rho}^{\mathrm{T}}\boldsymbol{\Sigma}_{XY}\boldsymbol{\gamma} - \frac{\lambda}{2}(\boldsymbol{\rho}^{\mathrm{T}}\boldsymbol{\Sigma}_{XX}\boldsymbol{\rho}-1) - \frac{\omega}{2}(\boldsymbol{\gamma}^{\mathrm{T}}\boldsymbol{\Sigma}_{YY}\boldsymbol{\gamma}-1) \tag{10.53}$$

的极大值,其中 λ,ω 是拉格朗日乘数。

由极值的必要条件得方程组

$$\begin{cases}\dfrac{\partial S}{\partial \boldsymbol{\rho}}=\boldsymbol{\Sigma}_{XY}\boldsymbol{\gamma}-\lambda\boldsymbol{\Sigma}_{XX}\boldsymbol{\rho}=0,\\ \dfrac{\partial S}{\partial \boldsymbol{\gamma}}=\boldsymbol{\Sigma}_{YX}\boldsymbol{\rho}-\omega\boldsymbol{\Sigma}_{YY}\boldsymbol{\gamma}=0,\end{cases}\tag{10.54}$$

将上二式分别左乘 $\boldsymbol{\rho}^{\mathrm{T}}$ 与 $\boldsymbol{\gamma}^{\mathrm{T}}$,得

$$\begin{cases}\boldsymbol{\rho}^{\mathrm{T}}\boldsymbol{\Sigma}_{XY}\boldsymbol{\gamma}=\lambda\boldsymbol{\rho}^{\mathrm{T}}\boldsymbol{\Sigma}_{XX}\boldsymbol{\rho}=\lambda,\\ \boldsymbol{\gamma}^{\mathrm{T}}\boldsymbol{\Sigma}_{YX}\boldsymbol{\rho}=\omega\boldsymbol{\gamma}^{\mathrm{T}}\boldsymbol{\Sigma}_{YY}\boldsymbol{\gamma}=\omega,\end{cases}\tag{10.55}$$

注意 $\boldsymbol{\Sigma}_{XY}=\boldsymbol{\Sigma}_{YX}^{\mathrm{T}}$,所以

$$\lambda=\omega=\boldsymbol{\rho}^{\mathrm{T}}\boldsymbol{\Sigma}_{XY}\boldsymbol{\gamma},\tag{10.56}$$

代入方程组(10.54),得

$$\begin{cases}\boldsymbol{\Sigma}_{XY}\boldsymbol{\gamma}-\lambda\boldsymbol{\Sigma}_{XX}\boldsymbol{\rho}=0,\\ \boldsymbol{\Sigma}_{YX}\boldsymbol{\rho}-\lambda\Sigma_{YY}\boldsymbol{\gamma}=0,\end{cases}\tag{10.57}$$

以 $\boldsymbol{\Sigma}_{YY}^{-1}$ 左乘方程组(10.57)第二式,得 $\lambda\boldsymbol{\gamma}=\boldsymbol{\Sigma}_{YY}^{-1}\boldsymbol{\Sigma}_{YX}\boldsymbol{\rho}$,所以

$$\boldsymbol{\gamma}=\frac{1}{\lambda}\boldsymbol{\Sigma}_{YY}^{-1}\boldsymbol{\Sigma}_{YX}\boldsymbol{\rho},$$

代入方程组(10.57)第一式,得

$$(\boldsymbol{\Sigma}_{XY}\boldsymbol{\Sigma}_{YY}^{-1}\boldsymbol{\Sigma}_{YX}-\lambda^2\boldsymbol{\Sigma}_{XX})\boldsymbol{\rho}=0。\tag{10.58}$$

同理,得

$$(\boldsymbol{\Sigma}_{YX}\boldsymbol{\Sigma}_{XX}^{-1}\boldsymbol{\Sigma}_{XY}-\lambda^2\boldsymbol{\Sigma}_{YY})\boldsymbol{\gamma}=0。\tag{10.59}$$

记

$$M_1=\boldsymbol{\Sigma}_{XX}^{-1}\boldsymbol{\Sigma}_{XY}\boldsymbol{\Sigma}_{YY}^{-1}\boldsymbol{\Sigma}_{YX},M_2=\boldsymbol{\Sigma}_{YY}^{-1}\boldsymbol{\Sigma}_{YX}\boldsymbol{\Sigma}_{XX}^{-1}\boldsymbol{\Sigma}_{XY},\tag{10.60}$$

得

$$M_1\boldsymbol{\rho}=\lambda^2\boldsymbol{\rho},M_2\boldsymbol{\gamma}=\lambda^2\boldsymbol{\gamma},\tag{10.61}$$

说明 λ^2 既是 M_1 又是 M_2 的特征根,$\boldsymbol{\rho},\boldsymbol{\gamma}$ 就是其相应于 M_1 和 M_2 的特征向量。M_1 和 M_2 的特征根非负,均在[0,1]上,非零特征根的个数等于 $\min(p,q)$,不妨设为 q。

设 $M_1\boldsymbol{\rho}=\lambda^2\boldsymbol{\rho}$ 的特征根排序为 $\lambda_1^2\geqslant\lambda_2^2\geqslant\cdots\geqslant\lambda_q^2$,其余 $p-q$ 个特征根为 0,称 $\lambda_1,\lambda_2,\cdots,\lambda_q$ 为典型相关系数。相应地,从 $M_1\boldsymbol{\rho}=\lambda^2\boldsymbol{\rho}$ 解出的特征向量为 $\boldsymbol{\rho}^{(1)},\cdots,\boldsymbol{\rho}^{(q)}$,从 $M_2\boldsymbol{\gamma}=\lambda^2\boldsymbol{\gamma}$ 解出的特征向量为 $\boldsymbol{\gamma}^{(1)},\cdots,\boldsymbol{\gamma}^{(q)}$,从而可得 q 对线性组合

$$u_i=\boldsymbol{\rho}^{(i)\mathrm{T}}\boldsymbol{X},v_i=\boldsymbol{\gamma}^{(i)\mathrm{T}}\boldsymbol{Y},i=1,2,\cdots,q,\tag{10.62}$$

称每一对变量为典型变量。求典型相关系数和典型变量归结为求 M_1 和 M_2 的特征根和特征向量。

还可以证明,当 $i\neq j$ 时,有

$$\mathrm{Cov}(u_i,u_j)=\mathrm{Cov}(\boldsymbol{\rho}^{(i)\mathrm{T}}\boldsymbol{X},\boldsymbol{\rho}^{(j)\mathrm{T}}\boldsymbol{X})=\boldsymbol{\rho}^{(i)\mathrm{T}}\boldsymbol{\Sigma}_{XX}\boldsymbol{\rho}^{(j)}=0,\tag{10.63}$$

$$\mathrm{Cov}(v_i,v_j)=\mathrm{Cov}(\boldsymbol{\gamma}^{(i)\mathrm{T}}\boldsymbol{Y},\boldsymbol{\gamma}^{(j)\mathrm{T}}\boldsymbol{Y})=\boldsymbol{\gamma}^{(i)\mathrm{T}}\boldsymbol{\Sigma}_{YY}\boldsymbol{\gamma}^{(j)}=0,\tag{10.64}$$

表示一切典型变量都是不相关的,并且其方差为1,即

$$\mathrm{Cov}(u_i,u_j) = \delta_{ij}, \tag{10.65}$$

$$\mathrm{Cov}(v_i,v_j) = \delta_{ij}, \tag{10.66}$$

式中

$$\delta_{ij} = \begin{cases} 1, i = j, \\ 0, i \neq j。\end{cases} \tag{10.67}$$

$\boldsymbol{X}$ 与 $\boldsymbol{Y}$ 的同一对典型变量 u_i 和 v_i 之间的相关系数为 λ_i,不同对的典型变量 u_i 和 $v_j(i \neq j)$ 之间不相关,也即协方差为0,即

$$\mathrm{Cov}(u_i,v_j) = \begin{cases} \lambda_i, i = j, \\ 0, i \neq j。\end{cases} \tag{10.68}$$

当总体的均值向量 $\boldsymbol{\mu}$ 和协差阵 $\boldsymbol{\Sigma}$ 未知时,无法求总体的典型相关系数和典型变量,因而需要给出样本的典型相关系数和典型变量。

设 $X_{(1)},\cdots,X_{(n)}$ 和 $Y_{(1)},\cdots,Y_{(n)}$ 为来自总体容量为 n 的样本,这时协方差阵的无偏估计为

$$\hat{\boldsymbol{\Sigma}}_{XX} = \frac{1}{n-1}\sum_{i=1}^{n}(X_{(i)} - \overline{X})(X_{(i)} - \overline{X})^{\mathrm{T}}, \tag{10.69}$$

$$\hat{\boldsymbol{\Sigma}}_{YY} = \frac{1}{n-1}\sum_{i=1}^{n}(Y_{(i)} - \overline{Y})(Y_{(i)} - \overline{Y})^{\mathrm{T}}, \tag{10.70}$$

$$\hat{\boldsymbol{\Sigma}}_{XY} = \hat{\boldsymbol{\Sigma}}_{YX}^{\mathrm{T}} = \frac{1}{n-1}\sum_{i=1}^{n}(X_{(i)} - \overline{X})(Y_{(i)} - \overline{Y})^{\mathrm{T}}, \tag{10.71}$$

式中:$\overline{X} = \frac{1}{n}\sum_{i=1}^{n}X_{(i)}$;$\overline{Y} = \frac{1}{n}\sum_{i=1}^{n}Y_{(i)}$。

用 $\hat{\boldsymbol{\Sigma}}$ 代替 $\boldsymbol{\Sigma}$ 并按式(10.60)和式(10.61)求出 $\hat{\lambda}_i$ 和 $\hat{\boldsymbol{\rho}}^{(i)}$,$\hat{\boldsymbol{\gamma}}^{(i)}$,称 $\hat{\lambda}_i$ 为样本典型相关系数,称 $\hat{u}_i = \hat{\boldsymbol{\rho}}^{(i)\mathrm{T}}\boldsymbol{X}$,$\hat{v}_i = \hat{\boldsymbol{\gamma}}^{(i)\mathrm{T}}\boldsymbol{Y}(i = 1,\cdots,q)$ 为样本的典型变量。

计算时也可从样本的相关系数矩阵出发求样本的典型相关系数和典型变量,将相关系数矩阵 $\boldsymbol{R}$ 取代协方差阵,计算过程是一样的。

如果复相关系数中的一个变量是一维的,那么也可以称为偏相关系数。偏相关系数是描述一个随机变量 y 与多个随机变量(一组随机变量)$\boldsymbol{X} = [x_1, x_2, \cdots, x_p]^{\mathrm{T}}$ 之间的关系。其思想是先将那一组随机变量作线性组合,成为一个随机变量

$$u = \boldsymbol{c}^{\mathrm{T}}\boldsymbol{X} = \sum_{i=1}^{p} c_i x_i, \tag{10.72}$$

再研究 y 与 u 的相关系数。由于 u 与投影向量 $\boldsymbol{c}$ 有关,所以 r_{yu} 与 $\boldsymbol{c}$ 有关,$r_{yu} = r_{yu}(\boldsymbol{c})$。我们取在 $\boldsymbol{c}^{\mathrm{T}}\boldsymbol{\Sigma}_{XX}\boldsymbol{c} = 1$ 的条件下使 r_{yu} 达到最大的 c 作为投影向量,得到的相关系数为偏相关系数

$$r_{yu} = \max_{\boldsymbol{c}^{\mathrm{T}}\boldsymbol{\Sigma}_{XX}\boldsymbol{c} = 1} r_{yu}(\boldsymbol{c})。 \tag{10.73}$$

其余推导、计算过程与复相关系数类似。

10.5.3 原始变量与典型变量之间的相关性

1. 原始变量与典型变量之间的相关系数

设原始变量相关系数矩阵

$$\boldsymbol{R} = \begin{bmatrix} R_{11} & R_{12} \\ R_{21} & R_{22} \end{bmatrix},$$

$\boldsymbol{X}$ 典型变量系数矩阵

$$\boldsymbol{\Lambda} = [\boldsymbol{\rho}^{(1)}, \ \boldsymbol{\rho}^{(2)}, \ \cdots, \ \boldsymbol{\rho}^{(s)}]_{p\times s} = \begin{bmatrix} \alpha_{11} & \alpha_{12} & \cdots & \alpha_{1s} \\ \alpha_{21} & \alpha_{22} & \cdots & \alpha_{2s} \\ \vdots & \vdots & \ddots & \vdots \\ \alpha_{p1} & \alpha_{p2} & \cdots & \alpha_{ps} \end{bmatrix},$$

$\boldsymbol{Y}$ 典型变量系数矩阵

$$\boldsymbol{\Gamma} = [\boldsymbol{\gamma}^{(1)}, \ \boldsymbol{\gamma}^{(2)}, \ \cdots, \ \boldsymbol{\gamma}^{(s)}]_{q\times s} = \begin{bmatrix} \beta_{11} & \beta_{12} & \cdots & \beta_{1s} \\ \beta_{21} & \beta_{22} & \cdots & \beta_{2s} \\ \vdots & \vdots & \ddots & \vdots \\ \beta_{q1} & \beta_{q2} & \cdots & \beta_{qs} \end{bmatrix},$$

则有

$$\mathrm{Cov}(x_i, u_j) = \mathrm{Cov}(x_i, \sum_{k=1}^{p} \alpha_{kj} x_k) = \sum_{k=1}^{p} \alpha_{kj} \mathrm{Cov}(x_i, x_k), j = 1, \cdots, s,$$

x_i 与 u_j 的相关系数

$$r(x_i, u_j) = \sum_{k=1}^{p} \alpha_{kj} \mathrm{Cov}(x_i, x_k) / \sqrt{D(x_i)}, j = 1, \cdots, s。$$

同理,得

$$r(x_i, v_j) = \sum_{k=1}^{q} \beta_{kj} \mathrm{Cov}(x_i, y_k) / \sqrt{D(x_i)}, j = 1, \cdots, s,$$

$$r(y_i, u_j) = \sum_{k=1}^{p} \alpha_{kj} \mathrm{Cov}(y_i, x_k) / \sqrt{D(y_i)}, j = 1, \cdots, s,$$

$$r(y_i, v_j) = \sum_{k=1}^{q} \beta_{kj} \mathrm{Cov}(y_i, y_k) / \sqrt{D(y_i)}, j = 1, \cdots, s。$$

2. 各组原始变量被典型变量所解释的方差

$\boldsymbol{X}$ 组原始变量被 u_i 解释的方差比例为

$$m_{u_i} = \sum_{k=1}^{p} r^2(u_i, x_k) / p。$$

$\boldsymbol{X}$ 组原始变量被 v_i 解释的方差比例为

$$m_{v_i} = \sum_{k=1}^{p} r^2(v_i, x_k) / p。$$

$\boldsymbol{Y}$ 组原始变量被 u_i 解释的方差比例为

$$n_{u_i} = \sum_{k=1}^{q} r^2(u_i, y_k)/q。$$

$\boldsymbol{Y}$ 组原始变量被 v_i 解释的方差比例为

$$n_{v_i} = \sum_{k=1}^{q} r^2(v_i, y_k)/q。$$

10.5.4 典型相关系数的检验

在实际应用中,总体的协方差矩阵常常是未知的,类似于其他的统计分析方法,需要从总体中抽出一个样本,根据样本对总体的协方差或相关系数矩阵进行估计,然后利用估计得到的协方差或相关系数矩阵进行分析。由于估计中抽样误差的存在,所以估计以后还需要进行有关的假设检验。

1. 计算样本的协方差阵

假设有 $\boldsymbol{X}$ 组和 $\boldsymbol{Y}$ 组变量,样本容量为 n,观测值矩阵为

$$\begin{bmatrix} a_{11} & \cdots & a_{1p} & b_{11} & \cdots & b_{1q} \\ a_{21} & \cdots & a_{2p} & b_{21} & \cdots & b_{2p} \\ \vdots & \ddots & \vdots & \vdots & \ddots & \vdots \\ a_{n1} & \cdots & a_{np} & b_{n1} & \cdots & b_{nq} \end{bmatrix}_{n\times(p+q)},$$

对应的标准化数据矩阵为

$$\boldsymbol{C} = \begin{bmatrix} \dfrac{a_{11}-\bar{x}_1}{\sigma_x^1} & \cdots & \dfrac{a_{1p}-\bar{x}_p}{\sigma_x^p} & \dfrac{b_{11}-\bar{y}_1}{\sigma_y^1} & \cdots & \dfrac{b_{1q}-\bar{y}_q}{\sigma_y^q} \\ \dfrac{a_{21}-\bar{x}_1}{\sigma_x^1} & \cdots & \dfrac{a_{2p}-\bar{x}_p}{\sigma_x^p} & \dfrac{b_{21}-\bar{y}_1}{\sigma_y^1} & \cdots & \dfrac{b_{2q}-\bar{y}_q}{\sigma_y^q} \\ \vdots & \ddots & \vdots & \vdots & \ddots & \vdots \\ \dfrac{a_{n1}-\bar{x}_1}{\sigma_x^1} & \cdots & \dfrac{a_{np}-\bar{x}_p}{\sigma_x^p} & \dfrac{b_{n1}-\bar{y}_1}{\sigma_y^1} & \cdots & \dfrac{b_{nq}-\bar{y}_q}{\sigma_y^q} \end{bmatrix}_{n\times(p+q)},$$

样本的协方差

$$\hat{\boldsymbol{\Sigma}} = \frac{1}{n-1}\boldsymbol{C}^{\mathrm{T}}\boldsymbol{C} = \begin{bmatrix} \hat{\boldsymbol{\Sigma}}_{XX} & \hat{\boldsymbol{\Sigma}}_{XY} \\ \hat{\boldsymbol{\Sigma}}_{YX} & \hat{\boldsymbol{\Sigma}}_{YY} \end{bmatrix}。$$

2. 整体检验($H_0:\boldsymbol{\Sigma}_{XY}=0;H_1:\boldsymbol{\Sigma}_{XY}\neq 0$)

$$H_0:\lambda_1 = \lambda_2 = \cdots = \lambda_s = 0, s = \min(p,q),$$
$$H_1:\lambda_i(i = 1,2,\cdots,s)$$

中至少有一个非零。

记

$$\Lambda_1 = \frac{|\hat{\boldsymbol{\Sigma}}|}{|\hat{\boldsymbol{\Sigma}}_{XX}||\hat{\boldsymbol{\Sigma}}_{YY}|},$$

计算,得

$$\Lambda_1 = |\boldsymbol{I}_p - \hat{\boldsymbol{\Sigma}}_{XX}^{-1}\hat{\boldsymbol{\Sigma}}_{XY}\hat{\boldsymbol{\Sigma}}_{YY}^{-1}\hat{\boldsymbol{\Sigma}}_{YX}| = \prod_{i=1}^{s}(1-\lambda_i^2)。$$

在原假设为真的情况下,检验的统计量

$$Q_1 = -\left[n-1-\frac{1}{2}(p+q+1)\right]\ln\Lambda_1$$

近似服从自由度为 pq 的 χ^2 分布。在给定的显著水平 α 下,如果 $Q_1 \geqslant \chi_\alpha^2(pq)$,则拒绝原假设,认为至少第一对典型变量之间的相关性显著。

3. 部分总体典型相关系数为零的检验

$$H_0:\lambda_2 = \lambda_3 = \cdots = \lambda_s = 0,$$
$$H_1:\lambda_2,\lambda_3,\cdots,\lambda_s$$

至少有一个非零。

若原假设 H_0 被接受,则认为只有第一对典型变量是有用的;若原假设 H_0 被拒绝,则认为第二对典型变量也是有用的,并进一步检验假设

$$H_0:\lambda_3 = \lambda_4 = \cdots = \lambda_s = 0,$$
$$H_1:\lambda_3,\lambda_4,\cdots,\lambda_s$$

至少有一个非零。

如此进行下去,直至对某个 k

$$H_0:\lambda_k = \lambda_{k+1} = \cdots = \lambda_s = 0,$$
$$H_1:\lambda_k,\lambda_{k+1},\cdots,\lambda_s$$

至少有一个非零。

记

$$\Lambda_k = \prod_{i=k}^{s}(1-\lambda_i^2),$$

在原假设为真的情况下,检验的统计量

$$Q = -\left[n-k-\frac{1}{2}(p+q+1)\right]\ln\Lambda_k$$

近似服从自由度为 $(p-k+1)(q-k+1)$ 的 χ^2 分布。在给定的显著水平 α 下,如果 $Q \geqslant \chi_\alpha^2[(p-k+1)(q-k+1)]$,则拒绝原假设,认为至少第 k 对典型变量之间的相关性显著。

10.5.5 典型相关分析案例

1. 职业满意度典型相关分析

某调查公司从一个大型零售公司随机调查了 784 人,测量了 5 个职业特性指标和 7 个职业满意度变量,有关的变量见表 10.26。讨论两组指标之间是否相联系。

表 10.26 指标变量表

X 组	x_1——用户反馈，x_2——任务重要性，x_3——任务多样性，x_4——任务特殊性，x_5——自主性
Y 组	y_1——主管满意度，y_2——事业前景满意度，y_3——财政满意度，y_4——工作强度满意度 y_5——公司地位满意度，y_6——工作满意度，y_7——总体满意度

相关系数矩阵数据见表 10.27。

表 10.27 相关系数矩阵数据

	x_1	x_2	x_3	x_4	x_5	y_1	y_2	y_3	y_4	y_5	y_6	y_7
x_1	1.00	0.49	0.53	0.49	0.51	0.33	0.32	0.20	0.19	0.30	0.37	0.21
x_2	0.49	1.00	0.57	0.46	0.53	0.30	0.21	0.16	0.08	0.27	0.35	0.20
x_3	0.53	0.57	1.00	0.48	0.57	0.31	0.23	0.14	0.07	0.24	0.37	0.18
x_4	0.49	0.46	0.48	1.00	0.57	0.24	0.22	0.12	0.19	0.21	0.29	0.16
x_5	0.51	0.53	0.57	0.57	1.00	0.38	0.32	0.17	0.23	0.32	0.36	0.27
y_1	0.33	0.30	0.31	0.24	0.38	1.00	0.43	0.27	0.24	0.34	0.37	0.40
y_2	0.32	0.21	0.23	0.22	0.32	0.43	1.00	0.33	0.26	0.54	0.32	0.58
y_3	0.20	0.16	0.14	0.12	0.17	0.27	0.33	1.00	0.25	0.46	0.29	0.45
y_4	0.19	0.08	0.07	0.19	0.23	0.24	0.26	0.25	1.00	0.28	0.30	0.27
y_5	0.30	0.27	0.24	0.21	0.32	0.34	0.54	0.46	0.28	1.00	0.35	0.59
y_6	0.37	0.35	0.37	0.29	0.36	0.37	0.32	0.29	0.30	0.35	1.00	0.31
y_7	0.21	0.20	0.18	0.16	0.27	0.40	0.58	0.45	0.27	0.59	0.31	1.00

一些计算结果的数据见表 10.28 ~ 表 10.31。

表 10.28 **X** 组的典型变量

	u_1	u_2	u_3	u_4	u_5
x_1	0.421704	-0.34285	0.857665	-0.78841	0.030843
x_2	0.195106	0.668299	-0.44343	-0.26913	0.983229
x_3	0.167613	0.853156	0.259213	0.468757	-0.91414
x_4	-0.02289	-0.35607	0.423106	1.042324	0.524367
x_5	0.459656	-0.72872	-0.97991	-0.16817	-0.43924

表 10.29 原始变量与本组典型变量之间的相关系数

	u_1	u_2	u_3	u_4	u_5
x_1	0.829349	-0.10934	0.48534	-0.24687	0.061056
x_2	0.730368	0.436584	-0.20014	0.002084	0.485692
x_3	0.753343	0.466088	0.105568	0.301958	-0.33603
x_4	0.615952	-0.22251	0.205263	0.661353	0.302609
x_5	0.860623	-0.26604	-0.38859	0.148424	-0.12457

（续）

	v_1	v_2	v_3	v_4	v_5
y_1	0.756411	0.044607	0.339474	0.129367	−0.33702
y_2	0.643884	0.358163	−0.17172	0.352983	−0.33353
y_3	0.387242	0.037277	−0.17673	0.53477	0.414847
y_4	0.377162	0.791935	−0.00536	−0.28865	0.334077
y_5	0.653234	0.108391	0.209182	0.437648	0.434613
y_6	0.803986	−0.2416	−0.23477	−0.40522	0.196419
y_7	0.502422	0.162848	0.4933	0.188958	0.067761

表 10.30　原始变量与对应组典型变量之间的相关系数

	v_1	v_2	v_3	v_4	v_5
x_1	0.459216	0.025848	−0.05785	0.017831	0.003497
x_2	0.404409	−0.10321	0.023854	−0.00015	0.027816
x_3	0.417131	−0.11019	−0.01258	−0.02181	−0.01924
x_4	0.341056	0.052602	−0.02446	−0.04777	0.01733
x_5	0.476532	0.062893	0.046315	−0.01072	−0.00713
	u_1	u_2	u_3	u_4	u_5
y_1	0.41883	−0.01055	−0.04046	−0.00934	−0.0193
y_2	0.356523	−0.08467	0.020466	−0.0255	−0.0191
y_3	0.214418	−0.00881	0.021064	−0.03863	0.023758
y_4	0.208837	−0.18722	0.000639	0.020849	0.019133
y_5	0.3617	−0.02562	−0.02493	−0.03161	0.02489
y_6	0.445172	0.057116	0.027981	0.029268	0.011249
y_7	0.278194	−0.0385	−0.05879	−0.01365	0.003881

表 10.31　典型相关系数

1	2	3	4	5
0.5537	0.2364	0.1192	0.0722	0.0573

可以看出，所有五个表示职业特性的变量与 u_1 有大致相同的相关系数，u_1 视为形容职业特性的指标。第一对典型变量的第二个成员 v_1 与 y_1, y_2, y_5, y_6 有较大的相关系数，说明 v_1 主要代表了主管满意度、事业前景满意度、公司地位满意度和工种满意度、而 u_1 和 v_1 之间的相关系数为 0.5537。

u_1 和 v_1 解释的本组原始变量的比率

$$m_{u_1} = 0.5818, n_{v_1} = 0.3721。$$

X 组的原始变量被 $u_1 \sim u_5$ 解释了 100%，**Y** 组的原始变量被 $v_1 \sim v_5$ 解释了 80.3%。

计算的 Matlab 程序如下：

```
clc,clear
```

```
load r.txt % 原始的相关系数矩阵保存在纯文本文件 r.txt 中
n1 =5;n2 =7;num =min(n1,n2);
s1 =r([1:n1],[1:n1]); % 提出 X 与 X 的相关系数
s12 =r([1:n1],[n1 +1:end]); % 提出 X 与 Y 的相关系数
s21 =s12'; % 提出 Y 与 X 的相关系数
s2 =r([n1 +1:end],[n1 +1:end]); % 提出 Y 与 Y 的相关系数
m1 =inv(s1) * s12 * inv(s2) * s21; % 计算矩阵 M1,式(10.60)
m2 =inv(s2) * s21 * inv(s1) * s12; % 计算矩阵 M2,式(10.60)
[vec1,val1] =eig(m1); % 求 M1 的特征向量和特征值
for i =1:n1
    vec1(:,i) =vec1(:,i)/sqrt(vec1(:,i)' * s1 * vec1(:,i)); % 特征向量归一化,满足
            a's1a =1
    vec1(:,i) =vec1(:,i)/sign(sum(vec1(:,i))); % 特征向量乘 ±1,保证所有分量和
            为正
end
val1 =sqrt(diag(val1));    % 计算特征值的平方根
[val1,ind1] =sort(val1,'descend');  % 按照从大到小排列
a =vec1(:,ind1(1:num))    % 取出 X 组的系数阵
dcoef1 =val1(1:num)    % 提出典型相关系数
flag =1; % 把计算结果写到 Excel 中的行计数变量
xlswrite('bk.xls',a,'Sheet1','A1')   % 把计算结果写到 Excel 文件中去
flag =n1 +2; str =char(['A',int2str(flag)]); % str 为 Excel 中写数据的起始位置
xlswrite('bk.xls',dcoef1','Sheet1',str)
[vec2,val2] =eig(m2);
for i =1:n2
    vec2(:,i) =vec2(:,i)/sqrt(vec2(:,i)' * s2 * vec2(:,i)); % 特征向量归一化,满足
           b's2b =1
    vec2(:,i) =vec2(:,i)/sign(sum(vec2(:,i))); % 特征向量乘 ±1,保证所有分量和为
            正
end
val2 =sqrt(diag(val2));    % 计算特征值的平方根
[val2,ind2] =sort(val2,'descend');  % 按照从大到小排列
b =vec2(:,ind2(1:num))    % 取出 Y 组的系数阵
dcoef2 =val2(1:num)    % 提出典型相关系数
flag =flag +2; str =char(['A',int2str(flag)]); % str 为 Excel 中写数据的起始位置
xlswrite('bk.xls',b,'Sheet1',str)
flag =flag +n2 +1; str =char(['A',int2str(flag)]); % str 为 Excel 中写数据的起始位置
xlswrite('bk.xls',dcoef2','Sheet1',str)
x_u_r =s1 * a     % x,u 的相关系数
y_v_r =s2 * b     % y,v 的相关系数
x_v_r =s12 * b    % x,v 的相关系数
y_u_r =s21 * a    % y,u 的相关系数
flag =flag +2; str =char(['A',int2str(flag)]);
```

```
xlswrite('bk.xls',x_u_r,'Sheet1',str)
flag=flag+n1+1; str=char(['A',int2str(flag)]);
xlswrite('bk.xls',y_v_r,'Sheet1',str)
flag=flag+n2+1; str=char(['A',int2str(flag)]);
xlswrite('bk.xls',x_v_r,'Sheet1',str)
flag=flag+n1+1; str=char(['A',int2str(flag)]);
xlswrite('bk.xls',y_u_r,'Sheet1',str)
mu=sum(x_u_r.^2)/n1   % X 组原始变量被 u_i 解释的方差比例
mv=sum(x_v_r.^2)/n1   % X 组原始变量被 v_i 解释的方差比例
nu=sum(y_u_r.^2)/n2   % Y 组原始变量被 u_i 解释的方差比例
nv=sum(y_v_r.^2)/n2   % Y 组原始变量被 v_i 解释的方差比例
fprintf('X 组的原始变量被 u1~u%d 解释的比例为%f\n',num,sum(mu));
fprintf('Y 组的原始变量被 v1~v%d 解释的比例为%f\n',num,sum(nv));
```

2. 中国城市竞争力与基础设施的典型相关分析

1）导言

随着经济全球化和我国加入 WTO,作为区域中心的城市在区域经济发展中的作用越来越重要,城市间的竞争也愈演愈烈,许多有识之士甚至断言,21 世纪,国家之间、区域之间、国际企业之间的竞争将突出地表现为城市层面上的竞争。因此,为了应对新的经济社会环境,积极探索影响城市竞争力的因素,研究提高城市综合实力的方法,充分发挥其集聚与扩散作用,以进一步带动整个区域经济建设,已成为一项重要的战略课题,城市竞争力研究已受到学术界的高度重视。钟卫东和张伟(2002)分析了城市竞争力评价中存在的问题,应用综合指数修正法构建城市竞争力的三级评价指标体系,并提出了纵横因子评价法;徐康宁(2002)提出建立测度城市竞争力指标体系的四个原则和三级指标共确定了 69 个具体指标;沈正平、马晓冬、戴先杰和翟仁祥(2002)构建了测度城市竞争力的指标体系,并用因子分析、聚类分析等方法对新亚欧大陆桥经济带 25 个样本城市的竞争力进行了评价;倪鹏飞(2002)提出城市竞争力与基础设施竞争力假说,并运用主成分分析和模糊曲线分析法进行了分析检验;此外,郝寿义、成起宏(1999)、上海社会科学院(2001)、唐礼智(2001)和宁越敏(2002)等都对城市竞争力问题作了探索。但通过查阅上述文献发现,现有成果在城市竞争力评价方法上尚存在一些缺陷和不足,有许多问题需要进一步探讨。下面将典型相关分析方法引入到城市竞争力评价问题中,对城市竞争力与城市基础设施的相关性进行实证分析,并据此提出相应的政策建议。

2）典型相关分析法的基本思想

统计分析中,我们用简单相关系数反映两个变量之间的线性相关关系。1936 年 Hotelling将线性相关性推广到两组变量的讨论中,提出了典型相关分析方法。它的基本思想是仿照主成分分析法中把多变量与多变量之间的相关化为两个变量之间相关的做法,首先在每组变量内部找出具有最大相关性的一对线性组合,然后在每组变量内找出第二对线性组合,使其本身具有最大的相关性,并分别与第一对线性组合不相关。如此下去,直到两组变量内各变量之间的相关性被提取完毕为止。有了这些最大相关的线性组合,则讨论两组变量之间的相关,就转化为研究这些线性组合的最大相关,从而减少了研究变量的个数。下面介绍典型相关分析的过程。

假设有两组随机变量 $\boldsymbol{X}=[x_1,\cdots,x_p]^{\mathrm{T}}$,$\boldsymbol{Y}=[y_1,\cdots,y_q]^{\mathrm{T}}$,$\boldsymbol{C}$ 为 $p+q$ 维总体的 n 次标准化观测数据阵,有

$$\boldsymbol{C}=\begin{bmatrix} a_{11} & \cdots & a_{1p} & b_{11} & \cdots & b_{1q} \\ a_{21} & \cdots & a_{2p} & b_{21} & \cdots & b_{2q} \\ \vdots & \ddots & \vdots & \vdots & \ddots & \vdots \\ a_{n1} & \cdots & a_{np} & b_{n1} & \cdots & b_{nq} \end{bmatrix}。$$

第一步,计算相关系数阵 $\boldsymbol{R}$,并将 $\boldsymbol{R}$ 剖分为 $\boldsymbol{R}=\begin{bmatrix} \boldsymbol{R}_{11} & \boldsymbol{R}_{12} \\ \boldsymbol{R}_{21} & \boldsymbol{R}_{22} \end{bmatrix}$,其中 $\boldsymbol{R}_{11}$ 和 $\boldsymbol{R}_{22}$ 分别为第一组变量和第二组变量的相关系数阵,$\boldsymbol{R}_{12}=\boldsymbol{R}_{21}^{\mathrm{T}}$ 为第一组与第二组变量的相关系数阵。

第二步,求典型相关系数及典型变量。首先求 $M_1=\boldsymbol{R}_{11}^{-1}\boldsymbol{R}_{12}\boldsymbol{R}_{22}^{-1}\boldsymbol{R}_{21}$ 的特征根 λ_i^2,特征向量 $\boldsymbol{\rho}^{(i)}$;$M_2=\boldsymbol{R}_{22}^{-1}\boldsymbol{R}_{21}\boldsymbol{R}_{11}^{-1}\boldsymbol{R}_{12}$ 的特征根 λ_j^2,特征向量 $\boldsymbol{\gamma}^{(j)}$。则典型变量为

$$u_1=\boldsymbol{\rho}^{(1)\mathrm{T}}\boldsymbol{X},v_1=\boldsymbol{\gamma}^{(1)\mathrm{T}}\boldsymbol{Y},\cdots,u_s=\boldsymbol{\rho}^{(s)\mathrm{T}}\boldsymbol{X},v_s=\boldsymbol{\gamma}^{(s)\mathrm{T}}\boldsymbol{Y},s=\min(p,q),$$

记 $\boldsymbol{U}=[u_1,u_2,\cdots,u_s]^{\mathrm{T}}$,$\boldsymbol{V}=[v_1,v_2,\cdots,v_s]^{\mathrm{T}}$。

第三步,典型相关系数 λ_i 的显著性检验。

第四步,典型结构与典型冗余分析。

典型结构指原始变量与典型变量之间的相关系数阵 $R(\boldsymbol{X},\boldsymbol{U})$,$R(\boldsymbol{X},\boldsymbol{V})$,$R(\boldsymbol{Y},\boldsymbol{U})$,$R(\boldsymbol{Y},\boldsymbol{V})$,据此可以计算任一个典型变量 u_k 或 v_k 解释本组变量 $\boldsymbol{X}$(或 $\boldsymbol{Y}$)总变差的百分比 $R_{\mathrm{d}}(\boldsymbol{X};u_k)$(或 $R_{\mathrm{d}}(\boldsymbol{Y};v_k)$)。同时可求得前 s 个典型变量 $u_1,\cdots,u_s$(或 $v_1,\cdots,v_t$)解释本组变量 $\boldsymbol{X}$(或 $\boldsymbol{Y}$)总变差的累计百分比 $R_{\mathrm{d}}(\boldsymbol{X};u_1,\cdots,u_s)$ 或 $R_{\mathrm{d}}(\boldsymbol{Y};v_1,\cdots,v_s)$。

典型冗余分析用来研究典型变量解释另一组变量总变差百分比的问题。第二组典型变量 v_k 解释第一组变量 $\boldsymbol{X}$ 总变差的百分比 $R_{\mathrm{d}}(\boldsymbol{X};v_k)$(或第一组中典型变量解释的变差被第二组中典型变量重复解释的百分比)简称为第一组典型变量的冗余测度;第一组典型变量 u_k 解释第二组变量 $\boldsymbol{Y}$ 总变差的百分比 $R_{\mathrm{d}}(\boldsymbol{Y};u_k)$(或第二组中典型变量解释的变差被第一组中典型变量重复解释的百分比)简称为第二组典型变量的冗余测度。冗余测度的大小表示这对典型变量能够对另一组变差相互解释的程度大小。

3) 城市竞争力与基础设施关系的典型相关分析

(1) 城市竞争力指标与基础设施指标。

城市竞争力主要取决于产业经济效益、对外开放程度、基础设施、市民素质、政府管理及环境质量等因素。城市基础设施是以物质形态为特征的城市基础结构系统,是指城市可利用的各种设施及质量,包括交通、通信、能源动力系统,住房储备,文、卫、科教机构和设施等。基础设施是城市经济、社会活动的基本载体,它的规模、类型、水平直接影响着城市产业的发展和价值体系的形成,因此,基础设施竞争力是城市竞争力的重要组成部分,对提高城市竞争力非常重要。

我们选取了从不同的角度表现城市竞争力的四个关键性指标,构建了城市竞争力指标体系:市场占有率、GDP 增长率、劳动生产率和居民人均收入。城市基础设施指标体系主要包含 6 个指标:对外设施指数(由城市货运量和客运量指标综合构成),对内基本设施指数(由城市能源、交通、道路、住房等具体指标综合而成),每百人拥有电话机数,技术

性设施指数(是城市现代交通、通信、信息设施的综合指数,由港口个数、机场等级、高速公路、高速铁路、地铁个数、光缆线路数等加权综合构成),文化设施指数(由公共藏书量、文化馆数量、影剧院数量等指标加权综合构成),卫生设施指数(由医院个数、万人医院床位数综合构成)。

我们选取了20个最具有代表性的城市,城市名称和竞争力、基础设施各项指标数据如表10.32、表10.33所列。

表10.32 城市竞争力表现要素得分

城市	劳动生产率 y_1	市场占有率 y_2/%	居民人均收入 y_3/元	长期经济增长率 y_4/%	城市	劳动生产率 y_1	市场占有率 y_2/%	居民人均收入 y_3/元	长期经济增长率 y_4/%
上海	45623.05	2.5	8439	16.27	青岛	33334.62	0.63	6222	11.63
深圳	52256.67	1.3	18579	21.5	武汉	24633.27	0.59	5573	16.39
广州	46551.87	1.13	10445	11.92	温州	39258.78	−0.69	9034	22.43
北京	28146.76	1.38	7813	15	福州	38201.47	−0.34	7083	18.53
厦门	38670.43	0.12	8980	26.71	重庆	16524.32	0.44	5323	12.22
天津	26316.96	1.37	6609	11.07	成都	31855.63	−0.02	6019	11.88
大连	45330.53	0.56	6070	12.4	宁波	22528.8	−0.16	9069	15.7
杭州	45853.89	0.28	7896	13.93	石家庄	21831.94	−0.15	5497	13.56
南京	35964.64	0.74	6497	8.97	西安	19966.36	−0.15	5344	12.43
珠海	55832.61	−0.12	13149	9.22	哈尔滨	19225.71	−0.16	4233	10.16

数据来源:倪鹏飞等,《城市竞争力蓝皮书:中国城市竞争力报告NO.1》,北京,社会科学出版社2003年版。

表10.33 城市基础设施构成要素得分

城市	对外设施指数 x_1	对内设施指数 x_2	每百人电话数 x_3	技术设施指数 x_4	文化设施指数 x_5	卫生设施指数 x_6	城市	对外设施指数 x_1	对内设施指数 x_2	每百人电话数 x_3	技术设施指数 x_4	文化设施指数 x_5	卫生设施指数 x_6
上海	1.03	0.42	50	2.15	1.23	1.64	青岛	0.01	−0.14	24	0.37	−0.4	−0.49
深圳	1.34	0.13	131	0.33	−0.27	−0.64	武汉	0.02	−0.47	28	0.03	0.15	0.26
广州	1.07	0.4	48	1.31	0.49	0.09	温州	−0.47	0.03	45	−0.76	−0.46	−0.75
北京	−0.43	0.19	20	0.87	3.57	1.8	福州	−0.45	−0.2	34	−0.45	−0.34	−0.52
厦门	−0.53	0.25	32	−0.09	−0.33	−0.84	重庆	0.72	−0.83	13	0.05	−0.09	0.56
天津	−0.11	0.07	27	0.68	−0.12	0.87	成都	0.37	−0.54	21	−0.11	−0.24	−0.02
大连	0.35	0.06	31	0.28	−0.3	−0.16	宁波	0.01	0.38	40	−0.17	−0.4	−0.71
杭州	−0.5	0.27	38	−0.78	−0.12	1.61	石家庄	−0.81	−0.49	22	−0.38	−0.21	−0.59
南京	0.31	0.25	43	0.49	−0.09	−0.06	西安	−0.24	−0.91	18	−0.05	−0.27	0.61
珠海	−0.28	0.84	37	−0.79	−0.49	−0.98	哈尔滨	−0.53	−0.77	27	−0.45	−0.18	1.08

数据来源:倪鹏飞等,《城市竞争力蓝皮书:中国城市竞争力报告NO.1》,北京,社会科学出版社2003年版。

（2）城市竞争力与基础设施的典型相关分析。

将上述经过整理的指标数据利用 Matlab 软件的 canoncorr 函数进行处理，得出如下结果。

① 典型相关系数及其检验。典型相关系数及其检验如表 10.34 所列。

表 10.34　典型相关系数

序号	1	2	3	4
典型相关系数	0.9601	0.9499	0.6470	0.3571

由表 10.34 可知，前两个典型相关系数均较高，表明相应典型变量之间密切相关。但要确定典型变量相关性的显著程度，尚需进行相关系数的 χ^2 统计量检验，具体做法是：比较统计量 χ^2 计算值与临界值的大小，据比较结果判定典型变量相关性的显著程度，其结果如表 10.35 所列。

表 10.35　相关系数检验表

序号	自由度	χ^2 计算值	χ^2 临界值（显著水平 0.05）	序号	自由度	χ^2 计算值	χ^2 临界值（显著水平 0.05）
1	24	74.9775	3.7608×10^{-7}	3	8	9.2942	0.3181
2	15	40.8284	3.3963×10^{-4}	4	3	2.0579	0.5605

从表 10.35 看，这四对典型变量均通过了 χ^2 统计量检验，表明相应典型变量之间相关关系显著，能够用城市基础设施变量组来解释城市竞争力变量组。

② 典型相关模型。鉴于原始变量的计量单位不同，不宜直接比较，本文采用标准化的典型系数，给出典型相关模型，如表 10.36 所列，表中的 x_i^*（$i=1,\cdots,6$）和 y_j^*（$j=1,\cdots,4$）是标准化变量。

表 10.36　典型相关模型

1	$u_1 = 0.1535x_1^* + 0.3423x_2^* + 0.4913x_3^* + 0.3372x_4^* + 0.1149x_5^* + 0.1419x_6^*$ $v_1 = 0.1395y_1^* + 0.7185y_2^* + 0.427y_3^* + 0.0285y_4^*$
2	$u_2 = -0.2134x_1^* - 0.2637x_2^* - 0.3953x_3^* + 0.869x_4^* - 0.2429x_5^* + 0.3856x_6^*$ $v_2 = 0.1322y_1^* - 0.7361y_2^* + 0.772y_3^* + 0.0059y_4^*$

由表 10.36 第一组典型相关方程可知，基础设施方面的主要因素是 x_2, x_3, x_4（典型系数分别为 0.3423，0.4913，0.3372），说明基础设施中影响城市竞争力的主要因素是对内设施指数（x_2）、每百人电话数（x_3）和技术设施指数（x_4）；城市竞争力的第一典型变量 v_1 与 y_2 呈高度相关，说明在城市竞争力中，市场占有率（y_2）占有主要地位。根据第二组典型相关方程，x_4（技术设施指数）是基础设施方面的主要因素，而居民人均收入（y_3）是反映城市竞争力的一个重要指标。由于第一组典型变量占有信息量比重较大，所以总体上基础设施方面的主要因素按重要程度依次是 x_3, x_2, x_4，反映城市竞争力的主要指标是 y_2, y_3。

③ 典型结构。结构分析是依据原始变量与典型变量之间的相关系数给出的，如表 10.37所列。

表 10.37　结构分析(相关系数)

	u_1	u_2	v_1	v_2		v_1	v_2	u_1	u_2
x_1	0.7145	0.0945	0.686	-0.0897	y_1	0.6292	0.4974	0.6041	-0.4725
x_2	0.6373	-0.3442	0.6119	0.327	y_2	0.8475	-0.5295	0.8137	0.503
x_3	0.7190	-0.5426	0.6903	0.5154	y_3	0.6991	0.7024	0.6712	-0.6672
x_4	0.7232	0.6320	0.6944	-0.6004	y_4	0.1693	0.3887	0.1625	-0.3693
x_5	0.4102	0.4688	0.3938	-0.4453					
x_6	0.1968	0.7252	0.189	-0.6889					

由表 10.37 知,x_1,x_2,x_3,x_4 与"基础设施组"的第一典型变量 u_1 均呈高度相关,说明对外设施、对内设施、每百人电话数和技术设施在反映城市基础设施方面占有主导地位,其中又以技术设施居于首位。x_4 与基础设施组的第二典型变量和竞争力组的第一典型变量都呈高度相关。"竞争力组"的第一典型变量 v_1 与 y_2 的相关系数均比较高,体现了 y_2 在反映城市竞争力中占有主导地位。y_3 与 v_1 呈较高相关,与 v_2 呈高相关,但 v_2 凝聚的信息量有限,因而 y_3 在"竞争力"中的贡献低于 y_2。由于第一对典型变量之间的高度相关,导致"基础设施组"中四个主要变量与"竞争力组"中的第一典型变量呈高度相关;而"竞争力组"中的 y_2 则与"影响组"的第一典型变量也呈高度相关。这种一致性从数量上体现了"基础设施组"对"竞争力组"的本质影响作用,与指标的实际经济联系非常吻合,说明典型相关分析结果具有较高的可信度。

值得一提的是,与线性回归模型不同,相关系数与典型系数可以有不同的符号。如基础设施方面的 u_2 与 x_5 相关系数为正值(0.4688),而典型系数却为负值(-0.2429)。由于出现这种反号的情况,称 x_5 为抑制变量(Suppressor)。由表 10.37的相关系数还可以看出,"影响组"的第一典型变量 u_1 对 y_2(市场占有率)有相当高的预测能力,相关系数为 0.8137,而对 y_4(长期经济增长率)预测能力较差,相关系数仅为 0.1625。

④ 典型冗余分析与解释能力。典型相关系数的平方的实际意义是一对典型变量之间的共享方差在两个典型变量各自方差中的比例。

典型冗余分析用来表示各典型变量对原始变量组整体的变差解释程度,分为组内变差解释和组间变差解释,典型冗余分析的结果见表 10.38 和表 10.39。

表 10.38　被典型变量解释的 ***X*** 组原始变量的方差

被本组的典型变量解释			典型相关系数平方	被对方 ***Y*** 组典型变量解释		
	比例	累计比例			比例	累积比例
u_1	0.3606	0.3606	0.9218	v_1	0.3324	0.3324
u_2	0.2612	0.6218	0.9024	v_2	0.2357	0.5681
u_3	0.0631	0.6849	0.4186	v_3	0.0264	0.5945
u_4	0.0795	0.7644	0.1275	v_4	0.0101	0.6046

表 10.39　被典型变量解释的 **Y** 组原始变量的方差

被本组的典型变量解释			典型相关系数平方	被对方 **X** 组典型变量解释		
	比例	累计比例			比例	累积比例
v_1	0.4079	0.4079	0.9218	u_1	0.3760	0.3760
v_2	0.2930	0.7009	0.9024	u_2	0.2644	0.6404
v_3	0.1549	0.8558	0.4186	u_3	0.0648	0.7053
v_4	0.1442	1.0000	0.1275	u_4	0.0184	0.7237

从表 10.38 和表 10.39 可以看出，两对典型变量 u_1、u_2 和 v_1、v_2 均较好地预测了对应的那组变量，而且交互解释能力也比较强。来自城市“竞争力组”的方差被“基础设施组”典型变量 u_1、u_2 解释的比例和为 64.04%；来自“基础设施组”的方差被“竞争力组”典型变量 v_1、v_2 解释的方差比例和为 56.81%。城市竞争力变量组被其自身及其对立典型变量解释的百分比、基础设施变量组被其自身及其对立典型变量解释的百分比均较高，尤其是第一对典型变量具有较高的解释百分比，反映两者之间较高的相关性。

4）城市竞争力与基础设施关系的经济分析

根据城市竞争力与基础设施关系的典型相关分析结果，城市竞争力与基础设施之间的关系可从下列三个方面进行阐述。

（1）市场占有率是决定城市竞争力水平的首要指标，每百人电话数、设施指数和技术设施指数是影响城市竞争力的主要基础设施变量。

市场占有率是企业竞争力大小的最直接表现，它反映一个城市的产品在全部城市产品市场中的份额，反映了一个城市创造价值的相对规模。根据典型系数的大小可知，影响市场占有率的最主要因素是每百人电话数。每百人电话数是城市现代交通、通信、信息设施的综合指数，技术设施指标由港口个数、机场等级、高速公路、高速铁路、地铁个数、光缆线路数加权而成，是一个主客观结合指标，它代表了一个城市的物流和信息流传播水平和扩散速度。第一典型变量显示，城市竞争力中的市场占有率与基础设施关系最密切，影响一个城市市场占有率的基础设施因素主要是交通和信息设施，这也是与信息时代的发展相一致的。因此，第一典型变量真实地反映了城市竞争力与基础设施之间的本质联系，它将市场占有率从竞争力中提取出来，强调了信息基础设施建设对提升城市竞争力的重要性。

（2）城市居民人均收入是反映城市竞争力的另外一个重要变量。

城市居民人均收入和长期经济增长率综合反映了城市在域内和域外创造价值的状况。城市居民人均收入是城市创造价值在其域内成员收益上的直接反映，而城市吸引、占领、争夺、控制资源和市场创造价值的能力、潜力及持续性决定于 GDP 的长期增长，即 GDP 增长率反映了城市价值扩展的速度和潜力。因此，居民人均收入可以综合反映出一个城市吸引、控制资源和创造市场价值的能力和潜力。基础设施建设中的对内设施指数通过城市能源、交通、道路、住房和卫生设施条件等影响并制约着城市吸引、利用资源并创造价值的能力和水平。现在城市的竞争不再是自然资源的单一竞争，人才竞争已成为竞争的主要对象和核心，占有人才便控制了城市竞争的制高点，也就决定了城市创造价值的能力和潜力。而城市能源是价值创造的基础,交通、道路、住房及卫生设施等决定着城市利用资源和对人才的吸引力。因此,城市基础设施中的对内设施建设对提升城市竞争力具有重要作用。第二对典型变量还说明,对外设施指数,对内设施指数和每百人电话数与居民人均收入和长期经济增长率反方向增长,设施和电话方面的投资在一定程度上影响了城市利用资源、创造价值的水平。因为设施和电话投资必然要占用城市有限的人力、物力资源,短时期内会影响城市居民人均收入水平和 GDP 的增长。

(3) 劳动生产率在我国城市竞争力中的作用尚不明显。

从以上典型分析结果可以得出,目前我国劳动生产率在城市竞争力中的重要作用尚不明显,这可能源于两个原因:一是我国各城市的劳动生产率低,对城市竞争力的贡献率不高;二是城市基础设施建设与劳动生产率之间的相关度不高。但相关研究成果显示,中国目前的劳动生产率并不低,不能否认劳动生产率在城市竞争力中的作用,如果这一结论成立,则对这一问题唯一的解释就是城市基础设施建设与劳动生产率的关联度不高。

计算的 Matlab 程序如下:

```
clc,clear
load x.txt   % 原始的 X 组的数据保存在纯文本文件 x.txt 中
load y.txt   % 原始的 Y 组的数据保存在纯文本文件 y.txt 中
p=size(x,2);q=size(y,2);
x=zscore(x);y=zscore(y);   % 标准化数据
n=size(x,1);  % 观测数据的个数
% 下面做典型相关分析,a1,b1 返回的是典型变量的系数,r 返回的是典型相关系数
% u1,v1 返回的是典型变量的值,stats 返回的是假设检验的一些统计量的值
[a1,b1,r,u1,v1,stats]=canoncorr(x,y)
% 下面修正 a1,b1 每一列的正负号,使得 a,b 每一列的系数和为正
% 相应地,典型变量取值的正负号也要修正
a=a1.*repmat(sign(sum(a1)),size(a1,1),1)
b=b1.*repmat(sign(sum(b1)),size(b1,1),1)
u=u1.*repmat(sign(sum(a1)),size(u1,1),1)
v=v1.*repmat(sign(sum(b1)),size(v1,1),1)
x_u_r=x'*u/(n-1)   % 计算 x,u 的相关系数
y_v_r=y'*v/(n-1)   % 计算 y,v 的相关系数
x_v_r=x'*v/(n-1)   % 计算 x,v 的相关系数
y_u_r=y'*u/(n-1)   % 计算 y,u 的相关系数
ux=sum(x_u_r.^2)/p   % X 组原始变量被 u_i 解释的方差比例
ux_cum=cumsum(ux)    % X 组原始变量被 u_i 解释的方差累积比例
vx=sum(x_v_r.^2)/p   % X 组原始变量被 v_i 解释的方差比例
vx_cum=cumsum(vx)    % X 组原始变量被 v_i 解释的方差累积比例
vy=sum(y_v_r.^2)/q   % Y 组原始变量被 v_i 解释的方差比例
vy_cum=cumsum(vy)    % Y 组原始变量被 v_i 解释的方差累积比例
uy=sum(y_u_r.^2)/q   % Y 组原始变量被 u_i 解释的方差比例
uy_cum=cumsum(uy)    % Y 组原始变量被 u_i 解释的方差累积比例
val=r.^2             % 典型相关系数的平方,M1 或 M2 矩阵的非零特征值
```

10.6 对应分析

10.6.1 对应分析简介

对应分析(Correspondence Analysis)是在 R 型和 Q 型因子分析基础上发展起来的多元统计分析方法,又称为 R－Q 型因子分析。

因子分析是用少数几个公共因子去提出研究对象的绝大部分信息,既减少了因子的数目,又把握住了研究对象的相互关系。在因子分析中根据研究对象的不同,分为 R 型和 Q 型,当研究变量的相互关系时采用 R 型因子分析,研究样品间相互关系时则采用 Q 型因子分析。但无论是 R 型或 Q 型都未能很好地揭示变量和样品间的双重关系。另一方面,当样品容量 n 很大(如 $n>1000$),进行 Q 型因子分析时,计算 n 阶方阵的特征值和特征向量对于微型计算机而言,其容量和速度都是难以胜任的。还有进行数据处理时,为了将数量级相差很大的变量进行比较,常常先对变量作标准化处理,然而这种标准化处理对样品就不好进行了,换言之,这种标准化处理对于变量和样品是非对等的,这会给寻找 R 型和 Q 型之间的联系带来一定的困难。

针对上述问题,在 20 世纪 70 年代初,法国统计学家 Benzecri 提出了对应分析方法。这个方法是在因子分析的基础上发展起来的,它对原始数据采用适当的标度方法,把 R 型和 Q 型分析结合起来,同时得到两方面的结果——在同一因子平面上对变量和样品一块进行分类,从而揭示所研究的样品和变量间的内在联系。

对应分析由 R 型因子分析的结果,可以很容易地得到 Q 型因子分析的结果,不仅克服了样品量大时作 Q 型因子分析所带来计算上的困难,且把 R 型和 Q 型因子分析统一起来,把样品点和变量点同时反映到相同的因子轴上,这就便于对研究的对象进行解释和推断。

由于 R 型因子分析和 Q 型因子分析都是反映一个整体的不同侧面,因而它们之间一定存在内在的联系。对应分析的基本思想就是通过对应变换后的标准化矩阵 B 将两者有机地结合起来。

具体地说,首先给出变量间的协方差阵 $\boldsymbol{S}_{\mathrm{R}}=\boldsymbol{B}^{\mathrm{T}}\boldsymbol{B}$ 和样品间的协方差阵 $\boldsymbol{S}_{\mathrm{Q}}=\boldsymbol{B}\boldsymbol{B}^{\mathrm{T}}$,由于 $\boldsymbol{B}^{\mathrm{T}}\boldsymbol{B}$ 和 $\boldsymbol{B}\boldsymbol{B}^{\mathrm{T}}$ 有相同的非零特征值,记为 $\lambda_1 \geqslant \lambda_2 \geqslant \cdots \geqslant \lambda_m > 0$,如果 $\boldsymbol{S}_{\mathrm{R}}$ 对应于特征值 λ_i 的标准化特征向量为 $\boldsymbol{\eta}_i$,则 $\boldsymbol{S}_{\mathrm{Q}}$ 对应于特征值 λ_i 的标准化特征向量为

$$\gamma_i = \frac{1}{\sqrt{\lambda_i}}\boldsymbol{B}\boldsymbol{\eta}_i,$$

由此可以很方便地由 R 型因子分析而得到 Q 型因子分析的结果。

由 $\boldsymbol{S}_{\mathrm{R}}$ 的特征值和特征向量即可写出 R 型因子分析的因子载荷矩阵(记为 $\boldsymbol{A}_{\mathrm{R}}$)和 Q 型因子分析的因子载荷矩阵(记为 $\boldsymbol{A}_{\mathrm{Q}}$)

$$\boldsymbol{A}_{\mathrm{R}} = [\sqrt{\lambda_1}\boldsymbol{\eta}_1,\cdots,\sqrt{\lambda_m}\boldsymbol{\eta}_m] = \begin{bmatrix} v_{11}\sqrt{\lambda_1} & v_{12}\sqrt{\lambda_2} & \cdots & v_{1m}\sqrt{\lambda_m} \\ v_{21}\sqrt{\lambda_1} & v_{22}\sqrt{\lambda_2} & \cdots & v_{2m}\sqrt{\lambda_m} \\ \vdots & \vdots & \ddots & \vdots \\ v_{p1}\sqrt{\lambda_1} & v_{p2}\sqrt{\lambda_2} & \cdots & v_{pm}\sqrt{\lambda_m} \end{bmatrix},$$

$$A_Q = [\sqrt{\lambda_1}\gamma_1, \cdots, \sqrt{\lambda_m}\gamma_m] = \begin{bmatrix} u_{11}\sqrt{\lambda_1} & u_{12}\sqrt{\lambda_2} & \cdots & u_{1m}\sqrt{\lambda_m} \\ u_{21}\sqrt{\lambda_1} & u_{22}\sqrt{\lambda_2} & \cdots & u_{2m}\sqrt{\lambda_m} \\ \vdots & \vdots & \ddots & \vdots \\ u_{n1}\sqrt{\lambda_1} & u_{n2}\sqrt{\lambda_2} & \cdots & u_{nm}\sqrt{\lambda_m} \end{bmatrix}。$$

由于 $\boldsymbol{S}_R$ 和 $\boldsymbol{S}_Q$ 具有相同的非零特征值，而这些特征值又正是各个公共因子的方差，因此可以用相同的因子轴同时表示变量点和样品点，即把变量点和样品点同时反映在具有相同坐标轴的因子平面上，以便对变量点和样品点一起考虑进行分类。

10.6.2 对应分析的原理

1. 对应分析的数据变换方法

设有 n 个样品，每个样品观测 p 个指标，原始数据阵为

$$\boldsymbol{A} = \begin{bmatrix} a_{11} & a_{12} & \cdots & a_{1p} \\ a_{21} & a_{22} & \cdots & a_{2p} \\ \vdots & \vdots & \ddots & \vdots \\ a_{n1} & a_{n2} & \cdots & a_{np} \end{bmatrix}。$$

为了消除量纲或数量级的差异，经常对变量进行标准化处理，如标准化变换、极差标准化变换等，这些变换对变量和样品是不对称的。这种不对称性是导致变量和样品之间关系复杂化的主要原因。在对应分析中，采用数据的变换方法即可克服这种不对称性（假设所有数据 $a_{ij}>0$，否则对所有数据同加一适当常数，便会满足以上要求）。数据变换方法的具体步骤如下。

（1）化数据矩阵为规格化的"概率"矩阵 $\boldsymbol{P}$，令

$$\boldsymbol{P} = \frac{1}{T}\boldsymbol{A} = (p_{ij})_{n\times p}, \tag{10.74}$$

式中：$T = \sum_{i=1}^{n}\sum_{j=1}^{p} a_{ij}$；$p_{ij} = \frac{1}{T}a_{ij}(i=1,2,\cdots,n;j=1,2,\cdots,p)$。

不难看出 $0 \leqslant p_{ij} \leqslant 1$，且 $\sum_{i=1}^{n}\sum_{j=1}^{p} p_{ij} = 1$。因而 p_{ij} 可理解为数据 a_{ij} 出现的"概率"，并称 $\boldsymbol{P}$ 为对应阵。

记 $p_{\cdot j} = \sum_{i=1}^{n} p_{ij}$ 可理解为第 j 个变量的边缘概率（$j=1,2,\cdots,p$）；$p_{i\cdot} = \sum_{j=1}^{p} p_{ij}$ 可理解为第 i 个样品的边缘概率（$i=1,2,\cdots,n$）。

记

$$\boldsymbol{r} = \begin{bmatrix} p_{1\cdot} \\ \vdots \\ p_{n\cdot} \end{bmatrix}, \boldsymbol{c} = \begin{bmatrix} p_{\cdot 1} \\ \vdots \\ p_{\cdot p} \end{bmatrix},$$

则

$$\boldsymbol{r} = \boldsymbol{P}\boldsymbol{1}_p, \boldsymbol{c} = \boldsymbol{P}^{\mathrm{T}}\boldsymbol{1}_n, \tag{10.75}$$

式中：$\boldsymbol{1}_p = [1,1,\cdots,1]^{\mathrm{T}}$ 为元素全为 1 的 p 维常向量。

（2）进行数据的对应变换，令

$$\boldsymbol{B} = (b_{ij})_{n\times p},$$

式中

$$b_{ij} = \frac{p_{ij} - p_{i\cdot}p_{\cdot j}}{\sqrt{p_{i\cdot}p_{\cdot j}}} = \frac{a_{ij} - a_{i\cdot}a_{\cdot j}/T}{\sqrt{a_{i\cdot}a_{\cdot j}}}, i = 1,2,\cdots,n; j = 1,2,\cdots,p, \tag{10.76}$$

其中：$a_{i\cdot} = \sum_{j=1}^{p} a_{ij}$；$a_{\cdot j} = \sum_{i=1}^{n} a_{ij}$。

（3）计算有关矩阵，记

$$\boldsymbol{S}_{\mathrm{R}} = \boldsymbol{B}^{\mathrm{T}}\boldsymbol{B}, \boldsymbol{S}_{\mathrm{Q}} = \boldsymbol{B}\boldsymbol{B}^{\mathrm{T}},$$

考虑 R 型因子分析时应用 $\boldsymbol{S}_{\mathrm{R}}$，考虑 Q 型因子分析时应用 $\boldsymbol{S}_{\mathrm{Q}}$。

如果把所研究的 p 个变量看成一个属性变量的 p 个类目，而把 n 个样品看成另一个属性变量的 n 个类目，这时原始数据阵 $\boldsymbol{A}$ 就可以看成一张由观测得到的频数表或计数表。首先由双向频数表 $\boldsymbol{A}$ 矩阵得到对应阵

$$\boldsymbol{P} = (p_{ij}), p_{ij} = \frac{1}{T}a_{ij}, i = 1,2,\cdots,n; j = 1,2,\cdots,p。$$

设 $n > p$，且 $\mathrm{rank}(\boldsymbol{P}) = p$。下面从代数学角度由对应阵 P 来导出数据对应变换的公式。

引理 10.1 数据标准化矩阵

$$\boldsymbol{B} = \boldsymbol{D}_r^{-1/2}(\boldsymbol{P} - \boldsymbol{r}\boldsymbol{c}^{\mathrm{T}})\boldsymbol{D}_c^{-1/2}, \tag{10.77}$$

式中：$\boldsymbol{D}_r = \mathrm{diag}(p_{1\cdot},\cdots,p_{n\cdot})$，$\boldsymbol{D}_c = \mathrm{diag}(p_{\cdot 1},\cdots,p_{\cdot p})$，这里 $\mathrm{diag}(p_{1\cdot},\cdots,p_{n\cdot})$ 表示对角线元素为 $p_{1\cdot},\cdots,p_{n\cdot}$ 的对角矩阵。

证明 （1）对 $\boldsymbol{P}$ 中心化，令

$$\tilde{p}_{ij} = p_{ij} - p_{i\cdot}p_{\cdot j} = p_{ij} - m_{ij}/T,$$

式中：$m_{ij} = \dfrac{a_{i\cdot}a_{\cdot j}}{T} = Tp_{i\cdot}p_{\cdot j}$ 是假定行和列两个属性变量不相关时在第 (i,j) 单元上的期望频数值。

记 $\tilde{\boldsymbol{P}} = (\tilde{p}_{ij})_{n\times p}$，由式(10.75)得

$$\tilde{\boldsymbol{P}} = \boldsymbol{P} - \boldsymbol{r}\boldsymbol{c}^{\mathrm{T}}, \tag{10.78}$$

因为 $\tilde{\boldsymbol{P}}1_p = \boldsymbol{P}\boldsymbol{1}_p - \boldsymbol{r}\boldsymbol{c}^{\mathrm{T}}\boldsymbol{1}_p = \boldsymbol{r} - \boldsymbol{r} = 0$，所以 $\mathrm{rank}(\tilde{\boldsymbol{P}}) \leqslant p - 1$。

（2）对 $\tilde{\boldsymbol{P}}$ 标准化，令

$$\boldsymbol{D}_r^{-1/2}\tilde{\boldsymbol{P}}\boldsymbol{D}_c^{-1/2} \overset{\mathrm{def}}{=} (\tilde{b}_{ij})_{n\times p},$$

式中

$$\tilde{b}_{ij} = \frac{p_{ij} - p_{i\cdot}p_{\cdot j}}{\sqrt{p_{i\cdot}p_{\cdot j}}} = \frac{a_{ij} - a_{i\cdot}a_{\cdot j}/T}{\sqrt{a_{i\cdot}a_{\cdot j}}} = b_{ij},$$

故经对应变换后所得到的新数据矩阵 $\boldsymbol{B}$,可以看成是由对应阵 $\boldsymbol{P}$ 经中心化和标准化后得到的矩阵。

设用于检验行与列两个属性变量是否不相关的 χ^2 统计量为

$$\chi^2 = \sum_{i=1}^{n}\sum_{j=1}^{p}\frac{(a_{ij}-m_{ij})^2}{m_{ij}} = \sum_{i=1}^{n}\sum_{j=1}^{p}\chi_{ij}^2, \tag{10.79}$$

式中:χ_{ij}^2 为第 (i,j) 单元在检验行与列两个属性变量是否不相关时对总 χ^2 统计量的贡献,有

$$\chi_{ij}^2 = \frac{(a_{ij}-m_{ij})^2}{m_{ij}} = Tb_{ij}^2,$$

故 $\chi^2 = T\sum_{i=1}^{n}\sum_{j=1}^{p}b_{ij}^2 = T\mathrm{tr}(\boldsymbol{B}^{\mathrm{T}}\boldsymbol{B}) = T\mathrm{tr}(\boldsymbol{S}_{\mathrm{R}}) = T\mathrm{tr}(\boldsymbol{S}_{\mathrm{Q}})$。

2. 对应分析的原理和依据

将原始数据阵 $\boldsymbol{A}$ 变换为 $\boldsymbol{B}$ 矩阵后,记 $\boldsymbol{S}_{\mathrm{R}}=\boldsymbol{B}^{\mathrm{T}}\boldsymbol{B}$ 和 $\boldsymbol{S}_{\mathrm{Q}}=\boldsymbol{B}\boldsymbol{B}^{\mathrm{T}}$。$\boldsymbol{S}_{\mathrm{R}}$ 和 $\boldsymbol{S}_{\mathrm{Q}}$ 这两个矩阵存在明显的简单的对应关系,而且将原始数据 a_{ij} 变换为 b_{ij} 后,b_{ij} 关于 i,j 是对等的,即 b_{ij} 对变量和样品是对等的。

为了进一步研究 R 型与 Q 型因子分析,我们利用矩阵代数的一些结论。

引理 10.2 设 $\boldsymbol{S}_{\mathrm{R}}=\boldsymbol{B}^{\mathrm{T}}\boldsymbol{B}$,$\boldsymbol{S}_{\mathrm{Q}}=\boldsymbol{B}\boldsymbol{B}^{\mathrm{T}}$,则 $\boldsymbol{S}_{\mathrm{R}}$ 和 $\boldsymbol{S}_{\mathrm{Q}}$ 的非零特征值相同。

引理 10.3 若 $\boldsymbol{\eta}$ 是 $\boldsymbol{B}^{\mathrm{T}}\boldsymbol{B}$ 相应于特征值 λ 的特征向量,则 $\boldsymbol{\gamma}=\boldsymbol{B}\boldsymbol{\eta}$ 是 $\boldsymbol{B}\boldsymbol{B}^{\mathrm{T}}$ 相应于特征值 λ 的特征向量。

定义 10.2(矩阵的奇异值分解) 设 $\boldsymbol{B}$ 为 $n\times p$ 矩阵,且

$$\mathrm{rank}(\boldsymbol{B}) = m \leqslant \min(n-1,p-1),$$

$\boldsymbol{B}^{\mathrm{T}}\boldsymbol{B}$ 的非零特征值为 $\lambda_1\geqslant\lambda_2\geqslant\cdots\geqslant\lambda_m>0$,令 $d_i=\sqrt{\lambda_i}\,(i=1,2,\cdots,m)$,则称 d_i 为 $\boldsymbol{B}$ 的奇异值。如果存在分解式

$$\boldsymbol{B} = \boldsymbol{U}\boldsymbol{\Lambda}\boldsymbol{V}^{\mathrm{T}}, \tag{10.80}$$

式中:$\boldsymbol{U}$ 为 $n\times n$ 正交矩阵;$\boldsymbol{V}$ 为 $p\times p$ 正交矩阵;$\boldsymbol{\Lambda}=\begin{bmatrix}\boldsymbol{\Lambda}_m & \boldsymbol{0}\\ \boldsymbol{0} & \boldsymbol{0}\end{bmatrix}$,这里 $\boldsymbol{\Lambda}_m=\mathrm{diag}(d_1,\cdots,d_m)$,则称分解式 $\boldsymbol{B}=\boldsymbol{U}\boldsymbol{\Lambda}\boldsymbol{V}^{\mathrm{T}}$ 为矩阵 $\boldsymbol{B}$ 的奇异值分解。

记

$$\boldsymbol{U} = [\boldsymbol{U}_1 \vdots \boldsymbol{U}_2],\boldsymbol{V} = [\boldsymbol{V}_1 \vdots \boldsymbol{V}_2],\boldsymbol{\Lambda}_m = \mathrm{diag}(d_1,\cdots,d_m),$$

式中:$\boldsymbol{U}_1$ 为 $n\times m$ 的列正交矩阵;$\boldsymbol{V}_1$ 为 $p\times m$ 的列正交矩阵。则奇异值分解式(10.80)等价于

$$\boldsymbol{B} = \boldsymbol{U}_1\boldsymbol{\Lambda}_m\boldsymbol{V}_1^{\mathrm{T}}。 \tag{10.81}$$

引理 10.4 任意非零矩阵 $\boldsymbol{B}$ 的奇异值分解必存在。

引理 10.4 的证明就是具体求出矩阵 $\boldsymbol{B}$ 的奇异值分解式(见参考文献[55])。从证明过程中可以看出:列正交矩阵 $\boldsymbol{V}_1$ 的 m 个列向量分别是 $\boldsymbol{B}^{\mathrm{T}}\boldsymbol{B}$ 的非零特征值 $\lambda_1,\cdots,\lambda_m$ 对应的特征向量;而列正交矩阵 $\boldsymbol{U}_1$ 的 m 个列向量分别是 $\boldsymbol{B}\boldsymbol{B}^{\mathrm{T}}$ 的非零特征值 $\lambda_1,\cdots,\lambda_m$ 对应的特征向量,且 $\boldsymbol{U}_1=\boldsymbol{B}\boldsymbol{V}_1\boldsymbol{\Lambda}_m^{-1}$。

矩阵代数的这几个结论建立了因子分析中R型与Q型的关系。借助引理10.2和引理10.3,从R型因子分析出发可以直接得到Q型因子分析的结果。

由于$\boldsymbol{S}_{\mathrm{R}}$与$\boldsymbol{S}_{\mathrm{Q}}$有相同的非零特征值,而这些非零特征值又表示各个公共因子所提供的方差,因此变量空间R^p中的第一公共因子、第二公共因子、…、第m个公共因子,它们与样本空间R^n中对应的各个公共因子在总方差中所占的百分比全部相同。

从几何的意义上看,即R^n中诸样品点与R^n中各因子轴的距离平方和,以及R^p中诸变量点与R^p中相对应的各因子轴的距离平方和是完全相同的。因此可以把变量点和样品点同时反映在同一因子轴所确定的平面上(即取同一个坐标系),根据接近程度,可以对变量点和样品点同时考虑进行分类。

3. 对应分析的计算步骤

对应分析的具体计算步骤如下:

(1)由原始数据阵$\boldsymbol{A}$出发计算对应阵$\boldsymbol{P}$和对应变换后的新数据阵$\boldsymbol{B}$,计算公式见式(10.74)和式(10.76)(或式(10.77))。

(2)计算行轮廓分布(或行形象分布),记

$$\boldsymbol{R} = \left[\frac{a_{ij}}{a_{i\cdot}}\right]_{n\times p} = \left[\frac{p_{ij}}{p_{i\cdot}}\right]_{n\times p} = \boldsymbol{D}_r^{-1}\boldsymbol{P} \overset{\mathrm{def}}{=} \begin{bmatrix} \boldsymbol{R}_1^{\mathrm{T}} \\ \vdots \\ \boldsymbol{R}_n^{\mathrm{T}} \end{bmatrix},$$

$\boldsymbol{R}$矩阵由$\boldsymbol{A}$矩阵(或对应阵$\boldsymbol{P}$)的每一行除以行和得到,其目的在于消除行点(即样品点)出现“概率”不同的影响。

记$N(\boldsymbol{R}) = \{\boldsymbol{R}_i, i=1,\cdots,n\}$,$N(\boldsymbol{R})$表示$n$个行形象组成的$p$维空间的点集,则点集$N(\boldsymbol{R})$的重心(每个样品点以$p_{i\cdot}$为权重)为

$$\sum_{i=1}^{n} p_{i\cdot} R_i = \sum_{i=1}^{n} p_{i\cdot} \begin{bmatrix} \dfrac{p_{i1}}{p_{i\cdot}} \\ \vdots \\ \dfrac{p_{ip}}{p_{i\cdot}} \end{bmatrix} = \begin{bmatrix} \sum\limits_{i=1}^{n} p_{i1} \\ \vdots \\ \sum\limits_{i=1}^{n} p_{ip} \end{bmatrix} = \begin{bmatrix} p_{\cdot 1} \\ \vdots \\ p_{\cdot p} \end{bmatrix} = \boldsymbol{c},$$

由式(10.75)可知,$\boldsymbol{c}$是p个列向量的边缘分布。

(3)计算列轮廓分布(或列形象分布),记

$$\boldsymbol{C} = \left[\frac{a_{ij}}{a_{\cdot j}}\right]_{n\times p} = \left[\frac{p_{ij}}{p_{\cdot j}}\right]_{n\times p} = \boldsymbol{P}\boldsymbol{D}_c^{-1} \overset{\mathrm{def}}{=} [C_1,\cdots,C_p],$$

$\boldsymbol{C}$矩阵由$\boldsymbol{A}$矩阵(或对应矩阵$\boldsymbol{P}$)的每一列除以列和得到,其目的在于消除列点(即变量点)出现“概率”不同的影响。

(4)计算总惯量和χ^2统计量,第k个与第l个样品间的加权平方距离(或称χ^2距离)为

$$D^2(k,l) = \sum_{j=1}^{p}\left(\frac{p_{kj}}{p_{k\cdot}} - \frac{p_{lj}}{p_{l\cdot}}\right)^2 \bigg/ p_{\cdot j} = (\boldsymbol{R}_k - \boldsymbol{R}_l)^{\mathrm{T}}\boldsymbol{D}_c^{-1}(\boldsymbol{R}_k - \boldsymbol{R}_l),$$

把 n 个样品点(即行点)到重心 $\boldsymbol{c}$ 的加权平方距离的总和定义为行形象点集 $N(\boldsymbol{R})$ 的总惯量

$$Q=\sum_{i=1}^{n}p_{i\cdot}D^2(i,\boldsymbol{c})=\sum_{i=1}^{n}p_{i\cdot}\sum_{j=1}^{p}\frac{1}{p_{\cdot j}}\left(\frac{p_{ij}}{p_{i\cdot}}-p_{\cdot j}\right)^2$$

$$=\sum_{i=1}^{n}\sum_{j=1}^{p}\frac{p_{i\cdot}}{p_{\cdot j}}\frac{(p_{ij}-p_{i\cdot}p_{\cdot j})^2}{p_{i\cdot}^2}=\sum_{i=1}^{n}\sum_{j=1}^{p}\frac{(p_{ij}-p_{i\cdot}p_{\cdot j})^2}{p_{i\cdot}p_{\cdot j}}=\sum_{i=1}^{n}\sum_{j=1}^{p}b_{ij}^2=\frac{\chi^2}{T},\quad(10.82)$$

式中:χ^2 统计量是检验行点和列点是否互不相关的检验统计量,其计算公式见式(10.79)。

(5) 对标准化后的新数据阵 $\boldsymbol{B}$ 作奇异值分解,由式(10.81)知

$$\boldsymbol{B}=\boldsymbol{U}_1\boldsymbol{\Lambda}_m\boldsymbol{V}_1^{\mathrm{T}},m=\mathrm{rank}(\boldsymbol{B})\leqslant\min(n-1,p-1),$$

式中

$$\boldsymbol{\Lambda}_m=\mathrm{diag}(d_1,\cdots,d_m),\boldsymbol{V}_1^{\mathrm{T}}\boldsymbol{V}_1=\boldsymbol{I}_m,\boldsymbol{U}_1^{\mathrm{T}}\boldsymbol{U}_1=\boldsymbol{I}_m,$$

即 $\boldsymbol{V}_1,\boldsymbol{U}_1$ 分别为 $p\times m$ 和 $n\times m$ 列正交矩阵,求 $\boldsymbol{B}$ 的奇异值分解式其实是通过求 $\boldsymbol{S}_{\mathrm{R}}=\boldsymbol{B}^{\mathrm{T}}\boldsymbol{B}$ 矩阵的特征值和标准化特征向量得到。设特征值为 $\lambda_1\geqslant\lambda_2\geqslant\cdots\geqslant\lambda_m>0$,相应标准化特征向量为 $\boldsymbol{\eta}_1,\boldsymbol{\eta}_2,\cdots,\boldsymbol{\eta}_m$。在实际应用中常按累积贡献率

$$\frac{\lambda_1+\lambda_2+\cdots+\lambda_l}{\lambda_1+\cdots+\lambda_l+\cdots+\lambda_m}\geqslant0.80(\text{或}\,0.70,0.85)$$

确定所取公共因子个数 $l(l\leqslant m)$,$\boldsymbol{B}$ 的奇异值 $d_j=\sqrt{\lambda_j}(j=1,2,\cdots,m)$。以下仍用 m 表示选定的因子个数。

(6) 计算行轮廓的坐标 $\boldsymbol{G}$ 和列轮廓的坐标 $\boldsymbol{F}$。令 $\boldsymbol{\alpha}_i=\boldsymbol{D}_c^{-1/2}\boldsymbol{\eta}_i$,则 $\boldsymbol{\alpha}_i^{\mathrm{T}}\boldsymbol{D}_c\boldsymbol{\alpha}_i=1(i=1,2,\cdots,m)$。R 型因子分析的"因子载荷矩阵"(或列轮廓坐标)为

$$\boldsymbol{F}=[d_1\boldsymbol{\alpha}_1,d_2\boldsymbol{\alpha}_2,\cdots,d_m\boldsymbol{\alpha}_m]=\boldsymbol{D}_c^{-1/2}\boldsymbol{V}_1\boldsymbol{\Lambda}_m=\begin{bmatrix}\frac{d_1}{\sqrt{p_{\cdot1}}}v_{11}&\frac{d_2}{\sqrt{p_{\cdot1}}}v_{12}&\cdots&\frac{d_m}{\sqrt{p_{\cdot1}}}v_{1m}\\\frac{d_1}{\sqrt{p_{\cdot2}}}v_{21}&\frac{d_2}{\sqrt{p_{\cdot2}}}v_{22}&\cdots&\frac{d_m}{\sqrt{p_{\cdot2}}}v_{2m}\\\vdots&\vdots&\ddots&\vdots\\\frac{d_1}{\sqrt{p_{\cdot p}}}v_{p1}&\frac{d_2}{\sqrt{p_{\cdot p}}}v_{p2}&\cdots&\frac{d_m}{\sqrt{p_{\cdot p}}}v_{pm}\end{bmatrix},$$

式中:$\boldsymbol{D}_c^{-1/2}$ 为 p 阶矩阵;$\boldsymbol{V}_1$ 为 $p\times m$ 矩阵,有

$$\boldsymbol{V}_1=[\boldsymbol{\eta}_1,\quad\cdots,\quad\boldsymbol{\eta}_m]=\begin{bmatrix}v_{11}&\cdots&v_{1m}\\\vdots&\ddots&\vdots\\v_{p1}&\cdots&v_{pm}\end{bmatrix}。$$

令 $\boldsymbol{\beta}_i=\boldsymbol{D}_r^{-1/2}\boldsymbol{\gamma}_i$,则 $\boldsymbol{\gamma}_i^{\mathrm{T}}\boldsymbol{D}_r\boldsymbol{\gamma}_i=1(i=1,2,\cdots,m)$。Q 型因子分析的"因子载荷矩阵"(或行轮廓坐标)为

$$\boldsymbol{G}=[d_1\boldsymbol{\gamma}_1,d_2\boldsymbol{\gamma}_2,\cdots,d_m\boldsymbol{\gamma}_m]=\boldsymbol{D}_r^{-1/2}\boldsymbol{U}_1\boldsymbol{\Lambda}_m$$

$$
= \begin{bmatrix} \frac{d_1}{\sqrt{p_{1\cdot}}}u_{11} & \frac{d_2}{\sqrt{p_{1\cdot}}}u_{12} & \cdots & \frac{d_m}{\sqrt{p_{1\cdot}}}u_{1m} \\ \frac{d_1}{\sqrt{p_{2\cdot}}}u_{21} & \frac{d_2}{\sqrt{p_{2\cdot}}}u_{22} & \cdots & \frac{d_m}{\sqrt{p_{2\cdot}}}u_{2m} \\ \vdots & \vdots & \ddots & \vdots \\ \frac{d_1}{\sqrt{p_{n\cdot}}}u_{n1} & \frac{d_2}{\sqrt{p_{n\cdot}}}u_{n2} & \cdots & \frac{d_m}{\sqrt{p_{n\cdot}}}u_{nm} \end{bmatrix},
$$

式中:$\boldsymbol{D}_r^{-1/2}$ 为 n 阶矩阵;$\boldsymbol{U}_1$ 为 $n \times m$ 矩阵,有

$$
\boldsymbol{U}_1 = [\boldsymbol{\gamma}_1, \quad \cdots, \quad \boldsymbol{\gamma}_m] = \begin{bmatrix} u_{11} & \cdots & u_{1m} \\ \vdots & \ddots & \vdots \\ u_{n1} & \cdots & u_{nm} \end{bmatrix}。
$$

常把 $\boldsymbol{\alpha}_i$ 或 $\boldsymbol{\beta}_i(i=1,2,\cdots,m)$ 称为加权意义下有单位长度的特征向量。

注:行轮廓的坐标 $\boldsymbol{G}$ 和列轮廓的坐标 $\boldsymbol{F}$ 的定义与 Q 型和 R 型因子载荷矩阵稍有差别。$\boldsymbol{G}$ 的前两列包含了数据最优二维表示中的各对行点(样品点)的坐标,而 $\boldsymbol{F}$ 的前两列则包含了数据最优二维表示中的各对列点(变量点)的坐标。

(7) 在相同二维平面上用行轮廓的坐标 $\boldsymbol{G}$ 和列轮廓的坐标 $\boldsymbol{F}$(取 $m=2$)绘制出点的平面图。也就是把 n 个行点(样品点)和 p 个列点(变量点)在同一个平面坐标系中绘制出来,对一组行点或一组列点,二维图中的欧氏距离与原始数据中各行(或列)轮廓之间的加权距离是相对应的。但需注意的是,对应行轮廓的点与对应列轮廓的点之间没有直接的距离关系。

(8) 求总惯量 Q 和 χ^2 统计量的分解式。由式(10.82)可知

$$
Q = \sum_{i=1}^{n}\sum_{j=1}^{p} b_{ij}^2 = \mathrm{tr}(\boldsymbol{B}^{\mathrm{T}}\boldsymbol{B}) = \sum_{i=1}^{m}\lambda_i = \sum_{i=1}^{m} d_i^2, \tag{10.83}
$$

其中:$\lambda_i(i=1,2,\cdots,m)$ 是 $\boldsymbol{B}^{\mathrm{T}}\boldsymbol{B}$ 的特征值,称为第 i 个主惯量;$d_i=\sqrt{\lambda_i}(i=1,2,\cdots,m)$ 是 $\boldsymbol{B}$ 的奇异值。式(10.83)给出了 Q 的分解式,第 i 个因子($i=1,2,\cdots,m$)轴末端的惯量 $Q_i=d_i^2$。相应地,有

$$
\chi^2 = TQ = T\sum_{i=1}^{m} d_i^2, \tag{10.84}
$$

即总 χ^2 统计量的分解式。

(9) 对样品点和变量点进行分类,并结合专业知识进行成因解释。

10.6.3 应用例子

对应分析处理的数据可以是二维频数表(或称双向列联表),或者是两个或多个属性变量的原始类目响应数据。

对应分析是列联表的一类加权主成分分析,它用于寻求列联表的行和列之间联系的低维图形表示法。每一行或每一列用单元频数确定的欧氏空间中的一个点表示。

例 10.17 表 10.40 的数据是美国在 1973—1978 年间授予哲学博士学位的数目(美国人口调查局,1979 年)。试用对应分析方法分析该组数据。

表 10.40 美国于 1973—1978 年间授予哲学博士学位的数目

学科 \ 年	1973	1974	1975	1976	1977	1978
L(生命科学)	4489	4303	4402	4350	4266	4361
P(物理学)	4101	3800	3749	3572	3410	3234
S(社会学)	3354	3286	3344	3278	3137	3008
B(行为科学)	2444	2587	2749	2878	2960	3049
E(工程学)	3338	3144	2959	2791	2641	2432
M(数学)	1222	1196	1149	1003	959	959

解 如果把年度和学科作为两个属性变量,年度考虑 1973—1978 年这 6 年的情况(6 个类目),学科也考虑 6 种学科,那么表 10.40 是一张两个属性变量的列联表。

利用 Matlab 对表 10.40 的数据进行对应分析,可得出行形象(或称行剖面)、惯量(Inertia)和 χ^2(ChiSquare,中文有时用“卡方”)分解,以及行和列的坐标等。计算结果见表 10.41 ~ 表 10.44。

表 10.41 行轮廓分布阵 $\boldsymbol{R}$

	1973	1974	1975	1976	1977	1978
L(生命科学)	0.171526	0.164419	0.168201	0.166215	0.163005	0.166635
P(物理学)	0.187551	0.173786	0.171453	0.163359	0.15595	0.147901
S(社会学)	0.172824	0.16932	0.172309	0.168908	0.161643	0.154996
B(行为科学)	0.146637	0.155217	0.164937	0.172677	0.177596	0.182936
E(工程学)	0.192892	0.181682	0.170991	0.161283	0.152615	0.140537
M(数学)	0.188348	0.18434	0.177096	0.154593	0.147811	0.147811

表 10.42 惯量和 χ^2(卡方)分解

奇异值	主惯量	卡方	贡献率	累积贡献率
0.058451	0.003416	368.6531	0.960393	0.960393
0.008608	7.41E-05	7.994719	0.020827	0.981221
0.00694	4.82E-05	5.196983	0.013539	0.99476
0.004143	1.72E-05	1.85184	0.004824	0.999584
0.001217	1.48E-06	0.159738	0.000416	1

注:奇异值的个数 $m=\min\{n-1,p-1\}$,Matlab 计算中的最后一个奇异值近似为 0,舍去

总 χ^2 统计量等于 383.8563,该值是中心化的列联表($\tilde{\boldsymbol{P}}$)的全部 5 维中行和列之间相关性的度量,它的最大维数 5(或坐标轴)是行数和列数的最小值减 1。即总 χ^2 统计量就是检验两个属性变量是否互不相关时的检验统计量,这里它的自由度为 25。在总 χ^2 或总

惯量的96%以上可用第一维说明,也就是说,行和列的类目之间的联系实质上可用一维表示。

表 10.43　行坐标

	L(生命科学)	P(物理学)	S(社会学)	B(行为科学)	E(工程学)	M(数学)
第一维	0.0258	−0.0413	0.0014	0.1100	−0.0704	−0.0639
第二维	0.0081	−0.0024	−0.0114	−0.0013	−0.0037	0.0228

由表 10.43 可以看出,第一维显示 6 门学科(样品)授予博士学位数目的变化方向;同时也可看出,在第一维中坐标最大的样品点(0.1100)所对应的学科是“行为科学”,该学科授予博士学位的数目是随年度的变化而上升的;“生命科学”和“社会科学”变化不大;而另外三个学科授予博士学位的数目是随年度的变化而下降的。

表 10.44　列坐标

	1973	1974	1975	1976	1977	1978
第一维	−0.0840	−0.0509	−0.0148	0.0242	0.0512	0.0864
第二维	0.0033	0.0029	0.0008	−0.0129	−0.0082	0.0143

由表 10.44 可以看出,第一维显示出 6 个年度(变量)授予博士学位的数目随年份的增加而递增的变化方向。

图 10.8 给出了行、列坐标的散布图。从散布图可看出,由表示学科的行点沿横轴——第一维方向上的排列显示出,随年度变化授予的博士学位数目从最大(表示“行为科学”的 B)减少到最小(表示“工程学”的 E)的学科排列次序。图 10.8 给出了授予的博士学位数目依赖于学科变化的变化率。

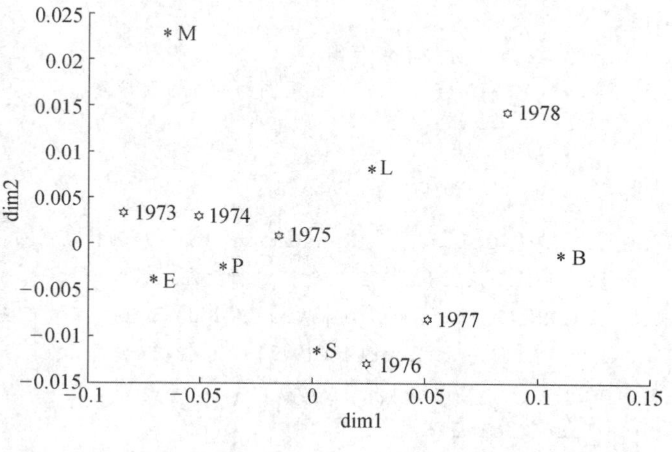

图 10.8　行点和列点的散布图

由图 10.8、表 10.43 和表 10.44 可看出,6 个行点和 6 个列点可以分为三类:第一类包括“行为科学(B)”,它在 1978 年授予的博士学位数目的比例最大;第二类包括“社会学(S)”和“生命科学(L)”,它们在 1975—1977 年授予的博士学位数目的比例都是随年度下降;第三类包括“物理学(P)”、“工程学(E)”和“数学(M)”,它们在1973年和1974年这两年授予的博士学位数目的比例最大。

计算的Matlab程序如下:

```
clc, clear
format long g
a=load('dy.txt'); % 原始文件保存在纯文本文件dy.txt中
T=sum(sum(a));
P=a/T; % 计算对应矩阵P
r=sum(P,2), c=sum(P) % 计算边缘分布
Row_prifile=a./repmat(sum(a,2),1,size(a,2)) % 计算行轮廓分布阵
B=(P-r*c)./sqrt((r*c)); % 计算标准化数据阵B
[u,s,v] = svd(B,'econ') % 对标准化后的数据阵B作奇异值分解
w=sign(repmat(sum(v),size(v,1),1)) % 修改特征向量的符号矩阵
% 使得v中的每一个列向量的分量和大于0
ub=u.*w % 修改特征向量的正负号
vb=v.*w % 修改特征向量的正负号
lamda=diag(s).^2 % 计算Z'*Z的特征值,即计算惯量
ksi2square=T*(lamda) % 计算卡方统计量的分解
T_ksi2square=sum(ksi2square) % 计算总卡方统计量
con_rate=lamda/sum(lamda) % 计算贡献率
cum_rate=cumsum(con_rate) % 计算累积贡献率
beta=diag(r.^(-1/2))*ub; % 求加权特征向量
G=beta*s % 求行轮廓坐标
alpha=diag(c.^(-1/2))*vb; % 求加权特征向量
F=alpha*s % 求列轮廓坐标F
num=size(G,1);
rang=minmax(G(:,1)'); % 坐标的取值范围
delta=(rang(2)-rang(1))/(8*num); % 画图的标注位置调整量
ch='LPSBEM';
hold on
for i=1:num
plot(G(i,1),G(i,2),'*','Color','k','LineWidth',1.3) % 画行点散布图
text(G(i,1)+delta,G(i,2),ch(i)) % 对行点进行标注
plot(F(i,1),F(i,2),'H','Color','k','LineWidth',1.3) % 画列点散布图
text(F(i,1)+delta,F(i,2),int2str(i+1972)) % 对列点进行标注
end
xlabel('dim1'), ylabel('dim2')
xlswrite('tt1',[diag(s),lamda,ksi2square,con_rate,cum_rate])
% 把计算结果输出到Excel文件,这样便于把数据直接贴到Word中的表格
format
```

例10.18 试用对应分析研究我国部分省(自治区)的农村居民家庭人均消费支出结构。选取7个变量:A为食品支出比例,B为衣着支出比例,C为居住支出比例,D为家

庭设备及服务支出比例,E 为医疗保健支出比例,F 为交通和通信支出比例,G 为文教娱乐、日用品及服务支出比例。考察的地区(即样品)有 10 个:山西、内蒙古、吉林、辽宁、黑龙江、海南、四川、贵州、甘肃、青海(原始数据见表 10.45)。

表 10.45　中国 10 个省(自治区)农村居民家庭人均消费支出数据

地区	A	B	C	D	E	F	G
1 山西	0.583910	0.111480	0.092473	0.050073	0.038193	0.018803	0.079946
2 内蒙古	0.581218	0.081315	0.112380	0.042396	0.043280	0.040004	0.083339
3 辽宁	0.565036	0.100121	0.123970	0.041121	0.043429	0.031328	0.078919
4 吉林	0.530918	0.105360	0.116952	0.045064	0.043735	0.038508	0.095256
5 黑龙江	0.555201	0.096500	0.143498	0.037566	0.052111	0.026267	0.072829
6 海南	0.654952	0.047852	0.095238	0.047945	0.022134	0.018519	0.096844
7 四川	0.640012	0.061680	0.116677	0.048471	0.033529	0.017439	0.072043
8 贵州	0.725239	0.056362	0.073262	0.044388	0.016366	0.015720	0.057261
9 甘肃	0.678630	0.058043	0.088316	0.038100	0.039794	0.015167	0.067999
10 青海	0.665913	0.088508	0.096899	0.038191	0.039275	0.019243	0.033801

解　数据表 10.45 中列变量(A,B,C,D,E,F,G)是消费支出的几个指标,可以理解为属性变量“消费支出”的几个水平(或类目)。表 10.45 中的样品(行变量)是几个不同的地区,可理解为属性变量“地区”的几个不同水平(或类目)。

表 10.46 和图 10.9 给出了计算的主要结果。

表 10.46　惯量和 χ^2(卡方)分解

奇异值	主惯量	卡方	贡献率	累积贡献率
0.13161	0.017321	0.170306	0.655946	0.655946
0.069681	0.004855	0.04774	0.183872	0.839818
0.048169	0.00232	0.022814	0.087868	0.927686
0.035818	0.001283	0.012614	0.048585	0.976271
0.022939	0.000526	0.005174	0.019927	0.996198
0.01002	0.0001	0.000987	0.003802	1

总 χ^2 统计量等于 0.2596,总 χ^2 统计量的 83.98%用前两维即可说明,它表示行点和列点之间的关系用二维表示就足够了。

在图 10.9 中,给出 10 个样品点和 7 个变量点(用 A、B、C、D、E、F、G 表示)在相同坐标系上绘制的散布图。从图中可以看出,样品点和变量点可以分为两类;第一类包括变量点 B、C、E、F、G 和样品点山西、内蒙古、辽宁、吉林、黑龙江;第二类包括变量点 A,D 和样品点海南、四川、贵州、甘肃、青海。

在第一类中,变量为衣着(B)、居住(C)、医疗保健(E)、交通和通信(F)、文教娱乐、日用品及服务(G)的支出分别占总支出的比例;地区有山西、内蒙古、辽宁、吉林、黑龙江,

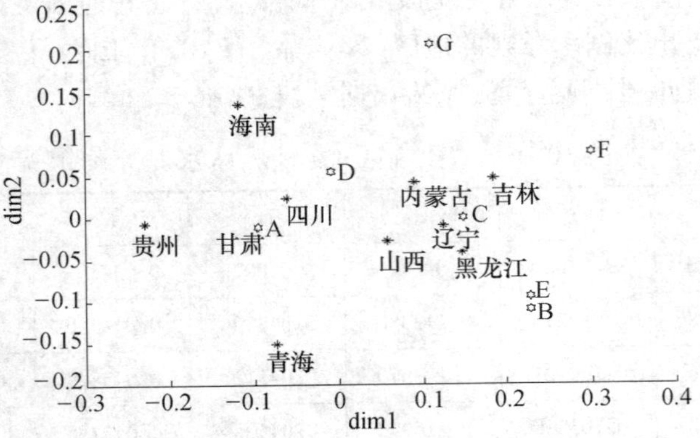

图 10.9　行点和列点的散布图

它们位于我国的东部和北部地区,说明这5个地区的消费支出结构相似。在第二类中,变量为食品(A)、家庭设备及服务(D)的支出分别占总支出的比例;地区有海南、四川、贵州、甘肃、青海,它们位于我国的南部和西部地区,说明这5个地区的消费支出结构相似。

计算的 Matlab 程序如下:

```
clc, clear
a = load('xf.txt'); % 原始文件保存在纯文本文件 xf.txt 中
T = sum(sum(a));
P = a/T; % 计算对应矩阵 P
r = sum(P,2), c = sum(P) % 计算边缘分布
Row_prifile = a./repmat(sum(a,2),1,size(a,2)) % 计算行轮廓分布阵
B = (P - r * c)./sqrt((r * c)); % 计算标准化数据阵 B
[u,s,v] = svd(B,'econ') % 对标准化后的数据阵 B 作奇异值分解
w1 = sign(repmat(sum(v),size(v,1),1)) % 修改特征向量的符号矩阵,使得 v 中的每一个
列向量的分量和大于0
w2 = sign(repmat(sum(v),size(u,1),1)) % 根据 v 对应地修改 u 的符号
vb = v. * w1 % 修改特征向量的正负号
ub = u. * w2 % 修改特征向量的正负号,本例中样本点个数和变量个数不等
lamda = diag(s).^2 % 计算 Z' * Z 的特征值,即计算主惯量
ksi2square = T * (lamda) % 计算卡方统计量的分解
T_ksi2square = sum(ksi2square) % 计算总卡方统计量
con_rate = lamda / sum(lamda) % 计算贡献率
cum_rate = cumsum(con_rate) % 计算累积贡献率
beta = diag(r.^(-1/2)) * ub; % 求加权特征向量
G = beta * s % 求行轮廓坐标
alpha = diag(c.^(-1/2)) * vb; % 求加权特征向量
F = alpha * s % 求列轮廓坐标 F
num1 = size(G,1); % 样本点的个数
rang = minmax(G(:,[1,2])'); % 坐标的取值范围
delta = (rang(:,2) - rang(:,1))/(5 * num1); % 画图的标注位置调整量
ch = {'A', 'B', 'C', 'D', 'E', 'F', 'G'};
```

```
yb={'山西','内蒙古','辽宁','吉林','黑龙江','海南','四川','贵州','甘肃','青海'};
hold on
plot(G(:,1),G(:,2),'*','Color','k','LineWidth',1.3) % 画行点散布图
text(G(:,1)-delta(1),G(:,2)-3*delta(2),yb) % 对行点进行标注
plot(F(:,1),F(:,2),'H','Color','k','LineWidth',1.3) % 画列点散布图
text(F(:,1)+delta(1),F(:,2),ch) % 对列点进行标注
xlabel('dim1'), ylabel('dim2')
xlswrite('tt',[diag(s),lamda,ksi2square,con_rate,cum_rate])
% 把计算结果输出到 Excel 文件,这样便于把数据直接粘贴到 Word 中的表格
ind1=find(G(:,1)>0); % 根据行坐标第一维进行分类
rowclass=yb(ind1) % 提出第一类样本点
ind2=find(F(:,1)>0); % 根据列坐标第一维进行分类
colclass=ch(ind2) % 提出第一类变量
```

10.6.4 对应分析在品牌定位研究中的应用研究

对应分析(Correspondence Analysis)是研究变量间相互关系的有效方法,通过对交叉列表(Cross - table)结构的研究,揭示变量不同水平间的对应关系,是市场研究中经常用到的统计技术。

1. 基本原理

假定某产品有 n 个品牌,形象评价用语 p 个,以 a_{ij} 表示"认为第 i 个品牌具有第 j 形象"的人数,以 $a_{i.}$ 表示评价第 i 个品牌的总人数,$a_{.j}$ 表示回答第 j 个形象的总人数($i=1,2,\cdots,n;j=1,2,\cdots,p$),即 $a_{i.}=\sum_{j=1}^{p}a_{ij}, a_{.j}=\sum_{i=1}^{n}a_{ij}$。记 $\boldsymbol{A}=(a_{ij})_{n\times p}$。

首先把数据阵 $\boldsymbol{A}$ 化为规格化的"概率"矩阵 $\boldsymbol{P}$,记 $\boldsymbol{P}=(p_{ij})_{n\times p}$,其中 $p_{ij}=a_{ij}/T$,$T=\sum_{i=1}^{n}\sum_{j=1}^{p}a_{ij}$。再对数据进行对应变换,令 $\boldsymbol{B}=(b_{ij})_{n\times p}$,其中

$$b_{ij}=\frac{p_{ij}-p_{i.}p_{.j}}{\sqrt{p_{i.}p_{.j}}}=\frac{a_{ij}-a_{i.}a_{.j}/T}{\sqrt{a_{i.}a_{.j}}}, i=1,2,\cdots,n;j=1,2,\cdots,p。$$

对 $\boldsymbol{B}$ 进行奇异值分解,$\boldsymbol{B}=\boldsymbol{U\Lambda V}^{\mathrm{T}}$,其中 $\boldsymbol{U}$ 为 $n\times n$ 正交矩阵,$\boldsymbol{V}$ 为 $p\times p$ 正交矩阵,$\boldsymbol{\Lambda}=\begin{bmatrix}\boldsymbol{\Lambda}_m & \boldsymbol{0}\\ \boldsymbol{0} & \boldsymbol{0}\end{bmatrix}$,这里 $\boldsymbol{\Lambda}_m=\mathrm{diag}(d_1,\cdots,d_m)$,其中 $d_i(i=1,2,\cdots,m)$ 为 $\boldsymbol{B}$ 的奇异值。

记 $\boldsymbol{U}=[\boldsymbol{U}_1 \vdots \boldsymbol{U}_2]$,$\boldsymbol{V}=[\boldsymbol{V}_1 \vdots \boldsymbol{V}_2]$,其中 $\boldsymbol{U}_1$ 为 $n\times m$ 的列正交矩阵,$\boldsymbol{V}_1$ 为 $p\times m$ 的列正交矩阵,则 $\boldsymbol{B}$ 的奇异值分解式等价于 $\boldsymbol{B}=\boldsymbol{U}_1\boldsymbol{\Lambda}_m\boldsymbol{V}_1^{\mathrm{T}}$。

记 $\boldsymbol{D}_r=\mathrm{diag}(p_{1.},p_{2.},\cdots,p_{n.})$,$\boldsymbol{D}_c=\mathrm{diag}(p_{.1},p_{.2},\cdots,p_{.p})$,其中 $p_{i.}=\sum_{j=1}^{p}p_{ij}, p_{.j}=\sum_{i=1}^{n}p_{ij}$。则列轮廓的坐标为 $\boldsymbol{F}=\boldsymbol{D}_c^{-1/2}\boldsymbol{V}_1\boldsymbol{\Lambda}_m$,行轮廓的坐标为 $\boldsymbol{G}=\boldsymbol{D}_r^{-1/2}\boldsymbol{U}_1\boldsymbol{\Lambda}_m$。

最后通过贡献率的比较确定需截取的维数,形成对应分析图。

2. 应用案例

受某家电企业的委托,调查公司在全国 10 个大城市进行了入户调查,重点检测 5 个

空调品牌的形象特征，形象空间包括少男、少女、白领等 8 个形象指标。

1）基础资料整理

对应分析需要将品牌指标与形象指标数据按交叉列表的方式整理，数据整理结果见表 10.47。

表 10.47　10 城市调研基础数据

品牌	形象空间								
	少男	少女	白领	工人	农民	士兵	主管	教授	行和
A	543	342	453	609	261	360	243	183	2994
B	245	785	630	597	311	233	108	69	2978
C	300	200	489	740	365	324	327	228	2973
D	401	396	395	693	350	309	263	143	2950
E	147	117	410	726	366	447	329	420	2962
列和	1636	1840	2377	3365	1653	1673	1270	1043	14857

2）计算惯量，确定维数

惯量（Inertia）实际上就是 $B^{T}B$ 的特征值，表示相应维数对各类别的解释量，最大维数 $m=\min\{n-1,p-1\}$，本例最多可以产生 4 个维数。从计算结果（表 10.48）可见，第一维数的解释量达 75%，前 2 个维数的解释度已达 95%。

选取几个维数对结果进行分析，需结合实际情况，一般解释量累积达 85% 以上即可获得较好的分析效果，故本例取两个维数即可。

表 10.48　各维数的惯量、奇异值、贡献率

维数	奇异值	惯量	贡献率	累积贡献率
1	0.289722	0.083939	0.74992	0.74992
2	0.149634	0.02239	0.200039	0.949959
3	0.064019	0.004098	0.036616	0.986575
4	0.038764	0.001503	0.013425	1

3）计算行坐标和列坐标

行坐标和列坐标的计算结果见表 10.49 和表 10.50。

表 10.49　行坐标

品牌 坐标	A	B	C	D	E
第一维	-0.0267	-0.4790	0.1644	-0.0559	0.3992
第二维	0.2231	-0.1590	0.0064	0.0946	-0.1663

表 10.50　列坐标

形象 坐标	少男	少女	白领	工人	农民	士兵	主管	教授
第一维	-0.0975	-0.6147	-0.1334	0.0724	0.0639	0.1923	0.3049	0.5269
第二维	0.3986	-0.1062	-0.0753	-0.0188	-0.0673	0.001	0.049	-0.1601

在图 10.10 中,给出 5 个样品点和 8 个形象指标在相同坐标系上绘制的散布图。从图中可以非常直观地反映出品牌 A 是“少男”,品牌 B 是“少女”,品牌 C 是“士兵”,品牌 D 是“工人”,品牌 E 是“教授”。

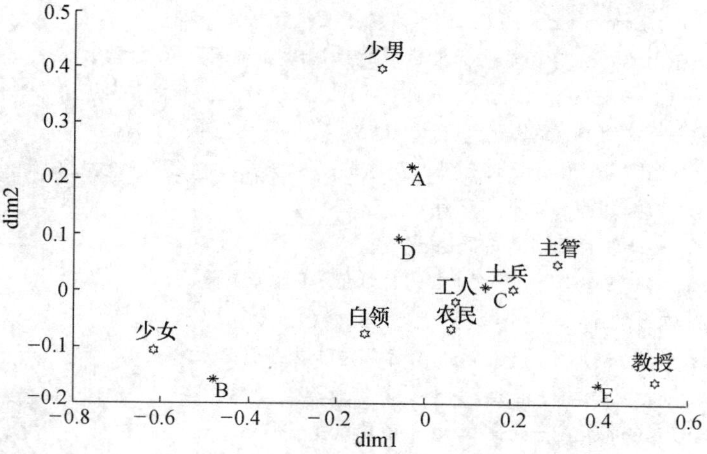

图 10.10 行点和列点的散布图

4）补充

由于品牌与形象指标在同一坐标系下,可以借助欧氏距离公式从数量的角度度量品牌与形象的密切程度,计算结果见表 10.51。从中可见,品牌 A 的形象主要是“少年”,品牌 B 的形象主要是“少女”,品牌 C 的形象主要是“士兵”,品牌 D 的形象主要是“工人”,品牌 E 的形象主要是教授。

表 10.51 各品牌与各形象间的距离

形象 品牌	少男	少年	白领	工人	农民	士兵	主管	教授
A	0.1893	0.674	0.317	0.2617	0.3041	0.3119	0.3745	0.6733
B	0.6756	0.1456	0.3556	0.569	0.5507	0.6902	0.8111	1.006
C	0.4716	0.7872	0.3088	0.0954	0.1246	0.0285	0.1468	0.399
D	0.3069	0.5938	0.1867	0.1712	0.2013	0.2653	0.3636	0.636
E	0.7522	1.01569	0.5403	0.3586	0.3496	0.266	0.235	0.1279

计算的 Matlab 程序如下:

```
clc,clear
a=[543 342 453 609 261 360 243 183
245 785 630 597 311 233 108 69
300 200 489 740 365 324 327 228
401 396 395 693 350 309 263 143
147 117 410 726 366 447 329 420];
a_i_dot=sum(a,2)  % 计算行和
a_dot_j=sum(a)  % 计算列和
```

```
T = sum(a_i_dot)  % 计算数据的总和
P = a/T;  % 计算对应矩阵 P
r = sum(P,2), c = sum(P)  % 计算边缘分布
Row_prifile = a./repmat(sum(a,2),1,size(a,2))  % 计算行轮廓分布阵
B = (P - r * c)./sqrt((r * c));  % 计算标准化数据阵 B
[u,s,v] = svd(B,'econ')  % 对标准化后的数据阵 B 作奇异值分解
w1 = sign(repmat(sum(v),size(v,1),1)) % 修改特征向量的符号矩阵
% 使得 v 中的每一个列向量的分量和大于0
w2 = sign(repmat(sum(v),size(u,1),1));  % 根据 v 对应地修改 u 的符号
vb = v. * w1;  % 修改特征向量的正负号
ub = u. * w2;  % 修改特征向量的正负号
lamda = diag(s).^2  % 计算 Z' * Z 的特征值,即计算惯量
ksi2square = T * (lamda)  % 计算卡方统计量的分解
T_ksi2square = sum(ksi2square) % 计算总卡方统计量
con_rate = lamda / sum(lamda)  % 计算贡献率
cum_rate = cumsum(con_rate)  % 计算累积贡献率
beta = diag(r.^( -1/2)) * ub;  % 求加权特征向量
G = beta * s  % 求行轮廓坐标 G
alpha = diag(c.^( -1/2)) * vb;  % 求加权特征向量
F = alpha * s  % 求列轮廓坐标 F
num1 = size(G,1);  % 样本点的个数
rang = minmax(G(:,[1 2])');  % 行坐标的取值范围
delta = (rang(:,2) - rang(:,1)) / (4 * num1); % 画图的标注位置调整量
chrow = {'A', 'B', 'C', 'D', 'E'};
strcol = {'少男','少女','白领','工人','农民','士兵','主管','教授'};
hold on
plot(G(:,1),G(:,2),'*','Color','k','LineWidth',1.3)  % 画行点散布图
text(G(:,1),G(:,2) - delta(2),chrow) % 对行点进行标注
plot(F(:,1),F(:,2),'H','Color','k','LineWidth',1.3) % 画列点散布图
text(F(:,1) - delta(1),F(:,2) + 1.2 * delta(2),strcol) % 对列点进行标注
xlabel('dim1'), ylabel('dim2')
xlswrite('tt',[diag(s),lamda,ksi2square,con_rate,cum_rate])
% 把计算结果输出到 Excel 文件,这样便于把数据直接粘贴到 Word 中的表格
dd = dist(G(:,1:2),F(:,1:2)') % 计算两个矩阵对应行向量之间的距离
```

10.7 多维标度法

10.7.1 引例

在实际中往往会碰到这样的问题:有 n 个由多个指标(变量)反映的客体,但反映客体的指标个数是多少不清楚,甚至指标本身是什么也是模糊的,更谈不上直接测量或观察它,所能知道的仅是这 n 个客体之间的某种距离(不一定是通常的欧几里得距离)或者某

种相似性，我们希望仅由这种距离或者相似性给出的信息出发，在较低维的欧几里得空间把这 n 个客体（作为几何点）的图形描绘出来，从而尽可能揭示这 n 个客体之间的真实结构关系，这就是多维标度法所要研究的问题。

一个经典的例子是利用城市之间的距离来绘制地图。

例 10.19 表 10.52 列出了通过测量得到的英国 12 个城市之间公路长度的数据。由于公路不是平直的，所以它们还不是城市之间的最短距离，只可以看作是这些城市之间的近似距离，我们希望利用这些距离数据画一张平面地图，标出这 12 个城市的位置，使之尽量接近表中所给出的距离数据，从而反映它们的真实地理位置。

表 10.52 英国 12 城市之间的公路距离 （单位：mi，1mi = 1.6093km）

	1	2	3	4	5	6	7	8	9	10	11	12
1	0											
2	244	0										
3	218	350	0									
4	284	77	369	0								
5	197	164	347	242	0							
6	312	444	94	463	441	0						
7	215	221	150	236	279	245	0					
8	469	583	251	598	598	169	380	0				
9	166	242	116	257	269	210	55	349	0			
10	212	53	298	72	170	392	168	531	190	0		
11	253	325	57	340	359	143	117	264	91	273	0	
12	270	168	284	164	277	378	143	514	173	111	256	0

注：1—阿伯瑞斯吹，2—布莱顿，3—卡里斯尔，4—多佛，5—爱塞特，6—格拉斯哥，7—赫尔，8—印威内斯，9—里兹，10—伦敦，11—纽加塞耳，12—挪利其

10.7.2 经典的多维标度法

1. 距离阵

这里研究的距离不限于通常的欧几里得距离。首先对距离的意义加以拓广，给出如下的距离阵定义。

定义 10.3 一个 $n\times n$ 阶矩阵 $\boldsymbol{D}=(d_{ij})$，如果满足

(1) $\boldsymbol{D}^{\mathrm{T}}=\boldsymbol{D}$；

(2) $d_{ij}\geqslant 0, d_{ii}=0, i,j=1,2,\cdots,n$。

则称 $\boldsymbol{D}$ 为距离阵，d_{ij} 称为第 i 个点与第 j 个点间的距离。

表 10.52 就是一个距离阵。

有了一个距离阵 $\boldsymbol{D}=(d_{ij})$，多维标度法的目的就是要确定数 k，并且在 k 维空间 $\mathbf{R}^k$ 中求 n 个点 $\boldsymbol{e}_1,\boldsymbol{e}_2,\cdots,\boldsymbol{e}_n$，其中 $\boldsymbol{e}_i=[x_{i1},x_{i2},\cdots,x_{ik}]^{\mathrm{T}}$，使得这 n 个点的欧几里得距离与距离阵中的相应值在某种意义下尽量接近。即如果用 $\hat{\boldsymbol{D}}=(\hat{d}_{ij})$ 记求得的 n 个点的距离阵，

则要求在某种意义下，$\hat{\boldsymbol{D}}$和 $\boldsymbol{D}$ 尽量接近。在实际中，为了使求得的结果易于解释，通常取 $k=1,2,3$。

下面给出多维标度法解的概念。

设按某种要求求得的 n 个点为 $\boldsymbol{e}_1,\boldsymbol{e}_2,\cdots,\boldsymbol{e}_n$，并写成矩阵形式 $\boldsymbol{X}=[\boldsymbol{e}_1,\cdots,\boldsymbol{e}_n]^{\mathrm{T}}$，则称 $\boldsymbol{X}$ 为 $\boldsymbol{D}$ 的一个解（或叫多维标度解）。在多维标度法中，形象地称 $\boldsymbol{X}$ 为距离阵 $\boldsymbol{D}$ 的一个拟合构图（Configuration），由这 n 个点之间的欧几里得距离构成的距离阵称为 $\boldsymbol{D}$ 的拟合距离阵。所谓拟合构图，其含义是有了这 n 个点的坐标，可以在 R^k 中画出图来，使得它们的距离阵$\hat{\boldsymbol{D}}$和原始的 n 个客体的距离阵 $\boldsymbol{D}$ 接近，并可给出原始 n 个客体关系的一个有含义的解释。特别地，如果$\hat{\boldsymbol{D}}=\boldsymbol{D}$，则称 $\boldsymbol{X}$ 为 $\boldsymbol{D}$ 的一个构图。

由于求解的 n 个点仅仅要求它们的相对欧几里得距离和 $\boldsymbol{D}$ 接近，即只要求它们的相对位置确定而与它们在 $\mathbf{R}^k$ 中的绝对位置无关，所以所求得的解不唯一。

根据以上距离阵的定义，并不是任何距离阵 $\boldsymbol{D}$ 都真实地存在一个欧几里得空间 $\mathbf{R}^k$ 和其中的 n 个点，使得 n 个点之间的距离阵等于 $\boldsymbol{D}$。于是，一个距离阵并不一定都有通常距离的含义。为了把有通常含义和没有通常含义的距离阵区别开来，我们引进欧几里得型距离阵和非欧几里得型距离阵的概念。

2. 欧几里得距离阵

定义 10.4 对于一个 $n\times n$ 距离阵 $\boldsymbol{D}=(d_{ij})$，如果存在某个正整数 p 和 R^p 中的 n 个点 $\boldsymbol{e}_1,\boldsymbol{e}_2,\cdots,\boldsymbol{e}_n$，使得

$$d_{ij}^2=(\boldsymbol{e}_i-\boldsymbol{e}_j)^{\mathrm{T}}(\boldsymbol{e}_i-\boldsymbol{e}_j),i,j=1,2,\cdots,n, \tag{10.85}$$

则称 $\boldsymbol{D}$ 为欧几里得距离阵。

为了叙述问题方便，先引进几个记号。设 $\boldsymbol{D}=(d_{ij})$ 为一个距离阵，令

$$\begin{cases}\boldsymbol{A}=(a_{ij}),a_{ij}=-\dfrac{1}{2}d_{ij}^2,\\ \boldsymbol{B}=\boldsymbol{HAH},\text{其中 }\boldsymbol{H}=\boldsymbol{I}_n-\dfrac{1}{n}\boldsymbol{E}_n,\end{cases} \tag{10.86}$$

式中：$\boldsymbol{I}_n$ 为 n 阶单位阵；$\boldsymbol{E}_n=\begin{bmatrix}1 & \cdots & 1\\ \vdots & \ddots & \vdots\\ 1 & \cdots & 1\end{bmatrix}_{n\times n}$。

对 $\boldsymbol{B}$ 计算主成分。如果是实际问题，按空间维数 1，2，3，主成分个数应分别取 $k=1,2,3$。这些主成分的对应分量就是所求的点的坐标。当然，坐标解并不唯一，平移或旋转不改变距离，仍然是解。也可以将其他的距离或相似系数改造成欧几里得距离，来反求其坐标。

3. 多维标度的经典解

下面给出求经典解的步骤。

（1）由距离阵 $\boldsymbol{D}$ 构造矩阵 $\boldsymbol{A}=(a_{ij})=\left(-\dfrac{1}{2}d_{ij}^2\right)$。

（2）作出矩阵 $\boldsymbol{B}=\boldsymbol{HAH}$，其中 $\boldsymbol{H}=\boldsymbol{I}_n-\dfrac{1}{n}\boldsymbol{E}_n$。

(3) 求出 $\boldsymbol{B}$ 的 k 个最大特征值 $\lambda_1 \geqslant \lambda_2 \geqslant \cdots \geqslant \lambda_k$，和对应的正交特征向量 $\boldsymbol{\alpha}_1, \cdots, \boldsymbol{\alpha}_k$，并且满足规格化条件 $\boldsymbol{\alpha}_i^{\mathrm{T}} \boldsymbol{\alpha}_i = \lambda_i, i = 1, 2, \cdots, k$。

需要注意的是，这里关于 k 的选取有两种方法：一种是事先指定，例如 $k = 1, 2, 3$；另一种是考虑前 k 个特征值在全体特征值中所占的比例，这时需将所有特征值 $\lambda_1 \geqslant \cdots \geqslant \lambda_n$ 求出。如果 λ_i 都非负，说明 $\boldsymbol{B} \geqslant 0$，从而 $\boldsymbol{D}$ 为欧几里得距离阵，则依据

$$\varphi = \frac{\lambda_1 + \cdots + \lambda_k}{\lambda_1 + \cdots + \lambda_n} \geqslant \varphi_0 \tag{10.87}$$

确定上式成立的最小 k 值，其中 φ_0 为预先给定的百分数(即变差贡献比例)。如果 λ_i 中有负值，表明 $\boldsymbol{D}$ 不是欧几里得距离阵，这时用

$$\varphi = \frac{\lambda_1 + \cdots + \lambda_k}{|\lambda_1| + \cdots + |\lambda_n|} \geqslant \varphi_0 \tag{10.88}$$

求出最小的 k 值，但必要求 $\lambda_1 \geqslant \cdots \geqslant \lambda_k > 0$，否则必须减少 φ_0 的值以减少个数 k。

(4) 将所求得的特征向量顺序排成一个 $n \times k$ 矩阵 $\hat{\boldsymbol{X}} = [\boldsymbol{\alpha}_1, \cdots, \boldsymbol{\alpha}_k]$，则 $\hat{\boldsymbol{X}}$ 就是 $\boldsymbol{D}$ 的一个拟合构图，或者说 $\hat{\boldsymbol{X}}$ 的行向量 $\boldsymbol{e}_i^{\mathrm{T}} = [x_{i1}, x_{i2}, \cdots, x_{ik}], i = 1, 2, \cdots, n$，对应的点 $P_1, \cdots, P_n$ 是 $\boldsymbol{D}$ 的拟合构图点。这一 k 维拟合图称为经典解 k 维拟合构图(简称经典解)。

例 10.20 设 7×7 阶距离阵

$$\boldsymbol{D} = \begin{bmatrix} 0 & 1 & \sqrt{3} & 2 & \sqrt{3} & 1 & 1 \\ & 0 & 1 & \sqrt{3} & 2 & \sqrt{3} & 1 \\ & & 0 & 1 & \sqrt{3} & 2 & 1 \\ & & & 0 & 1 & \sqrt{3} & 1 \\ & & & & 0 & 1 & 1 \\ & & & & & 0 & 1 \\ & & & & & & 0 \end{bmatrix},$$

求 $\boldsymbol{D}$ 的经典解。

解 编写如下的 Matlab 程序：

```
clc, clear
D=[0, 1, sqrt(3), 2, sqrt(3), 1, 1; zeros(1,2),1, sqrt(3), 2, sqrt(3), 1
   zeros(1,3),1, sqrt(3), 2, 1;zeros(1,4), 1, sqrt(3), 1
   zeros(1,5), 1, 1; zeros(1,6), 1; zeros(1,7)]  % 原始距离矩阵的上三角元素
d=D+D'; % 构造完整的距离矩阵
% d=nonzeros(D')'; % 转换成 pdist 函数输出格式的数据
[y,eigvals]=cmdscale(d) % 求经典解,d 可以为实对称矩阵或 pdist 函数的行向量输出
plot(y(:,1),y(:,2),'o','Color','k','LineWidth',1.3)   % 画出点的坐标
% 下面通过求特征值求经典解
D2=D+D'; % 构造对称距离矩阵
A=-D2.^2/2;   % 构造 A 矩阵
n=size(A,1);
H=eye(n)-ones(n)/n;  % 构造 H 矩阵
```

```
B=H*A*H   % 构造B矩阵
[vec1,val1]=eig(B);  % 求B矩阵的特征向量vec1和特征值val1
[val2,ind]=sort(diag(val1),'descend') % 把特征按从大到小排列
vec2=vec1(:,ind)  % 相应地把特征向量也重新排序
vec3=orth(vec2(:,[1,2])); % 构造正交特征向量
point=[vec3(:,1)*sqrt(val2(1)),vec3(:,2)*sqrt(val2(2))] % 求点的坐标
hold on
plot(point(:,1),point(:,2),'D','Color','k','LineWidth',1.3)   % 验证得到的解和
Matlab不一致
theta=0.409;       % 旋转的角度
T=[cos(theta),-sin(theta);sin(theta),cos(theta)];
Tpoint=point*T;   % 把特征向量进行一个正交变换
plot(Tpoint(:,1),Tpoint(:,2),'+','Color','k','LineWidth',1.3)  % 验证这样得到的
解和Matlab一致
legend('Matlab命令cmdscale求得的解','按照算法求得的一个解','正交变换后得到的与
cmdscale相同的解','Location','best')
```

求得 $\boldsymbol{B}$ 矩阵的特征值为

$$\lambda_1=\lambda_2=3,\lambda_3=\cdots=\lambda_7=0,$$

求得的7个点刚好为边长为1的正六边形的6个顶点和中心。求解结果如图10.11所示。

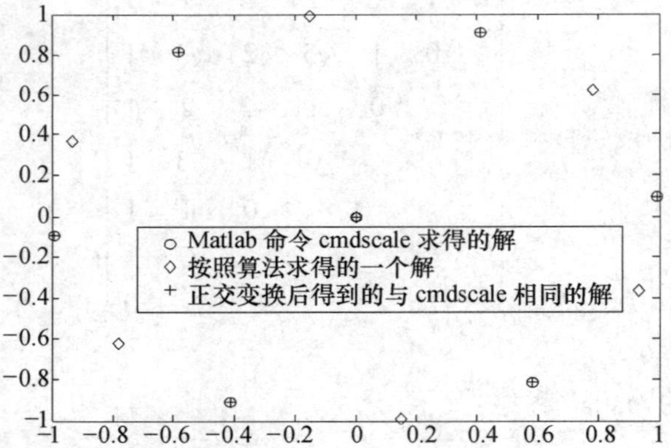

图10.11 多维标度分析求解结果图

例10.21（续例10.19） 求例10.19的经典解。

解 编写Matlab程序如下：

```
clc, clear
d=textread('d.txt');   % 把原始数据保存在纯文本文件d.txt中
d=nonzeros(d)'; % 按照列顺序提出矩阵d中的非零元素,再化成行向量
cities={'1.阿伯瑞斯吹','2.布莱顿','3.卡里斯尔','4.多佛','5.爱塞特',...
'6.格拉斯哥','7.赫尔','8.印威内斯','9.里兹','10.伦敦',...
'11.纽加塞耳','12.挪利其'}  % 构造细胞数组
[y,eigvals]=cmdscale(d)   % 求经典解,这里d为实对称阵或pdist格式的行向量
plot(y(:,1),y(:,2),'o','Color','k','LineWidth',1.5)   % 画出点的坐标
```

```
text(y(:,1)-18,y(:,2)-12,cities); % 对点进行标注
```

求解结果如图 10.12 所示。

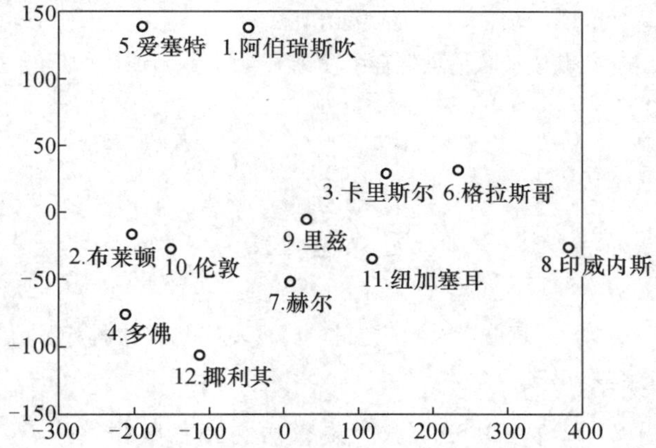

图 10.12　数据的多维标度分析

4. 相似阵情形

有时已知的不是 n 个客体之间的某种距离，而是已知 n 个客体之间的某种相似性，即已知的是一个相似矩阵。

定义 10.5　设 $\boldsymbol{C}=(c_{ij})$ 为一个相似矩阵，令

$$d_{ij} = (c_{ii} - 2c_{ij} + c_{jj})^{1/2}, \tag{10.89}$$

得到一个距离阵 $\boldsymbol{D}=(d_{ij})$，称变换式(10.89)为从相似阵 $\boldsymbol{C}$ 到距离 $\boldsymbol{D}$ 的标准变换。

10.7.3　非度量方法

在实际中，对 n 个客体所能观测到的可能既不是它们之间的距离也不是相似系数，而只是它们之间某种差异程度的顺序。确切地说，例如对其中的两对客体 i 和 j，s 和 t，每对之间都有差异，但具体差异是多少都难以用数值来表示，只知道 i 和 j 的差异要比 s 和 t 的差异大。这样对于 n 个客体的 $\frac{1}{2}n(n-1)$ 对之间的差异程度可以排一个序，即

$$d_{i_1j_1} \leqslant \cdots \leqslant d_{i_mj_m}, m = \frac{1}{2}n(n-1), \tag{10.90}$$

式中：$d_{i_rj_r}$ 为客体 i_r 和 j_r 之间的差异，数学上，可以赋予每个 $d_{i_rj_r}$ 一个数值，但数值大小本身没有什么含义，仅是为了标明式(10.90)中的顺序而用的。

我们希望仅从 n 个客体之间的这种差异顺序出发找出一个拟合构图 $\boldsymbol{X}$ 来反映这 n 个客体之间的结构关系。这就是非度量多维标度所要解决的问题。

在多维标度方法中，使用 Stress 度量拟合精度，Stress 的一种定义如下：

$$\text{Stress} = \left[\frac{\sum\limits_{1\leqslant i<j\leqslant n}(\hat{\delta}_{ij}^2 - d_{ij}^2)^2}{\sum\limits_{1\leqslant i<j\leqslant n}(\hat{\delta}_{ij}^2)^2}\right]^{\frac{1}{2}},$$

式中：$\hat{\delta}_{ij}$ 为拟合后的两点间的距离，Matlab 和 Spss 等软件会直接给出该检验值。

Matlab 中的非度量方法的多维标度分析的命令是 mdscale。

拓展阅读材料

[1] Matlab Statistics Toolbox User's Guide. R2014b.

[2] 方群,邵晓,郭定荣,舰艇编队信息融合中模糊 C－均值算法改进研究[J]. 舰船电子工程, 32(8): 50－51, 92, 2012.

习 题 10

10.1 表 10.53 是 1999 年中国省(自治区、直辖市)的城市规模结构特征的一些数据,试通过聚类分析将这些省(自治区、直辖市)进行分类。

表 10.53 城市规模结构特征数据

省(自治区、直辖市)	城市规模/万人	城市首位度	城市指数	基尼系数	城市规模中位值/万人
京津冀	699.70	1.4371	0.9364	0.7804	10.880
山西	179.46	1.8982	1.0006	0.5870	11.780
内蒙古	111.13	1.4180	0.6772	0.5158	17.775
辽宁	389.60	1.9182	0.8541	0.5762	26.320
吉林	211.34	1.7880	1.0798	0.4569	19.705
黑龙江	259.00	2.3059	0.3417	0.5076	23.480
苏沪	923.19	3.7350	2.0572	0.6208	22.160
浙江	139.29	1.8712	0.8858	0.4536	12.670
安徽	102.78	1.2333	0.5326	0.3798	27.375
福建	108.50	1.7291	0.9325	0.4687	11.120
江西	129.20	3.2454	1.1935	0.4519	17.080
山东	173.35	1.0018	0.4296	0.4503	21.215
河南	151.54	1.4927	0.6775	0.4738	13.940
湖北	434.46	7.1328	2.4413	0.5282	19.190
湖南	139.29	2.3501	0.8360	0.4890	14.250
广东	336.54	3.5407	1.3863	0.4020	22.195
广西	96.12	1.2288	0.6382	0.5000	14.340
海南	45.43	2.1915	0.8648	0.4136	8.730
川渝	365.01	1.6801	1.1486	0.5720	18.615
云南	146.00	6.6333	2.3785	0.5359	12.250
贵州	136.22	2.8279	1.2918	0.5984	10.470
西藏	11.79	4.1514	1.1798	0.6118	7.315
陕西	244.04	5.1194	1.9682	0.6287	17.800
甘肃	145.49	4.7515	1.9366	0.5806	11.650
青海	61.36	8.2695	0.8598	0.8098	7.420
宁夏	47.60	1.5078	0.9587	0.4843	9.730
新疆	128.67	3.8535	1.6216	0.4901	14.470

10.2 表 10.54 是我国 1984—2000 年宏观投资的一些数据，试利用主成分分析对投资效益进行分析和排序。

表 10.54 1984—2000 年宏观投资效益主要指标

年份	投资效果系数（无时滞）	投资效果系数（时滞一年）	全社会固定资产交付使用率	建设项目投产率	基建房屋竣工率
1984	0.71	0.49	0.41	0.51	0.46
1985	0.40	0.49	0.44	0.57	0.50
1986	0.55	0.56	0.48	0.53	0.49
1987	0.62	0.93	0.38	0.53	0.47
1988	0.45	0.42	0.41	0.54	0.47
1989	0.36	0.37	0.46	0.54	0.48
1990	0.55	0.68	0.42	0.54	0.46
1991	0.62	0.90	0.38	0.56	0.46
1992	0.61	0.99	0.33	0.57	0.43
1993	0.71	0.93	0.35	0.66	0.44
1994	0.59	0.69	0.36	0.57	0.48
1995	0.41	0.47	0.40	0.54	0.48
1996	0.26	0.29	0.43	0.57	0.48
1997	0.14	0.16	0.43	0.55	0.47
1998	0.12	0.13	0.45	0.59	0.54
1999	0.22	0.25	0.44	0.58	0.52
2000	0.71	0.49	0.41	0.51	0.46

10.3 表 10.55 资料为 25 名健康人的 7 项生化检验结果，7 项生化检验指标依次命名为 $x_1, x_2, \cdots, x_7$，请对该资料进行因子分析。

表 10.55 检验数据

x_1	x_2	x_3	x_4	x_5	x_6	x_7
3.76	3.66	0.54	5.28	9.77	13.74	4.78
8.59	4.99	1.34	10.02	7.5	10.16	2.13
6.22	6.14	4.52	9.84	2.17	2.73	1.09
7.57	7.28	7.07	12.66	1.79	2.1	0.82
9.03	7.08	2.59	11.76	4.54	6.22	1.28
5.51	3.98	1.3	6.92	5.33	7.3	2.4
3.27	0.62	0.44	3.36	7.63	8.84	8.39
8.74	7	3.31	11.68	3.53	4.76	1.12
9.64	9.49	1.03	13.57	13.13	18.52	2.35
9.73	1.33	1	9.87	9.87	11.06	3.7
8.59	2.98	1.17	9.17	7.85	9.91	2.62
7.12	5.49	3.68	9.72	2.64	3.43	1.19

（续）

x_1	x_2	x_3	x_4	x_5	x_6	x_7
4.69	3.01	2.17	5.98	2.76	3.55	2.01
5.51	1.34	1.27	5.81	4.57	5.38	3.43
1.66	1.61	1.57	2.8	1.78	2.09	3.72
5.9	5.76	1.55	8.84	5.4	7.5	1.97
9.84	9.27	1.51	13.6	9.02	12.67	1.75
8.39	4.92	2.54	10.05	3.96	5.24	1.43
4.94	4.38	1.03	6.68	6.49	9.06	2.81
7.23	2.3	1.77	7.79	4.39	5.37	2.27
9.46	7.31	1.04	12	11.58	16.18	2.42
9.55	5.35	4.25	11.74	2.77	3.51	1.05
4.94	4.52	4.5	8.07	1.79	2.1	1.29
8.21	3.08	2.42	9.1	3.75	4.66	1.72
9.41	6.44	5.11	12.5	2.45	3.1	0.91

10.4 为了了解家庭的特征与其消费模式之间的关系。调查了70个家庭的下面两组变量：

$$\begin{cases} x_1:\text{每年去餐馆就餐的频率} \\ x_2:\text{每年外出看电影的频率} \end{cases},$$

$$\begin{cases} y_1:\text{户主的年龄} \\ y_2:\text{家庭的年收入} \\ y_3:\text{户主受教育程度} \end{cases}。$$

已知相关系数矩阵见表10.56，试对两组变量之间的相关性进行典型相关分析。

表10.56 相关系数矩阵

	x_1	x_2	y_1	y_2	y_3
x_1	1	0.8	0.26	0.67	0.34
x_2	0.8	1	0.33	0.59	0.34
y_1	0.26	0.33	1	0.37	0.21
y_2	0.67	0.59	0.37	1	0.35
y_3	0.34	0.34	0.21	0.35	1

10.5 近年来我国淡水湖水质富营养化的污染日趋严重，如何对湖泊水质的富营养化进行综合评价与治理是摆在我们面前的一项重要任务。表10.57和表10.58分别为我国5个湖泊的实测数据和湖泊水质评价标准。

表10.57 全国5个主要湖泊评价参数的实测数据

评价参数 / 湖泊	总磷/(mg/L)	耗氧量/(mg/L)	透明度/L	总氮/(mg/L)
杭州西湖	130	10.3	0.35	2.76
武汉东湖	105	10.7	0.4	2.0
青海湖	20	1.4	4.5	0.22
巢湖	30	6.26	0.25	1.67
滇池	20	10.13	0.5	0.23

表 10.58　湖泊水质评价标准

评价参数	极贫营养	贫营养	中营养	富营养	极富营养
总磷	<1	4	23	110	>660
耗氧量	<0.09	0.36	1.8	7.1	>27.1
透明度	>37	12	2.4	0.55	<0.17
总氮	<0.02	0.06	0.31	1.2	>4.6

(1) 试利用以上数据,分析总磷、耗氧量、透明度和总氮这 4 种指标对湖泊水质富营养化所起的作用。

(2) 对上述 5 个湖泊的水质进行综合评估,确定水质等级。

10.6 表 10.59 是我国 16 个地区农民 1982 年支出情况的抽样调查的汇总资料,每个地区都调查了反映每人平均生活消费支出情况的 6 个指标:食品(x_1),衣着(x_2),燃料(x_3),住房(x_4),生活用品及其他(x_5),文化生活服务支出(x_6)。

表 10.59　16 个地区农民生活水平的调查数据　　(单位:元)

地区	x_1	x_2	x_3	x_4	x_5	x_6
北京	190.33	43.77	9.73	60.54	49.01	9.04
天津	135.20	36.40	10.47	44.16	36.49	3.94
河北	95.21	22.83	9.30	22.44	22.81	2.80
山西	104.78	25.11	6.40	9.89	18.17	3.25
内蒙古	128.41	27.63	8.94	12.58	23.99	3.27
辽宁	145.68	32.83	17.79	27.29	39.09	3.47
吉林	159.37	33.38	18.37	11.81	25.29	5.22
黑龙江	116.22	29.57	13.24	13.76	21.75	6.04
上海	221.11	38.64	12.53	115.65	50.82	5.89
江苏	144.98	29.12	11.67	42.60	27.30	5.74
浙江	169.92	32.75	12.72	47.12	34.35	5.00
安徽	153.11	23.09	15.62	23.54	18.18	6.39
福建	144.92	21.26	16.96	19.52	21.75	6.73
江西	140.54	21.50	17.64	19.19	15.97	4.94
山东	115.84	30.26	12.20	33.61	33.77	3.85
河南	101.18	23.26	8.46	20.20	20.50	4.30

(1) 试用对应分析方法对所考察的 6 项指标和 16 个地区进行分类。

(2) 用 R 型因子分析方法(参数估计方法用主成分法)分析该组数据;并与(1)的结果比较。

(3) 用聚类分析方法分析该组数据;与(1)、(2)的结果比较。

10.7 表 10.60 的数据是 10 种不同可乐软包装饮料的品牌的相似阵(0 表示相同,100 表示完全不同),试用多维标度法对其进行处理。

表 10.60　可乐软包装饮料数据

品牌＼品牌	1	2	3	4	5	6	7	8	9	10
1. Diet Pepsi	0									
2. Riet – Rite	34	0								
3. Yukon	79	54	0							
4. Dr. Pepper	86	56	70	0						
5. Shasta	76	30	51	66	0					
6. Coca – Cola	63	40	37	90	35	0				
7. Ciet Dr. Pepper	57	86	77	50	76	77	0			
8. Tab	62	80	71	88	67	54	66	0		
9. Papsi – Cola	65	23	69	66	22	35	76	71	0	
10. Diet – Rite	26	60	70	89	63	67	59	33	59	0

10.8　下面是关于摩托车的一个调查,共有 20 种车的数据,其中考察了 5 个变量:

(1) 发动机大小,用 1、2、3、4、5 来代表。

(2) 汽罐容量,用 1、2、3 来相对描述。

(3) 费油率,用 1、2、3、4 来相对描述。

(4) 重量,用 1、2、3、4、5 来描述。

(5) 产地,0 表示北美生产,1 表示其余产地。

试用多维标度法来处理表 10.61 中的数据,并对结果进行解释。

表 10.61　摩托车性能数据

车类型	发动机大小	汽罐容量	费油率	重量	产地
Pontiac Paris	5	3	4	5	0
Honda Civic	1	1	1	1	1
Buick Century	4	2	4	3	0
Subaru GL	1	1	1	2	1
Volvo 740GLE	2	1	2	3	1
Plymouth Caragel	2	1	2	3	0
Honda Accord	1	1	2	2	1
Chev Camaro	3	2	3	4	0
Plymouth Horizon	2	1	2	2	0
Chrvsler Davtona	2	1	2	3	0
Cadillac Fleetw	4	3	4	5	0
Ford Mustang	5	3	4	4	0
Toyota Celica	2	1	2	2	1
Ford Escort	1	1	2	2	0
Toyota Tercel	1	1	1	1	1
Toyota Camry	2	1	1	2	1
Mercury Capri	5	3	4	4	0
Toyota Cressida	3	2	3	4	1
Nissan 300ZX	3	2	4	4	1
Nissan Maxima	3	2	4	4	1

第 11 章　偏最小二乘回归分析

在实际问题中,经常遇到需要研究两组多重相关变量间的相互依赖关系,并研究用一组变量(常称为自变量或预测变量)去预测另一组变量(常称为因变量或响应变量),除了最小二乘准则下的经典多元线性回归分析(MLR),提取自变量组主成分的主成分回归分析(PCR)等方法外,还有近年发展起来的偏最小二乘(PLS)回归方法。

偏最小二乘回归提供一种多对多线性回归建模的方法,特别当两组变量的个数很多,且都存在多重相关性,而观测数据的数量(样本量)又较少时,用偏最小二乘回归建立的模型具有传统的经典回归分析等方法所没有的优点。

偏最小二乘回归分析在建模过程中集中了主成分分析、典型相关分析和线性回归分析方法的特点,因此在分析结果中,除了可以提供一个更为合理的回归模型外,还可以同时完成一些类似于主成分分析和典型相关分析的研究内容,提供一些更丰富、深入的信息。

本章介绍偏最小二乘回归分析的建模方法;通过例子从预测角度对所建立的回归模型进行比较。

11.1　偏最小二乘回归分析概述

考虑 p 个因变量 $y_1,y_2,\cdots,y_p$ 与 m 个自变量 $x_1,x_2,\cdots,x_m$ 的建模问题。偏最小二乘回归的基本做法是首先在自变量集中提出第一成分 u_1(u_1 是 $x_1,\cdots,x_m$ 的线性组合,且尽可能多地提取原自变量集中的变异信息);同时在因变量集中也提取第一成分 v_1,并要求 u_1 与 v_1 相关程度达到最大。然后建立因变量 $y_1,\cdots,y_p$ 与 u_1 的回归,如果回归方程已达到满意的精度,则算法中止。否则继续第二对成分的提取,直到能达到满意的精度为止。若最终对自变量集提取 r 个成分 $u_1,u_2,\cdots,u_r$,偏最小二乘回归将通过建立 $y_1,\cdots,y_p$ 与 $u_1,u_2,\cdots,u_r$ 的回归式,然后再表示为 $y_1,\cdots,y_p$ 与原自变量的回归方程式,即偏最小二乘回归方程式。

为了方便起见,不妨假定 p 个因变量 $y_1,\cdots,y_p$ 与 m 个自变量 $x_1,\cdots,x_m$ 均为标准化变量。自变量组和因变量组的 n 次标准化观测数据矩阵分别记为

$$\boldsymbol{A}=\begin{bmatrix} a_{11} & \cdots & a_{1m} \\ \vdots & \ddots & \vdots \\ a_{n1} & \cdots & a_{nm} \end{bmatrix},\boldsymbol{B}=\begin{bmatrix} b_{11} & \cdots & b_{1p} \\ \vdots & \ddots & \vdots \\ b_{n1} & \cdots & b_{np} \end{bmatrix}。$$

下面介绍偏最小二乘回归分析建模的具体步骤。

(1) 分别提取两变量组的第一对成分,并使之相关性达到最大。假设从两组变量分别提出第一对成分为 u_1 和 v_1,u_1 是自变量集 $\boldsymbol{X}=[x_1,\cdots,x_m]^{\mathrm{T}}$ 的线性组合 $u_1=\alpha_{11}x_1+\cdots+\alpha_{1m}x_m=\boldsymbol{\rho}^{(1)\mathrm{T}}\boldsymbol{X}$,$v_1$ 是因变量集 $\boldsymbol{Y}=[y_1,\cdots,y_p]^{\mathrm{T}}$ 的线性组合 $v_1=\beta_{11}y_1+\cdots+\beta_{1p}y_p=\boldsymbol{\gamma}^{(1)\mathrm{T}}\boldsymbol{Y}$。

为了回归分析的需要,要求:

① u_1 和 v_1 各自尽可能多地提取所在变量组的变异信息;

② u_1 和 v_1 的相关程度达到最大。

由两组变量集的标准化观测数据矩阵 $\boldsymbol{A}$ 和 $\boldsymbol{B}$,可以计算第一对成分的得分向量,记为 $\hat{\boldsymbol{u}}_1$ 和 $\hat{\boldsymbol{v}}_1$

$$\hat{\boldsymbol{u}}_1 = \boldsymbol{A}\boldsymbol{\rho}^{(1)} = \begin{bmatrix} a_{11} & \cdots & a_{1m} \\ \vdots & \ddots & \vdots \\ a_{n1} & \cdots & a_{nm} \end{bmatrix} \begin{bmatrix} \alpha_{11} \\ \vdots \\ \alpha_{1m} \end{bmatrix}, \tag{11.1}$$

$$\hat{\boldsymbol{v}}_1 = \boldsymbol{B}\boldsymbol{\gamma}^{(1)} = \begin{bmatrix} b_{11} & \cdots & b_{1p} \\ \vdots & \ddots & \vdots \\ b_{n1} & \cdots & b_{np} \end{bmatrix} \begin{bmatrix} \beta_{11} \\ \vdots \\ \beta_{1p} \end{bmatrix}。 \tag{11.2}$$

第一对成分 u_1 和 v_1 的协方差 $\mathrm{Cov}(u_1,v_1)$ 可用第一对成分的得分向量 $\hat{\boldsymbol{u}}_1$ 和 $\hat{\boldsymbol{v}}_1$ 的内积来计算。故而以上两个要求可化为数学上的条件极值问题

$$\begin{gathered} \max(\hat{\boldsymbol{u}}_1 \cdot \hat{\boldsymbol{v}}_1) = (\boldsymbol{A}\boldsymbol{\rho}^{(1)} \cdot \boldsymbol{B}\boldsymbol{\gamma}^{(1)}) = \boldsymbol{\rho}^{(1)\mathrm{T}}\boldsymbol{A}^{\mathrm{T}}\boldsymbol{B}\boldsymbol{\gamma}^{(1)}, \\ \text{s.t.} \begin{cases} \boldsymbol{\rho}^{(1)\mathrm{T}}\boldsymbol{\rho}^{(1)} = \|\boldsymbol{\rho}^{(1)}\|^2 = 1, \\ \boldsymbol{\gamma}^{(1)\mathrm{T}}\boldsymbol{\gamma}^{(1)} = \|\boldsymbol{\gamma}^{(1)}\|^2 = 1。 \end{cases} \end{gathered} \tag{11.3}$$

利用拉格朗日乘数法,问题化为求单位向量 $\boldsymbol{\rho}^{(1)}$ 和 $\boldsymbol{\gamma}^{(1)}$,使 $\theta_1 = \boldsymbol{\rho}^{(1)\mathrm{T}}\boldsymbol{A}^{\mathrm{T}}\boldsymbol{B}\boldsymbol{\gamma}^{(1)}$ 达到最大。问题的求解只需通过计算 $m \times m$ 矩阵 $\boldsymbol{M} = \boldsymbol{A}^{\mathrm{T}}\boldsymbol{B}\boldsymbol{B}^{\mathrm{T}}\boldsymbol{A}$ 的特征值和特征向量,且 $\boldsymbol{M}$ 的最大特征值为 θ_1^2,相应的单位特征向量就是所求的解 $\boldsymbol{\rho}^{(1)}$,而 $\boldsymbol{\gamma}^{(1)}$ 可由 $\boldsymbol{\rho}^{(1)}$ 计算得到,即

$$\boldsymbol{\gamma}^{(1)} = \frac{1}{\theta_1}\boldsymbol{B}^{\mathrm{T}}\boldsymbol{A}\boldsymbol{\rho}^{(1)}。 \tag{11.4}$$

(2) 建立 $y_1,\cdots,y_p$ 对 u_1 的回归及 $x_1,\cdots,x_m$ 对 u_1 的回归。假定回归模型为

$$\begin{cases} \boldsymbol{A} = \hat{\boldsymbol{u}}_1\boldsymbol{\sigma}^{(1)\mathrm{T}} + \boldsymbol{A}_1, \\ \boldsymbol{B} = \hat{\boldsymbol{u}}_1\boldsymbol{\tau}^{(1)\mathrm{T}} + \boldsymbol{B}_1, \end{cases} \tag{11.5}$$

式中:$\boldsymbol{\sigma}^{(1)} = [\sigma_{11},\cdots,\sigma_{1m}]^{\mathrm{T}}, \boldsymbol{\tau}^{(1)} = [\tau_{11},\cdots,\tau_{1p}]^{\mathrm{T}}$ 分别为多对一的回归模型中的参数向量;$\boldsymbol{A}_1$ 和 $\boldsymbol{B}_1$ 是残差阵。

回归系数向量 $\boldsymbol{\sigma}^{(1)}, \boldsymbol{\tau}^{(1)}$ 的最小二乘估计为

$$\begin{cases} \boldsymbol{\sigma}^{(1)} = \boldsymbol{A}^{\mathrm{T}}\hat{\boldsymbol{u}}_1 / \|\hat{\boldsymbol{u}}_1\|^2, \\ \boldsymbol{\tau}^{(1)} = \boldsymbol{B}^{\mathrm{T}}\hat{\boldsymbol{u}}_1 / \|\hat{\boldsymbol{u}}_1\|^2, \end{cases} \tag{11.6}$$

称 $\boldsymbol{\sigma}^{(1)}, \boldsymbol{\tau}^{(1)}$ 为模型效应负荷量。

(3) 用残差阵 $\boldsymbol{A}_1$ 和 $\boldsymbol{B}_1$ 代替 $\boldsymbol{A}$ 和 $\boldsymbol{B}$,重复以上步骤。记 $\hat{\boldsymbol{A}} = \hat{\boldsymbol{u}}_1\boldsymbol{\sigma}^{(1)\mathrm{T}}, \hat{\boldsymbol{B}} = \hat{\boldsymbol{u}}_1\boldsymbol{\tau}^{(1)\mathrm{T}}$,则残差阵 $\boldsymbol{A}_1 = \boldsymbol{A} - \hat{\boldsymbol{A}}, \boldsymbol{B}_1 = \boldsymbol{B} - \hat{\boldsymbol{B}}$。如果残差阵 $\boldsymbol{B}_1$ 中元素的绝对值近似为 0,则认为用第一个成分建立的回归式精度已满足需要了,可以停止抽取成分。否则用残差阵 $\boldsymbol{A}_1$ 和 $\boldsymbol{B}_1$ 代替 $\boldsymbol{A}$ 和 $\boldsymbol{B}$ 重复以上步骤,即得

$$\boldsymbol{\rho}^{(2)} = [\alpha_{21},\cdots,\alpha_{2m}]^{\mathrm{T}}, \boldsymbol{\gamma}^{(2)} = [\beta_{21},\cdots,\beta_{2p}]^{\mathrm{T}},$$

而 $\hat{\boldsymbol{u}}_2=\boldsymbol{A}_1\boldsymbol{\rho}^{(2)}$，$\hat{\boldsymbol{v}}_2=\boldsymbol{B}_1\boldsymbol{\gamma}^{(2)}$ 为第二对成分的得分向量，且

$$\boldsymbol{\sigma}^{(2)}=\boldsymbol{A}_1^{\mathrm{T}}\hat{\boldsymbol{u}}_2/\|\hat{\boldsymbol{u}}_2\|^2,\boldsymbol{\tau}^{(2)}=\boldsymbol{B}_1^{\mathrm{T}}\hat{\boldsymbol{u}}_2/\|\hat{\boldsymbol{u}}_2\|^2$$

分别为 $\boldsymbol{X},\boldsymbol{Y}$ 的第二对成分的负荷量。这时有

$$\begin{cases}\boldsymbol{A}=\hat{\boldsymbol{u}}_1\boldsymbol{\sigma}^{(1)\mathrm{T}}+\hat{\boldsymbol{u}}_2\boldsymbol{\sigma}^{(2)\mathrm{T}}+\boldsymbol{A}_2,\\ \boldsymbol{B}=\hat{\boldsymbol{u}}_1\boldsymbol{\tau}^{(1)\mathrm{T}}+\hat{\boldsymbol{u}}_2\boldsymbol{\tau}^{(2)\mathrm{T}}+\boldsymbol{B}_2。\end{cases}$$

(4) 设 $n\times m$ 数据阵 $\boldsymbol{A}$ 的秩为 $r\leqslant\min(n-1,m)$，则存在 r 个成分 $u_1,u_2,\cdots,u_r$，使得

$$\begin{cases}\boldsymbol{A}=\hat{\boldsymbol{u}}_1\boldsymbol{\sigma}^{(1)\mathrm{T}}+\cdots+\hat{\boldsymbol{u}}_r\boldsymbol{\sigma}^{(r)\mathrm{T}}+\boldsymbol{A}_r,\\ \boldsymbol{B}=\hat{\boldsymbol{u}}_1\boldsymbol{\tau}^{(1)\mathrm{T}}+\cdots+\hat{\boldsymbol{u}}_r\boldsymbol{\tau}^{(r)\mathrm{T}}+\boldsymbol{B}_r。\end{cases}\tag{11.7}$$

把 $u_k=\alpha_{k1}x_1+\cdots+\alpha_{km}x_m(k=1,2,\cdots,r)$，代入 $\boldsymbol{Y}=u_1\boldsymbol{\tau}^{(1)}+\cdots+u_r\boldsymbol{\tau}^{(r)}$，即得 p 个因变量的偏最小二乘回归方程式为

$$y_j=c_{j1}x_1+\cdots+c_{jm}x_m,j=1,2,\cdots,p。\tag{11.8}$$

(5) 交叉有效性检验。一般情况下，偏最小二乘法并不需要选用存在的 r 个成分 $u_1,u_2,\cdots,u_r$ 来建立回归式，而像主成分分析一样，只选用前 l 个成分 $(l\leqslant r)$，即可得到预测能力较好的回归模型。对于建模所需提取的成分个数 l，可以通过交叉有效性检验来确定。

每次舍去第 i 个观测数据 $(i=1,2,\cdots,n)$，对余下的 $n-1$ 个观测数据用偏最小二乘回归方法建模，并考虑抽取 $h(h\leqslant r)$ 个成分后拟合的回归式，然后把舍去的自变量组第 i 个观测数据代入所拟合的回归方程式，得到 $y_j(j=1,2,\cdots,p)$ 在第 i 个观测点上的预测值 $\hat{b}_{(i)j}(h)$。对 $i=1,2,\cdots,n$ 重复以上的验证，即得抽取 h 个成分时第 j 个因变量 $y_j(j=1,2,\cdots,p)$ 的预测误差平方和为

$$\mathrm{PRESS}_j(h)=\sum_{i=1}^{n}[b_{ij}-\hat{b}_{(i)j}(h)]^2,j=1,2,\cdots,p,$$

$\boldsymbol{Y}=[y_1,\cdots,y_p]^{\mathrm{T}}$ 的预测误差平方和为

$$\mathrm{PRESS}(h)=\sum_{i=1}^{p}\mathrm{PRESS}_j(h)。$$

另外，再采用所有的样本点，拟合含 h 个成分的回归方程。这时，记第 i 个样本点的预测值为 $\hat{b}_{ij}(h)$，则可以定义 y_j 的误差平方和为

$$\mathrm{SS}_j(h)=\sum_{i=1}^{n}[b_{ij}-\hat{b}_{ij}(h)]^2,$$

定义 Y 的误差平方和为

$$\mathrm{SS}(h)=\sum_{j=1}^{p}\mathrm{SS}_j(h)。$$

当 PRESS(h) 达到最小值时，对应的 h 即为所求的成分个数 l。通常，总有 PRESS(h) 大于 SS(h)，而 SS(h) 则小于 SS$(h-1)$。因此，在提取成分时，总希望比值 PRESS(h)/SS$(h-1)$ 越小越好；一般可设定限制值为 0.05，即当

$$\mathrm{PRESS}(h)/\mathrm{SS}(h-1)\leqslant(1-0.05)^2=0.95^2$$

时，增加成分 u_h 有利于模型精度的提高。或者反过来说，当

$$\mathrm{PRESS}(h)/\mathrm{SS}(h-1) > 0.95^2$$

时，就认为增加新的成分 u_h，对减少方程的预测误差无明显的改善作用。

为此，定义交叉有效性为 $Q_h^2 = 1 - \mathrm{PRESS}(h)/\mathrm{SS}(h-1)$，这样，在建模的每一步计算结束前，均进行交叉有效性检验，如果在第 h 步有 $Q_h^2 < 1 - 0.95^2 = 0.0975$，则模型达到精度要求，可停止提取成分；若 $Q_h^2 \geq 0.0975$，则表示第 h 步提取的 u_h 成分的边际贡献显著，应继续第 $h+1$ 步计算。

11.2 Matlab 偏最小二乘回归命令 plsregress

Matlab 工具箱中偏最小二乘回归命令 plsregress 的使用格式为

```
[XL,YL,XS,YS,BETA,PCTVAR,MSE,stats] = plsregress(X,Y,ncomp)
```

其中：X 为 $n \times m$ 的自变量数据矩阵，每一行对应一个观测，每一列对应一个变量；Y 为 $n \times p$的因变量数据矩阵，每一行对应一个观测，每一列对应一个变量；ncomp 为成分的个数，ncomp 的默认值为 min(n－1,m)。返回值 XL 为对应于 $\boldsymbol{\sigma}(i)$的 $m \times$ ncomp 的负荷量矩阵，它的每一行为对应于式(11.7)的第一式的回归表达式；YL 为对应于 $\boldsymbol{\tau}(i)$ 的 $p \times$ ncomp 矩阵，它的每一行为对应于式(11.7)的第二式的回归表达式；XS 是对应于 $\hat{\boldsymbol{u}}_i$ 的得分矩阵，Matlab 工具箱中对应于式(11.3)的特征向量$\boldsymbol{\rho}^{(i)}$不是取为单位向量，$\boldsymbol{\rho}^{(i)}$取为使得每个 $\hat{\boldsymbol{u}}_i$ 对应的得分向量是单位向量，且不同的得分向量是正交的；YS 是对应于 $\hat{\boldsymbol{v}}_i$ 的得分矩阵，它的每一列不是单位向量，列与列之间也不正交；BETA 的每一列为对应于式(11.8)的回归表达式；PCTVAR 是一个两行的矩阵，第一行的每个元素对应着自变量提出成分的贡献率，第二行的每个元素对应着因变量提出成分的贡献率；MSE 是一个两行的矩阵，第一行的第 j 个元素对应着自变量与它的前 $j-1$ 个提出成分之间回归方程的剩余标准差，第二行的第 j 元素对应着因变量与它的前 $j-1$ 个提出成分之间回归方程的剩余标准差；stats 返回 4 个值，其中返回值 stats. W 的每一列对应着特征向量 $\boldsymbol{\rho}^{(i)}$，这里的特征向量不是单位向量。

11.3 案 例 分 析

例 11.1 本例采用兰纳胡德(Linnerud)给出的关于体能训练的数据进行偏最小二乘回归建模。在这个数据系统中被测的样本点，是某健身俱乐部的 20 位中年男子。被测变量分为两组。第一组是身体特征指标 $\boldsymbol{X}$，包括体重、腰围、脉搏。第二组变量是训练结果指标 $\boldsymbol{Y}$，包括单杠、弯曲、跳高。原始数据见表 11.1。

表 11.1 体能训练数据

序号	体重(x_1)	腰围(x_2)	脉搏(x_3)	单杠(y_1)	弯曲(y_2)	跳高(y_3)
1	191	36	50	5	162	60
2	189	37	52	2	110	60
3	193	38	58	12	101	101
4	162	35	62	12	105	37

（续）

序号	体重(x_1)	腰围(x_2)	脉搏(x_3)	单杠(y_1)	弯曲(y_2)	跳高(y_3)
5	189	35	46	13	155	58
6	182	36	56	4	101	42
7	211	38	56	8	101	38
8	167	34	60	6	125	40
9	176	31	74	15	200	40
10	154	33	56	17	251	250
11	169	34	50	17	120	38
12	166	33	52	13	210	115
13	154	34	64	14	215	105
14	247	46	50	1	50	50
15	193	36	46	6	70	31
16	202	37	62	12	210	120
17	176	37	54	4	60	25
18	157	32	52	11	230	80
19	156	33	54	15	225	73
20	138	33	68	2	110	43
均值	178.6	35.4	56.1	9.45	145.55	70.3
标准差	24.6905	3.202	7.2104	5.2863	62.5666	51.2775

解　x_1,x_2,x_3 分别表示自变量指标体重、腰围、脉搏，y_1,y_2,y_3 分别表示因变量指标单杠、弯曲、跳高，自变量的观测数据矩阵记为 $\boldsymbol{A}=(a_{ij})_{20\times3}$，因变量的观测数据矩阵记为 $\boldsymbol{B}=(b_{ij})_{20\times3}$。

(1) 数据标准化。将各指标值 a_{ij} 转换成标准化指标值 $\tilde{a}_{ij}$，有

$$\tilde{a}_{ij}=\frac{a_{ij}-\mu_j^{(1)}}{s_j^{(1)}},i=1,2,\cdots,20,j=1,2,3,$$

式中：$\mu_j^{(1)}=\frac{1}{20}\sum_{i=1}^{20}a_{ij}$；$s_j^{(1)}=\sqrt{\frac{1}{20-1}\sum_{i=1}^{20}(a_{ij}-\mu_j^{(1)})^2}$，$j=1,2,3$，即 $\mu_j^{(1)},s_j^{(1)}$ 为第 j 个自变量 x_j 的样本均值和样本标准差。

对应地，称

$$\tilde{x}_j=\frac{x_j-\mu_j^{(1)}}{s_j^{(1)}},j=1,2,3,$$

为标准化指标变量。

类似地，将 b_{ij} 转换成标准化指标值 $\tilde{b}_{ij}$，有

$$\tilde{b}_{ij}=\frac{b_{ij}-\mu_j^{(2)}}{s_j^{(2)}},i=1,2,\cdots,20,j=1,2,3,$$

式中：$\mu_j^{(2)} = \frac{1}{20}\sum_{i=1}^{20} b_{ij}$；$s_j^{(2)} = \sqrt{\frac{1}{20-1}\sum_{i=1}^{20}(b_{ij}-\mu_j^{(2)})^2}$，$j=1,2,3$，即 $\mu_j^{(2)}$，$s_j^{(2)}$ 为第 j 个因变量 y_j 的样本均值和样本标准差。

对应地，称

$$\tilde{y}_j = \frac{y_j - \mu_j^{(2)}}{s_j^{(2)}}, j = 1,2,3$$

为对应的标准化变量。

（2）求相关系数矩阵。表 11.2 给出了这 6 个变量的简单相关系数矩阵。从相关系数矩阵可以看出，体重与腰围是正相关的；体重、腰围与脉搏负相关；而单杠、弯曲与跳高是正相关的。从两组变量间的关系看，单杠、弯曲和跳高的训练成绩与体重、腰围负相关，与脉搏正相关。

表 11.2　相关系数矩阵

	体重(x_1)	腰围(x_2)	脉搏(x_3)	单杠(y_1)	弯曲(y_2)	跳高(y_3)
体重(x_1)	1	0.8702	−0.3658	−0.3897	−0.4931	−0.2263
腰围(x_2)	0.8702	1	−0.3529	−0.5522	−0.6456	−0.1915
脉搏(x_3)	−0.3658	−0.3529	1	0.1506	0.225	0.0349
单杠(y_1)	−0.3897	−0.5522	0.1506	1	0.6957	0.4958
弯曲(y_2)	−0.4931	−0.6456	0.225	0.6957	1	0.6692
跳高(y_3)	−0.2263	−0.1915	0.0349	0.4958	0.6692	1

（3）分别提出自变量组和因变量组的成分。使用 Matlab 软件，求得的各对成分分别为

$$\begin{cases} u_1 = -0.0951\tilde{x}_1 - 0.1244\tilde{x}_2 + 0.0385\tilde{x}_3, \\ v_1 = 2.1191\tilde{y}_1 + 2.5809\tilde{y}_2 + 0.8869\tilde{y}_3, \end{cases}$$
$$\begin{cases} u_2 = -0.1279\tilde{x}_1 + 0.2429\tilde{x}_2 + 0.2202\tilde{x}_3, \\ v_2 = -0.8054\tilde{y}_1 - 0.1171\tilde{y}_2 - 0.5486\tilde{y}_3, \end{cases}$$
$$\begin{cases} u_3 = -0.4416\tilde{x}_1 + 0.3790\tilde{x}_2 - 0.1055\tilde{x}_3, \\ v_3 = -0.7781\tilde{y}_1 - 0.1987\tilde{y}_2 + 0.0381\tilde{y}_3。 \end{cases}$$

前两个成分解释自变量的比率为 92.13%，只要取两对成分即可。

（4）求两个成分对时标准化指标变量与成分变量之间的回归方程。求得自变量组和因变量组与 u_1, u_2 之间的回归方程分别为

$$\tilde{x}_1 = -4.1306u_1 + 0.0558u_2,$$
$$\tilde{x}_2 = -4.1933u_1 + 1.0239u_2,$$
$$\tilde{x}_3 = 2.2264u_1 + 3.4441u_2,$$
$$\tilde{y}_1 = 2.1191u_1 - 0.9714u_2,$$
$$\tilde{y}_2 = 2.5809u_1 - 0.8398u_2,$$

$$\tilde{y}_3 = 0.8869u_1 - 0.1877u_2。$$

(5) 求因变量组与自变量组之间的回归方程。把步骤(3)中成分 u_i 代入步骤(4)中 $\tilde{y}_i$ 的回归方程,得到标准化指标变量之间的回归方程

$$\tilde{y}_1 = -0.0773\tilde{x}_1 - 0.4995\tilde{x}_2 - 0.1323\tilde{x}_3,$$
$$\tilde{y}_2 = -0.1380\tilde{x}_1 - 0.5250\tilde{x}_2 - 0.0855\tilde{x}_3,$$
$$\tilde{y}_3 = -0.0603\tilde{x}_1 - 0.1559\tilde{x}_2 - 0.0072\tilde{x}_3。$$

将标准化变量 $\tilde{y}_j, \tilde{x}_j (j=1,2,3)$ 分别还原成原始变量 y_j, x_j,得到回归方程

$$y_1 = 47.0375 - 0.0165x_1 - 0.8246x_2 - 0.0970x_3,$$
$$y_2 = 612.7674 - 0.3497x_1 - 10.2576x_2 - 0.7422x_3,$$
$$y_3 = 183.9130 - 0.1253x_1 - 2.4964x_2 - 0.0510x_3。$$

(6) 模型的解释与检验。为了更直观、迅速地观察各个自变量在解释 $y_j (j=1,2,3)$ 时的边际作用,可以绘制回归系数图,如图 11.1 所示。这个图是针对标准化数据的回归方程的。

从回归系数图中可以立刻观察到,腰围变量在解释三个回归方程时起到了极为重要的作用。然而,与单杠及弯曲相比,跳高成绩的回归方程显然不够理想,三个自变量对它的解释能力均很低。

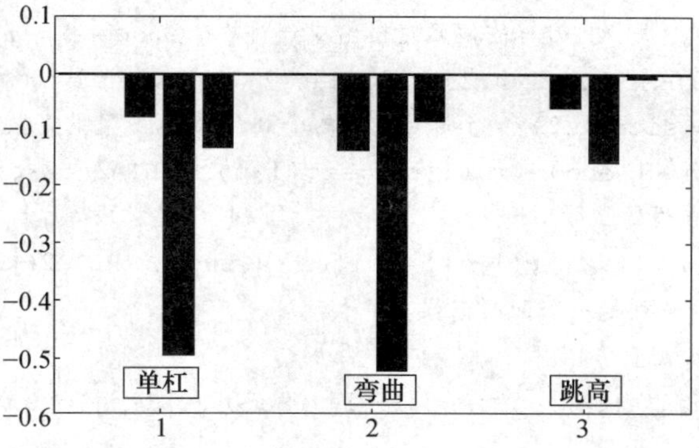

图 11.1　回归系数的直方图

为了考察这三个回归方程的模型精度,我们以 $(\hat{y}_{ij}, y_{ij})$ 为坐标值,对所有的样本点绘制预测图。$\hat{y}_{ij}$ 是第 j 个因变量指标在第 i 个样本点 (y_{ij}) 的预测值。在这个预测图上,如果所有点都能在图的对角线附近均匀分布,则方程的拟合值与原值差异很小,这个方程的拟合效果就是令人满意的。体能训练的预测图如图 11.2 所示。

计算和画图的 Matlab 程序如下:

```
clc,clear
ab0 = load('pz.txt'); % 原始数据存放在纯文本文件 pz.txt 中
mu = mean(ab0),sig = std(ab0) % 求均值和标准差
rr = corrcoef(ab0) % 求相关系数矩阵
ab = zscore(ab0); % 数据标准化
a = ab(:,[1:3]);b = ab(:,[4:end]); % 提出标准化后的自变量和因变量数据
```

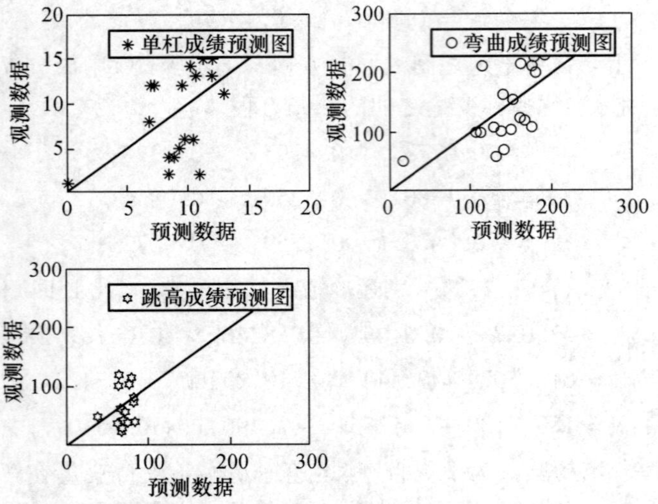

图 11.2　体能训练预测图

```
[XL,YL,XS,YS,BETA,PCTVAR,MSE,stats] =plsregress(a,b)
contr=cumsum(PCTVAR,2)  % 求累积贡献率
xw=a\XS % 求自变量提出成分系数,每列对应一个成分,这里 xw 等于 stats.W
yw=b\YS % 求因变量提出成分的系数
ncomp=input('请根据 PCTVAR 的值确定提出成分对的个数 ncomp=');
[XL2,YL2,XS2,YS2,BETA2,PCTVAR2,MSE2,stats2] =plsregress(a,b,ncomp)
n=size(a,2); m=size(b,2);% n 是自变量的个数,m 是因变量的个数
beta3(1,:)=mu(n+1:end)-mu(1:n)./sig(1:n)*BETA2([2:end],:).*sig(n+1:
end); % 原始数据回归方程的常数项
beta3([2:n+1],:)=(1./sig(1:n))'*sig(n+1:end).*BETA2([2:end],:) % 计算原始
变量 x1,…,xn 的系数,每一列是一个回归方程
bar(BETA2','k') % 画直方图
yhat=repmat(beta3(1,:),[size(a,1),1])+ab0(:,[1:n])*beta3([2:end],:) % 求
y1,…,ym 的预测值
ymax=max([yhat;ab0(:,[n+1:end])]); % 求预测值和观测值的最大值
% 下面画 y1,y2,y3 的预测图,并画直线 y=x
figure, subplot(2,2,1)
plot(yhat(:,1),ab0(:,n+1),'*',[0:ymax(1)],[0:ymax(1)],'Color','k')
legend('单杠成绩预测图',2),xlabel('预测数据'),ylabel('观测数据')
subplot(2,2,2)
plot(yhat(:,2),ab0(:,n+2),'O',[0:ymax(2)],[0:ymax(2)],'Color','k')
legend('弯曲成绩预测图',2),xlabel('预测数据'),ylabel('观测数据')
subplot(2,2,3)
plot(yhat(:,3),ab0(:,end),'H',[0:ymax(3)],[0:ymax(3)],'Color','k')
legend('跳高成绩预测图',2),xlabel('预测数据'),ylabel('观测数据')
```

例 11.2　交通运输业和旅游业是相关行业,两者之间存在密切的关系。一方面,旅游业是综合产业,它的发展会带动交通运输等产业的发展,交通客运的客源主力正是旅游

者。另一方面,交通运输业对旅游业有着重要影响。第一,交通运输是发展旅游业的前提和命脉。交通运输作为旅游业“行、游、住、食、购、娱”六要素中的“行”,是旅游业发展的硬件基础,旅游地只有注重交通运输建设,具备良好的可进入性,旅游人数才会逐年增加,旅游业才能得到发展。第二,交通运输是旅游业中旅游收入和旅游创收的重要来源。第三,交通运输业影响旅游者的旅游意愿。交通运输业的发展状况、价格、服务质量、便利程度等都会影响人们的旅游意愿,从而影响旅游业的发展。交通运输的建设布局和运力投入,可以调节旅游业的发展规模。但旅游业与交通运输业存在着相辅相成、相互制约的关系。交通的阻塞问题已经成为旅游业发展的瓶颈。

为研究交通运输业与旅游业之间的关系,我们选择了客运量指标及旅游业相关指标。客运量指标选择了铁路客运量 y_1、公路客运量 y_2、水运客运量 y_3 和民航客运量 y_4 四个指标。为反映旅游业的发展情况,我们选择了旅行社数 x_1(个)、旅行社从业人员 x_2(人)、入境旅游人数 x_3(万人次)、国内居民出境人数 x_4(万人次)、国内旅游人数 x_5(亿人次)、国际旅游外汇收入 x_6(亿美元)和国内旅游收入 x_7(亿元)7 个指标。指标数据见表 11.3,来源于《中国统计年鉴》,数据区间为 1996—2006 年。拟运用偏最小二乘法分析这些变量之间的关系。

表 11.3 指标数据表

x_1	x_2	x_3	x_4	x_5	x_6	x_7	y_1	y_2	y_3	y_4
4252	87555	5112.75	758.82	6.39	102	1638.38	94796	301122110	22895	5555
4986	94829	5758.79	817.54	6.44	120.74	2112.7	93308	1204583	22573	5630
6222	100448	6347.84	842.56	6.945	126.02	2391.18	95085	1257332	20545	5755
7326	108830	7279.56	923.24	7.19	140.99	2831.92	100164	1269004	19151	6094
8993	164336	8344.39	1047.26	7.44	162.24	3175.54	105073	1347392	19386	6722
10532	192408	8901.29	1213.44	7.84	177.92	3522.36	105155	1402798	18645	7524
11552	229147	9790.83	1660.23	8.78	203.85	3878.36	105606	1475257	18693	8594
13361	249802	9166.21	2022.19	8.7	174.06	3442.27	97260	1464335	17142	8759
14927	246219	10903.8218	2885	11.02	257.39	4710.71	111764	1624526	19040	12123
16245	248919	12029.23	3102.63	12.12	292.96	5285.86	115583	1697381	20227	13827
18475	293318	12494.21	3452.36	13.94	339.49	6229.74	125655.7958	1860487	22047	15967.8448

解 (1) 数据标准化。这里数据的量纲和数量级差异很大,首先进行数据标准化。

(2) 建立偏最小二乘回归模型。利用 Matlab 软件的计算结果,可以发现,最终只需选取前两对成分,对自变量组的解释比率为 98.55%,对因变量组的解释比率为 72.64%。这说明效果是不错的。

标准化变量的偏最小二乘回归方程为

$$\tilde{y}_1 = 0.0103\tilde{x}_1 - 0.1019\tilde{x}_2 - 0.0034\tilde{x}_3 + 0.2559\tilde{x}_4 + 0.3404\tilde{x}_5 + 0.2785\tilde{x}_6 + 0.1607\tilde{x}_7,$$
$$\tilde{y}_2 = -0.2845\tilde{x}_1 - 0.4648\tilde{x}_2 - 0.3146\tilde{x}_3 + 0.1645\tilde{x}_4 + 0.3065\tilde{x}_5 + 0.1885\tilde{x}_6 - 0.0262\tilde{x}_7,$$
$$\tilde{y}_3 = -0.6418\tilde{x}_1 - 1.1426\tilde{x}_2 - 0.7213\tilde{x}_3 + 0.5789\tilde{x}_4 + 0.9702\tilde{x}_5 + 0.6517\tilde{x}_6 + 0.0677\tilde{x}_7,$$
$$\tilde{y}_4 = 0.0034\tilde{x}_1 - 0.1211\tilde{x}_2 - 0.0121\tilde{x}_3 + 0.2774\tilde{x}_4 + 0.3713\tilde{x}_5 + 0.3022\tilde{x}_6 + 0.1708\tilde{x}_7。$$

最终得到的偏最小二乘回归方程为

$$y_1 = 79424.4109 + 0.0218x_1 - 0.0136x_2 - 0.0139x_3 + 2.5378x_4 + 1363.7331x_5 + 36.6921x_6 + 1.1572x_7,$$

$$y_2 = 129900688.8451 - 5414.9287x_1 - 557.4809x_2 - 11510.3590x_3 + 14707.6028x_4 + 11070274.6617x_5 + 223847.8474x_6 - 1700.6600x_7,$$

$$y_3 = 21077.0402 - 0.2465x_1 - 0.0277x_2 - 0.5328x_3 + 1.0447x_4 + 707.4398x_5 + 15.6215x_6 + 0.0887x_7,$$

$$y_4 = -767.8584 + 0.0026x_1 - 0.0058x_2 - 0.0177x_3 + 0.9929x_4 + 536.9458x_5 + 14.3677x_6 + 0.4438x_7。$$

计算的 Matlab 程序如下:

```
clc, clear,format long g % 长小数的显示方式
ab0 = load('you.txt');
mu = mean(ab0);sig = std(ab0); % 求均值和标准差
ab = zscore(ab0); % 数据标准化
a = ab(:,[1:7]);b = ab(:,[8:end]);
ncomp = 2; % 试着选择成分的对数
[XL,YL,XS,YS,BETA,PCTVAR,MSE,stats] = plsregress(a,b,ncomp)
contr = cumsum(PCTVAR,2)  % 求累积贡献率
n = size(a,2); m = size(b,2); % n 是自变量的个数,m 是因变量的个数
BETA2(1,:) = mu(n+1:end) - mu(1:n)./sig(1:n) * BETA([2:end],:).* sig(n+1:end); % 原始数据回归方程的常数项
BETA2([2:n+1],:) = (1./sig(1:n))' * sig(n+1:end).* BETA([2:end],:) % 计算原始变量 x1,…,xn 的系数,每一列是一个回归方程
format % 恢复到短小数的显示方式
```

拓展阅读材料

[1] 徐哲, 刘荣. 偏最小二乘回归法在武器装备研制费用估算中的应用. 数学的实践与认识. 2005, 35(3):152-158.

[2] 尹鹏达,赵丽娜,朱文旭,等. 基于偏最小二乘回归的填充型烤烟优化施肥研究. 中国烟草科学,2011, 32(4):61-65.

习 题 11

11.1 考察的指标(因变量)y 表示原辛烷值,自变量 x_1 表示直接蒸馏成分,x_2 表示重整汽油,x_3 表示原油热裂化油,x_4 表示原油催化裂化油,x_5 表示聚合物,x_6 表示烷基化物,x_7 表示天然香精。7 个变量表示 7 个成分含量的比例(满足 $x_1 + x_2 + \cdots + x_7 = 1$)。表 11.4 给出了 12 种混合物中 7 种成分和 y 的数据。试用偏最小二乘方法建立 y 与 $x_1, x_2, \cdots, x_7$ 的回归方程,用于确定 7 种构成元素 $x_1, x_2, \cdots, x_7$ 对 y 的影响。

表 11.4　化工试验的原始数据

序号	x_1	x_2	x_3	x_4	x_5	x_6	x_7	y
1	0	0.23	0	0	0	0.74	0.03	98.7
2	0	0.1	0	0	0.12	0.74	0.04	97.8
3	0	0	0	0.1	0.12	0.74	0.04	96.6
4	0	0.49	0	0	0.12	0.37	0.02	92.0
5	0	0	0	0.62	0.12	0.18	0.08	86.6
6	0	0.62	0	0	0	0.37	0.01	91.2
7	0.17	0.27	0.1	0.38	0	0	0.08	81.9
8	0.17	0.19	0.1	0.38	0.02	0.06	0.08	83.1
9	0.17	0.21	0.1	0.38	0	0.06	0.08	82.4
10	0.17	0.15	0.1	0.38	0.02	0.1	0.08	83.2
11	0.21	0.36	0.12	0.25	0	0	0.06	81.4
12	0	0	0	0.55	0	0.37	0.08	88.1

11.2　试对表 11.5 的 38 名学生的体质和运动能力数据，用偏最小二乘法建立 5 个运动能力指标与 7 个体质变量的回归方程。

表 11.5　学生体质与运动能力数据

序号	体质情况							运动能力				
	x_1	x_2	x_3	x_4	x_5	x_6	x_7	y_1	y_2	y_3	y_4	y_5
1	46	55	126	51	75.0	25	72	6.8	489	27	8	360
2	52	55	95	42	81.2	18	50	7.2	464	30	5	348
3	46	69	107	38	98.0	18	74	6.8	430	32	9	386
4	49	50	105	48	97.6	16	60	6.8	362	26	6	331
5	42	55	90	46	66.5	2	68	7.2	453	23	11	391
6	48	61	106	43	78.0	25	58	7.0	405	29	7	389
7	49	60	100	49	90.6	15	60	7.0	420	21	10	379
8	48	63	122	52	56.0	17	68	7.0	466	28	2	362
9	45	55	105	48	76.0	15	61	6.8	415	24	6	386
10	48	64	120	38	60.2	20	62	7.0	413	28	7	398
11	49	52	100	42	53.4	6	42	7.4	404	23	6	400
12	47	62	100	34	61.2	10	62	7.2	427	25	7	407
13	41	51	101	53	62.4	5	60	8.0	372	25	3	409
14	52	55	125	43	86.3	5	62	6.8	496	30	10	350
15	45	52	94	50	51.4	20	65	7.6	394	24	3	399
16	49	57	110	47	72.3	19	45	7.0	446	30	11	337
17	53	65	112	47	90.4	15	75	6.6	420	30	12	357
18	47	57	95	47	72.3	9	64	6.6	447	25	4	447
19	48	60	120	47	86.4	12	62	6.8	398	28	11	381
20	49	55	113	41	84.1	15	60	7.0	398	27	4	387
21	48	69	128	42	47.9	20	63	7.0	485	30	7	350

（续）

序号	体质情况							运动能力				
	x_1	x_2	x_3	x_4	x_5	x_6	x_7	y_1	y_2	y_3	y_4	y_5
22	42	57	122	46	54.2	15	63	7.2	400	28	6	388
23	54	64	155	51	71.4	19	61	6.9	511	33	12	298
24	53	63	120	42	56.6	8	53	7.5	430	29	4	353
25	42	71	138	44	65.2	17	55	7.0	487	29	9	370
26	46	66	120	45	62.2	22	68	7.4	470	28	7	360
27	45	56	91	29	66.2	18	51	7.9	380	26	5	358
28	50	60	120	42	56.6	8	57	6.8	460	32	5	348
29	42	51	126	50	50.0	13	57	7.7	398	27	2	383
30	48	50	115	41	52.9	6	39	7.4	415	28	6	314
31	42	52	140	48	56.3	15	60	6.9	470	27	11	348
32	48	67	105	39	69.2	23	60	7.6	450	28	10	326
33	49	74	151	49	54.2	20	58	7.0	500	30	12	330
34	47	55	113	40	71.4	19	64	7.6	410	29	7	331
35	49	74	120	53	54.5	22	59	6.9	500	33	21	348
36	44	52	110	37	54.9	14	57	7.5	400	29	2	421
37	52	66	130	47	45.9	14	45	6.8	505	28	11	355
38	48	68	100	45	53.6	23	70	7.2	522	28	9	352

第 12 章　现代优化算法

现代优化算法是 20 世纪 80 年代初兴起的启发式算法。这些算法包括禁忌搜索（Tabu Search）、模拟退火（Simulated Annealing）、遗传算法（Genetic Algorithms）、人工神经网络（Neural Networks）。它们主要用于解决大量的实际应用问题。目前，这些算法在理论和实际应用方面得到了较大的发展。无论这些算法是怎样产生的，它们都有一个共同的目标——求 NP - hard 组合优化问题的全局最优解。虽然有这些目标，但 NP - hard 理论限制它们只能以启发式的算法去求解实际问题。

启发式算法包含的算法很多，例如解决复杂优化问题的蚁群算法（Ant Colony Algorithms）。有些启发式算法是根据实际问题而产生的，如解空间分解、解空间的限制等；另一类算法是集成算法，这些算法是诸多启发式算法的合成。

现代优化算法解决组合优化问题，如 TSP（Traveling Salesman Problem）问题、QAP（Quadratic Assignment Problem）问题、JSP（Job - shop Scheduling Problem）问题等，效果很好。

12.1　模拟退火算法

12.1.1　算法简介

模拟退火算法得益于材料统计力学的研究成果。统计力学表明材料中粒子的不同结构对应于粒子的不同能量水平。在高温条件下，粒子的能量较高，可以自由运动和重新排列。在低温条件下，粒子能量较低。如果从高温开始，非常缓慢地降温（这个过程被称为退火），粒子就可以在每个温度下达到热平衡。当系统完全被冷却时，最终形成处于低能状态的晶体。

如果用粒子的能量定义材料的状态，Metropolis 算法用一个简单的数学模型描述了退火过程。假设材料在状态 i 之下的能量为 $E(i)$，那么材料在温度 T 时从状态 i 进入状态 j 就遵循如下规律：

（1）如果 $E(j) \leqslant E(i)$，则接受该状态被转换。

（2）如果 $E(j) > E(i)$，则状态转换以如下概率被接受：

$$\mathrm{e}^{\frac{E(i)-E(j)}{KT}},$$

式中：K 为物理学中的玻耳兹曼常数；T 为材料温度。

在某一个特定温度下，进行了充分的转换之后，材料将达到热平衡。这时材料处于状态 i 的概率满足玻耳兹曼分布

$$P_T(X = i) = \frac{\mathrm{e}^{-\frac{E(i)}{KT}}}{\sum_{j \in S} \mathrm{e}^{-\frac{E(j)}{KT}}},$$

式中：X 为材料当前状态的随机变量；S 为状态空间集合。

显然

$$\lim_{T\to\infty}\frac{e^{-\frac{E(i)}{KT}}}{\sum\limits_{j\in S}e^{-\frac{E(j)}{KT}}}=\frac{1}{|S|},$$

式中：$|S|$为集合 S 中状态的数量。

这表明所有状态在高温下具有相同的概率。而当温度下降时，有

$$\begin{aligned}\lim_{T\to 0}\frac{e^{-\frac{E(i)-E_{\min}}{KT}}}{\sum\limits_{j\in S}e^{-\frac{E(j)-E_{\min}}{KT}}}&=\lim_{T\to 0}\frac{e^{-\frac{E(i)-E_{\min}}{KT}}}{\sum\limits_{j\in S_{\min}}e^{-\frac{E(j)-E_{\min}}{KT}}+\sum\limits_{j\notin S_{\min}}e^{-\frac{E(j)-E_{\min}}{KT}}}\\&=\lim_{T\to 0}\frac{e^{-\frac{E(i)-E_{\min}}{KT}}}{\sum\limits_{j\in S_{\min}}e^{-\frac{E(j)-E_{\min}}{KT}}}=\begin{cases}\dfrac{1}{|S_{\min}|}, & i\in S_{\min},\\ 0, & 其他。\end{cases}\end{aligned}$$

式中：$E_{\min}=\min\limits_{j\in S}E(j)$ 且 $S_{\min}=\{i|E(i)=E_{\min}\}$。

上式表明当温度降至很低时，材料会以很大概率进入最小能量状态。

假定要解决的问题是一个寻找最小值的优化问题。将物理学中模拟退火的思想应用于优化问题就可以得到模拟退火寻优方法。

考虑这样一个组合优化问题：优化函数为$f:x\to\mathbf{R}^+$，其中 $x\in S$，它表示优化问题的一个可行解，$\mathbf{R}^+=\{y|y\in\mathbf{R},y\geqslant 0\}$，$S$ 表示函数的定义域。$N(x)\subseteq S$ 表示 x 的一个邻域集合。

首先给定一个初始温度 T_0 和该优化问题的一个初始解 $x(0)$，并由 $x(0)$ 生成下一个解 $x'\in N[x(0)]$，是否接受 x'作为一个新解 $x(1)$ 依赖于如下概率：

$$P(x(0)\to x')=\begin{cases}1, & f(x')<f(x(0)),\\ e^{-\frac{f(x')-f(x(0))}{T_0}}, & 其他。\end{cases}$$

换句话说，如果生成的解 x'的函数值比前一个解的函数值更小，则接受 $x(1)=x'$作为一个新解。否则以概率 $e^{-\frac{f(x')-f(x(0))}{T_0}}$接受 x'作为一个新解。

泛泛地说，对于某一个温度 T_i 和该优化问题的一个解 $x(k)$，可以生成 x'。接受 x'作为下一个新解 $x(k+1)$的概率为

$$P(x(k)\to x')=\begin{cases}1, & f(x')<f(x(k)),\\ e^{-\frac{f(x')-f(x(k))}{T_i}}, & 其他。\end{cases}\tag{12.1}$$

在温度 T_i 下，经过很多次的转移之后，降低温度 T_i，得到 $T_{i+1}<T_i$。在 T_{i+1}下重复上述过程。因此整个优化过程就是不断寻找新解和缓慢降温的交替过程。最终的解是对该问题寻优的结果。

注意到在每个 T_i 下，所得到的一个新状态 $x(k+1)$完全依赖于前一个状态 $x(k)$，和前面的状态 $x(0),\cdots,x(k-1)$无关，因此这是一个马尔可夫过程。使用马尔可夫过程对上述模拟退火的步骤进行分析，结果表明从任何一个状态 $x(k)$ 生成 x'的概率，在 $N[x(k)]$中是均匀分布的，且新状态 x'被接受的概率满足式(12.1)，那么经过有限次的转换，在温度 T_i 下的平衡态 x_i 的分布由下式给出：

$$P_i(T_i)=\frac{e^{-\frac{f(x_i)}{T_i}}}{\sum_{j\in S}e^{-\frac{f(x_j)}{T_i}}},\qquad(12.2)$$

当温度 T 降为 0 时，x_i 的分布为

$$P_i^*=\begin{cases}\frac{1}{|S_{\min}|}, & x_i\in S_{\min},\\ 0, & \text{其他},\end{cases}$$

并且

$$\sum_{x_i\in S_{\min}}P_i^*=1。$$

这说明如果温度下降十分缓慢，而在每个温度都有足够多次的状态转移，使之在每一个温度下达到热平衡，则全局最优解将以概率 1 被找到。因此可以说模拟退火算法可以找到全局最优解。

在模拟退火算法中应注意以下问题：

（1）理论上，降温过程要足够缓慢，要使得在每一温度下达到热平衡。在计算机实现中，如果降温速度过缓，所得到的解的性能会较为令人满意，但是算法会太慢，相对于简单的搜索算法不具有明显优势。如果降温速度过快，则很可能最终得不到全局最优解。因此使用时要综合考虑解的性能和算法速度，在两者之间采取一种折中。

（2）要确定在每一温度下状态转换的结束准则。实际操作可以考虑当连续 m 次的转换过程没有使状态发生变化时结束该温度下的状态转换。最终温度的确定可以提前定为一个较小的值 T_e，或连续几个温度下转换过程没有使状态发生变化算法就结束。

（3）选择初始温度和确定某个可行解的邻域的方法也要恰当。

12.1.2 应用举例

已知 100 个目标的经度、纬度如表 12.1 所列。

表 12.1　经度和纬度数据表

经度	纬度	经度	纬度	经度	纬度	经度	纬度
53.7121	15.3046	51.1758	0.0322	46.3253	28.2753	30.3313	6.9348
56.5432	21.4188	10.8198	16.2529	22.7891	23.1045	10.1584	12.4819
20.1050	15.4562	1.9451	0.2057	26.4951	22.1221	31.4847	8.9640
26.2418	18.1760	44.0356	13.5401	28.9836	25.9879	38.4722	20.1731
28.2694	29.0011	32.1910	5.8699	36.4863	29.7284	0.9718	28.1477
8.9586	24.6635	16.5618	23.6143	10.5597	15.1178	50.2111	10.2944
8.1519	9.5325	22.1075	18.5569	0.1215	18.8726	48.2077	16.8889
31.9499	17.6309	0.7732	0.4656	47.4134	23.7783	41.8671	3.5667
43.5474	3.9061	53.3524	26.7256	30.8165	13.4595	27.7133	5.0706
23.9222	7.6306	51.9612	22.8511	12.7938	15.7307	4.9568	8.3669

（续）

经度	纬度	经度	纬度	经度	纬度	经度	纬度
21.5051	24.0909	15.2548	27.2111	6.2070	5.1442	49.2430	16.7044
17.1168	20.0354	34.1688	22.7571	9.4402	3.9200	11.5812	14.5677
52.1181	0.4088	9.5559	11.4219	24.4509	6.5634	26.7213	28.5667
37.5848	16.8474	35.6619	9.9333	24.4654	3.1644	0.7775	6.9576
14.4703	13.6368	19.8660	15.1224	3.1616	4.2428	18.5245	14.3598
58.6849	27.1485	39.5168	16.9371	56.5089	13.7090	52.5211	15.7957
38.4300	8.4648	51.8181	23.0159	8.9983	23.6440	50.1156	23.7816
13.7909	1.9510	34.0574	23.3960	23.0624	8.4319	19.9857	5.7902
40.8801	14.2978	58.8289	14.5229	18.6635	6.7436	52.8423	27.2880
39.9494	29.5114	47.5099	24.0664	10.1121	27.2662	28.7812	27.6659
8.0831	27.6705	9.1556	14.1304	53.7989	0.2199	33.6490	0.3980
1.3496	16.8359	49.9816	6.0828	19.3635	17.6622	36.9545	23.0265
15.7320	19.5697	11.5118	17.3884	44.0398	16.2635	39.7139	28.4203
6.9909	23.1804	38.3392	19.9950	24.6543	19.6057	36.9980	24.3992
4.1591	3.1853	40.1400	20.3030	23.9876	9.4030	41.1084	27.7149

我方有一个基地，经度和纬度为(70,40)。假设我方飞机的速度为1000km/h。我方派一架飞机从基地出发，侦察完所有目标，再返回原来的基地。在每一目标点的侦察时间不计，求该架飞机所花费的时间（假设我方飞机巡航时间可以充分长）。

这是一个旅行商问题。给我方基地编号为1，目标依次编号为2,3,…,101，最后我方基地再重复编号为102（这样便于程序中计算）。距离矩阵$\boldsymbol{D}=(d_{ij})_{102\times 102}$，其中$d_{ij}$表示$i$，$j$两点的距离，$i,j=1,2,\cdots,102$，这里$\boldsymbol{D}$为实对称矩阵。则问题是求一个从点1出发，走遍所有中间点，到达点102的一个最短路径。

上面问题中给定的是地理坐标（经度和纬度），必须求两点间的实际距离。设A,B两点的地理坐标分别为(x_1,y_1),(x_2,y_2)，过A,B两点的大圆的劣弧长即为两点的实际距离。以地心为坐标原点O，以赤道平面为XOY平面，以0度经线圈所在的平面为XOZ平面建立三维直角坐标系。则A,B两点的直角坐标分别为

$$A(R\cos x_1\cos y_1, R\sin x_1\cos y_1, R\sin y_1),$$
$$B(R\cos x_2\cos y_2, R\sin x_2\cos y_2, R\sin y_2),$$

式中：$R=6370$为地球半径。

A,B两点的实际距离

$$d = R\arccos\left(\frac{OA\cdot OB}{|OA|\cdot|OB|}\right),$$

化简,得

$$d = R\arccos[\cos(x_1 - x_2)\cos y_1 \cos y_2 + \sin y_1 \sin y_2]。$$

求解的模拟退火算法描述如下：

(1) 解空间。解空间 S 可表示为$\{1,2,\cdots,101,102\}$的所有固定起点和终点的循环排列集合,即

$S = \{(\pi_1,\cdots,\pi_{102}) \mid \pi_1 = 1,(\pi_2,\cdots,\pi_{101})$ 为$\{2,3,\cdots,101\}$ 的循环排列,$\pi_{102} = 102\}$,其中:每一个循环排列表示侦察 100 个目标的一个回路,$\pi_i = j$ 为在第 $i-1$ 次侦察目标 j,初始解可选为$(1,2,\cdots,102)$,这里先使用蒙特卡洛方法求得一个较好的初始解。

(2) 目标函数。目标函数(或称代价函数)为侦察所有目标的路径长度。要求

$$\min f(\pi_1,\pi_2,\cdots,\pi_{102}) = \sum_{i=1}^{101} d_{\pi_i \pi_{i+1}},$$

而一次迭代由下列三步构成。

(3) 新解的产生。设上一步迭代的解为 $\pi_1 \cdots \pi_{u-1}\pi_u\pi_{u+1}\cdots\pi_{v-1}\pi_v\pi_{v+1}\cdots\pi_{w-1}\pi_w\pi_{w+1}\cdots\pi_{102}$。

① 2 变换法。任选序号 u,v,交换 u 与 v 之间的顺序,变成逆序,此时的新路径为

$$\pi_1\cdots\pi_{u-1}\pi_v\pi_{v-1}\cdots\pi_{u+1}\pi_u\pi_{v+1}\cdots\pi_{102}。$$

② 3 变换法。任选序号 u,v 和 w,将 u 和 v 之间的路径插到 w 之后,对应的新路径为

$$\pi_1\cdots\pi_{u-1}\pi_{v+1}\cdots\pi_w\pi_u\cdots\pi_v\pi_{w+1}\cdots\pi_{102}。$$

(4) 代价函数差。对于 2 变换法,路径差可表示为

$$\Delta f = (d_{\pi_{u-1}\pi_v} + d_{\pi_u\pi_{v+1}}) - (d_{\pi_{u-1}\pi_u} + d_{\pi_v\pi_{v+1}})。$$

(5) 接受准则。

$$P = \begin{cases} 1, & \Delta f < 0, \\ \exp(-\Delta f/T), & \Delta f \geqslant 0。\end{cases}$$

如果 $\Delta f<0$,则接受新的路径;否则,以概率 $\exp(-\Delta f/T)$ 接受新的路径,即用计算机产生一个$[0,1]$区间上均匀分布的随机数 rand,若 rand$\leqslant\exp(-\Delta f/T)$则接受。

(6) 降温。利用选定的降温系数 α 进行降温,取新的温度 T 为 αT(这里 T 为上一步迭代的温度),这里选定 $\alpha=0.999$。

(7) 结束条件。用选定的终止温度 $e=10^{-30}$,判断退火过程是否结束。若 $T<e$,则算法结束,输出当前状态。

编写 Matlab 程序如下：

```
clc, clear
sj0 = load('sj.txt'); % 加载 100 个目标的数据,数据按照表格中的位置保存在纯文本文件
    sj.txt 中
x = sj0(:,[1:2:8]);x = x(:);
y = sj0(:,[2:2:8]);y = y(:);
sj = [x y]; d1 = [70,40];
sj = [d1;sj;d1]; sj = sj * pi/180; % 角度化成弧度
```

```
d=zeros(102); % 距离矩阵 d 初始化
for i=1:101
   for j=i+1:102
d(i,j)=6370*acos(cos(sj(i,1)-sj(j,1))*cos(sj(i,2))*cos(sj(j,2))+sin
        (sj(i,2))*sin(sj(j,2)));
   end
end
d=d+d';
path=[];long=inf; % 巡航路径及长度初始化
rand('state',sum(clock));  % 初始化随机数发生器
for j=1:1000  % 求较好的初始解
    path0=[1 1+randperm(100),102]; temp=0;
    for i=1:101
        temp=temp+d(path0(i),path0(i+1));
    end
    if temp<long
        path=path0; long=temp;
    end
end
e=0.1^30;L=20000;at=0.999;T=1;
for k=1:L  % 退火过程
c=2+floor(100*rand(1,2));  % 产生新解
c=sort(c); c1=c(1);c2=c(2);
  % 计算代价函数值的增量
df=d(path(c1-1),path(c2))+d(path(c1),path(c2+1))-d(path(c1-1),path
    (c1))-d(path(c2),path(c2+1));
  if df<0 % 接受准则
  path=[path(1:c1-1),path(c2:-1:c1),path(c2+1:102)]; long=long+df;
  elseif exp(-df/T)>=rand
  path=[path(1:c1-1),path(c2:-1:c1),path(c2+1:102)]; long=long+df;
  end
  T=T*at;
   if T<e
       break;
   end
end
path, long %  输出巡航路径及路径长度
xx=sj(path,1);yy=sj(path,2);
plot(xx,yy,'-*') % 画出巡航路径
```

计算结果为 44h 左右。其中的一个巡航路径如图 12.1 所示。

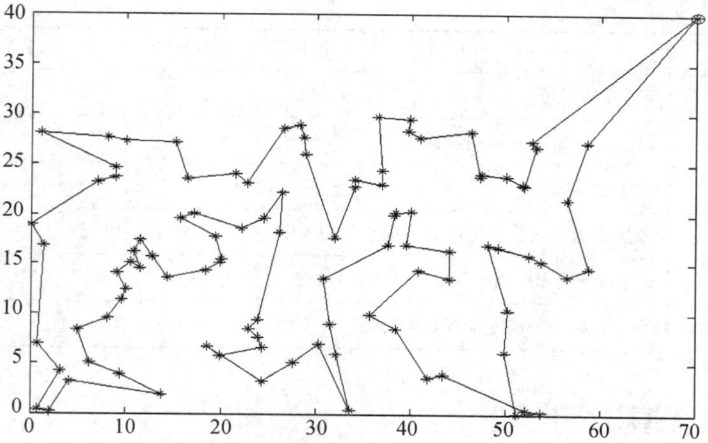

图 12.1　模拟退火算法求得的巡航路径示意图

12.2　遗传算法

12.2.1　遗传算法简介

遗传算法(Genetic Algorithms,GA)是一种基于自然选择原理和自然遗传机制的搜索(寻优)算法,它是模拟自然界中的生命进化机制,在人工系统中实现特定目标的优化。遗传算法的实质是通过群体搜索技术,根据适者生存的原则逐代进化,最终得到最优解或准最优解。它必须做以下操作:初始群体的产生、求每一个体的适应度、根据适者生存的原则选择优良个体、被选出的优良个体两两配对,通过随机交叉其染色体的基因并随机变异某些染色体的基因生成下一代群体,按此方法使群体逐代进化,直到满足进化终止条件。其实现方法如下:

(1) 根据具体问题确定可行解域,确定一种编码方法,能用数值串或字符串表示可行解域的每一解。

(2) 对每一解应有一个度量好坏的依据,它用一函数表示,叫做适应度函数,一般由目标函数构成。

(3) 确定进化参数群体规模 M、交叉概率 p_c、变异概率 p_m、进化终止条件。

为便于计算,一般来说,每一代群体的个体数目都取相等。群体规模越大,越容易找到最优解,但由于受到计算机的运算能力的限制,群体规模越大,计算所需要的时间也相应地增加。进化终止条件指的是当进化到什么时候结束,它可以设定到某一代进化结束,也可以根据找出近似最优解是否满足精度要求来确定。表 12.2 列出了生物遗传概念在遗传算法中的对应关系。

表 12.2　生物遗传概念在遗传算法中的对应关系

生物遗传概念	遗传算法中的作用
适者生存	算法停止时,最优目标值的可行解有最大的可能被留住
个体	可行解

（续）

生物遗传概念	遗传算法中的作用
染色体	可行解的编码
基因	可行解中每一分量的特征
适应性	适应度函数值
种群	根据适应度函数值选取的一组可行解
交配	通过交配原则产生一组新可行解的过程
变异	编码的某一分量发生变化的过程

12.2.2 模型及算法

用遗传算法研究12.1.2节中的问题。

求解的遗传算法的参数设定如下：

种群大小 $M=50$；最大代数 $G=1000$；

交叉率 $p_c=1$，交叉概率为1能保证种群的充分进化；

变异率 $p_m=0.1$，一般而言，变异发生的可能性较小。

1. 编码策略

采用十进制编码，用随机数列 $\omega_1\omega_2\cdots\omega_{102}$ 作为染色体，其中 $0\leqslant\omega_i\leqslant1$（$i=2,3,\cdots,101$），$\omega_1=0$，$\omega_{102}=1$；每一个随机序列都和种群中的一个个体相对应，例如，9目标问题的一个染色体为

$$[0.23,0.82,0.45,0.74,0.87,0.11,0.56,0.69,0.78],$$

式中：编码位置 i 为目标 i，位置 i 的随机数表示目标 i 在巡回中的顺序。

将这些随机数按升序排列得到如下巡回：

$$6-1-3-7-8-4-9-2-5。$$

2. 初始种群

先利用经典的近似算法——改良圈算法求得一个较好的初始种群。

对于随机产生的初始圈

$$C=\pi_1\cdots\pi_{u-1}\pi_u\pi_{u+1}\cdots\pi_{v-1}\pi_v\pi_{v+1}\cdots\pi_{102},2\leqslant u<v\leqslant101,2\leqslant\pi_u<\pi_v\leqslant101,$$

交换 u 与 v 之间的顺序，此时的新路径为

$$\pi_1\cdots\pi_{u-1}\pi_v\pi_{v-1}\cdots\pi_{u+1}\pi_u\pi_{v+1}\cdots\pi_{102}。$$

记 $\Delta f=(d_{\pi_{u-1}\pi_v}+d_{\pi_u\pi_{v+1}})-(d_{\pi_{u-1}\pi_u}+d_{\pi_v\pi_{v+1}})$，若 $\Delta f<0$，则以新路经修改旧路径，直到不能修改为止，就得到一个比较好的可行解。

直到产生 M 个可行解，并把这 M 个可行解转换成染色体编码。

3. 目标函数

目标函数为侦察所有目标的路径长度，适应度函数就取为目标函数。要求

$$\min f(\pi_1,\pi_2,\cdots,\pi_{102})=\sum_{i=1}^{101}d_{\pi_i\pi_{i+1}}。$$

4. 交叉操作

交叉操作采用单点交叉。对于选定的两个父代个体 $f_1=\omega_1\omega_2\cdots\omega_{102}$，$f_2=\omega'_1\omega'_2\cdots\omega'_{102}$，随机地选取第 t 个基因处为交叉点，则经过交叉运算后得到的子代个体为 s_1 和 s_2，s_1 的基因由 f_1 的前 t 个基因和 f_2 的后 $102-t$ 个基因构成，s_2 的基因由 f_2 的前 t 个基因和 f_1 的后 $102-t$ 个基因构成，例如：

$$f_1=[0,0.14,0.25,0.27,\mid 0.29,0.54,\cdots,0.19,1],$$

$$f_2=[0,0.23,0.44,0.56,\mid 0.74,0.21,\cdots,0.24,1],$$

设交叉点为第四个基因处，则

$$s_1=[0,0.14,0.25,0.27,\mid 0.74,0.21,\cdots,0.24,1],$$

$$s_2=[0,0.23,0.44,0.56,\mid 0.29,0.54,\cdots,0.19,1]。$$

交叉操作的方式有很多种选择，应该尽可能选取好的交叉方式，保证子代能继承父代的优良特性。同时这里的交叉操作也蕴含了变异操作。

5. 变异操作

变异也是实现群体多样性的一种手段，同时也是全局寻优的保证。按照给定的变异率，对选定变异的个体，随机地取三个整数，满足 $1<u<v<w<102$，把 u,v 之间（包括 u 和 v）的基因段插到 w 后面。

6. 选择

采用确定性的选择策略，也就是在父代种群和子代种群中选择目标函数值最小的 M 个个体进化到下一代，这样可以保证父代的优良特性被保存下来。

计算的 Matlab 程序如下：

```
clc,clear
sj0=load('sj.txt');          % 加载100个目标的数据
x=sj0(:,1:2:8); x=x(:);
y=sj0(:,2:2:8); y=y(:);
sj=[x y]; d1=[70,40];
sj=[d1;sj;d1]; sj=sj*pi/180;  % 单位化成弧度
d=zeros(102); % 距离矩阵d的初始值
for i=1:101
  for j=i+1:102
  d(i,j)=6370*acos(cos(sj(i,1)-sj(j,1))*cos(sj(i,2))*cos(sj(j,2))+sin
        (sj(i,2))*sin(sj(j,2)));
  end
end
d=d+d'; w=50; g=100; % w为种群的个数,g为进化的代数
rand('state',sum(clock)); % 初始化随机数发生器
for k=1:w  % 通过改良圈算法选取初始种群
    c=randperm(100); % 产生1,…,100的一个全排列
    c1=[1,c+1,102]; % 生成初始解
    for t=1:102 % 该层循环是修改圈
        flag=0; % 修改圈退出标志
```

```
    for m=1:100
      for n=m+2:101
        if d(c1(m),c1(n))+d(c1(m+1),c1(n+1))<d(c1(m),c1(m+1))+d(c1(n),
c1(n+1))
          c1(m+1:n)=c1(n:-1:m+1);  flag=1; % 修改圈
        end
      end
    end
   if flag==0
      J(k,c1)=1:102; break % 记录下较好的解并退出当前层循环
   end
   end
end
J(:,1)=0; J=J/102; % 把整数序列转换成[0,1]区间上的实数,即转换成染色体编码
for k=1:g  % 该层循环进行遗传算法的操作
    A=J; % 交配产生子代A的初始染色体
    c=randperm(w); % 产生下面交叉操作的染色体对
    for i=1:2:w
        F=2+floor(100*rand(1)); % 产生交叉操作的地址
        temp=A(c(i),[F:102]); % 中间变量的保存值
        A(c(i),[F:102])=A(c(i+1),[F:102]); % 交叉操作
        A(c(i+1),F:102)=temp;
    end
    by=[];  % 为了防止下面产生空地址,这里先初始化
while ~length(by)
    by=find(rand(1,w)<0.1); % 产生变异操作的地址
end
B=A(by,:); % 产生变异操作的初始染色体
for j=1:length(by)
   bw=sort(2+floor(100*rand(1,3)));  % 产生变异操作的3个地址
   B(j,:)=B(j,[1:bw(1)-1,bw(2)+1:bw(3),bw(1):bw(2),bw(3)+1:102]); % 交换位置
end
   G=[J;A;B]; % 父代和子代种群合在一起
   [SG,ind1]=sort(G,2); % 把染色体翻译成1,…,102的序列ind1
   num=size(G,1); long=zeros(1,num); % 路径长度的初始值
   for j=1:num
       for i=1:101
           long(j)=long(j)+d(ind1(j,i),ind1(j,i+1)); % 计算每条路径长度
       end
   end
    [slong,ind2]=sort(long); % 对路径长度从小到大排序
    J=G(ind2(1:w),:); % 精选前w个较短的路径对应的染色体
end
path=ind1(ind2(1),:), flong=slong(1)  % 解的路径及路径长度
```

```
xx = sj(path,1);yy = sj(path,2);
plot(xx,yy,'-o') % 画出路径
```

计算结果为 40h 左右。其中的一个巡航路径如图 12.2 所示。

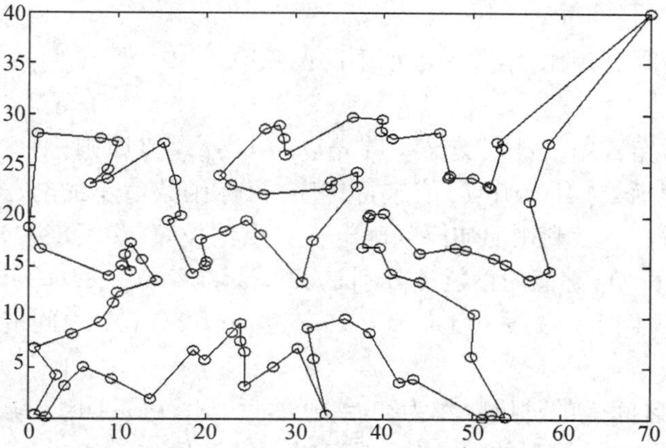

图 12.2　遗传算法求得的巡航路径示意图

12.3　改进的遗传算法

12.3.1　引言

无人机航路规划问题实际上是一个组合优化问题,是优化理论中的 NP - hard 问题。因为其解空间不连续,解邻域表达困难,所以难以用通常的算法求解。遗传算法作为现代优化算法之一,其主要特点是对非线性极值问题能以概率 1 跳出局部最优解,找到全局最优解。而遗传算法这种跳出局部最优寻找全局最优特性都基于算法中的交叉和变异。在传统遗传算法的结构中,变异操作在交叉操作基础上进行,强调的是交叉作用,认为变异只是一个生物学背景机制。在具体交叉操作中,人们通常采用单点交叉(段交叉)、多点交叉与均匀交叉,其中单点交叉是指随机地在基因序列中选择一个断点,然后交换双亲上断点右端的所有染色体。在变异操作中,变异算子一般是用 Guassian 分布的随机变异来实现[46,47]。近年来,也有学者尝试用 Cauchy 分布的随机序列来实现变异[48],希望通过 Cauchy 分布宽大的两翼特性实现更大范围的变异,以利于找到全局最优解。Rudolph 从理论上分析了采用 Cauchy 分布随机变异进化算法的局部收敛性[49]。Chellapilla 进一步把二者结合起来[50],采用两种分布的线性叠加,但仿真结果显示,算法改进效果并不十分明显。文献[51]将生物进化看成是随机性加上反馈,并指出其中的随机性主要是由系统的内在因素所引起,而不是由外部环境的随机扰动所造成。而混沌系统在其混沌域中表现为随机性,它是确定系统内部随机性的反映,不同于外在的随机特性。本节根据以上特点对基于求解航路规划的遗传算法进行改进,首先将变异操作从交叉操作中分离出来,使其成为独立的并列于交叉的寻优操作,在具体遗传操作中,混沌与遗传操作联系在一起,在交叉操作中,以"门当户对"原则进行个体的配对,利用混沌序列确定交叉点,实行强度最弱的单点交叉,以确保算法收敛精度,削弱和避免寻优抖振问题;在变异操作中,利

用混沌序列对染色体中多个基因进行变异,以避免算法早熟。

下面研究 12.1.2 节中同样的问题。

12.3.2 模型及算法

与标准的遗传算法相比,本节做了如下的两点改进。

1. 交叉操作

本节的交叉操作采用改进型交叉。首先以“门当户对”原则,对父代个体进行配对,即对父代以适应度函数(目标函数)值进行排序,目标函数值小的与小的配对,目标函数值大的与大的配对。然后利用混沌序列确定交叉点的位置,最后对确定的交叉项进行交叉。例如(Ω_1,Ω_2)配对,它们的染色体分别是$\Omega_1=\omega_1^1\omega_2^1\cdots\omega_{102}^1$,$\Omega_2=\omega_1^2\omega_2^2\cdots\omega_{102}^2$,采用 Logistic 混沌序列 $x(n+1)=4x(n)[1-x(n)]$产生一个 2 ~ 101 之间的正整数,具体步骤如下:

取一个(0,1)区间上的随机数作为初始值,然后利用 $x(n+1)=4x(n)[1-x(n)]$迭代一次产生 1 个(0,1)区间上的混沌值,保存以上混沌值作为产生下一代交叉项的混沌迭代初值,再把这个值分别乘以 100 并加上 2,最后取整即可。假如这个数为 33,那么以此作为交叉点对(Ω_1,Ω_2)染色体中相应的基因进行单点交叉,得到新的染色体(Ω_1',Ω_2'),即

$$\begin{aligned}\Omega_1' &= \omega_1^1\omega_2^1\omega_3^1\omega_4^1\omega_5^1\cdots\omega_{33}^2\omega_{34}^1\cdots\omega_{60}^1\omega_{61}^1\cdots,\\ \Omega_2' &= \omega_1^2\omega_2^2\omega_3^2\omega_4^2\omega_5^2\cdots\omega_{33}^1\omega_{34}^2\cdots\omega_{60}^2\omega_{61}^2\cdots。\end{aligned}$$

很明显,这种单点交叉对原来的解改动很小,这可以削弱避免遗传算法在组合优化应用中产生的寻优抖振问题,可以提高算法收敛精度。

2. 变异操作

变异也是实现群体多样性的一种手段,是跳出局部最优,全局寻优的重要保证。这里变异算子设计如下:首先根据给定的变异率(本节选为 0.02),随机地取两个在 2 ~ 101 之间的整数,对这两个数对应位置的基因进行变异,变异时利用混沌序列把这两个位置的基因换成新的基因值,从而得到新的染色体。

在仿真试验中,对本节航路规划问题分别利用单点交叉和换位变异结合的遗传算法,多点交叉和移位变异结合的遗传算法与本节中提出的改进算法进行求解比较。表 12.3 是各种算法种群规模($M=50$)和迭代次数($G=100$)都相同时连续 20 次求解的平均值(km),算法平均运算时间(s)。

表 12.3 算法性能比较表

指 标	单点交叉算法	多点交叉算法	文中改进算法
平均航路距离/km	41572	40416	39849
算法执行时间/s	5.937	6.125	2.985

本节从算法结构到具体的遗传操作都进行了改进,其中变异操作从交叉操作中分离出来,使得遗传算法也可以通过并行计算实现,提高算法实现效率。改进后的算法分别采用变化强度不同的交叉操作和变异操作,其中交叉操作采用强度最弱的单点交叉,保证了

算法收敛精度，削弱和避免了算法因交叉强度大而产生的寻优抖振问题。当然，单一的单点交叉很容易使算法早熟，采用较大强度的多个基因变异正好解决了早熟问题。从仿真结果可以看到改进后的算法效果较为明显。

计算的 Matlab 程序如下：

```
tic  % 计时开始
clc,clear
sj0 = load('sj.txt');         % 加载 100 个目标的数据
x = sj0(:,1:2:8); x = x(:);
y = sj0(:,2:2:8); y = y(:);
sj = [x y]; d1 = [70,40];
sj = [d1;sj;d1]; sj = sj * pi/180;  % 单位化成弧度
d = zeros(102); % 距离矩阵 d 的初始值
for i = 1:101
  for j = i + 1:102
  d(i,j) = 6370 * acos(cos(sj(i,1) - sj(j,1)) * cos(sj(i,2)) * cos(sj(j,2)) + sin
        (sj(i,2)) * sin(sj(j,2)));
  end
end
d = d + d'; w = 50; g = 100; % w 为种群的个数,g 为进化的代数
rand('state',sum(clock)); % 初始化随机数发生器
for k = 1:w  % 通过改良圈算法选取初始种群
    c = randperm(100); % 产生 1,…,100 的一个全排列
    c1 = [1,c + 1,102]; % 生成初始解
    for t = 1:102 % 该层循环是修改圈
        flag = 0; % 修改圈退出标志
    for m = 1:100
      for n = m + 2:101
        if d(c1(m),c1(n)) + d(c1(m + 1),c1(n + 1)) < d(c1(m),c1(m + 1)) + d(c1(n),
           c1(n + 1))
           c1(m + 1:n) = c1(n: - 1:m + 1);  flag = 1; % 修改圈
        end
      end
    end
   if flag = =0
      J(k,c1) = 1:102; break % 记录下较好的解并退出当前层循环
   end
   end
end
J(:,1) = 0; J = J/102; % 把整数序列转换成[0,1]区间上的实数,即转换成染色体编码
for k = 1:g  % 该层循环进行遗传算法的操作
    A = J; % 交配产生子代 A 的初始染色体
    for i = 1:2:w
```

```
        ch1(1) = rand; % 混沌序列的初始值
        for j = 2:50
            ch1(j) = 4 * ch1(j - 1) * (1 - ch1(j - 1)); % 产生混沌序列
        end
        ch1 = 2 + floor(100 * ch1); % 产生交叉操作的地址
        temp = A(i,ch1); % 中间变量的保存值
        A(i,ch1) = A(i + 1,ch1); % 交叉操作
        A(i + 1,ch1) = temp;
    end
    by = []; % 为了防止下面产生空地址,这里先初始化
while ~length(by)
    by = find(rand(1,w) < 0.1); % 产生变异操作的地址
end
num1 = length(by); B = J(by,:); % 产生变异操作的初始染色体
ch2 = rand; % 产生混沌序列的初始值
for t = 2:2 * num1
      ch2(t) = 4 * ch2(t - 1) * (1 - ch2(t - 1)); % 产生混沌序列
end
for j = 1:num1
   bw = sort(2 + floor(100 * rand(1,2))); % 产生变异操作的两个地址
   B(j,bw) = ch2([j,j + 1]); % bw 处的两个基因发生了变异
end
   G = [J;A;B]; % 父代和子代种群合在一起
   [SG,ind1] = sort(G,2); % 把染色体翻译成 1,…,102 的序列 ind1
   num2 = size(G,1); long = zeros(1,num2); % 路径长度的初始值
   for j = 1: num2
      for i = 1:101
         long(j) = long(j) + d(ind1(j,i),ind1(j,i + 1)); % 计算每条路径长度
      end
   end
     [slong,ind2] = sort(long); % 对路径长度从小到大排序
     J = G(ind2(1: w),:); % 精选前 w 个较短的路径对应的染色体
end
path = ind1(ind2(1),:), flong = slong(1)  % 解的路径及路径长度
toc  % 计时结束
xx = sj(path,1);yy = sj(path,2);
plot(xx,yy,'- o') % 画出路径
```

12.4 Matlab 遗传算法工具

12.4.1 遗传算法与直接搜索概述

Matlab 中遗传算法与直接搜索(Genetic Algorithm and Direct Search,GADS)工具箱是

一系列函数的集合，它们扩展了优化工具箱和 Matlab 数值计算环境。遗传算法与直接搜索工具箱包含了要使用遗传算法和直接搜索算法来求解优化问题的一些例程。这些算法使我们能够求解那些标准优化工具箱范围之外的各种优化问题。所有工具箱函数都是 Matlab 的 M 文件，这些文件由实现特定优化算法的 Matlab 语句所构成。

使用语句

```
Type function_name
```

就可以看到这些函数的 Matlab 代码。也可以通过编写自己的 M 文件来实现并扩展遗传算法和直接搜索工具箱的性能，也可以将该工具箱与 Matlab 的其他工具箱或 Simulink 结合使用来求解优化问题。

工具箱函数可以通过图形界面或 Matlab 命令行来访问，它们是用 Matlab 语言编写的，对用户开放，因此可以查看算法，修改源代码或生成用户函数。

遗传算法与直接搜索工具箱有助于求解那些不易用传统方法解决的问题，譬如旅行商问题等。

遗传算法与直接搜索工具箱有一个精心设计的用户图形界面，可以直观、方便、快速地求解最优化问题。

1. 功能特点

遗传算法与直接搜索工具箱的功能特点如下：

(1) 用户图形界面和命令行函数可用来快速地描述问题、设置算法选项以及监控进程。

(2) 具有多个选项的遗传算法工具可用于问题创建、适应度计算、选择、交叉和变异。

(3) 直接搜索工具实现了一种模式搜索方法，其选项可用于定义网格尺寸、表决方法和搜索方法。

(4) 遗传算法与直接搜索工具箱函数可与 Matlab 的优化工具箱或其他的 Matlab 程序结合使用。

(5) 支持自动的 M 代码生成。

2. 用户图形界面和命令行函数

遗传算法工具函数可以通过命令行和用户图形界面来使用遗传算法。直接搜索工具函数也可以通过命令行和用户图形界面来进行访问。用户图形界面可用来快速地定义问题，设置算法选项，对优化问题进行详细定义。

遗传算法和直接搜索工具箱还同时提供了用于优化管理、性能监控及终止准则定义的工具，同时还提供了大量的标准算法选项。

在优化运行的过程中，可以通过修改选项来细化最优解，更新性能结果。用户也可以提供自己的算法选项来定制工具箱。

3. 使用其他函数和求解器

遗传算法与直接搜索工具箱和 Matlab 优化工具箱是紧密结合在一起的。用户可以用遗传算法或直接搜索算法来寻找最佳起始点，然后利用优化工具箱或用 Matlab 程序来进一步寻找最优解。通过结合不同的算法，可以充分地发挥 Matlab 和工具箱的功能以提高求解的质量。对于某些特定问题，使用这种方法还可以得到全局(最优)解。

4. 显示、监控和输出结果

遗传算法与直接搜索工具箱还包括一系列绘图函数，用来可视化优化结果。这些可视化功能直观地显示了优化的过程,并且允许在执行过程中进行修改。

使用输出函数可以将结果写入文件,产生用户自己的终止准则,也可以写入用户自己的图形界面来运行工具箱求解器。除此之外,还可以将问题的算法选项导出,以便日后再将它们导入到图形界面中。

12.4.2 使用遗传算法工具初步

1. 遗传算法使用规则

遗传算法是一种基于自然选择、生物进化过程来求解问题的方法。在每一步中,遗传算法随机地从当前种群中选择若干个体作为父辈,并且使用它们产生下一代的子种群。在连续若干代之后,种群朝着优化解的方向进化。可以用遗传算法来求解各种不适宜用标准算法求解的优化问题,包括目标函数不连续、不可微、随机或高度非线性的问题。

遗传算法在每一步使用下列三类规则从当前种群来创建下一代:

(1) 选择规则(Selection Rules):选择对下一代种群有贡献的个体(称为父辈)。

(2) 交叉规则(Crossover Rules):将两个父辈结合起来构成下一代的子辈种群。

(3) 变异规则(Mutation Rules):施加随机变化给父辈个体来构成子辈。

遗传算法与标准优化算法主要在两个方面有所不同,它们的比较情况归纳于表12.4中。

表12.4 遗传算法与标准优化算法比较

标准算法	遗传算法
每次迭代产生一个单点,点的序列逼近一个优化解	每次迭代产生一个种群,种群逼近一个优化解
通过确定性的计算在该序列中选择下一个点	通过随机进化选择计算来选择下一代种群

2. 遗传算法使用方式

遗传算法工具有两种使用方式:

(1) 以命令行方式调用遗传算法函数 ga。

(2) 通过用户图形界面使用遗传算法工具。

1) 在命令行使用遗传算法,可以用下列语法调用遗传算法函数 ga

```
[x, fval] = ga(@fitnessfun,nvars,A,b,Aeq,beq,LB,UB,@nonlcon,options)
```

其中:@fitnessfun 是目标函数句柄;nvars 是目标函数中独立变量的个数;options 是一个包含遗传算法选项参数的数据结构;其他参数的含义与非线性规划 fmincon 中的参数相同。

函数返回值 x 为最终值到达的点,这里 x 为行向量,fval 为目标函数的最终值。

例 12.1 求下列问题的解:

$$\max f(x) = 2x_1 + 3x_1^2 + 3x_2 + x_2^2 + x_3,$$

$$\text{s.t.}\begin{cases} x_1 + 2x_1^2 + x_2 + 2x_2^2 + x_3 \leqslant 10, \\ x_1 + x_1^2 + x_2 + x_2^2 - x_3 \leqslant 50, \\ 2x_1 + x_1^2 + 2x_2 + x_3 \leqslant 40, \\ x_1^2 + x_3 = 2, \\ x_1 + 2x_2 \geqslant 1, \\ x_1 \geqslant 0, x_2, x_3 \text{ 不约束} \end{cases}。$$

解 (1) 编写适应度函数(文件名为 ycfun1. m):

```
function y = ycfun1(x);   % x 为行向量
c1 = [2 3 1]; c2 = [3 1 0];
y = c1 * x' + c2 * x'.^2; y = -y;
```

(2) 编写非线性约束函数(文件名为 ycfun2. m):

```
function [f,g] = ycfun2(x);
f = [x(1) +2 * x(1)^2 + x(2) +2 * x(2)^2 + x(3) -10
   x(1) + x(1)^2 + x(2) + x(2)^2 - x(3) -50
   2 * x(1) + x(1)^2 +2 * x(2) + x(3) -40];
g = x(1)^2 + x(3) -2;
```

(3) 主函数:

```
clc, clear
a = [ -1 -2 0; -1 0 0];b = [ -1;0];
[x,y] = ga(@ycfun1,3,a,b,[],[],[],[],@ycfun2);
x, y = -y
```

遗传算法程序的运行结果每一次都是不一样的,要运行多次,找一个最好的结果。

2) 通过 GUI 使用遗传算法

遗传算法工具有一个用户图形界面 GUI,它使我们可以使用遗传算法而不必以命令行方式工作。遗传算法的用户图形界面集成在优化工具箱里,打开遗传算法用户图形界面,可输入以下命令:

```
optimtool
```

使用遗传算法用户图形界面解法首先必须输入下列信息:

(1) Fitness function(适应度函数)——欲求最小值的目标函数。输入适应度函数的形式为@ fitnessfun,其中,fitnessfun. m 是计算适应度函数的 M 函数;符号@ 产生一个对于函数 fitnessfun 的函数句柄。

(2) Number of variables(变量个数)——适应度函数输入向量的长度。

其他参数的含义就不一一介绍了,与优化工具的用户图形界面解法中的参数一样。如果某个参数的值为空,则可以输入空矩阵[ ],或者什么都不输入。

例 12.2 用用户图形界面求解例 12.1。

在 Matlab 命令窗口运行 optimtool,打开用户图形界面,如图 12.3 所示,填入有关的参数,未填入的参数取值为空或者为默认值,然后用鼠标单击 start 按钮,就得到求解结果,再使用 file 菜单下的 Export to Workspace 选项,把计算结果输出到 Matlab 工作空间中。

注意:Matlab 工作空间中必须存在线性不等式约束对应的变量 a,b。或者编一个小程序,对 a,b 进行赋值,然后运行该小程序。

12.4.3 直接搜索工具

直接搜索的命令为

```
[x,fval] = patternsearch(@fun,x0,A,b,Aeq,beq,LB,UB,@nonlcon,options)
```

直接搜索的用户图形界面也集成到 optimtool 中。

例 12.3 用直接搜索算法求解例 12.1。

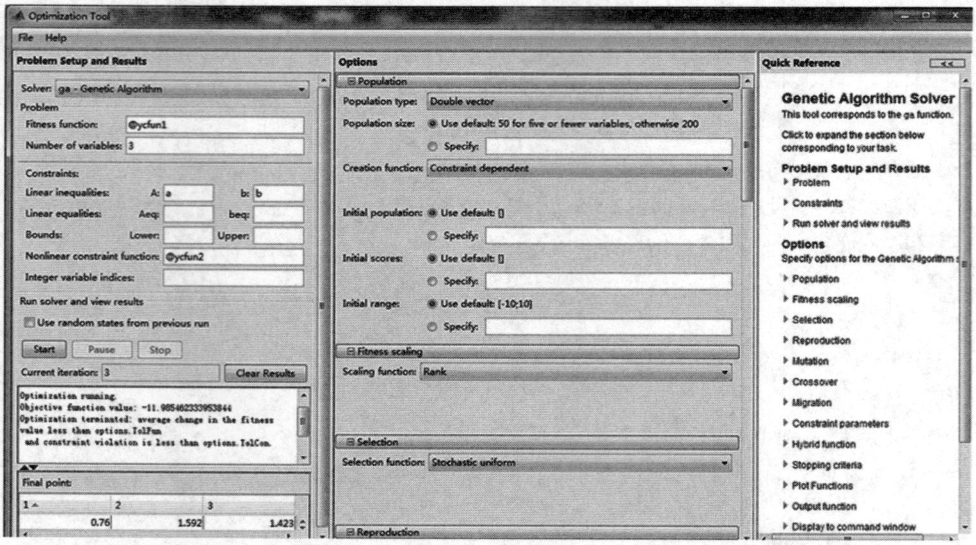

图 12.3　遗传算法用户图形界面解法

解　编写 Matlab 程序如下(所有程序放在一个文件中):

```
function ex12_3
a = [ -1  -2 0; -1 0 0];b = [ -1;0];
[x,y] = patternsearch(@ fun1,rand(1,3),a,b,[ ],[ ],[ ],[ ],@ fun2);  % 初始值必须为行向量
x,y = -y
% 定义目标函数
function y = fun1(x);   % x 为行向量
c1 = [2 3 1]; c2 = [3 1 0];
y= c1 * x' + c2 * x'.^2; y = -y;
% 定义非线性约束函数
function [f,g] = fun2(x);
f = [x(1) +2 * x(1)^2 + x(2) +2 * x(2)^2 + x(3) -10
    x(1) + x(1)^2 + x(2) + x(2)^2 - x(3) -50
    2 * x(1) + x(1)^2 +2 * x(2) + x(3) -40];
g = x(1)^2 + x(3) -2;
```

直接搜索算法每次的计算结果也是不一样的。

拓展阅读材料

[1] Matlab Global Optimization Toolbox User's Guide. R2014b.

阅读其中的遗传算法(Genetic Algorithm)、粒子群算法(Particle Swarm)和模拟退火算法(Simulated Annealing)。

[2] 何艳萍,张安,刘海燕. 基于 Voronoi 图与蚁群算法的 UCAV 航路规划. 电光与控制,2009, 16(11): 22 -24, 54.

习 题 12

12.1 用遗传算法求解下列非线性规划问题：

$$\min \quad f(x) = (x_1 - 2)^2 + (x_2 - 1)^2,$$

$$\text{s.t.} \begin{cases} x_1 - 2x_2 + 1 \geqslant 0, \\ \dfrac{x_1^2}{4} - x_2^2 + 1 \geqslant 0。\end{cases}$$

12.2 学生面试问题

高校自主招生是高考改革中的一项新生事物，现在仍处于探索阶段。某高校拟在全面衡量考生的高中学习成绩及综合表现后再采用专家面试的方式决定录取与否。该校在今年自主招生中，经过初选合格进入面试的考生有 N 人，拟聘请老师 M 人。每位学生要分别接受 4 位老师（简称该学生的“面试组”）的单独面试。面试时，各位老师独立地对考生提问并根据其回答问题的情况给出评分。由于这是一项主观性很强的评价工作，老师的专业可能不同，他们的提问内容、提问方式以及评分习惯也会有较大差异，因此面试同一位考生的“面试组”的具体组成不同会对录取结果产生一定影响。为了保证面试工作的公平性，组织者提出如下要求：

（1）每位老师面试的学生数量应尽量均衡；

（2）面试不同考生的“面试组”成员不能完全相同；

（3）两个考生的“面试组”中有两位或三位老师相同的情形尽量少；

（4）被任意两位老师面试的两个学生集合中出现相同学生的人数尽量少。

请回答如下问题：

问题一：设考生数 N 已知，在满足条件(2)的情形下，说明聘请老师数 M 至少分别应为多大，才能做到任两位学生的“面试组”都没有两位以及三位面试老师相同的情形。

问题二：请根据(1)～(4)的要求建立学生与面试老师之间合理的分配模型，并就 $N=379$，$M=24$ 的情形给出具体的分配方案（每位老师面试哪些学生）及该方案满足(1)～(4)这些要求的情况。

问题三：假设面试老师中理科与文科的老师各占一半，并且要求每位学生接受两位文科与两位理科老师的面试，请在此假设下分别回答问题一与问题二。

问题四：请讨论考生与面试老师之间分配的均匀性和面试公平性的关系。为了保证面试的公平性，除了组织者提出的要求外，还有哪些重要因素需要考虑？试给出新的分配方案或建议。

12.3 用遗传算法求解下列非线性整数规划：

$$\max \quad z = x_1^2 + x_2^2 + 3x_3^2 + 4x_4^2 + 2x_5^2 - 8x_1 - 2x_2 - 3x_3 - x_4 - 2x_5,$$

$$\text{s.t.} \begin{cases} 0 \leqslant x_i \leqslant 99,\ i = 1, \cdots, 5, \\ x_1 + x_2 + x_3 + x_4 + x_5 \leqslant 400, \\ x_1 + 2x_2 + 2x_3 + x_4 + 6x_5 \leqslant 800, \\ 2x_1 + x_2 + 6x_3 \leqslant 200, \\ x_3 + x_4 + 5x_5 \leqslant 200。\end{cases}$$

第 13 章　数字图像处理

数字图像处理是一门迅速发展的新兴学科,发展的历史并不长。由于图像是视觉的基础,而视觉又是人类重要的感知手段,故数字图像成为心理学、生理学、计算机科学等诸多方面学者研究视觉感知的有效工具。随着计算机的发展,以及应用领域的不断加深和扩展,数字图像处理技术已取得长足的进展,出现了许多有关的新理论、新方法、新算法、新手段和新设备,并在军事、公安、航空、航天、遥感、医学、通信、自动控制、天气预报以及教育、娱乐、管理等方面得到广泛的应用。所以,数字图像处理是一门实用的学科,已成为电子信息、计算机科学及其相关专业的一个热门研究课题,相应的图像处理技术也是一门重要的课程,是一门多学科交叉、理论性和实践性都很强的综合性课程。

数字图像处理是计算机和电子学科的重要组成部分,是模式识别和人工智能理论的中心研究内容。数字图像处理的内容包括:数字图像处理的基本概念、数字图像显示、点运算、代数运算和几何运算等概念;二维傅里叶变换、离散余弦变换、离散图像变换的基本原理与方法;图像的增强方法,包括空间域方法和变换域方法;图像恢复和重建基本原理与方法;图像压缩编码的基本原理等。

13.1　数字图像概述

13.1.1　图像的基本概念

图像因其表现方式的不同分为连续图像和离散图像两大类。

连续图像:是指在二维坐标系中连续变化的图像,即图像的像点是无限稠密的,同时具有灰度值(即图像从暗到亮的变化值)。连续图像的典型代表是由光学透镜系统获取的图像,如人物照片和景物照片等,有时又称为模拟图像。

离散图像:是指用一个数字序列表示的图像。该阵列中的每个元素是数字图像的一个最小单位,称为像素。像素是组成图像的基本元素,是按照某种规律编成系列二进制数码(0 和 1)来表示图像上每个点的信息,因此又称为数字图像。

以一个我们身边的简单例子来说,用胶片记录下来的照片就是连续图像,而用数码相机拍摄下来的图像是离散图像。

13.1.2　图像的数字化采样

由于目前的计算机只能处理数字信号,我们得到的照片、图纸等原始信息都是连续的模拟信号,必须将连续的图像信息转化为数字形式。可以把图像看作是一个连续变化的函数,图像上各点的灰度是所在位置的函数,这就要经过数字化的采样与量化。下面简单介绍图像数字化采样的方法。

图像采样就是按照图像空间的坐标测量该位置上像素的灰度值。方法如下：对连续图像 $f(x,y)$ 进行等间隔采样，在 (x,y) 平面上，将图像分成均匀的小网格，每个小网格的位置可以用整数坐标表示，于是采样值就对应了这个位置上网格的灰度值。若采样结果每行像素为 M 个，每列像素为 N 个，则整幅图像对应于一个 $M \times N$ 数字矩阵。这样就获得了数字图像中关于像素的两个属性：位置和灰度。位置由采样点的两个坐标确定，也就对应了网格行和列；而灰度表明了该像素的明暗程度。

把模拟图像在空间上离散化为像素后，各个像素点的灰度值仍是连续量，接着就需要把像素的灰度值进行量化，把每个像素的光强度进行数字化，也就是将 $f(x,y)$ 的值划分成若干个灰度等级。

一幅图像经过采样和量化后便可以得到一幅数字图像。通常可以用一个矩阵来表示（图 13.1）。

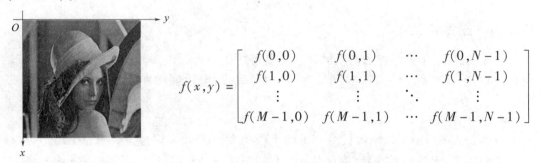

$$f(x,y)=\begin{bmatrix} f(0,0) & f(0,1) & \cdots & f(0,N-1) \\ f(1,0) & f(1,1) & \cdots & f(1,N-1) \\ \vdots & \vdots & \ddots & \vdots \\ f(M-1,0) & f(M-1,1) & \cdots & f(M-1,N-1) \end{bmatrix}$$

图 13.1　数字图像的矩阵表示

一幅数字图像在 Matlab 中可以很自然地表示成矩阵

$$\boldsymbol{g}=\begin{bmatrix} g(1,1) & g(1,2) & \cdots & g(1,N) \\ g(2,1) & g(2,2) & \cdots & g(2,N) \\ \vdots & \vdots & \ddots & \vdots \\ g(M,1) & g(M,2) & \cdots & g(M,N) \end{bmatrix},$$

式中：$g(x+1,y+1)=f(x,y), x=0,\cdots,M-1, y=0,\cdots,N-1$。

矩阵中的元素称为像素。每一个像素都有 x 和 y 两个坐标，表示其在图像中的位置。另外还有一个值，称灰度值，对应于原始模拟图像在该点处的亮度。量化后的灰度值代表了相应的色彩浓淡程度，以 256 色灰度等级的数字图像为例，一般由 8 比特（即一个字节）表示灰度值，由 0～255 对应于由黑到白的颜色变化。对只有黑白二值采用一个比特表示的特定二值图像，就可以用 0 和 1 来表示黑白两色。

将连续灰度值量化为对应灰度级的具体量化方法有两类，即等间隔量化与非等间隔量化。根据一幅图像具体的灰度值分布的概率密度函数来进行量化，但是由于灰度值分布的概率函数因图而异，不可能找到一个普遍适用于各种不同图像的最佳非等间隔量化公式，因此，在实际应用中一般都采用等间隔量化来进行量化。

13.1.3　数据类

虽然我们处理的是整数坐标，但 Matlab 中的像素值本身并不是整数。表 13.1 列出了 Matlab 和图像处理工具箱为表示像素值所支持的各种数据类。表中的前 8 项称为数值数据类,第 9 项称为字符类,最后一项称为逻辑数据类。

表 13.1　数据类

名称	描述	名称	描述
double	双精度浮点数,范围为$[-10^{308},10^{308}]$	int16	有符号 16 比特整数,范围为[-32768,32767]
uint8	无符号 8 比特整数,范围为[0,255]	int32	有符号 32 比特整数,范围为[-2147483648,2147483647]
uint16	无符号 16 比特整数,范围为[0,65535]	single	单精度浮点数,范围为$[-10^{38},10^{38}]$
uint32	无符号 32 比特整数,范围为[0,4294967295]	char	字符
int8	有符号 8 比特整数,范围为[-128,127]	logical	值为 0 或 1

13.1.4　图像类型

在计算机中,按照颜色和灰度的多少可以将图像分为二值图像、灰度图像、索引图像和真彩色 RGB 图像四种基本类型。目前,大多数图像处理软件都支持这四种类型的图像。

1. 二值图像

一幅二值图像的二维矩阵仅由 0、1 两个值构成,"0"代表黑色,"1"代表白色。由于每一像素(矩阵中每一元素)取值仅有 0、1 两种可能,所以计算机中二值图像的数据类型通常为 1 个二进制位。二值图像通常用于文字、线条图的扫描识别(OCR)和掩膜图像的存储。

二值图像在 Matlab 中是一个取值只有 0 和 1 的逻辑数组。因而,一个取值只有 0 和 1 的 uint8 类数组,在 Matlab 中并不认为是二值图像。使用 logical 函数可以把数值数组转换为二值数组。因此,若 A 是一个由 0 和 1 构成的数值数组,则可使用如下语句创建一个逻辑数组 B:

```
B=logical(A),
```

若 A 中含有除了 0 和 1 之外的其他元素,则使用 logical 函数就可以将所有非零的量变换为逻辑 1,而将所有的 0 值变换为逻辑 0。

2. 灰度图像

灰度图像矩阵元素的整数取值范围通常为[0,255]。因此其数据类型一般为 8 位无符号整数(int8),这就是人们经常提到的 256 灰度图像。"0"表示纯黑色,"255"表示纯白色,中间的整数数字从小到大表示由黑到白的过渡色。若灰度图像的像素是 uint16 类,则它的整数取值范围为[0,65535]。若图像是 double 类,则像素的取值就是浮点数。规定双精度型归一化灰度图像的取值范围是[0,1],0 代表黑色,1 代表白色,0~1 之间的小数表示不同的灰度等级。二值图像可以看成是灰度图像的一个特例。

3. RGB 彩色图像

一幅 RGB 图像就是彩色像素的一个 $m\times n\times 3$ 数组,其中每一个彩色像素点都是在特定空间位置的彩色图像相对应的红、绿、蓝三个分量。RGB 也可以看成是一个由三幅灰度图像形成的"堆",当将其送到彩色监视器的红、绿、蓝输入端时,便在屏幕上产生了一幅彩色图像。按照惯例,形成一幅 RGB 彩色图像的三个图像常称为红、绿或蓝分量图像。分量图像的数据类决定了它们的取值范围。若一幅 RGB 图像的数据类是 double,则它的取值范围就是[0,1]。类似地,uint8 类或 uint16 类 RGB 图像的取值范围分别是[0,255]或[0,65535]。

4. 索引图像

索引图像有两个分量,即数据矩阵 X 和彩色映射矩阵 map。矩阵 map 是一个大小为 $m \times 3$ 且由范围在[0,1]之间的浮点值构成的 double 类数组。map 的长度 m 同它所定义的颜色数目相等。map 的每一行都定义单色的红、绿、蓝三个分量。索引图像将像素的亮度值"直接映射"到彩色值。每个像素的颜色由对应矩阵 X 的值作为指向 map 的一个指针决定。若 X 属 double 类,则其小于等于 1 的所有分量都指向 map 的第 1 行,所有大于 1 且小于等于 2 的分量都指向第 2 行,依次类推。若 X 为 uint8 类或 uint16 类图像,则所有等于 0 的分量都指向 map 的第 1 行,所有等于 1 的分量都指向第 2 行,依次类推。

13.1.5 数据类与图像类型间的转换

在 Matlab 图像处理工具箱中,数据类与图像类型间的转换是非常频繁的。工具箱中提供了数据类之间进行转换的函数见表 13.2。

表 13.2 数据类之间的转换函数

名 称	将输入转换为	有效的输入图像数据类
im2uint8	uint8	logical, uint8, uint16 和 double
im2uint16	uint16	logical, uint8, uint16 和 double
mat2gray	double,范围为[0,1]	double
im2double	double	logical, uint8, uint16 和 double
im2bw	logical	uint8, uint16 和 double

图像类型之间的转换函数有 ind2gray, gray2ind; rgb2ind, ind2rgb; ntsc2rgb, rgb2ntsc 等。可以使用 imtool 命令查看一个图像文件的信息。

13.2 亮度变换与空间滤波

这里的空间指的是图像平面本身,在空间域(简称空域)内处理图像的方法是直接对图像的像素进行处理。当处理单色(灰度)图像时,"亮度"和"灰度"这两个术语是可以相互换用的。当处理彩色图像时,亮度用来表示某个彩色空间中的一个彩色图像分量。本节讨论的空域处理的表达式为

$$g(x,y) = T[f(x,y)], \tag{13.1}$$

式中:$f(x,y)$为输入图像;$g(x,y)$为输出(处理后)图像;T 为对图像 f 进行处理的操作符,定义在点(x,y)的指定邻域内,此外,T 还可以对一组图像进行处理,例如为降低噪声而让 K 幅图像相加。

Matlab 中函数 imadjust 是对图像进行亮度变换的工具。其语法为

```
g = imadjust(f,[low_in; high_in],[low_out; high_out],gamma),
```

此函数将图像 f 中的亮度值映射到 g 中的新值,即将 low_in 至 high_in 之间的值映射到 low_out 至 high_out 之间的值。参数 gamma 为调节权重,若 gamma(或分量,彩色图片 gamma 为三维行向量)小于 1,则映射被加权至更高(更亮)的输出值;若 gamma(或分量)大于 1,则映射被加权至更低(更暗)的输出值。

例 13.1 图像翻转。

```
f = imread('tu1.bmp');  % 读原图像
g = imadjust(f,[0; 1],[1; 0]); % 进行图像翻转
subplot(1,2,1), imshow(f) % 显示原图像
subplot(1,2,2), imshow(g) % 显示翻转图像
```

图 13.2 中同时显示了原图像和翻转图像,可以作比较。

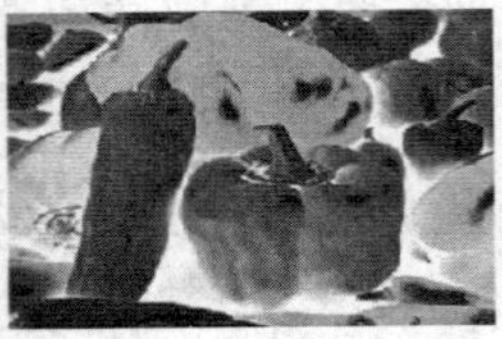

图 13.2 原图像与翻转图像

13.2.1 线性空间滤波器

下面讨论线性滤波技术。使用拉普拉斯滤波器增强图像的基本公式为

$$g(x,y) = f(x,y) + c\nabla^2 f(x,y),$$

式中:$f(x,y)$为输入的退化图像;$g(x,y)$为输出的增强图像;c 取 1 或 -1(具体选择见下文)。

拉普拉斯算子定义为

$$\nabla^2 f(x,y) = \frac{\partial^2 f(x,y)}{\partial x^2} + \frac{\partial^2 f(x,y)}{\partial y^2}。$$

对于离散的数字图像,二阶导数用如下的近似:

$$\frac{\partial^2 f(x,y)}{\partial x^2} = f(x+1,y) + f(x-1,y) - 2f(x,y),$$

$$\frac{\partial^2 f(x,y)}{\partial y^2} = f(x,y+1) + f(x,y-1) - 2f(x,y)。$$

因而有

$$\nabla^2 f(x,y) = f(x+1,y) + f(x-1,y) + f(x,y+1) + f(x,y-1) - 4f(x,y)。 \tag{13.2}$$

从式(13.2)易见,拉普拉斯算子∇^2 对图像f的作用就相当于如下矩阵 $\boldsymbol{T}_1$ 与f相乘:

$$\boldsymbol{T}_1 = \begin{bmatrix} 0 & 1 & 0 \\ 1 & -4 & 1 \\ 0 & 1 & 0 \end{bmatrix}。 \tag{13.3}$$

称 $\boldsymbol{T}_1$ 为滤波器、掩模、滤波掩模、核、模板或窗口。还可以用如下的矩阵 $\boldsymbol{T}_2$ 近似拉普拉斯算子：

$$\boldsymbol{T}_2=\begin{bmatrix}1&1&1\\1&-8&1\\1&1&1\end{bmatrix},\tag{13.4}$$

该矩阵更逼近二阶导数，因此对图像的改善作用更好。上文中 c 的选取依赖于形如式(13.3)、式(13.4)的近似矩阵。当这些近似矩阵中心元素(如式(13.3)中的 -4，式(13.4)中的 -8)为负时 $c=-1$，反之 $c=1$。

可以选取其他的拉普拉斯近似矩阵。Matlab 中函数 fspecial('laplacian', α)用于实现一个更为常见的拉普拉斯算子掩模

$$\begin{bmatrix}\dfrac{\alpha}{1+\alpha}&\dfrac{1-\alpha}{1+\alpha}&\dfrac{\alpha}{1+\alpha}\\\dfrac{1-\alpha}{1+\alpha}&\dfrac{-4}{1+\alpha}&\dfrac{1-\alpha}{1+\alpha}\\\dfrac{\alpha}{1+\alpha}&\dfrac{1-\alpha}{1+\alpha}&\dfrac{\alpha}{1+\alpha}\end{bmatrix}。\tag{13.5}$$

13.2.2 图像恢复实例

利用 Matlab 中的图像处理工具箱可以方便地进行图像修复。

例 13.2 模糊图像修复。

```
f = imread('tu2.bmp'); % 读取原图像
h1 = fspecial('laplacian',0); % 式(13.3)的滤波器,等价于式(13.5)中参数为 0
g1 = f - imfilter(f,h1); % 中心为 -4,c = -1,即从原图像中减去拉普拉斯算子处理的结果
h2 = [1 1 1; 1 -8 1; 1 1 1]; % 式(13.4)的滤波器
g2 = f - imfilter(f,h2); % 中心为 -8,c = -1
subplot(1,3,1),imshow(f) % 显示原图像
subplot(1,3,2),imshow(g1) % 显示滤波器(13.3)修复的图像
subplot(1,3,3),imshow(g2) % 显示滤波器(13.4)修复的图像
```

线性拉普拉斯滤波器对模糊图像具有很好的修复效果。图 13.3 给出了原始图像及利用滤波器(13.3)和滤波器(13.4)修复的图像。

(a) (b) (c)

图 13.3 原图像及滤波效果图像

(a) 原图像；(b) 滤波器(13.3)的滤波图像；(c) 滤波器(13.4)的滤波图像。

13.2.3 非线性空间滤波器

Matlab 中非线性空间滤波的一个工具是函数 ordfilt2，它可以生成统计排序滤波器。其响应是基于对图像邻域中所包含的像素进行排序，然后使用排序结果确定的值来替代邻域中的中心像素的值。函数 ordfilt2 的语法为

```
g = ordfilt2(f, order, domain),
```

该函数生成输出图像 g 的方式如下：使用邻域的一组排序元素中的第 order 个元素来替代 f 中的每个元素，而该邻域则由 domain 中的非零元素指定。

统计学术语中，最小滤波器（一组排序元素中的第一个样本值），称为第 0 个百分位，它可以使用语法

```
g = ordfilt2(f,1,ones(m,n))
```

来实现。同样，第 100 个百分位指的就是一组排序元素中的最后一个样本值，即第 mn 个样本，它可以使用语法

```
g = ordilt2(f,m * n,ones(m,n))
```

实现。

数字图像处理中最著名的统计排序滤波器是中值滤波器，它对应的是第 50 个百分位。可以使用

```
g = ordfilt2(f,median(1:m * n),ones(m,n))
```

来创建中值滤波器。基于实际应用的重要性，工具箱提供了一个二维中值滤波函数

```
g = medfilt2(f,[m,n]),
```

数组[m,n]定义一个大小为 $m \times n$ 的邻域，中值就在该邻域上计算。该函数的默认形式为

```
g = medfilts(f),
```

它使用一个大小为 3×3 的邻域来计算中值，并用 0 来填充输入图像的边界。

例 13.3 中值滤波。

```
f = imread('Lena.bmp'); % 读原图像
f1 = imnoise(f,'salt & pepper',0.02); % 加椒盐噪声
g = medfilt2(f1); % 进行中值滤波
subplot(1,3,1),imshow(f),title('原图像')
subplot(1,3,2),imshow(f1),title('被椒盐噪声污染的图像')
subplot(1,3,3),imshow(g),title('中值滤波图像')
```

图 13.4 给出了原图像、被椒盐噪声污染的图像及滤波后的图像。

(a) (b) (c)

图 13.4 中值滤波对比图

(a) 原图像；(b) 被椒盐噪声污染的图像；(c) 中值滤波图像。

13.3 频域变换

为了快速有效地对图像进行处理和分析,如进行图像增强、图像分析、图像复原、图像压缩等,常需要将原定义在图像空间的图像以某种形式转换到频域空间,并利用频域空间的特有性质方便地进行一定的加工,最后再转换回图像空间,以得到所需要的效果。

13.3.1 傅里叶变换

傅里叶变换是对线性系统进行分析的一个有力工具,它将图像从空域变换到频域,使我们能够把傅里叶变换的理论同其物理解释相结合,将有助于解决大多数图像处理的问题。

1. 二维连续傅里叶变换

二维傅里叶变换的定义为

$$F(u,v)=\int_{-\infty}^{+\infty}\int_{-\infty}^{+\infty}f(x,y)e^{-jux}e^{-jvy}dxdy, \tag{13.6}$$

式中:j 为虚数单位;u 和 v 为频率变量,其单位是弧度/采样单位;$F(u,v)$ 通常称为 $f(x,y)$ 的频率表示。

$F(u,v)$ 是复值函数,在 u 和 v 上都是周期的,且周期为 2π。因为其具有周期性,所以通常只显示 $-\pi\leqslant u,v\leqslant\pi$ 的范围。注意 $F(0,0)$ 是 $f(x,y)$ 的所有值之和,因此,$F(0,0)$ 通常称为傅里叶变换的恒定分量或 DC 分量(DC 表示直流)。如果 $f(x,y)$ 是一幅图像,则 $F(u,v)$ 是它的谱。

定义二维傅里叶变换的频谱、相位谱和功率谱(频谱密度)如下:

$$|F(u,v)|=\sqrt{R^2(u,v)+I^2(u,v)},$$
$$\Phi(u,v)=\arctan[I(u,v)/R(u,v)],$$
$$P(u,v)=|F(u,v)|^2=R^2(u,v)+I^2(u,v),$$

式中:$R(u,v)$ 和 $I(u,v)$ 分别为 $F(u,v)$ 的实部和虚部。

二维傅里叶逆变换定义为

$$f(x,y)=\frac{1}{4\pi^2}\int_{-\infty}^{+\infty}\int_{-\infty}^{+\infty}F(u,v)e^{jux}e^{jvy}dudv。 \tag{13.7}$$

在 Matlab 工具箱中(可以参看 Matlab 图像工具箱的 pdf“帮助”文档),由于对象是离散函数,二维傅里叶变换定义为

$$F(u,v)=\sum_{x=-\infty}^{\infty}\sum_{y=-\infty}^{\infty}f(x,y)e^{-jux}e^{-jvy},$$

逆变换定义为

$$f(x,y)=\frac{1}{4\pi^2}\int_{-\pi}^{+\pi}\int_{-\pi}^{+\pi}F(u,v)e^{jux}e^{jvy}dudv,$$

也记为 $f(x,y)=F^{-1}[F(u,v)]$。

2. 二维离散傅里叶变换(DFT)

令 $f(x,y)$ 表示一幅大小为 $M\times N$ 的图像,其中 $x=0,1,\cdots,M-1$ 和 $y=0,1,\cdots,N-1$,

$f(x,y)$的二维离散傅里叶变换定义如下：

$$F(u,v) = \sum_{x=0}^{M-1}\sum_{y=0}^{N-1} f(x,y)e^{-j2\pi(ux/M+vy/N)}, \tag{13.8}$$

式中：u 和 v 为频率变量，$u=0,1,\cdots,M-1$，$v=0,1,\cdots,N-1$；x 和 y 为空间变量。

由$u=0,1,\cdots,M-1$和 $v=0,1,\cdots,N-1$ 定义的 $M\times N$ 矩形区域常称为频率矩形。显然，频率矩形的大小与输入图像的大小相同。

二维离散傅里叶逆变换由下式给出：

$$f(x,y) = \frac{1}{MN}\sum_{u=0}^{M-1}\sum_{v=0}^{N-1} F(u,v)e^{j2\pi(ux/M+vy/N)}, \tag{13.9}$$

其中：$x=0,1,\cdots,M-1$ 和 $y=0,1,\cdots,N-1$。因此，给定 $F(u,v)$，我们可以借助于 DFT 逆变换得到$f(x,y)$。在这个等式中，$F(u,v)$的值有时称为傅里叶系数。

$F(0,0)$称为傅里叶变换的直流(DC)分量，不难看出，$F(0,0)$等于$f(x,y)$的平均值的 MN 倍。$F(u,v)$满足

$$F(u,v) = F(u+M,v) = F(u,v+N) = F(u+M,v+N),$$

即 DFT 在 u 和 v 方向上都是周期的，周期由 M 和 N 决定。周期性也是 DFT 逆变换的一个重要属性，有

$$f(x,y) = f(x+M,y) = f(x,y+N) = f(x+M,y+N),$$

可以简单地认为这是 DFT 及其逆变换的一个数学特性。还应牢记的是，DFT 实现仅计算一个周期。

3. 基于离散傅里叶变换的频域滤波

在频域中滤波首先计算输入图像的傅里叶变换 $F(u,v)$，然后用滤波器 $H(u,v)$对$F(u,v)$作变换，最后对其得到的变换结果作傅里叶逆变换就得到频域滤波后的图像。具体到离散情况，主要包括以下 5 个步骤：

(1) 用$(-1)^{x+y}$乘以输入图像进行中心变换，得

$$f_c(x,y) = (-1)^{x+y}f(x,y)。$$

(2) 计算图像$f_c(x,y)$的离散傅里叶变换，即

$$F(u,v) = \sum_{x=0}^{M-1}\sum_{y=0}^{N-1} f_c(x,y)e^{-j2\pi(ux/M+vy/N)}。$$

(3) 用滤波器 $H(u,v)$作用 $F(u,v)$，得

$$G(u,v) = H(u,v)F(u,v)。$$

(4) 计算 $G(u,v)$的离散傅里叶逆变换，并取实部，得

$$g_p(x,y) = \mathrm{real}\{F^{-1}[G(u,v)]\}。$$

(5) 用$(-1)^{x+y}$乘以 $g_p(x,y)$得到中心还原滤波图像为

$$g(x,y) = (-1)^{x+y}g_p(x,y)。$$

理想低通滤波器具有传递函数

$$H(u,v) = \begin{cases}1, D(u,v) \leqslant D_0,\\ 0, D(u,v) > D_0,\end{cases}$$

式中:D_0 为指定的非负数;$D(u,v)$ 为点 (u,v) 到滤波器中心的距离。

$D(u,v)=D_0$ 的轨迹为一个圆。注意,若滤波器 H 乘以一幅图像的傅里叶变换,我们会发现理想滤波器切断(乘以0)了圆外 F 的所有分量,而圆上和圆内的点不变(乘以1)。虽然这个滤波器不能使用电子元件来模拟实现,但通常用来解释折叠误差等问题。

n 阶巴特沃兹低通滤波器(在距离原点 D_0 处出现截止频率)的传递函数为

$$H(u,v)=\frac{1}{1+[D(u,v)/D_0]^{2n}},$$

与理想低通滤波器不同的是,巴特沃兹低通滤波器的传递函数并不是在 D_0 处突然不连续。对于具有平滑传递函数的滤波器,通常要定义一个截止频率,在该点处 $H(u,v)$ 会降低为其最大值的某个给定比例。

高斯低通滤波器的传递函数为

$$H(u,v)=\mathrm{e}^{-\frac{D^2(u,v)}{2\sigma^2}},$$

式中:σ 为标准差。

通过令 $\sigma=D_0$,可以根据截止参数 D_0 得到表达式

$$H(u,v)=\mathrm{e}^{-\frac{D^2(u,v)}{2D_0^2}}。$$

下面给出一个低通滤波器的例子。

例 13.4 一阶巴特沃兹低通滤波器。

取截止频率 $D_0=15$,原图像和一阶巴特沃兹滤波后的图像如图 13.5 所示。

(a) (b)

图 13.5 原图像和低通滤波后的图像对比图

(a) 原图像; (b) 低通滤波后的图像。

计算的 Matlab 程序如下:

```
clc, clear
cm = imread('cameraman.tif'); % 读入 Matlab 的内置图像文件 cameraman.tif
[n,m] = size(cm); % 计算图像的维数
cf = fft2(cm); % 进行傅里叶变换
cf = fftshift(cf); % 进行中心变换
u = [ -floor(m/2):floor((m-1)/2)] % 水平频率
v = [ -floor(n/2):floor((n-1)/2)] % 垂直频率
[uu,vv] = meshgrid(u,v); % 频域平面上的网格节点
bl = 1./(1 + (sqrt(uu.^2 + vv.^2)/15).^2); % 构造一阶巴特沃兹低通滤波器
cfl = bl.* cf; % 逐点相乘,进行低通滤波
cml = real(ifft2(cfl)); % 进行傅里叶逆变换,并取实部
```

```
% cml = ifftshift(cml);
cml = uint8(cml); % 必须进行数据格式转换
subplot(1,2,1), imshow(cm) % 显示原图像
subplot(1,2,2), imshow(cml) % 显示滤波后的图像
```

13.3.2 离散余弦变换

DCT(Discrete Cosine Transform)变换的全称是离散余弦变换,是图像处理中经常使用的变换算法。通过 DCT 变换可以将图像空间域上的信息变换到频率域上,它较好地利用了人类视觉系统的特点。

对于一个 $M \times N$ 图像 $f(x,y)$ 的二维 DCT 变换定义为

$$F(u,v) = \alpha(u)\beta(v)\sum_{x=0}^{M-1}\sum_{y=0}^{N-1} f(x,y)\cos\frac{(2x+1)u\pi}{2M}\cos\frac{(2y+1)v\pi}{2N}, \quad (13.10)$$

其逆变换为

$$f(x,y) = \sum_{u=0}^{M-1}\sum_{v=0}^{N-1}\alpha(u)\beta(v)F(u,v)\cos\frac{(2x+1)u\pi}{2M}\cos\frac{(2y+1)v\pi}{2N}, \quad (13.11)$$

式中:$x,u=0,1,\cdots,M-1$;$y,v=0,1,\cdots,N-1$;而且

$$\alpha(u) = \begin{cases} \dfrac{1}{\sqrt{M}}, u = 0, \\ \sqrt{\dfrac{2}{M}}, u = 1,\cdots,M-1, \end{cases}$$

$$\beta(v) = \begin{cases} \dfrac{1}{\sqrt{N}}, v = 0, \\ \sqrt{\dfrac{2}{N}}, v = 1,\cdots,N-1。 \end{cases}$$

令变换核函数

$$h(x,y,u,v) = \alpha(u)\beta(v)\cos\frac{(2x+1)u\pi}{2M}\cos\frac{(2y+1)v\pi}{2N},$$

则 DCT 变换公式又可写为

$$F(u,v) = \sum_{x=0}^{M-1}\sum_{y=0}^{N-1} f(x,y)h(x,y,u,v), u = 0,1,\cdots,M-1;\ v = 0,1,\cdots,N-1。$$

DCT 逆变换公式写为

$$f(x,y) = \sum_{u=0}^{M-1}\sum_{v=0}^{N-1} F(u,v)h(x,y,u,v), x = 0,1,\cdots,M-1; y = 0,1,\cdots,N-1。$$

式中:u,v 为 DCT 变换矩阵内某个数值的坐标位置;$F(u,v)$ 为 DCT 变换后矩阵内的某个值;x,y 为数据矩阵内某个数值的坐标位置;$f(x,y)$ 为图像矩阵内的某个数据。

DCT 变换相当于将图像分解到一组不同的空间频率上,$\alpha(u)$ 和 $\beta(v)$ 即为每一个对应的空间频率成分在原图像中所占的比重;而逆变换则是一个将这些不同空间频率上的分量合成为原图像的过程,变换系数 $\alpha(u)$ 和 $\beta(v)$ 在这个精确、完全的重构过程中规定了

各频率成分所占分量的大小。

DCT 变换的实现有两种方法,一种是基于快速傅里叶变换(FFT)的算法,这是通过工具箱提供的 dct2 函数实现的;另一种是 DCT 变换矩阵(Transform Matrix)方法。变换矩阵方法非常适合做 8×8 或 16×16 的图像块的 DCT 变换,工具箱提供了 dctmtx 函数来计算变换矩阵。一个 $M\times M$ 的 DCT 变换矩阵 $\boldsymbol{T}=(T_{pq})_{M\times M}$ 定义为

$$T_{pq}=\begin{cases}\dfrac{1}{\sqrt{M}},p=0,q=0,\cdots,M-1,\\[2mm] \sqrt{\dfrac{2}{M}}\cos\dfrac{\pi(2q+1)p}{2M},p=1,\cdots,M-1,q=0,\cdots,M-1。\end{cases}$$

对于一个 $M\times M$ 的矩阵 $\boldsymbol{A}$,$\boldsymbol{TA}$ 是一个 $M\times M$ 矩阵,它的每一列是矩阵 $\boldsymbol{A}$ 的对应列的一维 DCT 变换,$\boldsymbol{A}$ 的二维 DCT 变换可以由 $\boldsymbol{B}=\boldsymbol{TAT}^{\mathrm{T}}$ 计算;由于 $\boldsymbol{T}$ 是实正交矩阵,它的逆阵等于它的转置矩阵,因此 $\boldsymbol{B}$ 的二维逆 DCT 变换可以由 $\boldsymbol{T}^{\mathrm{T}}\boldsymbol{BT}$ 给出。

由式(13.11)可知,原始图像 f 可表示为一系列函数:

$$\sum_{u=0}^{M-1}\sum_{v=0}^{N-1}\alpha(u)\beta(v)\cos\frac{(2x+1)u\pi}{2M}\cos\frac{(2y+1)v\pi}{2N},$$

式中:$x=0,\cdots,M-1,y=0,\cdots,N-1$ 的加权组合,这组函数就是 DCT 基函数。

图 13.6 是用图像方式显示 8×8DCT 基函数矩阵。水平频率从左到右依次变大,垂直频率从上往下依次变大。

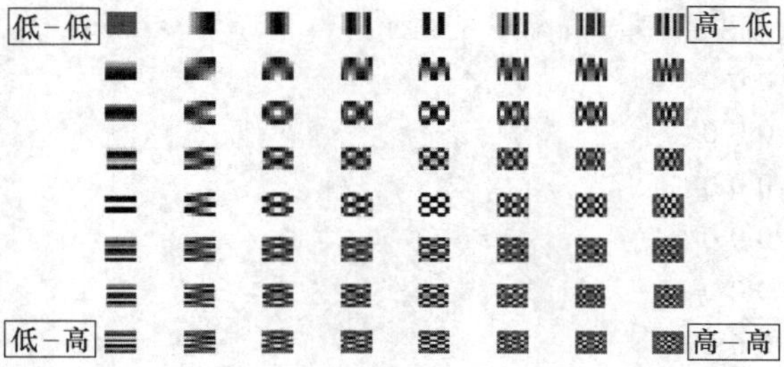

图 13.6　DCT 变换的 8×8 基函数

画图的 Matlab 程序如下:

```
clc, clear, T=dctmtx(8); % 8×8 的 DCT 变换矩阵
colormap('gray'); % 设置颜色映射矩阵
for m =1:8
    for n =1:8
        subplot(8,8,(m-1)*8+n);
        Y=zeros(8); Y(m,n)=1; % 8×8 矩阵中只有一个元素为 1,其余元素都为 0
        X = T'*Y*T; % 作逆 DCT 变换
        imagesc(X); % 显示图像
        axis square % 画图区域是方形
        axis off % 不显示轴线和标号
    end
end
```

在下面的例子中，计算输入图像的 8×8 子块的二维 DCT 变换，由于图像的能量主要集中在低频区域，在每个子块中，只利用 64 个 DCT 系数中的 10 个低频系数，其余都置为 0。然后用每个子块的二维 DCT 逆变换重构图像，从而实现对图像的压缩，在这里使用了变换矩阵方法。原始图像和经压缩—解压后的图像分别如图 13.7(a)和图 13.7(b)所示。

(a)

(b)

图 13.7　灰度图像压缩对比图

(a) 原图像；(b) 压缩—解压后的图像。

例 13.5

```
I = imread('cameraman.tif'); % cameraman.tif 是 Matlab 自带的图像文件
I = im2double(I); % 数据转换成 double 类型
T = dctmtx(8); % T 为 8×8 的 DCT 变换矩阵
dct = @(block_struct) T * block_struct.data * T'; % 定义正 DCT 变换的匿名函数，
这里 block_struct 是 Matlab 内置的结构变量
B = blockproc(I,[8 8],dct); % 作正 DCT 变换
mask = [1 1 1 1 0 0 0 0
        1 1 1 0 0 0 0 0
        1 1 0 0 0 0 0 0
        1 0 0 0 0 0 0 0
        0 0 0 0 0 0 0 0
        0 0 0 0 0 0 0 0
        0 0 0 0 0 0 0 0
        0 0 0 0 0 0 0 0]; % 给出掩膜矩阵
B2 = blockproc(B,[8 8],@(block_struct) mask .* block_struct.data); % 提取低
频系数
invdct = @(block_struct) T' * block_struct.data * T; % 定义 DCT 逆变换的匿名函
数
I2 = blockproc(B2,[8 8],invdct); % 作逆 DCT 变换
subplot(1,2,1), imshow(I) % 显示原图像
subplot(1,2,2), imshow(I2) % 显示变换后的图像
```

例 13.6　用 DCT 变换对 RGB 彩色图像做压缩。

```
clc, clear
f0 = imread('tu3.bmp'); % 读入图像
f1 = double(f0); % 数据转换成 double 类型
for k = 1:3
g(:,:,k) = dct2(f1(:,:,k));   % 对 R,G,B 各个分量分别作离散余弦变换
```

```
end
g(abs(g) <0.1) =0;  % 把 DCT 系数小于 0.1 的变成 0
for k=1:3
f2(:,:,k) = idct2(g(:,:,k)); % 作 DCT 逆变换
end
f2 = uint8(f2); % 把数据转换成 uint8 格式
imwrite(f2,'tu4.bmp'); % 把 f2 保存成 bmp 文件
subplot(1,2,1),imshow(f0)
subplot(1,2,2),imshow(f2)
```

对于通常的图像来说，大多数的 DCT 系数的值非常接近于 0，如果舍弃这些接近于 0 的值，则在重构图像时并不会带来图像画面质量的显著下降。所以利用 DCT 进行图像压缩可以节约大量的存储空间。图 13.8 给出了一幅原始图像和经压缩—解压后的图像。

(a)

(b)

图 13.8 彩色图像压缩对比图
(a) 原始图像；(b) 压缩—解压后的图像。

13.3.3 图像保真度和质量

在图像压缩中为增加压缩率有时会放弃一些图像细节或其他不太重要的内容。在这种情况下常常需要有对信息损失的测度以描述解码图像相对于原始图像的偏离程度，这些测度一般称为保真度(逼真度)准则。常用的保真度准则可分为以下两大类。

1. 客观保真度准则

当所损失的信息量可用编码输入图与解码输出图的函数表示时，可以说它是基于客观保真度准则的。最常用的一个准则是输入图和输出图之间的均方根误差。令 $f(x,y)$ 代表输入图，$\hat{f}(x,y)$ 代表对 $f(x,y)$ 先压缩后解压得到的 $f(x,y)$ 的近似，对任意 x 和 y，$f(x,y)$ 和 $\hat{f}(x,y)$ 之间的误差定义为

$$e(x,y) = \hat{f}(x,y) - f(x,y),$$

如两幅图尺寸均为 $M \times N$，则它们之间的总误差为

$$\sum_{x=0}^{M-1}\sum_{y=0}^{N-1}\left|\hat{f}(x,y) - f(x,y)\right|,$$

$f(x,y)$ 和 $\hat{f}(x,y)$ 之间的均方根误差 e_{rms} 为

$$e_{\text{rms}} = \left\{\frac{1}{MN}\sum_{x=0}^{M-1}\sum_{y=0}^{N-1}\left[\hat{f}(x,y) - f(x,y)\right]^2\right\}^{\frac{1}{2}}。 \tag{13.12}$$

另一个客观保真度准则是均方信噪比(Signal - to - Noise Ratio, SNR)。如果将 $\hat{f}(x,y)$ 看作原始图 $f(x,y)$ 和噪声信号 $e(x,y)$ 的和,那么输出图的均方根信噪比为

$$\mathrm{SNR}_{\mathrm{rms}} = \sqrt{\sum_{x=0}^{M-1}\sum_{y=0}^{N-1}\hat{f}^2(x,y) \Big/ \sum_{x=0}^{M-1}\sum_{y=0}^{N-1}[\hat{f}(x,y)-f(x,y)]^2}。 \tag{13.13}$$

实际使用中常将 SNR 归一化并用分贝(dB)表示,令

$$\bar{f} = \frac{1}{MN}\sum_{x=0}^{M-1}\sum_{y=0}^{N-1} f(x,y),$$

则有

$$\mathrm{SNR} = 10\ln\left\{\frac{\sum_{x=0}^{M-1}\sum_{y=0}^{N-1}[f(x,y)-\bar{f}]^2}{\sum_{x=0}^{M-1}\sum_{y=0}^{N-1}[\hat{f}(x,y)-f(x,y)]^2}\right\}。 \tag{13.14}$$

如果令 $f_{\max} = \max\{f(x,y), x=0,1,\cdots,M-1; y=0,1,\cdots,N-1\}$,则可得到峰值信噪比

$$\mathrm{PSNR} = 10\ln\left[\frac{f_{\max}^2}{\frac{1}{MN}\sum_{x=0}^{M-1}\sum_{y=0}^{N-1}[\hat{f}(x,y)-f(x,y)]^2}\right]。 \tag{13.15}$$

均方根误差 e_{rms} 越小,峰值信噪比 PSNR 越大,处理的图像质量越好。

2. 主观保真度准则

尽管客观保真度准则提供了一种简单和方便的评估信息损失的方法,但很多图像是供人看的。在这种情况下,用主观的方法来测量图像的质量常更为合适。一种常用的方法是对一组(常超过 20 个)精心挑选的观察者展示一幅典型的图像并将他们对该图的评价综合平均起来以得到一个统计的质量评价结果。

评价也可通过将 $\hat{f}(x,y)$ 和 $f(x,y)$ 比较并按照某种相对的尺度进行。如果观察者将 $\hat{f}(x,y)$ 和 $f(x,y)$ 逐个进行对比,则可以得到相对的质量分。例如,可用{-3, -2, -1, 0, 1, 2, 3}代表主观评价{很差,较差,稍差,相同,稍好,较好,很好}。

主观保真度准则使用起来比较困难。

13.4 数字图像的水印防伪

随着数字技术的发展,Internet 应用日益广泛,数字媒体因其数字特征极易被复制、篡改、非法传播以及蓄意攻击,其版权保护已日益引起人们的关注。因此,研究新形势下行之有效的版权保护和认证技术具有深远的理论意义和广泛的应用价值。

数字水印技术,是指在数字化的数据内容中嵌入不明显的记号,从而达到版权保护或认证的目的。被嵌入的记号通常是不可见或不可察觉的,但是通过一些计算操作可以被检测或被提取。因此,数字图像的内嵌水印必须具有下列特点:

(1) 透明性:水印后图像不能有视觉质量的下降,与原始图像对比,很难发现二者的差别。

(2) 鲁棒性:加入图像中的水印必须能够承受施加于图像的变换操作(如加入噪声、滤波、有损压缩、重采样、D/A 或 A/D 转换等),不会因变换处理而丢失,水印信息经检验提取后应清晰可辨。

(3) 安全性:数字水印应能抵抗各种蓄意的攻击,必须能够唯一地标志原始图像的相关信息,任何第三方都不能伪造他人的水印图像。

在过去的十多年里,数字水印技术的研究取得了诸多成就。而针对图像水印技术的研究,主要体现在空间域和频率域两个层面上,所谓空间域水印,就是将水印信息嵌入到载体图像的空间域特性上,如图像像素的最低有效位。而频率域水印技术,又称为变换域水印技术,是将水印信息嵌入到载体图像的变换域系数等特征上,如在图像的 DFT 、DCT 或小波变换系数上嵌入水印信息。

13.4.1 基于矩阵奇异值分解的数字水印算法

1. 矩阵的奇异值分解(SVD)与图像矩阵的能量

矩阵的奇异值分解变换是一种正交变换,它可以将矩阵对角化。我们知道任何一个矩阵都有它的奇异值分解,对于奇异值分解可用下面的定理来描述。

定理 13.1 设 $\boldsymbol{A}$ 是一个秩为 r 的 $m \times n$ 矩阵,则存在正交矩阵 $\boldsymbol{U}$ 和 $\boldsymbol{V}$,使得

$$\boldsymbol{U}^{\mathrm{T}}\boldsymbol{A}\boldsymbol{V} = \begin{bmatrix} \boldsymbol{\Sigma} & \boldsymbol{0} \\ \boldsymbol{0} & \boldsymbol{0} \end{bmatrix}, \tag{13.16}$$

式中:$\boldsymbol{\Sigma} = \mathrm{diag}\{\sigma_1, \cdots, \sigma_r\}$,这里 $\sigma_1 \geqslant \cdots \geqslant \sigma_r > 0$,$\sigma_1^2, \cdots, \sigma_r^2$ 是矩阵 $\boldsymbol{A}^{\mathrm{T}}\boldsymbol{A}$ 对应的正特征值。称

$$\boldsymbol{A} = \boldsymbol{U}\begin{bmatrix} \boldsymbol{\Sigma} & \boldsymbol{0} \\ \boldsymbol{0} & \boldsymbol{0} \end{bmatrix}\boldsymbol{V}^{\mathrm{T}} \tag{13.17}$$

为 $\boldsymbol{A}$ 的奇异值分解,$\sigma_i (i=1,\cdots,r)$ 称为 $\boldsymbol{A}$ 的奇异值。

矩阵的 F(Frobenius)范数定义为

$$\| \boldsymbol{A} \|_{\mathrm{F}}^2 = \mathrm{tr}(\boldsymbol{A}^{\mathrm{T}}\boldsymbol{A}) = \sum_{i=1}^{m}\sum_{j=1}^{n} a_{ij}^2, \tag{13.18}$$

由于

$$\mathrm{tr}(\boldsymbol{A}^{\mathrm{T}}\boldsymbol{A}) = \mathrm{tr}\left(\boldsymbol{V}\begin{bmatrix} \boldsymbol{\Sigma} & \boldsymbol{0} \\ \boldsymbol{0} & \boldsymbol{0} \end{bmatrix}^{\mathrm{T}}\boldsymbol{U}^{\mathrm{T}}\boldsymbol{U}\begin{bmatrix} \boldsymbol{\Sigma} & \boldsymbol{0} \\ \boldsymbol{0} & \boldsymbol{0} \end{bmatrix}\boldsymbol{V}^{\mathrm{T}}\right) = \mathrm{tr}\left(\boldsymbol{V}\begin{bmatrix} \boldsymbol{\Sigma}^2 & \boldsymbol{0} \\ \boldsymbol{0} & \boldsymbol{0} \end{bmatrix}\boldsymbol{V}^{\mathrm{T}}\right) = \sum_{i=1}^{r}\sigma_i^2,$$

所以

$$\| \boldsymbol{A} \|_{\mathrm{F}}^2 = \sum_{i=1}^{r}\sigma_i^2。 \tag{13.19}$$

式(13.19)表明矩阵 F 范数的平方等于矩阵的所有奇异值的平方和。对于一幅图像,通常用图像矩阵的 F 范数来衡量图像的能量,所以图像的主要能量集中在矩阵那些数值较大的奇异值上。

例 13.7 图像的奇异值分解。

为了说明一幅图像矩阵的奇异值与图像能量的对应关系,我们以图片 Lena 为例(图 13.9(a)),对图像矩阵进行奇异值分解,得到其奇异值的分布如图 13.10 所示。

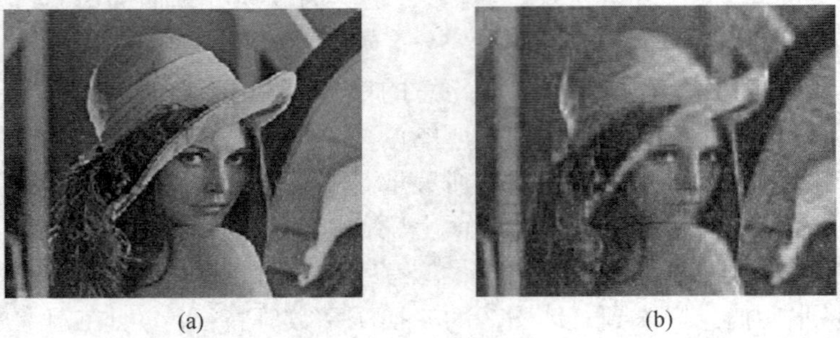

图 13.9 奇异值压缩图像对比图

(a) 原 Lena 图像;(b) 只保留 20 个奇异值的 Lena 图像。

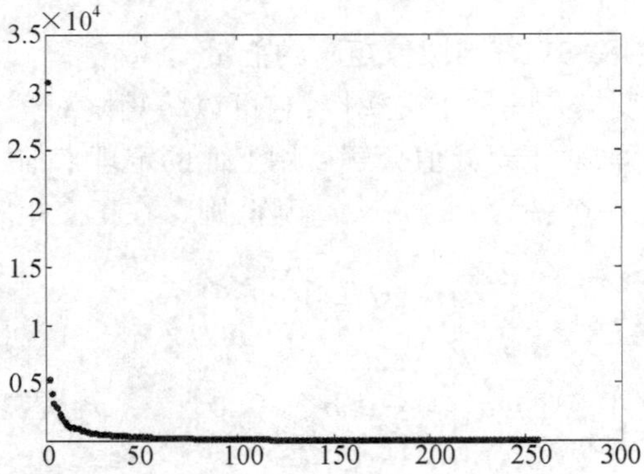

图 13.10 Lena 图像的奇异值分布情况

可以看出,矩阵的最大奇异值和最小奇异值相差很大。最大的奇异值为 30908,而最小的为 0.0028,接近于 0。在所有的 256 个奇异值中,如果只保留其中最大的 20 个,得到的压缩图片如图 13.9(b)所示,在质量上它虽然与原图片有一定差异,但是基本上能反映其真实面貌和特性,损失掉的这部分能量或信息都集中在那些被忽略的较小的奇异值当中。

计算的 Matlab 程序如下:

```
f = imread('Lena.bmp');
f = double(f);    % uint8 类型数据无法作奇异值分解,必须转换成 double 类型
[u,s,v] = svd(f); % 进行奇异值分解,这里 s 为对角矩阵
s = diag(s); % 提出对角矩阵的对角线元素,得到一个向量
smax = max(s), smin = min(s) % 求最大奇异值和最小奇异值
s1 = s; s1(21:end) = 0; % 只保留前 20 个大的奇异值,其他奇异值置 0
s1 = diag(s1);  % 把向量变成对角矩阵
g = u * s1 * v';     % 计算压缩以后的图像矩阵
g = uint8(g);   % 必须转换成原数据类,即转换成 uint8 格式
imwrite(g,'Lena2.bmp') % 把压缩后的图像矩阵保存成 bmp 文件
```

```
subplot(1,2,1), imshow('Lena.bmp') % 显示原图像
subplot(1,2,2), imshow(g) % 显示压缩后的图像
figure, plot(s,'.','Color','k') % 画出奇异值对应的点
```

由于在实际应用中,图像总是带有一定噪声的,也就是说待分解的图像矩阵一般都是扰动的,因此了解噪声对矩阵奇异值的影响具有重要意义。Weyl 在 1912 年给出了受噪声扰动的矩阵奇异值与未受噪声扰动的奇异值之差的一个上界,它充分证明了矩阵奇异值分解的稳定性。这个性质可用如下定理来描述。

定理 13.2(Weyl 定理) 设 $\boldsymbol{A}$ 为一个大小为 $m \times n$ 的矩阵,$\boldsymbol{B}=\boldsymbol{A}+\boldsymbol{\delta}$,$\delta$ 是矩阵 $\boldsymbol{A}$ 的一个扰动,假设矩阵 $\boldsymbol{A}$、$\boldsymbol{B}$ 的奇异值分别为 $\sigma_1^{(1)}>\cdots>\sigma_r^{(1)}$ 和 $\sigma_1^{(2)}>\cdots>\sigma_r^{(2)}$,$\sigma^*$ 是矩阵 $\boldsymbol{\delta}$ 的最大奇异值,则有 $|\sigma_i^{(1)}-\sigma_i^{(2)}|<\|\boldsymbol{\delta}\|_2=\sigma^*$,其中 $\|\cdot\|_2$ 表示 2 - 范数。

由 Weyl 定理可知,当图像被施加小的扰动时图像矩阵的奇异值的变化不会超过扰动矩阵的最大奇异值,因此基于矩阵奇异值分解的数字水印算法具有很好的稳定性,能够有效地抵御噪声对水印信息的干扰。

由上述矩阵奇异值分解的性质可知,图像矩阵奇异值分解的稳定性非常好。当图像加入小的扰动时,其矩阵奇异值的变换不超过扰动矩阵的最大奇异值。基于矩阵奇异值分解的数字水印算法正是将想要嵌入的水印信息嵌入到图像矩阵的奇异值中,如果在嵌入水印的过程中选择一个嵌入强度因子来控制水印信息嵌入的程度,那么当嵌入强度因子足够小时,图像在视觉上不会产生明显的变化。

2. 水印嵌入

设一幅图像对应的矩阵 $\boldsymbol{A}$ 大小为 $M \times N$,需要嵌入的水印对应的矩阵 $\boldsymbol{W}$ 大小为 $m \times n$,自然地有 $M>m$,$N>n$。在矩阵 $\boldsymbol{A}$ 的左上角取一个大小为 $m \times n$ 的子块 $\boldsymbol{A}_0$。

首先对 $\boldsymbol{A}_0$ 进行奇异值分解,得到 $\boldsymbol{A}_0=\boldsymbol{U}_1\boldsymbol{S}_1\boldsymbol{V}_1^{\mathrm{T}}$,其中 $\boldsymbol{S}_1$ 是 $\boldsymbol{A}_0$ 的奇异值矩阵。我们的目标就是将水印 $\boldsymbol{W}$ 嵌入到矩阵 $\boldsymbol{S}_1$ 中,在这里定义一个描述水印嵌入过程的参数 a,称为嵌入强度因子,则水印嵌入的过程表示为 $\boldsymbol{A}_1=\boldsymbol{S}_1+a\boldsymbol{W}$。

可以看出,矩阵 $\boldsymbol{A}_1$ 包含了所有的水印信息,水印信息的能量反映在 $\boldsymbol{A}_1$ 的奇异值当中。对 $\boldsymbol{A}_1$ 进行奇异值分解,得到 $\boldsymbol{A}_1=\boldsymbol{U}_2\boldsymbol{S}_2\boldsymbol{V}_2^{\mathrm{T}}$,则 $\boldsymbol{S}_2$ 反映了嵌入水印的图像的全部信息,由此得到子块 $\boldsymbol{A}_0$ 嵌入水印后的图像子块 $\boldsymbol{A}_2=\boldsymbol{U}_1\boldsymbol{S}_2\boldsymbol{V}_1^{\mathrm{T}}$,这样就完成了水印的嵌入。

上述水印嵌入算法的基本过程可以表示为

$$\boldsymbol{A}_0=\boldsymbol{U}_1\boldsymbol{S}_1\boldsymbol{V}_1^{\mathrm{T}}, \tag{13.20}$$

$$\boldsymbol{A}_1=\boldsymbol{S}_1+a\boldsymbol{W}, \tag{13.21}$$

$$\boldsymbol{A}_1=\boldsymbol{U}_2\boldsymbol{S}_2\boldsymbol{V}_2^{\mathrm{T}}, \tag{13.22}$$

$$\boldsymbol{A}_2=\boldsymbol{U}_1\boldsymbol{S}_2\boldsymbol{V}_1^{\mathrm{T}}。 \tag{13.23}$$

在上面的公式中,矩阵 $\boldsymbol{U}_1,\boldsymbol{U}_2,\boldsymbol{V}_1,\boldsymbol{V}_2$ 都是正交矩阵。对一个矩阵进行正交变换后它的奇异值保持不变,因此矩阵 $\boldsymbol{A}_2$ 与 $\boldsymbol{A}_1$ 有相同的奇异值。设 $\sigma_i(\boldsymbol{A}_0)$ 为矩阵 $\boldsymbol{A}_0$ 的第 i 个奇异值,$i=1,\cdots,r$,通过 Weyl 定理可得原图像矩阵子块和嵌入水印后图像矩阵子块的奇异值之间的如下关系:

$$\begin{aligned}|\sigma_i(\boldsymbol{A}_0)-\sigma_i(\boldsymbol{A}_2)| &= |\sigma_i(\boldsymbol{S}_1)-\sigma_i(\boldsymbol{A}_1)| = |\sigma_i(\boldsymbol{S}_1)-\sigma_i(\boldsymbol{S}_1+a\boldsymbol{W})| \\ &\leqslant \|\boldsymbol{S}_1-(\boldsymbol{S}_1+a\boldsymbol{W})\|_2 = \|a\boldsymbol{W}\|_2 = a\|\boldsymbol{W}\|_2。\end{aligned}$$

嵌入强度因子 a 的含义在上式中一目了然,它衡量了水印对原图像的扰动情况。在水印嵌入时,选择合适的嵌入强度因子是十分重要的。小的嵌入强度因子有利于水印的透明性,但嵌入的水印信息容易受到外界噪声的干扰,如果噪声强度足够大,则可能使水印信息被噪声淹没而完全丢失,导致提取水印时无法得到水印的全部信息。大的嵌入强度因子有利于增强算法的鲁棒性,即使在噪声较强的情况下水印信息也不会受到很大的影响,但是过大的嵌入强度因子可能对原矩阵的奇异值产生较大的影响,有可能破坏水印的透明性,影响图像的质量。因此,在水印嵌入时要选择适当的嵌入强度因子使得水印图像的不可觉察性与鲁棒性达到最佳。

3. 水印提取

水印提取是上述水印嵌入过程的逆过程。在水印提取时,假设得到的是受扰动的图像矩阵 $\boldsymbol{A}_2^*$,首先对 $\boldsymbol{A}_2^*$ 进行奇异值分解,有

$$\boldsymbol{A}_2^* = \boldsymbol{U}_3\boldsymbol{S}_2^*\boldsymbol{V}_3^{\mathrm{T}}, \tag{13.24}$$

由此得到包含有全部水印信息的奇异值矩阵 $\boldsymbol{S}_2^*$,然后利用水印嵌入时的矩阵 $\boldsymbol{U}_2,\boldsymbol{V}_2$,得到

$$\boldsymbol{A}_1^* = \boldsymbol{U}_2\boldsymbol{S}_2^*\boldsymbol{V}_2^{\mathrm{T}}, \tag{13.25}$$

由上述水印嵌入的算法,得

$$\boldsymbol{W}^* = \frac{1}{a}(\boldsymbol{A}_1^* - \boldsymbol{S}_1)。 \tag{13.26}$$

这样就得到了水印的信息 $\boldsymbol{W}^*$,其中 a 为水印嵌入时所用的嵌入强度因子,$\boldsymbol{S}_1$ 为原图像 $\boldsymbol{A}_0$ 的奇异值矩阵。

例 13.8 水印嵌入与提取。

以图 13.11(a)中图像作为载体图像,图 13.11(b)中图像作为水印图像,选择嵌入强度因子为 $a=0.05$,由于我们选取的是彩色图片,计算时分别对 R、G、B 层做奇异值分解。嵌入水印后的图像如图 13.11(c)所示。

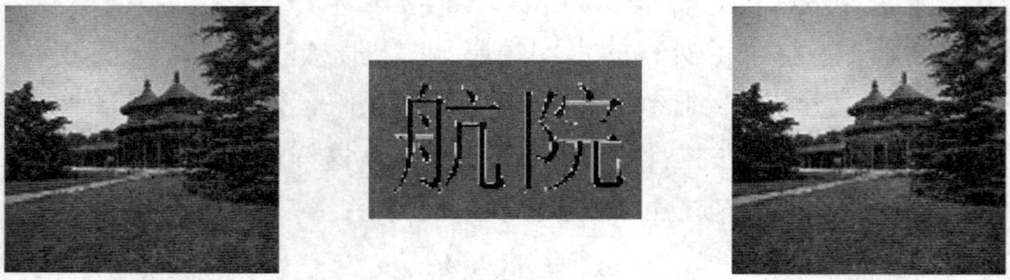

(a) (b) (c)

图 13.11 原图像与嵌入水印的对比图像

(a) 载体图像;(b) 水印图像;(c) 嵌入水印后的图像。

比较图 13.11(a)和图 13.11(c)可知,在嵌入强度因子较小时对图像的扰动很少,图像没有明显的变化。

为了考察算法的稳定性,将得到的嵌入了水印的图像引入一定的高斯噪声后再提出水印,并对提出的水印图像进行中值滤波。被噪声污染的嵌入水印图像如图 13.12(a)所示,提取的水印图像如图 13.12(b)所示,可以看出,此时较小的扰动并没有导致水印信息的丢失,所以这种基于奇异值分解的数字水印算法确实具有较强的鲁棒性。

(a)

(b)

图 13.12　引入高斯噪声的水印提出

(a) 引入高斯噪声的合成图像；(b) 引入高斯噪声后提取的水印。

计算的 Matlab 程序如下：

```
clc, clear
A = imread('tu5.bmp'); % 读入载体文件
W = imread('tu6.bmp');  % 读入水印文件
[m1,m2,m3] = size(W);  % 给出矩阵 W 的维数
A0 = A([1:m1],[1:m2],:); % 在矩阵 A 的左上角选取与 W 同样大小的子块
A0 = double(A0); W = double(W); % 进行数据类型转换
a = 0.05; % 嵌入强度因子为 0.05
for i = 1:3
    [U1{i},S1{i},V1{i}] = svd(A0(:,:,i)); % 对载体 R、G、B 层分别进行奇异值分解
    A1(:,:,i) = S1{i} + a * W(:,:,i);  % 计算 A1 矩阵
    [U2{i},S2{i},V2{i}] = svd(A1(:,:,i)); % 对 A1 的各层进行奇异值分解
    A2(:,:,i) = U1{i} * S2{i} * V1{i}'; % 计算 A2 矩阵
end
AW = A;  % 整体水印合成图片初始化
AW([1:m1],[1:m2],:) = A2; % 左上角替换成水印合成子块,水印嵌入完成
AW = uint8(AW); W = uint8(W); % 变换回原来的数据类型
subplot(1,3,1), imshow(A) % 显示载体图片
subplot(1,3,2), imshow(W) % 显示水印图片
subplot(1,3,3), imshow(AW) % 显示嵌入水印的合成图片
% 以下是水印的提出
AWstar = imnoise(AW,'gaussian',0,0.01); % 加入高斯噪声
A2star = AWstar([1:m1],[1:m2],:);  % 提出子块
A2star = double(A2star); % 进行数据类型转换
for i = 1:3
    [U3{i},S2star{i},V3{i}] = svd(A2star(:,:,i)); % 奇异值分解
    A1star(:,:,i) = U2{i} * S2star{i} * V2{i}';  % 计算 A1 *
    Wstar(:,:,i) = (A1star(:,:,i) - S1{i}) /a;  % 计算 W*
end
for i = 1:3
Wstar(:,:,i) = medfilt2(Wstar(:,:,i));  % 对提取水印的 R、G、B 层分别进行中值滤波
end
Wstar = uint8(Wstar); % 进行类型转换
```

```
figure, subplot(1,2,1), imshow(AWstar) % 显示被噪声污染的合成图片
subplot(1,2,2), imshow(Wstar) % 显示提出的水印图片
```

13.4.2 基于 DCT 变换的水印算法

在图像的 DCT 系数上嵌入水印信息具有诸多优势，首先，DCT 变换是实数域变换，对实系数的处理更加方便，且不会使相位信息发生改变。第二，DCT 变换是有损图像压缩 JPEG 的核心，基于 DCT 变换的图像水印将兼容 JPEG 图像压缩。最后，图像的频域系数反映了能量分布，DCT 变换后图像能量集中在图像的低频部分，即 DCT 图像中不为 0 的系数大部分集中在一起（左上角），因此编码效率很高，将水印信息嵌入图像的中频系数上具有较好的鲁棒性。

1. 水印嵌入算法

水印嵌入算法是通过调整载体图像子块的中频 DCT 系数的大小来实现对水印信息的编码嵌入。算法描述如下：

（1）读取原始载体图像 $\boldsymbol{A}$，对 $\boldsymbol{A}$ 进行 8×8 分块，并对每块图像进行 DCT 变换。

（2）在 8×8 的子块中，中频系数的掩模矩阵取为

$$\boldsymbol{H} = \begin{bmatrix} 0 & 0 & 0 & 0 & 1 & 1 & 0 & 0 \\ 0 & 0 & 0 & 1 & 1 & 0 & 0 & 0 \\ 0 & 0 & 1 & 1 & 0 & 0 & 0 & 0 \\ 0 & 1 & 1 & 0 & 0 & 0 & 0 & 0 \\ 1 & 1 & 0 & 0 & 0 & 0 & 0 & 0 \\ 1 & 0 & 0 & 0 & 0 & 0 & 0 & 0 \\ 0 & 0 & 0 & 0 & 0 & 0 & 0 & 0 \\ 0 & 0 & 0 & 0 & 0 & 0 & 0 & 0 \end{bmatrix},$$

每个子块的中频系数总共有 11 个位置。每个子块的中频位置可以嵌入 11 个像素点的亮度值，对应地，将水印图像按照 11 个像素点一组进行分块，水印图像的最后一个分块如果不足 11 个像素点，则通过把亮度值置 0 进行扩充。

对载体图像 DCT 系数进行修改，有

$$g'_i = g_i + \alpha f_i, i = 1,\cdots,11, \tag{13.27}$$

式中：g_i 为载体图像中频系数的 DCT 值；g'_i 为变换后的 DCT 值；α 为水印嵌入的强度，这里取 $\alpha = 0.05$；f_i 为对应位置的水印图像的灰度值（或亮度值）。

（3）对修改后的 DCT 矩阵进行 DCT 逆变换，得到嵌入了水印的合成图像。

2. 水印提取算法

水印提取是水印嵌入的逆过程，具体算法描述如下：

（1）计算合成图像和原始载体图像的差图像 $\Delta\boldsymbol{A}$。

（2）对差图像 $\Delta\boldsymbol{A}$ 进行 8×8 分块，并对每个小块作 DCT 变换。

（3）从 DCT 小块中提取可能的水印序列

$$f_i = (g'_i - g_i)/\alpha, i = 1,\cdots,11。$$

（4）用下列函数计算可能的水印 $\boldsymbol{W}$ 和原嵌入水印 $\boldsymbol{W}^*$ 的相关性：

$$C(W^*, W) = \sum_{i=0}^{L-1}(f_i^* f_i) \Big/ \sqrt{\sum_{i=0}^{L-1} f_i^2}, \tag{13.28}$$

式中:f_i 和 f_i^* 分别为图像 W 和 W^* 的灰度值(或亮度值);L 为像素点的个数。

根据相似性的值就可以判断图像中是否含有水印,从而达到版权保护的目的。判定准则为,事先设定一个阈值 T,若 $C(W^*, W) > T$,则可以判定被测图像中含有水印,否则没有水印。在选择阈值时,既要考虑误检也要考虑虚警。

例 13.9 基于 DCT 变换的水印嵌入和提取。

以图 13.13(a)中图像作为载体图像,图 13.13(b)中图像作为水印图像,选择嵌入强度因子为 $\alpha = 0.05$。嵌入水印后的合成图像如图 13.14(a)所示,提取的水印图像如图 13.14(b)所示。

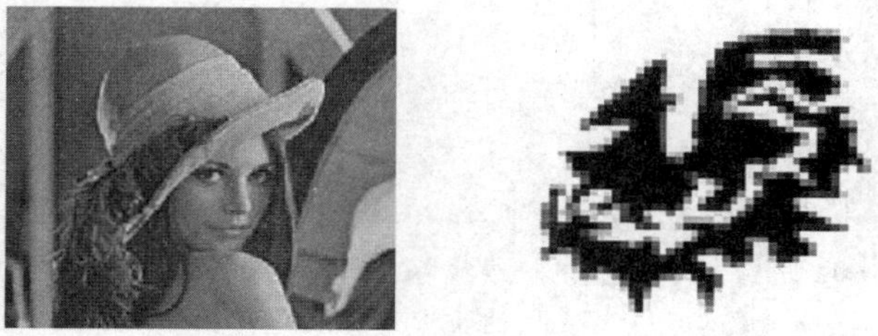

(a) (b)

图 13.13 载体图像与水印图像
(a) 载体图像;(b) 水印图像。

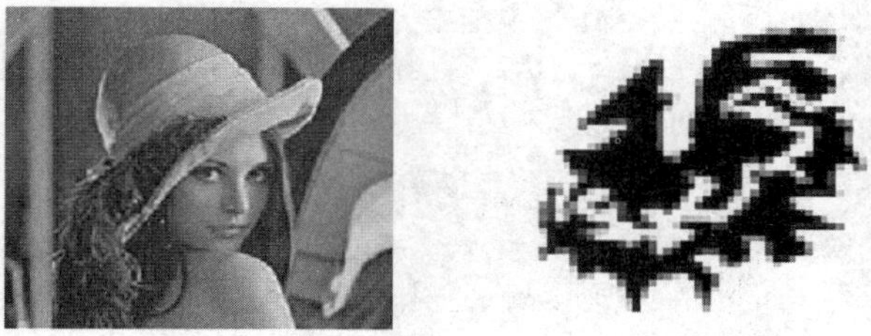

(a) (b)

图 13.14 水印合成图像与提取的水印图像
(a) 水印合成图像;(b) 提取的水印图像。

计算的 Matlab 程序如下:

```
clc, clear
a = imread('Lena.bmp'); % 读入载体图像,图像的长和高都必须化成 8 的整数倍
[M1,N1] = size(a); % 计算载体图像的大小
a = im2double(a); % 数据转换成 double 类型
knum1 = M1/8; knum2 = N1/8; % 把载体图像划分成 8×8 的子块,高和长方向划分的块数
b0 = imread('tu7.bmp'); % 读入水印图像
b = im2double(b0); % 数据转换成 double 类型
subplot(1,2,1), imshow(a) % 显示载体图像
subplot(1,2,2), imshow(b)  % 显示水印图像
```

```
mask1 = [1 1 1 1 0 0 0 0
     1 1 1 0 0 0 0 0
     1 1 0 0 0 0 0 0
     1 0 0 0 0 0 0 0
     0 0 0 0 0 0 0 0
     0 0 0 0 0 0 0 0
     0 0 0 0 0 0 0 0
     0 0 0 0 0 0 0 0]; % 给出低频的掩膜矩阵
ind1 = find(mask1 = =1); % 低频系数的位置
mask2 = [0 0 0 0 1 1 0 0
     0 0 0 1 1 0 0 0
     0 0 1 1 0 0 0 0
     0 1 1 0 0 0 0 0
     1 1 0 0 0 0 0 0
     1 0 0 0 0 0 0 0
     0 0 0 0 0 0 0 0
     0 0 0 0 0 0 0 0]; % 给出中频的掩膜矩阵
ind2 = find(mask2 = =1); % 中频系数的位置,总共11个
[M2,N2] = size(b); % 计算水印图像的大小
L = M2 * N2; % 计算水印图像的像素个数
knum3 = ceil(M2 * N2/11); % 水印图像按照11个元素1块,分的块数
b = b(:); b(L+1:11 * knum3) =0; % 水印图像数据变成列向量,后面不足1块的元素补0
T = dctmtx(8); % 给出8×8的DCT变换矩阵
ab = zeros(M1,N1); % 合成图像的初始值
k =0; % 嵌入水印块计数器的初始值
for i =0:knum1 -1  % 该两层循环进行水印嵌入
    for j =0:knum2 -1
        xa = a([8 * i +1:8 * i +8],[8 * j +1:8 * j +8]);  % 提取载体图像的子块
        ya = T * xa * T';  % 载体图像子块作DCT变换
        coef1 = (mask1 + mask2) . * ya; % 提取中低频系数,作为合成子块的初始值
        if k < knum3
        coef1(ind2) = coef1(ind2) +0.05 * b(11 * k +1:11 * k +11); % 在中频系数上嵌入
                    水印子块的信息
        end
        ab([8 * i +1:8 * i +8],[8 * j +1:8 * j +8]) = T' * coef1 * T;% 对合成子块进行逆DCT变换
        k = k +1;
    end
end
acha = ab - a; % 提取合成图像和原图像的差图像
k =0; tb = zeros(11 * knum3,1); % 提取水印图像的初始值
for i =0:knum1 -1  % 该两层循环进行水印提取
    for j =0:knum2 -1
        xa2 = acha([8 * i +1:8 * i +8],[8 * j +1:8 * j +8]);  % 提取差图像的子块
```

```
        ya2 = T * xa2 * T';  % 差图像子块作 DCT 变换
        coef2 = mask 2. * ya2; % 提取差图像中频 DCT 系数
        if k < knum3
        tb(11 * k + 1:11 * k + 11) = 20 * coef2(ind2); % 提取水印图像的像素值
        end
        k = k + 1;
    end
end
tb(L + 1:end) = []; % 把水印图像列向量的后面补的 0 删除
tb = reshape(tb,[M 2,N 2]); % 把列向量变成矩阵
figure, subplot(1,2,1), imshow(ab) % 显示水印合成图像
subplot(1,2,2), imshow(tb) % 显示提取的水印图像
```

13.5 图像的加密和隐藏

13.5.1 问题的提出

当今时代,信息网络技术在全世界范围内得到了迅猛发展,它极大方便了人们之间的通信和交流。借助于计算机网络,人们可以方便、快捷地将数字信息(如数字化音乐、图像、影视等方面的作品)传到世界各地,而且这种复制和传送几乎可以无损地进行。但是,这样的数据传输并不能保证信息的隐秘性,由此以来,保证网络上传送的信息的安全性便成为一个具有重要意义的问题,国内外的一些学者在不断探索信息的隐秘传输,并取得较为丰硕的成果。

信息隐藏技术是利用人类感觉器官的不敏感(感觉冗余),以及多媒体数字信号本身存在的冗余(数据特性冗余),将秘密信息隐藏于掩护体(载体)中,不被觉察到或不易被注意到,而且不影响载体的感觉效果,以此来达到隐秘传输秘密信息的目的。

现有两幅图片,为了保密,需要将图 13.15(a)所示的图像进行加密,然后隐藏在图 13.15(b)所示的图像之中,供将来进行传输。

(a)

(b)

图 13.15 保密图片和载体图片

(a) 保密图片; (b) 载体图片。

13.5.2 加密算法

图像加密有很多方法，下面利用 Hénon 混沌序列打乱图像矩阵的行序和列序。Hénon 混沌序列为

$$x_{n+1} = 1 - \alpha x_n^2 + y_n, \tag{13.29}$$

$$y_{n+1} = \beta x_n, \tag{13.30}$$

式中：$\alpha = 1.4$；$\beta = 0.3$。

设保密图像 $\boldsymbol{A}$ 的大小为 $M_1 \times N_1$，载体图像的大小为 $M_2 \times N_2$，为了方便处理，利用 Matlab 软件把载体图像处理成与保密图片同样的大小。记 $L = \max\{M_1, N_1\}$，不妨设 $L = N_1$，使用密钥 key $= -0.400001$ 作为混沌序列式(13.29)和式(13.30)的初始值 x_0, y_0，生成两个长度为 L 的混沌序列 X_L 和 Y_L，截取 X_L 的前 M_1 个分量，并把得到的子序列按照从小到大的次序排列，利用该子序列的排序地址打乱保密图像矩阵 $\boldsymbol{A}$ 的行序；同样地，把混沌序列 Y_L 按照从小到大的次序排列，利用该序列的排序地址打乱保密图像矩阵 $\boldsymbol{A}$ 的列序。

图 13.15(a)图像加密以后得到的图像如图 13.16 所示。

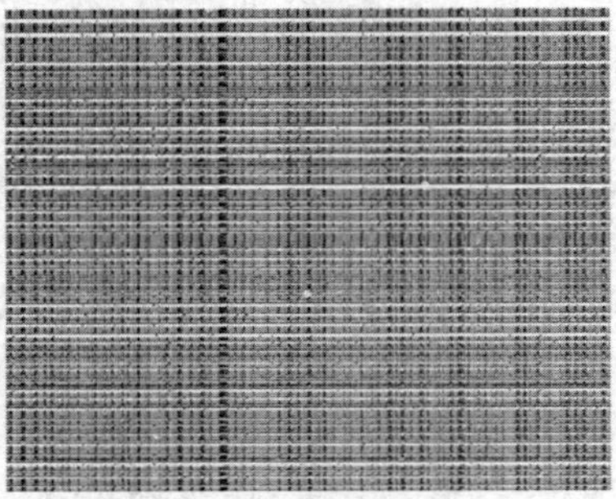

图 13.16　保密图像加密后得到的图像

13.5.3 图像的隐藏

上面讲过的水印算法可以用于图像隐藏，这里不再重复介绍。下面给出基于空域 LSB 的图像隐藏算法的基本思路。

对于 uint8 格式的灰度图像，每个像素点有 256 个灰度级别，可以用 8 位二进制码来表示。把它从高到低分成 8 个位平面，每个平面均可以用二值图像来形象表示。由于人的视觉对低位平面不敏感，所以可以利用低 4 位进行信息隐藏。

对于 LSB 嵌入算法，下面简单举例。载体图像的像素值 $f(x,y) = 146$，其二进制码为 1 0 0 1 0 0 1 0，需把它的低 4 位置 0，可以用二进制码 1 1 1 1 0 0 0 0 进行按位与运算，即可得

$$f'(x,y) = 10010000。$$

加密图像的像素值 $g(x,y) = 234$，其二进制码为 1 1 1 0 1 0 1 0，同样与二进制码 1 1 1 1 0 0 0 0 进行按位与运算，在转换为十进制后除以 16，相当于二进制码向右移 4 位，得

$$g'(x,y) = 00001110,$$

合成的像素值

$$I(x,y) = f'(x,y) + g'(x,y),$$

将 $I(x,y)$ 转换为十进制数为 160。像素值 160 既包含载体图像的信息,又包含加密图像的信息,即把加密图像嵌入到了载体图像中。

使用 Matlab 软件很容易实现上述有关的运算,Matlab 中位操作的命令有 bitand、bitor、bitset、bitget。

13.5.4 仿真结果

利用空域 LSB 隐藏算法,把加密后的图像隐藏到载体图像中,最终嵌入加密图像的合成图像效果如图 13.17(b)所示。保密图像的提出过程就是上面隐藏和加密的逆过程,从合成图像中提出的保密图像效果如图 13.17(a)所示。

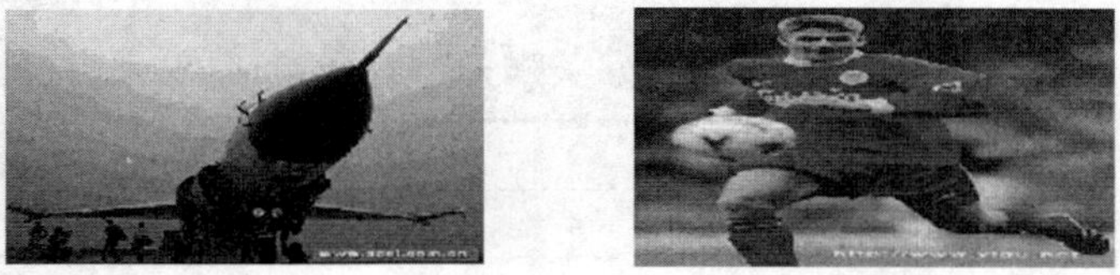

(a) (b)

图 13.17 合成图像及提取的保密图像
(a) 提取的保密图像;(b) 嵌入加密图像的保密图像。

计算的 Matlab 程序如下:

```
clc, clear
a = imread('tu8.bmp'); ws1 = size(a);     % 读入保密图像,并计算维数
b = imread('tu9.bmp'); ws2 = size(b);   % 读入载体图像,并计算维数
nb = imresize(b,ws1(1:2)); % 把载体图像变换成与保密图像同样大小
key = -0.400001; % 给出密钥,即混沌序列的初始值
L = max(ws1); x(1) = key; y(1) = key; alpha = 1.4; beta = 0.3;
for i = 1:L - 1      % 生成两个混沌序列
    x(i + 1) = 1 - alpha * x(i)^2 + y(i); y(i + 1) = beta * x(i);
end
x(ws1(1,1) + 1:end) = []; % 删除 x 后面一部分元素
[sx,ind1] = sort(x); [sy,ind2] = sort(y); % 对混沌序列从小到大排序
ea(ind1,ind2,:) = a; % 打乱保密图像的行序和列序,生成加密图像矩阵 ea
imshow(ea) % 显示保密图像加密后得到的图像
nb2 = bitand(nb,240); % 载体图像与 11110000((二进制) =240(十进制))逐位与运算
ea2 = bitand(ea,240); % 加密图像与 11110000 逐位与运算
ea2 = ea2/16; % 加密图像高 4 位移到低 4 位
da = bitor(nb2,ea2); % 把加密图像嵌入载体图像的低 4 位,构造合成图像
da2 = bitand(da,15) * 16; % 这里 15(十进制) = 00001111,提取加密图像的高 4 位
da3 = da2(ind1,ind2,:); % 对加密图像进行解密
figure, subplot(1,2,1), imshow(da3) % 显示提取并解密以后的原图像
subplot(1,2,2),imshow(da) % 显示嵌入加密图像的合成图像
```

拓展阅读材料

[1] Alasdair McAndrew. An Introduction to Digital Image Processing with Matlab Notes for SCM2511 Image Processing 1. School of Computer Science and Mathematics, Victoria University of Technology.

习 题 13

13.1 找一个二值图像的 tif 文件,再找一个灰度图像的 tif 文件,看看它们的文件头有什么区别。

13.2 使用一幅真实图像作为输入,连续旋转图像,每次 30°。给出旋转 12 次后的结果并与原输入图像进行对比。

13.3 考虑一幅有不同宽度的竖条的图像,编写程序实现如表 13.3 所列的模板进行平滑(再将结果除以 16)。

表 13.3 模板数据

1	2	1
2	4	2
1	2	1

13.4 编程把一幅 bmp 格式的图像保存成 jpg 格式的图像。

13.5 编程先将一幅灰度图像用 3×3 平均滤波器平滑一次,再进行如下增强:

$$g(x,y)=\begin{cases}G[f(x,y)], & G[f(x,y)]\geqslant T,\\ f(x,y), & \text{其他。}\end{cases}$$

式中:$G[f(x,y)]$ 为 $f(x,y)$ 在 (x,y) 处的梯度;T 为非负的阈值。

(1) 比较原始图像和增强图像,看哪些地方得到了增强;

(2) 改变阈值 T 的数值,看对增强效果有哪些影响。

第 14 章　综合评价与决策方法

评价方法大体上可分为两类,其主要区别在确定权重的方法上。一类是主观赋权法,多数采取综合咨询评分确定权重,如综合指数法、模糊综合评判法、层次分析法、功效系数法等。另一类是客观赋权,根据各指标间相关关系或各指标值变异程度来确定权数,如主成分分析法、因子分析法、理想解法(也称 TOPSIS 法)等。目前国内外综合评价方法有数十种之多,其中主要使用的评价方法有主成分分析法、因子分析法、TOPSIS 法、秩和比法、灰色关联法、熵权法、层次分析法、模糊评价法、物元分析法、聚类分析法、价值工程法、神经网络法等。

14.1　理 想 解 法

目前已有许多解决多属性决策的排序法,如理想点法、简单线性加权法、加权平方和法、主成分分析法、功效系数法、可能满意度法、交叉增援矩阵法等。本节介绍多属性决策问题的理想解法,理想解法亦称为 TOPSIS 法,是一种有效的多指标评价方法。这种方法通过构造评价问题的正理想解和负理想解,即各指标的最优解和最劣解,通过计算每个方案到理想方案的相对贴近度,即靠近正理想解和远离负理想解的程度,来对方案进行排序,从而选出最优方案。

14.1.1　方法和原理

设多属性决策方案集为 $\boldsymbol{D}=\{d_1,d_2,\cdots,d_m\}$,衡量方案优劣的属性变量为 $x_1,\cdots,x_n$,这时方案集 $\boldsymbol{D}$ 中的每个方案 $\boldsymbol{d}_i(i=1,\cdots,m)$ 的 n 个属性值构成的向量是 $[a_{i1},\cdots,a_{in}]$,它作为 n 维空间中的一个点,能唯一地表征方案 $\boldsymbol{d}_i$。

正理想解 $\boldsymbol{C}^*$ 是一个方案集 $\boldsymbol{D}$ 中并不存在的虚拟的最佳方案,它的每个属性值都是决策矩阵中该属性的最优值;而负理想解 $\boldsymbol{C}^0$ 则是虚拟的最差方案,它的每个属性值都是决策矩阵中该属性的最差值。在 n 维空间中,将方案集 $\boldsymbol{D}$ 中的各备选方案 d_i 与正理想解 $\boldsymbol{C}^*$ 和负理想解 $\boldsymbol{C}^0$ 的距离进行比较,既靠近正理想解又远离负理想解的方案就是方案集 $\boldsymbol{D}$ 中的最优方案;并可以据此排定方案集 $\boldsymbol{D}$ 中各备选方案的优先序。

用理想解法求解多属性决策问题的概念简单,只要在属性空间定义适当的距离测度就能计算备选方案与理想解的距离。TOPSIS 法所用的是欧几里得距离。至于既用正理想解又用负理想解是因为在仅仅使用正理想解时有时会出现某两个备选方案与正理想解的距离相同的情况,为了区分这两个方案的优劣,引入负理想解并计算这两个方案与负理想解的距离,与正理想解的距离相同的方案离负理想解远者为优。

14.1.2 TOPSIS 法的算法步骤

TOPSIS 法的具体算法步骤如下：

(1) 用向量规划化的方法求得规范决策矩阵。设多属性决策问题的决策矩阵 $\boldsymbol{A}=(a_{ij})_{m\times n}$，规范化决策矩阵 $\boldsymbol{B}=(b_{ij})_{m\times n}$，其中

$$b_{ij}=a_{ij}\Big/\sqrt{\sum_{i=1}^{m}a_{ij}^2},\ i=1,2,\cdots,m;\ j=1,2,\cdots,n。\tag{14.1}$$

(2) 构造加权规范阵 $\boldsymbol{C}=(c_{ij})_{m\times n}$。设由决策人给定各属性的权重向量为 $\boldsymbol{w}=[w_1,w_2,\cdots,w_n]^{\mathrm{T}}$，则

$$c_{ij}=w_j\cdot b_{ij},i=1,2,\cdots,m;\ j=1,2,\cdots,n。\tag{14.2}$$

(3) 确定正理想解 $\boldsymbol{C}^*$ 和负理想解 $\boldsymbol{C}^0$。设正理想解 $\boldsymbol{C}^*$ 的第 j 个属性值为 c_j^*，负理想解 $\boldsymbol{C}^0$ 第 j 个属性值为 c_j^0，则

$$\text{正理想解 } c_j^*=\begin{cases}\max\limits_i c_{ij},j\text{ 为效益型属性},\\ \min\limits_i c_{ij},j\text{ 为成本型属性},\end{cases}\quad j=1,2,\cdots,n,\tag{14.3}$$

$$\text{负理想解 } c_j^0=\begin{cases}\min\limits_i c_{ij},j\text{ 为效益型属性},\\ \max\limits_i c_{ij},j\text{ 为成本型属性},\end{cases}\quad j=1,2,\cdots,n。\tag{14.4}$$

(4) 计算各方案到正理想解与负理想解的距离。备选方案 $\boldsymbol{d}_i$ 到正理想解的距离为

$$s_i^*=\sqrt{\sum_{j=1}^{n}(c_{ij}-c_j^*)^2},i=1,2,\cdots,m;\tag{14.5}$$

备选方案 $\boldsymbol{d}_i$ 到负理想解的距离为

$$s_i^0=\sqrt{\sum_{j=1}^{n}(c_{ij}-c_j^0)^2},i=1,2,\cdots,m。\tag{14.6}$$

(5) 计算各方案的排序指标值(即综合评价指数)，即

$$f_i^*=s_i^0/(s_i^0+s_i^*),i=1,2,\cdots,m。\tag{14.7}$$

(6) 按 f_i^* 由大到小排列方案的优劣次序。

14.1.3 示例

例 14.1 研究生院试评估。

为了客观地评价我国研究生教育的实际状况和各研究生院的教学质量，国务院学位委员会办公室组织过一次研究生院的评估。为了取得经验，先选 5 所研究生院，收集有关数据资料进行了试评估，表 14.1 是所给出的部分数据。

表 14.1 研究生院试评估的部分数据

i \ j	人均专著 x_1 /(本/人)	生师比 x_2	科研经费 x_3 /(万元/年)	逾期毕业率 x_4 /%
1	0.1	5	5000	4.7
2	0.2	6	6000	5.6

（续）

j / i	人均专著 x_1 /(本/人)	生师比 x_2	科研经费 x_3 /(万元/年)	逾期毕业率 x_4 /%
3	0.4	7	7000	6.7
4	0.9	10	10000	2.3
5	1.2	2	400	1.8

解 第一步,数据预处理。

数据的预处理又称属性值的规范化。

属性值具有多种类型,包括效益型、成本型和区间型等。这三种属性,效益型属性越大越好,成本型属性越小越好,区间型属性是在某个区间最佳。

在进行决策时,一般要进行属性值的规范化,主要有如下三个作用:①属性值有多种类型,上述三种属性放在同一个表中不便于直接从数值大小判断方案的优劣,因此需要对数据进行预处理,使得表中任一属性下性能越优的方案变换后的属性值越大。②非量纲化,多属性决策与评估的困难之一是属性间的不可公度性,即在属性值表中的每一列数具有不同的单位(量纲)。即使对同一属性,采用不同的计量单位,表中的数值也就不同。在用各种多属性决策方法进行分析评价时,需要排除量纲的选用对决策或评估结果的影响,这就是非量纲化。③归一化,属性值表中不同指标的属性值的数值大小差别很大,为了直观,更为了便于采用各种多属性决策与评估方法进行评价,需要把属性值表中的数值归一化,即把表中数值均变换到[0,1]区间上。

此外,还可在属性规范时用非线性变换或其他办法,来解决或部分解决某些目标的达到程度与属性值之间的非线性关系,以及目标间的不完全补偿性。常用的属性规范化方法有以下几种。

(1) 线性变换。原始的决策矩阵为 $\boldsymbol{A}=(a_{ij})_{m\times n}$,变换后的决策矩阵记为 $\boldsymbol{B}=(b_{ij})_{m\times n}, i=1,\cdots,m; j=1,\cdots,n$。设 $a_j^{\max}$ 是决策矩阵第 j 列中的最大值,$a_j^{\min}$ 是决策矩阵第 j 列中的最小值。若 x_j 为效益型属性,则

$$b_{ij}=a_{ij}/a_j^{\max}。\tag{14.8}$$

采用式(14.8)进行属性规范化时,经过变换的最差属性值不一定为0,最优属性值为1。

若 x_j 为成本型属性,则

$$b_{ij}=1-a_{ij}/a_j^{\max}。\tag{14.9}$$

采用式(14.9)进行属性规范时,经过变换的最优属性值不一定为1,最差属性值为0。

(2) 标准0-1变换。为了使每个属性变换后的最优值为1且最差值为0,可以进行标准0-1变换。对效益型属性 x_j,令

$$b_{ij}=\frac{a_{ij}-a_j^{\min}}{a_j^{\max}-a_j^{\min}},\tag{14.10}$$

对成本型属性 x_j,令

$$b_{ij} = \frac{a_j^{\max} - a_{ij}}{a_j^{\max} - a_j^{\min}}。\tag{14.11}$$

(3) 区间型属性的变换。有些属性既非效益型又非成本型,如生师比。显然这种属性不能采用前面介绍的两种方法处理。

设给定的最优属性区间为$[a_j^0, a_j^*]$,a'_j为无法容忍下限,a''_j为无法容忍上限,则

$$b_{ij} = \begin{cases} 1 - (a_j^0 - a_{ij})/(a_j^0 - a'_j), & a'_j \leqslant a_{ij} < a_j^0, \\ 1, & a_j^0 \leqslant a_{ij} \leqslant a_j^*, \\ 1 - (a_{ij} - a_j^*)/(a''_j - a_j^*), & a_j^* < a_{ij} \leqslant a''_j, \\ 0, & 其他。\end{cases}\tag{14.12}$$

变换后的属性值b_{ij}与原属性值a_{ij}之间的函数图形为一般梯形。当属性值最优区间的上下限相等时,最优区间退化为一个点时,函数图形退化为三角形。

设研究生院的生师比最优区间为$[5,6]$,$a'_2 = 2$,$a''_2 = 12$。表 14.1 的属性 2 的数据处理见表 14.2。

表 14.2　表 14.1 的属性 2 的数据处理

i \ j	生师比 x_2	处理后的生师比	i \ j	生师比 x_2	处理后的生师比
1	5	1	4	10	0.3333
2	6	1	5	2	0
3	7	0.8333			

计算的 Matlab 程序如下:

```
clc, clear
x2=@(qujian,lb,ub,x)(1-(qujian(1)-x)./(qujian(1)-lb)).*(x>=lb & x<
qujian(1))+...
    (x>=qujian(1) & x<=qujian(2))+(1-(x-qujian(2))./(ub-qujian
(2))).*...
    (x>qujian(2) & x<=ub); % 定义变换的匿名函数,该语句太长,使用了两个续行符
qujian=[5,6]; lb=2; ub=12; % 最优区间,无法容忍下界和上界
x2data=[5 6 7 10 2]'; % x2 属性值
y2=x2(qujian,lb,ub,x2data) % 调用匿名函数,进行数据变换
```

(4) 向量规范化。

无论成本型属性还是效益型属性,向量规范化均用下式进行变换:

$$b_{ij} = a_{ij}\Big/\sqrt{\sum_{i=1}^{m} a_{ij}^2},\ i = 1,\cdots,m, j = 1,\cdots,n。\tag{14.13}$$

它与前面介绍的几种变换不同,从变换后属性值的大小上无法分辨属性值的优劣。它的最大特点是,规范化后,各方案的同一属性值的平方和为 1,因此常用于计算各方案与某种虚拟方案(如理想点或负理想点)的欧几里得距离的场合。

(5) 标准化处理。在实际问题中,不同变量的测量单位往往是不一样的。为了消除变量的量纲效应,使每个变量都具有同等的表现力,数据分析中常对数据进行标准化处理,即

$$b_{ij} = \frac{a_{ij} - \bar{a}_j}{s_j}, i = 1,2,\cdots,m, j = 1,2,\cdots,n, \tag{14.14}$$

式中: $\bar{a}_j = \frac{1}{m}\sum_{i=1}^{m} a_{ij}, s_j = \sqrt{\frac{1}{m-1}\sum_{i=1}^{m}(a_{ij} - \bar{a}_j)^2}, j = 1,2,\cdots,n$。

表 14.1 中的数据经标准化处理后的结果见表 14.3。

表 14.3 表 14.1 数据经标准化的属性值表

i \ j	人均专著 x_1	生师比 x_2	科研经费 x_3	逾期毕业率 x_4
1	-0.9741	-0.3430	-0.1946	0.2274
2	-0.7623	0	0.0916	0.6537
3	-0.3388	0.3430	0.3777	1.1747
4	0.7200	1.3720	1.2362	-0.9095
5	1.3553	-1.3720	-1.5109	-1.1463

计算的 Matlab 程序如下:

```
x=[0.1   5   5000    4.7
   0.2   6   6000    5.6
   0.4   7   7000    6.7
   0.9   10  10000   2.3
   1.2   2   400     1.8];
y=zscore(x)
```

首先对表 14.1 中属性 2 的数据进行最优值为给定区间的变换。然后对属性值进行向量规范化,计算结果见表 14.4。

表 14.4 表 14.1 的数据经规范化后的属性值

i \ j	人均专著 x_1	生师比 x_2	科研经费 x_3	逾期毕业率 x_4
1	0.0638	0.597	0.3449	0.4546
2	0.1275	0.597	0.4139	0.5417
3	0.2550	0.4975	0.4829	0.6481
4	0.5738	0.199	0.6898	0.2225
5	0.7651	0	0.0276	0.1741

第二步,设权向量为 $\boldsymbol{w} = [0.2, 0.3, 0.4, 0.1]$,得加权的向量规范化属性矩阵见表 14.5。

表 14.5　表 14.1 的数据经规范化后的加权属性值

i \ j	人均专著 x_1	生师比 x_2	科研经费 x_3	逾期毕业率 x_4
1	0.0128	0.1791	0.1380	0.0455
2	0.0255	0.1791	0.1656	0.0542
3	0.0510	0.1493	0.1931	0.0648
4	0.1148	0.0597	0.2759	0.0222
5	0.1530	0	0.0110	0.0174

第三步，由表 14.5 和式(14.3)、式(14.4)，得

正理想解　$\boldsymbol{C}^* = [0.1530, 0.1791, 0.2759, 0.0174]$，

负理想解　$\boldsymbol{C}^0 = [0.0128, 0, 0.0110, 0.0648]$。

第四步，分别用式(14.5)和式(14.6)求各方案到正理想解的距离 s_i^* 和负理想解的距离 s_i^0，列于表 14.6。

表 14.6　距离值及综合指标值

	s_i^*	s_i^0	f_i^*		s_i^*	s_i^0	f_i^*
1	0.1987	0.2204	0.5258	4	0.1255	0.2932	0.7003
2	0.1726	0.2371	0.5787	5	0.3198	0.1481	0.3165
3	0.1428	0.2385	0.6255				

第五步，计算排序指标值 f_i^*（表 14.6），由 f_i^* 值的大小可确定各方案的从优到劣的次序为 4,3,2,1,5。

求解的 Matlab 程序如下：

```
clc, clear
a=[0.1    5  5000   4.7
   0.2  6   6000   5.6
   0.4  7   7000   6.7
   0.9  10  10000  2.3
   1.2  2   400    1.8];
[m,n]=size(a);
x2=@(qujian,lb,ub,x)(1-(qujian(1)-x)./(qujian(1)-lb)).*(x>=lb & x<qujian(1))+(x>=qujian(1) & x<=qujian(2))+(1-(x-qujian(2))./(ub-qujian(2))).*(x>qujian(2) & x<=ub);
qujian=[5,6]; lb=2; ub=12;
a(:,2)=x2(qujian,lb,ub,a(:,2)); % 对属性 2 进行变换
for j=1:n
    b(:,j)=a(:,j)/norm(a(:,j));  % 向量规划化
end
w=[0.2 0.3 0.4 0.1];
c=b.*repmat(w,m,1);        % 求加权矩阵
```

```
Cstar=max(c);    % 求正理想解
Cstar(4)=min(c(:,4))  % 属性4为成本型的
C0=min(c);       % q求负理想解
C0(4)=max(c(:,4))        % 属性4为成本型的
for i=1:m
    Sstar(i)=norm(c(i,:)-Cstar);  % 求到正理想解的距离
    S0(i)=norm(c(i,:)-C0);      % 求到负理想解的距离
end
Sstar,S0    % 显示到正理想解的距离及到负理想解的距离
f=S0./(Sstar+S0)
[sf,ind]=sort(f,'descend')       % 求排序结果
```

14.2 模糊综合评判法

随着知识经济时代的到来,人才资源已成为企业最重要的战略要素之一,对其进行考核评价是现代企业人力资源管理的一项重要内容。

人事考核需要从多个方面对员工做出客观全面的评价,因而实际上属于多目标决策问题。对于那些决策系统运行机制清楚、决策信息完全、决策目标明确且易于量化的多目标决策问题,已经有很多方法能够较好地解决。但是,在人事考核中存在大量具有模糊性的概念,这种模糊性或不确定性不是由于事件发生的条件难以控制而导致的,而是由于事件本身的概念不明确所引起的。这就使得很多考核指标都难以直接量化。在评判实施过程中,评判者又容易受经验、人际关系等主观因素的影响,因此对人才的综合素质评判往往带有一定的模糊性与经验性。

这里说明如何在人事考核中运用模糊综合评判,从而为企业员工职务升迁、评先晋级、聘用等提供重要依据,促进人事管理的规范化和科学化,提高人事管理的工作效率。

14.2.1 一级模糊综合评判在人事考核中的应用

在对企业员工进行考核时,由于考核的目的、考核对象、考核范围等的不同,考核的具体内容也会有所差别。有的考核涉及的指标较少,有些考核又包含了非常全面且丰富的内容,需要涉及很多指标。鉴于这种情况,企业可以根据需要,在指标个数较少的考核中,运用一级模糊综合评判,而在问题较为复杂、指标较多时,运用多层次模糊综合评判,以提高精度。

一级模糊综合评判模型的建立,主要包括以下步骤。

(1)确定因素集。对员工的表现,需要从多个方面进行综合评判,如员工的工作业绩、工作态度、沟通能力、政治表现等。所有这些因素构成了评价指标体系集合,即因素集,记为

$$U=\{u_1,u_2,\cdots,u_n\}。$$

(2)确定评语集。由于每个指标的评价值的不同,往往会形成不同的等级。如对工作业绩的评价有好、较好、中等、较差、很差等。由各种不同决断构成的集合称为评语集,记为

$$V = \{v_1, v_2, \cdots, v_m\}。$$

(3) 确定各因素的权重。一般情况下,因素集中的各因素在综合评价中所起的作用是不相同的,综合评价结果不仅与各因素的评价有关,而且在很大程度上还依赖于各因素对综合评价所起的作用,这就需要确定一个各因素之间的权重分配,它是 U 上的一个模糊向量,记为

$$\boldsymbol{A} = [a_1, a_2, \cdots, a_n],$$

式中:a_i 为第 i 个因素的权重,且满足 $\sum_{i=1}^{n} a_i = 1$。

确定权重的方法很多,如 Delphi 法、加权平均法、众人评估法等。

(4) 确定模糊综合判断矩阵。对指标 u_i 来说,对各个评语的隶属度为 V 上的模糊子集。对指标 u_i 的评判记为

$$\boldsymbol{R}_i = [r_{i1}, r_{i2}, \cdots, r_{im}],$$

各指标的模糊综合判断矩阵为

$$\boldsymbol{R} = \begin{bmatrix} r_{11} & r_{12} & \cdots & r_{1m} \\ r_{21} & r_{22} & \cdots & r_{2m} \\ \vdots & \vdots & \ddots & \vdots \\ r_{n1} & r_{n2} & \cdots & r_{nm} \end{bmatrix},$$

它是一个从 U 到 V 的模糊关系矩阵。

(5) 综合评判。如果有一个从 U 到 V 的模糊关系 $\boldsymbol{R} = (r_{ij})_{n \times m}$,那么利用 $\boldsymbol{R}$ 就可以得到一个模糊变换

$$T_R : F(U) \to F(V),$$

由此变换,就可得到综合评判结果 $\boldsymbol{B} = \boldsymbol{A} \cdot \boldsymbol{R}$。

综合后的评判可看作是 V 上的模糊向量,记为 $\boldsymbol{B} = [b_1, b_2, \cdots, b_m]$。

例 14.2 某单位对员工的年终综合评定。

解 (1) 取因素集 $\boldsymbol{U}$ = {政治表现 u_1,工作能力 u_2,工作态度 u_3,工作成绩 u_4}。

(2) 取评语集 $\boldsymbol{V}$ = {优秀 v_1,良好 v_2,一般 v_3,较差 v_4,差 v_5}。

(3) 确定各因素的权重 $\boldsymbol{A} = [0.25, 0.2, 0.25, 0.3]$。

(4) 确定模糊综合评判矩阵,对每个因素 u_i 做出评价。

① u_1 比如由群众评议打分来确定:

$$\boldsymbol{R}_1 = [0.1, 0.5, 0.4, 0, 0]。$$

上式表示,参与打分的群众中,有 10% 的人认为政治表现优秀,50% 的人认为政治表现良好,40% 的人认为政治表现一般,认为政治表现较差或差的人为 0。用同样方法对其他因素进行评价。

② u_2, u_3 由部门领导打分来确定:

$$\boldsymbol{R}_2 = [0.2, 0.5, 0.2, 0.1, 0], \boldsymbol{R}_3 = [0.2, 0.5, 0.3, 0, 0]。$$

③ u_4 由单位考核组成员打分来确定:

$$\boldsymbol{R}_4 = [0.2, 0.6, 0.2, 0, 0]。$$

以 $\boldsymbol{R}_i$ 为第 i 行构成评价矩阵

$$\boldsymbol{R} = \begin{bmatrix} 0.1 & 0.5 & 0.4 & 0 & 0 \\ 0.2 & 0.5 & 0.2 & 0.1 & 0 \\ 0.2 & 0.5 & 0.3 & 0 & 0 \\ 0.2 & 0.6 & 0.2 & 0 & 0 \end{bmatrix},$$

它是从因素集 $\boldsymbol{U}$ 到评语集 $\boldsymbol{V}$ 的一个模糊关系矩阵。

(5) 模糊综合评判。进行矩阵合成运算：

$$\boldsymbol{B} = \boldsymbol{A} \cdot \boldsymbol{R} = [0.25, 0.2, 0.25, 0.3] \cdot \begin{bmatrix} 0.1 & 0.5 & 0.4 & 0 & 0 \\ 0.2 & 0.5 & 0.2 & 0.1 & 0 \\ 0.2 & 0.5 & 0.3 & 0 & 0 \\ 0.2 & 0.6 & 0.2 & 0 & 0 \end{bmatrix}$$

$$= [0.175, 0.53, 0.275, 0.02, 0]。$$

取数值最大的评语作为综合评判结果，则评判结果为"良好"。

14.2.2 多层次模糊综合评判在人事考核中的应用

对于一些复杂的系统，如人事考核中涉及的指标较多时，需要考虑的因素很多，这时如果仍用一级模糊综合评判，则会出现两个方面的问题：一是因素过多，它们的权数分配难以确定；另一方面，即使确定了权分配，由于需要满足归一化条件，每个因素的权值都小，对这种系统，可以采用多层次模糊综合评判方法。对于人事考核而言，采用二级系统就足以解决问题了，如果实际中要划分更多的层次，那么可以用二级模糊综合评判的方法类推。

下面介绍一下二级模糊综合评判法模型建立的步骤。

第一步，将因素集 $\boldsymbol{U} = \{u_1, u_2, \cdots, u_n\}$ 按某种属性分成 s 个子因素集 $\boldsymbol{U}_1, \boldsymbol{U}_2, \cdots, \boldsymbol{U}_s$，其中 $\boldsymbol{U}_i = \{u_{i1}, u_{i2}, \cdots, u_{in_i}\}$，$i = 1, 2, \cdots, s$，且满足

① $n_1 + n_2 + \cdots + n_s = n$；

② $\boldsymbol{U}_1 \cup \boldsymbol{U}_2 \cup \cdots \cup \boldsymbol{U}_s = \boldsymbol{U}$；

③ 对任意的 $i \neq j$，$\boldsymbol{U}_i \cap U_j = \boldsymbol{\Phi}$。

第二步，对每一个因素集 U_i，分别做出综合评判。设 $\boldsymbol{V} = \{v_1, v_2, \cdots, v_m\}$ 为评语集，$\boldsymbol{U}_i$ 中各因素相对于 V 的权重分配是

$$\boldsymbol{A}_i = [a_{i1}, a_{i2}, \cdots, a_{in_i}]。$$

若 $\widetilde{\boldsymbol{R}}_i$ 为单因素评判矩阵，则得到一级评判向量

$$\boldsymbol{B}_i = \boldsymbol{A}_i \cdot \widetilde{\boldsymbol{R}}_i = [b_{i1}, b_{i2}, \cdots, b_{im}], i = 1, 2, \cdots, s。$$

第三步，将每个 U_i 看作一个因素，记为

$$K = \{\widetilde{u}_1, \widetilde{u}_2, \cdots, \widetilde{u}_s\}。$$

这样，K 又是一个因素集，K 的单因素评判矩阵为

$$\boldsymbol{R}=\begin{bmatrix}\boldsymbol{B}_1\\ \boldsymbol{B}_2\\ \vdots\\ \boldsymbol{B}_s\end{bmatrix}=\begin{bmatrix}b_{11} & b_{12} & \cdots & b_{1m}\\ b_{21} & b_{22} & \cdots & b_{2m}\\ \vdots & \vdots & \ddots & \vdots\\ b_{s1} & b_{s2} & \cdots & b_{sm}\end{bmatrix}。$$

每个 $\boldsymbol{U}_i$ 作为 $\boldsymbol{U}$ 的一部分，反映了 $\boldsymbol{U}$ 的某种属性，可以按它们的重要性给出权重分配 $\boldsymbol{A}=[\boldsymbol{a}_1,\boldsymbol{a}_2,\cdots,\boldsymbol{a}_s]$，于是得到二级评判向量

$$\boldsymbol{B}=\boldsymbol{A}\cdot\boldsymbol{R}=[b_1,b_2,\cdots,b_m]。$$

如果每个子因素集 $U_i(i=1,2,\cdots,s)$ 含有较多的因素，则可将 U_i 再进行划分，于是有三级评判模型，甚至四级、五级模型等。

例 14.3 某部门员工的年终评定。

关于考核的具体操作过程，以对一名员工的考核为例。如表 14.7 所列，根据该部门工作人员的工作性质，将 18 个指标分成工作绩效($\boldsymbol{U}_1$)、工作态度($\boldsymbol{U}_2$)、工作能力($\boldsymbol{U}_3$)和学习成长($\boldsymbol{U}_4$)这 4 个子因素集。

表 14.7 员工考核指标体系及考核表

一级指标	二级指标	评价				
		优秀	良好	一般	较差	差
工作绩效	工作量	0.8	0.15	0.05	0	0
	工作效率	0.2	0.6	0.1	0.1	0
	工作质量	0.5	0.4	0.1	0	0
	计划性	0.1	0.3	0.5	0.05	0.05
工作态度	责任感	0.3	0.5	0.15	0.05	0
	团队精神	0.2	0.2	0.4	0.1	0.1
	学习态度	0.4	0.4	0.1	0.1	0
	工作主动性	0.1	0.3	0.3	0.2	0.1
	满意度	0.3	0.2	0.2	0.2	0.1
工作能力	创新能力	0.1	0.3	0.5	0.1	0
	自我管理能力	0.2	0.3	0.3	0.1	0.1
	沟通能力	0.2	0.3	0.35	0.15	0
	协调能力	0.1	0.3	0.4	0.1	0.1
	执行能力	0.1	0.4	0.3	0.1	0.1
学习特长	勤情评价	0.3	0.4	0.2	0.1	0
	技能提高	0.1	0.4	0.3	0.1	0.1
	培训参与	0.2	0.3	0.4	0.1	0
	工作提案	0.4	0.3	0.2	0.1	0

设专家设定指标权重，一级指标权重为

$$A = [0.4, 0.3, 0.2, 0.1]。$$

二级指标权重为

$$A_1 = [0.2, 0.3, 0.3, 0.2],$$
$$A_2 = [0.3, 0.2, 0.1, 0.2, 0.2],$$
$$A_3 = [0.1, 0.2, 0.3, 0.2, 0.2],$$
$$A_4 = [0.3, 0.2, 0.2, 0.3]。$$

对各个子因素集进行一级模糊综合评判得到

$$B_1 = A_1 \cdot R_1 = [0.39, 0.39, 0.26, 0.04, 0.01],$$
$$B_2 = A_2 \cdot R_2 = [0.25, 0.33, 0.235, 0.125, 0.06],$$
$$B_3 = A_3 \cdot R_3 = [0.15, 0.32, 0.355, 0.115, 0.06],$$
$$B_4 = A_4 \cdot R_4 = [0.27, 0.35, 0.26, 0.1, 0.02]。$$

这样，二级综合评判为

$$B = A \cdot R = [0.4, 0.3, 0.2, 0.1] \cdot \begin{bmatrix} 0.39 & 0.39 & 0.26 & 0.04 & 0.01 \\ 0.25 & 0.33 & 0.235 & 0.125 & 0.06 \\ 0.15 & 0.32 & 0.355 & 0.115 & 0.06 \\ 0.27 & 0.35 & 0.26 & 0.1 & 0.02 \end{bmatrix}$$

$$= [0.288, 0.354, 0.2355, 0.0865, 0.036]。$$

计算的 Matlab 程序如下：

```
clc, clear
a=load('mhdata.txt'); % 把表中的原始数据保持在纯文本文件 mhdata.txt 中
w=[0.4 0.3 0.2 0.1];
w1=[0.2 0.3 0.3 0.2];
w2=[0.3 0.2 0.1 0.2 0.2];
w3=[0.1 0.2 0.3 0.2 0.2];
w4=[0.3 0.2 0.2 0.3];
b(1,:)=w1*a([1:4],:);
b(2,:)=w2*a([5:9],:);
b(3,:)=w3*a([10:14],:);
b(4,:)=w4*a([15:end],:)
c=w*b
```

根据最大隶属度原则，认为对该员工的评价为良好。同理可对该部门其他员工进行考核。

以上说明了如何用一级综合模糊评判和多层次综合模糊评判来解决企业中的人事考评问题，该方法在实践中取得了良好的效果。经典数学在人事考核的应用中显现出了很大的局限性，而模糊分析很好地将定性分析和定量分析结合起来，为人事考核工作的量化提供了一个新的思路。

14.3 数据包络分析

1978 年 A. Charnes, W. W. Cooper 和 E. Rhodes 给出了评价多个决策单元(Decision Making Units,DMU)相对有效性的数据包络分析方法(Data Envelopment Analysis, DEA)。目前,数据包络分析是评价具有多指标输入和多指标输出系统的较为有效的方法。

14.3.1 相对有效评价问题

例 14.4(多指标评价问题) 某市教育局需要对六所重点中学进行评价,其相应的指标如表 14.8 所列。表 14.8 中的生均投入和非低收入家庭百分比是输入指标,生均写作得分和生均科技得分是输出指标。请根据这些指标,评价哪些学校是相对有效的。

表 14.8 评价指标数据表

学校	A	B	C	D	E	F
生均投入/(百元/年)	89.39	86.25	108.13	106.38	62.40	47.19
非低收入家庭百分比/%	64.3	99	99.6	96	96.2	79.9
生均写作得分/分	25.2	28.2	29.4	26.4	27.2	25.2
生均科技得分/分	223	287	317	291	295	222

为求解例 14.4,先对表 14.8 作简单的分析。

学校 C 的两项输出指标都是最高的,达到 29.4 和 317,应该说,学校 C 是最有效的。但从另一方面来看,对它的投入也是最高的,达到 108.13 和 99.6,因此,它的效率也可能是最低的。究竟如何评价这六所学校呢?这还需要仔细的分析。

这是一个多指标输入和多指标输出的问题,对于这类评价问题,A. Charnes, W. W. Cooper 和 E. Rhodes 建立了评价决策单元相对有效性的 C^2R 模型。

14.3.2 数据包络分析的 C^2R 模型

数据包络分析有多种模型,其中 C^2R(以 Charnes,Cooper 和 Rhodes 三位作者的第一个英文字母命名)的建模思路清晰,模型形式简单,理论完善。设有 n 个 DMU,每个 DMU 都有 m 种投入和 s 种产出,设 $x_{ij}(i=1,\cdots,m;j=1,\cdots,n)$ 表示第 j 个 DMU 的第 i 种投入量,$y_{rj}(r=1,\cdots,s;j=1,\cdots,n)$ 表示第 j 个 DMU 的第 r 种产出量,$v_i(i=1,\cdots,m)$ 表示第 i 种投入的权值,$u_r(r=1,\cdots,s)$ 表示第 r 种产出的权值。

向量 $\boldsymbol{X}_j,\boldsymbol{Y}_j(j=1,\cdots,n)$ 分别表示决策单元 j 的输入和输出向量,$\boldsymbol{v}$ 和 $\boldsymbol{u}$ 分别表示输入、输出权值向量,则 $\boldsymbol{X}_j=(x_{1j},x_{2j},\cdots,x_{mj})^{\mathrm{T}}$, $\boldsymbol{Y}_j=(y_{1j},y_{2j},\cdots,y_{sj})^{\mathrm{T}}$,$\boldsymbol{u}=(u_1,u_2,\cdots,u_m)^{\mathrm{T}}$,$\boldsymbol{v}=(v_1,v_2,\cdots,v_s)^{\mathrm{T}}$。

定义决策单元 j 的效率评价指数为

$$h_j=(\boldsymbol{u}^{\mathrm{T}}\boldsymbol{Y}_j)/(\boldsymbol{v}^{\mathrm{T}}\boldsymbol{X}_j),j=1,2,\cdots,n。$$

评价决策单元 j_0 效率的数学模型为

$$\max \frac{\boldsymbol{u}^{\mathrm{T}}\boldsymbol{Y}_{j_0}}{\boldsymbol{v}^{\mathrm{T}}\boldsymbol{X}_{j_0}},$$

$$\text{s.t.}\begin{cases}\dfrac{\boldsymbol{u}^{\mathrm{T}}\boldsymbol{Y}_j}{\boldsymbol{v}^{\mathrm{T}}\boldsymbol{X}_j}\leqslant 1, \quad j=1,2,\cdots,n,\\ \boldsymbol{u}\geqslant 0,\boldsymbol{v}\geqslant 0,\boldsymbol{u}\neq 0,\boldsymbol{v}\neq 0。\end{cases} \tag{14.15}$$

通过 Charnes - Cooper 变换：$\boldsymbol{\omega}=t\boldsymbol{v},\boldsymbol{\mu}=t\boldsymbol{u},t=\dfrac{1}{\boldsymbol{v}^{\mathrm{T}}\boldsymbol{X}_{j_0}}$，可以将模型(14.15)转化为等价的线性规划问题

$$\max V_{j_0}=\boldsymbol{\mu}^{\mathrm{T}}\boldsymbol{Y}_{j_0},$$

$$\text{s.t.}\begin{cases}\boldsymbol{\omega}^{\mathrm{T}}\boldsymbol{X}_j-\boldsymbol{\mu}^{\mathrm{T}}\boldsymbol{Y}_j\geqslant 0, \quad j=1,2,\cdots,n,\\ \boldsymbol{\omega}^{\mathrm{T}}\boldsymbol{X}_{j_0}=1,\\ \boldsymbol{\omega}\geqslant 0,\boldsymbol{\mu}\geqslant 0。\end{cases} \tag{14.16}$$

可以证明，模型(14.15)与模型(14.16)是等价的。线性规划问题的对偶线性规划模型具有明确的经济意义。下面写出模型(14.16)的对偶形式：

$$\min \theta,$$

$$\text{s.t.}\begin{cases}\sum\limits_{j=1}^{n}\lambda_j\boldsymbol{X}_j\leqslant\theta\boldsymbol{X}_{j_0},\\ \sum\limits_{j=1}^{n}\lambda_j\boldsymbol{Y}_j\geqslant\boldsymbol{Y}_{j_0},\\ \lambda_j\geqslant 0,j=1,2,\cdots,n。\end{cases} \tag{14.17}$$

对于 C^2R 模型(14.16)，有如下定义：

定义 14.1 若线性规划问题(14.16)的最优目标值 $\boldsymbol{V}_{j_0}=1$，则称决策单元 j_0 是弱 DEA 有效的。

定义 14.2 若线性规划问题(14.16)存在最优解 $\boldsymbol{\omega}^*>0,\boldsymbol{\mu}^*>0$，并且其最优目标值 $\boldsymbol{V}_{j_0}=1$，则称决策单元 j_0 是 DEA 有效的。

从上述定义可以看出，所谓 DEA 有效，就是指那些决策单元，它们的投入产出比达到最大。因此，可以用 DEA 来对决策单元进行评价。

14.3.3 C^2R 模型的求解

从上面的模型可以看到，求解 C^2R 模型，需要求解若干个线性规划，这一点可以用 Lingo 软件完成。

运用 C^2R 模型(14.16)求解例 14.4 的 Lingo 程序如下：

```
model:
sets:
dmu/1..6/:s,t,p; ! 决策单元(或评价对象),p为单位坐标向量,s,t为中间变量;
inw/1..2/:omega; ! 输入权重;
outw/1..2/:mu; ! 输出权重;
```

```
inv(inw,dmu):x; ! 输入变量;
outv(outw,dmu):y;
endsets
data:
ctr = ?; ! 实时输入数据,对第 n 个单元做评价时,就输入 n;
   89.39    86.25  108.13  106.38  62.40  47.19
   64.3     99     99.6    96      96.2   79.9;
x =
   y = 25.2 28.2   29.4    26.4    27.2   25.2
   223      287    317     291     295    222;
enddata
max = @ sum(dmu:p * t);
p(ctr) = 1;
@ for(dmu(i) |i#ne#ctr:p(i) = 0);
@ for(dmu(j):s(j) = @ sum(inw(i):omega(i) * x(i,j));
t(j) = @ sum(outw(i):mu(i) * y(i,j));s(j) > t(j));
@ sum(dmu:p * s) = 1;
end
```

在上述程序中,ctr 的值分别输入 1,…,6,经过 6 次计算,得到 6 个最优目标值:

$$1, 0.9096132, 0.9635345, 0.9143053, 1, 1。$$

并且,对于学校 A(决策单元 1)有 $\omega_2 > 0, \mu_1 > 0$;对于学校 E(决策单元 5)有 $\omega_1 > 0, \mu_2 > 0$;对于学校 F(决策单元 6)有 $\omega_1 > 0, \mu_1 > 0$。因此,学校 A, E, F 是 DEA 有效的。

14.3.4 数据包络分析案例

1. 导言

数据包络分析(Data Envelopment Analysis, DEA)是著名运筹学家 A. Charnes 和 W. W. Copper 等学者以"相对效率"概念为基础,根据多指标投入和多指标产出对相同类型的单位(部门)进行相对有效性或效益评价的一种系统分析方法。它是处理多目标决策问题的好方法。它应用数学规划模型计算比较决策单元之间的相对效率,对评价对象做出评价。

DEA 特别适用于具有多输入多输出的复杂系统,这主要体现在以下几点:

(1) DEA 以决策单位各输入/输出的权重为变量,从最有利于决策单元的角度进行评价,从而避免了确定各指标在优先意义下的权重。

(2) 假定每个输入都关联到一个或者多个输出,而且输入/输出之间确实存在某种关系,使用 DEA 方法则不必确定这种关系的显示表达式。

DEA 最突出的优点是无须任何权重假设,每一个输入/输出的权重不是根据评价者的主观认定,而是由决策单元的实际数据求得的最优权重。因此,DEA 方法排除了很多主观因素,具有很强的客观性。

DEA 是以相对效率概念为基础,以凸分析和线性规划为工具的一种评价方法。这种方法结构简单,使用比较方便。自从 1978 年提出第一个 DEA 模型——C^2R 模型并用于评价部门间的相对有效性以来,DEA 方法不断得到完善并在实际中被广泛应用,诸如被应用到技术进步、技术创新、资源配置、金融投资等各个领域,特别是在对非单纯盈利的公共服务部门,如学校、医院,某些文化设施等的评价方面被认为是一个有效的方法。现在,有关的理论研究不断深入,应用领域日益广泛。应用 DEA 方法评价部门的相对有效性的优势地位,是其他方法所不能取代的。或者说,它对社会经济系统多投入和多产出相对有效性评价,是独具优势的。

我们把城市的可持续发展系统(某一时间或某一时段)视作 DEA 中的一个决策单元,它具有特定的输入/输出,在将输入转化成输出的过程中,努力实现系统的可持续发展目标。

2. 案例

利用 DEA 方法对天津市的可持续发展进行评价。在这里选取较具代表性的指标作为输入变量和输出变量,见表 14.9。

表 14.9 各决策单元输入、输出指标值

序号	决策单元	政府财政收入占 GDP 的比例/%	环保投资占 GDP 的比例/%	每千人科技人员数/人	人均 GDP /元	城市环境质量指数
1	1990	14.40	0.65	31.30	3621.00	0.00
2	1991	16.90	0.72	32.20	3943.00	0.09
3	1992	15.53	0.72	31.87	4086.67	0.07
4	1993	15.40	0.76	32.23	4904.67	0.13
5	1994	14.17	0.76	32.40	6311.67	0.37
6	1995	13.33	0.69	30.77	8173.33	0.59
7	1996	12.83	0.61	29.23	10236.00	0.51
8	1997	13.00	0.63	28.20	12094.33	0.44
9	1998	13.40	0.75	28.80	13603.33	0.58
10	1999	14.00	0.84	29.10	14841.00	1.00

输入变量:政府财政收入占 GDP 的比例、环保投资占 GDP 的比例、每千人科技人员数。输出变量:经济发展(用人均 GDP 表示)、环境发展(用城市环境质量指数表示;在计算过程中,城市环境指数的数值作了归一化处理)。

计算的 Lingo 程序如下:

```
model:
sets:
dmu/1..10/:s,t,p;                ! 决策单元,p为单位坐标向量,s,t为中间变量;
inw/1..3/:omega;                 ! 输入权重;
outw/1..2/:mu;                   ! 输出权重;
inv(inw,dmu):x;                  ! 输入变量;
outv(outw,dmu):y;
endsets
data:
ctr=?; ! 实时输入数据,对第n个单元做评价时,就输入n;
```

```
x=14.4,16.9,15.53,15.4,14.17,13.33,12.83,13,13.4,14
  0.65,0.72,0.72,0.76,0.76,0.69,0.61,0.63,0.75,0.84
  31.3,32.2,31.87,32.23,32.4,30.77,29.23,28.2,28.8,29.1;
y=3621,3943,4086.67,4904.67,6311.67,8173.33,10236,12094.33,13603.33,14841
   0, 0.09, 0.07, 0.13, 0.37, 0.59, 0.51, 0.44, 0.58, 1;
enddata
max=@sum(dmu:p*t);
p(ctr)=1;
@for(dmu(i)|i#ne#ctr:p(i)=0);
@for(dmu(j):s(j)=@sum(inw(i):omega(i)*x(i,j));
t(j)=@sum(outw(i):mu(i)*y(i,j));s(j)>t(j));
@sum(dmu:p*s)=1;
end
```

计算结果见表14.10,最优目标值用θ表示。显而易见,该市在20世纪90年代的发展是朝着可持续方向前进的。

表14.10　用DEA方法对天津市可持续发展的相对评价结果

年份	θ	结　论	年份	θ	结　论
1990	0.2901843	非DEA有效	1995	0.7182609	非DEA有效,规模收益递增
1991	0.2853571	非DEA有效,规模收益递减	1996	0.9069108	非DEA有效,规模收益递增
1992	0.2968261	非DEA有效,规模收益递增	1997	1	DEA有效,规模收益递增
1993	0.3425151	非DEA有效,规模收益递增	1998	1	DEA有效,规模收益不变
1994	0.4594712	非DEA有效,规模收益递增	1999	1	DEA有效,规模收益不变

14.4　灰色关联分析法

灰色关联度分析具体步骤如下:

(1) 确定比较对象(评价对象)和参考数列(评价标准)。设评价对象有m个,评价指标有n个,参考数列为$x_0=\{x_0(k)|k=1,2,\cdots,n\}$,比较数列为$x_i=\{x_i(k)|k=1,2,\cdots,n\}$,$i=1,2,\cdots,m$。

(2) 确定各指标值对应的权重。可用层次分析法等确定各指标对应的权重$\boldsymbol{w}=[w_1,\cdots,w_n]$,其中$w_k(k=1,2,\cdots,n)$为第$k$个评价指标对应的权重。

(3) 计算灰色关联系数:

$$\xi_i(k)=\frac{\min\limits_s\min\limits_t|x_0(t)-x_s(t)|+\rho\max\limits_s\max\limits_t|x_0(t)-x_s(t)|}{|x_0(k)-x_i(k)|+\rho\max\limits_s\max\limits_t|x_0(t)-x_s(t)|}$$

为比较数列x_i对参考数列x_0在第k个指标上的关联系数,其中$\rho\in[0,1]$为分辨系数。其中,称$\min\limits_s\min\limits_t|x_0(t)-x_s(t)|$、$\max\limits_s\max\limits_t|x_0(t)-x_s(t)|$分别为两级最小差及两级最大差。

一般来讲,分辨系数ρ越大,分辨率越大;ρ越小,分辨率越小。

（4）计算灰色加权关联度。灰色加权关联度的计算公式为

$$r_i = \sum_{k=1}^{n} w_i \xi_i(k),$$

式中：r_i 为第 i 个评价对象对理想对象的灰色加权关联度。

（5）评价分析。根据灰色加权关联度的大小，对各评价对象进行排序，可建立评价对象的关联序，关联度越大，其评价结果越好。

例 14.5 供应商选择决策。

某核心企业需要在 6 个待选的零部件供应商中选择一个合作伙伴，各待选供应商有关数据见表 14.11。

表 14.11 某核心企业待选供应商的指标评价有关数据

评价指标	待选供应商					
	1	2	3	4	5	6
产品质量	0.83	0.90	0.99	0.92	0.87	0.95
产品价格/元	326	295	340	287	310	303
地理位置/km	21	38	25	19	27	10
售后服务/h	3.2	2.4	2.2	2.0	0.9	1.7
技术水平	0.20	0.25	0.12	0.33	0.20	0.09
经济效益	0.15	0.20	0.14	0.09	0.15	0.17
供应能力/件	250	180	300	200	150	175
市场影响度	0.23	0.15	0.27	0.30	0.18	0.26
交货情况	0.87	0.95	0.99	0.89	0.82	0.94

产品质量、技术水平、供应能力、经济效益、交货情况、市场影响度指标属于效益型指标；产品价格、地理位置、售后服务指标属于成本型指标。现分别对上述指标进行规范化处理，规范化数据结果见表 14.12。取各指标值的最大值，得到虚拟最优供应商。

表 14.12 比较数列和参考数列值

评价指标	供应商						最优供应商
	1	2	3	4	5	6	
指标 1	0	0.4375	1	0.5625	0.25	0.75	1
指标 2	0.2642	0.8491	0	1	0.566	0.6981	1
指标 3	0.6071	0	0.4643	0.6786	0.3929	1	1
指标 4	0	0.3478	0.4348	0.5217	1	0.6522	1
指标 5	0.4583	0.6667	0.125	1	0.4583	0	1
指标 6	0.5455	1	0.4545	0	0.5455	0.7273	1
指标 7	0.6667	0.2	1	0.3333	0	0.1667	1
指标 8	0.5333	0	0.8	1	0.2	0.7333	1
指标 9	0.2941	0.7647	1	0.4118	0	0.7059	1

取$\rho=0.5$,计算$\xi_i(k)$及r_i,具体数值见表14.13。

表14.13 关联系数和关联度值

评价指标	待选供应商					
	1	2	3	4	5	6
指标1	0.3333	0.4706	1	0.5333	0.4	0.6667
指标2	0.4046	0.7681	0.3333	1	0.5354	0.6235
指标3	0.56	0.3333	0.4828	0.6087	0.4516	1
指标4	0.3333	0.434	0.4694	0.5111	1	0.5897
指标5	0.48	0.6	0.3636	1	0.48	0.3333
指标6	0.5238	1	0.4783	0.3333	0.5238	0.6471
指标7	0.6	0.3846	1	0.4286	0.3333	0.375
指标8	0.5172	0.3333	0.7143	1	0.3846	0.6522
指标9	0.4146	0.68	1	0.4595	0.3333	0.6296
r_i	0.4630	0.5560	0.6491	0.6527	0.4936	0.6130

由表14.13,按灰色关联度排序可看出,$r_4>r_3>r_6>r_2>r_5>r_1$,由于供应商4与虚拟最优供应商的关联度最大,亦即供应商4优于其他供应商,企业决策者可以优先考虑从供应商4处采购零部件以达到整体最优。

将灰色关联分析用于供应商选择决策中可以针对大量不确定性因素及其相互关系,将定量和定性方法有机结合起来,使原本复杂的决策问题变得更加清晰简单,而且计算方便,并可在一定程度上排除决策者的主观任意性,得出的结论也比较客观,有一定的参考价值。

计算的Matlab程序如下:

```
clc, clear
a =[0.83   0.90  0.99   0.92  0.87   0.95
    326    295   340    287   310    303
    21     38    25     19    27     10
    3.2    2.4   2.2    2.0   0.9    1.7
    0.20   0.25  0.12   0.33  0.20   0.09
    0.15   0.20  0.14   0.09  0.15   0.17
    250    180   300    200   150    175
    0.23   0.15  0.27   0.30  0.18   0.26
    0.87   0.95  0.99   0.89  0.82   0.94];
for i =[1 5:9]     % 效益型指标标准化
    a(i,:) =(a(i,:) - min(a(i,:)))/(max(a(i,:)) - min(a(i,:)));
end
for i =2:4   % 成本型指标标准化
   a(i,:) =(max(a(i,:)) - a(i,:))/(max(a(i,:)) - min(a(i,:)));
end
[m,n] = size(a);
```

```
cankao = max(a')'  % 求参考序列的取值
t = repmat(cankao,[1,n]) - a;  % 求参考序列与每一个序列的差
mmin = min(min(t));   % 计算最小差
mmax = max(max(t));  % 计算最大差
rho = 0.5; % 分辨系数
xishu = (mmin + rho * mmax)./(t + rho * mmax)  % 计算灰色关联系数
guanliandu = mean(xishu)  % 取等权重,计算关联度
[gsort,ind] = sort(guanliandu,'descend')  % 对关联度从大到小排序
```

14.5 主成分分析法

例 14.6 表 14.14 是我国 1984—2000 年宏观投资的一些数据,试利用主成分分析对投资效益进行分析和排序。

表 14.14 1984—2000 年宏观投资效益主要指标

年 份	投资效果系数(无时滞)	投资效果系数(时滞一年)	全社会固定资产交付使用率	建设项目投产率	基建房屋竣工率
1984	0.71	0.49	0.41	0.51	0.46
1985	0.40	0.49	0.44	0.57	0.50
1986	0.55	0.56	0.48	0.53	0.49
1987	0.62	0.93	0.38	0.53	0.47
1988	0.45	0.42	0.41	0.54	0.47
1989	0.36	0.37	0.46	0.54	0.48
1990	0.55	0.68	0.42	0.54	0.46
1991	0.62	0.90	0.38	0.56	0.46
1992	0.61	0.99	0.33	0.57	0.43
1993	0.71	0.93	0.35	0.66	0.44
1994	0.59	0.69	0.36	0.57	0.48
1995	0.41	0.47	0.40	0.54	0.48
1996	0.26	0.29	0.43	0.57	0.48
1997	0.14	0.16	0.43	0.55	0.47
1998	0.12	0.13	0.45	0.59	0.54
1999	0.22	0.25	0.44	0.58	0.52
2000	0.71	0.49	0.41	0.51	0.46

解 用 $x_1, x_2, \cdots, x_5$ 分别表示投资效果系数(无时滞)、投资效果系数(时滞一年)、全社会固定资产交付使用率、建设项目投产率、基建房屋竣工率。用 $i = 1, 2, \cdots, 17$ 分别表示 1984 年、1985 年、…、2000 年,第 i 年 $x_1, x_2, \cdots, x_5$ 的取值分别记作 $[a_{i1}, a_{i2}, \cdots, a_{i5}]$,构造矩阵 $\boldsymbol{A} = (a_{ij})_{17\times5}$。

基于主成分分析法的评价步骤如下:

（1）对原始数据进行标准化处理。将各指标值 a_{ij} 转换成标准化指标 $\tilde{a}_{ij}$，有

$$\tilde{a}_{ij} = \frac{a_{ij} - \mu_j}{s_j}, i = 1,2,\cdots,17, j = 1,2,\cdots,5,$$

式中：$\mu_j = \frac{1}{17}\sum_{i=1}^{17} a_{ij}$；$s_j = \sqrt{\frac{1}{17-1}\sum_{i=1}^{17}(a_{ij} - \mu_j)^2}$，$j = 1,2,\cdots,5$，即 μ_j, s_j 为第 j 个指标的样本均值和样本标准差。

对应地，称

$$\tilde{x}_j = \frac{x_j - \mu_j}{s_j}, j = 1,2,\cdots,5$$

为标准化指标变量。

（2）计算相关系数矩阵 $\boldsymbol{R}$。相关系数矩阵 $\boldsymbol{R} = (r_{ij})_{5\times5}$，有

$$r_{ij} = \frac{\sum_{k=1}^{17} \tilde{a}_{ki} \cdot \tilde{a}_{kj}}{17 - 1}, i,j = 1,2,\cdots,5,$$

式中：$r_{ii} = 1$；$r_{ij} = r_{ji}$，r_{ij} 为第 i 个指标与第 j 个指标的相关系数。

（3）计算特征值和特征向量。计算相关系数矩阵 $\boldsymbol{R}$ 的特征值 $\lambda_1 \geqslant \lambda_2 \geqslant \cdots \geqslant \lambda_5 \geqslant 0$，及对应的标准化特征向量 $u_1, u_2, \cdots, u_5$，其中 $\boldsymbol{u}_j = [u_{1j}, u_{2j}, \cdots, u_{5j}]^{\mathrm{T}}$，由特征向量组成 5 个新的指标变量

$$\begin{aligned}
y_1 &= u_{11}\tilde{x}_1 + u_{21}\tilde{x}_2 + \cdots + u_{51}\tilde{x}_5, \\
y_2 &= u_{12}\tilde{x}_1 + u_{22}\tilde{x}_2 + \cdots + u_{52}\tilde{x}_5, \\
&\vdots \\
y_5 &= u_{15}\tilde{x}_1 + u_{25}\tilde{x}_2 + \cdots + u_{55}\tilde{x}_5,
\end{aligned}$$

式中：y_1 为第 1 主成分；y_2 为第 2 主成分；…；y_5 为第 5 主成分。

（4）选择 $p(p \leqslant 5)$ 个主成分，计算综合评价值。

① 计算特征值 $\lambda_j (j = 1,2,\cdots,5)$ 的信息贡献率和累积贡献率。称

$$b_j = \frac{\lambda_j}{\sum_{k=1}^{5} \lambda_k}, j = 1,2,\cdots,5$$

为主成分 y_j 的信息贡献率；而且称

$$\alpha_p = \frac{\sum_{k=1}^{p} \lambda_k}{\sum_{k=1}^{5} \lambda_k}$$

为主成分 $y_1, y_2, \cdots, y_p$ 的累积贡献率。当 α_p 接近于 1（$\alpha_p = 0.85, 0.90, 0.95$）时，则选择前 p 个指标变量 $y_1, y_2, \cdots, y_p$ 作为 p 个主成分，代替原来 5 个指标变量，从而可对 p 个主成分进行综合分析。

② 计算综合得分：

$$Z = \sum_{j=1}^{p} b_j y_j ,$$

式中：b_j 为第 j 个主成分的信息贡献率，根据综合得分值就可进行评价。

利用 Matlab 软件求得相关系数矩阵的前 5 个特征根及其贡献率如表 14.15 所列。

表 14.15 主成分分析结果

序号	特征根	贡献率	累计贡献率	序号	特征根	贡献率	累计贡献率
1	3.1343	62.6866	62.6866	4	0.2258	4.5162	97.5734
2	1.1683	23.3670	86.0536	5	0.1213	2.4266	100.0000
3	0.3502	7.0036	93.0572				

可以看出，前三个特征根的累计贡献率就达到 93% 以上，主成分分析效果很好。下面选取前三个主成分进行综合评价。前三个特征根对应的特征向量见表 14.16。

表 14.16 标准化变量的前 3 个主成分对应的特征向量

	$\tilde{x}_1$	$\tilde{x}_2$	$\tilde{x}_3$	$\tilde{x}_4$	$\tilde{x}_5$
第 1 特征向量	0.490542	0.525351	−0.48706	0.067054	−0.49158
第 2 特征向量	−0.29344	0.048988	−0.2812	0.898117	0.160648
第 3 特征向量	0.510897	0.43366	0.371351	0.147658	0.625475

由此可得三个主成分分别为

$$y_1 = 0.491\tilde{x}_1 + 0.525\tilde{x}_2 - 0.487\tilde{x}_3 + 0.067\tilde{x}_5 - 0.492\tilde{x}_5 ,$$

$$y_2 = -0.293\tilde{x}_1 + 0.049\tilde{x}_2 - 0.281\tilde{x}_3 + 0.898\tilde{x}_4 + 0.161\tilde{x}_5 ,$$

$$y_3 = 0.511\tilde{x}_1 + 0.434\tilde{x}_2 + 0.371\tilde{x}_3 + 0.148\tilde{x}_4 + 0.625\tilde{x}_5 。$$

分别以三个主成分的贡献率为权重，构建主成分综合评价模型

$$Z = 0.6269y_1 + 0.2337y_2 + 0.076y_3 。$$

把各年度的三个主成分值代入上式，可以得到各年度的排名和综合评价结果，如表 14.17所列。

表 14.17 排名和综合评价结果

年代	1993	1992	1991	1994	1987	1990	1984	2000	1995
名次	1	2	3	4	5	6	7	8	9
评价值	2.4464	1.9768	1.1123	0.8604	0.8456	0.2258	0.0531	0.0531	−0.2534
年代	1988	1985	1996	1986	1989	1997	1999	1998	1986
名次	10	11	12	13	14	15	16	17	
评价值	0.2662	0.5292	0.7405	0.7789	0.9715	1.1476	−1.2015	−1.6848	

计算的 Matlab 程序如下：

```
clc,clear
```

```
gj = load('pjsj.txt');   % 把原始数据保存在纯文本文件 pjsj.txt 中
gj = zscore(gj); % 数据标准化
r = corrcoef(gj);  % 计算相关系数矩阵
% 下面利用相关系数矩阵进行主成分分析,x 的列为 r 的特征向量,即主成分的系数
[x,y,z] = pcacov(r) % y 为 r 的特征值,z 为各个主成分的贡献率
f = repmat(sign(sum(x)),size(x,1),1); % 构造与 x 同维数的元素为 ±1 的矩阵
x = x.*f % 修改特征向量的正负号,每个特征向量乘以所有分量和的符号函数值
num = 3;  % num 为选取的主成分的个数
df = gj*x(:,[1:num]);  % 计算各个主成分的得分
tf = df*z(1:num)/100; % 计算综合得分
[stf,ind] = sort(tf,'descend');  % 把得分按照从高到低的次序排列
stf = stf', ind = ind'
```

14.6 秩和比综合评价法

秩和比(Rank Sum Ration,RSR)统计方法是我国统计学家田凤调教授于 1988 年提出的一种新的综合评价方法,该法在医疗卫生领域的多指标综合评价、统计预测预报、统计质量控制等方面已得到广泛的应用。秩和比是行(或列)秩次的平均值,是一个非参数统计量,具有 0~1 连续变量的特征。

14.6.1 原理及步骤

1. 原理

秩和比综合评价法基本原理是在一个 n 行 m 列矩阵中,通过秩转换,获得无量纲统计量 RSR;在此基础上,运用参数统计分析的概念与方法,研究 RSR 的分布;以 RSR 值对评价对象的优劣直接排序或分档排序,从而对评价对象做出综合评价。

2. 步骤

先介绍一下样本秩的概念。

定义 14.3 设 $x_1,x_2,\cdots,x_n$ 是从一元总体抽取的容量为 n 的样本,其从小到大顺序统计量是 $x_{(1)},x_{(2)},\cdots,x_{(n)}$。若 $x_i=x_{(k)}$,则称 k 是 x_i 在样本中的秩,记作 R_i,对每一个 $i=1,2,\cdots,n$,称 R_i 是第 i 个秩统计量。$R_1,R_2,\cdots,R_n$ 总称为秩统计量。

例如,对样本数据

$$-0.8,\ -3.1,1.1,\ -5.2,4.2,$$

顺序统计量是

$$-5.2,\ -3.1,\ -0.8,1.1,4.2,$$

而秩统计量是

$$3,2,4,1,5。$$

秩和比综合评价法的步骤如下:

(1) 编秩。将 n 个评价对象的 m 个评价指标排列成 n 行 m 列的原始数据表。编出

每个指标各评价对象的秩,其中效益型指标从小到大编秩,成本型指标从大到小编秩,同一指标数据相同者编平均秩。得到的秩矩阵记为 $R=(R_{ij})_{n\times m}$。

(2) 计算秩和比(RSR)。根据公式

$$\mathrm{RSR}_i = \frac{1}{mn}\sum_{j=1}^{m} R_{ij}, i = 1,2,\cdots,n$$

计算秩和比。当各评价指标的权重不同时,计算加权秩和比(WRSR),其计算公式为

$$\mathrm{WRSR}_i = \frac{1}{n}\sum_{j=1}^{m} w_j R_{ij},\ i = 1,2,\cdots,n$$

式中:w_j 为第 j 个评价指标的权重,$\sum\limits_{j=1}^{m} w_j = 1$。

(3) 计算概率单位。按从小到大的顺序编制 RSR(或 WRSR)频率分布表,列出各组频数 f_i,计算各组累积频数 cf_i,计算累积频率 $p_i = cf_i/n$,将 p_i 转换为概率单位 Probit_i,Probit_i 为标准正态分布的 p_i 分位数加 5。

(4) 计算直线回归方程。以累积频率所对应的概率单位 Probit_i 为自变量,以 RSR_i(或 WRSR_i)值为自变量,计算直线回归方程,即 $\mathrm{RSR}(\mathrm{WRSR}) = a + b\times\mathrm{Probit}$。

(5) 分档排序。按照回归方程推算所对应的 RSR(WRSR)估计值对评价对象进行分档排序。

14.6.2 应用实例

例 14.7 某市人民医院 1983—1992 年工作质量统计指标及权重系数见表 14.18,其中 x_1 为治愈率,x_2 为病死率,x_3 为周转率,x_4 为平均病床工作日,x_5 为病床使用率,x_6 为平均住院日,这里 x_2 和 x_6 为成本型指标,其余为效益型指标。

表 14.18 统计指标及权重系数

年度	x_1	x_2	x_3	x_4	x_5	x_6
1983	75.2	3.5	38.2	370.1	101.5	10.0
1984	76.1	3.3	36.7	369.6	101.0	10.3
1985	80.4	2.7	30.5	309.7	84.8	10.0
1986	77.8	2.7	36.3	370.1	101.4	10.2
1987	75.9	2.3	38.9	369.4	101.2	9.61
1988	74.3	2.4	36.7	335.3	91.9	9.2
1989	74.6	2.2	37.5	356.2	97.6	9.3
1990	72.1	1.8	40.3	401.7	101.1	10.0
1991	72.8	1.9	37.1	372.8	102.1	10.0
1992	72.1	1.5	33.2	358.1	97.8	10.4
权重系数	0.093	0.418	0.132	0.100	0.098	0.159

编秩和加权秩和比的计算结果见表 14.19。

表 14.19　编秩和加权秩和比

年度	x_1	x_2	x_3	x_4	x_5	x_6	WRSR_i
1984	8	2	4.5	6	5	2	0.3582
1985	10	3.5	1	1	1	5.5	0.3598
1983	6	1	8	7.5	9	5.5	0.4539
1986	9	3.5	3	7.5	8	3	0.4707
1988	4	5	4.5	2	2	10	0.5042
1992	1.5	10	2	4	4	1	0.5535
1989	5	7	7	3	3	9	0.6340
1987	7	6	9	5	7	8	0.6805
1991	3	8	6	9	10	5.5	0.7170
1990	1.5	9	10	10	6	5.5	0.7684

各组频数 f_i，累积频数 cf_i，累积频率 p_i，概率单位 Probit_i（$i=1,2,\cdots,10$ 分别对应 1983 年、…、1992 年）的计算结果见表 14.20。最后一个累积频率（0.975）按 $1-1/(4n)$ 估计。

表 14.20　累积频率、概率单位及加权秩和比估计值

年度	f_i	cf_i	p_i	Probit_i	$\mathrm{WRSRfit}_i$	排序
1984	1	1	0.1	3.7184	0.3371	10
1985	1	2	0.2	4.1584	0.4005	9
1983	1	3	0.3	4.4756	0.4462	8
1986	1	4	0.4	4.7467	0.4853	7
1988	1	5	0.5	5.0000	0.5218	6
1992	1	6	0.6	5.2533	0.5583	5
1989	1	7	0.7	5.5244	0.5973	4
1987	1	8	0.8	5.8416	0.6430	3
1991	1	9	0.9	6.2816	0.7064	2
1990	1	10	0.975	6.9600	0.8041	1

求得的一元线性回归方程为 $\mathrm{WRSR}=-0.1986+0.1441\mathrm{Probit}$，计算得到的 WRSR 的估计值见表 14.20 的倒数第二列，各年份工作质量的排序结果见表 14.20 的最后一列。

计算的 Matlab 程序如下：

```
clc, clear
aw = load('zhb.txt'); % 把 x1,…,x6 的数据和权重数据保存在纯文本文件 zhb.txt 中
w = aw(end,:); % 提取权重向量
a = aw([1:end-1],:); % 提取指标数据
```

```
a(:,[2,6]) = -a(:,[2,6]); % 把成本型指标转换成效益型指标
ra = tiedrank(a) % 对每个指标值分别编秩,即对 a 的每一列分别编秩
[n,m] = size(ra); % 计算矩阵 sa 的维数
RSR = mean(ra,2)/n % 计算秩和比
W = repmat(w,[n,1]);
WRSR = sum(ra.*W,2)/n % 计算加权秩和比
[sWRSR,ind] = sort(WRSR); % 对加权秩和比排序
p = [1:n]/n; % 计算累积频率
p(end) = 1-1/(4*n) % 修正最后一个累积频率,最后一个累积频率按 1-1/(4n)估计
Probit = norminv(p,0,1) +5 % 计算标准正态分布的 p 分位数 +5
X = [ones(n,1),Probit']; % 构造一元线性回归分析的数据矩阵
[ab,abint,r,rint,stats] = regress(SWRSR,X) % 一元线性回归分析
WRSRfit = ab(1) + ab(2) * Probit % 计算 WRSR 的估计值
y = [1983:1992]';
xlswrite('ex147.xls',[y(ind), ra(ind,:), sWRSR],1) % 数据写入表单"Sheet1"中
xlswrite('ex147.xls',[y(ind), ones(n,1), [1:n]', p', Probit', WRSRfit', [n:-1:
1]'], 2) % 数据写入表单"Sheet2"中
```

14.7 案 例 分 析

下面以2004年高教社杯全国大学生数学建模竞赛D题为例,作为TOPSIS方法的应用。

14.7.1 问题的提出

某市直属单位因工作需要,拟向社会公开招聘8名公务员,具体的招聘办法和程序如下:

(1) 公开考试:凡是年龄不超过30周岁,大学专科以上学历,身体健康者均可报名参加考试,考试科目包括综合基础知识、专业知识和行政职业能力测验三个部分,每科满分为100分。根据考试总分的高低排序选出16人进入第二阶段的面试考核。

(2) 面试考核:面试考核主要考核应聘人员的知识面、对问题的理解能力、应变能力、表达能力等综合素质。按照一定的标准,面试专家组对每个应聘人员的各个方面都给出一个等级评分,从高到低分成A/ B/ C/ D四个等级,具体结果见表14.21。

现要求根据表14.21中的数据信息,利用理想解法对16名应聘人员作出综合评价,选出8名作为录用的公务员。

表 14.21 招聘公务员笔试成绩,专家面试评分

应聘人员	笔试成绩	专家组对应聘者特长的等级评分			
		知识面	理解能力	应变能力	表达能力
人员1	290	A	A	B	B
人员2	288	A	B	A	C
人员3	288	B	A	D	C

（续）

应聘人员	笔试成绩	专家组对应聘者特长的等级评分			
		知识面	理解能力	应变能力	表达能力
人员 4	285	A	B	B	B
人员 5	283	B	A	B	C
人员 6	283	B	D	A	B
人员 7	280	A	B	C	B
人员 8	280	B	A	A	C
人员 9	280	B	B	A	B
人员 10	280	D	B	A	C
人员 11	278	D	C	B	A
人员 12	277	A	B	C	A
人员 13	275	B	C	D	A
人员 14	275	D	B	A	B
人员 15	274	A	B	C	B
人员 16	273	B	A	B	C

14.7.2 模型的建立与求解

1. 数据的量化与处理

不妨将应聘人员特长的 4 个面试等级分别量化赋值为

$$A=0.5, B=0.3, C=0.15, D=0.05 (A+B+C+D=1)。$$

应聘人员的综合分数的确定可以采用笔试成绩和面试成绩加权求和，权值的确定可以采用层次分析法的思想，在这种方法中，需要建立成对比较判断矩阵，设成对比较判断矩阵（建模者主观给出的矩阵）为

$$E=\begin{bmatrix} 1 & 4 & 2 & 8 & 2 \\ 1/4 & 1 & 1/2 & 2 & 1/2 \\ 1/2 & 2 & 1 & 4 & 1 \\ 1/8 & 1/2 & 1/4 & 1 & 1/4 \\ 1/2 & 2 & 1 & 4 & 1 \end{bmatrix}。$$

求出成对比较判断矩阵 $\boldsymbol{E}$ 的最大特征值为 $\lambda=5$，对应的归一化特征向量为

$$\boldsymbol{w}=[0.4211, 0.1053, 0.2105, 0.0526, 0.2105],$$

即得到 5 个指标对应的权重。

2. 模型的建立及求解

利用 TOPSIS 法对应聘人员进行评价。计算结果见表 14.22。

表 14.22　距离值及综合指标值

	s_i^*	s_i^0	f_i^*		s_i^*	s_i^0	f_i^*
人员 1	0.332392	1.568678	0.825155	人员 9	0.924877	0.748592	0.447329
人员 2	0.665109	1.299035	0.661375	人员 10	1.067911	0.689466	0.392327
人员 3	0.622772	1.38829	0.690327	人员 11	1.134249	0.718148	0.387686
人员 4	0.601082	1.101551	0.646969	人员 12	1.08995	0.807686	0.425627
人员 5	0.813186	1.063098	0.566598	人员 13	1.325744	0.632298	0.322924
人员 6	0.945515	0.864416	0.477596	人员 14	1.312925	0.496157	0.274259
人员 7	0.922617	0.773227	0.455954	人员 15	1.361487	0.537998	0.283233
人员 8	0.992529	0.903337	0.476477	人员 16	1.484406	0.698281	0.319918

由 f_i^* 值的大小可确定各应聘人员的综合评价从高到低的排列次序如下：

$$\begin{matrix} 1 & 3 & 2 & 4 & 5 & 6 & 8 & 7 \\ 9 & 12 & 10 & 11 & 13 & 16 & 15 & 14 \end{matrix}$$

这样就得出，如果招聘 8 人，就取前 8 人。

计算的 Matlab 程序如下：

```
clc, clear
a=load('zhaopin.txt');  %把原始数据保存在纯文本文件 zhaopin.txt 中,并且把 A,B,C,D 分别替换成相应的数值
b=zscore(a); %数据标准化
E=[1 4 2 8 2; 1/4 1 1/2 2 1/2; 1/2 2 1 4 1; 1/8 1/2 1/4 1 1/4; 1/2 2 1 4 1];
[vec, val]=eigs(E,1) %求模最大的特征值及对应的特征向量
w=vec/sum(vec) %求归一化特征向量,即权重
w=repmat(w',16,1); %扩充为与数据矩阵相同的维数
c=b.*w   %计算加权属性
cstar=max(c)   %求正理想解
c0=min(c)      %求负理想解
for i=1:16
    sstar(i)=norm(c(i,:)-cstar);   %求到正理想解的距离
    s0(i)=norm(c(i,:)-c0);        %求到负理想解的距离
end
f=s0./(sstar+s0);
xlswrite('book3.xls',[sstar' s0' f'])  %把计算结果写到 Excel 文件中,便于将来制表
[sc,ind]=sort(f,'descend')        %求排序结果
```

拓展阅读材料

[1] 俞立平，潘云涛，武夷山．比较不同评价方法评价结果的两个新指标．南京师大学报(自然科学版)．2008，31(3)：135－140.

[2] 李稚楹，杨武，谢治军．PageRank 算法研究综述．计算机科学，2011，38(10A)：185－188.

[3] 张琨，李配配，朱保平，等．基于 PageRank 的有向加权复杂网络节点重要性评估方法．南京航空航天大学学报，2013，45(3)：429－434.

[4] 贺纯纯，王应明．网络层次分析法研究综述．科技管理研究，2014，3：204－208，213.

习 题 14

14.1 1989 年度西山矿务局五个生产矿井实际资料如表 14.23 所列，对西山矿务局五个生产矿井 1989 年的企业经济效益进行综合评价。

表 14.23 1989 年度西山矿务局五个生产矿井技术经济指标实现值

指标	白家庄矿	杜尔坪矿	西铭矿	官地矿	西曲矿
原煤成本	99.89	103.69	97.42	101.11	97.21
原煤利润	96.91	124.78	66.44	143.96	88.36
原煤产量	102.63	101.85	104.39	100.94	100.64
原煤销售量	98.47	103.16	109.17	104.39	91.90
商品煤灰分	87.51	90.27	93.77	94.33	85.21
全员效率	108.35	106.39	142.35	121.91	158.61
流动资金周转天数	71.67	137.16	97.65	171.31	204.52
资源回收率	103.25	100	100	99.13	100.22
百万吨死亡率	171.2	51.35	15.90	53.72	20.78

第 15 章　预 测 方 法

预测学是一门研究预测理论、方法、评价及应用的新兴科学。综观预测的思维方式，其基本理论主要有惯性原理、类推原理和相关原理。预测的核心问题是预测的技术方法，或者说是预测的数学模型。随着经济预测、电力预测、资源预测等各种预测的兴起，预测对各种领域的重要性开始显现，预测模型也随之迅速发展。预测的方法种类繁多，从经典的单耗法、弹性系数法、统计分析法，到目前的灰色预测法、专家系统法和模糊数学法，甚至刚刚兴起的神经网络法、优选组合法和小波分析法。据有关资料统计，预测方法多达 200 余种。因此在使用这些方法建立预测模型时，往往难以正确地判断该用哪种方法，从而不能准确地建立模型，达到要求的效果。不过预测的方法虽然很多，但各种方法都有各自的研究特点、优缺点和适用范围。

15.1　微分方程模型

当我们描述实际对象的某些特性随时间（或空间）而演变的过程、分析它的变化规律、预测它的未来性态、研究它的控制手段时，通常要建立对象的动态微分方程模型。微分方程大多是物理或几何方面的典型问题，假设条件已经给出，只需用数学符号将已知规律表示出来，即可列出方程，求解的结果就是问题的答案，答案是唯一的，但是有些问题是非物理领域的实际问题，要分析具体情况或进行类比才能给出假设条件。做出不同的假设，就得到不同的方程。比较典型的有传染病的预测模型、经济增长预测模型、兰彻斯特（Lanchester）战争预测模型、药物在体内的分布与排除预测模型、人口的预测模型、烟雾的扩散与消失预测模型等。其基本规律随着时间的增长趋势呈指数形式，根据变量的个数建立微分方程模型。微分方程模型的建立基于相关原理的因果预测法。该方法的优点是短、中、长期的预测都适合，既能反映内部规律以及事物的内在关系，也能分析两个因素的相关关系，精度相应的比较高，另外对模型的改进也比较容易理解和实现。该方法的缺点是虽然反映的是内部规律，但由于方程的建立是以局部规律的独立性假定为基础，故做中长期预测时，偏差有点大，而且微分方程的解比较难以得到。

例 15.1　美日硫磺岛战役模型。

J. H. Engel 用第二次世界大战末期美日硫磺岛战役中的美军战地记录，对兰彻斯特作战模型进行了验证，发现模型结果与实际数据吻合得很好。

硫磺岛位于东京以南 660 英里的海面上，是日军的重要空军基地。美军在 1945 年 2 月开始进攻，激烈的战斗持续了一个月，双方伤亡惨重，日方守军 21500 人全部阵亡或被俘，美方投入兵力 73000 人，伤亡 20265 人，战争进行到 28 天时美军宣布占领该岛，实际战斗到 36 天才停止。美军的战地记录有按天统计的战斗减员和增援情况。日军没有后援，战地记录则全部遗失。

用 $A(t)$ 和 $J(t)$ 表示美军和日军第 t 天的人数,忽略双方的非战斗减员,则

$$\begin{cases}\dfrac{\mathrm{d}A(t)}{\mathrm{d}t} = -aJ(t) + u(t),\\ \dfrac{\mathrm{d}J(t)}{\mathrm{d}t} = -bA(t),\\ A(0) = 0, J(0) = 21500。\end{cases} \tag{15.1}$$

美军战地记录给出增援 $u(t)$ 为

$$u(t) = \begin{cases}54000, & 0 \leqslant t < 1,\\ 6000, & 2 \leqslant t < 3,\\ 13000, & 5 \leqslant t < 6,\\ 0, & \text{其他。}\end{cases}$$

并可由每天伤亡人数算出 $A(t), t = 1,2,\cdots,36$。下面要利用这些实际数据代入式(15.1),算出 $A(t)$ 的理论值,并与实际值比较。

利用给出的数据,对参数 a,b 进行估计。对式(15.1)两边积分,并用求和来近似代替积分,有

$$A(t) - A(0) = -a\sum_{\tau=1}^{t} J(\tau) + \sum_{\tau=1}^{t} u(\tau), \tag{15.2}$$

$$J(t) - J(0) = -b\sum_{\tau=1}^{t} A(\tau)。 \tag{15.3}$$

为估计 b 在式(15.3)中取 $t = 36$,因为 $J(36) = 0$,且由 $A(t)$ 的实际数据可得 $\sum\limits_{t=1}^{36} A(t) = 2037000$,于是从式(15.3)估计出 $b = 0.0106$。再把这个值代入式(15.3)即可算出 $J(t), t = 1,2,\cdots,36$。

然后从式(15.2)估计 a。令 $t = 36$,得

$$a = \frac{\sum\limits_{\tau=1}^{36} u(\tau) - A(36)}{\sum\limits_{\tau=1}^{36} J(\tau)}, \tag{15.4}$$

式中:分子为美军的总伤亡人数,为 20265 人;分母可由已经算出的 $J(t)$ 得到,为 372500 人。

由式(15.4)有 $a = 0.0544$。把这个值代入式(15.2),得

$$A(t) = -0.0544\sum_{\tau=1}^{t} J(\tau) + \sum_{\tau=1}^{t} u(\tau)。 \tag{15.5}$$

由式(15.5)就能够算出美军人数 $A(t)$ 的理论值,与实际数据吻合得很好。

为了估计日军的人数,可以根据式(15.3)给出。当然也可以求微分方程组(15.1)的数值解,估计日军的人数。下面画出美军人数、日军人数的按时间变化曲线和微分方程组的轨线。

求微分方程组数值解及画图的 Matlab 程序如下:

```
dxy=@(t,x)[-0.0544*x(2)+54000*(t>=0 & t<1)+6000*(t>=2 & t<3)+13000
```

```
*(t > =5 & t <6)
    -0.0106 * x(1)]; % 用匿名函数定义方程右端项,这里用逻辑语句定义分段函数
[t,xy] = ode45(dxy,[0:36],[0,21500])
subplot(211), plot(t,xy(:,1),'r*',t,xy(:,2),'gD')
xlabel('时间 t'), ylabel('人数'), legend('美军','日军')
subplot(212), plot(xy(:,1),xy(:,2)) % 画微分方程组的轨线
xlabel('美军人数 x'), ylabel('日军人数 y')
```

15.2 灰色预测模型

灰色预测的主要特点是模型使用的不是原始数据序列,而是生成的数据序列。其核心体系是灰色模型(Grey Model,GM),即对原始数据作累加生成(或其他方法生成)得到近似的指数规律再进行建模的方法。优点是不需要很多的数据,一般只需要4个数据,就能解决历史数据少、序列的完整性及可靠性低的问题;能利用微分方程来充分挖掘系统的本质,精度高;能将无规律的原始数据进行生成得到规律性较强的生成序列,运算简便,易于检验,不考虑分布规律,不考虑变化趋势。缺点是只适用于中短期的预测,只适合指数增长的预测。

15.2.1 GM(1,1)预测模型

GM(1,1)表示模型是一阶微分方程,且只含1个变量的灰色模型。

1. GM(1,1)模型预测方法

定义 15.1 已知参考数据列 $x^{(0)}=(x^{(0)}(1),x^{(0)}(2),\cdots,x^{(0)}(n))$,1次累加生成序列(1-AGO)

$$\begin{aligned}x^{(1)} &= (x^{(1)}(1),x^{(1)}(2),\cdots,x^{(1)}(n)) \\ &= (x^{(0)}(1),x^{(0)}(1)+x^{(0)}(2),\cdots,x^{(0)}(1)+\cdots+x^{(0)}(n)),\end{aligned}$$

式中:$x^{(1)}(k) = \sum_{i=1}^{k} x^{(0)}(i)$, $k=1,2,\cdots,n$。$x^{(1)}$的均值生成序列

$$z^{(1)} = (z^{(1)}(2),z^{(1)}(3),\cdots,z^{(1)}(n)),$$

式中:$z^{(1)}(k)=0.5x^{(1)}(k)+0.5x^{(1)}(k-1),k=2,3,\cdots n$。

建立灰微分方程

$$x^{(0)}(k)+az^{(1)}(k)=b,k=2,3,\cdots,n,$$

相应的白化微分方程为

$$\frac{\mathrm{d}x^{(1)}}{\mathrm{d}t}+ax^{(1)}(t)=b。\tag{15.6}$$

记 $\boldsymbol{u}=[a,b]^{\mathrm{T}},\boldsymbol{Y}=[x^{(0)}(2),x^{(0)}(3),\cdots,x^{(0)}(n)]^{\mathrm{T}},\boldsymbol{B}=\begin{bmatrix}-z^{(1)}(2) & 1\\ -z^{(1)}(3) & 1\\ \vdots & \vdots\\ -z^{(1)}(n) & 1\end{bmatrix}$,则由最小二乘

法,求得使 $J(\boldsymbol{u})=(\boldsymbol{Y}-\boldsymbol{B}\boldsymbol{u})^{\mathrm{T}}(\boldsymbol{Y}-\boldsymbol{B}\boldsymbol{u})$ 达到最小值的 $\boldsymbol{u}$ 的估计值为

$$\hat{\boldsymbol{u}}=[\hat{a},\hat{b}]^{\mathrm{T}}=(\boldsymbol{B}^{\mathrm{T}}\boldsymbol{B})^{-1}\boldsymbol{B}^{\mathrm{T}}\boldsymbol{Y},$$

于是求解方程(15.6),得

$$\hat{x}^{(1)}(k+1)=\left(x^{(0)}(1)-\frac{\hat{b}}{\hat{a}}\right)\mathrm{e}^{-\hat{a}k}+\frac{\hat{b}}{\hat{a}},k=0,1,\cdots,n-1,\cdots。$$

2. GM(1,1)模型预测步骤

1) 数据的检验与处理

首先,为了保证建模方法的可行性,需要对已知数据列作必要的检验处理。设参考数据为 $x^{(0)}=(x^{(0)}(1),x^{(0)}(2),\cdots,x^{(0)}(n))$,计算序列的级比

$$\lambda(k)=\frac{x^{(0)}(k-1)}{x^{(0)}(k)},k=2,3,\cdots,n。$$

如果所有的级比 $\lambda(k)$ 都落在可容覆盖 $\Theta=(\mathrm{e}^{-\frac{2}{n+1}},\mathrm{e}^{\frac{2}{n+2}})$ 内,则序列 $x^{(0)}$ 可以作为模型 GM(1,1)的数据进行灰色预测。否则,需要对序列 $x^{(0)}$ 做必要的变换处理,使其落入可容覆盖内。即取适当的常数 c,作平移变换

$$y^{(0)}(k)=x^{(0)}(k)+c,k=1,2,\cdots,n,$$

使序列 $y^{(0)}=(y^{(0)}(1),y^{(0)}(2),\cdots,y^{(0)}(n))$ 的级比

$$\lambda_y(k)=\frac{y^{(0)}(k-1)}{y^{(0)}(k)}\in\Theta,k=2,3,\cdots,n。$$

2) 建立模型

按式(15.6)建立 GM(1,1) 模型,则可以得到预测值

$$\hat{x}^{(1)}(k+1)=\left(x^{(0)}(1)-\frac{\hat{b}}{\hat{a}}\right)\mathrm{e}^{-\hat{a}k}+\frac{\hat{b}}{\hat{a}},k=0,1,\cdots,n-1,\cdots,$$

而且 $\hat{x}^{(0)}(k+1)=\hat{x}^{(1)}(k+1)-\hat{x}^{(1)}(k),k=1,2,\cdots,n-1,\cdots$。

3) 检验预测值

(1) 残差检验。令残差为 $\varepsilon(k)$,计算

$$\varepsilon(k)=\frac{x^{(0)}(k)-\hat{x}^{(0)}(k)}{x^{(0)}(k)},k=1,2,\cdots,n,$$

这里 $\hat{x}^{(0)}(1)=x^{(0)}(1)$,如果 $\varepsilon(k)<0.2$,则可认为达到一般要求;如果 $\varepsilon(k)<0.1$,则认为达到较高的要求。

(2) 级比偏差值检验。首先由参考数据 $x^{(0)}(k-1),x^{(0)}(k)$ 计算出级比 $\lambda(k)$,再用发展系数 a 求出相应的级比偏差

$$\rho(k)=1-\left(\frac{1-0.5a}{1+0.5a}\right)\lambda(k),$$

如果 $\rho(k)<0.2$,则可认为达到一般要求;如果 $\rho(k)<0.1$,则认为达到较高的要求。

4) 预测预报

由 GM(1,1) 模型得到指定时区内的预测值,根据实际问题的需要,给出相应的预测预报。

3. GM(1,1)模型预测实例

例 15.2 北方某城市1986—1992年道路交通噪声平均声级数据见表15.1。

表15.1 城市交通噪声数据/dB(A)

序号	年份	L_{eq}	序号	年份	L_{eq}
1	1986	71.1	5	1990	71.4
2	1987	72.4	6	1991	72.0
3	1988	72.4	7	1992	71.6
4	1989	72.1			

1) 级比检验

建立交通噪声平均声级数据时间序列如下：

$$x^{(0)}=(x^{(0)}(1),x^{(0)}(2),\cdots,x^{(0)}(7))=(71.1,72.4,72.4,72.1,71.4,72.0,71.6)。$$

(1) 求级比 $\lambda(k)$，有

$$\lambda(k)=\frac{x^{(0)}(k-1)}{x^{(0)}(k)},$$

$$\lambda=(\lambda(2),\lambda(3),\cdots,\lambda(7))=(0.982,1,1.0042,1.0098,0.9917,1.0056)。$$

(2) 级比判断。由于所有的 $\lambda(k)\in[0.982,1.0098]$，$k=2,\cdots,7$，故可以用 $x^{(0)}$ 作令人满意的GM(1,1)建模。

2) GM(1,1)建模

(1) 对原始数据 $x^{(0)}$ 作一次累加，得

$$x^{(1)}=(71.1,143.5,215.9,288,359.4,431.4,503)。$$

(2) 构造数据矩阵 $\boldsymbol{B}$ 及数据向量 $\boldsymbol{Y}$，有

$$\boldsymbol{B}=\begin{bmatrix}-\frac{1}{2}(x^{(1)}(1)+x^{(1)}(2)) & 1\\ -\frac{1}{2}(x^{(1)}(2)+x^{(1)}(3)) & 1\\ \vdots & \vdots\\ -\frac{1}{2}(x^{(1)}(6)+x^{(1)}(7)) & 1\end{bmatrix},\boldsymbol{Y}=\begin{bmatrix}x^{(0)}(2)\\ x^{(0)}(3)\\ \vdots\\ x^{(0)}(7)\end{bmatrix}。$$

(3) 计算：

$$\hat{\boldsymbol{u}}=\begin{bmatrix}\hat{a}\\ \hat{b}\end{bmatrix}=(\boldsymbol{B}^{\mathrm{T}}\boldsymbol{B})^{-1}\boldsymbol{B}^{\mathrm{T}}\boldsymbol{Y}=\begin{bmatrix}0.0023\\ 72.6573\end{bmatrix},$$

于是得到 $\hat{a}=0.0023$，$\hat{b}=72.6573$。

(4) 建立模型：

$$\frac{\mathrm{d}x^{(1)}}{\mathrm{d}t}+\hat{a}x^{(1)}=\hat{b},$$

求解，得

$$\hat{x}^{(1)}(k+1)=\left(x^{(0)}(1)-\frac{\hat{b}}{\hat{a}}\right)e^{-\hat{a}k}+\frac{\hat{b}}{\hat{a}}=-30929e^{-0.0023k}+31000。\quad(15.7)$$

（5）求生成序列预测值 $\hat{x}^{(1)}(k+1)$ 及模型还原值 $\hat{x}^{(0)}(k+1)$，令 $k=1,2,3,4,5,6$，由式(15.7)的时间响应函数可算得 $\hat{x}^{(1)}$，其中取 $\hat{x}^{(1)}(1)=\hat{x}^{(0)}(1)=x^{(0)}(1)=71.1$，由 $\hat{x}^{(0)}(k+1)=\hat{x}^{(1)}(k+1)-\hat{x}^{(1)}(k)$，取 $k=1,2,3,4,5,6$，得

$$\hat{x}^{(0)}=(\hat{x}^{(0)}(1),\hat{x}^{(0)}(2),\cdots,\hat{x}^{(0)}(7))=(71.1,72.4,72.2,72.1,71.9,71.7,71.6)。$$

3）模型检验

模型的各种检验指标值的计算结果见表15.2。

表15.2　GM(1,1)模型检验表

序号	年份	原始值	预测值	残差	相对误差	级比偏差
1	1986	71.1	71.1	0	0	
2	1987	72.4	72.4057	-0.0057	0.01%	0.0203
3	1988	72.4	72.2362	0.1638	0.23%	0.0023
4	1989	72.1	72.0671	0.0329	0.05%	-0.0018
5	1990	71.4	71.8984	-0.4984	0.7%	-0.0074
6	1991	72.0	71.7301	0.2699	0.37%	0.0107
7	1992	71.6	71.5622	0.0378	0.05%	-0.0032

经验证，该模型的精度较高，可进行预测和预报。

计算的Matlab程序如下：

```
clc,clear
x0=[71.1 72.4 72.4 72.1 71.4 72.0 71.6]'; % 注意这里为列向量
n=length(x0);
lamda=x0(1:n-1)./x0(2:n) % 计算级比
range=minmax(lamda') % 计算级比的范围
x1=cumsum(x0) % 累加运算
B=[-0.5*(x1(1:n-1)+x1(2:n)),ones(n-1,1)];
Y=x0(2:n);
u=B\Y % 拟合参数 u(1)=a,u(2)=b
syms x(t)
x=dsolve(diff(x)+u(1)*x==u(2),x(0)==x0(1)); % 求微分方程的符号解
xt=vpa(x,6) % 以小数格式显示微分方程的解
yuce1=subs(x,t,[0:n-1]); % 求已知数据的预测值
yuce1=double(yuce1); % 符号数转换成数值类型,否则无法做差分运算
yuce=[x0(1),diff(yuce1)] % 差分运算,还原数据
epsilon=x0'-yuce % 计算残差
delta=abs(epsilon./x0') % 计算相对误差
rho=1-(1-0.5*u(1))/(1+0.5*u(1))*lamda' % 计算级比偏差值,u(1)=a
```

15.2.2　GM(2,1)、DGM和Verhulst模型

GM(1,1)模型适用于具有较强指数规律的序列，只能描述单调的变化过程，对于非

单调的摆动发展序列或有饱和的 S 形序列,可以考虑建立 GM(2,1)、DGM 和 Verhulst 模型。

1. GM(2,1)模型

定义 15.2 设原始序列为

$$x^{(0)} = (x^{(0)}(1), x^{(0)}(2), \cdots, x^{(0)}(n)),$$

其 1 次累加生成序列(1 - AGO)$x^{(1)}$和 1 次累减生成序列(1 - IAGO)$\alpha^{(1)}x^{(0)}$分别为

$$x^{(1)} = (x^{(1)}(1), x^{(1)}(2), \cdots, x^{(1)}(n))$$

和

$$\alpha^{(1)}x^{(0)} = (\alpha^{(1)}x^{(0)}(2), \cdots, \alpha^{(1)}x^{(0)}(n)),$$

其中

$$\alpha^{(1)}x^{(0)}(k) = x^{(0)}(k) - x^{(0)}(k-1), k = 2,3,\cdots,n,$$

$x^{(1)}$的均值生成序列为

$$z^{(1)} = (z^{(1)}(2), z^{(1)}(3), \cdots, z^{(1)}(n)),$$

则称

$$\alpha^{(1)}x^{(0)}(k) + a_1 x^{(0)}(k) + a_2 z^{(1)}(k) = b \tag{15.8}$$

为 GM(2,1)模型。

定义 15.3 称

$$\frac{d^2x^{(1)}}{dt^2} + a_1\frac{dx^{(1)}}{dt} + a_2 x^{(1)} = b \tag{15.9}$$

为 GM(2,1)模型的白化方程。

定理 15.1 设 $x^{(0)}$、$x^{(1)}$、$\alpha^{(1)}x^{(0)}$如定义 15.2 所述,且

$$\boldsymbol{B} = \begin{bmatrix} -x^{(0)}(2) & -z^{(1)}(2) & 1 \\ -x^{(0)}(3) & -z^{(1)}(3) & 1 \\ \vdots & \vdots & \vdots \\ -x^{(0)}(n) & -z^{(1)}(n) & 1 \end{bmatrix}, \boldsymbol{Y} = \begin{bmatrix} \alpha^{(1)}x^{(0)}(2) \\ \alpha^{(1)}x^{(0)}(3) \\ \vdots \\ \alpha^{(1)}x^{(0)}(n) \end{bmatrix} = \begin{bmatrix} x^{(0)}(2) - x^{(0)}(1) \\ x^{(0)}(3) - x^{(0)}(2) \\ \vdots \\ x^{(0)}(n) - x^{(0)}(n-1) \end{bmatrix},$$

则 GM(2,1)模型参数序列 $\boldsymbol{u} = [a_1, a_2, b]^{\mathrm{T}}$ 的最小二乘估计为

$$\hat{\boldsymbol{u}} = (\boldsymbol{B}^{\mathrm{T}}\boldsymbol{B})^{-1}\boldsymbol{B}^{\mathrm{T}}\boldsymbol{Y}。$$

例 15.3 已知 $x^{(0)} = (41,49,61,78,96,104)$,试建立 GM(2,1)模型。

解 $x^{(0)}$的 1 - AGO 序列 $x^{(1)}$和 1 - IAGO 序列 $\alpha^{(1)}x^{(0)}$分别为

$$x^{(1)} = (41,90,151,229,325,429),$$

$$\alpha^{(1)}x^{(0)} = (8,12,17,18,8),$$

$x^{(1)}$的均值生成序列

$$z^{(1)} = (65.5,120.5,190,277,377),$$

$$\boldsymbol{B} = \begin{bmatrix} -x^{(0)}(2) & -z^{(1)}(2) & 1 \\ -x^{(0)}(3) & -z^{(1)}(3) & 1 \\ \vdots & \vdots & \vdots \\ -x^{(0)}(6) & -z^{(1)}(6) & 1 \end{bmatrix} = \begin{bmatrix} -49 & -65.5 & 1 \\ -61 & -120.5 & 1 \\ -78 & -190 & 1 \\ -96 & -277 & 1 \\ -104 & -377 & 1 \end{bmatrix},$$

$$\boldsymbol{Y} = [8,12,17,18,8]^{\mathrm{T}},$$

$$\hat{\boldsymbol{u}} = \begin{bmatrix} \hat{a}_1 \\ \hat{a}_2 \\ \hat{b} \end{bmatrix} = (\boldsymbol{B}^{\mathrm{T}}\boldsymbol{B})^{-1}\boldsymbol{B}^{\mathrm{T}}\boldsymbol{Y} = \begin{bmatrix} -1.0922 \\ 0.1959 \\ -31.7983 \end{bmatrix},$$

故得 GM(2,1)白化模型

$$\frac{\mathrm{d}^2 x^{(1)}}{\mathrm{d}t^2} - 1.0922\frac{\mathrm{d}x^{(1)}}{\mathrm{d}t} + 0.1959x^{(1)} = -31.7983。$$

利用边界条件 $x^{(1)}(1)=41, x^{(1)}(6)=429$,解得

$$x^{(1)}(t) = 203.85\mathrm{e}^{0.22622t} - 0.5325\mathrm{e}^{0.86597t} - 162.317,$$

于是 GM(2,1)时间响应式为

$$\hat{x}^{(1)}(k+1) = 203.85\mathrm{e}^{0.22622k} - 0.5325\mathrm{e}^{0.86597k} - 162.317。$$

所以

$$\hat{x}^{(1)} = (41,92,155,232,325,429)。$$

做 IAGO 还原,有

$$\hat{x}^{(0)}(k+1) = \hat{x}^{(1)}(k+1) - \hat{x}^{(1)}(k),$$

$$\hat{x}^{(0)} = (41,51,63,77,92,104)。$$

计算结果见表 15.3。

表 15.3 误差检验表

序号	实际数据 $x^{(0)}$	预测数据 $\hat{x}^{(0)}$	残差 $x^{(0)}-\hat{x}^{(0)}$	相对误差 Δ_k
2	49	51	−2	4.1%
3	61	63	−2	3.3%
4	78	77	1	1.3%
5	96	92	4	4.2%
6	104	104	0	0

计算的 Matlab 程序如下:

```
clc,clear
x0=[41,49,61,78,96,104]; % 原始序列
n=length(x0);
x1=cumsum(x0) % 计算 1 次累加序列
a_x0=diff(x0)' % 计算 1 次累减序列
z=0.5*(x1(2:end)+x1(1:end-1))'; % 计算均值生成序列
B=[-x0(2:end)',-z,ones(n-1,1)];
u=B\a_x0 % 最小二乘法拟合参数
syms x(t)
x=dsolve(diff(x,2)+u(1)*diff(x)+u(2)*x==u(3),x(0)==x1(1),x(5)==x1
(6)); % 求符号解
xt=vpa(x,6) % 显示小数形式的符号解
```

```
yuce = subs(x,t,0:n-1); % 求已知数据点1次累加序列的预测值
yuce = double(yuce) % 符号数转换成数值类型,否则无法做差分运算
x0_hat = [yuce(1),diff(yuce)]; % 求已知数据点的预测值
x0_hat = round(x0_hat) % 四舍五入取整数
epsilon = x0 - x0_hat    % 求残差
delta = abs(epsilon./x0)  % 求相对误差
```

2. DGM(2,1)模型

定义 15.4 设原始序列

$$x^{(0)} = (x^{(0)}(1), x^{(0)}(2), \cdots, x^{(0)}(n)),$$

其1－AGO序列 $x^{(1)}$ 和1－IAGO序列 $\alpha^{(1)}x^{(0)}$ 分别为

$$x^{(1)} = (x^{(1)}(1), x^{(1)}(2), \cdots, x^{(1)}(n))$$

和

$$\alpha^{(1)}x^{(0)} = (\alpha^{(1)}x^{(0)}(2), \cdots, \alpha^{(1)}x^{(0)}(n)),$$

则称

$$\alpha^{(1)}x^{(0)}(k) + ax^{(0)}(k) = b \tag{15.10}$$

为DGM(2,1)模型。

定义 15.5 称

$$\frac{\mathrm{d}^2 x^{(1)}}{\mathrm{d}t} + a\frac{\mathrm{d}x^{(1)}}{\mathrm{d}t} = b \tag{15.11}$$

为DGM(2,1)模型的白化方程。

定理 15.2 若 $\boldsymbol{u} = [a, b]^{\mathrm{T}}$ 为模型中的参数序列,而 $x^{(0)}, x^{(1)}, \alpha^{(1)}x^{(0)}$ 如定义15.4所述,又

$$\boldsymbol{B} = \begin{bmatrix} -x^{(0)}(2) & 1 \\ -x^{(0)}(3) & 1 \\ \vdots & \vdots \\ -x^{(0)}(n) & 1 \end{bmatrix}, \boldsymbol{Y} = \begin{bmatrix} \alpha^{(1)}x^{(0)}(2) \\ \alpha^{(1)}x^{(0)}(3) \\ \vdots \\ \alpha^{(1)}x^{(0)}(n) \end{bmatrix} = \begin{bmatrix} x^{(0)}(2) - x^{(0)}(1) \\ x^{(0)}(3) - x^{(0)}(2) \\ \vdots \\ x^{(0)}(n) - x^{(0)}(n-1) \end{bmatrix},$$

则DGM(2,1)模型 $\alpha^{(1)}x^{(0)}(k) + ax^{(0)}(k) = b$ 中参数的最小二乘估计满足

$$\hat{\boldsymbol{u}} = [\hat{a}, \hat{b}]^{\mathrm{T}} = (\boldsymbol{B}^{\mathrm{T}}\boldsymbol{B})^{-1}\boldsymbol{B}^{\mathrm{T}}\boldsymbol{Y}。$$

定理 15.3 设 $x^{(0)}$ 为原始序列,$x^{(1)}$ 为 $x^{(0)}$ 的1－AGO序列,$\alpha^{(1)}x^{(0)}$ 为 $x^{(0)}$ 的1－IAGO序列,$\hat{a}, \hat{b}$ 如定理15.2所述,则:

(1) 白化方程 $\frac{\mathrm{d}^2 x^{(1)}}{\mathrm{d}t} + \hat{a}\frac{\mathrm{d}x^{(1)}}{\mathrm{d}t} = \hat{b}$ 的解(时间响应函数)为

$$\hat{x}^{(1)}(t) = \left(\frac{\hat{b}}{\hat{a}^2} - \frac{x^{(0)}(1)}{\hat{a}}\right)\mathrm{e}^{-\hat{a}t} + \frac{\hat{b}}{\hat{a}}t + \frac{1+\hat{a}}{\hat{a}}x^{(0)}(1) - \frac{\hat{b}}{\hat{a}^2}。 \tag{15.12}$$

(2) DGM(2,1)模型 $\alpha^{(1)}x^{(0)}(k) + \hat{a}x^{(0)}(k) = \hat{b}$ 的时间响应序列为

$$\hat{x}^{(1)}(k+1) = \left(\frac{\hat{b}}{\hat{a}^2} - \frac{x^{(0)}(1)}{\hat{a}}\right)\mathrm{e}^{-\hat{a}k} + \frac{\hat{b}}{\hat{a}}k + \frac{1+\hat{a}}{\hat{a}}x^{(0)}(1) - \frac{\hat{b}}{\hat{a}^2}。 \tag{15.13}$$

(3) 还原值为

$$\hat{x}^{(0)}(k+1) = \alpha^{(1)}\hat{x}^{(1)}(k+1) = \hat{x}^{(1)}(k+1) - \hat{x}^{(1)}(k)。 \tag{15.14}$$

例 15.4 试对序列

$$x^{(0)} = (2.874, 3.278, 3.39, 3.679, 3.77, 3.8)$$

建立 DGM(2,1)模型。

解 因为

$$\boldsymbol{B} = \begin{bmatrix} -3.284 & -3.39 & -3.679 & -3.77 & -3.8 \\ 1 & 1 & 1 & 1 & 1 \end{bmatrix}^{\mathrm{T}},$$

$$\boldsymbol{Y} = [0.404, \quad 0.112, \quad 0.289, \quad 0.091, \quad 0.03]^{\mathrm{T}},$$

$$\hat{\boldsymbol{u}} = \begin{bmatrix} a \\ b \end{bmatrix} = (\boldsymbol{B}^{\mathrm{T}}\boldsymbol{B})^{-1}\boldsymbol{B}^{\mathrm{T}}\boldsymbol{Y} = \begin{bmatrix} 0.424 \\ 1.7046 \end{bmatrix},$$

得 DGM 模型的时间响应序列为

$$\hat{x}^{(1)}(k+1) = 2.7033\mathrm{e}^{-0.424k} + 4.0202k + 0.1707,$$

所以

$$\hat{x}^{(1)} = (2.874, 5.96, 9.3688, 12.9889, 16.7473, 20.5962),$$

作 1 - IAGO 还原,有

$$\hat{x}^{(0)}(k) = \hat{x}^{(1)}(k) - \hat{x}^{(1)}(k-1),$$

得

$$\hat{x}^{(0)} = (2.874, 3.086, 3.4088, 3.6201, 3.7584, 3.8488)。$$

计算结果见表 15.4。

表 15.4 误差检验表

序号	原始数据 $x^{(0)}$	预测数据 $\hat{x}^{(0)}$	残差 $x^{(0)} - \hat{x}^{(0)}$	相对误差 Δ_k
2	3.278	3.086	0.192	5.9%
3	3.39	3.4088	-0.0188	0.6%
4	3.679	3.6201	0.0589	1.6%
5	3.77	3.7584	0.0116	0.3%
6	3.8	3.8488	-0.0488	1.3%

计算的 Matlab 程序如下:

```
clc,clear
x0=[2.874,3.278,3.39,3.679,3.77,3.8]; % 原始数据序列
n=length(x0);
a_x0=diff(x0)'; % 求 1 次累减序列,即一阶向前差分
B=[-x0(2:end)',ones(n-1,1)];
u=B\a_x0 % 最小二乘法拟合参数
u=B\Y     % 估计参数 a,b 的值
syms x(t)
```

```
x=dsolve(diff(x)+u(1)*x==u(2)*x^2 ,x(0)==x0(1)); % 求符号解
xt=vpa(x,6) % 显示小数形式的符号解
yuce=subs(x,'t',[0:n-1]); % 求已知数据点 1 次累加序列的预测值
yuce=double(yuce) % 符号数转换成数值类型,否则无法做差分运算
x0_hat=[yuce(1),diff(yuce)] % 求已知数据点的预测值
epsilon=x0-x0_hat % 求残差
delta=abs(epsilon./x0)  % 求相对误差
```

3. 灰色 Verhulst 预测模型

Verhulst 模型主要用来描述具有饱和状态的过程,即 S 形过程,常用于人口预测、生物生长、繁殖预测及产品经济寿命预测等。

Verhulst 模型的基本原理和计算方法简介如下。

定义 15.6 设 $x^{(0)}$ 为原始数据序列,有

$$x^{(0)} = (x^{(0)}(1), x^{(0)}(2), \cdots, x^{(0)}(n)),$$

$x^{(1)}$ 为 $x^{(0)}$ 的 1 次累加生成(1 - AGO)序列,有

$$x^{(1)} = (x^{(1)}(1), x^{(1)}(2), \cdots, x^{(1)}(n)),$$

$z^{(1)}$ 为 $x^{(1)}$ 的均值生成序列,有

$$z^{(1)} = (z^{(1)}(2), z^{(1)}(3), \cdots, z^{(1)}(n))。$$

则称

$$x^{(0)} + az^{(1)} = b(z^{(1)})^2 \tag{15.15}$$

为灰色 Verhulst 模型,a 和 b 为参数。称

$$\frac{\mathrm{d}x^{(1)}}{\mathrm{d}t} + ax^{(1)} = b(x^{(1)})^2 \tag{15.16}$$

为灰色 Verhulst 模型的白化方程,其中 t 为时间。

定理 15.4 设灰色 Verhulst 模型如上所述,若

$$\boldsymbol{u} = [a, b]^{\mathrm{T}}$$

为参数列,且

$$\boldsymbol{B} = \begin{bmatrix} -z^{(1)}(2) & (z^{(1)}(2))^2 \\ -z^{(1)}(3) & (z^{(1)}(3))^2 \\ \vdots & \vdots \\ -z^{(1)}(n) & (z^{(1)}(n))^2 \end{bmatrix}, \boldsymbol{Y} = \begin{bmatrix} x^{(0)}(2) \\ x^{(0)}(3) \\ \vdots \\ x^{(0)}(n) \end{bmatrix},$$

则参数列 $\boldsymbol{u}$ 的最小二乘估计满足

$$\hat{\boldsymbol{u}} = [\hat{a}, \hat{b}]^{\mathrm{T}} = (\boldsymbol{B}^{\mathrm{T}}\boldsymbol{B})^{-1}\boldsymbol{B}^{\mathrm{T}}\boldsymbol{Y}。$$

定理 15.5 设灰色 Verhulst 模型如上所述,则白化方程的解为

$$x^{(1)}(t) = \frac{\hat{a}x^{(0)}(1)}{\hat{b}x^{(0)}(1) + [\hat{a} - \hat{b}x^{(0)}(1)]\mathrm{e}^{\hat{a}t}}, \tag{15.17}$$

灰色 Verhulst 模型的时间响应序列为

$$\hat{x}^{(1)}(k+1)=\frac{\hat{a}x^{(0)}(1)}{\hat{b}x^{(0)}(1)+[\hat{a}-\hat{b}x^{(0)}(1)]\mathrm{e}^{\hat{a}k}},\tag{15.18}$$

累减还原式为

$$\hat{x}^{(0)}(k+1)=\hat{x}^{(1)}(k+1)-\hat{x}^{(1)}(k)。\tag{15.19}$$

例 15.5 试对序列

$$x^{(0)}=(4.93,2.33,3.87,4.35,6.63,7.15,5.37,6.39,7.81,8.35)$$

建立 Verhulst 模型。

解 计算得 1 次累加序列

$$x^{(1)}=(4.93,7.26,11.13,15.48,22.11,29.26,34.63,41.02,48.83,57.18),$$

$x^{(1)}$的均值生成序列

$$\begin{aligned}z^{(1)}&=(z^{(1)}(2),\cdots,z^{(1)}(10))\\&=(6.095,9.195,13.305,18.795,25.685,31.945,37.825,44.925,53.005)。\end{aligned}$$

于是

$$\boldsymbol{B}=\begin{bmatrix}-z^{(1)}(2) & (z^{(1)}(2))^2\\ -z^{(1)}(3) & (z^{(1)}(3))^2\\ \vdots & \vdots\\ -z^{(1)}(10) & (z^{(1)}(10))^2\end{bmatrix},\boldsymbol{Y}=\begin{bmatrix}x^{(0)}(2)\\ x^{(0)}(3)\\ \vdots\\ x^{(0)}(10)\end{bmatrix}。$$

对参数列 $\boldsymbol{u}=[a,b]^{\mathrm{T}}$ 进行最小二乘估计,得

$$\hat{\boldsymbol{u}}=(\boldsymbol{B}^{\mathrm{T}}\boldsymbol{B})^{-1}\boldsymbol{B}^{\mathrm{T}}\boldsymbol{Y}=\begin{bmatrix}-0.3576\\ -0.0041\end{bmatrix}。$$

Verhulst 模型为

$$\frac{\mathrm{d}x^{(1)}}{\mathrm{d}t}-0.3576x^{(1)}=-0.0041(x^{(1)})^2,$$

其时间响应为

$$\hat{x}_{k+1}^{(1)}=\frac{\hat{a}x^{(0)}(1)}{\hat{b}x^{(0)}(1)+[\hat{a}-\hat{b}x^{(0)}(1)]\mathrm{e}^{\hat{a}k}}=\frac{0.3576x^{(0)}(1)}{0.0041x^{(0)}(1)+[0.3576-0.0041x^{(0)}(1)]\mathrm{e}^{-0.3576k}},$$

令 $k=0,1,\cdots,9$,求得 $x^{(1)}$ 的预测值 $\hat{x}^{(1)}=(\hat{x}^{(1)}(1),\cdots,\hat{x}^{(1)}(10))$,最后求得 $x^{(0)}$ 的预测值及误差分析数据见表 15.5 的第 3 列～第 5 列。

表 15.5 原始数据、预测值及 Verhulst 模型误差

序号 k	原始数据 $x^{(0)}$	预测值 $\hat{x}(0)$	残差 $x^{(0)}-\hat{x}^{(0)}$	相对误差 Δ_k
1	4.93	4.93	0	0%
2	2.33	1.952177	0.377823	16.22%
3	3.87	2.635709	1.234291	31.89%
4	4.35	3.48164	0.86836	19.96%
5	6.63	4.46864	2.16136	32.60%

（续）

序号 k	原始数据 $x^{(0)}$	预测值 $\hat{x}(0)$	残差 $x^{(0)}-\hat{x}^{(0)}$	相对误差 Δ_k
6	7.15	5.528334	1.621666	22.68%
7	5.37	6.536384	−1.16638	21.72%
8	6.39	7.326754	−0.93675	14.66%
9	7.81	7.73743	0.07257	0.9%
10	8.35	7.673378	0.676622	8.10%

计算的 Matlab 程序如下：

```
clc,clear
x0 = [4.93  2.33  3.87  4.35  6.63  7.15  5.37  6.39  7.81  8.35];
x1 = cumsum(x0);  % 求1次累加序列
n = length(x0);
z = 0.5 * (x1(2:n) + x1(1:n-1));   % 求x1的均值生成序列
B = [-z',z'.^2];
Y = x0(2:end)';
u = B\Y    % 估计参数a,b的值
syms x(t)
x = dsolve(diff(x) + u(1) * x == u(2) * x^2,x(0) == x0(1));  % 求符号解
xt = vpa(x,6) % 显示小数形式的符号解
yuce = subs(x,'t',[0:n-1]); % 求已知数据点1次累加序列的预测值
yuce = double(yuce) % 符号数转换成数值类型,否则无法做差分运算
x0_hat = [yuce(1),diff(yuce)] % 求已知数据点的预测值
epsilon = x0 - x0_hat    % 求残差
delta = abs(epsilon./x0)  % 求相对误差
xlswrite('book4.xls',[x0',x0_hat',epsilon',delta'])
```

15.3 差分方程

15.3.1 商品销售量预测

在利用差分方程建模研究实际问题时，常常需要根据统计数据用最小二乘法来拟合出差分方程的系数。其系统稳定性讨论要用到代数方程的求根。

例 15.6 某商品前 5 年的销售量见表 15.6。现希望根据前 5 年的统计数据预测第 6 年起该商品在各季度中的销售量。

表 15.6 前 5 年销售数据表

销售量 年份 / 季度	第1年	第2年	第3年	第4年	第5年
第1季度	11	12	13	15	16
第2季度	16	18	20	24	25
第3季度	25	26	27	30	32
第4季度	12	14	15	15	17

从表 15.6 可以看出,该商品在前 5 年相同季节里的销售量呈增长趋势,而在同一年中销售量先增后减,第一季度的销售量最小而第三季度的销售量最大。预测该商品以后的销售情况,根据本例中数据的特征,可以用回归分析方法按季度建立 4 个经验公式,分别用来预测以后各年同一季度的销售量。如认为第一季度的销售量大体按线性增长,可设销售量 $y_t^{(1)}=at+b$,由

```
x=[[1:5]',ones(5,1)];
y=[11 12 13 15 16]';
z=x\y
```

求得 $a=z(1)=1.3, b=z(2)=9.5$。

根据 $y_t^{(1)}=1.3t+9.5$,预测第 6 年起第一季度的销售量为 $y_6^{(1)}=17.3$, $y_7^{(1)}=18.6,\cdots$。由于数据少,用回归分析效果不一定好。

如认为销售量并非逐年等量增长而是按前一年或前几年同期销售量的一定比例增长的,则可建立相应的差分方程模型。仍以第一季度为例,为简单起见不再引入上标,以 y_t 表示第 t 年第一季度的销售量,建立形式如下的差分公式:

$$y_t = a_1y_{t-1}+a_2$$

或

$$y_t = a_1y_{t-1}+a_2y_{t-2}+a_3。$$

上述差分方程中的系数不一定能使所有统计数据吻合,较为合理的办法是用最小二乘法求一组总体吻合较好的数据。以建立二阶差分方程 $y_t=a_1y_{t-1}+a_2y_{t-2}+a_3$ 为例,选取 a_1,a_2,a_3 使得对于已知观测数据 $y_t(t=1,2,3,4,5)$,使

$$\sum_{t=3}^{5}[y_t-(a_1y_{t-1}+a_2y_{t-2}+a_3)]^2$$

达到最小。编写 Matlab 程序如下:

```
y0=[11 12 13 15 16]';
y=y0(3:5);x=[y0(2:4),y0(1:3),ones(3,1)];
z=x\y
```

求得 $a_1=z(1)=-1, a_2=z(2)=3, a_3=z(3)=-8$。即所求二阶差分方程为

$$y_t=-y_{t-1}+3y_{t-2}-8。$$

虽然这一差分方程恰好使所有统计数据吻合,但这只是一个巧合。根据这一方程,可迭代求出以后各年第一季度销售量的预测值 $y_6=21, y_7=19,\cdots$。

上述为预测各年第一季度销售量而建立的二阶差分方程,虽然其与前 5 年第一季度的统计数据完全吻合,但用于预测时预测值与事实不符。凭直觉,第 6 年估计值明显偏高,第 7 年销售量预测值甚至小于第 6 年。稍作分析,不难看出,如分别对每一季度建立一个差分方程,则根据统计数据拟合出的系数可能会相差甚大,但对同一种商品,这种差异应当是微小的,故应根据统计数据建立一个共用于各个季度的差分方程。为此,将季度编号为 $t=1,2,\cdots,20$,令 $y_t=a_1y_{t-4}+a_2$ 或 $y_t=a_1y_{t-4}+a_2y_{t-8}+a_3$ 等,利用全体数据来拟合,求拟合得最好的系数。以二阶差分方程为例,求 a_1,a_2,a_3,使得

$$Q(a_1,a_2,a_3)=\sum_{t=9}^{20}[y_t-(a_1y_{t-4}+a_2y_{t-8}+a_3)]^2$$

达到最小,计算得 $a_1=z(1)=0.8737$, $a_2=z(2)=0.1941$, $a_3=z(3)=0.6957$,故求得二阶差分方程

$$y_t = 0.8737y_{t-4} + 0.1941y_{t-8} + 0.6957,$$

根据此式迭代,可求得第6年和第7年第一季度销售量的预测值为

$$y_{21} = 17.5869, y_{25} = 19.1676。$$

还是较为可信的。

计算的 Matlab 程序如下:

```
y0=[11 16 25 12 12 18 26 14 13 20 27 15 15 24 30 15 16 25 32 17]';
y=y0(9:20);
x=[y0(5:16),y0(1:12),ones(12,1)];
z=x\y
for t=21:25
y0(t)=z(1)*y0(t-4)+z(2)*y0(t-8)+z(3);
end
yhat=y0(21:25)        % 提取 t=21,…,25 时的预测值
```

15.3.2 养老保险

例 15.7 某保险公司的一份材料指出,在每月交费200元至59岁年底,60岁开始领取养老金的约定下,男子若25岁起投保,届时月养老金2282元;假定人的寿命为75岁,试求出保险公司为了兑现保险责任,每月至少应有多少投资收益率?

解 设 r 表示保险金的投资收益率,缴费期间月缴费额为 p 元,领养老金期间月领取额为 q 元,缴费的月数为 N,到75岁时领取养老金的月数为 M,投保人在投保后第 k 个月所交保险费及收益的累计总额为 F_k,那么容易得到数学模型为分段表示的差分方程:

$$F_{k+1} = F_k(1+r) + p, k = 0,1,\cdots,N-1,$$

$$F_{k+1} = F_k(1+r) - q, k = N,N+1,\cdots,M-1,$$

这里 $p=200$, $q=2282$, $N=420$, $M=600$。

可推出差分方程的解(这里 $F_0=F_M=0$)为

$$F_k = [(1+r)^k - 1]\frac{p}{r}, k = 0,1,2,\cdots,N, \tag{15.20}$$

$$F_k = \frac{q}{r}[1-(1+r)^{k-M}], k = N+1,\cdots,M, \tag{15.21}$$

由式(15.20)和式(15.21),得

$$F_N = [(1+r)^N - 1]\frac{p}{r},$$

$$F_{N+1} = \frac{q}{r}[1-(1+r)^{N+1-M}],$$

由于 $F_{N+1}=F_N(1+r)-q$,可以得到如下的方程:

$$\frac{q}{r}[1-(1+r)^{N+1-M}] = [(1+r)^N - 1]\frac{p}{r}(1+r) - q,$$

化简,得

$$(1+r)^{M}-\left(1+\frac{q}{p}\right)(1+r)^{M-N}+\frac{q}{p}=0,$$

记 $x=1+r$,代入数据,得

$$x^{600}-12.41x^{180}+11.41=0。$$

利用 Matlab 程序,求得 $x=1.0049$,因而投资收益率 $r=0.49\%$。

计算的 Matlab 程序如下:

```
clc, clear
M=600; N=420; p=200; q=2282;
eq=@(x) x^M-(1+q/p)*x^(M-N)+q/p;
x=fzero(eq,[1.0001,1.5])
```

15.4 马尔可夫预测

15.4.1 马尔可夫链的定义

现实世界中有很多这样的现象,某一系统在已知现在情况的条件下,系统未来时刻的情况只与现在有关,而与过去的历史无直接关系。比如,研究一个商店的累计销售额,如果现在时刻的累计销售额已知,则未来某一时刻的累计销售额与现在时刻以前的任一时刻累计销售额无关。描述这类随机现象的数学模型称为马尔可夫模型,简称马氏模型。

定义 15.7 设$\{\xi_n,n=1,2,\cdots\}$是一个随机序列,状态空间 E 为有限或可列集,对于任意的正整数 m,n,若 $i,j,i_k\in E(k=1,\cdots,n-1)$,有

$$P\{\xi_{n+m}=j\mid\xi_n=i,\xi_{n-1}=i_{n-1},\cdots,\xi_1=i_1\}=P\{\xi_{n+m}=j\mid\xi_n=i\},\quad(15.22)$$

则称$\{\xi_n,n=1,2,\cdots\}$为一个马尔可夫链(简称马氏链),式(15.22)称为马氏性。

事实上,可以证明若等式(15.22)对于 $m=1$ 成立,则它对于任意的正整数 m 也成立。因此,只要当 $m=1$ 时式(15.22)成立,就可以称随机序列$\{\xi_n,n=1,2,\cdots\}$具有马氏性,即$\{\xi_n,n=1,2,\cdots\}$是一个马尔可夫链。

定义 15.8 设$\{\xi_n,n=1,2,\cdots\}$是一个马尔可夫链。如果等式(15.22)右边的条件概率与 n 无关,即

$$P\{\xi_{n+m}=j\mid\xi_n=i\}=p_{ij}(m),\quad(15.23)$$

则称$\{\xi_n,n=1,2,\cdots\}$为时齐的马尔可夫链。称 $p_{ij}(m)$ 为系统由状态 i 经过 m 个时间间隔(或 m 步)转移到状态 j 的转移概率。式(15.23)称为时齐性,它的含义是系统由状态 i 到状态 j 的转移概率只依赖于时间间隔的长短,与起始的时刻无关。本章介绍的马尔可夫链假定都是时齐的,因此省略"时齐"二字。

15.4.2 转移概率矩阵及柯尔莫哥洛夫定理

对于一个马尔可夫链$\{\xi_n,n=1,2,\cdots\}$,称以 m 步转移概率 $p_{ij}(m)$ 为元素的矩阵 $\boldsymbol{P}(m)=(p_{ij}(m))$ 为马尔可夫链的 m 步转移矩阵。当 $m=1$ 时,记 $\boldsymbol{P}(1)=\boldsymbol{P}$ 称为马尔可夫链的一步转移矩阵,或简称转移矩阵。它们具有下列三个基本性质:

（1）对一切 $i,j\in E, 0\leqslant p_{ij}(m)\leqslant 1$。

（2）对一切 $i\in E, \sum_{j\in E} p_{ij}(m) = 1$。

（3）对一切 $i,j\in E, p_{ij}(0)=\delta_{ij}=\begin{cases}1, 当 i=j 时,\\0, 当 i\neq j 时。\end{cases}$

当实际问题可以用马尔可夫链来描述时，首先要确定它的状态空间及参数集合，然后确定它的一步转移概率。关于这一概率的确定，可以由问题的内在规律得到，也可以由过去经验给出，还可以根据观测数据来估计。

例 15.8 某计算机机房的一台计算机经常出故障，研究者每隔 15min 观察一次计算机的运行状态，收集了 24h 的数据（共作 97 次观察）。用 1 表示正常状态，用 0 表示不正常状态，所得的数据序列如下：

1110010011111110011110111111001111111110001101101

111011011010111101110111101111110011011111100111

解 设 $X_n(n=1,\cdots,97)$ 为第 n 个时段的计算机状态，可以认为它是一个时齐马氏链，状态空间 $E=\{0,1\}$。要分别统计各状态一步转移的次数，即 0→0，0→1，1→0，1→1 的次数，也就是要统计数据字符串中'00'，'01'，'10'，'11'四个子串的个数。

利用 Matlab 软件，求得 96 次状态转移的情况是

$$0\rightarrow 0, 8\ 次;\quad 0\rightarrow 1, 18\ 次;$$
$$1\rightarrow 0, 18\ 次;\quad 1\rightarrow 1, 52\ 次。$$

因此，一步转移概率可用频率近似地表示为

$$p_{00}=P\{X_{n+1}=0\mid X_n=0\}\approx\frac{8}{8+18}=\frac{4}{13},$$

$$p_{01}=P\{X_{n+1}=1\mid X_n=0\}\approx\frac{18}{8+18}=\frac{9}{13},$$

$$p_{10}=P\{X_{n+1}=0\mid X_n=1\}\approx\frac{18}{18+52}=\frac{9}{35},$$

$$p_{11}=P\{X_{n+1}=1\mid X_n=1\}\approx\frac{52}{18+52}=\frac{26}{35}。$$

把上述数据序列保存到纯文本文件 msdata.txt 中，存放在 Matlab 程序文件所在目录下，计算的 Matlab 程序如下：

```
clc,clear
format rat  % 数据格式是有理分数
fid = fopen('msdata.txt','r');
a = [];
while ( ~ feof(fid))
    a = [a fgetl(fid)];  % 把所有字符串连接成一个大字符串行向量
end
for i = 0:1
    for j = 0:1
        s = [int2str(i),int2str(j)]; % 构造子字符串'ij'
```

```
        f(i+1,j+1)=length(findstr(s,a)); % 计算子串'ij'的个数
    end
end
fs=sum(f,2); % 求 f 矩阵的行和
f=f./repmat(fs,1,size(f,2)) % 求状态转移频率
```

例 15.9 设一随机系统状态空间 $E=\{1,2,3,4\}$,记录观测系统所处状态如下:

$$\begin{matrix} 4 & 3 & 2 & 1 & 4 & 3 & 1 & 1 & 2 & 3 \\ 2 & 1 & 2 & 3 & 4 & 4 & 3 & 3 & 1 & 1 \\ 1 & 3 & 3 & 2 & 1 & 2 & 2 & 2 & 4 & 4 \\ 2 & 3 & 2 & 3 & 1 & 1 & 2 & 4 & 3 & 1 \end{matrix}$$

若该系统可用马氏模型描述,则估计转移概率 p_{ij}。

解 记 n_{ij}是由状态 i 到状态 j 的转移次数,行和 $n_i = \sum_{j=1}^{4} n_{ij}$ 是系统从状态 i 转移到其他状态的次数,n_{ij}和 n_i 的统计数据见表 15.7。一步状态转移概率 p_{ij}的估计值 $\hat{p}_{ij} = \frac{n_{ij}}{n_i}$,计算得一步状态转移矩阵的估计为

$$\hat{\boldsymbol{P}} = \begin{bmatrix} 2/5 & 2/5 & 1/10 & 1/10 \\ 3/11 & 2/11 & 4/11 & 2/11 \\ 4/11 & 4/11 & 2/11 & 1/11 \\ 0 & 1/7 & 4/7 & 2/7 \end{bmatrix}。$$

表 15.7 $i \to j$ 转移数统计表

	1	2	3	4	行和 n_i
1	4	4	1	1	10
2	3	2	4	2	11
3	4	4	2	1	11
4	0	1	4	2	7

计算的 Matlab 程序如下:

```
clc, clear, format rat
a=[4 3 2 1 4 3 1 1 2 3
   2 1 2 3 4 4 3 3 1 1
   1 3 3 2 1 2 2 2 4 4
   2 3 2 3 1 1 2 4 3 1];
a=a'; a=a(:)'; % 把矩阵 a 逐行展开成一个行向量
for i=1:4
   for j=1:4
      f(i,j)=length(findstr([i j],a)); % 统计子字符串'ij'的个数
   end
end
ni=sum(f,2); % 计算矩阵 f 的行和
```

```
phat = f./repmat(ni,1,size(f,2))  % 求状态转移的频率
format % 恢复到短小数的显示格式
```

定理 15.6(柯尔莫哥洛夫－开普曼定理)　设$\{\xi_n, n=1,2,\cdots\}$是一个马尔可夫链,其状态空间 $E=\{1,2,\cdots\}$,则对任意正整数 m,n,有

$$p_{ij}(n+m) = \sum_{k\in E} p_{ik}(n)p_{kj}(m),$$

其中:$i,j\in E$。

定理 15.7　设 $\boldsymbol{P}$ 是一步马尔可夫链转移矩阵($\boldsymbol{P}$ 的行向量是概率向量),$\boldsymbol{P}^{(0)}$ 是初始分布行向量,则第 n 步的概率分布为

$$\boldsymbol{P}^{(n)} = \boldsymbol{P}^{(0)}\boldsymbol{P}^n。$$

例 15.10　若顾客的购买是无记忆的,即已知现在顾客购买情况,未来顾客的购买情况不受过去购买历史的影响,而只与现在购买情况有关。现在市场上供应 A、B、C 三个不同厂家生产的 50g 袋装味精,用“$\xi_n=1$”、“$\xi_n=2$”、“$\xi_n=3$”分别表示“顾客第 n 次购买 A、B、C 厂的味精”。显然,$\{\xi_n, n=1,2,\cdots\}$是一个马尔可夫链。若已知第一次顾客购买三个厂味精的概率依次为 0.2、0.4、0.4。又知道一般顾客购买的倾向由表 15.8 给出。求顾客第四次购买各家味精的概率。

表 15.8　状态转移概率

		下次购买		
		A	B	C
上次购买	A	0.8	0.1	0.1
	B	0.5	0.1	0.4
	C	0.5	0.3	0.2

解　第一次购买的概率分布为

$$\boldsymbol{P}^{(1)} = [0.2, 0.4, 0.4],$$

一步状态转移矩阵

$$\boldsymbol{P} = \begin{bmatrix} 0.8 & 0.1 & 0.1 \\ 0.5 & 0.1 & 0.4 \\ 0.5 & 0.3 & 0.2 \end{bmatrix},$$

则顾客第四次购买各家味精的概率为

$$\boldsymbol{P}^{(4)} = \boldsymbol{P}^{(1)}\boldsymbol{P}^3 = [0.7004, 0.136, 0.1636]。$$

15.4.3 转移概率的渐近性质——极限概率分布

现在考虑,随 n 的增大,$\boldsymbol{P}^n$ 是否会趋于某一固定矩阵?先考虑一个简单例子。

转移矩阵 $\boldsymbol{P}=\begin{bmatrix} 0.5 & 0.5 \\ 0.7 & 0.3 \end{bmatrix}$,当 $n\to+\infty$ 时,有

$$\boldsymbol{P}^n \to \begin{bmatrix} \frac{7}{12} & \frac{5}{12} \\ \frac{7}{12} & \frac{5}{12} \end{bmatrix}。$$

又若取 $\boldsymbol{u}=\begin{bmatrix} \frac{7}{12} & \frac{5}{12} \end{bmatrix}$,则 $\boldsymbol{uP}=\boldsymbol{u}$,$\boldsymbol{u}^{\mathrm{T}}$ 为矩阵 $\boldsymbol{P}^{\mathrm{T}}$ 的对应于特征值 $\lambda=1$ 的特征(概率)向量,$\boldsymbol{u}$ 也称为 $\boldsymbol{P}$ 的不动点向量。哪些转移矩阵具有不动点向量?为此给出正则矩阵的概念。

定义 15.9 一个马尔克夫链的转移矩阵 $\boldsymbol{P}$ 是正则的，当且仅当存在正整数 k，使 P^k 的每一元素都是正数。

定理 15.8 若 $\boldsymbol{P}$ 是一个马尔克夫链的正则阵，则：

(1) $\boldsymbol{P}$ 有唯一的不动点向量 $\boldsymbol{W}$，$\boldsymbol{W}$ 的每个分量为正。

(2) $\boldsymbol{P}$ 的 n 次幂 $\boldsymbol{P}^n$(n 为正整数)随 n 的增加趋于矩阵 $\overline{\boldsymbol{W}}$，$\overline{\boldsymbol{W}}$ 的每一行向量均等于不动点向量 W。

一般地，设时齐马尔克夫链的状态空间为 E，如果对于所有 $i,j\in E$，转移概率 $p_{ij}(n)$ 存在极限

$$\lim_{n\to\infty}p_{ij}(n)=\pi_j(\text{不依赖于 } i),$$

或

$$P(n)=\boldsymbol{P}^n\xrightarrow[(n\to\infty)]{}\begin{bmatrix}\pi_1 & \pi_2 & \cdots & \pi_j & \cdots\\ \pi_1 & \pi_2 & \cdots & \pi_j & \cdots\\ \vdots & \vdots & \ddots & \vdots & \ddots\\ \pi_1 & \pi_2 & \ddots & \pi_j & \cdots\\ \vdots & \vdots & \ddots & \vdots & \ddots\end{bmatrix},$$

则称此链具有遍历性。又若 $\sum_j\pi_j=1$，则同时称 $\boldsymbol{\pi}=[\pi_1,\pi_2,\cdots]$ 为链的极限分布。

下面就有限链的遍历性给出一个充分条件。

定理 15.9 设时齐马尔克夫链 $\{\xi_n,n=1,2,\cdots\}$ 的状态空间为 $E=\{a_1,\cdots,a_N\}$，$\boldsymbol{P}=(p_{ij})$ 是它的一步转移概率矩阵，如果存在正整数 m，使对任意的 $a_i,a_j\in E$，都有

$$p_{ij}(m)>0,i,j=1,2,\cdots,N,$$

则此链具有遍历性；且有极限分布 $\boldsymbol{\pi}=[\pi_1,\cdots,\pi_N]$，它是方程组

$$\boldsymbol{\pi}=\boldsymbol{\pi P}\text{ 或 }\pi_j=\sum_{i=1}^N\pi_ip_{ij},j=1,\cdots,N$$

的满足条件

$$\pi_j>0,\sum_{j=1}^N\pi_j=1$$

的唯一解。

例 15.11 根据例 15.10 中给出的一般顾客购买三种味精倾向的转移矩阵，预测经过长期的多次购买之后，顾客的购买倾向如何？

解 这个马尔克夫链的转移矩阵满足定理 15.9 的条件，可以求出其极限概率分布。为此，解下列方程组：

$$\begin{cases}p_1=0.8p_1+0.5p_2+0.5p_3,\\ p_2=0.1p_1+0.1p_2+0.3p_3,\\ p_3=0.1p_1+0.4p_2+0.2p_3,\\ p_1+p_2+p_3=1。\end{cases}$$

求得 $p_1=\frac{5}{7},p_2=\frac{11}{84},p_3=\frac{13}{84}$。这说明，无论第一次顾客购买的情况如何，经过长期多次购买以后，A 厂产的味精占有市场的$\frac{5}{7}$，B，C 两厂产品分别占有市场的$\frac{11}{84}$和$\frac{13}{84}$。

编写如下的 Matlab 程序：

```
format rat % 有理分数的数据格式
p=[0.8 0.1 0.1;0.5 0.1 0.4;0.5 0.3 0.2];
a=[p'-eye(3);ones(1,3)]; % 构造方程组 ax=b 的系数矩阵
b=[zeros(3,1);1]; % 构造方程组 ax=b 的常数项列
p_limit=a\b % 求方程组的解
format % 恢复到短小数的显示格式
```

或者利用求转移矩阵 $\boldsymbol{P}$ 的转置矩阵 $\boldsymbol{P}^{\mathrm{T}}$ 的最大特征值 1 对应的特征概率向量，求得极限概率。编写程序如下：

```
clc,clear,format rat
p=[0.8 0.1 0.1;0.5 0.1 0.4;0.5 0.3 0.2];
a=[p'-eye(3);ones(1,3)];  % 构造方程组 az=b 的系数矩阵
b=[zeros(3,1);1];  % 构造方程组 az=b 的常数项序列
p-limit=a\b  % 求方程组的解
format  % 恢复到短小数显示格式
```

例 15.12 为适应日益扩大的旅游事业的需要，某城市的甲、乙、丙三个照相馆组成一个联营部，联合经营出租相机的业务。游客可由甲、乙、丙三处任何一处租出相机，用完后，还在三处中任意一处即可。估计其转移概率如表 15.9 所列。今欲选择其中之一附设相机维修点，问该点设在哪一个照相馆为最好？

表 15.9 状态转移概率

		还相机处		
		甲	乙	丙
租相机处	甲	0.2	0.8	0
	乙	0.8	0	0.2
	丙	0.1	0.3	0.6

解 由于旅客还相机的情况只与该次租相机地点有关，而与相机以前所在的店址无关，所以可用 X_n 表示相机第 n 次被租用时所在的店址；"$X_n=1$"、"$X_n=2$"、"$X_n=3$"分别表示相机第 n 次被租用时在甲、乙、丙馆。那么，$\{X_n, n=1,2,\cdots\}$ 是一个马尔可夫链，其转移矩阵 $\boldsymbol{P}$ 由表 15.9 给出。考虑维修点的设置地点问题，实际上要计算这一马尔可夫链的极限概率分布。

状态转移矩阵是正则的，极限概率存在，解方程组

$$\begin{cases} p_1 = 0.2p_1 + 0.8p_2 + 0.1p_3, \\ p_2 = 0.8p_1 + 0.3p_3, \\ p_3 = 0.2p_2 + 0.6p_3, \\ p_1 + p_2 + p_3 = 1_{\circ} \end{cases}$$

得极限概率 $p_1=\frac{17}{41}, p_2=\frac{16}{41}, p_3=\frac{8}{41}$。

由计算看出，经过长期经营后，该联营部的每架照相机还到甲、乙、丙照相馆的概率分别为$\frac{17}{41}$、$\frac{16}{41}$、$\frac{8}{41}$。由于还到甲馆的照相机较多，因此维修点设在甲馆较好。但由于还到乙馆的相机与还到甲馆的相差不多，若是乙的其他因素更为有利，如交通较甲方便、便于零配件的运输、电力供应稳定等，亦可考虑设在乙馆。

15.5 时间序列

15.5.1 平稳性 Daniel 检验

检验序列平稳性的方法很多，在此介绍其中一种，即 Daniel 检验。Daniel 检验方法建立在 Spearman 相关系数的基础上。

Spearman 相关系数是一种秩相关系数。设 $x_1,x_2,\cdots,x_n$ 是从一元总体抽取的容量为 n 的样本，其顺序统计量是 $x_{(1)},x_{(2)},\cdots,x_{(n)}$。若 $x_i=x_{(k)}$，则称 k 是 x_i 在样本中的秩，记作 R_i，对每一个 $i=1,2,\cdots,n$，称 R_i 是第 i 个秩统计量。$R_1,R_2,\cdots,R_n$ 总称为秩统计量。

对于二维总体 (X,Y) 的样本观测数据 $(x_1,y_1),(x_2,y_2),\cdots,(x_n,y_n)$，可得各分量 X,Y 的一元样本数据 $x_1,x_2,\cdots,x_n$ 与 $y_1,y_2,\cdots,y_n$。设 $x_1,x_2,\cdots,x_n$ 的秩统计量是 $R_1,R_2,\cdots,R_n$，$y_1,y_2,\cdots,y_n$ 的秩统计量是 $S_1,S_2,\cdots,S_n$，当 X,Y 联系比较紧密时，这两组秩统计量联系也是紧密的。Spearman 相关系数定义为这两组秩统计量的相关系数，即 Spearman 相关系数是

$$q_{XY}=\frac{\sum_{i=1}^{n}(R_i-\bar{R})(S_i-\bar{S})}{\sqrt{\sum_{i=1}^{n}(R_i-\bar{R})^2}\sqrt{\sum_{i=1}^{n}(S_i-\bar{S})^2}},$$

式中：$\bar{R}=\frac{1}{n}\sum_{i=1}^{n}R_i$；$\bar{S}=\frac{1}{n}\sum_{i=1}^{n}S_i$。经过运算，可以证明

$$q_{XY}=1-\frac{6}{n(n^2-1)}\sum_{i=1}^{n}d_i^2,$$

式中：$d_i=R_i-S_i,i=1,2,\cdots,n$。

对于 Spearman 相关系数，作假设检验

$$H_0:\rho_{XY}=0,H_1:\rho_{XY}\neq 0。$$

式中：ρ_{XY} 为总体的相关系数，可以证明，当 (X,Y) 是二元正态总体，且 H_0 成立时，统计量

$$T=\frac{q_{XY}\sqrt{n-2}}{\sqrt{1-q_{XY}^2}}$$

服从自由度为 $n-2$ 的 t 分布 $t(n-2)$。

对于给定的显著水平 α，通过 t 分布表可查到统计量 T 的临界值 $t_{\alpha/2}(n-2)$，当 $|T|\leq t_{\alpha/2}(n-2)$ 时，接受 H_0；当 $|T|>t_{\alpha/2}(n-2)$ 时，拒绝 H_0。

对于时间序列的样本 $a_1,a_2,\cdots,a_n$，记 a_t 的秩为 $R_t=R(a_t)$，考虑变量对 $(t,R_t),t=1,2,\cdots,n$ 的 Spearman 相关系数 q_s，有

$$q_s=1-\frac{6}{n(n^2-1)}\sum_{i=1}^{n}(t-R_t)^2, \tag{15.24}$$

构造统计量

$$T=\frac{q_s\sqrt{n-2}}{\sqrt{1-q_s^2}}。$$

作下列假设检验

H_0:序列 X_t 平稳;

H_1:序列 X_t 非平稳(存在上升或下降趋势)。

Daniel 检验方法:对于显著水平 α,由时间序列 a_t 计算 (t, R_t), $t = 1, 2, \cdots, n$ 的 Spearman 秩相关系数 q_s,若 $|T| > t_{\alpha/2}(n-2)$,则拒绝 H_0,认为序列非平稳。且当 $q_s > 0$ 时,认为序列有上升趋势;$q_s < 0$ 时,认为序列有下降趋势。又当 $|T| \leqslant t_{\alpha/2}(n-2)$ 时,接受 H_0,可以认为 X_t 是平稳序列。

15.5.2 税收收入 AR 预测模型

1. 问题的提出

税收作为政府财政收入的主要来源,是地区政府实行宏观调控、保证地区经济稳定增长的重要因素。各级政府每年均需预测来年的税收收入以安排财政预算。什么方法能够帮助地方政府有效地预测税收收入?

表 15.10 是某地历年税收数据(单位:亿元)。本节引入现代计量经济学的方法,预测税收收入,为年度税收计划和财政预算提供更有效、更科学的依据。

表 15.10 各年度的税收数据

年份	1	2	3	4	5	6	7
税收	15.2	15.9	18.7	22.4	26.9	28.3	30.5
年份	8	9	10	11	12	13	14
税收	33.8	40.4	50.7	58	66.7	81.2	83.4

2. 模型的构建

从较长的时间来看,经济运行遵循一定的规律,而从短期来看,由于受到宏观政策、市场即期需求变化等不确定因素的影响,预测会有一定的困难。目前,预测经济运行的理论方法有很多,经典的有生长曲线、指数平滑法等,但这些方法对短期波动的把握性不高。AR 自回归模型在经济预测过程中既考虑了经济现象在时间序列上的依存性,又考虑了随机波动的干扰性,对于经济运行短期趋势的预测准确率较高,是应用比较广泛的一种方法。

作为经济运行的一种重要指标,税收收入具有一定的稳定性和增长性,且与前几年的税收具有一定的关联性,因此可以采用时间序列方法对税收的增长建立预测模型。

记原始时间序列数据为 $a_t (t = 1, 2, \cdots, 14)$,首先检验序列 a_t 是否是平稳的,对显著水平 $\alpha = 0.05$,由式(15.24)算得 $q_s = 1$,计算得统计量 $T = +\infty$,上 $\alpha/2$ 分位数的值 $t_{\alpha/2}(12) = 2.1788$,所以 $|T| > t_{\alpha/2}(n-2)$,故认为序列是非平稳的;因为 $q_s > 0$,所以序列有上升趋势。

为了构造平稳序列,对序列 $a_t (t = 1, 2, \cdots, 14)$ 作一阶差分运算 $b_t = a_{t+1} - a_t$,得到序列 $b_t (t = 1, 2, \cdots, 13)$。从时间序列 b_t 散点图来看,时间序列是平稳的。可建立如下的自

回归模型($AR(2)$模型)对 b_t 进行预测:

$$y_t = c_1 y_{t-1} + c_2 y_{t-2} + \varepsilon_t,$$

式中:c_1, c_2 为待定参数;ε_t 为随机扰动项。

3. 模型的求解

根据表 15.10 的数据,采用最小二乘法可计算得出 b_t 的预测模型为

$$y_t = 0.2785 y_{t-1} + 0.6932 y_{t-2} + \varepsilon_t,$$

利用该模型,求得 $t = 15$ 时,税收的预测值 $\hat{a}_{15} = 94.064$。

对于已知数据上述模型的预测相对误差见表 15.11。可以看出该模型的预测精度是较高的。

表 15.11 已知数据的预测值及相对误差

年份	1	2	3	4	5	6	7
税收	15.2	15.9	18.7	22.4	26.9	28.3	30.5
预测值	15.2	15.9	18.7	19.9651	25.3715	30.7182	31.8093
相对误差	0	0	0	0.1087	0.0568	0.0854	0.0429
年份	8	9	10	11	12	13	14
税收	33.8	40.4	50.7	58	66.7	81.2	83.4
预测值	32.0832	36.2442	44.5258	58.1439	67.1731	74.1835	91.2694
相对误差	0.0508	0.1029	0.1218	0.0025	0.0071	0.0864	0.0944

4. 模型的拓展

由于本案例中第 t 年税收的值与前若干年的值之间具有较高的相关性,所以采用了 AR 模型,在其他情况下,也可采用 MA 模型或者 ARMA 模型等其他时间序列方法。

另外,还可考虑投资、生产、分配结构、税收政策等诸多因素对税收收入的影响,采用多元时间序列分析方法建立关系模型,从而改善税收预测模型,提高预测质量。

计算的 Matlab 程序如下:

```
clc, clear
a=[15.2   15.9  18.7  22.4  26.9  28.3  30.5
   33.8   40.4  50.7  58              66.7  81.2  83.4];
a=a'; a=a(:); a=a'; % 把原始数据按照时间顺序展开成一个行向量
Rt=tiedrank(a) % 求原始时间序列的秩
n=length(a); t=1:n;
Qs=1-6/(n*(n^2-1))*sum((t-Rt).^2)   % 计算 Qs 的值
T=Qs*sqrt(n-2)/sqrt(1-Qs^2)   % 计算 T 统计量的值
t_0=tinv(0.975,n-2)     % 计算上 alpha/2 分位数
b=diff(a)   % 求原始时间序列的一阶差分
m=ar(b,2,'ls')   % 利用最小二乘法估计模型的参数
bhat=predict(m,b')   % 求原始数据的预测值,第二个参数必须为列向量
bhat(end+1)=forecast(m,b',1) % 计算 1 个预测值,第二个参数必须为列向量
```

```
ahat = [a(1),a + bhat']  % 求原始数据的预测值,并计算 t = 15 的预测值
delta = abs((ahat(1:end - 1) - a)./a)  % 计算原始数据预测的相对误差
xlswrite('yu.xls',ahat), xlswrite('yu.xls',delta,'Sheet1','A3') % 数据写到 Excel 文件中,方便 Word 中制表并贴入数据
```

15.6 插值与拟合

15.6.1 导弹运动轨迹问题

1. 问题的提出

在某次军事演习中,用测距仪对空中的某导弹进行运动轨迹测量。地面上有 3 个测距仪 $A_i(i=1,2,3)$,其中,A_2 位于 A_1 的正北方 4.5km 处;A_3 位于 A_1 与 A_2 的西侧,与 A_1、A_2 的距离分别为 $\sqrt{6.25}$km 和 $\sqrt{13}$km。测得的数据为每间隔 0.05s 导弹到 3 个测距仪的距离(单位:m),其中最后测得的 10 个数据见表 15.12。

表 15.12　三个测距仪到导弹的距离数据

时间 t/s	A_1 到导弹距离/m	A_2 到导弹距离/m	A_3 到导弹距离/m
9.5	17675.33388	21839.81626	19851.29886
9.55	18606.75463	22807.17185	20756.90878
9.6	19575.37056	23807.47844	21700.16008
9.65	20580.73101	24840.82393	22680.74614
9.7	21622.49583	25907.33669	23698.43062
9.75	22700.42386	27007.18253	24753.04392
9.8	23814.3622	28140.56181	25844.47924
9.85	24964.23654	29307.70672	26972.68827
9.9	26150.04242	30508.87882	28137.67706
9.95	27371.83745	31744.36674	29339.50183

试给出 9.5s~9.95s 时间内该导弹的运动轨迹方程。

2. 模型的建立与求解

以 A_1 点作为坐标原点,A_1A_2 所在的射线作为 y 轴的正半轴,A_1,A_2,A_3 所在的平面为 xoy 面,建立三维右手空间坐标系。那么,A_1 点的坐标为(0,0,0),A_2 点的坐标为(0,4500,0),根据距离关系容易求得 A_3 点的坐标为(-2000,1500,0)。

表 15.12 中的 10 个测量点分别用 $i=1,2,\cdots,10$ 编号,记 $d_{ij}(i=1,2,\cdots,10;j=1,2,3)$ 为第 i 个测量点到第 j 个测距仪的距离,设第 i 个测量点的坐标为 (x_i,y_i,z_i),由点 (x_i,y_i,z_i) 到三个测距仪的距离关系建立如下非线性方程组:

$$\begin{cases} x_i^2+y_i^2+z_i^2=d_{i1}^2, \\ y_i^2+(y_i-4500)^2+z_i^2=d_{i2}^2, \\ (x_i+2000)^2+(y_i-1500)^2+z_i^2=d_{i3}^2, \end{cases} \quad i=1,2,\cdots,10。\tag{15.25}$$

求解式(15.25)的方程组即可求得 10 个观察点的三维坐标。

下面建立导弹运动轨迹的参数方程:

$$\begin{cases}x = x(t),\\ y = y(t),\\ z = z(t),\end{cases}$$

由于只有 10 个观测点,因此必须进行插值。这里使用三次样条函数进行插值,利用 Matlab 程序就可以求得导弹运动的轨迹。把插值的轨迹方程全部写出来太繁杂,这里只给出最后一个区间,即最后两个观测点之间的轨迹参数方程为

$$\begin{cases}x = 0.0129(t-9.90)^3 - 30.1605(t-9.90)^2 - 775.4497(t-9.90) + 6520.4573,\\ y = -704.44(t-9.90)^3 - 6265.95(t-9.90)^2 - 25285.76(t-9.90) - 25190.77,\\ z = -0.3452(t-9.90)^3 - 4.9089(t-9.90)^2 - 898.0054(t-9.90) + 2594.8503,\end{cases}$$

式中:$t \in [9.9, 9.95]$。

计算的 Matlab 程序如下:

```
clc,clear
syms x y
syms z positive % 由于导弹在空中,因此定义符号变量 z 为正
format long g % 长小数的数据显示格式
a=load('daodan.txt'); % 把原始的全部数据保存到纯文本文件 daodan.txt 中
d=a(:,[2:end]); % 提取 3 个测距仪到观测点的距离,a 的第一列为时间
n=size(a,1); sol=[]; % sol 为保存观测点坐标的矩阵,这里初始化
for i=1:n
eq1=x^2+y^2+z^2-d(i,1)^2; % 定义非线性方程组的符号方程的左端项
eq2=x^2+(y-4500)^2+z^2-d(i,2)^2;
eq3=(x+2000)^2+(y-1500)^2+z^2-d(i,3)^2;
[xx,yy,zz]=solve(eq1,eq2,eq3); % 求 x,y,z 的符号解
sol=[sol;double([xx,yy,zz])]; % 数据类型转换,符号数据无法进行插值运算
end
sol % 显示求得的 10 个点的坐标
pp1=csape(a(:,1),sol(:,1))  % 求 x(t)的插值函数
xishu1=pp1.coefs(end,:)  % 显示 x(t)最后一个区间的三次样条函数的系数
pp2=csape(a(:,1),sol(:,2))  % 求 y(t)的插值函数
xishu2=pp2.coefs(end,:)  % 显示 y(t)最后一个区间的三次样条函数的系数
pp3=csape(a(:,1),sol(:,3))  % 求 z(t)的插值函数
xishu3=pp3.coefs(end,:)  % 显示 z(t)最后一个区间的三次样条函数的系数
```

注:Matlab 中 csape 函数返回的数据是一个 pp 结构数组,其中 coefs 数据域返回的是一个矩阵,它的行数是插值小区间的个数(数据点的个数减 1),它的每一行是该小区间上插值三次多项式的系数,该区间上三次多项式的一般项是自变量减该小区间左端点的值。

15.6.2 录像机计数器的用途

1. 问题的提出

老式的录像机上都有计数器,而没有计时器。经试验,一盘标明 180min 的录像带从开头放映到结尾,用了 184min,计数器读数从 0000 变到 6061,另外还有一批测试数据,所

有的测试数据见表 15.13。

表 15.13　时间 t 和计数器 n 的测量数据

t/min	0	20	40	60	80
n	0	1141	2019	2760	3413
t/min	100	120	140	160	184
n	4004	4545	5051	5525	6061

在一次使用中录像带已经转过大半，计数器读数为 4450，问剩下的一段还能否录下 1h 的节目？

2. 问题分析

计数器的读数是怎样变化的，它的增长为什么先快后慢，回答这个问题需要了解计数器的简单工作原理(图 15.1)。

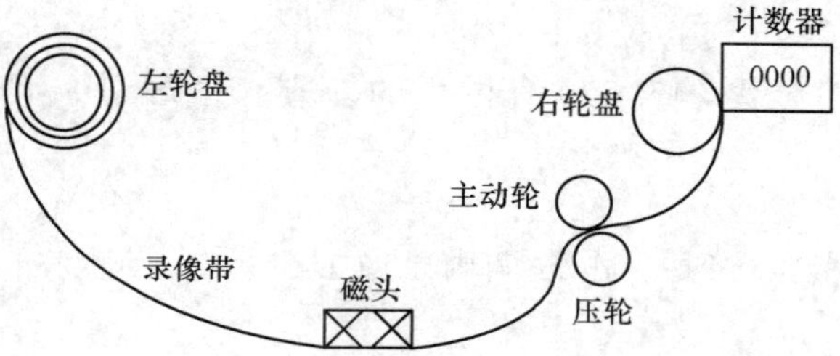

图 15.1　录像机计数器工作原理示意图

录像带有两个轮盘，不妨将一开始录像带缠满的那个轮盘称为左轮盘，另一个为右轮盘。计数器与右轮盘的轴相连，其读数与右轮转动的圈数成正比。开始时右轮盘是空的，读数为 0000，随着带子从左向右运动，右轮盘半径增加，使得转动越来越慢，计数器读数的增长也就越来越慢。

在录像带的转动过程中，与微型电动机相连的主动轮的转速当然是不变的，录像带靠压轮压在主动轮上，所以录像带的运动速度(线速度)为常数，而右轮盘随着半径的增加，其转速当然越来越慢了。

我们要找出计数器读数 n 与录像带转过时间 t 之间的关系，即建立一个数学模型 $t=f(n)$。

3. 模型假设

(1) 录像带的线速度是常数 v。

(2) 计数器读数 n 与右轮盘转的圈数 m 成正比，$m=kn$，k 为比例系数。

(3) 录像带的厚度(加上缠绕时两圈间的空隙)是常数 w，空右轮盘半径为 r。

(4) 初始时刻 $t=0$ 时，$n=0$。

4. 模型建立

建立 t 与 n 之间的关系有多种途径。

方法一

计算缠绕在右轮盘上的录像度的长度。当右轮盘转到第 i 圈时，其半径为 $r+wi$，周

长为 $2\pi(r+wi)$，m 圈的总长度恰等于录像带转过的长度 vt，即

$$\sum_{i=1}^{m} 2\pi(r + wi) = vt,$$

代入 $m=kn$，容易算出

$$t = \frac{\pi wk^2}{v}n^2 + \frac{2\pi rk + \pi wk}{v}n, \tag{15.26}$$

这就是我们需要的数学模型。

方法二

考察右轮盘面积的增加，它应该等于录像带转过的长度与厚度的乘积，即

$$\pi[(r + wkn)^2 - r^2] = wvt,$$

可以算出

$$t = \frac{\pi wk^2}{v}n^2 + \frac{2\pi rk}{v}n。 \tag{15.27}$$

模型(15.26)与模型(15.27)有微小的差别。考虑到 w 比 r 小得多，使用模型(15.27)即可。

方法三

用微元分析法，考察 t 到 $t+\mathrm{d}t$ 时间内录像带在右轮盘缠绕圈数从 m 变化到 $m+\mathrm{d}m$，有

$$2\pi(r + mw)\mathrm{d}m = v\mathrm{d}t,$$

即

$$2\pi(r + knw)k\mathrm{d}n = v\mathrm{d}t,$$

再加上初始条件，建立微分方程的初值问题

$$\begin{cases} \dfrac{\mathrm{d}t}{\mathrm{d}n} = \dfrac{2\pi rk}{v} + \dfrac{2\pi wk^2}{v}n, \\ t|_{n=0} = 0, \end{cases}$$

同样可以得到式(15.27)。

实际上，从建模的目的看，如果把式(15.27)改记为

$$t = an^2 + bn, \tag{15.28}$$

那么只需要确定 a,b 两个参数即可进行 n 和 t 之间的计算。

5. 模型的求解

使用表 15.13 中的数据，利用最小二乘法估计参数 a,b，求得 $a=2.61\times10^{-6}$，$b=1.45\times10^{-2}$，代入式(15.28)，算得 $n=4450$ 时，$t=116.4\text{min}$，剩下的录像带能录 $184-116.4=67.6\text{min}$ 的节目。

计算的 Matlab 程序如下：

```
clc, clear
a=load('jishu.txt'); % 把表 15.15 中的数据保存到纯文本文件 jishu.txt 中
t=a([1,3],:); t=t(:); % 提取时间 t 数据，并变成列向量，这里 t 没有顺序
n=a([2,4],:); n=n(:); % 提取计算器读数 n 的数据
```

```
xishu=[n.^2,n]; % 构造系数阵
ab=xishu\t
n0=4450
that=ab(1)*n0^2+ab(2)*n0
```

注:若无上述的机理建模分析,开始就直接用幂函数或其他的函数类来拟合时间 t 和计数器读数 n 之间的函数关系,拟合效果肯定不好,并且误差是较大的。

15.7 神经元网络

人工神经网络是国际学术界十分活跃的前沿研究领域,在控制与优化、预测与管理、模式识别与图像处理、通信等方面得到了十分广泛的应用。

下面简单介绍 BP(Back Propagation)神经网络和径向基函数(Radial Basis Function, RBF)神经网络的原理,及其在预测中的应用。

15.7.1 BP 神经网络

1. BP 神经网络拓扑结构

BP 神经网络是一种具有三层或三层以上的多层神经网络,每一层都由若干个神经元组成,如图 15.2 所示,它的左、右各层之间各个神经元实现全连接,即左层的每一个神经元与右层的每个神经元都有连接,而上下各神经元之间无连接。BP 神经网络按有导师学习方式进行训练,当一对学习模式提供给网络后,其神经元的激活值将从输入层经各隐含层向输出层传播,在输出层的各神经元输出对应于输入模式的网络响应。然后,按减少希望输出与实际输出误差的原则,从输出层经各隐含层,最后回到输入层逐层修正各连接权。由于这种修正过程是从输出到输入逐层进行的,所以称它为“误差逆传播算法”。随着这种误差逆传播训练的不断修正,网络对输入模式响应的正确率也将不断提高。

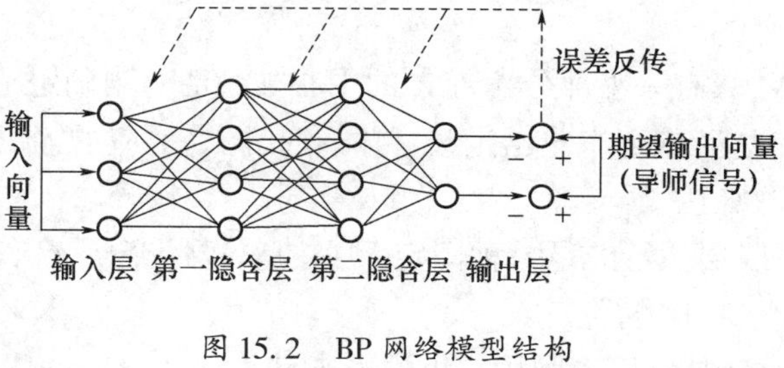

图 15.2 BP 网络模型结构

2. BP 神经网络训练

为了使 BP 神经网络具有某种功能,完成某项任务,必须调整层间连接权值和节点阈值,使所有样品的实际输出和期望输出之间的误差稳定在一个较小的值以内。

一般地,可将 BP 网络的学习算法描述为如下步骤:

(1) 初始化网络及学习参数,如设置网络初始权矩阵、学习因子等。

(2) 提供训练模式,训练网络,直到满足学习要求。

（3）前向传播过程：对给定训练模式输入，计算网络的输出模式，并与期望模式比较，若有误差，则执行步骤（4），否则返回步骤（2）。

（4）反向传播过程：计算同一层单元的误差，修正权值和阈值，返回步骤（2）。

网络的学习是通过用给定的训练集训练而实现的。通常用网络的均方差误差来定量地反映学习的性能。一般地，当网络的均方差误差低于给定值时，则表明对给定训练集学习已满足要求了。

15.7.2 RBF 神经网络

1. RBF 网络结构

RBF 神经网络有很强的逼近能力、分类能力和学习速度。其工作原理是把网络看成对未知函数的逼近，任何函数都可以表示成一组基函数的加权和，也即选择各隐层神经元的传输函数，使之构成一组基函数来逼近未知函数。RBF 人工神经网络由一个输入层、一个隐含层和一个输出层组成。RBF 神经网络的隐层基函数有多种形式，常用函数为高斯函数，设输入层的输入为 $\boldsymbol{X}=[x_1,x_2,\cdots,x_n]$，实际输出为 $\boldsymbol{Y}=[y_1,y_2,\cdots,y_p]$。输入层实现从 $\boldsymbol{X}\to R_i(\boldsymbol{X})$ 的非线性映射，输出层实现从 $R_i(\boldsymbol{X})\to y_k$ 的线性映射，输出层第 k 个神经元网络输出为

$$\hat{y}_k = \sum_{i=1}^{m} w_{ik}R_i(\boldsymbol{X}),k = 1,\cdots,p, \tag{15.29}$$

式中：n 为输入层节点数；m 为隐含层节点数；p 为输出层节点数；w_{ik} 为隐含层第 i 个神经元与输出层第 k 个神经元的连接权值；$R_i(\boldsymbol{X})$ 为隐含层第 i 个神经元的作用函数，即

$$R_i(\boldsymbol{X}) = \exp(-\|\boldsymbol{X}-\boldsymbol{C}_i\|^2/2\sigma_i^2),i = 1,\cdots,m, \tag{15.30}$$

式中：$\boldsymbol{X}$ 为 n 维输入向量；$\boldsymbol{C}_i$ 为第 i 个基函数的中心，与 $\boldsymbol{X}$ 具有相同维数的向量；σ_i 为第 i 个基函数的宽度；m 为感知单元的个数（隐含层节点数）；$\|\boldsymbol{X}-\boldsymbol{C}_i\|$ 为向量 $\boldsymbol{X}-\boldsymbol{C}_i$ 的范数，它通常表示 $\boldsymbol{X}$ 与 $\boldsymbol{C}_i$ 之间的距离；$R_i(\boldsymbol{X})$ 在 $\boldsymbol{C}_i$ 处有唯一的最大值，随着 $\|\boldsymbol{X}-\boldsymbol{C}_i\|$ 的增大，$R_i(\boldsymbol{X})$ 迅速衰减到 0。

对于给定的输入，只有一小部分靠近 $\boldsymbol{X}$ 的中心被激活。当确定了 RBF 网络的聚类中心 $\boldsymbol{C}_i$、权值 w_{ik} 及 σ_i 以后，就可求出给定某一输入时，网络对应的输出值。

2. RBF 网络学习算法

在 RBF 网络中，隐层执行的是一种固定不变的非线性变换，$\boldsymbol{C}_i,\sigma_i,w_{ik}$ 需通过学习和训练来确定，一般分为 3 步进行。

（1）确定基函数的中心 $\boldsymbol{C}_i$。利用一组输入来计算 m 个 $\boldsymbol{C}_i,i=1,2,\cdots,m$，使 $\boldsymbol{C}_i$ 尽可能均匀地对数据抽样，在数据点密集处 $\boldsymbol{C}_i$ 也密集。一般采用“K 均值聚类法”。

（2）确定基函数的宽度 σ_i。基函数中心 $\boldsymbol{C}_i$ 训练完成后，可以求得归一化参数，即基函数的宽度 σ_i 表示与每个中心相联系的子样本集中样本散布的一个测度。常用的是令其等于基函数中心与子样本集中样本模式之间的平均距离。

（3）确定从隐含层到输出层的连接权值 w_{ik}，RBF 连接权 w_{ik} 的修正可以采用最小均方差误差测度准则进行。

15.7.3 基于神经网络的年径流预报实例

1. 网络学习样本的建立

现有某水库实测径流资料和相应的前期 4 个预报因子实测数据见表 15.14，其中 4 个预报因子分别为水库上一年11 ~12 月的总降雨量 x_1（单位：mm），当年 1,2,3 月的总降雨量 x_2, x_3, x_4。在本例应用中将这 4 个预报因子作为输入，年径流量 y（单位：m^3/s）为输出，构成 4 个输入 1 个输出的网络，将前 19 个实测数据作为训练样本集，后 1 个实测数据作为预测检验样本。

表 15.14　某水库实测年径流量与因子特征值

序号	x_1	x_2	x_3	x_4	y	序号	x_1	x_2	x_3	x_4	y
1	15.6	5.6	3.5	25.5	22.9	11	25.9	1.2	9.0	3.3	22.8
2	27.8	4.3	1.0	7.7	23.4	12	64.3	3.7	4.6	4.8	19.8
3	35.2	3.0	38.1	3.7	36.8	13	55.9	2.9	0.3	5.2	19.6
4	10.2	3.4	3.5	7.4	22.0	14	19.6	10.5	10.7	10.3	28.5
5	29.1	33.2	1.6	24.0	6.4	15	35.6	2.4	6.6	24.6	22.8
6	10.2	11.6	2.2	26.7	29.4	16	10.9	9.4	0.8	7.1	18.2
7	35.4	4.1	1.3	7.0	26.2	17	24.7	8.2	7.7	14.4	23.8
8	8.7	3.5	7.5	5.0	20.9	18	22.6	11.2	9.9	18.5	17.3
9	25.4	0.7	22.2	35.4	26.5	19	21.5	2.9	1.6	4.5	21.9
10	15.3	6.0	2.0	17.5	37.3	20	54.7	3.3	3.7	11.6	32.8

2. 原始数据的预处理

采用式(15.31)分别对样本的输入、输出数据进行规格化处理，有

$$\tilde{t} = \frac{2(t - t_{\min})}{t_{\max} - t_{\min}} - 1, \tag{15.31}$$

式中：t 为规格化前的变量；$t_{\max}$ 和 $t_{\min}$ 分别为 t 的最大值和最小值；$\tilde{t}$ 为规格化后的变量。

Matlab 中提供了对数据进行规格化处理的函数：

```
[tn, ps] = mapminmax(t)
```

相应的逆处理函数：

```
t = mapminmax('reverse', tn, ps)
```

执行的算法是

$$t = 0.5(\tilde{t} + 1) \cdot (t_{\max} - t_{\min}) + t_{\min}。$$

3. 网络的训练

利用 Matlab 提供的神经网络工具箱实现人工神经网络的功能十分方便。由于年径流预报中自变量有 4 个，因变量有 1 个，输入神经元的个数取为 4，输出神经元的个数取为 1，中间隐含层神经元的个数，BP 网络需要根据经验取定，RBF 网络会在训练过程中自适应地取定。

BP 网络存在一些缺点，如收敛速度慢，网络易陷于局部极小，学习过程常常发生振荡。对于本案例的预测，BP 网络隐含层神经元个数取为 4 时，计算结果相对稳定，隐含层神经元个数取为其他值时，运行结果特别不稳定，每一次的运行结果相差很大。

利用 Matlab 工具箱，求得对于第 20 个样本点，RBF 网络的预测值为 26.7693，相对误差为 18.39%，BP 网络的运行结果每次都有很大的不同，通过计算结果可以看出，RBF 网络模型的预测结果要好于 BP 网络模型的预测结果。

计算的 Matlab 程序如下：

```
clc, clear
a=load('jingliu.txt'); % 把表中第2列～第6列的数据保存到纯文本文件jingliu.txt中
a=a'; % 注意神经网络的数据格式,不要将矩阵转置
P=a([1:4],[1:end-1]); [PN,PS1]=mapminmax(P); % 自变量数据规格化到[-1,1]
T=a(5,[1:end-1]);  [TN,PS2]=mapminmax(T); % 因变量数据规格化到[-1,1]
net1=newrb(PN,TN)  % 训练RBF网络
x=a([1:4],end); xn=mapminmax('apply',x,PS1); % 预测样本点自变量规格化
yn1=sim(net1,xn); y1=mapminmax('reverse',yn1,PS2) % 求预测值,并把数据还原
delta1=abs(a(5,20)-y1)/a(5,20)  % 计算RBF网络预测的相对误差
net2=feedforwardnet(4);  % 初始化BP网络,隐含层的神经元取为4个(多次试验)
net2 = train(net2,PN,TN); % 训练BP网络
yn2= net2(xn); y2=mapminmax('reverse',yn2,PS2)  % 求预测值,并把数据还原
```

拓展阅读材料

[1] 姜启源，谢金星. Google 搜索引擎的奥妙. 数学建模案例选集. 北京：高等教育出版社，2006：27－39.

[2] 张善文，雷英杰，冯有前. Matlab 在时间序列分析中的应用. 西安：西安电子科技大学出版社，2007.

[3] 杨健，汪海航. 基于隐马尔可夫模型的文本分类算法. 计算机应用，2010，30(9)：2348－2361.

[4] 王增民，王开珏. 基于灰色加权马尔可夫链的移动通信市场预测. 数学的实践与认识，2012，42(22)：8－15.

习　题　15

15.1　某地区用水管理机构需要对居民的用水速度(单位时间的用水量)和日总用水量进行估计。现有一居民区，其自来水是由一个圆柱形水塔提供，水塔高 12.2m，塔的直径为 17.4m。水塔是由水泵根据水塔中的水位自动加水。按照设计，当水塔中的水位降至最低水位(约 8.2m)时，水泵自动启动加水；当水位升高到最高水位(约 10.8m)时，水泵停止工作。

表 15.15 给出的是 28 个时刻的数据，但由于水泵正向水塔供水，有 4 个时刻无法测到水位(表 15.15 中为－)。

表 15.15 水塔中水位原始数据

时刻 t/h	0	0.92	1.84	2.95	3.87	4.98	5.90
水位/m	9.68	9.48	9.31	9.13	8.98	8.81	8.69
时刻 t/h	7.01	7.93	8.97	9.98	10.92	10.95	12.03
水位/m	8.52	8.39	8.22	—	—	10.82	10.5
时刻 t/h	12.95	13.88	14.98	15.9	16.83	17.93	19.04
水位/m	10.21	9.94	9.65	9.41	9.18	8.92	8.66
时刻 t/h	19.96	20.84	22.01	22.96	23.88	24.99	25.91
水位/m	8.43	8.22	—	—	10.59	10.35	10.18

试建立数学模型,来估计居民的用水速度和日总用水量。

15.2 已知兰彻斯特的游击战争模型如下:

$$\begin{cases} \dot{x}(t) = -cxy - \alpha x, \\ \dot{y}(t) = -dxy - \beta y, \end{cases}$$

式中:参数 c,d,α,β 的值未知。

现在有连续20天的观测数据见表15.16,拟合参数 c,d,α,β。

表 15.16 观测数据表

t	1	2	3	4	5	6	7	8	9	10
x	1500	1400	1320	1100	1000	950	880	800	700	680
y	1200	1120	1080	1060	980	930	870	790	680	670
t	11	12	13	14	15	16	17	18	19	20
x	620	600	570	520	500	450	440	420	400	390
y	600	590	560	500	480	420	400	370	350	330

第 16 章　目 标 规 划

线性规划只能解决一组线性约束条件下,一个目标的最大值或最小值的问题。在实际决策中,衡量方案优劣要考虑多个目标,这些目标中,有主要的,也有次要的;有最大值的,也有最小值的;有定量的,也有定性的;有相互补充的,也有相互对立的。对于这些问题,线性规划则无能为力。

美国经济学家查恩斯(A. Charnes)和库柏(W. W. Cooper)在 1961 年出版的《管理模型及线性规划的工业应用》一书中,首先提出目标规划(Goal Programming)。目标规划的求解思路有两种。

(1) 加权系数法。为每一目标赋一个权系数,把多目标模型转化成单一目标的模型。但困难是要确定合理的权系数,以反映不同目标之间的重要程度。

(2) 优先等级法。将各目标按其重要程度不同的优先等级,转化为单目标模型。

在目标规划中不提最优解的概念,只提满意解的概念,即寻求能够照顾到各个目标,并使决策者感到满意的解,由决策者来确定选取哪一个解,但满意解的数目太多而难以将其一一求出。

16.1　目标规划的数学模型

16.1.1　目标规划的概念

为了具体说明目标规划与线性规划在处理问题方法上的区别,先通过例子来介绍目标规划的有关概念及数学模型。

例 16.1　某工厂生产Ⅰ,Ⅱ两种产品,已知有关数据如表 16.1 所列,试求获利最大的生产方案。

表 16.1　生产数据表

	Ⅰ	Ⅱ	拥有量
原材料/kg	2	1	11
设备生产能力/h	1	2	10
利润/(万元/件)	8	10	

解　这是一个单目标的规划问题。设生产产品Ⅰ,Ⅱ的量分别为 x_1, x_2 时获利 z 最大,建立如下线性规划模型:

$$\max\quad z = 8x_1 + 10x_2,$$

$$\text{s.t.}\quad \begin{cases} 2x_1 + x_2 \leqslant 11, \\ x_1 + 2x_2 \leqslant 10, \\ x_1, x_2 \geqslant 0。\end{cases}$$

最优决策方案为 $x_1^* = 4, x_2^* = 3, z^* = 62$(万元)。

但实际上工厂在做决策方案时，要考虑市场等一系列其他条件。如：

(1) 根据市场信息，产品Ⅰ的销售量有下降的趋势，故考虑产品Ⅰ的产量不大于产品Ⅱ。

(2) 超过计划供应的原材料，需要高价采购，这就使成本增加。

(3) 应尽可能充分利用设备，但不希望加班。

(4) 应尽可能达到并超过计划利润指标 56 万元。

这样在考虑产品决策时，便为多目标决策问题。目标规划方法是解决这类决策问题的方法之一。下面引入与建立目标规划数学模型有关的概念。

1. 正、负偏差变量

设$f_i(i=1,\cdots,l)$为第 i 个目标函数，它的正偏差变量 $d_i^+=\max\{f_i-d_i^0,0\}$ 表示决策值超过目标值的部分，负偏差变量 $d_i^-=-\min\{f_i-d_i^0,0\}$ 表示决策值未达到目标值的部分，这里 d_i^0 表示 f_i 的目标值。决策值不可能既超过目标值同时又未达到目标值，即恒有$d_i^+\times d_i^-=0$。

2. 绝对(刚性)约束和目标约束

绝对约束是指必须严格满足的等式约束和不等式约束，如线性规划问题的所有约束条件，不能满足这些约束条件的解称为非可行解，所以它们是硬约束。目标约束是目标规划特有的，可把约束右端项看作要追求的目标值。在达到此目标值时允许发生正或负偏差，因此在这些约束中加入正、负偏差变量，它们是软约束。线性规划问题的目标函数，在给定目标值和加入正、负偏差变量后可变换为目标约束。也可根据问题的需要将绝对约束变换为目标约束。如：例 7.1 的目标函数 $z=8x_1+10x_2$ 可变换为目标约束 $8x_1+10x_2+d_1^--d_1^+=56$。绝对约束 $2x_1+x_2\leqslant 11$ 可变换为目标约束 $2x_1+x_2+d_2^--d_2^+=11$。

3. 优先因子(优先等级)与权系数

一个规划问题常常有若干个目标。但决策者在要求达到这些目标时，是有主次或轻重缓急之分的。凡要求第一位达到的目标赋予优先因子 P_1，次位的目标赋予优先因子 $P_2,\cdots$，并规定 $P_k\gg P_{k+1},k=1,2,\cdots,q-1$。表示 P_k 比 P_{k+1}有更大的优先权。以此类推，若要区别具有相同优先因子的两个目标的差别，可分别赋予它们不同的权系数 w_j，这些都由决策者按具体情况而定。

4. 目标规划的目标函数

目标规划的目标函数(准则函数)是按各目标约束的正、负偏差变量和赋予相应的优先因子而构造的。当每一目标值确定后，决策者的要求是尽可能缩小偏离目标值。因此目标规划的目标函数只能是所有偏差变量的加权和。其基本形式有三种：

(1) 第 i 个目标要求恰好达到目标值，即正、负偏差变量都要尽可能地小，这时

$$\min \quad w_i^-d_i^-+w_i^+d_i^+。$$

(2) 第 i 个目标要求不超过目标值，即允许达不到目标值，就是正偏差变量要尽可能地小，这时

$$\min \quad w_i^+d_i^+。$$

(3) 第 i 个目标要求超过目标值，即超过量不限，但必须是负偏差变量要尽可能地小，这时

$$\min \quad w_i^-d_i^-。$$

对每一个具体目标规划问题,可根据决策者的要求和赋予各目标的优先因子来构造目标函数,以下用例子说明。

例 16.2 例 16.1 的决策者在原材料供应受严格限制的基础上考虑,首先是产品Ⅱ的产量不低于产品Ⅰ的产量;其次是充分利用设备有效台时,不加班;再次是利润额不小于 56 万元。求决策方案。

解 按决策者所要求的,分别赋予这三个目标的优先因子为 P_1, P_2, P_3。这问题的数学模型是

$$\min \quad P_1 d_1^+ + P_2(d_2^- + d_2^+) + P_3 d_3^-,$$

$$\text{s.t.} \begin{cases} 2x_1 + x_2 \leqslant 11, \\ x_1 - x_2 + d_1^- - d_1^+ = 0, \\ x_1 + 2x_2 + d_2^- - d_2^+ = 10, \\ 8x_1 + 10x_2 + d_3^- - d_3^+ = 56, \\ x_1, x_2, d_i^-, d_i^+ \geqslant 0, i = 1,2,3。 \end{cases}$$

16.1.2 目标规划的一般数学模型

设 $x_j (j=1,2,\cdots,n)$ 是目标规划的决策变量,共有 m 个约束是刚性约束,可能是等式约束,也可能是不等式约束。设有 l 个柔性目标约束,其目标约束的偏差为 $d_i^+, d_i^- (i=1,2,\cdots,l)$。设有 q 个优先级别,分别为 $P_1, P_2, \cdots, P_q$。在同一个优先级 P_k 中有不同的权重,分别记为 $w_{ki}^+, w_{ki}^- (i=1,2,\cdots,l)$。因此目标规划模型的一般数学表达式为

$$\min \quad z = \sum_{k=1}^{q} P_k \left(\sum_{i=1}^{l} w_{ki}^- d_i^- + w_{ki}^+ d_i^+ \right),$$

$$\text{s.t.} \begin{cases} \sum_{j=1}^{n} a_{tj} x_j \leqslant (=, \geqslant) b_t, \quad t = 1,\cdots,m, \\ \sum_{j=1}^{n} c_{ij} x_j + d_i^- - d_i^+ = d_i^0, \quad i = 1,2,\cdots,l, \\ x_j \geqslant 0, \quad j = 1,2,\cdots,n, \\ d_i^-, d_i^+ \geqslant 0, \quad i = 1,2,\cdots,l。 \end{cases}$$

建立目标规划的数学模型时,需要确定目标值、优先等级、权系数等,它们都具有一定的主观性和模糊性,可以用专家评定法给以量化。

16.2 求解目标规划的序贯算法

序贯算法是求解目标规划的一种早期算法,其核心是根据优先级的先后次序,将目标规划问题分解成一系列的单目标规划问题,然后再依次求解。

下面介绍求解目标规划的序贯算法。对于 $k=1,2,\cdots,q$,求解单目标规划

$$\min \quad z = \sum_{i=1}^{l} (w_{ki}^{-}d_i^{-} + w_{ki}^{+}d_i^{+}), \tag{16.1}$$

$$\text{s.t.} \begin{cases} \sum_{j=1}^{n} a_{tj}x_j \leqslant (=, \geqslant) b_t, \quad t = 1,\cdots,m, & (16.2) \\ \sum_{j=1}^{n} c_{ij}x_j + d_i^{-} - d_i^{+} = d_i^{0}, \quad i = 1,2,\cdots,l, & (16.3) \\ \sum_{i=1}^{l} (w_{si}^{-}d_i^{-} + w_{si}^{+}d_i^{+}) \leqslant z_s^{*}, s = 1,2,\cdots,k-1, & (16.4) \\ x_j \geqslant 0, \quad j = 1,2,\cdots,n, & (16.5) \\ d_i^{-}, d_i^{+} \geqslant 0, \quad i = 1,2,\cdots,l。 & (16.6) \end{cases}$$

其最优目标值为 z_k^*，当 $k=1$ 时，式(16.4)为空约束。当 $k=q$ 时，z_q^* 所对应的解 x^* 为目标规划的解。

注：也可能求解到 $k=k^* < q$ 时，解集就为空集，说明第 k^* 个目标是无法实现的。

例 16.3 某企业生产甲、乙两种产品，需要用到 A,B,C 三种设备，关于产品的赢利与使用设备的工时及限制如表 16.2 所列。问该企业应如何安排生产，才能达到下列目标。

(1) 力求使利润指标不低于 1500 元。

(2) 考虑到市场需求，甲、乙两种产品的产量比应尽量保持为 1∶2。

(3) 设备 A 为贵重设备，严格禁止超时使用。

(4) 设备 C 可以适当加班，但要控制；设备 B 既要求充分利用，又尽可能不加班。在重要性上，设备 B 是设备 C 的 3 倍。

建立相应的目标规划模型并求解。

表 16.2 企业生产的有关数据

	甲	乙	设备的生产能力/h
A/(h/件)	2	2	12
B/(h/件)	4	0	16
C/(h/件)	0	5	15
赢利/(元/件)	200	300	

解 设备 A 是刚性约束，其余是柔性约束。首先，最重要的指标是企业的利润，因此，将它的优先级列为第一级；其次，甲、乙两种产品的产量保持 1∶2 的比例，列为第二级；再次，设备 C,B 的工作时间要有所控制，列为第三级。在第三级中，设备 B 的重要性是设备 C 的 3 倍，因此，它们的权重不一样，设备 B 前的系数是设备 C 前系数的 3 倍。设生产甲乙两种产品的件数分别为 x_1,x_2，相应的目标规划模型为

$$\min z = P_1 d_1^{-} + P_2(d_2^{+} + d_2^{-}) + P_3(3d_3^{+} + 3d_3^{-} + d_4^{+}),$$

$$\text{s.t.} \begin{cases} 2x_1 + 2x_2 \leqslant 12, \\ 200x_1 + 300x_2 + d_1^{-} - d_1^{+} = 1500, \\ 2x_1 - x_2 + d_2^{-} - d_2^{+} = 0, \\ 4x_1 + d_3^{-} - d_3^{+} = 16, \\ 5x_2 + d_4^{-} - d_4^{+} = 15, \\ x_1, x_2, d_i^{-}, d_i^{+} \geqslant 0, i = 1,2,3,4。 \end{cases}$$

序贯算法中每个单目标问题都是一个线性规划问题，可以使用 Lingo 软件进行求解。

求第一级目标。Lingo 程序如下：

```
model:
sets:
variable/1..2/:x;
S_Con_Num/1..4/:g,dplus,dminus;
S_con(S_Con_Num,Variable):c;
endsets
data:
g=1500 0 16 15;
c=200 300 2 -1 4 0 0 5;
enddata
min=dminus(1);
2*x(1)+2*x(2)<12;
@for(S_Con_Num(i):@sum(Variable(j):c(i,j)*x(j))+dminus(i)-dplus(i)=g(i));
end
```

求得 dminus(1)=0，即目标函数的最优值为 0，第一级偏差为 0。

求第二级目标，Lingo 程序如下：

```
model:
sets:
variable/1..2/:x;
S_Con_Num/1..4/:g,dplus,dminus;
S_con(S_Con_Num,Variable):c;
endsets
data:
g=1500 0 16 15;
c=200 300 2 -1 4 0 0 5;
enddata
min=dplus(2)+dminus(2);!二级目标函数;
2*x(1)+2*x(2)<12;
@for(S_Con_Num(i):@sum(Variable(j):c(i,j)*x(j))+dminus(i)-dplus(i)=g(i));
dminus(1)=0;!一级目标约束;
@for(variable:@gin(x));
end
```

求得目标函数的最优值为 0，即第二级的偏差仍为 0。

求第三级目标，Lingo 程序如下：

```
model:
sets:
variable/1..2/:x;
S_Con_Num/1..4/:g,dplus,dminus;
S_con(S_Con_Num,Variable):c;
endsets
data:
```

```
g =1500 0 16 15;
c =200 300 2  -1 4 0 0 5;
enddata
min =3 * dplus(3) +3 * dminus(3) + dplus(4); ! 三级目标函数;
2 * x(1) +2 * x(2) <12;
@ for(S_Con_Num(i):@ sum(Variable(j):c(i,j) * x(j)) + dminus(i) - dplus(i) = g(i));
dminus(1) =0;! 一级目标约束;
dplus(2) + dminus(2) =0;! 二级目标约束;
end
```

目标函数的最优值为29,即第三级偏差为29。

分析计算结果,$x_1=2, x_2=4, d_1^+=100$,因此,目标规划的最优解为 $\boldsymbol{x}^*=[2,4]$,最优利润为1600。

注意这里的最优解与线性规划的最优解的概念是不一样的,为了方便起见,仍然称之为最优解。

上述过程虽然给出了目标规划问题的最优解,但需要连续编写几个程序,这样在使用时不方便。下面用Lingo软件编写一个通用的程序,在程序中用到数据段未知数据的编程方法。

例16.4(续例16.3) 按照序贯算法,编写求解例16.3的通用Lingo程序。

```
model:
sets:
level/1..3/:p,z,goal;
variable/1..2/:x;
h_con_num/1..1/:b;
s_con_num/1..4/:g,dplus,dminus;
h_con(h_con_num,variable):a;
s_con(s_con_num,variable):c;
obj(level,s_con_num)/1 1,2 2,3 3,3 4/:wplus,wminus;
endsets
data:
ctr =?;
goal =? ? 0;
b =12;
g =1500 0 16 15;
a =2 2;
c =200 300 2  -1 4 0 0 5;
wplus =0 1 3 1;
wminus =1 1 3 0;
enddata
min =@ sum(level:p * z);
p(ctr) =1;
@ for(level(i) |i#ne#ctr:p(i) =0);
@ for(level(i):z(i) =@ sum(obj(i,j):wplus(i,j) * dplus(j) + wminus(i,j) *
```

```
dminus(j)));
    @ for(h_con_num(i):@ sum(variable(j):a(i,j) * x(j)) < b(i));
    @ for(s_con_num(i):@ sum(variable(j):c(i,j) * x(j)) + dminus(i) - dplus(i) = g(i));
    @ for(level(i) |i #lt# @ size(level):@ bnd(0,z(i),goal(i)));
    end
```

当程序运行时,会出现一个对话框。

在做第一级目标计算时,ctr 输入 1,goal(1)和 goal(2)输入两个较大的值,表明这两项约束不起作用。求得第一级的最优偏差为 0,继续进行第二轮计算。

在第二级目标的计算中,ctr 输入 2。由于第一级的偏差为 0,因此 goal(1)的输入值为 0,goal(2)输入一个较大的值。求得第二级的最优偏差仍为 0,继续进行第三级计算。

在第三级目标的计算中,ctr 输入 3。由于第一级、第二级的偏差均是 0,因此,goal(1)和 goal(2)的输入值也均是 0。最终结果是:$x_1 = 2, x_2 = 4$,最优利润是 1600 元,第三级目标的最优偏差为 29。

16.3 多目标规划的 Matlab 解法

多目标规划可以归结为

$$\min_{x,\gamma} \ \gamma,$$

$$\text{s.t.} \begin{cases} \boldsymbol{F}(\boldsymbol{x}) - \text{weight} \cdot \gamma \leqslant \text{goal}, \\ \boldsymbol{A} \cdot \boldsymbol{x} \leqslant \boldsymbol{b}, \\ \text{Aeq} \cdot \boldsymbol{x} = \text{beq}, \\ c(\boldsymbol{x}) \leqslant 0, \\ \text{ceq}(\boldsymbol{x}) = 0, \\ \text{lb} \leqslant \boldsymbol{x} \leqslant \text{ub}。 \end{cases}$$

式中:$\boldsymbol{x}$,weight,goal,$\boldsymbol{b}$,beq,lb 和 ub 为向量;$\boldsymbol{A}$ 和 Aeq 为矩阵;$c(\boldsymbol{x})$,ceq($\boldsymbol{x}$)和 $\boldsymbol{F}(\boldsymbol{x})$为向量函数,可以是非线性函数;$\boldsymbol{F}(\boldsymbol{x})$为所考虑的目标函数;goal 为欲达到的目标,多目标规划的 Matlab 函数 fgoalattain 的用法为

```
[x,fval] = fgoalattain('fun',x0,goal,weight)
[x,fval] = fgoalattain('fun',x0,goal,weight,A,b)
[x,fval] = fgoalattain('fun',x0,goal,weight,A,b,Aeq,beq)
[x,fval] = fgoalattain('fun',x0,goal,weight,A,b,Aeq,beq,lb,ub,nonlcon)
```

其中:fun 为用 M 文件定义的目标向量函数,x_0 为初值,weight 为权重。A,b 定义不等式约束 $\boldsymbol{A} \cdot \boldsymbol{x} \leqslant \boldsymbol{b}$,Aeq,beq 定义等式约束 Aeq · $\boldsymbol{x}$ = beq,nonlcon 是用 M 文件定义的非线性约束 $c(\boldsymbol{x}) \leqslant 0$,ceq($\boldsymbol{x}$) = 0。返回值 fval 是目标向量函数的值。

要完整掌握其用法,请用 doc fgoalattain 或 type fgoalattain 查询相关的"帮助"文档。

例 16.5 求解多目标线性规划问题

$$\max \quad Z_1 = 100x_1 + 90x_2 + 80x_3 + 70x_4,$$

$$\min \quad Z_2 = 3x_2 + 2x_4,$$

$$\text{s.t.}\begin{cases}x_1+x_2\geqslant 30,\\x_3+x_4\geqslant 30,\\3x_1+2x_3\leqslant 120,\\3x_2+2x_4\leqslant 48,\\x_i\geqslant 0,\quad i=1,\cdots,4。\end{cases}$$

解 (1) 编写 M 函数 Fun.m：

```
function F = Fun(x);
F = [ -100 * x(1) -90 * x(2) -80 * x(3) -70 * x(4)
    3 * x(2) +2 * x(4)];
```

(2) 编写 M 文件：

```
a = [ -1 -1   0   0
    0   0 -1 -1
    3   0   2   0
    0 3 0 2];
b = [ -30  -30 120 48]';
c1 = [ -100  -90  -80  -70];
c2 = [0 3 0 2];
[x1,g1] = linprog(c1,a,b,[],[],zeros(4,1)) % 求第一个目标函数的目标值
[x2,g2] = linprog(c2,a,b,[],[],zeros(4,1)) % 求第二个目标函数的目标值
g3 = [g1;g2]; % 目标 goal 的值
[x,fval] = fgoalattain('Fun',rand(4,1),g3,abs(g3),a,b,[],[],zeros(4,1))
% 这里权重 weight = 目标 goal 的绝对值
```

求得 $x_1=19.0652$, $x_2=10.9348$, $x_3=31.4023$, $x_4=0$,对应的第一个目标函数 $Z_1=5402.8$,第二个目标函数 $Z_2=32.8$。

注:可能每次运行结果都是不一样的,不过差异不大。

如果使用匿名函数,只要一个程序文件,就可以得到计算结果。程序如下：

```
clc,clear
a = [ -1 -1 0 0
    0 0 -1 -1
    3 0 2 0
    0 3 0 2];
b = [ -30  -30 120 48]';
c1 = [ -100  -90  -80  -70];
c2 = [0 3 0 2];
fun = @ (x) [c1;c2] * x; % 用匿名函数定义目标向量
[x1,g1] = linprog(c1,a,b,[],[],zeros(4,1)) % 求第一个目标函数的目标值
[x2,g2] = linprog(c2,a,b,[],[],zeros(4,1)) % 求第二个目标函数的目标值
g3 = [g1;g2]; % 目标 goal 的值
[x,fval] = fgoalattain(fun,rand(4,1),g3,abs(g3),a,b,[],[],zeros(4,1))
```

16.4 目标规划模型的实例

前面介绍了目标规划的求解方法,这里再介绍几个目标规划模型的例子,以便进一步了解目标规划模型的建立和求解过程。

例 16.6 某计算机公司生产三种型号的笔记本电脑 A,B,C。这三种笔记本电脑需要在复杂的装配线上生产,生产 1 台 A,B,C 型号的笔记本电脑分别需要 5,8,12(h)。公司装配线正常的生产时间是每月 1700h。公司营业部门估计 A,B,C 三种笔记本电脑的利润分别是每台 1000,1440,2520(元),而公司预测这个月生产的笔记本电脑能够全部售出。公司经理考虑以下目标。

第一目标:充分利用正常的生产能力,避免开工不足。

第二目标:优先满足老客户的需求,A,B,C 三种型号的电脑分别为 50,50,80(台),同时根据三种电脑的纯利润分配不同的权因子。

第三目标:限制装配线加班时间,最好不要超过 200h。

第四目标:满足各种型号笔记本电脑的销售目标,A,B,C 型号分别为 100,120,100(台),再根据三种笔记本电脑的纯利润分配不同的权因子。

第五目标:装配线的加班时间尽可能少。

请列出相应的目标规划模型,并用 Lingo 软件求解。

解 首先建立目标约束。

(1) 装配线正常生产。设生产 A,B,C 型号的笔记本电脑分别为 x_1,x_2,x_3(台),d_1^- 为装配线正常生产时间未利用数,d_1^+ 为装配线加班时间,希望装配线正常生产,避免开工不足,因此装配线目标约束为

$$\begin{cases}\min\{d_1^-\},\\ 5x_1+8x_2+12x_3+d_1^- - d_1^+ = 1700。\end{cases}$$

(2) 销售目标。优先满足老客户的需求,并根据三种笔记本电脑的纯利润分配不同的权因子,A,B,C 三种型号的笔记本电脑每小时的利润是$\frac{1000}{5},\frac{1440}{8},\frac{2520}{12}$,因此,老客户的销售目标约束为

$$\begin{cases}\min\{20d_2^- + 18d_3^- + 21d_4^-\},\\ x_1+d_2^- - d_2^+ = 50,\\ x_2+d_3^- - d_3^+ = 50,\\ x_3+d_4^- - d_4^+ = 80。\end{cases}$$

再考虑一般销售。类似上面的讨论,得

$$\begin{cases}\min\{20d_5^- + 18d_6^- + 21d_7^-\},\\ x_1+d_5^- - d_5^+ = 100,\\ x_2+d_6^- - d_6^+ = 120,\\ x_3+d_7^- - d_7^+ = 100。\end{cases}$$

(3) 加班限制。首先是限制装配线加班时间，不允许超过 200h，因此得

$$\begin{cases}\min\{d_8^+\},\\ 5x_1+8x_2+12x_3+d_8^--d_8^+=1900。\end{cases}$$

其次，装配线的加班时间尽可能少，即

$$\begin{cases}\min\{d_1^+\},\\ 5x_1+8x_2+12x_3+d_1^--d_1^+=1700。\end{cases}$$

写出目标规划的数学模型，即

$$\begin{aligned}\min z=&P_1d_1^-+P_2(20d_2^-+18d_3^-+21d_4^-)+P_3d_8^+\\&+P_4(20d_5^-+18d_6^-+21d_7^-)+P_5d_1^+,\end{aligned}$$

$$\text{s.t.}\begin{cases}5x_1+8x_2+12x_3+d_1^--d_1^+=1700,\\ x_1+d_2^--d_2^+=50,\\ x_2+d_3^--d_3^+=50,\\ x_3+d_4^--d_4^+=80,\\ x_1+d_5^--d_5^+=100,\\ x_2+d_6^--d_6^+=120,\\ x_3+d_7^--d_7^+=100,\\ 5x_1+8x_2+12x_3+d_8^--d_8^+=1900,\\ x_1,x_2,d_i^-,d_i^+\geqslant 0,i=1,2,\cdots,8。\end{cases}$$

写出相应的 Lingo 程序如下：

```
model:
sets:
level/1..5/:p,z,goal;
variable/1..3/:x;
s_con_num/1..8/:g,dplus,dminus;
s_con(s_con_num,variable):c;
obj(level,s_con_num)/1 1,2 2,2 3,2 4,3 8,4 5,4 6,4 7,5 1/:wplus,wminus;
endsets
data:
ctr=?;
goal=? ? ? ? 0;
g=1700 50 50 80 100 120 100 1900;
c=5 8 12 1 0 0 0 1 0 0 0 1 1 0 0 0 1 0 0 0 1 5 8 12;
wplus=0 0 0 0 1 0 0 0 1;
wminus=1 20 18 21 0 20 18 21 0;
enddata
min=@sum(level:p*z);
p(ctr)=1;
@for(level(i)|i#ne#ctr:p(i)=0);
```

```
    @ for(level(i):z(i) = @ sum(obj(i,j):wplus(i,j) * dplus(j) + wminus(i,j) *
dminus(j)));
    @ for(s_con_num(i):@ sum(variable(j):c(i,j) * x(j)) + dminus(i) - dplus
(i) = g(i));
    @ for(level(i) |i #lt# @ size(level):@ bnd(0,z(i),goal));
    end
```

经5次计算得到 $x_1 = 100, x_2 = 55, x_3 = 80$。装配线生产时间为1900h,满足装配线加班不超过200h的要求。能够满足老客户的需求,但未能达到销售目标。销售总利润为

$$100 \times 1000 + 55 \times 1440 + 80 \times 2520 = 380800(\text{元})。$$

例16.7 已知三个工厂生产的产品供应给四个客户,各工厂生产量、用户需求量及从各工厂到用户的单位产品的运输费用如表16.3所列,其中总生产量小于总需求量。

表16.3 运输费用和供需数据表

	用户1	用户2	用户3	用户4	生产量
工厂1	5	2	6	7	300
工厂2	3	5	4	6	200
工厂3	4	5	2	3	400
需求量	200	100	450	250	

(1) 求总运费最小的运输问题的调度方案。

(2) 上级部门经研究后,制定了新调配方案的8项目标,并规定了重要性的次序。

第一目标:用户4为重要部门,需求量必须全部满足。

第二目标:供应用户1的产品中,工厂3的产品不少于100个单位。

第三目标:每个用户的满足率不低于80%。

第四目标:应尽量满足各用户的需求。

第五目标:新方案的总运费不超过原运输问题的调度方案的10%。

第六目标:因道路限制,工厂2到用户4的路线应尽量避免运输任务。

第七目标:用户1和用户3的满足率应尽量保持平衡。

第八目标:力求减少总运费。

请列出相应的目标规划模型,并用Lingo程序求解。

解 设 c_{ij} 表示从工厂 $i(i=1,2,3)$ 到用户 $j(j=1,2,3,4)$ 的单位产品的运输费用,a_j 表示第 j 个用户的需求量,b_i 表示第 i 个工厂的生产量。

该题中总生产量小于总需求量。

(1) 求解原运输问题。设 x_{ij} 为工厂 $i(i=1,2,3)$ 调配给用户 $j(j=1,2,3,4)$ 的运量,建立如下的总运费最小的线性规划模型:

$$\min \sum_{i=1}^{3} \sum_{j=1}^{4} c_{ij} x_{ij},$$

$$\text{s.t.} \begin{cases} \sum_{j=1}^{4} x_{ij} = b_i, & i = 1,2,3, \\ \sum_{i=1}^{3} x_{ij} \leqslant a_j, & j = 1,2,3,4。 \end{cases}$$

编写如下的 Lingo 程序：

```
model:
sets:
plant/1..3/:b;
customer/1..4/:a;
routes(plant,customer):c,x;
endsets
data:
b=300 200 400;
a=200 100 450 250;
c=5 2 6 7 3 5 4 6 4 5 2 3;
enddata
min=@ sum(routes:c*x);
@ for(plant(i):@ sum(customer(j):x(i,j))=b(i));
@ for(customer(j):@ sum(plant(i):x(i,j))<a(j));
end
```

求得总运费是 2950 元，运输方案如表 16.4 所列。

表 16.4　运输方案表

	用户 1	用户 2	用户 3	用户 4	生产量
工厂 1		100	200		300
工厂 2	200				200
工厂 3			250	150	400
需求量	200	100	450	250	

(2) 按照目标重要性的等级列出目标规划的约束和目标函数。仍设 x_{ij} 为工厂 $i(i=1,2,3)$ 调配给用户 $j(j=1,2,3,4)$ 的运量。

① 由于总生产量小于总需求量，产量约束应严格满足，即

$$\sum_{j=1}^{4} x_{ij} = b_i, i = 1,2,3。$$

② 供应用户 1 的产品中，工厂 3 的产品不少于 100 个单位，即

$$x_{31} + d_1^- - d_1^+ = 100。$$

③ 需求约束。各用户的满足率不低于 80%，即

$$x_{11} + x_{21} + x_{31} + d_2^- - d_2^+ = 160,$$
$$x_{12} + x_{22} + x_{32} + d_3^- - d_3^+ = 80,$$
$$x_{13} + x_{23} + x_{33} + d_4^- - d_4^+ = 360,$$
$$x_{14} + x_{24} + x_{34} + d_5^- - d_5^+ = 200,$$

应尽量满足各用户的需求，即

$$x_{11} + x_{21} + x_{31} + d_6^- - d_6^+ = 200,$$
$$x_{12} + x_{22} + x_{32} + d_7^- - d_7^+ = 100,$$

$$x_{13}+x_{23}+x_{33}+d_8^- - d_8^+ = 450,$$
$$x_{14}+x_{24}+x_{34}+d_9^- - d_9^+ = 250。$$

④ 新方案的总运费不超过原方案的10%(原运输方案的运费为2950元),即

$$\sum_{i=1}^{3}\sum_{j=1}^{4} c_{ij}x_{ij} + d_{10}^- - d_{10}^+ = 3245。$$

⑤ 工厂2到用户4的路线应尽量避免运输任务,即

$$x_{24} + d_{11}^- - d_{11}^+ = 0。$$

⑥ 用户1和用户3的满足率应尽量保持平衡,即

$$(x_{11}+x_{21}+x_{31}) - \frac{200}{450}(x_{13}+x_{23}+x_{33}) + d_{12}^- - d_{12}^+ = 0。$$

⑦ 力求总运费最少,即

$$\sum_{i=1}^{3}\sum_{j=1}^{4} c_{ij}x_{ij} + d_{13}^- - d_{13}^+ = 2950。$$

此外,有

$$x_{ij} \geqslant 0, i = 1,2,3, j = 1,2,3,4,$$
$$d_k^+, d_k^- \geqslant 0, k = 1,\cdots,13。$$

目标函数为

$$\min z = P_1 d_9^- + P_2 d_1^- + P_3(d_2^- + d_3^- + d_4^- + d_5^-) + P_4(d_6^- + d_7^- + d_8^- + d_9^-) + P_5 d_{10}^+ + P_6 d_{11}^+ + P_7(d_{12}^- + d_{12}^+) + P_8 d_{13}^+。$$

编写 Lingo 程序如下:

```
model:
sets:
level/1..8/:p,z,goal;
s_con_num/1..13/:g,dplus,dminus;
plant/1..3/:b;
customer/1..4/:a;
routes(plant,customer):c,x;
obj(level,s_con_num)/1 9,2 1,3 2,3 3,3 4,3 5,4 6,4 7,4 8,4 9,5 10,6 11,7 12,8 13/:
wplus,wminus;
endsets
data:
ctr=?;
goal=? ? ? ? ? ? ? 0;
b=300 200 400;
a=200 100 450 250;
c=5 2 6 7 3 5 4 6 4 5 2 3;
wplus=0 0 0 0 0 0 0 0 0 0 1 1 1 1;
wminus=1 1 1 1 1 1 1 1 1 1 0 0 1 0;
enddata
```

```
min = @ sum(level:p * z);
p(ctr) = 1;
@ for(level(i) |i#ne#ctr:p(i) = 0);
@ for(level(i):z(i) = @ sum(obj(i,j):wplus(i,j) * dplus(j) + wminus(i,j) *
dminus(j)));
@ for(plant(i):@ sum(customer(j):x(i,j)) < b(i));
x(3,1) + dminus(1) - dplus(1) = 100;
@ for(customer(j):@ sum(plant(i):x(i,j)) + dminus(1 + j) - dplus(1 + j) = 0.8 *
a(j);
@ sum(plant(i):x(i,j)) + dminus(5 + j) - dplus(5 + j) = a(j));
@ sum(routes:c * x) + dminus(10) - dplus(10) = 3245;
x(2,4) + dminus(11) - dplus(11) = 0;
@ sum(plant(i):x(i,1)) - 20/45 * @ sum(plant(i):x(i,3)) + dminus(12) - dplus
(12) = 0;
@ sum(routes:c * x) + dminus(13) - dplus(13) = 2950;
@ for(level(i) |i #lt# @ size(level):@ bnd(0,z(i),goal));
end
```

经 8 次运算,得到最终的计算结果,见表 16.5。总运费为 3360 元,高于原运费 410 元,超过原方案 10% 的上限 115 元。

表 16.5　调运方案数据表

	用户 1	用户 2	用户 3	用户 4	生产量
工厂 1		100		200	300
工厂 2	90		110		200
工厂 3	100		250	50	400
实际运量	190	100	360	250	
需求量	200	100	450	250	

下面给出目标规划的另外一种解法,把所有的目标偏差加权求和。

例 16.8(续例 16.7)　某公司从三个仓库向四个用户提供某种产品。仓库与用户所在地的供需量及单位运价见表 16.6。

表 16.6　已知数据表　　单位:元/件

	B_1	B_2	B_3	B_4	生产量/件
A_1	5	2	6	7	300
A_2	3	5	4	6	200
A_3	4	5	2	3	400
需求量/件	200	100	450	250	

公司有关部门根据供求关系和经营条件,确定了下列目标。

P_1:完全满足用户 B_4 的需要。

P_2:A_3 向 B_1 提供的产品数量不少于 100 件。

P_3：每个用户的供应量不少于其需求的80%。

P_4：从仓库 A_1 到用户 B_2 之间的公路正在大修，运货量应尽量少。

P_5：平衡用户 B_1 和 B_2 的供货满意水平。

P_6：力求总运费最省。

试求满意的调运方案。

解 这是具有6个优先级目标的运输问题。设 x_{ij} 为从仓库 A_i 到用户 B_j 的运输量 $(i=1,2,3;j=1,2,3,4)$，d_k^-，d_k^+ 为第 k 个目标约束中，未达到规定目标的负偏差和超过目标的正偏差。$a_j(j=1,2,3,4)$ 是用户 B_j 的需求量，$b_i(i=1,2,3)$ 是仓库 A_i 的供应量，约束条件有以下几种：

① 供应约束（硬约束）：

$$\sum_{j=1}^{4} x_{ij} \leqslant b_i, i = 1,2,3。$$

② 需求约束。由于产品供不应求，向各用户的实际供应量不可能超过需求量，所以需求正偏差没有意义，约束为

$$\sum_{i=1}^{3} x_{ij} + d_j^- = a_j, j = 1,2,3,4。$$

③ A_3 向 B_1 的供货约束：

$$x_{31} + d_5^- - d_5^+ = 100。$$

④ 至少满足用户需求80%的约束：

$$\sum_{i=1}^{3} x_{ij} + d_{5+j}^- - d_{5+j}^+ = 0.8a_j, j = 1,2,3,4。$$

⑤ A_1 到 B_2 的运货量尽量少，也就是运货量尽可能为0。显然，负偏差没有意义，故有

$$x_{12} - d_{10}^+ = 0。$$

⑥ 平衡用户 B_1 和 B_4 的满意水平，也就是供应率要相同。约束条件为

$$\sum_{i=1}^{3} x_{i1} - \frac{200}{450}\sum_{i=1}^{3} x_{i3} + d_{11}^- - d_{11}^+ = 0。$$

⑦ 运费尽量少，即尽量等于0，负偏差没有意义。所以

$$\sum_{i=1}^{3}\sum_{j=1}^{4} c_{ij}x_{ij} - d_{12}^+ = 0。$$

目标函数为

$$\min z = P_1 d_4^- + P_2 d_5^- + P_3(d_6^- + d_7^- + d_8^- + d_9^-) + P_4 d_{10}^+ + P_5(d_{11}^- + d_{11}^+) + P_6 d_{12}^+。$$

计算程序如下：

```
model:
sets:
plant/A1..A3/:b;
customer/B1..B4 /:a;
routes(plant,customer):c,x;
deviation/1..12 /:d1,d2,p1,p2;
```

```
endsets
data:
b =300 200 400;
a =200 100 450 250;
c=5 2 6 7 3 5 4 6 4 5 2 3;
p1 =0,0,0,100000,10000,1000,1000,1000,1000,0,10,0;
p2 =0,0,0,0,0,0,0,0,0,100,10,1;
enddata
@ for(plant(i):[con1]@ sum(customer(j):x(i,j)) <b(i));
@ for(customer(j):[con2]@ sum(plant(i):x(i,j)) +d1(j) =a(j));
[con3] x(3,1) +d1(5) -d2(5) =100;
@ for(customer(j):[con4]@ sum(plant(i):x(i,j)) +d1(5 +j) -d2(5 +j) =0.8 * a
(j));
[con5] x(1,2) -d2(10) =0;
[con6] @ sum(plant(i):x(i,1)) -4/9 * @ sum(plant(i):x(i,3)) +d1(11) -d2(11) =0;
[con7] @ sum(routes:c * x) -d2(12) =0;
[obj] min =@ sum(deviation:p1 * d1 +p2 * d2);
end
```

程序中集合 Deviation 的属性 d1,d2 分别为各个负、正偏差变量,p1,p2 分别为目标函数中负、正偏差变量的系数。各优先级取值为

$$P_1 = 10^5, P_2 = 10^4, P_3 = 10^3, P_4 = 10^2, P_5 = 10, P_6 = 1。$$

上述程序目标函数的值为3570,观察 d1,d2 的值可以看出最小运费为3570元。

拓展阅读材料

[1] 2007年全国研究生数学建模竞赛A题“建立食品卫生安全保障体系数学模型及改进模型的若干理论问题”的优秀论文及评述,数学的实践与认识,2008, 38(14).

习 题 16

16.1 试求解多目标线性规划问题

$$\max \begin{cases} z_1 = 3x_1 + x_2, \\ z_2 = x_1 + 2x_2, \end{cases}$$

$$\text{s. t.} \begin{cases} x_1 + x_2 \leqslant 7, \\ x_1 \leqslant 5, \\ x_2 \leqslant 5, \\ x_1, x_2 \geqslant 0。 \end{cases}$$

16.2 一个小型的无线电广播台考虑如何最好地安排音乐、新闻和商业节目的时间。依据法律,该台每天允许广播12h,其中商业节目用以赢利,每分钟可收入250美元,新闻节目每分钟需支出40美元,音乐节目每分钟费用为17.50美元。法律规定,正常情况下商业节目只能占广播时间的20%,每小时至少安排5min新闻节目。问每天的广播节目该如何安排?优先级如下:

p_1:满足法律规定的要求;

p_2:每天的纯收入最多。

试建立该问题的目标规划模型。

16.3 某工厂生产两种产品,每件产品Ⅰ可获利10元,每件产品Ⅱ可获利8元。每生产一件产品Ⅰ,需要3h;每生产一件产品Ⅱ,需要2.5h。每周总的有效时间为120h。若加班生产,则每件产品Ⅰ的利润降低1.5元;每件产品Ⅱ的利润降低1元,加班的时间限定每周不超过40h。决策者希望在允许的工作及加班时间内取得最大利润,试建立该问题的目标规划模型并求解。

附录 A　Matlab 软件入门

A.1　Matlab“帮助”的使用

1. help

```
help ↵              % “帮助”总览
help  elfun ↵       % 关于基本函数的“帮助”信息
help  exp ↵         % 指数函数 exp 的详细信息
```

2. lookfor 指令

当要查找具有某种功能但又不知道准确名字的指令时，help 的能力就不够了，lookfor 可以根据用户提供的完整或不完整的关键词，去搜索出一组与之相关的指令。

```
lookfor  integral ↵   % 查找有关积分的指令
lookfor  fourier ↵    % 查找能进行傅里叶变换的指令
```

3. 超文本格式的“帮助”文件

在 Matlab 中，关于一个函数的“帮助”信息可以用 doc 命令以超文本的方式给出，如：

```
doc ↵
doc doc ↵
doc eig ↵     % eig 求矩阵的特征值和特征向量
```

4. pdf“帮助”文件

可通过 MathWorks 网站下载有关的 pdf“帮助”文件。

A.2　数据的输入

1. 简单矩阵的输入

(1) 要直接输入矩阵时，矩阵一行中的元素用空格或逗号分隔；矩阵行与行之间用分号“;”隔离，整个矩阵放在方括号“[ ]”里。

```
A = [1,2,3;4,5,6;7,8,9]↵
```

说明：指令执行后，矩阵 A 被保存在 Matlab 的工作间中，以备后用。如果用户不用 clear 指令清除它，或对它进行重新赋值，那么该矩阵会一直保存在工作间中，直到本次指令窗关闭为止。

(2) 矩阵的分行输入：

```
A = [1,2,3
     4,5,6
     7,8,9]
```

2. 特殊变量

```
ans       % 用于结果的默认变量名
```

```
pi       % 圆周率
eps      % 计算机的最小数
flops    % 浮点运算次数
inf      % 无穷大,如 1/0
NaN      % 不定量,如 0/0
i(j)     % i = j = √-1
nargin   % 所用函数的输入变量数目
nargout  % 所用函数的输出变量数目
realmin  % 最小可用正实数
realmax  % 最大可用正实数
```

3. 特殊向量和特殊矩阵

1）特殊向量

```
t = [0:0.1:10]     % 产生从 0~10 的行向量,元素之间间隔为 0.1
t = linspace(n1,n2,n)
% 产生 n1 和 n2 之间线性均匀分布的 n 个数（默认 n 时,产生 100 个数）
t = logspace(n1,n2,n)  (默认 n 时,产生 50 个数)
% 在 10^n1 和 10^n2 之间按照对数距离等间距产生 n 个数
```

2）特殊矩阵

（1）单位矩阵：

```
eye(m)
eye(m,n)  % 可得到一个可允许的最大单位矩阵而其余处补 0
eye(size(a))  % 可以得到与矩阵 a 同样大小的单位矩阵
```

（2）所有元素为 1 的矩阵：

```
ones(n),ones(size(a)),ones(m,n)
```

（3）所有元素为 0 的矩阵：

```
zeros(n),zeros(m,n)。
```

（4）空矩阵是一个特殊矩阵,这在线性代数中是不存在的。例如：

```
q = [ ]    % 矩阵 q 在工作空间之中,但它的大小为 0
```

通过空矩阵的办法可以删除矩阵的行与列。例如：

```
a(:,3) = [ ]  % 删除矩阵 a 的第 3 列
```

（5）随机数矩阵：

```
rand(m,n)    % 产生 m×n 矩阵,其中的元素是服从[0,1]上均匀分布的随机数
normrnd(mu,sigma,m,n)  % 产生 m×n 矩阵,其中的元素是服从均值为 mu、标准差为 sigma 的正态分布的随机数
exprnd(mu,m,n)  % 产生 m×n 矩阵,其中的元素是服从均值为 mu 的指数分布的随机数
poissrnd(mu,m,n)  % 产生 m×n 矩阵,其中的元素是服从均值为 mu 的泊松(Poisson)分布的随机数
unifrnd(a,b,m,n)  % 产生 m×n 矩阵,其中的元素是服从区间[a,b]上均匀分布的随机数
```

（6）随机置换：

```
randperm(n)          % 产生 1~n 的一个随机全排列
perms([1:n])         % 产生 1~n 的所有全排列
```

A.3 绘图命令

A.3.1 二维绘图命令

二维绘图的基本命令有 plot,loglog,semilogx,semilogy 和 polar。它们的使用方法基本相同,其不同点是在不同的坐标中绘制图形。plot 命令使用线性坐标空间绘制图形;loglog 命令在两个对数坐标空间中绘制图形;而 semilogx(或 semilogy)命令使用 x 轴(或 y 轴)为对数刻度,另外一个轴为线性刻度的坐标空间绘制图形;polar 使用极坐标空间绘制图形。

二维绘图命令 plot 为了适应各种绘图需要,提供了用于控制线色、数据点和线型的 3 组基本参数。它的使用格式如下:

```
plot(x,y,'color_point_linestyle')
```

该命令是绘制 y 对应 x 的轨迹的命令。y 与 x 均为向量,且具有相同的元素个数。用字符串'color_point_linestyle'完成对上面 3 个参数的设置。线色(r - red,g - green,b - blue,w - white,k - black,i - invisible,y - yellow),数据点(.,o,x,+,*,S,H,D,V,^,>,<,p)与线型(-,-.,--,:)都可以根据需要适当选择。

当 plot(x,y)中的 x 和 y 均为 m×n 矩阵时,plot 命令将绘制 n 条曲线。

plot(t,[x1,x2,x3])在同一坐标轴内同时绘制三条曲线。

如果多重曲线对应不同的向量绘制,可使用命令

```
plot(t1,x1,t2,x2,t3,x3)
```

其中:x1 对应 t1;x2 对应 t2;等等。在这种情况下,t1、t2 和 t3 可以具有不同的元素个数,但要求 x1、x2 和 x3 必须分别与 t1,t2 和 t3 具有相同的元素个数。

subplot 命令使得在一个屏幕上可以分开显示 n 个不同坐标系,且可分别在每一个坐标系中绘制曲线。其命令格式如下:

```
subplot(r,c,p)
```

该命令将屏幕分成 r×c 个子窗口,而 p 表示激活第 p 个子窗口。窗口的排号是从左到右,自上而下。

在图形绘制完毕后,执行如下命令可以再在图中加入标题、标号、说明和分格线等。这些命令有 title,xlabel,ylabel,text,gtext 等。它们的命令格式如下:

```
title('My Title'),xlabel('My X-axis Label'),ylabel('My Y-axis Label'),
text(x,y,'Text for annotation'),
gtext('Text for annotation'),grid
```

gtext 命令是使用鼠标定位的文字注释命令。当输入命令后,可以在屏幕上得到一个光标,然后使用鼠标控制它的位置。单击鼠标左键,即可确定文字设定的位置。

hold on 是图形保持命令,可以把当前图形保持在屏幕上不变,同时在这个坐标系内绘制另外一个图形。hold 命令是一个交替转换命令,即执行一次,转变一个状态(相当于 hold on、hold off)。

A.3.2 显函数、符号函数或隐函数的绘图

fplot(fun,lims)绘制由字符串 fun 指定函数名的函数在 x 轴区间为 lims=[xmin, xmax]

的函数图。若 lims = [xmin,xmax,ymin,ymax],则 y 轴也被限制。

例 A.1 画 $f(x)=\begin{cases}x+1, x<1\\ 1+\dfrac{1}{x}, x\geqslant 1\end{cases}$ 的图形。

解 (1) 首先用 M 文件 Afun1.m 定义函数 $f(x)$ 如下:

```
function y = Afun1(x);
if x<1
    y=x+1;
else
    y=1+1/x;
end
```

在 matlab 命令窗口输入

```
fplot('Afun1',[-3,3])
```

就可画出函数 $f(x)$ 的图形。

(2) 这里也可以使用匿名函数,编写程序如下:

```
Afun2 =@(x) (x+1)*(x<1)+(1+1/x)*(x>=1);
fplot(Afun2,[-3,3])
```

ezplot(f)绘制符号函数 f 的图形,横轴的近似范围为[-2π,2π]。

ezplot(f,[xmin,xmax])使用输入参数来代替默认横坐标范围[-2π,2π]。

例 A.2 画出函数 $y=\tan x$ 的图形。

解 `ezplot('tan(x)')`

ezplot 也可以绘制隐函数的图形。

例 A.3 画出椭圆 $x^2+\dfrac{y^2}{4}=1$ 的图形。

解 `ezplot('x^2+y^2/4=1')`

A.3.3 三维图形

在实际工程计算中,最常用的三维绘图是三维曲线图、三维网格图和三维曲面图 3 种基本类型。与此对应,Matlab 也提供了一些三维基本绘图命令,如三维曲线命令 plot3、三维网格图命令 mesh 和三维表面图命令 surf。

1. 三维曲线

plot3(x,y,z)通过描点连线画出曲线,这里 x,y,z 都是 n 维向量,分别表示该曲线上点集的横坐标、纵坐标、竖坐标。

例 A.4 在区间[0,10π]画出参数曲线 $x=\sin t, y=\cos t, z=t$,并分别标注。

```
t=0:pi/50:10*pi;
plot3(sin(t),cos(t),t)
xlabel('sin(t)'), ylabel('cos(t)'), zlabel('t')
```

2. 网格图

命令 mesh(x,y,z)画网格曲面。这里 x,y,z 是三个同维数的数据矩阵,分别表示数据点的横坐标、纵坐标、竖坐标,命令 mesh(x,y,z)将该数据点在空间中描出,并连成网格。

例 A.5 绘制二元函数

$$z=\frac{\sin(xy)}{xy}$$

的三维网格图。

解

```
clc, clear
x=-3:0.1:3;y=-5:0.1:5;
[x,y]=meshgrid(x,y); % 生成网格数据
z=(sin(x.*y)+eps)./(x.*y+eps); % 为避免0/0,分子分母都加 eps
mesh(x,y,z)
```

3. 表面图

命令 surf(x,y,z)画三维表面图,这里 x,y,z 是三个同维数的数据矩阵,分别表示数据点的横坐标、纵坐标、竖坐标。

例 A.6 绘制二元函数

$$z=\frac{\sin(xy)}{xy}$$

的三维表面图。

解

```
[x,y]=meshgrid([-3:0.2:3]);
z=(sin(x.*y)+eps)./(x.*y+eps);
surf(x,y,z)
```

4. 旋转曲面

例 A.7 画出

$$y=30\mathrm{e}^{-\frac{x}{400}}\sin\left(\frac{1}{100}(x+25\pi)\right)+130,x\in[0,600]$$

绕 x 轴旋转一周形成的旋转曲面。

解 Matlab 程序如下:

```
x=0:10:600;
[X,Y,Z]=cylinder(30*exp(-x/400).*sin((x+25*pi)/100)+130);
surf(X,Y,Z)
```

例 A.8 画出 $x^2+(y-5)^2=16$ 绕 x 轴旋转一周所形成的旋转曲面。

解 因为这里的函数是隐函数,化成显函数后有两支,必须使用参数方程,旋转面的参数方程为

$$\begin{aligned}x&=4\cos\alpha,\\y&=(5+4\sin\alpha)\cos\beta,\\z&=(5+4\sin\alpha)\sin\beta,\end{aligned}$$

式中:$\alpha,\beta\in[0,2\pi]$。

画图的 Matlab 程序如下:

```
alpha=[0:0.1:2*pi]'; beta=0:0.1:2*pi;
```

```
x =4 * cos(alpha) * ones(size(beta));
y = (5 +4 * sin(alpha)) * cos(beta);
z = (5 +4 * sin(alpha)) * sin(beta);
surf(x,y,z)
```

画图的 Matlab 程序也可以写成：

```
x =@ (alpha,beta) 4 * cos(alpha);
y =@ (alpha,beta) (5 +4 * sin(alpha)).* cos(beta);
z =@ (alpha,beta) (5 +4 * sin(alpha)).* sin(beta);
ezsurf(x,y,z)
```

5. 其他二次曲面

Matlab 中使用绘图命令 ezmesh 或 ezsurf 也很方便，只需要把曲面方程写成两个变量的显函数方程或参数方程即可。

例 A.9 画出下列曲面的图形

（1）旋转单叶双曲面$\frac{x^2+y^2}{9}-\frac{z^2}{4}=1$；

（2）旋转双叶双曲面$\frac{x^2}{9}-\frac{y^2+z^2}{4}=1$；

（3）抛物柱面 $y^2=x$；

（4）椭圆锥面$\frac{x^2}{9}+\frac{y^2}{4}=z^2$；

（5）椭球面$\frac{x^2}{9}+\frac{y^2}{4}+\frac{z^2}{6}=1$；

（6）马鞍面 $z=xy$；

（7）椭圆柱面$\frac{x^2}{9}+\frac{y^2}{4}=1$。

解 对于旋转面，如果母线的方程可以表示成关于旋转轴变量的显式函数，则可以直接使用 Matlab 工具箱中的命令 cylinder，否则必须把旋转面化成参数方程，然后使用 ezmesh 或 ezsurf 命令绘图。对于其他的二次曲面，如果可以写成显函数，则直接使用命令 ezmesh 或 ezsurf，否则必须先化成参数方程。

```
(1) x =@ (s,t) 3 * sec(s).* cos(t);
y =@ (s,t) 3 * sec(s).* sin(t);
z =@ (s,t) 2 * tan(s);
ezmesh(x,y,z)
(2) x =@ (s,t) 3 * sec(s);
y =@ (s,t) 2.* tan(s).* cos(t);
z =@ (s,t) 2.* tan(s).* sin(t);
ezmesh(x,y,z)
(3) ezsurf(@ (y,z) y.^2,50)
(4) x =@ (s,t) 3 * tan(s).* cos(t);
y =@ (s,t) 2 * tan(s).* sin(t);
```

```
z=@(s,t) tan(s);
ezsurf(x,y,z)
```
(5) ellipsoid(0,0,0,3,2,sqrt(6))

(6) ezsurf(@(x,y)x.*y)

(7)
```
x=@(s,t) 3*cos(s);
y=@(s,t) 2*sin(s);
z=@(s,t) t;
ezmesh(x,y,z)
```

A.3.4　3-D 可视化图形

给出 Matlab 帮助中的一个例子。

例 A.10

```
[x,y,z,v] = flow;
isosurface(x,y,z,v);
```

例 A.11　画出 $v=x^2y(z+1)$ 的示意图。

```
x=1:20; y=1:10; z=-10:10;
[x,y,z]=meshgrid(x,y,z);
v=x.^2.*y.*(z+1);
isosurface(x,y,z,v)
```

A.4　Matlab 在高等数学中的应用

A.4.1　求极限

Matlab 求极限的命令为

```
limit(expr, x, a)
limit(expr, a)
limit(expr)
limit(expr, x, a, 'left')
limit(expr, x, a, 'right')
```

其中:limit(expr, x, a)表示求符号表达式 expr 关于符号变量 x 趋近于 a 时的极限;limit(expr)表示求默认变量趋近于 0 时的极限。

例 A.12　求下列表达式的极限:

(1) $\lim\limits_{x\to 0}\dfrac{\sqrt{1+x^2}-1}{1-\cos x}$;(2) $\lim\limits_{x\to+\infty}\left(1+\dfrac{a}{x}\right)^x$。

解　(1) syms x

```
b=limit((sqrt(1+x^2)-1)/(1-cos(x)))
```

(2) syms x a

```
b=limit((1+a/x)^x,x,inf)
```

A.4.2　求导数

Matlab 的求导数命令为

```
diff(expr)
diff(expr, v)
diff(expr, sym('v'))
diff(expr, n)
diff(expr, v, n)
diff(expr, n, v)
```

其中:diff(expr)表示求表达式 expr 关于默认变量的 1 阶导数;diff(expr, v, n)和 diff(expr, n, v)都表示求表达式 expr 关于符号变量 v 的 n 阶导数。

例 A.13 (1) 求函数 $y=\ln\dfrac{x+2}{1-x}$的三阶导数;

(2) 求向量 $\boldsymbol{a}=[0\quad 0.5\quad 2\quad 4]$的一阶向前差分。

解 (1)

```
syms x
dy=diff(log((x+2)/(1-x)),3);
dy=simplify(dy)  % 对符号函数进行化简
pretty(dy)     % 分数线居中显示
```

(2)

```
a=[0,0.5,2,4]; da=diff(a)
```

A.4.3 求极值

例 A.14 求函数 $f(x)=x^3+6x^2+8x-1$ 的极值点,并画出函数的图形。

解 对 $f(x)$求导,然后令$\dfrac{df(x)}{dx}=0$,解方程则可求得函数 $f(x)$的极值点。

计算的 Matlab 程序如下:

```
syms x
y=x^3+6*x^2+8*x-1; dy=diff(y);
dy_zero=solve(dy), dy_zero_num=double(dy_zero)  % 变成数值类型
ezplot(y)  % 符号函数画图
```

A.4.4 求积分

1. 求不定积分

Matlab 求符号函数不定积分的命令为

```
int(expr)
int(expr, v)
```

例 A.15 求不定积分

$$\int\frac{1}{1+\sqrt{1-x^2}}dx\ 。$$

解

```
syms x
I=int(1/(1+sqrt(1-x^2)))
pretty(I)
```

2. 求定积分

1) 求定积分的符号解

Matlab 求符号函数的定积分命令为

```
int(expr, a, b)
int(expr, v, a, b)
```

例 A.16 求定积分

$$\int_{-\frac{\pi}{2}}^{\frac{\pi}{2}} \cos x \cos 2x \mathrm{d}x$$

解

```
syms x
I = int(cos(x) * cos(2 * x), -pi/2,pi/2)
```

2) 求定积分的数值解

例 A.17 求下列积分的数值解:

(1) $\int_{2}^{+\infty} \frac{\mathrm{d}x}{x \cdot \sqrt[3]{x^2 - 3x + 2}}$;

(2) $\iint\limits_{D} \sqrt{1 - x^2 - y^2} \mathrm{d}\sigma, D = \{(x,y) \mid x^2 + y^2 \leqslant x\}$;

(3) $\iiint\limits_{\Omega} \frac{z^2 \ln(x^2 + y^2 + z^2 + 1)}{x^2 + y^2 + z^2 + 1} \mathrm{d}v, \Omega = \{(x,y,z) \mid 0 \leqslant z \leqslant \sqrt{1 - x^2 - y^2}\}$。

解 (1) 做变量替换 $x = \frac{1}{t}, \mathrm{d}x = -\frac{1}{t^2}\mathrm{d}t$,得

$$\int_{2}^{+\infty} \frac{\mathrm{d}x}{x \cdot \sqrt[3]{x^2 - 3x + 2}} = -\int_{\frac{1}{2}}^{0} \frac{\mathrm{d}t}{t \cdot \sqrt[3]{\frac{1}{t^2} - \frac{3}{t} + 2}} = \int_{0}^{\frac{1}{2}} \frac{\mathrm{d}t}{\sqrt[3]{t - 3t^2 + 2t^3}}。$$

输入

```
I = quadl(@(t) (t - 3 * t.^2 + 2 * t.^3).^( - 1/3), eps,0.5)
```

得到 I = 1.4396。

(2) 输入

```
I = dblquad(@(x,y)sqrt(1 - x.^2 - y.^2).*(x.^2 + y.^2 < = x),0,1, -0.5,0.5)
```

得到 I = 0.6028。

(3) 输入

```
fun3 = @(x,y,z)z.^2 * log(x.^2 + y.^2 + z.^2 + 1)./(x.^2 + y.^2 + z.^2 + 1).*(z > =
0 &...
z < = sqrt(1 - x.^2 - y.^2));  % 该语句使用了续行符“...”
I = triplequad(fun3, -1,1, -1,1,0,1)
```

得到 I = 0.1273。

A.4.5 级数求和

Matlab 级数求和的命令为

```
r = symsum(expr, v)
r = symsum(expr, v, a, b)
```

其中:expr 为级数的通项表达式;v 是求和变量;a 和 b 分别为求和变量的起始点和终止点,若没有指明 a 和 b,则 a 的默认值为 0,b 的默认值为 v - 1。

例 A.18 求如下级数的和：

(1) $\sum_{n=1}^{\infty} \frac{2n-1}{2^n}$；(2) $\sum_{n=1}^{\infty} \frac{1}{n^2}$。

解 (1)
```
syms n
f1 = (2 * n - 1) /2^ n;
s1 = symsum( f1,n,1,inf)
```
求得 $\sum_{n=1}^{\infty} \frac{2n-1}{2^n} = 3$。

(2)
```
syms n
f2 = 1 /n^ 2;
s2 = symsum( f2,n,1,inf)
```
求得 $\sum_{n=1}^{\infty} \frac{1}{n^2} = \frac{\pi^2}{6}$。

A.5 Matlab 在线性代数中的应用

A.5.1 向量组的线性相关性

求列向量组 A 的一个最大线性无关组，可用命令 rref(A)将 A 化成行最简形，其中单位向量对应的列向量即为最大线性无关组所含向量，其他列向量的坐标即为其对应向量用最大线性无关组线性表示的系数。

例 A.19 求下列矩阵列向量组的一个最大无关组。

$$\boldsymbol{A} = \begin{bmatrix} 1 & -2 & -1 & 0 & 2 \\ -2 & 4 & 2 & 6 & -6 \\ 2 & -1 & 0 & 2 & 3 \\ 3 & 3 & 3 & 3 & 4 \end{bmatrix}。$$

解 编写 Matlab 程序如下：
```
format rat  % 有理分数的显示格式
a = [1, -2, -1,0,2; -2,4,2,6, -6;2, -1,0,2,3;3,3,3,3,4];
b = rref(a)
format  % 恢复到短小数的显示格式
```
求得
```
b = 1  0  1/3  0   16/3
    0  1  2/3  0   -1/9
    0  0   0   1   -1/3
    0  0   0   0    0
```
记矩阵 $\boldsymbol{A}$ 的五个列向量依次为 α_1、α_2、α_3、α_4、α_5，则 α_1、α_2、α_4 是列向量组的一个最大无关组，且有

$$\alpha_3 = \frac{1}{3}\alpha_1 + \frac{2}{3}\alpha_2, \alpha_5 = \frac{16}{3}\alpha_1 - \frac{1}{9}\alpha_2 - \frac{1}{3}\alpha_4。$$

例 A.20 设 $\boldsymbol{A}=[a_1,a_2,a_3]=\begin{bmatrix}2 & 2 & -1\\ 2 & -1 & 2\\ -1 & 2 & 2\end{bmatrix}$，$\boldsymbol{B}=[b_1,b_2]=\begin{bmatrix}1 & 4\\ 0 & 3\\ -4 & 2\end{bmatrix}$，验证 a_1,a_2,a_3 是 $\mathbf{R}^3$ 的一个基，并把 b_1,b_2 用这个基线性表示。

解 编写 Matlab 程序如下：

```
format rat
a=[2,2,-1;2,-1,2;-1,2,2];b=[1,4;0,3;-4,2];
c=rref([a,b])
format  % 恢复到短小数的显示格式
```

求得

```
c=  1  0  0   2/3   4/3
    0  1  0  -2/3    1
    0  0  1    -1   2/3
```

说明 a_1,a_2,a_3 是 $\mathbf{R}^3$ 的一个基，且有 $b_1=\frac{2}{3}a_1-\frac{2}{3}a_2-a_3$，$b_2=\frac{4}{3}a_1+a_2+\frac{2}{3}a_3$。

A.5.2 齐次线性方程组

在 Matlab 中，函数 null 用来求解零空间，即满足 $\boldsymbol{Ax}=0$ 的解空间，实际上是求出解空间的一组基（基础解系）。格式如下：

z=null(A) % z 的列向量为方程组的正交规范基，满足 $\boldsymbol{z}^{\mathrm{T}}\boldsymbol{z}=\boldsymbol{E}$。

z=null(A,'r') % z 的列向量是方程 $\boldsymbol{Ax}=0$ 的有理基。

例 A.21 求方程组的通解

$$\begin{cases}x_1+2x_2+2x_3+x_4=0,\\ 2x_1+x_2-2x_3-2x_4=0,\\ x_1-x_2-4x_3-3x_4=0。\end{cases}$$

解 编写程序如下：

```
format rat
a=[1,2,2,1;2,1,-2,-2;1,-1,-4,-3]
b=null(a,'r')  % 求有理基
format  % 恢复到短小数的显示格式
```

求得基础解系为

$$[2,-2,1,0]^{\mathrm{T}},[5/3,-4/3,0,1]^{\mathrm{T}}$$

通解为 $k_1[2,-2,1,0]^{\mathrm{T}}+k_2[5/3,-4/3,0,1]^{\mathrm{T}}$，$k_1,k_2\in\mathbf{R}$。

A.5.3 非齐次线性方程组

Matlab 中解非齐次线性方程组可以使用“\”。虽然表面上只是一个简单的符号，而它的内部却包含许多自适应算法，如对超定方程（无解）用最小二乘法，对欠定方程（多解）它将给出范数最小的一个解。

另外求解欠定方程组（多解）可以使用求矩阵 $\boldsymbol{A}$ 的行最简形命令 rref(A)，求出所有的基础解系。

例 A.22 求超定方程组

$$\begin{cases}2x_1+4x_2=11,\\3x_1-5x_2=3,\\x_1+2x_2=6,\\2x_1+x_2=7。\end{cases}$$

解 编写程序如下：

```
a=[2,4;3,-5;1,2;2,1];
b=[11;3;6;7];
solution=a\b
```

求得最小二乘解为 $\boldsymbol{x}=[3.0403,1.2418]^{\mathrm{T}}$。

上面解超定方程组的“\”可以用伪逆命令 pinv 代替，且 pinv 的使用范围比“\”更加广泛，pinv 也可给出最小二乘解或最小范数解。

例 A.23 用最小二乘解法解方程组

$$\begin{cases}x_1+x_2=1,\\x_1+x_3=2,\\x_1+x_2+x_3=0,\\x_1+2x_2-x_3=-1。\end{cases}$$

解 编写程序如下：

```
format rat
a=[1,1,0;1,0,1;1,1,1;1,2,-1];
b=[1;2;0;-1];
x1=a\b     % 这里“\”和 pinv 是等价的
x2=pinv(a)*b
format  % 恢复到短小数的显示格式
```

求得最小二乘解为

$$x_1=\frac{17}{6},x_2=-\frac{13}{6},x_3=-\frac{2}{3}。$$

例 A.24 求解方程组

$$\begin{cases}x_1-x_2-x_3+x_4=0,\\x_1-x_2+x_3-3x_4=1,\\x_1-x_2-2x_3+3x_4=-1/2。\end{cases}$$

解 编写程序如下：

```
format rat
a=[1,-1,-1,1,0;1,-1,1,-3,1;1,-1,-2,3,-1/2];
b=rref(a)
format  % 恢复到短小数的显示格式
```

求得

```
b = 1   -1  0   -1  1/2
    0   0   1   -2  1/2
    0   0   0   0    0
```

故方程组有解，并有

$$\begin{cases} x_1 = x_2 + x_4 + \dfrac{1}{2}, \\ x_3 = 2x_4 + \dfrac{1}{2}, \end{cases}$$

因而方程组的通解为

$$\begin{bmatrix} x_1 \\ x_2 \\ x_3 \\ x_4 \end{bmatrix} = k_1 \begin{bmatrix} 1 \\ 1 \\ 0 \\ 0 \end{bmatrix} + k_2 \begin{bmatrix} 1 \\ 0 \\ 2 \\ 1 \end{bmatrix} + \begin{bmatrix} 1/2 \\ 0 \\ 1/2 \\ 0 \end{bmatrix}, k_1, k_2 \in \mathbf{R}。$$

A.5.4 相似矩阵及二次型

例 A.25 求一个正交变换 $\boldsymbol{x} = \boldsymbol{P}\boldsymbol{y}$，把二次型

$$f = 2x_1x_2 + 2x_1x_3 - 2x_1x_4 - 2x_2x_3 + 2x_2x_4 + 2x_3x_4$$

化为标准形。

解 二次型的矩阵为

$$\boldsymbol{A} = \begin{bmatrix} 0 & 1 & 1 & -1 \\ 1 & 0 & -1 & 1 \\ 1 & -1 & 0 & 1 \\ -1 & 1 & 1 & 0 \end{bmatrix}。$$

编写如下程序：

```
A = [0,1,1, -1;1,0, -1,1;1, -1,0,1; -1,1,1,0];
[P,D] = eig(A)
```

求得

```
P = 0.7887    0.2113    0.5000   -0.2887
    0.2113    0.7887   -0.5000    0.2887
    0.5774   -0.5774   -0.5000    0.2887
         0         0    0.5000    0.8660
D = 1.0000         0         0         0
         0    1.0000         0         0
         0         0   -3.0000         0
         0         0         0    1.0000
```

$\boldsymbol{P}$ 就是所求的正交矩阵，使得 $\boldsymbol{P}^{\mathrm{T}}\boldsymbol{A}\boldsymbol{P} = \boldsymbol{D}$，令 $\boldsymbol{x} = \boldsymbol{P}\boldsymbol{y}$，其中 $\boldsymbol{x} = [x_1, x_2, x_3, x_4]^{\mathrm{T}}$，$\boldsymbol{y} = [y_1, y_2, y_3, y_4]^{\mathrm{T}}$，化简后的二次型为 $g = y_1^2 + y_2^2 - 3y_3^2 + y_4^2$。

例 A.26 判别二次型 $f = 2x_1^2 + 4x_2^2 + 5x_3^2 - 4x_1x_2$ 的正定性，并求正交变换把二次型化成标准型。

解 Matlab 程序如下：

```
a=[2 -2 0; -2 4 0; 0 0 5];
b=eig(a);
if all(b>0)
   fprintf('二次型正定\n');
else
   fprintf('二次型非正定\n');
end
[c,d]=eig(a)  % c为正交变换的变换矩阵
```

A.6 数据处理

A.6.1 Matlab 中的默认数据文件 mat 文件

例 A.27 把 Matlab 工作空间中的数据矩阵 a、b、c 保存到数据文件 data1.mat 中。

```
save  data1  a  b  c
```

注：Matlab 中的默认数据文件 mat 使用时可以省略后缀名。

例 A.28 把例 A.27 生成的 data1.mat 中的所有数据加载到 Matlab 工作空间中。

```
load  data1
```

A.6.2 纯文本文件

可以把 Word 文档中整行整列的数据粘贴到纯文本文件，然后调入到 Matlab 工作空间中。

例 A.29 把纯文本文件 data2.txt 加载到工作空间。

```
a=load('data2.txt');
```

或者是

```
a=textread('data2.txt');
```

例 A.30 使用 dlmwrite 命令把矩阵 b 保存到纯文本文件 data3.txt 中。

```
dlmwrite('data3.txt',b)
```

例 A.31 生成服从标准正态分布随机数的 100×200 矩阵，然后用 fprintf 命令保存到纯文本文件 data4.txt 中。

解

```
clc, clear
fid=fopen('data4.txt','w');
a=normrnd(0,1,100,200);
fprintf(fid,'%f\n',a');
fclose(fid);
```

注：对于高维矩阵，用 dlmwrite 构造的纯文本文件，Lingo 软件不识别；为了 Lingo 软件识别，纯文本文件必须用 fprintf 构造，而且数据之间的分割符为"\n"。

A.6.3 Excel 文件

例 A.32 把一个 5×10 矩阵写到 Excel 文件 data5.xls 表单 Sheet2 中 B2 开始的

域中。

```
a=rand(5,10);
xlswrite('data5.xls',a,'Sheet2','B2')
```

例 A.33 把例 A.32 生成的 Excel 文件 data5.xls 中表单 Sheet2 的域"C3:F6"中的数据赋给 b。

```
b=xlsread('data5.xls','Sheet2','C3:F6')
```

A.6.4 字符串数据

例 A.34 统计下列五行字符串中字符 a、c、g、t 出现的频数。

(1) aggcacggaaaaacgggaataacggaggaggacttggcacggcattacacggagg

(2) cggaggacaaacgggatggcggtattggaggtggcggactgttcgggga

(3) gggacggatacggattctggccacggacggaaaggaggacacggcggacataca

(4) atggataacggaaacaaaccagacaaacttcggtagaaatacagaagctta

(5) cggctggcggacaacggactggcggattccaaaaacggaggaggcggacggaggc

解 把上述五行复制到一个纯文本数据文件 shuju.txt 中,编写如下程序:

```
clc,fid=fopen('shuju.txt','r');i=1;
while (~feof(fid))
data=fgetl(fid);
a=sum(data==97);
b=sum(data==99);
c=sum(data==103);
d=sum(data==116);
e=sum(data>=97&data<=122);
f(i,:)=[a  b  c  d  e  a+b+c+d];
i=i+1;
end
f, he=sum(f)
dlmwrite('pinshu.txt',f); dlmwrite('pinshu.txt',he,'-append');
fclose(fid);
```

其他的一些字符串处理命令有 strcmp、strfind 等。

A.6.5 图像文件

例 A.35 把一个比较大的 bmp 图像文件 data6.bmp,转化成比较小的 jpg 文件,命名为 data7.jpg,并显示。

解

```
a=imread('data6.bmp');
imshow(a)
imwrite(a,'data7.jpg');
figure, imshow('data7.jpg')
```

例 A.36 生成 10 幅彩色 jpg 文件,依次命名为 jpq1.jpg,…,jpg10.jpg。

```
clc, clear
for i=1:10
```

```
    str = ['jpg',int2str(i),'.jpg'];
    a(:,:,1) = rand(500); a(:,:,2) = rand(500) +100; a(:,:,3) = rand(500) +200;
    imwrite(a,str);
end
```

A.6.6 数据的批处理

例 A.37 现有数据文件 book1.xls,…,book5.xls,用命令 importdata 读入数据。

```
clc, clear
n=5  % 文件个数
mydata=cell(1, n); % 初始化存放各个文件数据的细胞数组
for k=1:n
     filename=sprintf('book%d.xls', k); % 构造文件名的格式化字符串
     mydata{k} =importdata(filename); % 从文件导入数据
end
celldisp(mydata) % 显示细胞数组的数据
```

例 A.38 现有数据文件 book01.xls,…,book05.xls,读入各 Excel 文件的第 1 个表单(Sheet1)的域"A2:G10"的数据。

```
clc, clear
n=5;  % 文件个数
range='A2:G10';
sheet=1;
myData=cell(1,n);
for k=1:n
     fileName=sprintf('book%02d.xls',k);
     myData{k} =xlsread(fileName,sheet,range);
end
celldisp(myData) % 显示细胞数组的数据
```

例 A.39 读入当前目录下所有后缀名为 xls 的 Excel 文件的数据。

```
clc, clear
fi=dir('*.xls') % 提出 Excel 文件的信息,返回值是结构数据
n=length(fi); % 计算 Excel 文件的个数
myData=cell(1,n);
for k=1:n
   myData{k} =importdata(fi(k).name);
end
celldisp(myData) % 显示细胞数组的数据
```

A.6.7 时间序列数据

例 A.40 时间序列数据的处理。

```
clc, clear
randn('seed',sum(100*clock));  % 初始化随机数发生器
a=randn(6,1); % 生成服从标准正态分布的伪随机数
```

```
b=[today:today+5]' % 从今天到后面5天
fts=fints(b,a) % 生长 fints 格式数据
fts(3)=NaN; % 将第3个数据变为缺失值 NaN
newdata=fillts(fts,'linear') % 用线性插值填补时间序列中的缺失数据
data=fts2mat(newdata) % 时间序列数据转成普通数据
```

例 A.41 对于 Matlab 当前工作路径下所有时间序列型的纯文本文件,进行相关的数据操作。

```
clc, clear
tf=dir('*.txt') % 提出纯文本文件的信息,返回值是结构数据
n=length(tf); % 计算纯文本文件的个数
fts=ascii2fts(tf(1).name); % 读第一个文件中的时间序列数据
fts=extfield(fts,{'series2','series3'}); % 提出第2个字段和第3个字段
for i=2:n
    tp1=ascii2fts(tf(i).name); % 读时间序列数据
    tp2=extfield(tp1,{'series2','series3'}); % 提出第2,3字段
    str1=['series',num2str(2*i)]; str2=['series',num2str(2*i+1)];
    tp3=fints(tp2.dates,fts2mat(tp2),{str1,str2}); % 把时间序列改名
    fts=merge(fts,tp3); % 合并两个时间序列的数据
end
fts % 显示合并提出的两个字段数据
```

A.6.8 日期和时间

Matlab 日期和时间的函数有 datenum, datevec, datestr, now, clock, date, calendar, eomday, weekday, addtodate, etime 等,这里就不一一说明各个函数的用法了,下面举例说明有关函数的使用。

例 A.42 统计 1601 年 1 月到 2000 年 12 月,每月的 13 日分别出现在星期日、星期一、星期二,……,星期六的频数,并画出对应的柱状图。

注:Matlab 中 weekday 的 1 对应“星期日”,2 对应“星期一”,……,7 对应“星期六”。

解 所画出的柱状图见图 A.1,计算的 Matlab 程序如下:

```
clc, clear
c=zeros(1,7);
for y=1601:2000
    for m=1:12
        d=datenum(y,m,13);
        w=weekday(d);
        c(w)=c(w)+1;
    end
end
c, bar(c) % 显示频数并画出频数的柱状图
axis([0 8 680 690])
line([0,8],[4800/7,4800/7],'linewidth',4,'color','k')
set(gca,'xticklabel',{'Su','M','Tu','W','Th','F','Sa'})
```

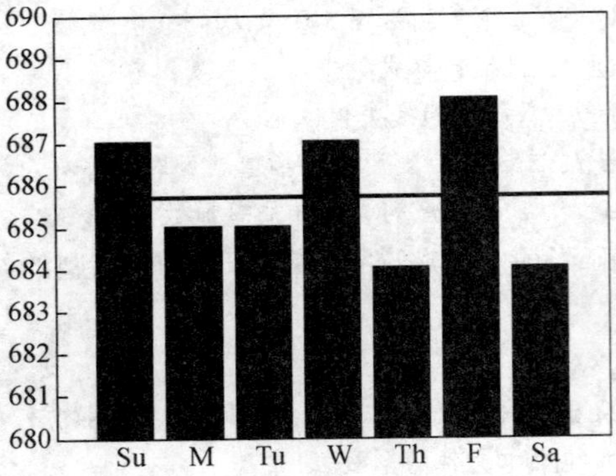

图 A.1　频数分布的柱状图

A.6.9　视频文件

Matlab 除了支持各种图像文件的读写等操作,还支持视频文件的相应处理。实际上,视频文件本质上是由多帧具有一定大小、顺序、格式的图像组成的,只是一般的图像是静止的,而视频是可以将多帧静止的图像进行连续显示,从而达到动态效果。

例 A.43　读取一个视频文件 test.avi,并把视频中的每一帧保存成 jpg 文件。

```
clc,clear
ob = VideoReader('test.avi')     % 读取视频文件对象
get(ob) % 获取视频对象的参数
n = ob.NumberOfFrame;  % 获取视频的总帧数
for i = 1:n
    a = read(ob,i); % 读取视频对象的第 i 帧
    imshow(a)  % 显示第 i 帧图像
    str = ['source\',int2str(i),'.jpg']; % 构造文件名的字符串,目录 source 要提前
建好
    imwrite(a,str); % 把第 i 帧保存到 jpg 文件
end
```

拓展阅读材料

[1] 薛定宇, 陈阳泉著. 高等应用数学问题的 MATLAB 求解. 北京: 清华大学出版社. 2004.

附录 B　Lingo 软件的使用

B.1　Lingo 软件的基本语法

B.1.1　集合

集合部分的语法为

```
sets:
集合名称1/成员列表1/:属性1_1,属性1_2,…,属性1_n1;
集合名称2/成员列表2/:属性2_1,属性2_2,…,属性2_n2;
派生集合名称(集合名称1,集合名称2):属性3_1,…,属性3_n3;
endsets
```

例 B.1

```
sets:
  product/A B/;
  machine/M N/;
  week/1..2/;
  allowed(product,machine,week):x;
endsets
```

B.1.2　数据

数据部分的语法为

```
data:
属性1=数据列表;
属性2=数据列表;
enddata
```

B.1.3　数据计算段

数据计算段部分不能含有变量,必须是已知数据的运算。

```
calc:
b=0;
a=a+1;
endcalc
```

B.1.4　变量的初始化

变量初始化主要用于非线性问题赋初始值。

例 B.2

```
init:
```

```
  X, Y = 0, .1;
endinit
Y = @ log(X);
X^2 + Y^2 < =1;
```

好的初始点会减少模型的求解时间。

B.1.5 模型的目标函数和约束条件

这里就不具体介绍,而是通过下面具体例子给出。

B.1.6 实时数据处理

例 B.3

```
data:
  interest_rate,inflation_rate = .085  ?;
enddata
```

注:(1) Lingo 中是不区分大小写字符的。

(2) Lingo 中数据部分不能使用分式,例如数据部分不能使用 1/3。

(3) Lingo 中的注释是使用"!"引导的。

(4) Lingo 中默认所有的变量都是非负的。

(5) Lingo 中矩阵数据是逐行存储的,Matlab 中数据是逐列存储的。

B.2 Lingo 函数

B.2.1 算术运算符

^ 乘方

* 乘

/ 除

+ 加

- 减

B.2.2 逻辑运算符

在 Lingo 中,逻辑运算符主要用于集循环函数的条件表达式中,来控制在函数中哪些集成员被包含,哪些被排斥。在创建稀疏集时用在成员资格过滤器中。

Lingo 具有 9 种逻辑运算符:

#not# 否定该操作数的逻辑值,#not#是一个一元运算符。

#eq# 若两个运算数相等,则为 true,否则为 false。

#ne# 若两个运算符不相等,则为 true,否则为 false。

#gt# 若左边的运算符严格大于右边的运算符,则为 true,否则为 false。

#ge# 若左边的运算符大于或等于右边的运算符,则为 true,否则为 false。

#lt# 若左边的运算符严格小于右边的运算符,则为 true,否则为 false。

#le#　若左边的运算符小于或等于右边的运算符,则为 true,否则为 false。

#and#　仅当两个参数都为 true 时,结果为 true,否则为 false。

#or#　仅当两个参数都为 false 时,结果为 false,否则为 true。

B.2.3　关系运算符

在 Lingo 中,关系运算符主要用在模型中来指定一个表达式的左边是否等于、小于等于或者大于等于右边,形成模型的一个约束条件。关系运算符与逻辑运算符#eq#、#le#、#ge#截然不同,逻辑运算符仅仅判断一个关系是否被满足,满足为真,不满足为假。

Lingo 有三种关系运算符:"="、"<="和">="。Lingo 中还能用"<"表示小于等于关系,">"表示大于等于关系。Lingo 并不支持严格小于和严格大于关系运算符。

B.2.4　数学函数

Lingo 提供了大量的标准数学函数:

@abs(x)返回 x 的绝对值。

@sin(x)返回 x 的正弦值,x 采用弧度制。

@cos(x)返回 x 的余弦值。

@tan(x)返回 x 的正切值。

@exp(x)返回常数 e 的 x 次方。

@log(x)返回 x 的自然对数。

@lgm(x)返回 x 的 gamma 函数的自然对数。

@mod(x,y)返回 x 除以 y 的余数。

@sign(x)如果 x<0 返回 -1;否则,返回 1。

@floor(x)返回 x 的整数部分。当 x>=0 时,返回不超过 x 的最大整数;当 x<0 时,返回不低于 x 的最大整数。

@smax(x1,x2,…,xn)返回 x1,x2,…,xn 中的最大值。

@smin(x1,x2,…,xn)返回 x1,x2,…,xn 中的最小值。

B.2.5　变量界定函数

变量界定函数实现对变量取值范围的附加限制,共 4 种:

@bin(x)限制 x 为 0 或 1。

@bnd(L,x,U)限制 $L\leqslant x\leqslant U$。

@free(x)取消对变量 x 的默认下界为 0 的限制,即 x 可以取任意实数。

@gin(x)限制 x 为整数。

在默认情况下,Lingo 规定变量是非负的,也就是说下界为 0,上界为 $+\infty$。@free 取消了默认的下界为 0 的限制,使变量也可以取负值。@bnd 用于设定一个变量的上下界,它也可以取消默认下界为 0 的约束。

B.2.6　集循环函数

@for:该函数用来产生对集成员的约束。

@ sum:该函数返回遍历指定的集成员的一个表达式的和。

@ min 和@ max:返回指定的集成员的一个表达式的最小值或最大值。

例 B.4 求向量[5,1,3,4,6,10]前 5 个数的最小值,后 3 个数的最大值。

```
model:
data:
    N=6;
enddata
sets:
    number/1..N/:x;
endsets
data:
    x = 5 1 3 4 6 10;
enddata
   minv=@min(number(I) | I #le# 5: x);
   maxv=@max(number(I) | I #ge# N-2: x);
end
```

B.2.7 概率函数

1. @ pbn(p,n,x)

二项分布的累积分布函数。当 n 和(或)x 不是整数时,用线性插值法进行计算。

2. @ pcx(n,x)

自由度为 n 的χ^2 分布的累积分布函数。

3. @ peb(a,x)

当到达负荷为 a,服务系统有 x 个服务器且允许无穷排队时的 Erlang 繁忙概率。

4. @ pel(a,x)

当到达负荷为 a,服务系统有 x 个服务器且不允许排队时的 Erlang 繁忙概率。

5. @ pfd(n,d,x)

自由度为 n 和 d 的 F 分布的累积分布函数。

6. @ pfs(a,x,c)

当负荷上限为 a,顾客数为 c,平行服务器数量为 x 时,有限源的 Poisson 服务系统的等待或返修顾客数的期望值。a 是顾客数乘以平均服务时间,再除以平均返修时间。当 c 和(或)x 不是整数时,采用线性插值进行计算。

7. @ phg(pop,g,n,x)

超几何(Hypergeometric)分布的累积分布函数。pop 表示产品总数,g 是正品数。从所有产品中任意取出 n(n≤pop)件。pop、g、n 和 x 都可以是非整数,这时采用线性插值进行计算。

8. @ ppl(a,x)

Poisson 分布的线性损失函数,即返回 max(0,z-x)的期望值,其中随机变量 z 服从均值为 a 的 Poisson 分布。

9. @ pps(a,x)

均值为 a 的 Poisson 分布的累积分布函数。当 x 不是整数时,采用线性插值进行计算。

10. @ psl(x)

单位正态线性损失函数,即返回 max(0,z - x)的期望值,其中随机变量 z 服从标准正态分布。

11. @ psn(x)

标准正态分布的累积分布函数。

12. @ ptd(n,x)

自由度为 n 的 t 分布的累积分布函数。

13. @ qrand(seed)

产生服从(0,1)区间的伪随机数。@ qrand 只允许在模型的数据部分使用,它将用伪随机数填满集属性。通常,声明一个 m × n 的二维表,m 表示运行实验的次数,n 表示每次实验所需的随机数的个数。在行内,随机数是独立分布的;在行间,随机数是非常均匀的。这些随机数是用"分层取样"的方法产生的。

例 B.5

```
model:
data:
  M=4; N=2; seed=1234567;
enddata
sets:
  rows/1..M/;
  cols/1..N/;
  table(rows,cols): X;
endsets
data:
  X=@ qrand(seed);
enddata
end
```

如果没有为函数指定种子 seed,那么 Lingo 将用系统时间构造种子。

14. @ rand(seed)

返回 0 和 1 间的伪随机数,依赖于指定的种子 seed。典型用法是 U(I+1) = @ rand(U(I))。注意:如果 seed 不变,那么产生的随机数也不变。

例 B.6 利用@ rand 产生 15 个标准正态分布的随机数和自由度为 2 的 t 分布的随机数。

```
model:
! 产生一列正态分布和 t 分布的随机数;
sets:
  series/1..15/: u, znorm, zt;
endsets
! 第一个均匀分布随机数是任意的;
```

```
  u(1) = @rand(.1234);
  ! 产生其余的均匀分布的随机数;
  @for(series(I)|I #GT# 1:u(I) =@rand(u(I-1)));
  @for(series(I):
    ! 正态分布随机数;
    @psn(znorm(I)) =u(I);
    ! 和自由度为 2 的 t 分布随机数;
    @ptd(2,zt(I)) =u(I);
    ! znorm 和 zt 可以是负数;
    @free(znorm(I)); @free(zt(I)));
end
```

B.2.8 集操作函数

Lingo 提供了几个函数帮助处理集。

1. @in(set_name,primitive_index_1 [,primitive_index_2,…])

如果元素在指定集中,返回 1,否则返回 0。

例 B.7 全集为 I,B 是 I 的一个子集,C 是 B 的补集。

```
sets:
  I/x1..x4/:x;
  B(I)/x2/:y;
  C(I)|#not#@in(B,&1):z;
endsets
```

2. @index([set_name,] primitive_set_element)

该函数返回在集 set_name 中原始集成员 primitive_set_element 的索引。如果 set_name 被忽略,那么 Lingo 将返回与 primitive_set_element 匹配的第一个原始集成员的索引。如果找不到,则产生一个错误。

例 B.8 如何确定集成员(B,Y)属于派生集 S3。

```
sets:
  S1/A B C/;
  S2/X Y Z/;
  S3(S1,S2)/A X, A Z, B Y, C X/;
endsets
L=@in(S3,@index(S1,B),@index(S2,Y));
```

看下面的例子,表明有时为@index 指定集是必要的。

例 B.9

```
sets:
  girls/debble,sue,alice/;
  boys/bob,joe,sue,fred/;
endsets
I1 =@index(sue);
I2 =@index(boys,sue);
```

I1 的值是 2,I2 的值是 3。建议在使用@ index 函数时最好指定集。

3. @ wrap(index, limit)

该函数返回 j = index - k * limit,其中 k 是一个整数,取适当值保证 j 落在区间[1, limit]内。该函数在循环、多阶段计划编制中特别有用。

4. @ size(set_name)

该函数返回集 set_name 的成员个数。在模型中明确给出集大小时最好使用该函数。它的使用使模型更加数据独立,集大小改变时也更易维护。

B.3 线性规划模型举例

B.3.1 数据直接放在 Lingo 程序

例 B.10 使用 Lingo 软件计算 6 个产地 8 个销地的最小费用运输问题。单位商品运价如表 B.1 所列。

表 B.1 单位商品运价表

单位运价 销地 / 产地	B_1	B_2	B_3	B_4	B_5	B_6	B_7	B_8	产量
A_1	6	2	6	7	4	2	5	9	60
A_2	4	9	5	3	8	5	8	2	55
A_3	5	2	1	9	7	4	3	3	51
A_4	7	6	7	3	9	2	7	1	43
A_5	2	3	9	5	7	2	6	5	41
A_6	5	5	2	2	8	1	4	3	52
销量	35	37	22	32	41	32	43	38	

解 设 $x_{ij}(i=1,2,\cdots 6;j=1,2,\cdots,8)$ 表示产地 A_i 运到销地 B_j 的量,c_{ij} 表示产地 A_i 到销地 B_j 的单位运价,d_j 表示销地 B_j 的需求量,e_i 表示产地 A_i 的产量,建立如下线性规划模型:

$$\min \sum_{i=1}^{6}\sum_{j=1}^{8} c_{ij}x_{ij},$$

$$\text{s.t.}\begin{cases}\displaystyle\sum_{i=1}^{6} x_{ij} = d_j, j = 1,2,\cdots,8,\\ \displaystyle\sum_{j=1}^{8} x_{ij} \leqslant e_i, i = 1,2,\cdots,6,\\ x_{ij} \geqslant 0, i = 1,2,\cdots,6; j = 1,2,\cdots,8。\end{cases}$$

使用 Lingo 软件,编制程序如下:

```
model:
! 6 产地 8 销地运输问题;
sets:
  warehouses /wh1..wh6/: capacity;
```

```
  vendors/v1..v8/: demand;
  links(warehouses,vendors): cost, volume;
endsets
! 目标函数;
  min=@sum(links: cost*volume);
! 需求约束;
  @for(vendors(J):@sum(warehouses(I): volume(I,J))=demand(J));
! 产量约束;
  @for(warehouses(I):@sum(vendors(J): volume(I,J))<=capacity(I));
! 下面是数据;
data:
  capacity=60 55 51 43 41 52;
  demand=35 37 22 32 41 32 43 38;
  cost=6 2 6 7 4 2 9 5
       4 9 5 3 8 5 8 2
       5 2 1 9 7 4 3 3
       7 6 7 3 9 2 7 1
       2 3 9 5 7 2 6 5
       5 5 2 2 8 1 4 3;
enddata
end
```

B.3.2 使用纯文件传递数据

使用 Lingo 函数@ file、@ text 进行纯文本文件数据的输入和输出。

注:执行一次@ file,输入 1 个记录,记录之间的分隔符为“~”。

例 B.11(续例 B.10) 通过纯文本文件传递数据。

Lingo 程序如下:

```
model:
sets:
  warehouses/wh1..wh6/: capacity;
  vendors/v1..v8 /: demand;
  links(warehouses,vendors): cost, volume;
endsets
  min=@sum(links: cost*volume);
  @for(vendors(J):@sum(warehouses(I): volume(I,J))=demand(J));
  @for(warehouses(I):@sum(vendors(J): volume(I,J))<=capacity(I));
data:
  capacity=@file(Ldata.txt);
  demand=@file(Ldata.txt);
  cost=@file(Ldata.txt);
enddata
end
```

其中:纯文本数据文件 Ldata. txt 中的数据格式如下:

```
60  55  51  43  41  52 ~          ! "~"是记录分割符,该第一个记录是产量;
35  37  22  32  41  32  43  38 ~  ! 该第二个记录是需求量;
6  2  6  7  4  2  9  5
4  9  5  3  8  5  8  2
5  2  1  9  7  4  3  3
7  6  7  3  9  2  7  1
2  3  9  5  7  2  6  5
5  5  2  2  8  1  4  3            ! 最后一个记录是单位运价;
```

B.3.3 使用 Excel 文件传递数据

Lingo 通过@ OLE 函数实现与 Excel 文件传递数据,使用@ OLE 函数既可以从 Excel 文件中导入数据,也能把计算结果写入 Excel 文件。

@ OLE 函数只能用在模型的集合定义段、数据段和初始段。从 Excel 文件中导入数据的使用格式可以分成以下几种类型:

(1) 变量名 1,变量名 2 = @ OLE('文件名','数据块名称 1','数据块名称 2');

若变量是初始集合的属性,则对应的数据块应当是一列数据,若变量是二维派生集合的属性,则对应数据块应当是二维矩形数据区域。@ OLE 函数无法读取三维数据区域。

(2) 变量名 1,变量名 2 = @ OLE('文件名','数据块名称');

左边的两个变量必须定义在同一个集合中,@ OLE 的参数仅指定一个数据块名称,该数据块应当包含类型相同的两列数据,第一列赋值给变量 1,第二列赋值给变量 2。

(3) 变量名 1,变量名 2 = @ OLE('文件名');

没有指定数据块名称,默认使用 Excel 文件中与属性同名的数据块。

使用@ OLE 函数也能把计算结果写入 Excel 文件,使用格式有以下三种:

(1) @ OLE('文件名','数据块名称 1','数据块名称 2') = 变量名 1,变量名 2;

将两个变量的内容分别写入指定文件的两个预先已经定义了名称的数据块,数据块的长度(大小)不应小于变量所包含的数据,如果数据块原来有数据,则@ OLE 写入语句运行后原来的数据将被新的数据覆盖。

(2) @ OLE('文件名','数据块名称') = 变量名 1,变量名 2;

两个变量的数据写入同一数据块(不止 1 列),先写变量 1,变量 2 写入另外 1 列。

(3) @ OLE('文件名') = 变量名 1,变量名 2;

不指定数据块的名称,默认使用 Excel 文件中与变量同名的数据块。

例 B.12(续例 B.10) 通过 Excel 文件传递数据。

Lingo 程序如下:

```
model:
sets:
  warehouses/wh1..wh6/: capacity;
  vendors/v1..v8/: demand;
  links(warehouses,vendors): cost, volume;
endsets
```

```
  min=@sum(links: cost*volume);
  @for(vendors(J):@sum(warehouses(I): volume(I,J))=demand(J));
  @for(warehouses(I):@sum(vendors(J): volume(I,J))<=capacity(I));
data:
  capacity=@ole(ydata.xls);
  demand=@ole(ydata.xls);
  cost=@ole(ydata.xls);
  @ole(ydata.xls)=volume;
enddata
end
```

注:(1) Excel 中数据块的命名,具体做法是先用鼠标选中数据区域,从菜单上选择"插入"→"名称"→"定义"命令,弹出"定义名称"对话框,输入适当的名称,然后单击"确定"按钮。

(2) 建议把所有的数据文件和程序文件放在同一个目录下,如果运行时找不到要打开的文件,则应核对文件名是否正确。如果文件名无误,仍然找不到文件,则是由于没有用 Excel 打开所操作的数据文件。

B.3.4 Lingo 与数据库的接口

数据库管理系统(Data Base Management System,DBMS)用于在数据库建立、运行和维护时对数据库进行统一控制,以保证数据的完整性、安全性,并在多用户同时使用数据库时进行并发控制,在故障发生后对系统进行恢复。它是处理大规模数据的最好工具,许多部门的业务数据大多保存在数据库中。开放式数据库连接(Open Data Base Connectivity,ODBC)为 DBMS 定义了一个标准化接口,其他软件可以通过这个接口访问任何 ODBC 支持的数据库。Lingo 为 Access、dBase、Excel、FoxPro、Oracle、Paradox、SQL Server 和 Text Files 安装了驱动程序,能与这些类型的数据库文件交换数据。

Lingo 提供的@ODBC 函数能够从 ODBC 数据源导出数据或将计算结果导入 ODBC 数据源中。

为了使 Lingo 模型在运行时能够自动找到 ODBC 数据源并正确赋值,必须满足以下三个条件:

(1) 将数据源文件在 Windows 的 ODBC 数据源管理器中进行注册。

(2) 注册的用户数据源名称与 Lingo 模型的标题相同。

(3) 对于模型中的每一条@ODBC 语句,数据源文件中存在与之相对应的表项。

参 考 文 献

[1]《运筹学》教材编写组. 运筹学(修订版). 北京:清华大学出版社,1990.

[2] 萧树铁. 数学实验. 北京:高等教育出版社,1999.

[3] 杨启帆,方道元. 数学建模. 杭州:浙江大学出版社,1999.

[4] 叶其孝. 大学生数学建模竞赛辅导教材(一). 长沙:湖南教育出版社,1993.

[5] 叶其孝. 大学生数学建模竞赛辅导教材(二). 长沙:湖南教育出版社,1997.

[6] 叶其孝. 大学生数学建模竞赛辅导教材(三). 长沙:湖南教育出版社,1998.

[7] 姜启源. 数学模型. 2 版. 北京:高等教育出版社,1993.

[8] 赵静,但琦. 数学建模与数学实验. 北京:高等教育出版社;施普林格(Springer)出版社,2000.

[9] 王沫然. MATLAB 5. X 与科学计算. 北京:清华大学出版社,2000.

[10] 李涛,贺勇军,刘志俭,等. Matlab 工具箱应用指南——应用数学篇. 北京:电子工业出版社,2000.

[11] 胡运权. 运筹学习题集. 3 版. 北京:清华大学出版社,2003.

[12] 雷功炎. 数学模型讲义. 北京:北京大学出版社,1999.

[13] 谢金星,刑文训. 网络优化. 北京:清华大学出版社,2000.

[14]《现代应用数学手册》编委会. 现代应用数学手册——运筹学与最优化理论卷. 北京:清华大学出版社,1998.

[15] 白其峥. 数学建模案例分析. 北京:海洋出版社,2000.

[16] 李火林. 数学模型及方法. 南昌:江西高校出版社,1997.

[17] 陈理荣. 数学建模导论. 北京:北京邮电大学出版社,1999.

[18] 丁丽娟. 数值计算方法. 北京:北京理工大学出版社,1997.

[19] 李哲岩,张永曙. 变分法及其应用. 西安:西北工业大学出版社,1989.

[20] 盛骤,谢式千,潘承毅. 概率论与数理统计. 2 版. 北京:高等教育出版社,1989.

[21] 飞思科技产品研发中心. MATLAB6. 5 辅助优化计算与设计. 北京:电子工业出版社,2003.

[22] 谢云荪,张志让. 数学实验. 北京:科学出版社,2000.

[23] 蔡锁章. 数学建模原理与方法. 北京:海洋出版社,2000.

[24] 陈桂明,戚红雨,潘伟. Matlab 数理统计(6. X). 北京:科学出版社,2002.

[25] 陆君安,尚涛,谢进,等. 偏微分方程的 Matlab 解法. 武汉:武汉大学出版社,2001.

[26] 边肇祺,张学工,等. 模式识别. 2 版. 北京:清华大学出版社,2001.

[27] 吴翊,吴梦达,成礼智. 数学建模的理论与实践. 长沙:国防科技大学出版社,1999.

[28] 王振龙. 时间序列分析. 北京:中国统计出版社,2000.

[29] 唐焕文,贺明峰. 数学模型引论. 2 版. 北京:高等教育出版社,2002.

[30] 范金城,梅长林. 数据分析. 北京:科学出版社,2002.

[31] 张宜华. 精通 MATLAB5. 北京:清华大学出版社,2000.

[32] 黎锁平,张秀媛,杨海波. 人工蚁群算法理论及其在经典 TSP 问题中的实现. 交通运输系统工程与信息,2002,2(1):54-57.

[33] 谢金星,薛毅. 优化建模与 LINDO/LINGO 软件. 北京:清华大学出版社,2005.

[34] 韩中庚. 数学建模方法及其应用. 北京:高等教育出版社,2005.

[35] 王志良,田景环,邱林. 城市供水绩效的数据包络分析. 水利学报,2005,36(12):1486-1491.

[36] 杨文鹏,贺兴时,杨选良. 新编运筹学教程——模型、解法及计算机实现. 西安:陕西科学技术出版社,2005.

[37] 沈继红,施久玉,高振滨,等. 数学建模. 哈尔滨:哈尔滨工程大学出版社,2002.

[38] 杨虎,刘琼荪,钟波. 数理统计. 北京:高等教育出版社,2004.

[39] 高惠璇. 两个多重相关变量组的统计分析(3). 数理统计与管理,2003,21(2):58 - 64.
[40] 王惠文. 偏最小二乘回归方法及其应用. 北京:国防工业出版社,2000.
[41] 宁宣熙,刘思峰. 管理预测与决策方法. 北京:科学出版社,2003.
[42] 刘思峰,党耀国,方志耕,等. 灰色系统理论及其应用. 北京:科学出版社,2005.
[43] 王福建,李铁强,俞传正. 道路交通事故灰色 Verhulst 预测模型. 交通运输工程学报,2003,6(1):122 - 126.
[44] 谭永基,蔡志杰,俞文鮆. 数学模型. 上海:复旦大学出版社,2004.
[45] 王松桂,陈敏,陈立萍. 线性统计模型——线性回归与方差分析. 北京:高等教育出版社,1999.
[46] Back T, Hoffimeister F, Schwefel H P. A survey of evolution strategies. In Proc of the 4th Int. Genetic Algorithms Conference, CA: Morgan Kaufmann Publishers, 1991:2 - 9.
[47] Fogel D B. An introduction to simulated evolutionary optimization. IEEE Transaction Neural Network, 1994, (1): 3 - 14.
[48] Wei C J, Yao S S, He Z Y. A modified evolutionary programming. In Proc 1996 IEEE Int. Evolutionary Computation Conference, NJ, IEEE Press, 1996:135 - 138.
[49] Rudolph G. Local convergence rates of simple evolutionary algorithms with Cauchy mutations. IEEE Transaction Evolutionary Computation, 1997, 1(4):249 - 258.
[50] Chellapilla K. Combining mutation operators in evolutionary programming. IEEE Trans on Evolutionary Computation, 1998, 2(3):91 - 96, 1998.
[51] 吴祥兴, 陈忠. 混沌学导论. 上海: 上海科学技术文献出版社, 1996.
[52] 玄光男,程润伟. 遗传算法与工程设计. 汪定伟,等,译. 北京:科学出版社,2000.
[53] 边馥萍,侯文华,梁冯珍. 数学模型方法与算法. 北京:高等教育出版社,2005.
[54] 高惠璇. 应用多元统计分析. 北京:北京大学出版社,2006.
[55] 罗家洪. 矩阵分析引论. 广州:华南理工大学出版社,2005.
[56] 张润楚. 多元统计分析. 北京:科学出版社,2006.
[57] Nello Cristianini, John Shawe - Taylor. 支持向量机导论. 李国正,王猛,曾华军,译. 北京:电子工业出版社,2005.
[58] 邓乃扬,田英杰. 数据挖掘中的新方法——支持向量机. 北京:科学出版社,2005.
[59] 米红,张文璋. 实用现代统计分析方法与 SPSS 应用. 北京:当代中国出版社,2000.
[60] 倪安顺. Excel 统计与数量方法应用. 北京:清华大学出版社,1998.
[61] 陈毅衡. 时间序列与金融数据分析. 黄长全,译. 北京:中国统计出版社,2004.
[62] 胡守信,李柏年. 基于 MATLAB 的数学实验. 北京:科学出版社,2004.
[63] 章毓晋. 图像工程(上册). 北京:清华大学出版社,2006.
[64] 冈萨雷斯. 数字图像处理(MATLAB 版). 北京:电子工业出版社,2008.
[65] 潘雪丰,庄海林,洪常青. 秩和比综合评价法及 SAS 运行程序. 数理医药学杂志,2006,19(2):194 - 197.
[66] 谭永基,朱晓明,丁颂康,等. 经济管理数学模型案例教程. 北京:高等教育出版社,2006.
[67] 刘荻,周振民. RBF 神经网络在径流预报中的应用. 华北水利水电学院学报,2007,28(2):12 - 14.
[68] 孙立娟. 风险定量分析. 北京:北京大学出版社,2011.
[69] 许哲. 李号雷. 基于灰色模型和 Bootstrap 理论的大规模定制质量控制方法研究. 数学的实践与认识,2012,42(21):121 - 127.